U0296633

材料加工理论与技术丛书

带钢冷连轧工艺与自动控制

Technology and Automatic Control of Cold Strip Mill

张　岩　王军生　刘宝权　编著

科 学 出 版 社

北 京

内 容 简 介

本书介绍冷连轧工艺与自动控制系统的组成及功能，并对各控制系统的功能进行理论分析。全书共8章，第1章介绍轧制过程自动化的发展与现状，轧机自动控制系统的基本组成和控制原理。第2章介绍带钢冷连轧理论分析，包括冷轧静态特性分析、冷轧动态特性分析以及冷轧机传动工艺控制原理。第3章介绍带钢冷连轧的逻辑控制，包括带钢跟踪控制MTR、生产线协调控制LCO、主令速度控制MRG等。第4章介绍冷轧机厚度与张力控制，分析厚度变化规律、厚度控制形式及控制原理、厚度控制补偿方式及机架间张力控制原理。第5章介绍冷轧机板形平直度控制系统，包括板形平直度控制理论、板形平直度检测技术、板形平直度控制技术、板形平直度控制策略等。第6章介绍冷轧机板形边部减薄控制，包括边部减薄工艺研究、边部减薄控制方法、锥形辊横移边部减薄控制技术、边部减薄预设定控制系统、边部减薄反馈控制系统、工作辊窜辊控制、控制方法实际应用及控制性能分析。第7章介绍冷轧机冷轧介质系统控制，包括给油脂系统、冷轧工艺冷却润滑、乳化液系统构成与控制、表面质量控制。第8章介绍轧机顺序控制、轧机头部与架间顺序控制、换辊过程控制、尾部飞剪控制、卷取机过程控制。

本书可供从事自动化、轧钢和计算机工作的科技人员和高等院校有关专业的师生参考阅读，对其他相关专业的工程技术人员也有一定的参考价值。

图书在版编目(CIP)数据

带钢冷连轧工艺与自动控制＝Technology and Automatic Control of Cold Strip Mill/张岩，王军生，刘宝权编著. —北京：科学出版社，2016. 9

(材料加工理论与技术丛书)

ISBN 978-7-03-049726-0

Ⅰ. 带…　Ⅱ. ①张…②王…③刘…　Ⅲ. ①带钢轧机-冷连轧-生产工艺②带钢轧机-冷连轧-自动控制　Ⅳ. ①TG315. 4②TP273

中国版本图书馆CIP数据核字(2016)第206552号

责任编辑：牛宇锋　罗　娟 / 责任校对：郭瑞芝

责任印制：吴兆东 / 封面设计：蓝正设计

科学出版社 出版

北京东黄城根北街16号

邮政编码：100717

http://www.sciencep.com

北京凌奇印刷有限责任公司印刷

科学出版社发行　各地新华书店经销

*

2016年9月第一版　开本：720×1000 1/16

2025年4月第三次印刷　印张：27

字数：522 000

定价：228.00元

(如有印装质量问题，我社负责调换)

前　　言

带钢冷连轧工艺与自动控制是冷轧生产中系统性极强、技术难度极大、精度要求极高的综合性技术。其中，综合自动化控制系统是冷连轧生产控制的核心，是保证冷轧带钢产品质量和生产效率的主要控制手段。随着我国钢铁工业的快速发展，我国在板带轧制工艺、轧制模型及板形和厚度控制技术等方面取得了长足的进步。通过消化引进技术、自主集成和自主创新，我国已跻身于轧制技术发达国家之列。冷连轧生产正朝着产品专业化、设备大型化、生产灵活化、工艺连续化、控制自动化的方向发展。

结合我国冷连轧控制技术的发展历程和现状，通过多年从事冷连轧机组安装、调试、开发和研究的实际体会，对国内外有关文献资料以及引进生产线的消化、吸收和再创新，作者编写了本书。从控制系统硬件提升以及智能化模型和控制软件的进一步优化和开发等方面来改进冷连轧控制系统性能，并希望与广大同行交流心得、切磋体会，为提高我国带钢冷连轧工艺与控制技术理论水平做出一份努力。

带钢冷连轧工艺与自动控制是带钢冷连轧原理与自动控制相结合的产物。本书主要介绍现代化大型冷连轧机组工艺与自动控制技术、冷连轧基础自动化系统的结构和组成、控制模型系统的组成与功能。本书侧重点是带钢冷连轧工艺与自动控制系统的模型、控制策略及其优化方法，特别是冷连轧的关键控制，如厚度张力控制、板形平直度控制、板形边部减薄控制、工艺冷却润滑控制、逻辑顺序控制，研讨具有国际先进水平的冷连轧装备相关应用实例，具有技术先进性和应用实践性。

本书由鞍钢集团研究院张岩博士、王军生博士、刘宝权博士编著，辽宁科技大学吴鲲魁讲师负责完成工艺冷却与润滑系统编著。特别感谢鞍钢集团研究院冷轧工艺控制技术研发团队全体同志，大家十年如一日坚持从事冷轧核心技术研发与工程项目应用，在此基础上形成本书。本书与《带钢冷连轧原理与过程控制》、《带钢冷连轧液压与伺服控制》共同构成带钢冷连轧机理论、工艺、设备与自动化的整体技术体系。

由于编者水平有限，难免存在不妥之处，诚恳地希望广大读者给予批评指正。

作　者

2016年8月2日

目　　录

主要符号表

1. 厚度参数

H_0——冷连轧来料厚度，mm

h_0——轧入厚度，mm（h_{0i}为 i 机架入口厚度）

h_1——轧出厚度，mm（h_i 为 i 机架出口厚度）

h_n——成品机架轧出厚度，mm

ΔH_0——来料厚度变动量，mm

Δh_0——入口厚度变动量，mm

Δh_1——出口厚度变动量，mm

2. 工艺参数

l_c——变形区接触弧长，mm

l_c'——压扁后接触弧长，mm

ε——相对变形程度

ε_0——入口累计变形程度

ε_1——出口累计变形程度

Q——相对变形程度，mm^3/s

D——轧辊直径，mm

R——轧辊半径，mm

R'——压扁后轧辊半径，mm

B——带钢宽度，m

B_0——入口带钢宽度，m

B_1——出口带钢宽度，m

L_0——入口带钢长度，m

L_1——出口带钢宽度，m

μ——变形区摩擦系数

f——前滑值，%

β——后滑值，%

$\Delta\mu$——摩擦系数变动量

Δf——前滑值变动量，%

$\Delta\beta$——后滑值变动量，%

3. 速度参数

v——带钢出口速度,m/s

v_0——轧辊线速度,m/s

v'——带钢入口速度,m/s

n_0——对应于 v_0 的电机转速,r/min

n_H——电机额定转速,r/min

Δv——带钢出口速度变动量,m/s

$\Delta v'$——带钢入口速度变动量,m/s

Δv_0——轧辊线速度变动量,m/s

4. 张力参数

τ_b——后张应力,MPa

τ_f——前张应力,MPa

τ_i——i 机架前张应力,MPa

T_f——前张力,kN

T_b——后张力,kN

$\Delta\tau_f$——前张力应力变动量,MPa

$\Delta\tau_b$——后张应力变动量,MPa

$\Delta\tau_i$——i 机架前张应力变动量,MPa

5. 力能参数

P_i——i 机架轧制力,kN

P_E——带钢弹性恢复区附加轧制力,kN

F_i——i 机架弯辊力,kN

G_i——i 机架轧制力矩,kN·m

N_i——i 机架电机功率,kW

K_m——轧机刚度系数,kN/mm

K_E——轧机等效刚度系数,kN/mm

P_0——预靠压力,kN

σ——材料变形阻力,MPa

K_E——轧机等效刚度系数,kN/mm

ΔP——轧制力变动量,kN

ΔF——弯辊力变动量,kN/mm

6. 板形参数

CR——带钢出口凸度(轧出凸度),mm

CR_0——带钢入口凸度(轧入凸度),mm

Δ_0——冷连轧来料凸度(热轧卷带钢凸度),mm

ω_H——轧辊热辊形,mm

ω_W——轧辊磨损辊形,mm

ω_0——轧辊原始辊形,mm

ω_C——CVC 辊可调辊形,mm

ΔCR——出口凸度变动量,mm

$\Delta\omega_C$——CVC 可调辊形变动量,mm

7. 设备系数

C_0——轧辊压靠法所测得的轧机纵向刚度,kN/mm

C_P——带钢宽度为 B 时的轧机纵向刚度,kN/mm

C_F——弯辊力对测厚仪所在处辊缝影响的纵向刚度,kN/mm

K_P——轧制力对辊系弯曲变形影响的横向刚度,kN/mm

K_F——弯辊力对辊系弯曲变形影响的横向刚度,kN/mm

S——辊缝计数器显示的辊缝值,mm

S_0——辊缝零位,mm

S_P——辊缝弹跳量,mm

S_F——弯辊力造成的辊缝变化,mm

第 1 章　带钢轧制自动控制总论

1.1　轧制过程自动化的现状与发展

自动化(automation)主要是指以无人化为目标的综合性控制技术，它是在生产现场为使生产合理化而进行的自动操作(automation operation)和自动化技术(automatization)的简称。自动化的应用领域可分为过程自动化、机械自动化和业务管理自动化。过程自动化就是在各种生产过程工业的设备或工序中，由于安装了检测仪器或自动控制装置，使工程的控制和运行自动化，并具有能使在工程中流动物体的质和量保持在所要求的给定值上，而对直接操作人员的熟练程度和知识水平人为因素的要求有显著减少的技能。轧制过程自动化就是在轧制过程中，通过采用反映轧制过程变化规律的数学模型、自动控制装置、计算机及其控制程序等，使各种过程变量，如成分、流量、温度、压力、张力和速度等，保持在所要求的给定值上，并合理地协调全部轧制过程以实现自动化操作的一种先进技术。

1924 年第一套带钢冷连轧机在美国阿姆柯公司巴特勒工厂建成，轧机的配置形式为四辊三机架。日本于 1940 年在新日铁广田厂建设了第一套四机架 1420mm 冷连轧机。1951 年，苏联在新利佩茨克建设第一套五机架 2030mm 冷连轧机。20 世纪 60 年代中期冷轧带钢厚度自动控制系统投入工业应用。1968 年，NKK 福山 FE 工程(福山无头轧制工程)正式启动，由 IHI、三菱电机和 NKK 三家开始共同研发，世界上首套全连续冷连轧机于 1971 年开始运行。此种轧机在前面增加了焊机和活套，在钢卷进入轧机之前将钢卷焊接起来，借助活套的缓冲功能使带钢源源不断地进入轧机进行连续轧制。全连续式冷连轧机的出现是冷轧生产技术史上的一次革命，由于冷连轧机轧制过程连续生产效率高，易于实现自动化和机械化，所以其质量易于控制，这种轧机产量大，彻底解决了带钢轧制过程的频繁穿带、加减速及甩尾等问题，经济效益非常显著。以后各种先进的控制技术应用在冷连轧轧制过程中，大幅促进了轧制过程自动化的发展，其中由于冷连轧机要求的控制精度高、轧制速度快等特点，其自动化的发展也最为迅速和成熟。

我国第一套冷连轧机是 1978 年武钢引进的 1700mm 五机架冷连轧机，该机组的投产使我国具备了生产热镀锌、电镀锌和冷轧硅钢的能力。宝钢于 1985 年建成了 2030mm 五机架冷连轧机组。20 世纪 90 年代以后，宝钢陆续新建了 1420mm、1500mm 以及宝钢三期 1800mm 五机架冷轧机组，这使得我国冷轧带钢的品种和规格逐步扩大。为了打破国外公司的技术垄断、掌握冷连轧生产线的控制系统及关键工艺，在消化吸收国外先进计算机控制技术的同时，逐步研发具有自主知识产权的计算机控制系统，鞍钢率先运用自主集成模式，在二冷轧成功建设了酸轧机组，改变了我国完全依靠国外引进的局面。

轧制过程自动化的发展大致可分为三个阶段：第一阶段在20世纪四五十年代，为单机模拟自动化阶段；第二阶段在20世纪60年代，为数字计算机和单机自动控制系统共存阶段；第三阶段为1970年至今，为全部采用计算机进行直接数字控制阶段。

当前轧制过程自动化的发展程度，主要体现在以下几方面。

(1) 计算机控制系统的配置形式。在广泛应用过程控制计算机系统的同时，将管理机系统和控制机系统有机结合，组成分级集成控制系统。充分利用微处理机的发展，用它代替传统的硬件和逻辑接口，如普遍应用对局部设备直接数字控制的DDC装置，以实现对生产设备的分散控制，可以进一步提高计算机系统的可靠性和稳定性。

(2) 检测仪表和控制系统的性能及功能更加完善。轧制过程速度越来越快，产品规格越来越大，产品质量要求越来越严格，这就要求检测仪表和控制系统的性能和功能必须更加完善。例如，有些冷连轧机要求其速度达到1800m/min、精度为0.02%，而有些轧机要求在线检测带钢厚度和板形且精度为0.1μm。由此可见，对检测仪表和控制系统的响应和精度要求都是很高的。

(3) 高精度的轧制过程数学模型。现在对宽度、摩擦力分布、张力和轧制力的计算已经比较准确，对轧机动态特性、液压系统特性、活套支撑响应特性的描述进一步完善。实际过程参数与设定值偏差较小，轧制主要依靠自适应调整，控制模型收集分析大量现场数据自学习、自适应修正，能够很快适应轧制新规格、新钢种，过渡阶段超差较小。完善的理论模型可以更接近实际的设定轧机参数，减少试轧次数。

(4) 应用现代控制理论开发新的轧制技术。最优控制的基本思想是全面考虑机电设备、工艺和控制系统的工作条件，实现最稳定、最优质、低能耗的生产。全面考虑过程问题、客观情况和主管要求的变化。自适应控制是跟踪轧制过程，保证轧制控制精度的有效手段。将现代控制理论应用在大型生产系统中，尤其轧制过程牵连因素较多，许多影响因素甚至可以量化，实现最优生产。

冷连轧计算机控制系统是保证冷连轧机有效而有条不紊地运行不可缺少的核心环节，它自始至终都伴随着冷连轧机的发展逐步走向成熟。冷连轧计算机控制系统水平是由低级到高级，从局部到全局逐步发展的。自20世纪70年代末期，随着微型计算机工业的崛起，现代化带钢连轧生产线全部采用分布计算机，实行分级控制。通常情况下，带钢冷连轧生产线的分布式计算机系统分为三级，包括L1基础自动化、L2过程控制级和L3生产管理级，冷连轧自动化计算机控制系统的组成和功能如图 1.1 所示。总之，轧制生产正沿着连续化、高强化、大型化和自动化方向迅速发展，轧制生产过程的自动控制要求越来越高。

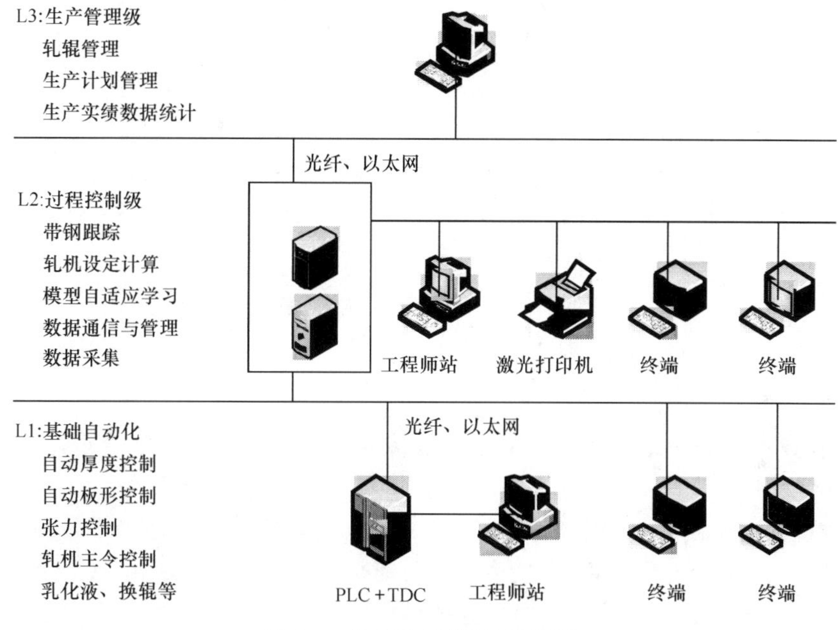

图 1.1　冷连轧计算机控制系统

1.2　自动控制系统的基本组成和控制原理

1.2.1　自动控制功能和系统基本要求

在实际生产过程中，轧制过程自动控制系统经常受到外部干扰因素的影响，这就要求系统能稳定地工作，及时克服干扰因素的影响，使输出稳定在目标值。判断一个控制系统品质时，既要看它在稳定状态下误差的情况（静差），又要看它在过渡过程的品质（响应时间），即完成从原来平衡状态过渡到新的平衡状态。

1. 稳态性能（又称静态性能）

当系统从一个稳态过渡到新的稳态，或系统受扰动作用又重新平衡后，系统可能会出现偏差，这种偏差称为稳态偏差。一个反馈控制系统的稳态性能用稳态误差来表示。系统稳态误差的大小反映系统的稳态精度，它表明了系统控制的准确程度。稳态误差越小，则系统的稳态精度越高。若稳态误差为零，则系统称为无差系统，如图 1.2(a)所示；若稳态误差不为零，则系统称为有差系统，如图 1.2(b)所示。对一个恒值系统来说，稳态误差是指扰动作用下，被控制量在稳态下的变化量；对一个随动系统来说，稳态误差则是指在稳定跟随过程中，输出量偏离给定量的大小。

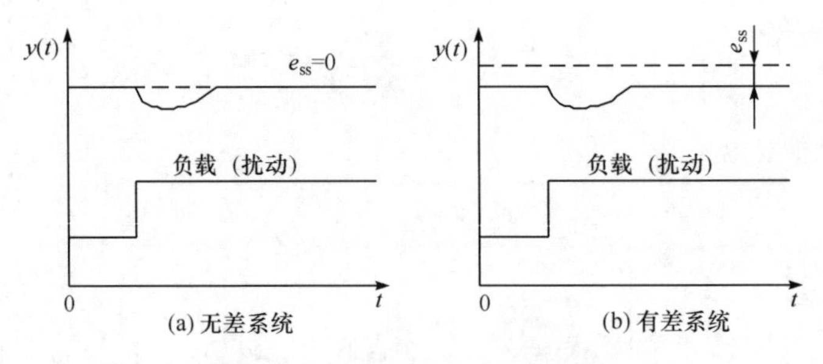

(a) 无差系统　　(b) 有差系统

图 1.2　自动控制系统的稳态误差

2. 动态性能

动态性能与稳态性能不仅与系统本身特性有关，还与输入量的性质有关，将输入量或扰动量假设为单位阶跃信号。由于系统的对象和元件通常都有一定惯性（如机械惯性、电磁惯性、热惯性等），并且由于能源功率的限制，系统中各种变量值（如加速度、位移、电压、温度等）的变化不可能是突变的。因此，系统从一个稳态过渡到新的稳态都需要经历一段时间，这一调整时间及其过程称为过渡过程时间，又称动态过程。如果控制对象的惯性很大，系统的反馈又不及时，则被控量在暂态过程中将产生过大的偏差，到达稳态的时间拖长，并呈现各种不同的暂态过程。

根据阶跃响应曲线变化类型，系统的动态性能可分为以下几种情况。

(1) 单调过程。这一过程的输出量单调变化，缓慢地达到新的稳态值。这种暂态过程具有较长的暂态过程时间，如图 1.3 所示。单调过程的特点是被控制量无摆动，不会出现超调现象，其缺点是过渡过程时间比较长，因此单调过程只适用于在严格要求无超调的工艺要求下采用。

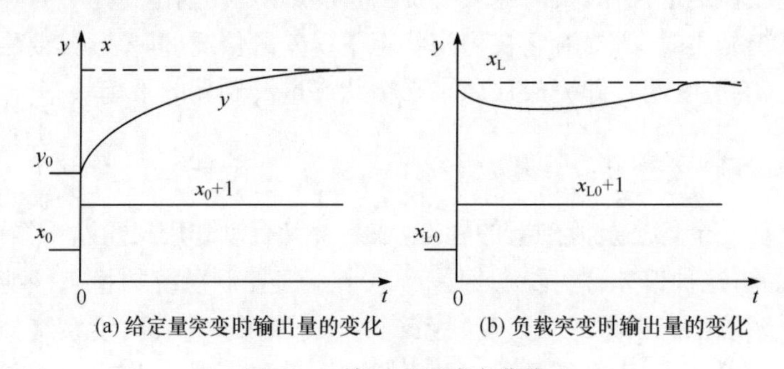

(a) 给定量突变时输出量的变化　　(b) 负载突变时输出量的变化

图 1.3　单调过程响应曲线

(2) 衰减振荡过程。这时被控制量变化很快，以致产生超调，经过几次振荡后，达到新的稳定工作状态，如图 1.4 所示。该系统结构的特点是至少具有两个以上的储能元件，而且这些储能元件在相位上有明显差异，因此外界信号突变时，储能元件就存在能量交换，形成振荡，而每次交换的能量是逐步减少的，这就形成衰减。

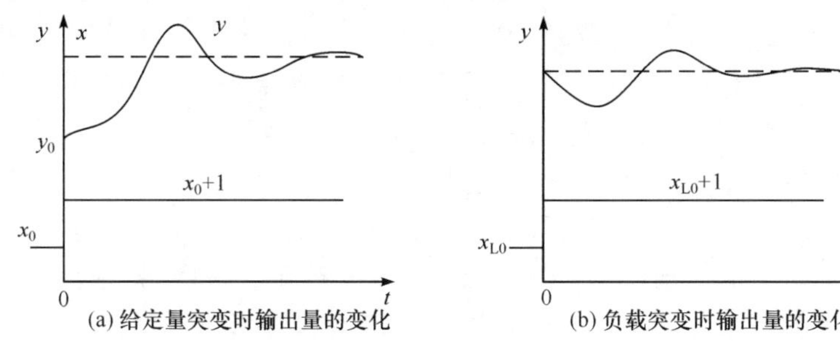

图 1.4　衰减振荡过程响应曲线

(3) 持续振荡过程。这时被控制量持续振荡，始终不能达到新的稳定工作状态，如图 1.5 所示，这属于不稳定过程。

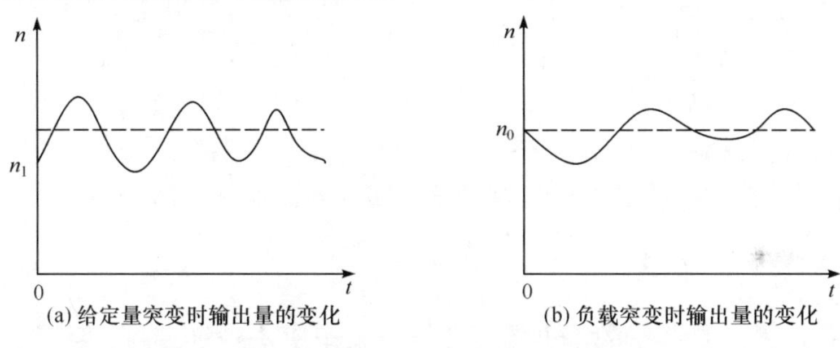

图 1.5　持续振荡过程响应曲线

(4) 发散振荡过程。发散过程是指系统在任何微小干扰下(包括输入量)，系统的输出量会越来越大，并最终趋向无穷大或者输出量为振荡，其幅值越来越大，最终趋向无穷大。这时被控制量发散振荡，不能达到所要求的稳定工作状态。这种情况下，不但不能纠正偏差，反而使偏差越来越大，如图 1.6 所示，这也属于不稳定过程。

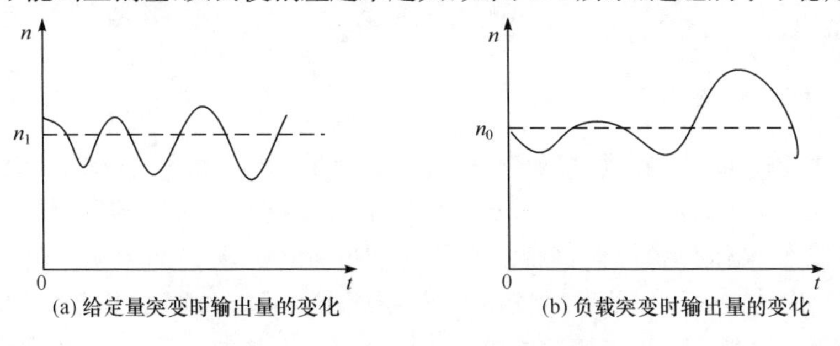

图 1.6　发散振荡过程响应曲线

1.2.2 自动控制系统的基本形式

在生产过程中，为了提高产品质量、劳动生产率以及保证生产人员的人身安全，需要对生产设备及其工艺流程进行控制，使被控制的变量保持恒定或按照工艺要求的规律变化。通常把被控制的设备或过程称为被控对象，被控制的物理量称为被控制量，以轧机压上位置控制为例进行说明。依据预期出口厚度，由计算机控制调节液压压上系统，将轧辊辊缝移动到比设定出口厚度小的某一位置后，轧辊轧制出来的轧件就接近预期出口厚度。这里给定的压上位置代表控制量，轧后轧件的厚度代表输出量或称为被控制量，经过轧辊的加工作用，轧件变薄，即一定的压上位置就对应一定的轧出厚度。但在辊缝不变的条件下，如果来料厚度不均、硬度不均或轧制条件发生变化，也会引起辊缝发生变化，因而轧出的轧件厚度也就发生变化。在这一轧制过程中，输出量对轧制量没有赋予任何控制影响作用，这种输出量不会返回影响过程的控制系统称为开环控制系统。

如果在轧机出口安装测厚仪，当外界干扰引起被控制量发生变化时，根据实测值与目标值比较，就通过液压压上系统去改变辊缝位置，使得轧出的厚度逼近目标厚度，调节控制在允许的厚度偏差范围之内。这一过程，用计算机自动完成偏差信号调节和控制信号输出，再由液压执行机构完成具体调节任务，就称为反馈控制系统。控制系统按其结构形式可分为开环控制系统、闭环控制系统和复合控制系统三类，其中复合控制系统是开环控制系统与闭环控制系统的组合。

1. 开环控制系统

开环控制系统是系统的输出量不参与控制作用，一般包括直接控制系统和前馈控制系统。如图 1.7(a)所示为直接控制系统，输入量即为控制量，发出控制作用给被控制部分，而被控制部分并不将控制结果反馈到控制端。如图 1.7(b)所示为前馈控制系统，控制部分依据对输入量的检测，计算控制量发送到被控制部分，对输入量进行控制。开环系统简单，容易调节，并可以及时跟踪给定量的变化，但是由于干扰信号使输出量不能按照给定量所期望的值工作，所以很少单独采用开环控制系统。

2. 闭环控制系统

闭环控制系统将输出量检测出来，经过必要处理后反馈到输入端，与给定量进行比较，再利用作差后的偏差信号经过控制器对被控对象进行控制。图 1.8 是闭环控制的轧机液压位置控制系统。它借助于位置传感器检测出实际的液压缸位置，并转换成相应的电压信号，然后将它与所要求的目标位置相当的电压信号进行比较，得到与位置偏差相当的偏差信号。偏差信号经过放大器放大，控制伺服阀电

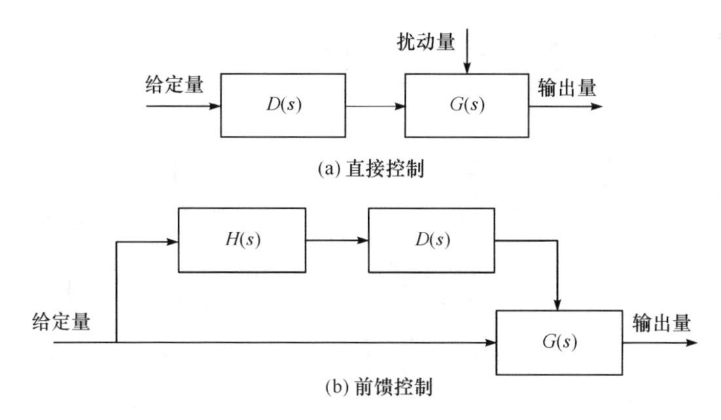

图1.7　开环控制系统

$D(s)$-控制器；$G(s)$-控制对象；$H(s)$-检测部分

流，调节阀调节开度使液压缸向上或向下移动，从而使辊缝相应改变，得到所要求的轧机辊缝位置值。只要位置传感器精度足够，调节器、执行器或任何外部干扰影响辊缝位置时，都会调节伺服阀电流值，自动地使实际位置保持在允许的位置偏差范围内，即无论外部干扰或调节，还是执行机构本身的原因，一旦有偏差产生，出口检测装置就会检测出来。故反馈控制系统广泛应用于自动控制系统。

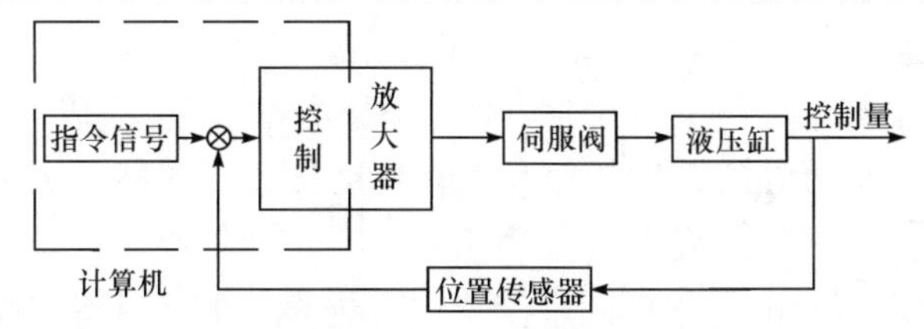

图1.8　轧机液压位置控制系统方块图

闭环系统的结构复杂，调试困难。这是因为闭环系统存在稳定性问题，要解决该问题就必须要有校正环节，因此系统较为复杂，调试系统时如何选择校正环节的最佳参数也是一个实际而又复杂的问题。

3. 复合控制系统

复合控制系统是指控制部分与被控制部分之间同时存在开环控制和闭环控制。采用复合控制系统的目的是使系统既具有开环控制系统的稳定性和前瞻性，又具有闭环控制系统的精确性。如图1.9所示为复合控制系统，在开环控制环节中，输出量依据输入量进行随动调节，同时输出量还与给定量在闭环控制环节中进行比较，闭环控制环节的作用是提高输出量的稳定精度。如实现带钢厚度复合控制，需要测量来料带钢入口厚度和出口厚度，前者提供前馈控制的依据预设辊缝和传动速度，后者为反馈控制提供参考，确保产品最终精度。这样在来料波动的情况下，也能包括头尾部在内轧制出高精度轧件。

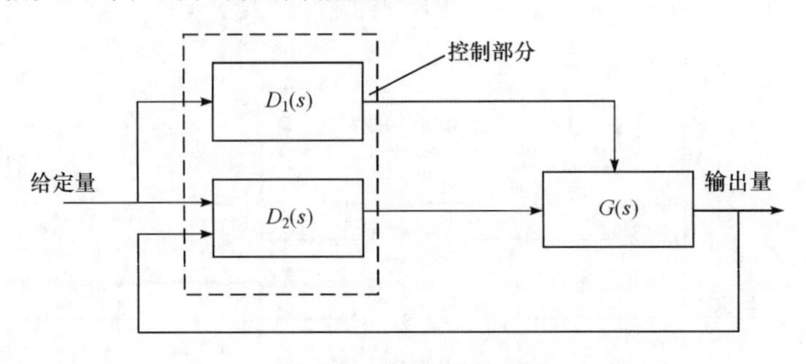

图 1.9　复合控制系统

$D_1(s)$-开环控制器；$D_2(s)$-闭环控制器；$G(s)$-控制对象

1.2.3　闭环控制系统的基本组成和控制原理

轧制过程是冶金行业中自动化水平最高的生产过程之一，各种生产环节及其设备几乎全部采用闭环控制。根据控制对象和使用元件的不同，自动控制系统有各种不同的形式，但是概括起来，闭环控制系统至少要包含以下三个功能。

(1) 对被控制量进行正确测量，并经过必要的处理，再传送到输入端形成反馈量，通常这一功能由测量仪表与反馈回路来完成；

(2) 将反馈量与给定量进行比较，这一功能由比较环节完成；

(3) 根据比较信号经过必要的处理，向执行机构发出信号，使输出量达到所希望的值。

如图 1.10 所示，一般闭环控制系统均由下述基本环节组成，概括起来包括以下几种。

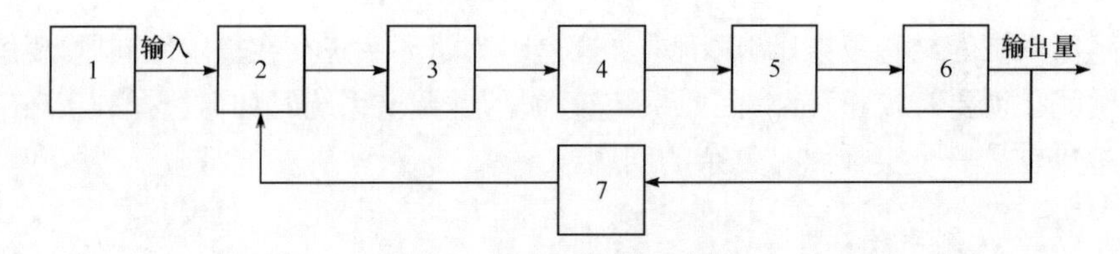

图 1.10　控制系统结构图

1-给定环节；2-比较环节；3-校正环节；4-放大环节；5-执行机构；6-被控对象；7-检测装置

(1) 给定环节。设定被控制量给定值的装置，如电位器。给定环节的精度对被控制量的控制精度有较大影响，在控制精度要求高时，常采用数字给定装置。输入量的大小由操作人员确定，复杂的则由计算机根据生产工艺的要求由程序获得。

(2) 比较环节。比较环节将所检测的被控制量与给定量进行比较，确定两者之间的偏差量。该偏差量由于功率较小或者由于物理性质不同，还不能直接作用于执行机构，所以在执行机构和比较环节之间还有中间环节。

(3) 校正环节。校正环节一般是放大元件，将偏差信号变换成适于控制执行机构工作的信号。根据控制的要求，中间环节可以是一个简单的环节，如放大器；或者是将偏差信号变换为适于执行机构工作的物理量，如功率放大器。除此之外，还希望中间环节能够按某种规律对偏差信号进行运算，用运算的结果控制执行机构，以改善被控制量的稳态和暂态性能，这种中间环节常称为校正环节。

(4) 放大环节。校正环节出来的信号通常比较小，与执行机构所要求的输入信号不匹配，则必须经过放大环节。放大环节起到信号放大和功率放大的作用。这一环节的选取完全取决于执行机构的入口信号要求，如果执行机构本身要求输入信号很小，校正环节输出的信号无论从功率角度还是从幅值角度都已足够，则放大环节可以省略。

(5) 执行机构。执行机构要根据被控对象来选取，如被控对象为轧机辊子转速，则执行机构可选取交流电机或直流电机，目前发展方向是选用交流电机；如果被控对象为轧机辊缝，则执行机构可选取电动压下或液压压下装置。

(6) 被控对象。被控对象是控制系统所要控制的具体对象，可以是生产设备或生产流程，如酸洗、轧机、退火炉、平整过程等。再根据被控对象实际情况选择具有决定意义的而又能被监测到的量作为被控制量，由于许多被控对象具有多个要求控制的量，这类系统称为多输出系统，与此同时对应的输入量也不是一个，因此这类系统称为多输入-多输出系统，轧制过程自控系统就属于这类系统。

(7) 检测装置。检测装置要检测出系统的输出量，如液压辊缝、轧制厚度、带钢速度等，它们通常为非电量，而系统的输入信号通常为电气量，这就存在一个物理量转换问题。由于反馈量与输入量之间在数量级方面必须相匹配，因此还存在一个比例大小问题。这些问题在检测装置中都要解决。在反馈回路中还可加一些其他功能，如滤波器等，因为检测装置的输出量中有时会含有干扰信号，这种干扰信号对系统有影响，应限制到允许范围内。

1.3　冷连轧过程控制系统实例

当代冷轧带钢生产使用酸洗-轧机联合机组，其中冷连轧机组电气控制系统一般采用由现场控制级(Level 0 级)、基础自动化控制级(Level 1 级)、过程自动化控制级(Level 2 级)组成的三级控制系统。基础自动化控制级是生产线自动控制系统中用来完成连轧机组所有设备的顺序控制和各种高速闭环控制的计算机系统。现有的冷连轧机组基础自动化控制系统主要由可编程控制器(PLC)组群和基于VME 控制总线技术的高性能控制器(HPC)组群两部分组成。其中，PLC 控制器组群主要用于顺序控制和其他一些对速度要求不高的控制功能，包括 4～6 个轧机换辊控制系统(每机架1套)、轧机入出口控制系统、钢卷传送系统、液压控制系统、乳化液控制系统、润滑控制系统、急停控制系统等;HPC控制器组群主要用于轧机的高速闭环控制,按功能可分为两层:第一层为区域主管控制功能,包括所有质量控制和工艺控制用控制器;第二层为数字电气传动及机架控制器,而机架控制器实际上为数字液压传动控制器;此外,还包括基础自动化控制系统开发调试用工程师站、服务器、打印机、HMI操作员站、现场数据采集系统等。

在生产线自动控制系统中是用来管理生产过程数据的计算机系统,通常完成生产线上各设备的设定值计算、模型优化、生产过程数据和产品质量数据的收集、收集设备运行数据、生产计划数据维护、生产原料数据和生产成品数据的管理、物料数据在生产线上的全线跟踪、协调各控制系统间的动作和数据传递等。过程计算机控制系统需要和工厂生产管理系统通信,接收生产计划指令、原料数据、设备数据等数据;上传生产计划完成进度数据、生产结果数据、设备使用数据和各种其他管理需要的数据。

对基础自动控制系统要求是:可靠性高、具有实时控制系统的时间响应要求、能够利用数据库提供大量数据的存储、具有强大的数据审计功能和运行轨迹跟踪功能、能够灵活支持多种通信方式(特别是工业用标准通信方式),能够为设备提供生产设定值,如果有可能,应该进行智能优化。凡是利用计算机参与生产过程自动控制的系统均称为计算机控制系统,典型的计算机控制系统结构框图如图1.11所示,计算机与生产过程中的执行机构与测量变送接口上为数模转换A/D与模数转换D/A。

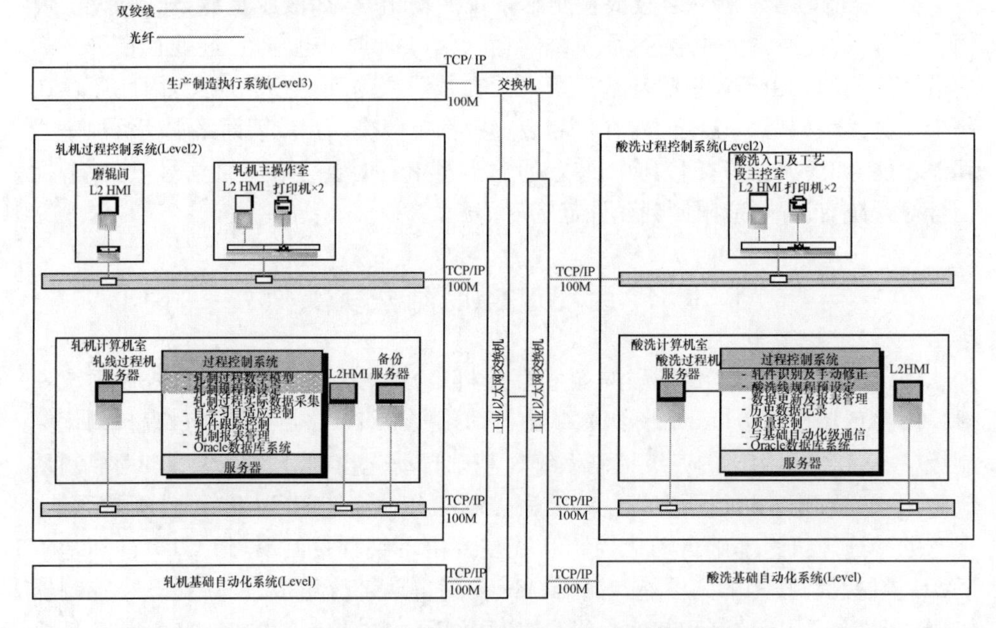

图1.11　酸洗-轧机联合机组过程控制系统网络图

1.3.1　SIEMENS 冷轧控制系统概述

带钢连轧过程是冶金行业中占主导地位的生产过程之一，它包含了许多生产环节和工艺流程，其中以热连轧过程和冷连轧过程为主导。冷连轧的基础自动化面向的对象为电机、液压系统，由于对象惯性小、响应快，要求控制周期为 2～20ms，目前国际上能够提供用于冷连轧的计算机控制系统主要有美国 GE 公司的 INNOVATION 系统、德国 SIEMENS 公司 SIMATIC TDC 系统、日本三菱-日立公司的 MELPLAC 系统以及法国 ALSTOM 公司的 ALSPA 系统。为了对轧制自动控制系统有更进一步的了解，以国内某钢企 1450mm 冷连轧机的基础自动化控制系统为例，它采用的是 SIEMENS 公司 SIMATIC TDC 系统。SIEMENS 冷连轧自动控制系统包含大功率电气传动、自动化仪表、液压压上控制系统、主令控制及计算机控制系统多个方面，而这些技术的发展又是相互促进、相辅相成的。

1. 电气传动系统

冷连轧主传动在功率上是仅次于热连轧的大功率传动系统，自 20 世纪 80 年代以来交流传动迅速发展，首先由 SIEMENS 公司推出循流变频器(cyclo converter)，又称为交-交变频交流调速传动，用晶闸管的功率桥，并采用矢量控制，90 年代后新建的带钢冷连轧大功率主传动基本上都采用交流调速传动。由于交直交变频的应用日益广泛，最常应用的是 IGBT，长期以来由于功率限制，IGBT 主要用于中小功率，但近年来已有突破，可用于近 3000kW 甚至更大功率的交流电机控制，因此 SIEMENS、ALSTOM 公司等将其用于冷连轧，采用上下辊总体驱动功率接近 6000kW。

2. 自动化仪表

带钢冷连轧为了实现自动化，配备有以下基本仪表：机架的轧制压力检测、机架前后张力检测、轧机入出口和机架间的测厚仪、轧机入出口和机架间的激光测速仪、带钢板形检测、液压缸位置测量仪(磁尺)及油压传感器、液压弯辊油压传感器、液压窜辊位置测量仪。近年来，为了提高冷轧产品质量，广泛采用热轧来料凸度仪(沿带钢宽度多点 X 射线源及矩阵式接收，以获得沿宽度方向的厚度分布)，轧机出口检测成品带钢边部减薄状况的边降仪。表 1.1 为轧机仪表的性能指标，这些仪表的应用使产品厚度和板形质量大为提高。

表 1.1　冷连轧机仪表具有的性能指标

仪表	性能指标	仪表	性能指标
X 射线测厚仪	测量范围 0.18～6mm 精度 0.1% 线性化范围小于 0.05% 响应时间 10ms 统计噪声小于 0.1%	激光测速仪	精度 0.1% 重复性 0.1% 安装高度 分辨率 1mm/s
凸度边降仪	测量范围 0.18～6mm 线性化范围 0.0～6.6mm 时间常数 5ms 总时间常数 10ms 测量变送器采样频率 0.5ms 测量值输出 2ms 被测物门槛值 200μm	板形仪	有效测量宽度 2028mm 分辨率 0.5I 通道宽度 52mm 信号路数 39 路 轧制张力 5～150kN 瞬间过载能力 100%
液压缸位置(磁尺)	分辨率 0.5μm 精度 3+5%L (L 为磁尺长度) 重复性≤±0.1%	轧制压力测量仪	测量范围 0～30MN 精度±0.5% 线性度≤±0.5% 滞回度≤0.2%

目前,冷连轧机几乎都配备了各种仪表,其中关键仪表为测厚仪、激光测速仪及板形辊。表 1.2 为五机架冷连轧机所配置的仪表数量及其安装位置。

表 1.2　五机架冷连轧典型仪表配置

序号	仪表	数量	安装位置
1	X 射线测厚仪	4	S1 前后,S5 前后
2	激光测速仪	4	S1 前后,S5 前后
3	轧制力测量	2	S1,S5
4	张力计	6	S1～S5 机架前后
5	液压缸位置测量	10	每机架 2 个
6	板形仪	1	S5 后
7	窜辊位移计	32	S1～S5 中间辊,S1～S3 工作辊
8	弯辊测量仪	20	每机架 4 个

3. 计算机控制系统

由于对冷轧带钢质量的要求越来越严,因此计算机控制系统已是冷连轧不可缺少的组成部分。随着液压控制系统的广泛应用以及全部控制作用于轧辊-轧件变形区,冷连轧控制系统需满足下列两个要求。

(1) 高速控制。冷连轧机除了一些顺序逻辑控制可以采用通用的可编程逻辑控制器(PLC),大部分功能要求实现高速控制。液压系统要求控制周期为 10ms,机电系统要求控制周期为 20ms,因此一般采用多控制器且控制器内采用多 CPU 的结构,为此需采用高性能控制器 TDC。TDC 为基于 VME 控制总线技术的多 CPU 控制器,控制周期 1～10ms。

(2) 高速通信。由于轧机的多个控制功能(轧制力、轧制速度、厚度控制、张力控制、板形控制等)最终都是作用在变形区,因此不同的控制目标之间存在较强的耦合作用,如厚度-板形、速度-张力、速度-厚度等,控制参数表现为非线性特点,需要相互传递补偿信息,数据更新往往要求在 1～2ms,故而 CPU 与本控制器内其他 CPU 的通信和 CPU 与本区内的另一个控制器的 CPU 通信,都要求控制周期为 1～2ms。两个控制器间的通信和基础自动化级与过程控制级的通信,要求控制周期为 10ms。因此采用多层次网络结构,快慢数据分层,其关键是基础自动化控制器间采用高速数据网通信。

基于以上特点,新一代冷轧带钢生产线使用的计算机控制系统主要有两种结构:区域控制群结构和超高速网络结构。区域控制群结构是将用于一个控制区的控制器用高速网络连接成一个控制群,每一个控制群由两层组成,第一层为区域主管控制器和人机界面站,第二层为机架控制器数字传动。多个控制器群构成的基础自动化部分和过程自动化部分通过以太网相连,每一个控制群仅由区域主管控制器挂在以太网上。这种多层通信网络结构使快慢数据分流,提高了系统的通信效率。超高速网络结构以一条通信速度高达 100Mbit/s 的光纤环形网作为通信主网,过程自动化级的小型机、基础自动化级的控制器(PLC、VME 总线控制器)、人机界面站都挂在主网上。由于主网的通信速度较快,因此可以在网上采取数据分流的方法,以满足现代轧钢控制系统对于高速通信的要求。

4. 基础自动化控制系统

基础自动化系统主要控制功能为:主令控制、张力控制、厚度控制和板形控制。

1) 主令控制

轧机主令控制用于确保轧机区入口张力辊组到出口卷取机之间带钢生产的正常运行,根据当前带钢的位置和轧机运行模式协调传动控制、工艺控制和辅助设备动作,并监控生产线的运行状态,对故障及时处理。主令控制系统所涉及的控制功能较多,根据轧制过程中的不同作用,主令控制可以分为三个功能。

(1) 轧区带钢跟踪。轧机区域带钢跟踪功能可以划分为焊缝跟踪、剪切点跟踪和缺陷跟踪。

(2) 主令速度计算。主令速度计算功能是基础自动化控制的一个基本功能,目的是完成对某一操作模式对应传动设备动作的控制。

(3) 动态变规格。动态变规格是指通过对辊缝、速度、张力等参数的动态调整,实现相邻两卷带钢的钢种、厚度、宽度等规格的变换。复杂之处在于短时间内调整辊缝和辊速,从而由当前卷轧制规程切换到下一卷轧制规程,因此必须按照一定的规律进行,否则带钢的厚度、张力将发生较大波动。

2) 张力控制

张力控制技术是带钢冷连轧生产线的关键技术之一,轧制过程中的张力控制精度由张力自动控制保证。张力自动控制是冷连轧生产过程中发展成熟、控制效果明显的技术手段。从控制系统的结构来分,张力控制系统可以分为直接张力控制、间接张力控制和复合张力控制三种。现代冷连轧机组一般都在轧机入出口采用间接张力控制法,即通过控制入口张力辊组或出口卷取机的恒转矩使张力维持在预设值。机架间的张力控制系统采用直接张力闭环控制,基于张力计检测的实际张力与设定值进行比较,将得到的偏差作为张力控制器的输入,经过一系列处理后根据系统输出调节执行机构,以达到控制张力的目的。

3) 厚度控制

厚度精度是冷连轧产品最重要的尺寸指标之一,厚度自动控制(automatic gauge control,AGC)系统也是现代冷连轧机自动控制系统中必不可少的组成部分。冷连轧厚度控制技术发展到现在,根据在线检测仪表、执行机构以及作用情况,AGC 系统方法可归纳为以下三种基本形式:前馈 AGC、监控 AGC 和秒流量 AGC。现代工业的飞速发展,同时也对冷轧带钢的厚度精度提出了更高的要求,随着对 AGC 研究的深入,传统控制方法已经越来越难以满足需求,这就促使现代控制理论的分析和设计方法逐渐被 AGC 控制所采纳。此外,智能控制也被引入到了 AGC 控制中,主要有模糊控制、神经网络控制、遗传算法、专家系统和学习控制等。

4) 板形控制

提高和完善轧机的板形调控能力一直是冷轧板带装备和技术发展追求的目标。板形控制技术是跨越轧制工艺、力学分析、机械设计、计算机、自动控制以及检测仪表等多领域的综合技术。轧辊的弹性变形是直接影响板形理论的核心问题。板形理论是从 20 世纪 60 年代弹性变形研究开始的,迅速发展到现在,对轧辊弹性变形计算的精度已经到使用程度。目前板形检测技术的方法有很多,按带钢与平直度检测装置的接触方式可分为接触式板形仪和非接触式板形仪两大类。板形控制的实质就是控制轧制过程有载辊缝的形状,因此凡是能够改变轧辊弹性变形状态和辊凸度的方法均可以作为改善板形的手段。

现有的国外各大电气公司为冷连轧生产线提出的基础自动化控制系统规模都比较庞大,这大大增加了用户的建设投资成本和设备维护成本。我国在板带轧制工艺、轧制数学模型及板形、厚度控制技术等方面取得了长足的进步。通过消化引进技术、自主集成和自主创新，我国已经跻身于轧制技术发达国家之列。目前，冷连轧生产正朝着产品专业化、设备大型化、生产灵活化、工艺连续化、控制自动化的方向发展。

1.3.2　SIEMENS 冷轧控制系统配置

依据现有主流五机架冷连轧生产机组工艺配置方案，SIEMENS 公司提出了新的冷连轧生产机组基础自动化配置方法。

1. PLC 控制系统

由于 PLC 控制器主要用于辅助设备顺序控制和其他一些对速度要求不高的控制功能，因此其对系统响应时间的要求不高，一般在几十毫秒到几百毫秒之间。现有的各种 PLC 控制器产品都可以满足冷连轧生产线工作要求，冷连轧机 PLC 控制器的配置方案如图 1.12 所示。

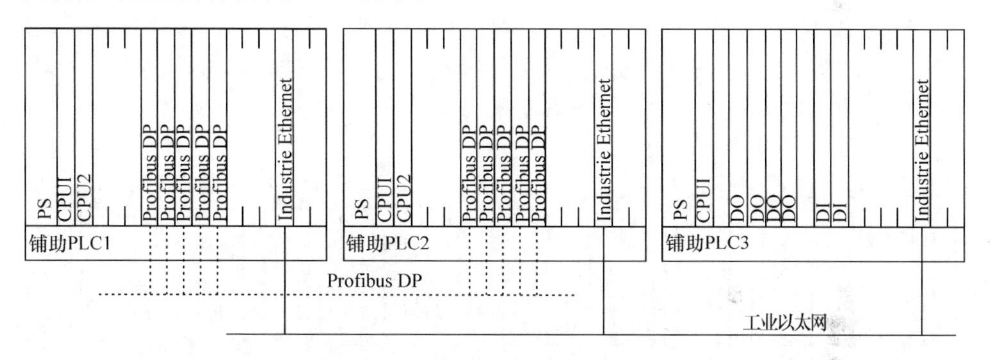

图 1.12　冷连轧机 PLC 控制器组群

1) 辅助 PLC 控制系统 1

1 个支持多 CPU 的 PLC 控制器框架，1 个电源供电模块，2 个 CPU 模块。

CPU1 用于第 1 和 5 机架换辊控制功能。为了尽量减小热轧来料厚度偏差对冷轧产品质量的影响，第 1 机架一般配置为六辊轧机。第 5 机架作为轧机末端的成品机架，是带钢板形控制最为关键的控制环节，需具有足够的带钢平直度调控能力，第 5 机架一般配置为六辊轧机。

CPU2 用于 2、3、4 机架换辊控制功能。2、3、4 机架一般配置为四辊轧机，这样配置既可以满足生产工艺的要求，又可以降低投资成本。

5 个用于连接现场远程站的 Profibus DP 扩展型通信模块；1 个用于与其他控制功能单元进行数据通信的以太网通信模块。

2) 辅助 PLC 控制系统 2

1 个支持多 CPU 的 PLC 控制器框架，1 个电源供电模块，2 个 CPU 模块。

CPU1 用于轧机入出口设备控制和成品钢卷传送系统控制功能；CPU2 用于

轧机三站控制和其他生产用介质的控制功能。

5 个用于连接现场远程站的 Profibus DP 扩展型通信模块；1 个用于与其他逻辑控制单元进行数据通信的以太网通信模块。

3) 辅助 PLC 控制系统 3

PLC3 用于急停控制。急停控制系统作为轧机安全生产最主要的控制设备，采用冗余故障安全型控制器。其硬件配置包括：1 个支持多 CPU 的冗余 PLC 控制器框架；1 个电源供电模块；1 个 CPU 模块；1 个用于与其他逻辑控制单元进行数据通信的以太网通信模块；4 个用于连接现场各设备的多通道故障安全型数字量输出模块；2 个用于连接现场各急停信号输入设备的多通道故障安全型数字量输入模块。如信号模块需要添加，可选用带有扩展机架功能的 PLC 控制器对该系统进行扩展。

2. HPC 控制系统

HPC 控制器组群主要用于轧机的高速闭环控制。其拓扑结构采用的是区域控制器群结构，可分为三大部分：区域主管控制功能框架、轧机质量控制功能框架、机架控制功能框架。各 HPC 控制器间采用高达 200～400Mb/s 的高速光纤内存映像网络相连接，其配置方案如图 1.13 所示。

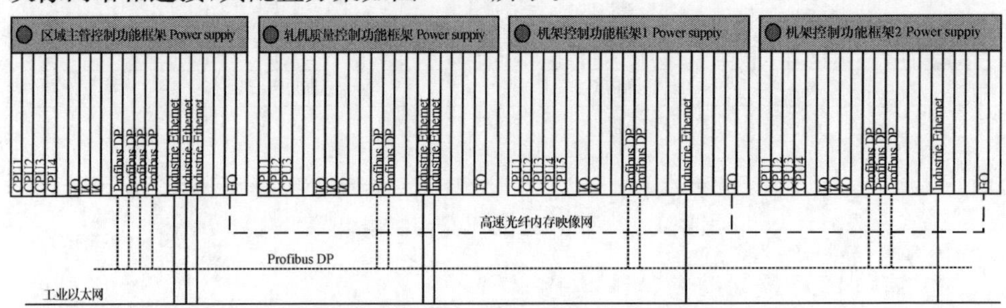

图 1.13　冷连轧机 HPC 控制器组群

1) 区域主管控制功能框架

1 个电源框架；4 个 CPU 模块。

CPU1：轧机模拟功能；轧制设定值处理；轧机实际值处理；HMI 显示接口。

CPU2：物料跟踪；楔形轧制控制。

CPU3：生产线协调控制。

CPU4：轧机速度斜坡控制。

3 个用于连接现场检测信号和现场设备控制信号的信号输入输出模块；4 个用于连接现场远程站和传动系统的 Profibus 通信模块；3 个以太网通信模块；1 个高速光纤内存映像网通信模块。

2) 轧机质量控制功能框架

1 个电源框架；3 个 CPU 模块。

CPU1:轧机厚度控制;轧机前滑控制。

CPU2:轧机张力控制。

CPU3:板形控制。

3个用于连接现场检测信号和现场设备控制信号的信号输入输出模块;2个用于连接现场远程站和第三方设备的Profibus通信模块;2个以太网通信模块;1个高速光纤内存映像网通信模块。分段机架控制功能包括第1和第2机架控制功能框架,其中1号框架用于完成第1和第5两个机架的各种控制功能的实现,第2机架用于完成2、3、4三个机架的各种控制功能的实现。第1和第5两个机架大多配置为六辊轧机,2、3、4三个机架大多配置为四辊轧机。

3) 机架控制功能框架1

1个电源框架;5个CPU模块。

CPU1:机架标定;通信接口;手动功能;HMI显示接口。

CPU2:1机架压下系统;1机架轧辊偏心补偿。

CPU3:1机架弯辊系统;1机架窜辊系统。

CPU4:5机架压下系统。

CPU5:5机架弯辊系统;5机架窜辊系统

2个用于连接现场检测信号和现场设备控制信号的信号输入输出模块;2个用于连接现场远程站的Profibus通信模板;1个以太网通信模块;1个高速光纤内存映像网通信模块。

4) 机架控制功能框架2

1个电源框架;4个CPU模块。

CPU1:机架标定;通信接口;手动功能;HMI显示接口。

CPU2:2机架压下控制;2机架弯辊控制。

CPU3:3机架压下控制;3机架弯辊控制。

CPU4:4机架压下控制;4机架弯辊控制。

3个用于连接现场检测信号和现场设备控制信号的信号输入输出模块;3个用于连接现场远程站的Profibus通信模板;1个以太网通信模块;1个高速光纤内存映像网通信模块。

5) 现场控制台

用于现场操作人员对连轧机组进行生产操作,其配置方法如图1.14所示,包括以下部分。

轧机入口控制箱:用于轧机入口设备的操作人员现场控制。使用现场远程站通过DP网络接入PLC和HPC控制系统。

轧机1～5机架控制箱:用于轧机1～5机架设备的操作人员现场控制。使用现场远程站通过DP网络接入PLC和HPC控制系统。使用HMI远程站通过工业以太网接入HMI系统。

轧机出口控制箱:用于轧机出口设备的操作人员现场控制。使用现场远程站通过 DP 网络接入 PLC 和 HPC 控制系统。

轧机出口钢卷传送控制箱:用于轧机出口钢卷传送设备的操作人员现场控制。使用现场远程站通过 DP 网络接入 PLC 和 HPC 控制系统。

轧机主控制台:用于连轧机组连续生产的操作控制。使用现场远程站通过 DP 网络接入 PLC 和 HPC 控制系统。使用 HMI 远程站通过工业以太网接入 HMI 系统。

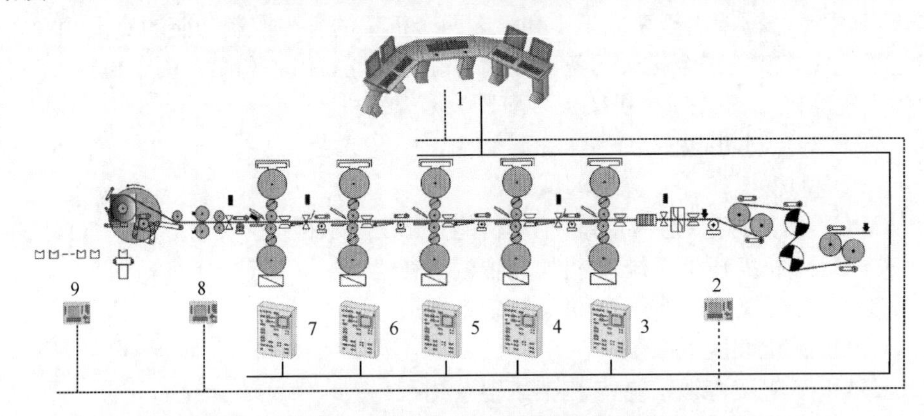

图 1.14 冷连轧机现场控制台配置图

1-轧机主控制台;2-轧机入口控制箱;3-轧机 1 机架控制箱;4-轧机 2 机架控制箱;5-轧机 3 机架控制箱;6-轧机 4 机架控制箱;7-轧机 5 机架控制箱;8-轧机出口控制箱;9-轧机出口钢卷传送控制箱

3. 实时数据采集系统

带钢冷连轧机组生产工艺极其复杂,对自动化控制系统控制精度及系统响应速度有极高的要求。为了保证系统能够安全高效地运行,需要对机组自动控制系统及其在运行过程中的各种状态参数进行实时监测。为了满足冷连轧机组高速闭环控制系统故障分析时对监测数据毫秒级的需要,对冷连轧机组自动化控制系统需要单独配置一套毫秒级的数据采集系统。

现有数据采集系统有两类,一类使用计算机主机自带的通用通信接口进行数据采集,一类使用专用数据采集卡进行数据采集。使用专用数据采集卡进行数据采集,其速度可以达到 1ms,且可以同时处理几千个数据信号。这里采用的是使用专用数据采集卡的数据采集系统,如图 1.15 所示,其包括:软件或硬件授权 1 个;计算机主机 1 台;Profibus DP 数据采集卡 1 块,用于采集 PLC 控制系统实时数据;高速光纤内存映像网数据采集卡 1 块,用于采集 HPC 控制系统实时数据;数据采集系统应用软件 1 套。

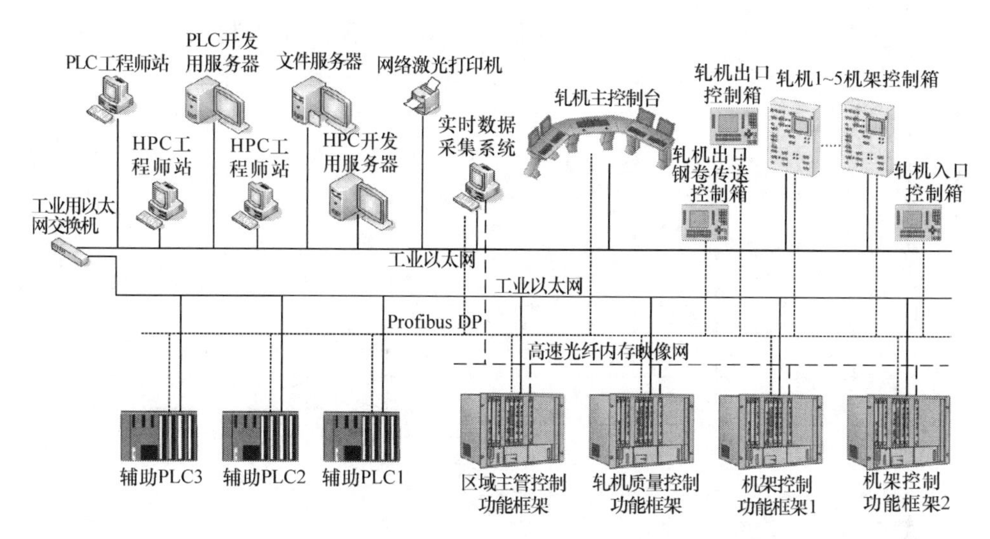

图 1.15　冷连轧机组基础自动化控制系统通信网络图

4. 基础自动化开发与调试计算机系统

用于冷连轧机组基础自动化控制系统控制程序的开发和生产线现场调试使用，如图 1.15 所示。HPC 工程师站 2 台，PLC 工程师站 1 台，HPC 开发用服务器 1 台，PLC 开发用服务器 1 台，文件服务器 1 台，网络激光打印机 1 台，以太网交换机 1 台。

5. 基础自动化控制系统网络配置

在分级自动化控制系统中，各控制级之间数据通信按照不同的通信需求，可分成多个网络，如图 1.15 所示，其中包括以下几个部分。

(1) Profibus DP 通信网络：用于现场远程站、传动系统及第三方设备与基础自动化控制系统的数据通信、PLC 控制系统数据采集等。

(2) 工业以太网通信网络：用于一级 PLC 控制系统和 HPC 控制系统间数据通信、一二级间数据通信、HMI 人机界面通信、与酸洗线的数据通信、程序开发及调试计算机系统通信等。

(3) 高速光纤内存映像网通信网络：用于基础自动化控制系统中 HPC 控制系统各控制功能单元间的高速数据交换及实时数据采集系统高速数据采集。

1.3.3　冷连轧自动控制系统效果

1. 厚度控制(AGC)效果

AGC 控制策略是 1450mm 五机架全连续冷连轧机组轧制过程中厚度控制的

基本控制方式。图 1.16 所示为厚度控制效果图，应用实际轧制粗调 AGC 和精

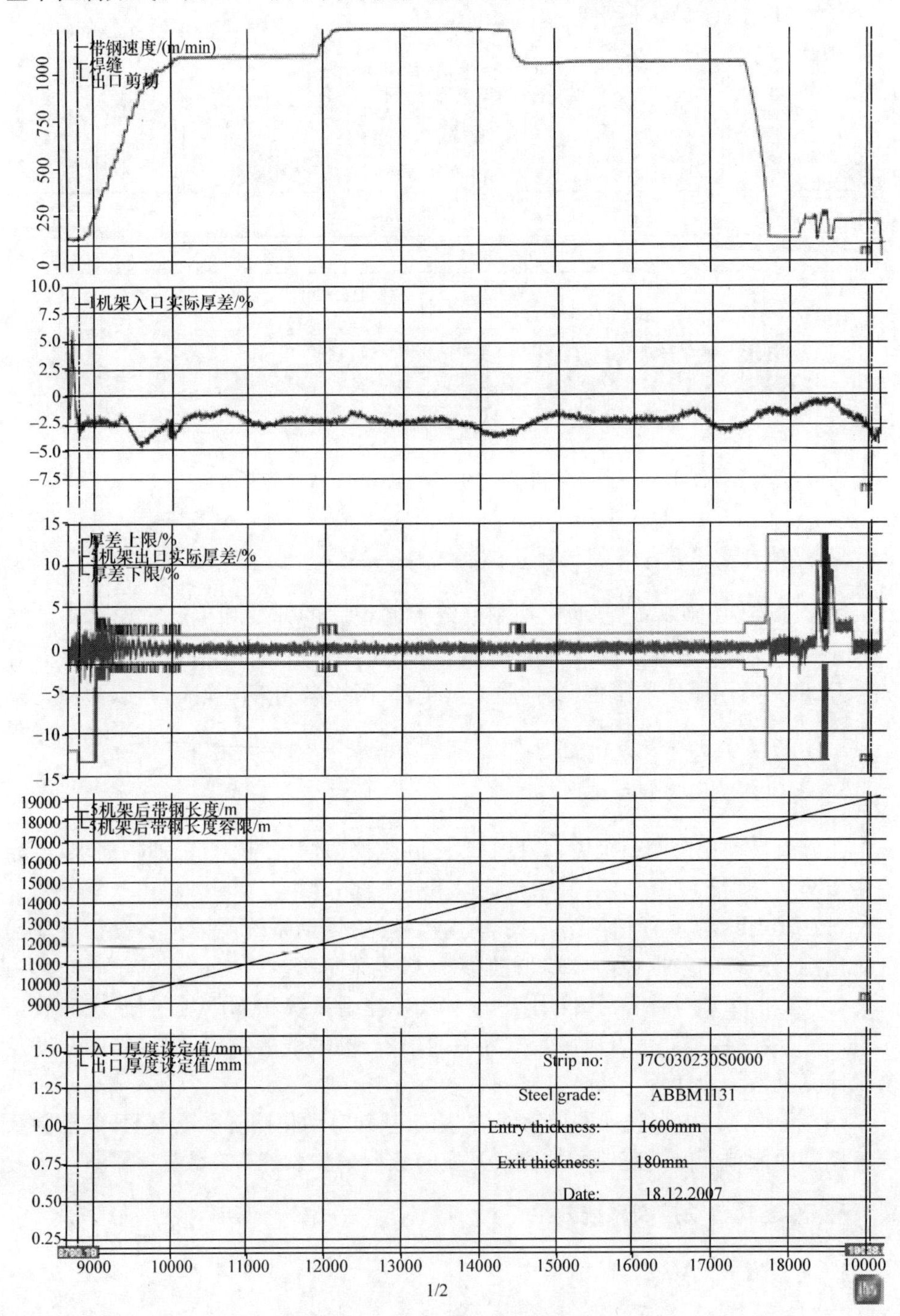

图 1.16　1450mm 冷连轧机厚度控制效果图

调 AGC 控制结果曲线，轧机入口最大来料厚差为 4.68%。从第 1 机架(S1)出口厚度控制结果可以看出，经过 S1 厚度控制之后出口厚度偏差减少到 0.78%，经过 S5 厚度控制之后出口厚度偏差减少到 0.42%。从它们实际轧制效果可以看出，大部分厚度偏差在 S1 粗调 AGC 中消除，经过 S5 精调 AGC 后完全满足成品带钢精度要求，输出效果明显。AGC 的保证值如表 1.3 所示，其中在 AGC 闭环投入相对定义的轧制速度，厚度裕量有效。低碳钢的屈服强度：$\sigma_{smax}=615N/mm^2$，$\sigma_{bmax}=800N/mm^2$。

表 1.3　不同目标厚度在不同状态的厚度控制保证值

目标厚度/mm	稳定状态(v 为常数) v=400～1200m/min	加减速 v=400m/min～目标速度
0.18～0.3	目标厚度的±1.3% 绝对厚度偏差：±3μm	目标厚度的±2.0% 绝对厚度偏差：±5μm
0.31～0.5	目标厚度的±1.2% 绝对厚度偏差：±4μm	目标厚度的±1.8% 绝对厚度偏差：±5μm
0.51～0.90	目标厚度的±1% 绝对厚度偏差：±5.5μm	目标厚度的±1.5% 绝对厚度偏差：±8μm
0.91～1.50	目标厚度的±0.8% 绝对厚度偏差：±7.5μm	目标厚度的±1.2% 绝对厚度偏差：±10μm
1.51～2.00	目标厚度的±0.6% 绝对厚度偏差：±10μm	目标厚度的±1.0% 绝对厚度偏差：±15μm

这些数据是针对总体低碳钢而言的，对于某种规格带钢，控制系统能够达到优于上述数据的控制效果。例如，CQ20A，入出口厚度 3.5/0.9mm，宽度 1200mm，能够达到目标厚度的±0.75%。

上述稳定状态是依据二级设定在 400～1200m/min 的速度区间，且在目标速度的±20%以内，对于在速度区间 250～400m/min，加减速时指标值在表 1.3 所列的目标厚度和绝对厚度偏差指标值的基础上乘 1.3。所有的厚度偏差都参考出口厚度，厚度是指带钢中心的厚度检测值，不考虑噪声和测厚仪检测错误。厚度是统计值，因此保证值是有效带钢长度的 98.7%(2.5σ)，厚度达到目标。在没有规格转换的动态变规格，且轧制速度 $v\geq200m/min$ 时，厚度跑偏长度按照表 1.4 所示要求。

表 1.4　不同目标厚度在不同状态的厚度偏差保证值

出口厚度/mm	厚度偏差值	超差带钢长度/m
0.18～0.30	±18μm	5.5
0.31～0.80	±15μm	5.5
0.81～1.20	±2%	5.5
1.21～2.00	±2%	5.5

在有规格转换的动态变规格，且轧制速度 $v\geqslant$200m/min 时，厚度跑偏长度按照表 1.5 所示的厚度偏差和超差长度的保证值要求。

表 1.5 不同目标厚度在不同状态的保证值

出口厚度/mm	厚度偏差值	超差带钢长度/m
0.18～0.30	±24μm	16
0.31～0.80	±20μm	16
0.81～1.20	±3%	16
1.21～2.00	±3%	16

2. 张力控制(ITC)效果

以 1450mm 五机架冷连轧机的 S2 机架辊缝为控制对象。其中，不同轧制速度条件下，卷取和轧机架间张力的保证值如表 1.6 所示。卷取张力通过传动系统的转矩限幅控制，控制效果如图 1.17 所示。同时将离散灰色预测 PID 控制算法应用在 S1-S2 机架间的辊缝调整张力控制系统中，如图 1.18 所示。从实际运行结果可以看出，变参数 PID 控制能很好抑制张力的波动，最大误差仅为 20.7kN，最大相对误差为 1.5%，方差为 0.00186，张力波动较小，控制精度高。

表 1.6 不同目标厚度在不同状态的张力保证值

序号	保证项目	保证值	条件要求	备注
1	轧机卷取张力控制精度	±1%	卷取速度≥20%轧机速度	在实际轧制力为常数
2	轧机架间张力控制精度	±2%	带钢速度 $v\geqslant$300m/min	在实际轧制力为常数

3. 板形控制效果

图 1.19 所示为 1450mm 冷连轧机板形控制系统的实际效果。其中，带钢宽度 1092mm，出口厚度 0.25mm，压下率 21.3%，钢种 ST12，成品第 5 机架的板形控制实际数据。板形控制偏差：－6IU≤板形偏差≤6IU，实现控制过程的轧制速度在 250～1200m/min，变速时板形偏差增大 1.5 倍，包括带钢头尾至少 95%的带钢的板形控制偏差在保证值之内。

如图 1.20 所示，起车阶段，由于设备未进入稳定运行状态，板形闭环未投入(轧制速度大于 70m/min 时，闭环控制投入)，板形控制由操作工手动调节，此阶段板形控制有较大浮动。板形闭环投入控制后，板形偏差迅速减小，当轧机完成升速过程进入稳定运行状态后，板形偏差也趋于稳定，只是在一个很小的范围内波动。沿带钢长度方向的板形绝对值的平均值基本上在 4I 以内，具有很高的稳态精度。

图 1.21 所示为轧机第 5 机架轧制从开始到结束整个轧制过程中工作辊弯辊、

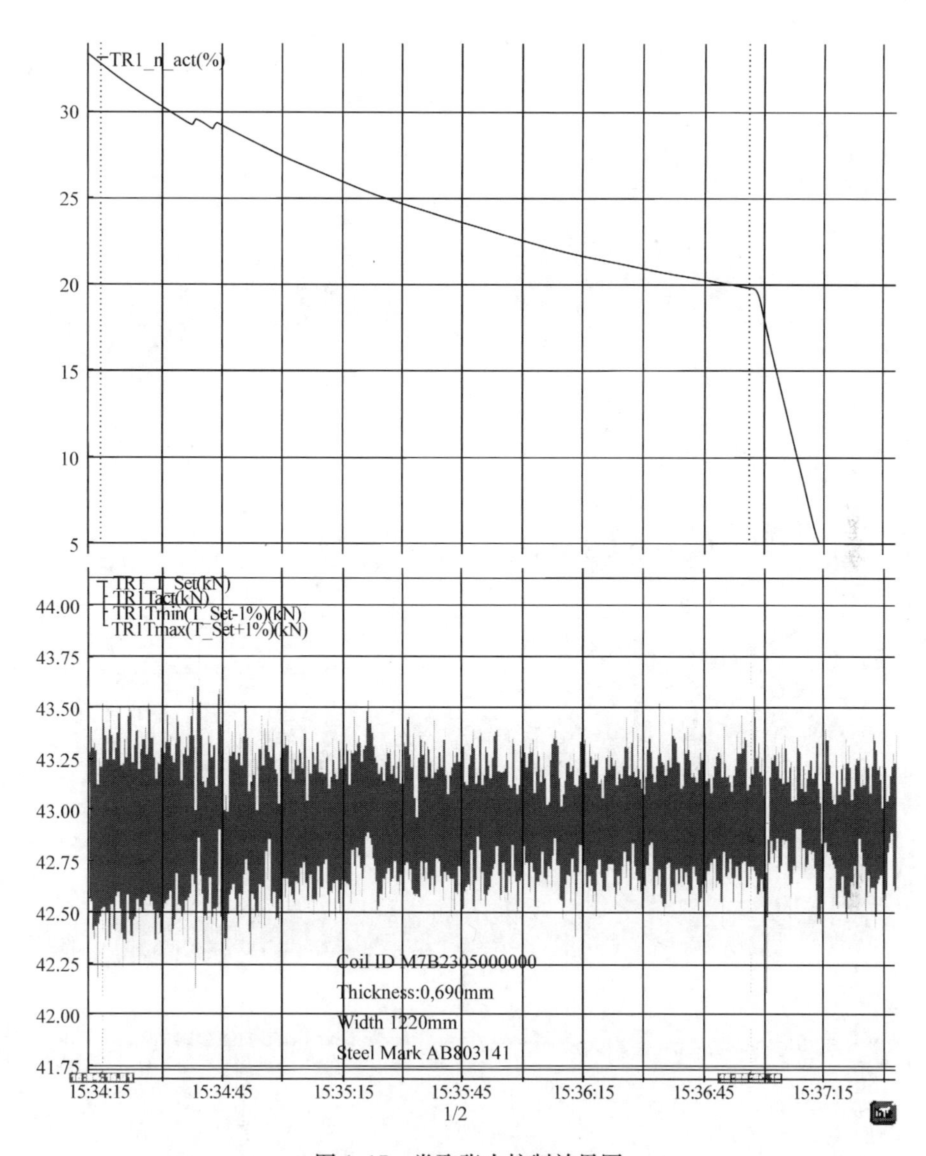

图 1.17　卷取张力控制效果图

中间辊弯辊和轧辊倾斜的设定值曲线与实际值曲线。这里的设定值和实际值都是百分比,代表当前执行机构的实际值占到其最大行程的比例。由于有板形前馈控制,因此工作辊弯辊和中间辊弯辊的前馈调节量也会附加到这两个板形调节机构的设定值输出中。在轧制开始的初始阶段,由于板形闭环控制功能未投入,因此各个板形调节结构的调节量为 0。起始阶段的设定值曲线是一个恒定值,也就是曲线的平台部分,这个值由板形预设定系统给定,是各板形调节机构的初值。当轧制速度达到设定极限时,板形闭环控制系统开始投入。各板形调节机构开始按照板

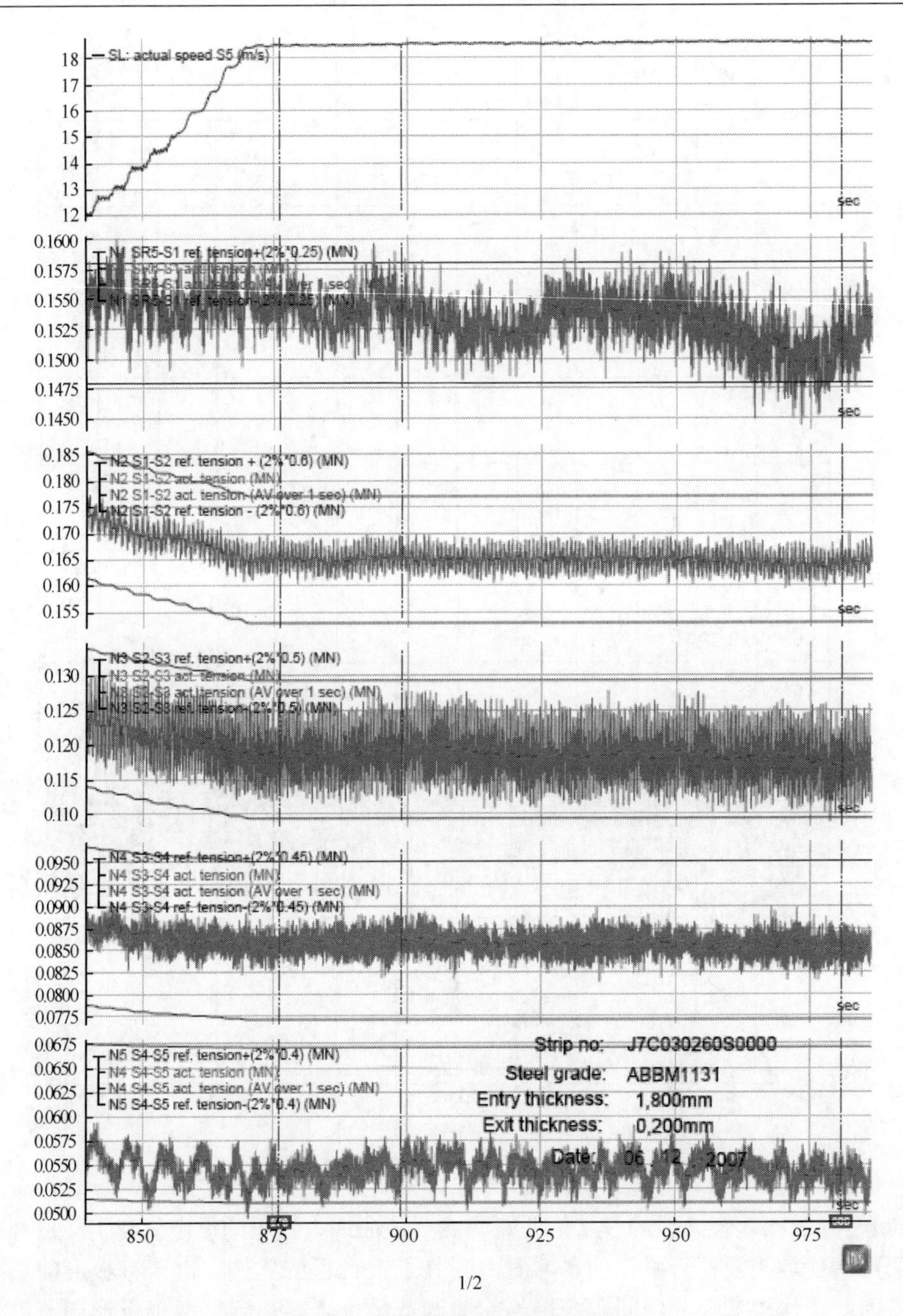

图 1.18　机架间张力控制效果图

形闭环控制系统计算的调节量动作。

由于采用了低速阶段使用 Smith 预估＋PID，高速阶段使用常规 PID 控制的板形闭环控制策略，各板形调节机构到达设定值的时间很短，而且完全没有出现超

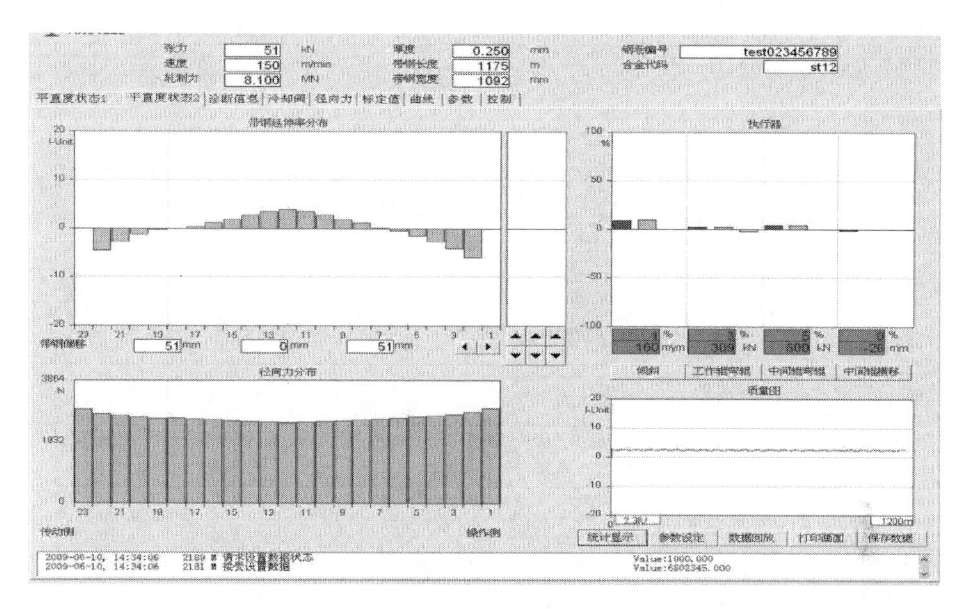

图 1.19　轧机出口板形控制效果图

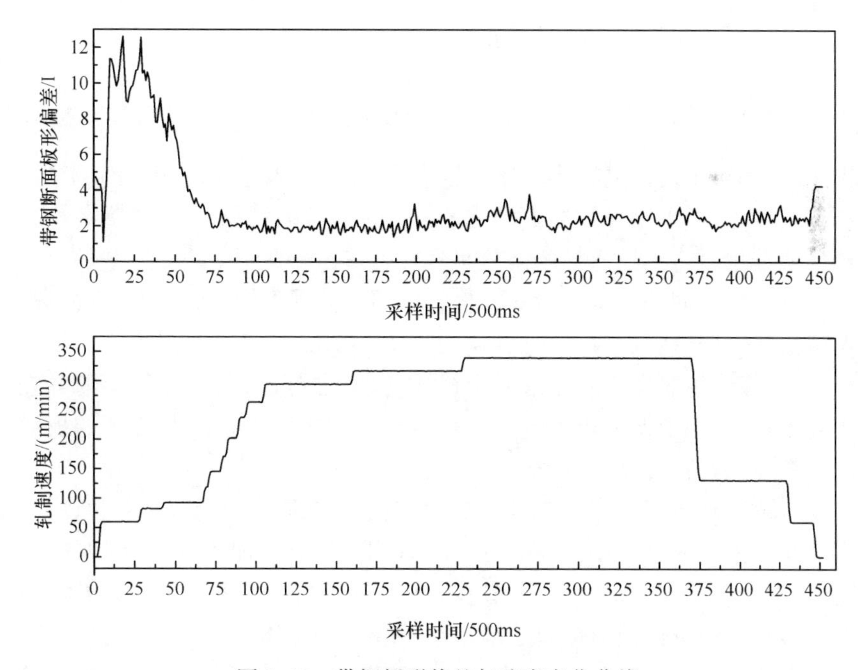

图 1.20　带钢板形偏差与速度变化曲线

调、振荡等缺陷。在整个轧制过程中，板形控制系统对各个板形调节机构控制精度非常高。

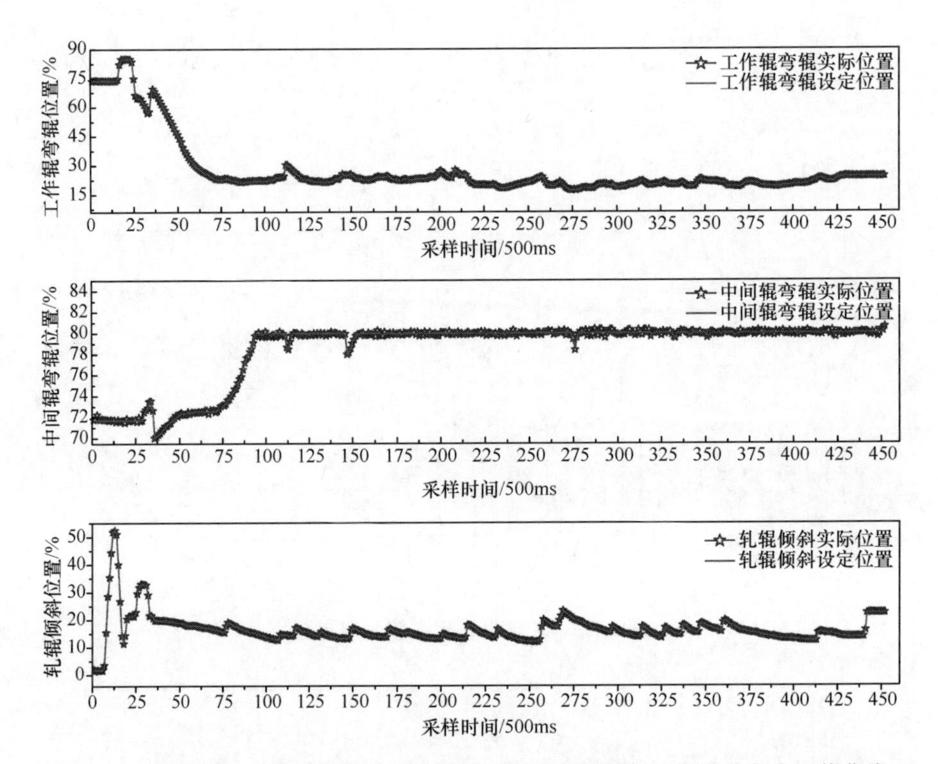

图 1.21　板形控制工作辊弯辊、中间辊弯辊和轧辊倾斜的设定值曲线与实际值曲线

图 1.22 为每个控制周期内的工作辊弯辊、中间辊弯辊和轧辊倾斜调节量。在每个控制周期内，板形闭环控制模型按照不同优先级的划分，逐次计算各个板形调节机构的调节量。每周期计算的调节量经过速度环节增益、板形偏差环节增益处理后就得到了每个周期的调节量输出值。由图中数据可知，在轧制起车阶段，各个板形调节机构的调节量有较大起伏，说明带钢头部板形偏差比较大。为了快速消除板形偏差，板形控制系统对板形调节机构有较大的调节量计算值。随着轧制进入稳定阶段，各个板形调节机构的调节量逐渐变得平稳。这说明带钢的板形经过升速阶段的初步调整后，与目标板形有一定的接近，板形偏差逐渐减小。

在稳定轧制阶段，除了工作辊弯辊和轧辊倾斜有较大的调节量变化，中间辊弯辊调节量几乎为零。这种中间辊弯辊调节量几乎为零的情况有两种因素可以导致：一种是根据中间辊弯辊的板形调控功效系数计算出的板形调节量为零，也就是中间辊弯辊对应的带钢板形偏差已消除；另一种是中间辊弯辊已经到达位置极限，虽然有相应的板形偏差要调，但是为了不损坏设备，板形控制系统对已达到调节极限的板形调节机构不再计算其调节量。由于工作辊弯辊与中间辊弯辊具有相似的板形调控功效，而此时工作辊弯辊仍有较大的调节量，说明对应的带钢板形偏差仍旧较大，需要继续快速调节，而不是相对应的板形偏差已消除。因此，可以排除第

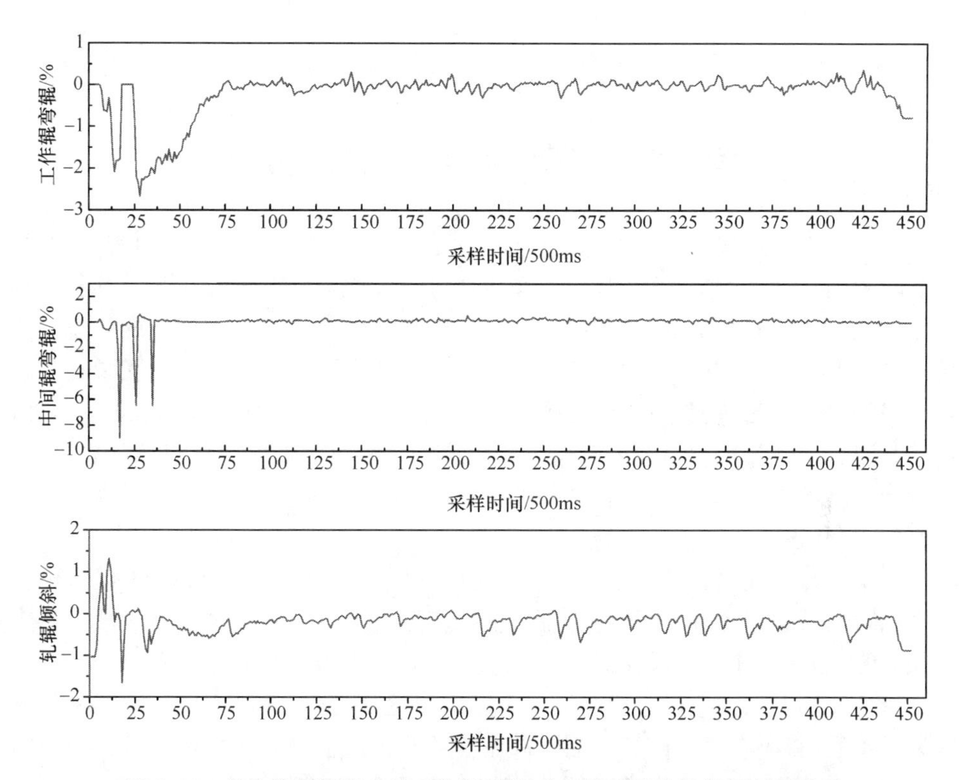

图 1.22　单位控制周期内的工作辊弯辊、中间辊弯辊和轧辊倾斜调节量

一种因素。对比中间辊弯辊位置曲线可以发现，在稳定轧制阶段，中间辊弯辊的位置几乎为一条直线，说明其已经达到调节极限，这说明是第二种因素所致。同时，这也印证了上述因素分析的正确性。在这三个调节机构的调节量曲线中，轧辊倾斜控制的调节量较工作辊弯辊有较大的波动，这说明带钢的非对称板形偏差波动较大。这种状况伴随着整个轧制阶段，说明来料带钢有楔形厚度分布形貌，最终轧后带钢将会有两边“松”“紧”程度不一致的情况发生。从现场数据分析可知，虽然出现了两边“松”“紧”程度不一致的情况，但由于轧辊倾斜波动值并不大，带钢并不会产生单边浪的情况。

第2章 带钢冷连轧理论分析

在板带轧制过程中，为追求高效率的设备和技术，发展了将轧机串列式配置，使轧制材料从上工序流到下工序，一次轧制到产品厚度的轧制方式，即连轧机。对于全连续的两机架以上串列配置的冷连轧机，将轧件处于同时被轧制的状态定义为连续轧制，其特点在于通过机架间的张力、轧制过程的各种因素相互影响和作用。其结果产生与单机架轧制不同的轧制现象，即连续轧制所特有的现象。例如，冷连轧机辊缝对带钢出口厚度影响作用大的不是距离较近的最后机架的辊缝，而是距离最远的第1机架的辊缝，这种现象是因为以机架间张力为媒介，轧制因素相互影响，这是连续轧制所特有的。

带钢的冷连轧过程，其轧制因素有轧机入口厚度、出口厚度、机架间张力、摩擦系数、辊缝、轧制速度、电机特性、辊径、带钢变形抗力等。由于这些因素涉及所有机架，因此考虑冷连轧机，将有几十个轧制因素以机架张力为媒介而相互影响。如此众多的轧制影响因素具有相互关系而发生变化，因此不适合分别研究各种轧制因素的关系，将所有机架作为一个体系综合考察较适合。具体方法通常是在单机架轧制特性的基础上联立求解所有机架的轧制因素，解析轧机的轧制特性，用这样的方法从理论上求解连轧特性称为连轧理论。根据考虑时间因素与否，连轧理论可以分为两大类：不考虑时间因素的静态连轧理论和考虑时间因素的动态连轧理论。

2.1 冷连轧轧制规程计算

对于冷连轧机的轧制规程计算是连续轧制操作中最基本的工作。所谓轧制规程计算是根据带钢的厚度、宽度以及钢种、轧辊辊径、电机容量、轧制负荷来设定连续轧机出口的目标厚度，并由此计算出各机架轧机辊缝和轧辊速度。

轧制功率分配比不仅是从同一意义上确定轧制规程的充分条件，在有必要活用各机架电机容量极限的实际操作中，以及对独特轧制操作方式以轧制功率分配比形式进行整理时，也是一种有效的概念。求解冷连轧轧制规程也就是计算各机架轧辊辊缝和轧制速度的设定值，对此可考虑在连轧机机架间的带钢作用一定的张力，轧制条件受张力影响。当张力强度发生变化时，前滑值、轧辊压扁、轧制负荷等都将发生变化，因此轧辊速度和辊缝的设定值也必须随之进行相应的修改。而且一旦某个机架的轧制条件发生变化，其入口张力、出口张力也将发生变化，进而涉及邻近机架。因此,连续轧制具有任何一个机架的轧制条件发生变化都将影响到所有机架的特点,有必要将所有机架归纳为一个系统来考虑。

1) 秒流量恒定条件

为了使轧制顺利进行,不发生机架间活套和断带,在连续轧机内的所有位置点带钢的秒流量应该是相同的。在各机架出口,轧辊处的带钢速度取决于前滑率、轧辊的设定速度、轧机电机速度降的程度。假设电机的速度降为直线,其降低程度为 Z',轧制力矩为 G,轧辊设定速度为 V,前滑为 f,则轧辊出口的带钢速度 v 由下式表示:

$$V_m=(1+Z'\cdot G)V$$
$$v=(1+f)V_m \tag{2.1}$$

若冷连轧各机架出口处的秒流量 U 为常数,则下述方程式成立:

$$v_ih_i=(1+f_i)(1+Z_i'\cdot G_i)V_ih_i=U,\quad i=1,2,\cdots,n(n\text{ 为机架数}) \tag{2.2}$$

2) 轧制功率分配比的条件

各机架所消耗的轧制功率分配比为预先给定的数值,因此以下公式对各机架必然成立:

$$A\cdot A_i\times G_i(1+Z_i'\cdot G_i)V_i=\gamma_{L_i}L_0\eta_i(L_0\text{ 为总功率}),\quad i=1,2,\cdots,n(n\text{ 为机架数}) \tag{2.3}$$

式中,γ_{L_i} 为各机架的消耗轧制功率分配比,所有机架的和等于 1.0,为常数,即下式关系成立:$\sum_{i=1}^{n}\gamma_{L_i}=1.0$ 。

3) 轧制负荷的辊缝弹跳变化

设轧机刚性系数为 K,设定辊缝 Sr_i 与各机架出口处板厚 h_i 之间的关系可由下式给出:

$$\mathrm{Sr}_i+P_i/K_i+\delta_i=h_i \tag{2.4}$$

在式(2.1)、式(2.3)及式(2.4)中,前滑率 f、轧制力矩 G、轧制负荷 P 分别是轧机入口板厚 H、出口板厚 h、机架间张力 T、轧辊半径 R 等的函数,各个变量相互影响,将式(2.1)、式(2.3)及式(2.4)对所有机架轧机构成的联立方程组进行求解,可得到所需结果。对前滑 f、轧制力矩 G、轧制负荷 P 等,可用描述冷轧状态的理论方程求解,其中轧制力矩 G,轧制负荷 P 用 Hill 方程式,前滑率 f 用 Bland-Ford 理论式,轧辊压扁采用 Hitchcock 方程式。以上方程均为非线性方程,因此求解轧制规程就归结为求解非线性多元联立方程组。

轧制力方程:

$$P=bk\bar{k}\sqrt{R'(H-h)}D_P \tag{2.5}$$

其中,$D_P=1.08+1.79r\mu\sqrt{1-r}\sqrt{\frac{R'}{h}}-1.02r$($D_P$ 为轧制力函数)。

轧制力矩方程：

$$G=bkR(H-h)D_G+Rbh(T_b-T_f) \tag{2.6}$$

其中，$k=1-\dfrac{T_b+T_f}{2k}$；$D_G=1.05+(0.07+1.32r)\mu\sqrt{1-r}\sqrt{\dfrac{R'}{h}}-0.85r$。

前滑率方程：

$$f=\Phi_n\frac{R'}{h} \tag{2.7}$$

其中

$$\Phi_n=\sqrt{\frac{h}{R'}}\tan\left(\frac{H_n}{2}\sqrt{\frac{h}{R'}}\right)$$

$$H_n=\frac{H_G}{2}-\frac{1}{2\mu}\ln\left(\frac{H}{h}\times\frac{1-\dfrac{T_f}{s_f}}{1-\dfrac{T_b}{s_b}}\right)$$

$$H_G=2\sqrt{\frac{R'}{h}}\arctan\left(\Phi_1\sqrt{\frac{R'}{h}}\right)$$

$$\Phi_1=\sqrt{\frac{(H-h)}{R'}}$$

轧辊压扁方程：

$$R'=R\left[1+\frac{CP}{b(H-h)}\right] \tag{2.8}$$

变形抗力方程式：

$$S=S_0\ (r+m)^n\text{（变形抗力曲线）} \tag{2.9}$$

变形抗力曲线用式(2.9)描述，若机架入口带钢厚度为 H，出口厚度为 h，来料厚度为 H_1，则机架入口带钢的总压下率 r_b 和机架出口处的总压下率 r_f 可表示为

$$r_b=\frac{H_1-H}{H_1}$$

$$r_f=\frac{H_1-h}{H_1} \tag{2.10}$$

机架的平均总压下率可按照所知顺序，将求出的机架入口总压下率乘以 0.4 的权重，再将机架出口的总压下率乘以 0.6 权重进行加权平均，则平均总压下率为

$$\bar{r}=0.4r_b+0.6r_f \tag{2.11}$$

该机架带钢的平均变形抗力 k 根据变形抗力曲线可用下式表示：

$$k=S_0\ (\bar{r}+m)^n \tag{2.12}$$

带钢的加工硬化、轧辊压扁变形及前滑是必要因素。将上述方程代入式(2.1)、

式(2.3)及式(2.4)中，成为一个复杂的非线性方程组，因此求解冷连轧的轧制规程，必须对该非线性联立方程式求解。用 Newton-Raphson 法求解时，解的收敛性很好。给出轧制功率分配比计算轧制规程时的约束条件和计算轧制规程前预先设定的轧制变量，图 2.1 表示进行轧制规程计算得到的轧制变量以及轧制规程计算中同时求出的轧制变量。

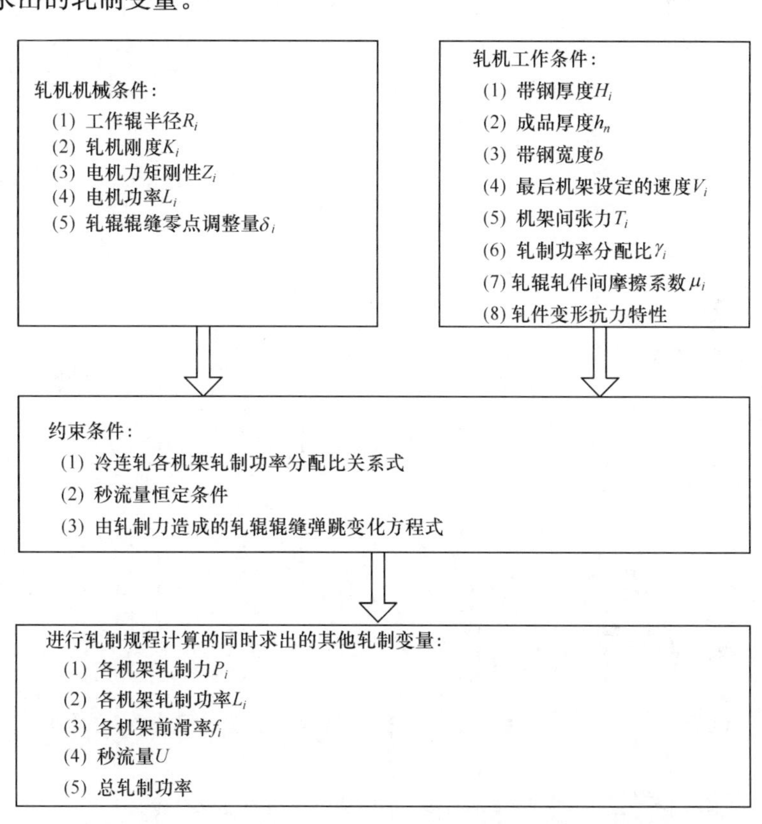

图 2.1　冷连轧轧制规程计算

轧制功率分配比计算如图 2.2 所示。最终机架的轧辊设定速度 V_n 通常取决于轧辊冷却条件以及其他条件，把 V_n 作为已知条件时，给出功率分配比成为根本意义中决定轧制规程的充分必要条件。最终机架的轧辊设定速度由各机架功率消耗决定时，不是作为约束条件来给出功率分配比的，而是需要给出各机架所消耗的轧制功率的绝对值。从式(2.1)、式(2.3)及式(2.4)可知，对式(2.1)和式(2.3)联立求解可得到各机架出口板厚 h_i 和各机架轧辊的设定速度 V_i，但是最终机架板厚 h_n 和轧辊设定速度 V_n 是已知的。同时可求出各机架轧制功率 L_i、所有机架轧制功率的总和 L_0 和秒流量 U。将这些解代入式(2.4)可求出各机架轧机辊缝的设定值 $\mathrm{Sr}_i(i=1,2,\cdots,n)$。将式(2.1)和式(2.3)按照 Newton-Raphson 法进行改写，展开可由下列方程表示：

$$\begin{bmatrix} \Phi_{21} & \Phi_{31} & 0 & 0 & \Phi_{41} & \Phi_{51} & 0 & 0 \\ \Psi_{21} & \Psi_{31} & 0 & 0 & \Psi_{41} & \Psi_{51} & 0 & 0 \\ \Phi_{12} & \Phi_{22} & \Phi_{32} & 0 & 0 & \Phi_{42} & \Phi_{52} & 0 \\ \Psi_{12} & \Psi_{22} & \Psi_{32} & 0 & 0 & \Psi_{42} & \Psi_{52} & 0 \\ 0 & \Phi_{13} & \Phi_{23} & \Phi_{33} & 0 & 0 & \Phi_{43} & \Phi_{53} \\ 0 & \Psi_{13} & \Psi_{23} & \Psi_{33} & 0 & 0 & \Psi_{43} & \Psi_{53} \\ & & \Phi_{14} & \Phi_{24} & & & & \Phi_{44} \\ & & \Psi_{14} & \Psi_{24} & & & & \Psi_{44} \end{bmatrix} \begin{bmatrix} h_1'-h_1 \\ h_2'-h_2 \\ h_3'-h_3 \\ h_4'-h_4 \\ h_5'-h_5 \\ h_6'-h_6 \\ h_7'-h_7 \\ h_8'-h_8 \end{bmatrix} = \begin{bmatrix} \Phi_{61} \\ \Psi_{61} \\ \Phi_{62} \\ \Psi_{62} \\ \Phi_{63} \\ \Psi_{63} \\ \Phi_{64} \\ \Psi_{64} \end{bmatrix} \tag{2.13}$$

其中

$$\Phi_{1i}=AA_i(1+2Z_i'G_i)V_i\left(\frac{\partial G}{\partial H}\right)_i\Big/(\gamma_{L_i}\eta_i)$$

$$\Phi_{2i}=AA_i(1+2Z_i'G_i)V_i\left(\frac{\partial G}{\partial H}\right)_i\Big/(\gamma_{L_i}\eta_i)-AA_{i+1}(1+2Z_{i+1}'G_{i+1})V_{i+1}\left(\frac{\partial G}{\partial H}\right)_{i+1}\Big/(\gamma_{L_{i+1}}\eta_{i+1})$$

$$\Phi_{3i}=-AA_{i+1}(1+2Z_{i+1}'G_{i+1})V_{i+1}\left(\frac{\partial G}{\partial H}\right)_{i+1}\Big/(\gamma_{L_{i+1}}\eta_{i+1})$$

$$\Phi_{4i}=AA_i(1+Z_i'G_i)G_i/(\gamma_{L_i}\eta_i)$$

$$\Phi_{5i}=-AA_{i+1}(1+Z_{i+1}'G_{i+1})G_{i+1}/(\gamma_{L_{i+1}}\eta_{i+1})$$

$$\Phi_{6i}=AA_{i+1}(1+Z_{i+1}'G_{i+1})V_{i+1}G_{i+1}/(\gamma_{L_{i+1}}\eta_{i+1})-AA_{i+1}(1+Z_i'G_i)V_iG_i/(\gamma_{L_i}\eta_i)$$

$$\Psi_{1i}=H_iV_i\left[\left(\frac{\partial f}{\partial H}\right)_i(1+Z_i'G_i)+(1+f_i)Z_i'\Big/\left(\frac{\partial G}{\partial H}\right)_i\right]$$

$$\Psi_{2i}=V_i\left\{(1+f_i)(1+Z_i'G_i)+H_i\left[\left(\frac{\partial f}{\partial H}\right)_i(1+Z_i'G_i)+(1+f_i)Z_i'X\left(\frac{\partial G}{\partial H}\right)_i\right]\right\}$$

$$-H_{i+1}V_{i+1}\left[\left(\frac{\partial f}{\partial H}\right)_{i+1}(1+Z_{i+1}'G_{i+1})+(1+f_{i+1})Z_{i+1}'X\left(\frac{\partial G}{\partial H}\right)_{i+1}\right]$$

$$\Psi_{3i}=-V_{i+1}\left\{\begin{aligned}&(1+f_{i+1})(1+Z_{i+1}'G_{i+1})+H_{i+1}\left[\left(\frac{\partial f}{\partial H}\right)_{i+1}\right.\\&\left.(1+Z_{i+1}'G_{i+1})+(1+f_{i+1})Z_{i+1}'X\left(\frac{\partial G}{\partial H}\right)_{i+1}\right]\end{aligned}\right\}$$

$$\Psi_{4i}=(1+f_i)(1+Z_i'G_i)H_i$$

$$\Psi_{5i}=-(1+f_{i+1})(1+Z_{i+1}'G_{i+1})H_{i+1}$$

$$\Psi_{6i}=h_{i+1}(1+f_{i+1})(1+Z_{i+1}'G_{i+1})V_{i+1}-h_i(1+f_i)(1+Z_i'G_i)V_i$$

Φ 和 Ψ 是由计算条件的各参数和 h_i、V_i 决定的常数，h_i'、V_i'是 h_i、V_i 的一次多元近似解。若给出适当的零次近似解 h_i^0、V_i^0，由此计算系数矩阵分量 Φ 和 Ψ，求出 h_i'、V_i'。再用计算系数矩阵，如此进行反复计算最终得到所需要的解。

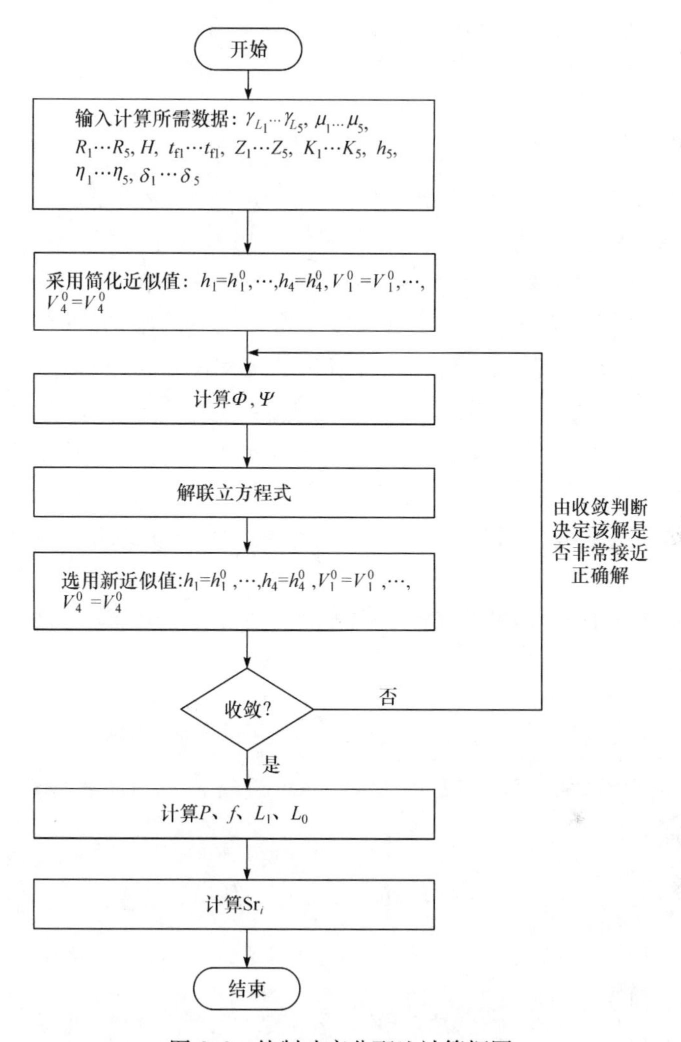

图 2.2　轧制功率分配比计算框图

2.2　冷连轧静态特性分析

冷轧连续轧制在稳定状态下进行时，在冷轧机的任何一点，秒流量都保持恒定。一旦改变辊缝、来料厚度、轧辊转速等参数，将破坏该稳定状态，对应其变化各机架间的张力、板厚等将发生变化，直到达到新的稳定状态。新稳态下秒流量仍然为定值，然而这个值与前一个稳态的秒流量值不同。静态轧制理论是求解这两种稳定轧制状态间的关系，不讨论向稳定状态变化的过渡过程。通过解析能求出各轧制变量之间的相互关系，因此有可能从理论上说明连续轧制的轧制现象。另外，弄清轧制变量的相互关系后，可以获得连续轧制的厚度控制、张力控制系统的设计依据。

2.2.1　基本方程

冷连轧过程稳态分析所需的数学模型包括描述单机架和连轧机组各机架参数之间相互关系的数学模型，前者包括弹跳模型和功率模型，后者包括秒流量模型和相邻机架出入口板厚及张力相等的数学模型。上述各模型包含大量理论或统计方程式，它们大多数为非线性方程，将其联立成非线性方程组，其求解的计算方法很复杂，计算量极其庞大，而且在研究稳态变化的过程中，由于只对从一个稳态变化到另一个稳态后的结果进行分析，而不注意变化的过渡过程，可以不考虑所有执行机构的动态特性；另外，我们关注的是某一扰动量或者控制量变动后其他参量的增量，因此可以采用增量形式的代数方程组，避免求解繁杂的非线性方程组，将非线性展开成 Taylor 级数，取其一次项使其线性化后再对其求解，从而使问题得以简化。

一元函数 $P=P(h)$ 可以在初始状态下展开成 Taylor 级数(其参数均以下角标“0”表示)，即

$$P=P(h_0)+\frac{\mathrm{d}P}{\mathrm{d}h}(h-h_0)+\frac{1}{2!}\frac{\mathrm{d}^2P}{\mathrm{d}h^2}(h-h_0)^2+\cdots \tag{2.14}$$

当 h 的变化很小时，$(h-h_0)^2$ 以后的各项均可以略去，则非线性函数可以用线性方程近似表示，即

$$P=P(h_0)+\frac{\mathrm{d}P}{\mathrm{d}h}(h-h_0) \tag{2.15}$$

多元函数 $P=P(R,H_0,H,h,T_f,T_b,f,k)$ 同样可以展开 Taylor 级数并取一次项以线性方程近似表示，即

$$\begin{aligned}P=&P(R_0,H_{00},H_0,h_0,T_{f0},T_{b0},f_0,k_0)+\frac{\partial P}{\partial R}(R-R_0)\\&+\frac{\partial P}{\partial H_0}(H_0-H_{00})+\frac{\partial P}{\partial H}(H-H_0)+\frac{\partial P}{\partial h}(h-h_0)+\frac{\partial P}{\partial T_f}(T_f-T_{f0})\\&+\frac{\partial P}{\partial T_b}(T_b-T_{b0})+\frac{\partial P}{\partial f}(f-f_0)+\frac{\partial P}{\partial k}(k-k_0)\end{aligned} \tag{2.16}$$

1. 秒流量恒定方程

冷轧连续轧制在稳定状态下进行时，带钢秒流量在通过所有机架时均为定值，由于在冷轧带钢轧机各机架的板宽变化不太大，可假设带钢的宽度通过各机架是一定的，该关系可由下式表示：

$$v_i h_i b = U \quad (i=1,2,\cdots,n) \tag{2.17}$$

式中，v_i 为第 i 架轧机出口轧件的速度；h_i 为第 i 架轧机出口轧件的厚度；b 为轧件的宽度；i 为机架序号的下标；n 为冷轧机组架数。

2. 机架出口轧件的速度方程

轧辊出口侧轧件的速度取决于前滑和轧辊速度。

$$v_i = (1+f_i) v_{Ri} \tag{2.18}$$

式中，f_i 为第 i 机架轧件的前滑率；v_i 为第 i 架轧机轧件的速度；v_{Ri} 为第 i 架轧机的轧辊速度。

轧件的前滑在冷轧时是原料板坯的厚度 H_1、各机架入口板厚 H_i、出口板厚 h_i、前张力 T_{fi}、后张力 T_{bi}、摩擦系数 μ_i 及变形抗力 k_i 的函数，即

$$f_i = f(H_1, H_i, h_i, T_{fi}, T_{bi}, \mu_i, k_i) \tag{2.19}$$

前滑的具体理论公式采用 Bland-Ford 公式，轧辊速度 v_{Ri} 采用电机速度特性的表现形式，用如下公式表示：

$$\left(\frac{\Delta v_R}{v_R}\right)_i = \frac{\Delta(R_i N_i)}{R_i N_i} + Z'_i \Delta G_i \tag{2.20}$$

式中，R_i 为第 i 机架轧辊半径；N_i 为第 i 机架轧辊转数设定值(无负荷时的轧辊速度)；G_i 为第 i 机架轧制力矩；Z'_i 为第 i 机架轧制力矩增加造成的电机速度下降系数。

3. 轧机出口板厚方程

轧机出口板厚根据无负荷时的辊缝 S_i 和轧制负荷 P_i 用轧机弹性变形的和来表示，即

$$h_i = S_i + \frac{P_i}{K_i} \tag{2.21}$$

式中，K_i 为轧机刚度；S_i 为第 i 机架辊缝值；P_i 为第 i 机架轧制压力；h_i 为第 i 机架轧件出口厚度。

轧制力 P_i 是板坯厚度 H_1、各机架入口轧件厚度 H_i、出口轧件厚度 h_i、前张力 T_{fi}、后张力 T_{bi}、摩擦系数 μ_i、变形抗力 k_i、轧件宽度 b 的函数，即

$$P_i = P(H_1, H_i, h_i, T_{fi}, T_{bi}, k, \mu_i, b) \tag{2.22}$$

一般常用 Hill 轧制压力理论公式，对冷轧机组所有机架求解上述秒流量方程式、材料的速度方程、轧机出口板厚的方程可得出产品厚度、机架间张力的关系。

2.2.2 静态特性(影响因素)计算方法

当冷轧机稳定轧制时，2.2.1 节中论述的基本方程式(2.17)、式(2.18)和

式(2.21)对所有机架均成立，如果因某外界因素或者人为原因改变了轧制条件，则上述各方程中的变量将发生变化，使轧制状态转移到另一个新的稳定状态，这时稳定状态方程依然对所有机架成立。轧制条件变化前的稳定状态和轧制条件变化后的稳定状态各轧制变量数值不同，然而任何情况下基本方程式成立，说明无论轧制状态如何变化，变量间的关系是一定的，并且受此基本方程式的约束。因此轧辊辊缝、轧辊速度等发生变化时，其他轧制变量的变化可以通过求解非线性方程式得出。关于直接求解非线性方程的方法，对基本方程进行 Taylor 展开，略去二次以上的项，求解表示轧制变量的微小变化量相互关系的一次方程式，即为求轧制变量相互关系的方法。求解轧制条件微小变化时，变量关系方法称为影响因素计算方法。

1. 秒流量恒定方程

根据式(2.17)表示秒流量的微量变化得出，即

$$\left(\frac{\Delta v}{v}\right)_i+\left(\frac{\Delta h}{h}\right)_i+\left(\frac{\Delta b}{b}\right)_i=\left(\frac{\Delta U}{U}\right)_i \tag{2.23}$$

2. 轧件速度方程

轧辊出口侧轧件的速度取决于前滑和轧辊速度，由式(2.18)和式(2.19)得出，求解这些方程中各个变量的微量变化如下：

$$\left(\frac{\Delta v}{v}\right)_i=\frac{\Delta f_i}{1+f_i}+\frac{\Delta v_{Ri}}{v_{Ri}}$$

$$\begin{aligned}\Delta f_i=&\left(\frac{\partial f}{\partial H_1}\right)_i\Delta H_1+\left(\frac{\partial f}{\partial H}\right)_i\Delta H_i+\left(\frac{\partial f}{\partial h}\right)_i\Delta h_i+\left(\frac{\partial f}{\partial T_f}\right)_i\Delta T_{fi}\\&+\left(\frac{\partial f}{\partial T_b}\right)_i\Delta T_{bi}+\left(\frac{\partial f}{\partial \mu}\right)_i\Delta\mu_i+\left(\frac{\partial f}{\partial k}\right)_i\Delta k_i\end{aligned} \tag{2.24}$$

关于轧辊速度特性，如果利用方程式(2.20)可用下述方程来表示轧辊速度的微小变化量。

$$\left(\frac{\Delta v_R}{v_R}\right)_i=\frac{\Delta(R_iN_i)}{R_iN_i}+Z'_i\Delta G_i \tag{2.25}$$

轧制力矩 G_i 的具体理论方程通常采用 Hill 提出的方程，轧制力矩 G_i 是来料板厚 H_1、各机架入口板厚 H_i、出口板厚 h_i、前张力 T_{fi}、后张力 T_{bi}、摩擦系数 μ_i、变形抗力 k_i、板宽 b 的函数，即

$$G_i=G(H_1,H_i,h_i,T_{fi},T_{bi},k_i,\mu_i,b) \tag{2.26}$$

将式(2.26)进行 Taylor 展开，取其一次项得到下式，

$$\Delta G_i = \left(\frac{\partial G}{\partial H_1}\right)_i \Delta H_1 + \left(\frac{\partial G}{\partial H}\right)_i \Delta H_i + \left(\frac{\partial G}{\partial h}\right)_i \Delta h_i + \left(\frac{\partial G}{\partial T_f}\right)_i \Delta T_{fi} + \left(\frac{\partial G}{\partial T_b}\right)_i \Delta T_{bi} + \left(\frac{\partial G}{\partial k}\right)_i \Delta k_i + \left(\frac{\partial G}{\partial \mu}\right)_i \Delta \mu_i + \left(\frac{\partial G}{\partial b}\right)_i \Delta b \quad (2.27)$$

根据式(2.23)～式(2.25)和式(2.27)，可将轧辊出口轧件速度用下式表示：

$$\begin{aligned}\left(\frac{\Delta v}{v}\right)_i =& \left[\frac{1}{1+f_i}\times H_1\left(\frac{\partial f}{\partial H_1}\right)_i + Z_i^* H_1\left(\frac{\partial G}{\partial H_1}\right)_i\right]\left(\frac{\Delta H}{H}\right)_1 \\ &+\left[\frac{1}{1+f_i}\times H_i\left(\frac{\partial f}{\partial H}\right)_i + Z_i^* H_1\left(\frac{\partial G}{\partial H}\right)_i\right]\left(\frac{\Delta H}{H}\right)_i \\ &+\left[\frac{1}{1+f_i}\times h_i\left(\frac{\partial f}{\partial h}\right)_i + Z_i^* h_i\left(\frac{\partial G}{\partial h}\right)_i\right]\left(\frac{\Delta h}{h}\right)_i \\ &+\left[\frac{1}{1+f_i}\times T_{fi}\left(\frac{\partial f}{\partial T_f}\right)_i + Z_i^* T_{fi}\left(\frac{\partial G}{\partial T_f}\right)_i\right]\left(\frac{\Delta T_f}{T_f}\right)_i \\ &+\left[\frac{1}{1+f_i}\times T_{bi}\left(\frac{\partial f}{\partial T_b}\right)_i + Z_i^* T_{bi}\left(\frac{\partial G}{\partial T_b}\right)_i\right]\left(\frac{\Delta T_b}{T_b}\right)_i \\ &+\left[\frac{1}{1+f_i}\times \mu_i\left(\frac{\partial f}{\partial \mu}\right)_i + Z_i^* \mu_i\left(\frac{\partial G}{\partial \mu}\right)_i\right]\left(\frac{\Delta \mu}{\mu}\right)_i \\ &+\left[\frac{1}{1+f_i}\times k_i\left(\frac{\partial f}{\partial k}\right)_i + Z_i^* k_i\left(\frac{\partial G}{\partial k}\right)_i\right]\left(\frac{\Delta k}{k}\right)_i \\ &+Z_i^* b\left(\frac{\partial G}{\partial b}\right)_i\left(\frac{\Delta b}{b}\right) + \left(\frac{\Delta N}{N}\right)_i \end{aligned} \quad (2.28)$$

3. 轧机出口板厚方程

轧机出口板厚根据无负荷时的辊缝 S_i 和轧制负荷 P_i 用轧机弹性变形的和来表示，下述两个方程成立：

$$h_i = S_i + \frac{P_i}{K_i} \quad (2.29)$$

$$P_i = P(H_1, H_i, h_i, T_{fi}, T_{bi}, \mu_i, k_i, b) \quad (2.30)$$

因此轧制力的微量变化如下：

$$\begin{aligned}\Delta P_i =& \left(\frac{\partial P}{\partial H_1}\right)_i \Delta H_1 + \left(\frac{\partial P}{\partial H}\right)_i \Delta H_i + \left(\frac{\partial P}{\partial h}\right)_i \Delta h_i + \left(\frac{\partial P}{\partial T_f}\right)_i \Delta T_{fi} \\ &+ \left(\frac{\partial P}{\partial T_b}\right)_i \Delta T_{bi} + \left(\frac{\partial P}{\partial \mu}\right)_i \Delta \mu_i + \left(\frac{\partial P}{\partial k}\right)_i \Delta k_i + \left(\frac{\partial P}{\partial b}\right)_i \Delta b\end{aligned} \quad (2.31)$$

轧机出口板厚的微小变化可用下式表示：

$$\left(\frac{\Delta h}{h}\right)_i=\left[\frac{1}{K_i-\left(\frac{\partial P}{\partial h}\right)_i}\right]\left[K_i\left(\frac{\Delta S}{h}\right)_i+\left(\frac{\partial P}{\partial H_1}\right)\left(\frac{H_1}{h}\right)_i\left(\frac{\Delta H}{H}\right)_1+\left(\frac{\partial P}{\partial H}\right)_i\left(\frac{H}{h}\right)_i\left(\frac{\Delta H}{H}\right)_i\right]$$
$$+\left[\left(\frac{\partial P}{\partial T_{\mathrm{f}}}\right)_i\left(\frac{T_{\mathrm{f}}}{h}\right)_i\left(\frac{\Delta T_{\mathrm{f}}}{T_{\mathrm{f}}}\right)_i+\left(\frac{\partial P}{\partial k}\right)_i\left(\frac{k}{h}\right)_i\left(\frac{\Delta k}{k}\right)_i+\left(\frac{\partial P}{\partial b}\right)_i\left(\frac{b}{h}\right)_i\left(\frac{\Delta b}{b}\right)_i\right] \tag{2.32}$$

式(2.23)、式(2.28)、式(2.32)对冷轧机的每机架都成立,因此有 n 架轧机时可得到 $3n$ 个方程式。当稳定状态轧制受到外界因素影响,或人为改变了轧制条件破坏了稳定状态时,其影响涉及所有机架的轧机,都经过过渡状态再达到一个新的稳定状态。由于稳定状态之间的关系能用上述方程式描述,求解该方程可以数值计算出由一个稳定状态到另一个稳定状态的关系。关于轧制变量就冷轧带钢轧机的性质有如下关系:

$$h_i=H_{i+1}$$
$$T_{\mathrm{f}i}=T_{\mathrm{b}(i+1)}$$

假设有 n 架轧机,其变量如下:

各机架出口板厚的变化为 $\left(\frac{\Delta h}{h}\right)_i$;机架间张力的变化为 $\left(\frac{\Delta T}{T}\right)_i$;机架轧件的变形抗力变化为 $\left(\frac{\Delta k}{k}\right)_i$;机架轧机摩擦系数的变化为 $\left(\frac{\Delta \mu}{\mu}\right)_i$,$i=1,2,\cdots,n$;机架出口侧轧件的速度变化为 $\left(\frac{\Delta v}{v}\right)_i$,$i=1,2,\cdots,n$;各机架轧机辊缝的变化为 $\left(\frac{\Delta S}{S}\right)_i$;板宽的变化为 $\frac{\Delta b}{b}$;秒流量的变化为 $\frac{\Delta U}{U}$。

以上轧制变量的总数有 $7n+4$ 个,由于一次方程有 $3n$ 个,因此得到一个 $3n$ 次联立方程组。轧制变量受到 $3n$ 维联立方程的约束,在 $7n+4$ 个轧制变量中有 $4n+4$ 个变量可以独立变化,剩下的 $3n$ 个变量根据 $3n$ 次联立方程组求解得出,不能独立变化。因此 $7n+4$ 个轧制变量中有 $4n+4$ 个变量是独立变量。设非独立变量矩阵为 X,独立变量矩阵为 B,则可写成下面方程:

$$AX=B \tag{2.33}$$

如果独立变量 B 已知,求解式(2.33)能计算出 B 变化时产生的轧制变量 X 的变化,这时可根据解析目的选择独立变量和非独立变量来计算各种轧制特性。

明确了冷连轧机组静态分析所必需的基本轧制参数,即轧机本身物性参数和轧制物性参数。作为分析出发点的基本方程组,即轧机弹跳方程、秒流量方程、轧制功率方程。解析出冷连轧机组静态分析方程组的增量形式,利用 Taylor 展开式,把基本方程组 Taylor 展开,取其一次项,获得线性化方程组及其系数,就方程系数对各轧制因素求导,获得基本方程的偏微分系数,即轧制压力的偏微分系数、轧制力矩的偏微分系数、前滑的偏微分系数。

2.2.3 计算实例及结果分析

当轧机各机架的辊缝、轧辊速度变化时，解析这时造成板厚、张力的变化。首先设辊缝、轧辊速度为独立变量，板厚、张力有关的变量为非独立变量，求解式(2.33)即能得到要求的解。相反，为求出改变板厚、张力设定量所需的辊缝和轧辊速度等操作量，即可设板厚、机架间张力有关的轧制变量为独立变量，轧制操作变量辊缝、轧辊速度为非独立变量。把哪些变量确定为已知变量，哪些作为未知变量取决于所研究的问题。一般将冷连轧机组参数分为以下几种。

(1) 扰动量包括：来料厚度波动 $\Delta H_0/H_0$，来料硬度波动 $\Delta a_1/a_1$，润滑状态波动造成的摩擦系数波动 $\Delta f/f$，轧辊偏心造成的辊缝波动 ΔS，加减速时油膜厚度波动 $\Delta O/O$。

(2) 控制量包括：压下位置波动 ΔS，轧机速度波动 $\Delta N/N$，弯辊力波动 $\Delta F/F$，机架间张力波动 $\Delta t_{\mathrm{f}}/t_{\mathrm{f}}$。

(3) 目标量包括：出口厚度波动 $\Delta h/h$，机架间张力波动 $\Delta t_{\mathrm{f}}/t_{\mathrm{f}}$。

将 ΔS、$\Delta N/N$ 和 $\Delta f/f$ 为给定调节量，将 $\Delta H_0/H_0$ 和 $\Delta a_1/a_1$ 作为干扰量，轧制过程过渡到新的稳态后，求解目标量 $\Delta h/h$、$\Delta t_{\mathrm{f}}/t_{\mathrm{f}}$、$\Delta U/U$ 和 $\Delta W/W$ 的变化规律。

在某一稳定状态下改变辊缝、轧辊速度时轧件厚度及张力的变化如上所述可通过求解式(2.33)得出，这时的解可用式(2.34)描述。

$$\left(\frac{\Delta h}{h}\right)_i=\sum_{j=1}^{5}A_{ij}\ (\Delta S)_j+\sum_{j=1}^{5}B_{ij}\left(\frac{\Delta N}{N}\right)_j+\sum_{j=1}^{5}C_{ij}\left(\frac{\Delta\mu}{\mu}\right)_j+D_i\left(\frac{\Delta H}{H}\right)_1+E_i\left(\frac{\Delta l}{l}\right) \tag{2.34}$$

式中，l 是由式(2.35)表示的材料变形抗力的常数，是决定变形抗力大小的常数。

$$k=l\,(r+m)^n \tag{2.35}$$

A_{ij}、B_{ij}、C_{ij} 等表示 j 机架辊缝变化 $(\Delta S)_j$、轧辊转数变化 $\left(\frac{\Delta N}{N}\right)_j$、机架摩擦系数变化 $\left(\frac{\Delta\mu}{\mu}\right)_j$ 对 i 机架出口板厚变化的影响系数。

在此计算了三种压下规程，第一种情况是产品厚度为 1.5mm 的较厚带钢轧制，第二种情况是产品厚度为 1.0mm 的中等厚度的带钢轧制，第三种情况是产品厚度为 0.5mm 的带钢轧制。如图 2.3 和图 2.4 所示，分别表示了各机架辊缝变化对产品带钢厚度的影响系数 A_{ij} 和各机架轧辊速度变化对带钢厚度的影响系数 B_{ij}。

有关轧机的参数列于表 2.1，压下规程列于表 2.2，影响系数列于表 2.3。

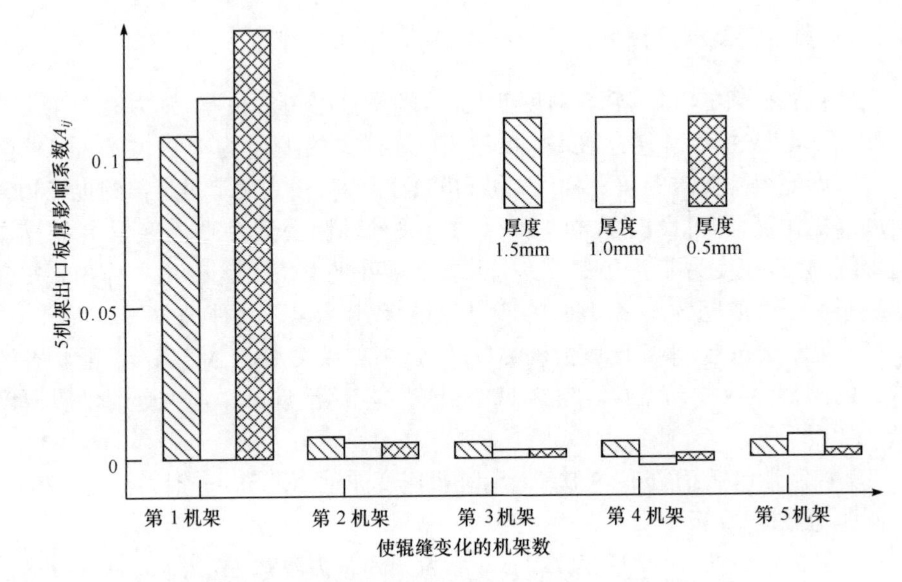

图 2.3 各机架辊缝变化对第 5 机架出口板厚的影响

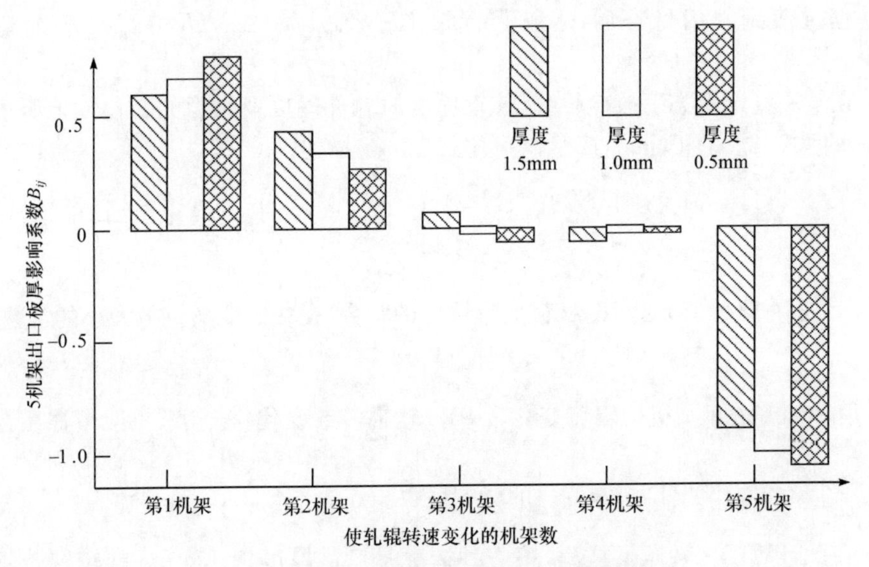

图 2.4 各机架辊速的变化对出口板厚的影响

表 2.1 1450mm 五机架冷连轧机设备参数

机架号	工作辊半径 R/mm	轧机刚度 K_i	电机柔度 Z	摩擦系数 μ
1	273	52800	0	0.07
2	273	52800	0	0.07

续表

机架号	工作辊半径 R/mm	轧机刚度 K_i	电机柔度 Z	摩擦系数 μ
3	292	52800	0	0.07
4	292	52800	0	0.07
5	292	52800	0	0.07

表 2.2　1450mm 五机架冷连轧机 SPCC 轧制规程

项目	第 1 机架	第 2 机架	第 3 机架	第 4 机架	第 5 机架
入口厚度/mm	3.10	2.50	1.90	1.44	1.11
出口厚度/mm	2.50	1.90	1.44	1.11	1.00
前张力/MPa	275	275	225	225	50
后张力/MPa	0	275	275	225	225
轧制速度/(m/min)	432	572	701	789	863

表 2.3　1450mm 五机架冷连轧机影响系数

A_{ij}	1	2	3	4	5
1	0.155	−0.029	−0.022	−0.019	0.069
2	0.096	0.054	0.063	0.048	0.084
3	0.076	0.014	0.012	0.009	0.056
4	0.059	−0.0004	−0.0003	−0.0014	0.034
5	0.034	0.00012	0.00017	0.00022	0.017

通过对影响系数的计算得到冷轧带钢轧机的各种轧制特性，由于几乎都得到同样的结果，计算结果总结如下。

1）对冷连轧机各机架出口板厚的影响

如图 2.5 所示为入口来料板坯厚度的影响。入口来料的厚度变化按照相同比例影响各架轧机出口轧件厚度，则第 1 机架出口轧件厚度将发生变化，其比例也持续到后面机架。

如图 2.6 所示为辊缝的影响。辊缝变化对冷轧带钢厚度的影响以第 1 机架最为显著，而第 2 机架、第 5 机架的影响较小，第 3 机架、第 4 机架几乎不受影响。

如图 2.7 所示为轧辊速度的影响。轧辊转速对板带产品厚度的影响，以第 1 机架、第 5 机架最为显著，第 2 机架造成的影响很小，第 3 机架、第 4 机架几乎不产生影响。

图 2.8 为轧辊轧件间摩擦系数的影响。关于轧辊轧件间摩擦系数的影响，第 1 机架与第 2 机架的摩擦系数的变化对板带产品厚度造成的影响很大，第 3 机架、第 4 机架和第 5 机架造成影响较小。

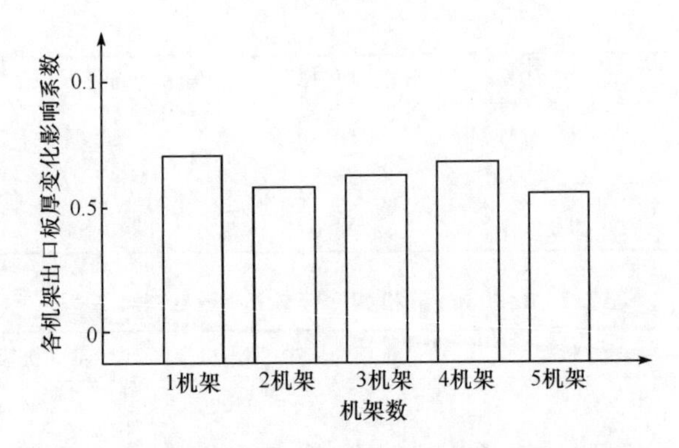

图 2.5 热轧来料板坯厚度变化对各机架出口的影响

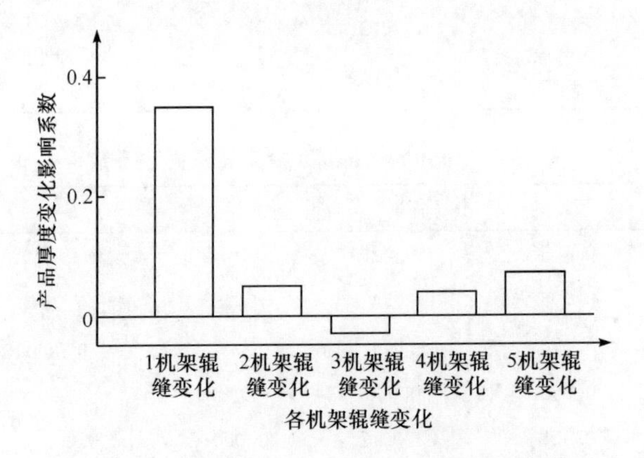

图 2.6 各机架辊缝变化对产品厚度的影响

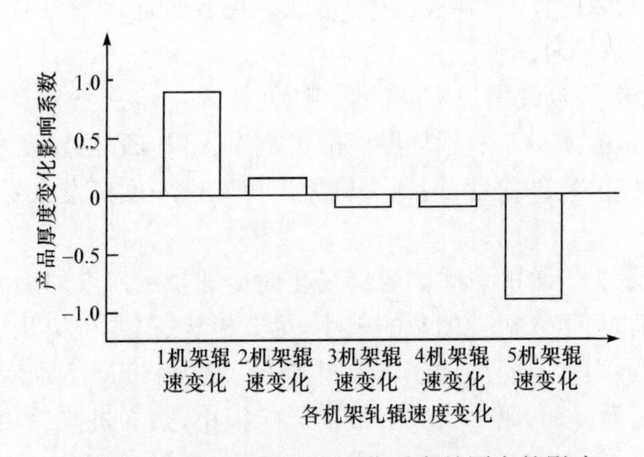

图 2.7 各机架轧辊速度变化对产品厚度的影响

如图 2.9 所示为变形抗力的影响。第 1 机架轧件的变形抗力变化对板带产品板厚的影响大,第 2～5 机架的变形抗力变化对产品厚度影响不大。

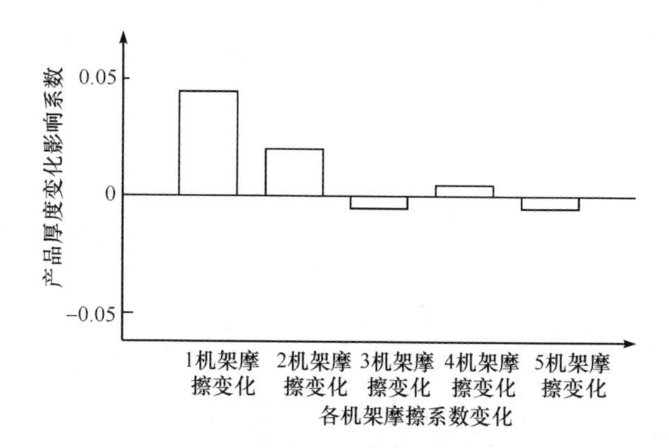

图 2.8　各机架摩擦系数对产品厚度的影响

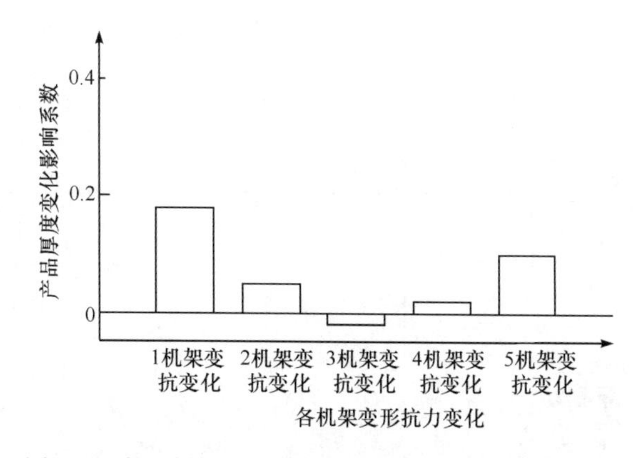

图 2.9　各机架间轧件变形抗力变化对产品厚度的影响

2）对机架间张力的影响

如图 2.10 所示，辊缝对张力的影响。增大第 1 机架辊缝会使所有机架间的张力减小。增大第 2 机架辊缝将增大第 1 与第 2 机架间的张力，其他机架间的张力几乎不变。第 3～5 机架辊缝具有与第 2 机架辊缝相同的趋势，辊缝变化将造成后张力的变化。用辊缝控制机架间张力时，考虑其特性，常采用紧靠机架间张力变化的后一架轧机的辊缝来进行控制的系统。

如图 2.11 所示为轧辊速度对张力的影响。增加第 1 机架轧辊速度将造成所有机架间的张力减小，而增加第 2 机架轧辊的速度会使第 1 和第 2 机架间的张力增大，使第 2 和第 3 机架间的张力减小。第 3～5 机架的轧辊速度具有与第 2 机架轧辊速度相同的趋势，增加某一机架的轧辊速度将造成该机架的后张力增大，前张力减小。改变轧辊速度时，虽然造成该机架前后张力的变化，但是为了独立控制特定机架间的张力，有必要给予特别注意。如果改变第 1 和 2 机架间张力，各机架的轧辊速度的变化率依次减小，所以为了控制第 1 和第 2 机架间张力，必须同时改变

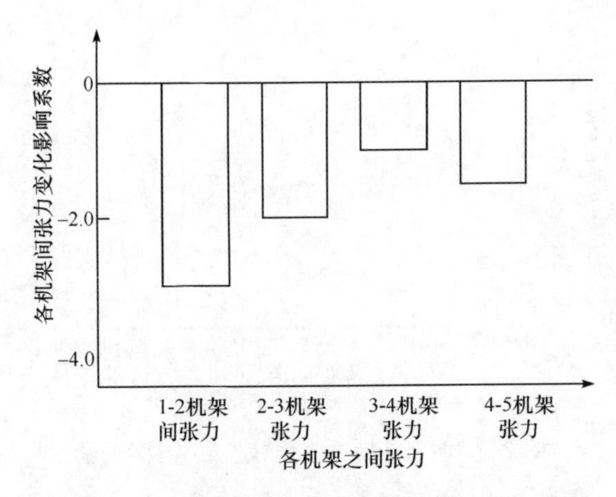

图 2.10 第 1 机架辊缝变化对各机架间张力的影响

$(\Delta v/v)_2$、$(\Delta v/v)_3$、$(\Delta v/v)_4$、$(\Delta v/v)_5$。

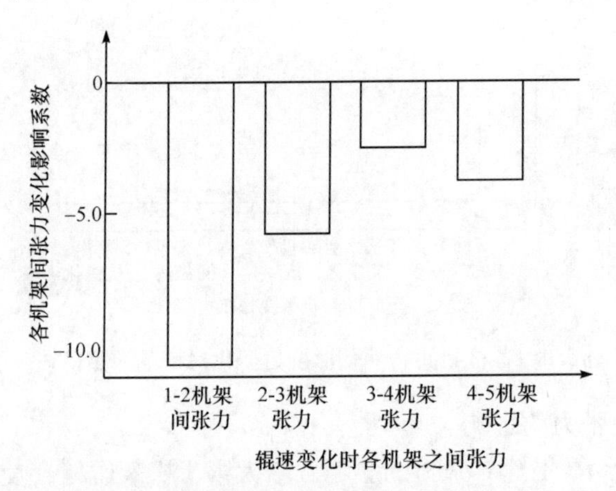

图 2.11 第 1 机架轧辊速度变化对各机架间张力的影响

以上论述了应用连续轧制理论分析冷轧连续轧制特性的结果。计算结果与实际轧制生产中观察到的现象一致,可认为分析方法是有效的。虽然涉及概论,因连续轧制中轧制变量众多,且存在相互影响作用,要逐一讨论其关系是不可能的,用静态特性分析明确各关系是最重要的。根据该分析能使轧制变量的相互关系定量化,成为轧制控制或设计轧机运转方案的有力手段。

2.3 冷连轧动态特性分析

在冷轧连续轧制的稳定状态下,轧机内部秒流量相等的条件成立。轧制过程中,改变各种轧制参数或者轧制参数发生波动时,稳定状态将会转变为过渡状态,经过一定时间再达到另外一种稳定状态。动态连续轧制理论(也称动态特性分析)是求解因外界影响因素或者轧制操作的原因,使轧制状态从前一个稳定状态过渡到下一个稳定状态的过渡特性的一种方法。所谓外界影响因素是指加减速时产生的摩擦系数变化、油膜厚度变化、轧机入口来料厚度变化,也可能是轧制过程中辊速、辊缝、轧件厚度发生的波动等。动态特性分析是分析外界影响因素造成轧制状态变化,是各种组合控制系统(厚度或张力控制)所必需的手段。

关于动态特性分析的历史,最初从冷轧特性分析开始。Phillips、Sekulic 和 Alexander 等分析了从某一稳定状态到下一稳定状态的过渡过程,其中 Phillips 着眼于轧辊和轧件接触弧的中性点,求解了入口侧板厚、出口侧板厚、前张力、后张力发生变化时在中性点轧件厚度变化的一次方程。在冷连轧机的所有机架中,对后段第 4、第 5 机架的自动厚度控制系统进行了模拟计算。Sekulic 等对第 4 架轧机进行了模拟计算,提出了新的自动板厚控制方案,分析的问题前提条件是轧制条件改变时前滑率不变。类似这些以前发表的论文全部是用计算机进行模拟的,因单元数受到限制,因此进行了各种省略和简化。另外连轧机的变量数目较多,要对所有变量的变化范围用计算机全部模拟是非常困难的。因此用计算机进行的近似处理计算来实际设计连轧机控制系统或用来研究新形式轧机的设备是不可能的。20 世纪 60 年代中期在理工科的各个领域出现了数值计算方法,将模拟计算机应用到轧制领域的潮流被迅速展开,目前动态特性分析已经成为制定轧机新控制系统或运转方案不可缺少的手段。

2.3.1　基本方程

与静态连续轧制理论不同,动态轧制理论分析时,在整个轧机中秒流量一定的关系在过渡状态并不成立,而其他的条件与静态分析几乎相同。

1. 板厚方程

$$h_i = S_i + P_i / K_i \tag{2.36}$$

轧制力方程由下式表示:

$$P_i = P(H_0, H_i, h_i, T_{fi}, T_{bi}, k_i, f_i, R_i) \tag{2.37}$$

2. 轧件的速度方程

$$v_{out,i} = (1 + f_i) v_{Ri} \tag{2.38}$$

$$v_{in,i} = (1 + \varepsilon_i) v_{Ri} \tag{2.39}$$

式中,v_{Ri} 为第 i 机架轧辊线速度;$v_{out,i}$ 为第 i 机架带钢出口速度;$v_{in,i}$ 为第 i 机架带钢入口速度;f_i 为第 i 机架带钢前滑率;ε_i 为第 i 机架带钢后滑率。

前滑率 f_i 由式(2.29)得出,轧制过程中,轧辊咬入区流量一定,即

$$F_{\text{in},i} \cdot v_{\text{in},i} = F_{\text{out},i} \cdot v_{\text{out},i}$$

式中，$F_{\text{in},i}$、$F_{\text{out},i}$为第 i 机架出入口横断面面积。

由于冷轧带钢过程中，宽展可以忽略，故后滑率由下式得出：

$$\varepsilon_i = (1+f_i)\frac{h_i}{H_i} - 1 \tag{2.40}$$

前滑率和后滑率可由下式表示：

$$f_i = f(H_i, h_i, H_1, T_{\text{f}i}, T_{\text{b}i}, \mu_i, k_i) \tag{2.41}$$

$$\varepsilon_i = \varepsilon(H_i, h_i, H_1, T_{\text{f}i}, T_{\text{b}i}, \mu_i, k_i) \tag{2.42}$$

3. 机架间张力方程

动态特性分析过程中，通过邻接轧制方向带钢出口侧和入口侧的轧制速度差的积分求解，然后运用应力应变关系式求解前张力，根据机架间张力平衡原则确定后张力，对于机架间张力的处理有各种方案。

1) 最简单模型

在机架间通过邻近轧制方向材料变形入口侧和出口侧的轧制速度差的积分来求解，然后用应力应变关系式求前张力，根据与后张力的平衡式：

$$T_{\text{f}i} = \frac{E}{L}\int(v_{\text{in},i+1} - v_{\text{out},i})\,\mathrm{d}t \tag{2.43}$$

$$T_{\text{b}i+1} = \frac{h_i}{H_{i+1}} T_{\text{f}i} \tag{2.44}$$

式中，E 为带钢弹性模量(2.058×10^5 MPa)；L 为机架间距离。

这些方程虽然计算简单，但就严密性而言不如下面的方法。

2) 考虑机架间板厚分布的模型

对机架入口、出口侧材料的速度差进行积分，求出材料轧制方向的变形，设想材料在机架间具有如图 2.12 所示的厚度分布，然后求解前张力和后张力。

$$T_i^0 = \frac{1}{\sum\limits_{j=1}^{n}\dfrac{1}{K_j}}\int_0^t (v_{\text{in},i+1} - v_{\text{out},i})\,\mathrm{d}t \tag{2.45}$$

式中，T_i^0 为全张力；$K_j = Eb\bar{h}_j/L_i$。

$$T_{\text{f}i} = T_i^0/(bh_i) \tag{2.46}$$

$$T_{\text{b}i+1} = T_i^0/(bH_{i+1}) \tag{2.47}$$

此方法与方法 1)相比，虽然能够得到精确解，但是计算复杂烦琐。

3) 将机架间的材料作为刚性体的模型

忽略机架间材料的弹性变形，设第 i 机架的轧件进入速度与第 $i+1$ 机架轧机的轧件进入速度相等。当稳定轧制状态受到外界干扰时，其平衡被打破转移到下一平衡状态。连续轧机的过渡现象可以认为是短暂的稳定状态顺序延续并阶段性集中，取某一瞬间的板厚如图 2.12 所示。

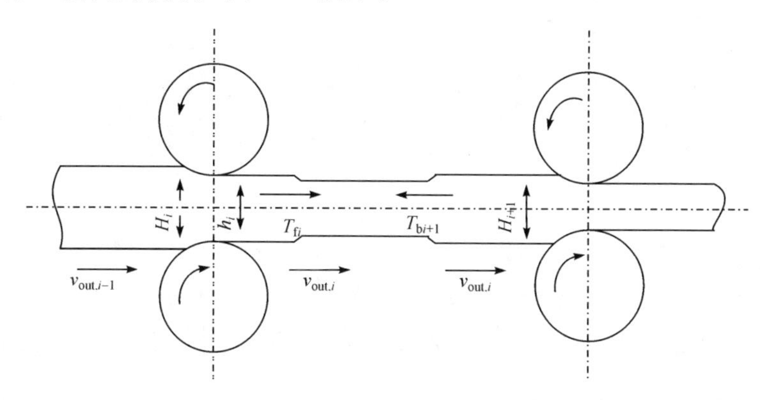

图 2.12　过渡状态机架间模型

一旦受到外界影响，瞬间产生的响应使连续轧机体系的各个非独立变量发生阶段性变化，该变化值将一直保持到下一个外界影响的到来。因此在各瞬间第 i 机架材料的流出速度必须与第 $i+1$ 机架材料的流入速度相等。此外，由于在任意机架轧辊间流入、流出材料的量是相等的，因此在轧辊辊缝中秒流量一定方程是成立的。

轧辊咬入区秒流量一定方程为

$$v_{\text{out},i-1}\cdot H_i=v_{\text{out},i}\cdot h_i \tag{2.48}$$

机架出口材料的流出速度为

$$v_{\text{out},i}=(1+f_i)v_{\text{R}i} \tag{2.49}$$

张力平衡方程为

$$h_i T_{\text{f}i}=H_{i+1}T_{\text{b}i+1} \tag{2.50}$$

此方法的特点是机架间张力不进行积分计算，而是用代数计算求解。

以上介绍的三种机架间张力的计算方法，在实际计算中，应根据具体目的选择不同的计算方法。方法 1)计算简单，当板厚变化不太大时，适合用于了解轧制特性大致趋势的情况；方法 2)计算复杂，要准确分析轧制现象时即使板厚变化幅度大也能正确计算；方法 3)具有不进行机架间张力积分计算，而是用代数计算求解的特点。

这些方程组的解法有线性计算法和非线性计算法。线性计算法是对各轧制变量将式(2.36)～式(2.42)进行泰勒展开，取一次项进行计算的方法，适合于计算稳定状态微小变化的情况。另外，非线性计算法对轧制状态发生大幅度变化时有效。

2.3.2 动态特性(影响因素)计算方法

1. 机架间的厚度延时计算方法

在问题分析时,有 $h_i = H_{i+1}$,但是在计算时,第 i 机架的出口厚度 h_i 只有运行到第 $i+1$ 机架的入口时,才成为第 $i+1$ 机架的入口厚度 H_{i+1},机架间运行的时间 τ_L 为

$$\tau_L = L_i / v_{h_i} \tag{2.51}$$

若当前时刻为 τ,则该时刻第 $i+1$ 机架的入口厚度原则上可以表示为 $H_{i+1}^{\tau} = h_{\tau_L}^{(\tau-\tau_L)}$。但是考虑到带钢出口速度 v_{h_i} 为时间的函数,相邻机架间带钢运动的时间是不断变动的,这就使确定机架入口厚度的计算方法更为复杂了,因此该采用延时表示的方法。

在带钢上某点离开第 i 机架的时刻 $\tau^{(n)}$ 有固定的出口厚度 $h_i^{(n)}$ 和出口速度 $v_{h_i}^{(n)}$。带钢以这个速度运行 $d\tau$ 时间后,运行距离为 $L_{T_i}^{(n)} = v_{h_i}^{(n)} d\tau$,此时刻为 $\tau^{(n+1)} = \tau^{(n)} + d\tau$,由于张力及其他因素的波动,出口厚度与速度变成 $h_i^{(n+1)}$ 和 $v_{h_i}^{(n+1)}$。这样,经过时间 $d\tau$ 后,该点的离开第 i 机架的距离为 $L_{T_i}^{(n+1)} = L_{T_i}^{(n)} + v_{h_i}^{(n+1)} d\tau$,随着时间的推移,带钢上该点离开第 i 机架的距离原来越远,在第 m 时刻为

$$L_{T_i}^{(m)} = \sum_{j=n}^{m} v_{h_i}^{(j)} d\tau \tag{2.52}$$

当 $L_{T_i}^{(m)}$ 达到或者超过了机架间距 L_i 时,即可判定带钢上该点进入了 $i+1$ 机架。这是记录带钢上某点所处的位置及判定其是否进入下一机架的方法。

反过来使用这种方法,就可以机架间的厚度延时,把每个时刻第 i 机架的 h_i 与 v_{h_i},都记入第 i 机架的延时表(表 2.4)中,在 $h_i^{(n)}$ 和 $v_{h_i}^{(n)}$ 的栏中 j 为时刻序号。为了求得第 m 时刻第 $i+1$ 机架的入口厚度 H_{i+1},则只需寻找这个点离开第 i 机架的时刻就可以从延时表中读出当时 h_i,也就是当前时刻的 H_{i+1}。

表 2.4 带钢出口厚度和速度延时表

时刻序号 j	带钢出口厚度 h_i	带钢出口速度 v_{h_i}
1	h_i^1	$v_{h_i}^1$
2	h_i^2	$v_{h_i}^2$
3	h_i^3	$v_{h_i}^3$
…	…	…
$m-1$	h_i^{m-1}	$v_{h_i}^{m-1}$
m	h_i^m	$v_{h_i}^m$
…	…	…
NN	h_i^{NN}	$v_{h_i}^{NN}$

假定此时带钢入口厚度 H_{i+1} 对应于带钢上的某点，则此点在 $\mathrm{d}\tau$ 时间以前与第 $i+1$ 机架的距离为 $L_T=v_{h_i}^{(m)}\mathrm{d}\tau$（$v_{h_i}^{(m)}$ 为在延时表中查得的 m 时刻第 i 机架带钢出口速度）。再倒退一个时刻，即 $m-1$ 时刻，该点与第 $i+1$ 机架的距离增大为 $L_T=v_{h_i}^{(m)}\mathrm{d}\tau+v_{h_i}^{(m-1)}\mathrm{d}\tau$。这样不断倒退回去，假定在第 K 时刻有

$$L_{T_i}^{(m)}=\sum_{j=n}^{m}v_{h_i}^{(j)}\mathrm{d}\tau\geqslant L_i \tag{2.53}$$

则 K 时刻的带钢出口厚度 $h_i^{(k)}$ 即为现时刻（m 时刻）第 $i+1$ 机架的带钢入口厚度 $H_i^{(m)}$。

2. 机架间张力的计算方法

根据轧制理论，当第 i 机架带钢出口速度为 v_{h_i}，第 $i+1$ 机架带钢入口速度为 $v_{H_{i+1}}$，机架间距离为 L_i 时，前张力 $T_{\mathrm{f}i}$ 对时间 τ 的导数为

$$\frac{\mathrm{d}T_{\mathrm{f}i}}{\mathrm{d}\tau}=\frac{E}{L_i}(v_{H_{i+1}}-v_{h_i}) \tag{2.54}$$

对张力微分方程式(2.54)积分，当时间增量为 $\mathrm{d}\tau=\tau_2-\tau_1$ 时，即当时间增量为 $\mathrm{d}\tau=\tau_2-\tau_1$ 时，第 i 机架前张力的增量为 $\mathrm{d}T_{\mathrm{f}i}=T_{\mathrm{f}i(\tau_2)}-T_{\mathrm{f}i(\tau_1)}$，即

$$\mathrm{d}T_{\mathrm{f}i}=\frac{E}{L_i}\int_{\tau_1}^{\tau_2}(v_{H_{i+1}}-v_{h_i})\mathrm{d}\tau \tag{2.55}$$

但由于带钢速度是时间、张力等因素的函数，故式(2.55)很难得到解析解。因此通常对式(2.54)采用数值解法。

在已知前张力初始值 $T_{\mathrm{f}i}^0$ 的情况下，可按照递推的形式迭代求出张力值，即

$$T_{\mathrm{f}i}^{n+1}=T_{\mathrm{f}i}^n+\frac{E}{L_i}(v_{H_{i+1}}^n-v_{h_i}^n)\mathrm{d}\tau \tag{2.56}$$

由于已知各机架前张力初始值 $T_{\mathrm{f}i}^0$，且第 i 和 $i+1$ 机架的前后滑值 S_{h_i} 和 $S_{h_{i+1}}$，从而可以得到 v_{h_i} 与 $v_{H_{i+1}}$，故而求出张力值，为了使张力计算值不至于产生较大的误差，时间步长 $\mathrm{d}\tau$ 应该控制在很小的范围内。

3. 基本方程的线性计算

根据轧制力的辊缝弹性变化方程，一般情况下轧辊出口板厚 h 是由辊缝 S 与轧制力 P 造成的辊缝增加的和来决定的，如果轧机刚性为 K，则轧辊出口板厚可表示为

$$h_i=S_i+\frac{P_i}{K}+\delta_i\quad(i=1,2,\cdots,n,\text{其中 } n \text{ 为机架数}) \tag{2.57}$$

作为轧制变量，取轧辊入口板厚 H、出口板厚 h、前张力 $T_{\mathrm{f}i}$、后张力 $T_{\mathrm{b}i}$、辊缝 S，将非线性化方程(2.26)线性化后得到下列方程。

$$\Delta h_i=\Delta Sr_i K\Big/\left(K-\frac{\partial P}{\partial h}\right)_i+\Delta H_i\left(\frac{\partial P}{\partial H}\right)_i\Big/\left(K-\frac{\partial P}{\partial h}\right)_i+\Delta T_{fi}\left(\frac{\partial P}{\partial T_f}\right)_i\Big/\left(K-\frac{\partial P}{\partial h}\right)_i$$
$$+\Delta T_{bi}\left(\frac{\partial P}{\partial T_b}\right)_i\Big/\left(K-\frac{\partial P}{\partial h}\right)_i+\overline{D}_i\quad (i=1\sim n) \tag{2.58}$$

其中，$\overline{D}_i=0.0\quad(i=1)$；$\overline{D}_i=(\Delta H_1)\left(\frac{\partial P}{\partial H_1}\right)\Big/\left(K-\frac{\partial P}{\partial h}\right)_i\quad(i=2,3,\cdots,n)$。

轧件速度在轧辊入口最慢，在轧辊咬入区随着板厚的减少被加速到轧机出口达到最快，在中性点与轧辊速度 v 一致。以中性点速度为基准，将轧辊出口速度的增加率表示为前滑率 f，在轧机入口的速度降表示为后滑率，则轧辊入口和出口的轧件速度可用下式表示：

$$v_{\text{out},i}=(1+f_i)v_{Ri}\quad(i=1,2,\cdots,n) \tag{2.59}$$
$$v_{\text{in},i}=(1+\varepsilon_i)v_{Ri}\quad(i=1,2,\cdots,n) \tag{2.60}$$

影响前滑率和后滑率的变量只有轧辊入口板厚、轧辊出口板厚、前张力和后张力，将式(2.59)和式(2.60)线性化后得到下述方程。

$$v_{\text{out},i}=v_i\left[\left(\frac{\partial f}{\partial H}\right)_i\Delta H_i+\left(\frac{\partial f}{\partial h}\right)_i\Delta h_i+\left(\frac{\partial f}{\partial T_b}\right)_i\Delta T_{bi}+\left(\frac{\partial f}{\partial T_f}\right)_i\Delta T_{fi}+\overline{\overline{D}}_i\right]$$
$$(1+f_i)\Delta v_{Ri}\quad(i=1,2,\cdots,n) \tag{2.61}$$

其中，$\overline{\overline{D}}_i=0.0\quad(i=1)$；$\overline{\overline{D}}_i=(\Delta H_1)\left(\frac{\partial P}{\partial H_1}\right)\Big/\left(K-\frac{\partial P}{\partial h}\right)_i\quad(i=2,3,\cdots,n)$。

$$v_{\text{in},i}=v_i\left[\left(\frac{\partial \varepsilon}{\partial H}\right)_i\Delta H_i+\left(\frac{\partial \varepsilon}{\partial h}\right)_i\Delta h_i+\left(\frac{\partial \varepsilon}{\partial T_b}\right)_i\Delta T_{bi}+\left(\frac{\partial \varepsilon}{\partial T_f}\right)_i\Delta T_{fi}+\overline{\overline{D}}_i\right]$$
$$(1+\varepsilon_i)\Delta v_{Ri}\quad(i=1,2,\cdots,n) \tag{2.62}$$

其中，$\overline{\overline{D}}_i=0.0\quad(i=1)$；$\overline{\overline{D}}_i=\left(\frac{\partial \varepsilon}{\partial H_1}\right)_i\Delta H_i\quad(i=2,3,\cdots,n)$。

对于轧制力的各种偏微分系数，用 Hill 方程进行数值计算，用 Bland-Ford 方程对前滑率和后滑率的偏微分系数进行计算，五机架冷连轧机各机架入口板厚、出口板厚、辊缝、机架间张力及轧件速度的关系由图 2.13 表示。

2.3.3 计算实例及结果分析

分析相对于轧制因素变化时连续轧制的动态特性，采用连续轧机动态特性模型求解轧机入口原料板厚、各机架轧辊速度、各机架辊缝阶梯变化时的响应。

1. *加减速过程的动态特性分析*

在五机架连续轧制过程中，需要频繁地加减速，该过程是轧机操作中最重要、最困难的环节。加减速时，张力波动最为剧烈，而张力的变化必然导致这两个机架

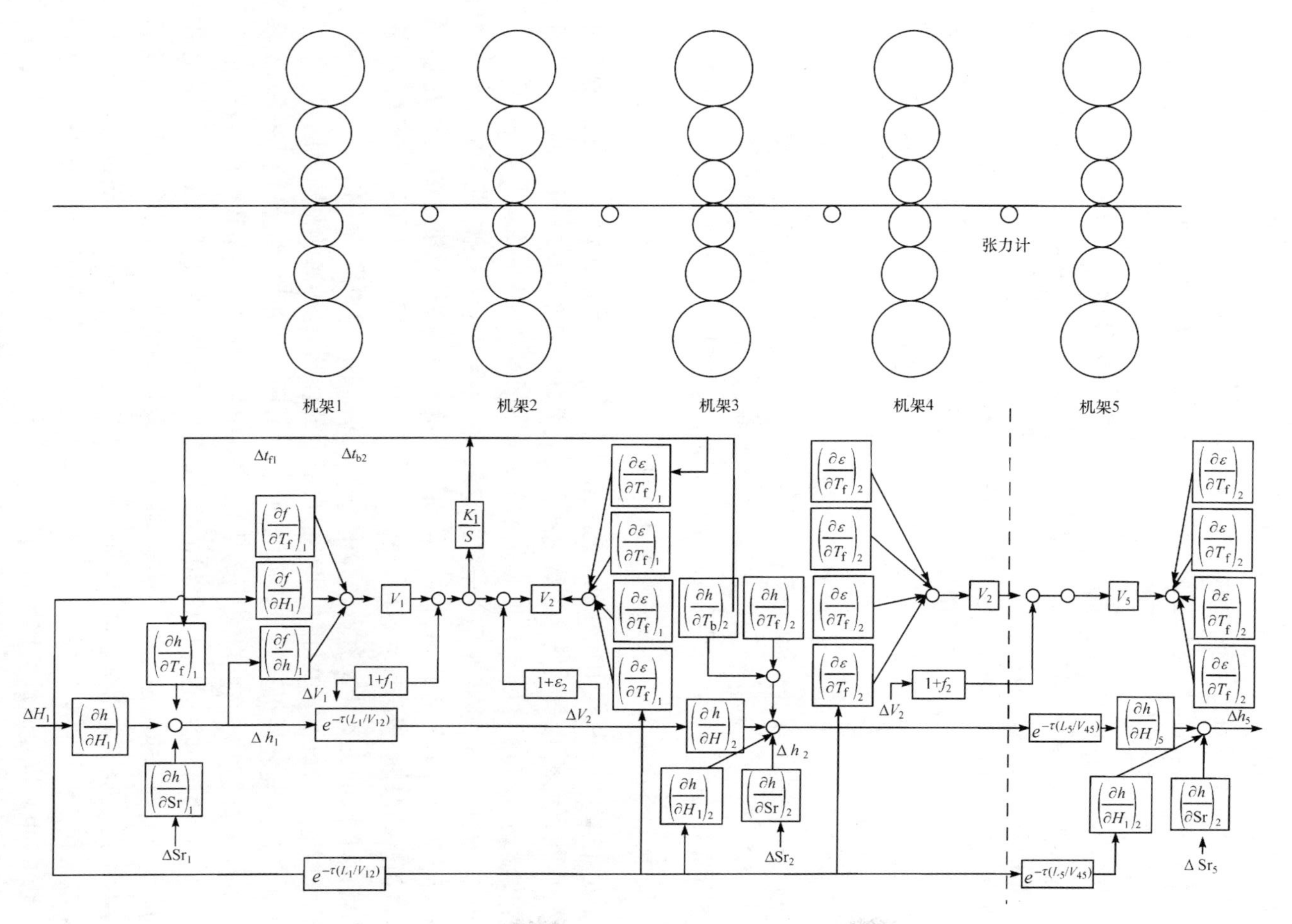

图 2.13　冷连轧动态特性分析框图

的压力、转矩、速度、带钢厚度的波动；同时，各机架主传动控制系统动态特性的差异也会导致各机架速度间的失调，作为速度函数的摩擦系数也要发生变化，这也会反过来影响张力的进一步变化，所以说该过程是各种轧制参数变化最剧烈的阶段。若设定计算不合理将会导致断带、叠轧事故的发生，为校验设定计算的合理性，保证产品质量和加减速过程稳定进行，应该对加减速的过渡过程进行仿真计算，以便采取相应的控制措施。

五机架同步加速时，各机架主传动电机速度指令是依靠主变阻器输出电压的连续升高而按比例提高的。为了对这个过程进行仿真计算，通常给出最后机架折合到轧辊上的主电机加速特性 a_n（mm/s^2），因为在连续轧制时，先将辊缝抬至最高位，让带钢通过，完成穿带过程，之后施加预轧制力（1000kN），微速建立起开卷机与第 1 机架、机架间及第 5 机架与卷取机之间的张力，完成建张过程再升速轧制，因此五个机架的加速特性相同。在 $d\tau$ 时间内，各机架的速度增量 dv_i 为

$$
\begin{aligned}
dv_i &= a_i d\tau \\
v_i^{n+1} &= v_i^n + dv_i
\end{aligned}
\tag{2.63}
$$

加速和减速过程的仿真计算框图见图 2.14，最末机架的加速度由人工给定，初始速度为零，即从静止状态加速到正常轧制状态。当要求进行减速操作时，应当按照当前速度进行计算，并令 $a_n = -a_n$，再加减速计算。

2. 轧制参数发生波动的动态特性分析

五机架冷连轧机组由于机架间存在张力将多个机架连接成一个整体，构成了一个复杂的“机械-电气-工艺”一体化的多变量系统。在轧制过程中，干扰量（如来料厚度波动、来料硬度波动及轧辊偏心等）与控制量（如某一机架压下的变动、弯辊、窜辊变动以及辊速波动）不可避免。冷连轧机组是一个整体，任何一个参数的波动都会通过张力的变化瞬时传递给每一个机架，影响前后机架的轧制力、前后滑，进而影响厚度、板凸度和速度，任何因素影响张力波动后将既是顺流又是逆流地影响各机架的主要轧制参数。而第一机架的带钢出口厚度的变化还将延时地传递给下游的第二机架，造成第二机架出口厚度的扰动，这种影响是顺流的。

由于冷连轧轧件很薄以及强烈的加工硬化，因此纠正厚度差的能力有限，高质量的热轧来料是生产高质量冷轧产品的重要条件。研究上述参数波动对整个机组的影响，如所引起的张力、出口厚度的变化，是很必要的，主要考虑热轧来料卷厚度波动、轧制速度和辊缝波动对带钢出口厚度差及机架间张力的影响。来料厚度 H 的变化可以是阶跃变化，也可以是渐进式的变化，用正弦波来近似描述，因此可以用正弦规律近似计算各时刻冷轧来料的水印厚差。各机架辊缝和辊速的变化可以是阶跃的，也可以是斜坡变化的。

为了分析相对于轧制因素变化时连续轧制的动态特征，采用连续轧机动态特性模型求解轧机入口原料板厚、各机架轧辊速度、各机架辊缝阶梯变化时的响应。

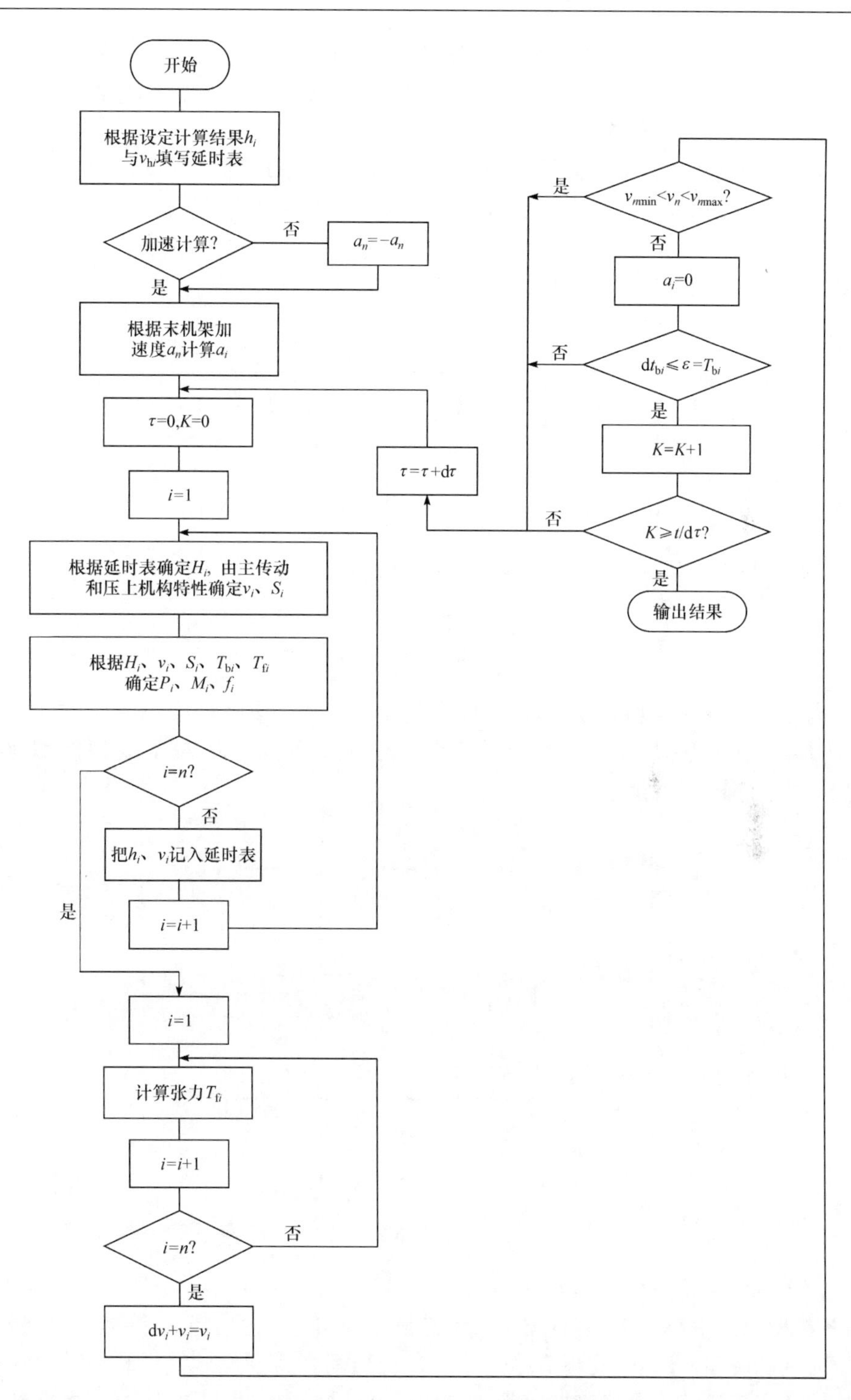

图 2.14　加减速动态特性计算框图

所分析的轧制规程是 1.0mm 厚度的带钢。作为计算结果，对应于轧机入口来料板厚变化时造成各机架轧制因素的变化，如图 2.15 和图 2.16 所示，该结果表示从稳定状态开始的轧制状态变化量。

若来料厚度阶梯性增厚，当来料厚度变化部分达到该机架时，该机架的前张力减小，板厚变化达到下一机架时其张力更加减小，最终减小了各机架间的张力，如图 2.15 所示。

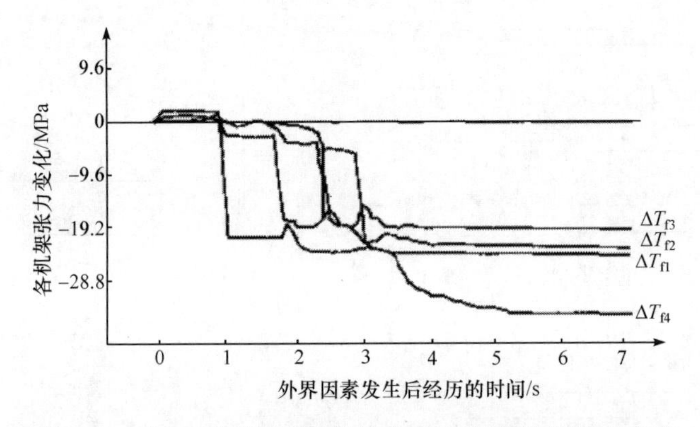

图 2.15　对应于来料厚度阶梯性变厚时各机架间张力的变化

若来料板厚阶梯性增厚，当来料厚度变化部分到达该机架时，该机架的出口板厚增加至最大；该厚度变化到达下一机架时，机架间的张力减小，带钢厚度因此而增厚更多，如图 2.16 所示。

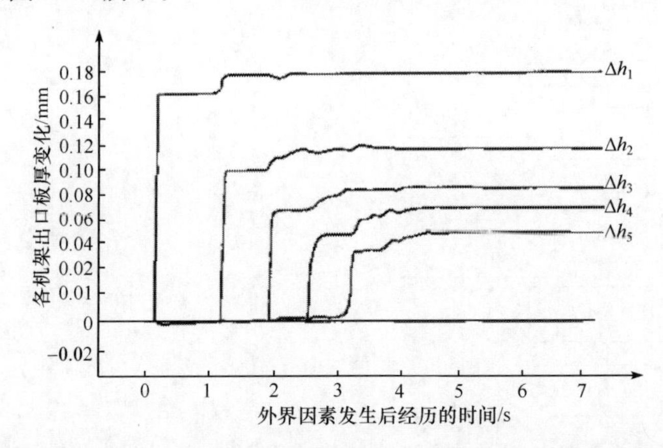

图 2.16　对应于来料厚度阶梯性变厚时各机架间出口板厚度的变化

第 1 机架辊缝减小时，第 1 机架出口板厚减薄，板厚变更点在通过各机架的瞬间，各机架出口板厚减小，并且板厚变更点即使通过了 5 机架也持续减薄，要经过一定时间的调整，才能达到板厚稳定。这是机架间张力变化导致了轧制现象往前段机架逆向迁移的原因。机架间张力在辊缝减小的瞬间减小，在板厚变更点到达下一机架的时刻上升，最终增大了各机架间张力，如图 2.17 所示。

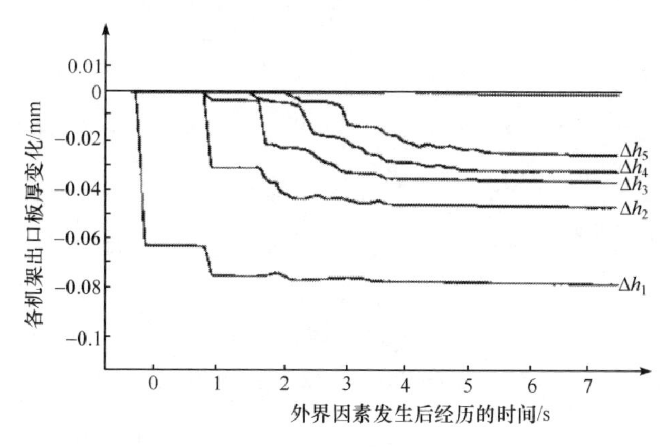

图 2.17　对应第 1 机架辊缝阶梯变化时各机架间出口板厚度的变化

缩小第 5 机架辊缝，则瞬间成品带钢厚度减小。同时，由于第 4 与第 5 机架间张力减小，第 4 机架出口板厚增大，最终导致第 5 机架出口板厚几乎不减小，如图 2.18 所示。

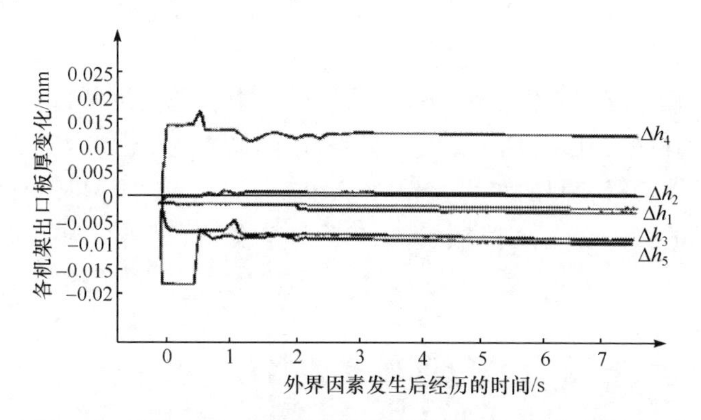

图 2.18　对应于第 5 机架辊缝的阶梯变化各机架出口板厚变化

使第 1 机架轧辊速度增加，则第 1 与第 2 机架间张力大幅降低，第 1 机架、第 2 机架出口板厚增大，这一板厚变化最终传递到最后机架，结果第 5 机架出口板厚增大，同时各机架间张力减小，如图 2.19 所示。增加中间机架的速度(第 3 机架)，第 3 和第 4 机架间张力减小；相反，第 2 与第 3 机架间张力增大。第 5 机架出口板厚虽然发生过渡性变化，但最终几乎不变。增加第 5 机架速度，第 4 与第 5 机架间张力增加，第 5 机架出口板厚减小；同时，因为第 4 机架出口板厚减小，改变第 5 机架轧辊速度，第 4 机架出口板厚的变化部分到达第 5 机架出口后，第 5 机架出口板厚发生调整。

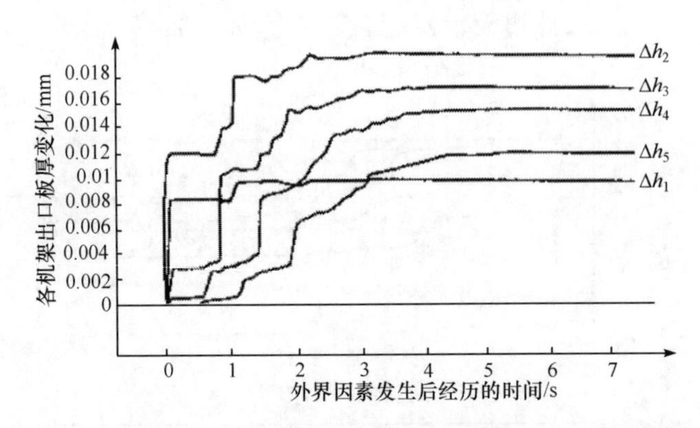

图 2.19　对应于第 1 机架轧辊速度的阶梯变化各机架出口板厚变化

轧制状态的变化通过机架间张力对前段机架板厚以及前段机架张力的影响仅限于前段相邻的一个机架,该机架之前的机架几乎不受影响。因此,影响第 5 机架出口板厚的因素是第 1 与第 5 机架的轧辊速度以及第 1 机架的辊缝变化,虽然涉及其他因素的过渡影响,但最终几乎不变。由动态特性分析的计算结果可知,调整状态与前面论述的静态特性分析结果一致,并且表明了轧制状态的变化调整后,影响小的中间机架辊缝与轧辊速度的变化对产品带钢厚度的过渡性影响。所谓中间机架辊缝与轧辊速度的变化不影响产品厚度这一看法是在频率低的区域。在频率高的区域,中间机架的影响是明显的。另外,还解释清楚了影响大的最终轧辊速度改变了第 4 和第 5 机架间的张力,以及第 5 机架出口板厚的瞬时变化部分和第 4 与第 5 机架间的张力变化。第 4 机架出口板厚变化,仅是第 4 与第 5 机架间的板厚变化部分。

2.4　冷连轧传动工艺控制

冷连轧的主电机交流调速系统是轧制过程重要的控制环节,机架间带钢速度匹配是连轧过程处于平衡状态的基本条件之一。冷轧机的轧制过程处于稳态时,各参数之间保持相对的稳定关系,如果两个机架间的带钢速度发生微小变化,将不仅导致本机架平衡状态的破坏,还会通过机架间带钢速度变化的影响,向上传递给前面各机架,同时向下传递给后面各机架,使整个轧机的平衡状态遭到破坏。因此,维持轧机各机架速度恒定,对于保证连轧过程顺利进行,提高产品厚度精度与板形精度等都有十分重要的意义。

2.4.1　交流调速矢量控制

冷连轧机电气传动的主要对象是速度、位置、加速度及张力等机械参数。其中，调速是传动的最基本的控制形式，它可分为直流调速和交流调速两大类。直流电气传动具有调速性能好，控制精度高、线路简单，控制方便等优点，因此冷连轧主传动一直被直流电机调速系统所占领。近年来，新型电力电子器件与大规模集成电路的出现和发展、微处理机的广泛应用以及矢量控制理论的出现，使得交流变频调速传动替代直流调速传动成为现实。与直流传动相比，交流调速传动具有无磨损、转子惯性低等独特的优点。采用矢量控制技术的交流调速系统已经得到越来越广泛的应用。

1. 矢量控制基本原理

通过建立在三相静止坐标系 ABC 上的异步电机数学模型可以看出，交流异步电机是一个高阶、非线性、强耦合的多变量控制对象。矢量控制的基本思想是把交流电机模拟成直流电机，以转子磁链这一旋转的空间矢量作为参考坐标，将定子电流分别分解为两个相互正交的分量：一个与转子磁链同方向，代表定子电流的励磁分量；另一个与磁链正交，代表定子电流的转矩分量，然后对其进行分别控制，获得与直流电机一样的动态性能。因此矢量控制的关键就是对电流矢量的幅值和空间位置(频率和相位)的控制，具体实现可以通过如下矢量控制框图(图 2.20)。

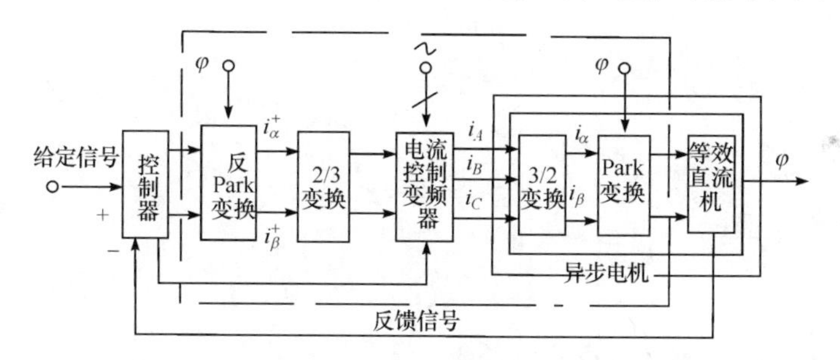

图 2.20 矢量控制系统原理结构图

在对异步电机进行分析和控制时，均需对三相进行分析和控制。Park 矢量是将三个标量(三维)变换为一个矢量(二维)，Park 矢量变换关系为

$$u_s(t)=\frac{2}{3}(u_a+u_b e^{j2\pi/3}+u_c e^{j4\pi/3}) \tag{2.64}$$

式中，u_a、u_b、u_c分别是 a、b、c 三相定子负载绕组的相电压。

在逆变器无零状态输出的情况下，其波形、幅值都与逆变器开关状态相对应，这样就可以用电压空间矢量 $u_s(t)$来表示逆变器三相输出电压的各种状态。$u_s(t)$在某一时刻代表三相电磁量合成作用在坐标系中的空间位置，所以称为空间矢量。

按照转子磁场定向就是按转子全磁链矢量 ψ_r 定向。设 d 轴沿着转子磁链 ψ_2 的方向，称为 M 轴，垂直的为 T 轴。这样的两相同步旋转坐标系就具体规定为 M-T 坐标系，即按转子磁场定向的旋转坐标系。M-T 坐标系旋转速度等于定子频率的同步角速度 ω_1，转子的速度是 ω，M、T 相对转子的角速度为 $\omega_s=\omega_1-\omega$，即转差角频率。将上述参数代入任意两相旋转坐标系模型中可得以下方程

(1) 电压方程：

$$\begin{aligned} u_{sM}&=i_{sM}R_s+p\psi_{sM}-\omega_1\psi_{sT}\\ u_{sT}&=i_{sT}R_s+p\psi_{sT}+\omega_1\psi_{sM}\\ u_{rM}&=i_{rM}R_r+p\psi_{rM}-\omega_s\psi_{rT}\\ u_{rT}&=i_{rT}R_r+p\psi_{rT}+\omega_s\psi_{rM} \end{aligned} \tag{2.65}$$

(2) 磁链方程：

$$\begin{aligned} \psi_{sM}&=i_{sM}L_s+i_{rM}L_m\\ \psi_{sT}&=i_{sT}L_s+i_{rT}L_m\\ \psi_{rM}&=i_{rM}L_r+i_{rM}L_m=\psi_r\\ \psi_{rT}&=i_{rT}L_r+i_{rT}L_m=0 \end{aligned} \tag{2.66}$$

(3)电压转矩方程：

$$\begin{bmatrix} u_{sM}\\ u_{sT}\\ u_{rM}\\ u_{rT} \end{bmatrix}=\begin{bmatrix} R_s+L_sp & -\omega_1L_s & L_mp & -\omega_1L_m\\ \omega_1L_s & R_s+L_sp & \omega_1L_m & L_mp\\ L_mp & 0 & R_r+L_rp & 0\\ \omega_sL_m & 0 & \omega_sL_r & R_r \end{bmatrix}\begin{bmatrix} i_{sM}\\ i_{sT}\\ i_{rM}\\ i_{rT} \end{bmatrix} \tag{2.67}$$

(4) 转矩方程：

$$T_e=\frac{3}{2}p_nL_m(i_{sT}i_{rM}-i_{sM}i_{rT})$$

由于 M 轴与 ψ_2 重合，可得

$$\psi_{2M}-\psi_2,\quad \psi_{2T}=0$$

由式(2.66)磁链方程中得到

$$i_{sM}=\frac{\psi_r-i_{rM}L_r}{L_m},i_{rT}=-\frac{L_m}{L_r}i_{sT}$$

代入转矩方程中得

$$T_e=\frac{3}{2}p_n\frac{L_m}{L_r}i_{sT}\psi_r$$

由式(2.67)第四行可得转差角频率 ω_s 方程：

$$\omega_s=\frac{L_m}{\tau_r\psi_r}i_{sT} \tag{2.68}$$

式(2.68)表明了转差频率 ω_s 和定子电流转矩分量 i_{sT} 的关系，所以

$$\psi_r = \psi_{rM} = i_{rM} L_r + i_{sM} L_m = \frac{L_m}{1+T_r p} i_{sM} \tag{2.69}$$

其中，$T_r = \frac{L_r}{R_r}$。式(2.69)是转子磁链方程。

以上即为矢量控制的基本原理和控制方程式。总而言之，由于 M-T 坐标按转子磁场定向，在定子电流的两个分量之间实现了解耦控制，i_{sM} 唯一决定 ψ_r，i_{sT} 则只影响转矩，与直流电机中的励磁电流与电枢电流对应，很大程度上简化了异步电机控制。

2. 双闭环矢量控制系统

传动单元的控制结构：逆变器和整流器驱动(3.3kW)，IGBT 设备(1200A)通过 PMW(脉冲宽度调制)控制产生一个电压可变，频率可变的交流电压。整流器执行直流电压的控制、d-q 轴电流控制、三相交流电流控制，执行功率因素 1.0 控制。而逆变器执行速度控制、d-q 轴电流控制、三相交流电流控制，也执行速度控制和电机功率 1.0 控制的扭矩控制，如图 2.21 所示。

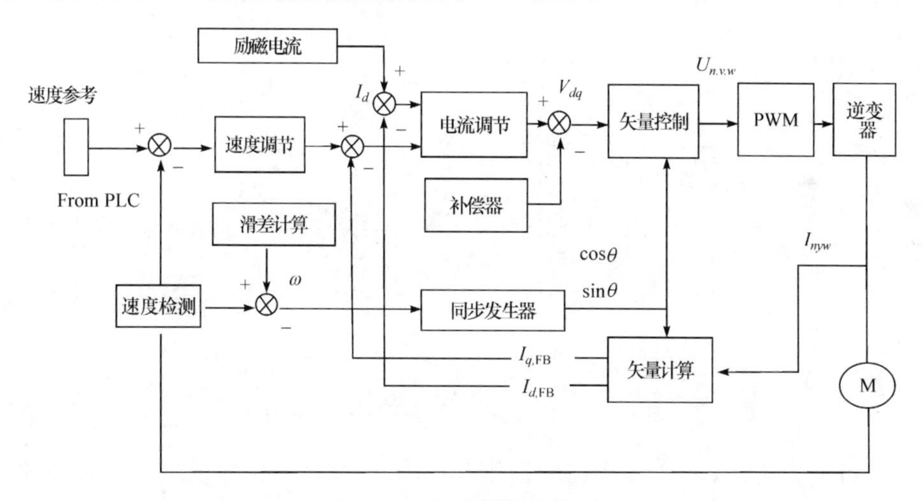

图 2.21　矢量控制系统图

(1) 速度调节器(ASR)。

这个环节执行速度控制，它通过控制速度指令和实际速度反馈值的偏差，来控制电机的速度。这个环节采用比例积分(PI)调节器。速度调节器的输出作为电流有功分量指令 I_q 转矩电流，用来控制电流调节器 ACR。

(2) 速度检测环节。

使用脉冲发生器(PLG)和正弦编码器(SE)来进行电机速度的检测。

(3) 电流调节器(ACR)。

电机电流 I_i 被分解成励磁电流反馈值 $I_{d,FB}$ 和转矩电流反馈值 $I_{q,FB}$，励磁电流命令 I_d 和转矩电流命令 I_q 分别与其对应的反馈值进行比较得到的偏差值作为电流调节器的输入，而输出量作为电压命令 V_d 和 V_q。

2.4.2 张力转矩传动控制

在冷连轧生产线上，带钢张力是重要的工艺参数之一，而其稳定性更是决定生产顺利进行、保证产品质量的重要因素。作为主要驱动设备，矢量控制技术下的交流异步电机为冷轧生产线中带钢张力控制的实现提供了强有力的保证。

1. 基于转矩的张力控制

冷连轧机的入口张力辊和卷取机位于机组的头部和尾部，带钢一端卷绕在张力辊上，另一端与卷取机卷筒相连。轧机主传动位于机组中部。在理想情况下，忽略摩擦、惯性、带钢弯曲等因素的干扰，这几个传动电机的输出转矩能全部转化为其作用区域内带钢张力。因此，可以通过矢量控制技术对交流异步电机的转矩进行控制，进而实现对带钢张力的控制，其控制框图如图 2.22 所示。

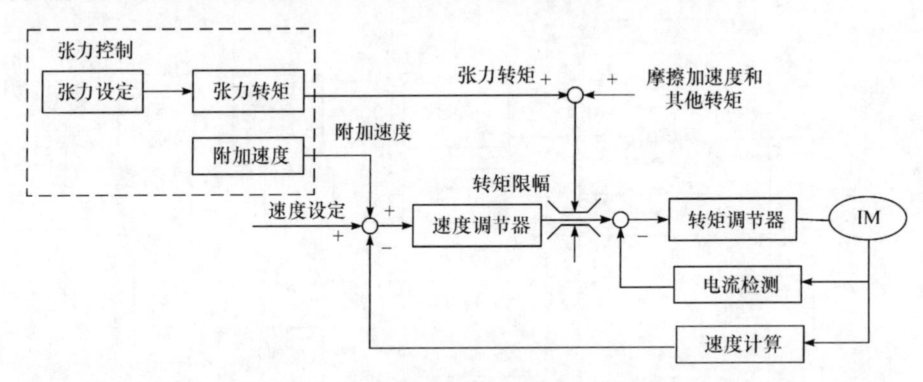

图 2.22　基于转矩的张力开环控制框图

该控制方法相当于异步电机单转矩环控制，即通过附加速度使建张传动的速度环 PI 调节器饱和并退出控制（相当于速度环开环控制），利用限幅值控制转矩环的设定值，控制对应异步电机的转矩输出，进而达到对带钢张力的控制。基于转矩的张力开环控制不需要设置张力计，但是其张力控制精度不高，理论上存在张力稳态误差。如果在张力辊、机架间和卷取机区域内设置张力计，对实际张力进行测量，那么就可以对张力进行闭环控制，形成外张力环和内转矩环的双闭环控制系统，消除张力稳态误差，其控制框图如图 2.23 所示。

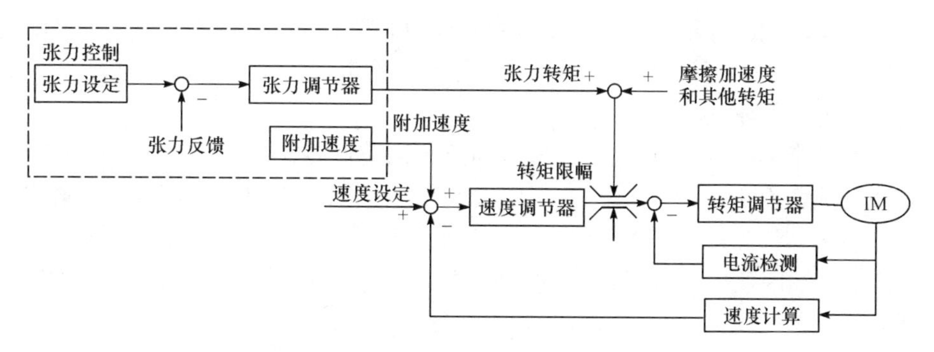

图 2.23　基于转矩的张力闭环控制框图

2. 基于速度的张力控制

在冷连轧机的机架间，带钢张力作用区域是相互影响的，而某些设备由于没有驱动辊，惯量、摩擦、弯曲等导致的损耗难以计算，所以不能直接通过转矩进行张力控制。对于带钢上的两点，如果保持其中一点速度不变，微调另一点的速度，则可以实现对这两点之间张力的控制。机组中部建张和辅助建张传动间的带钢一般较长，调节建张传动的速度，通过该点带钢速度的改变调节作用区域内带钢的张力。在异步电机矢量控制速度环的外面增加张力环，可以实现这种基于速度的张力控制，其控制如图 2.24 所示。

这种张力控制方法不需要考虑摩擦、弯曲等转矩补偿，具有张力控制精度高的优点，能有效抑制温度、速度等对带钢张力造成的影响，降低加热炉等区域因张力导致断带的概率，使机组中部工艺处理部分保持高速稳定运行。基于速度的张力闭环控制在冷轧生产线上应用极其广泛。

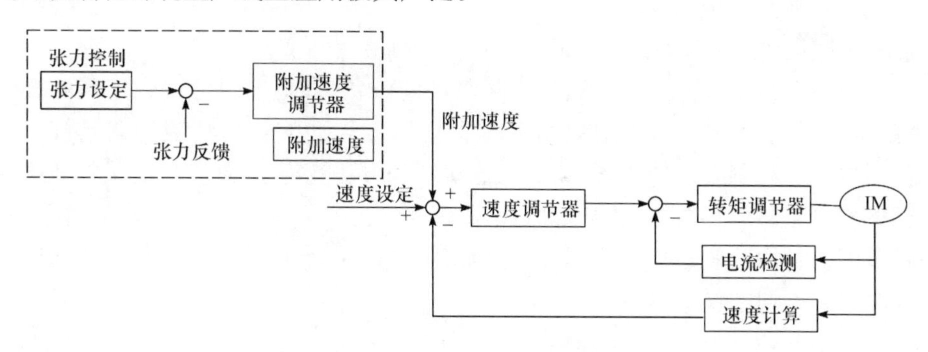

图 2.24　基于速度的张力闭环控制框图

3. 负荷平衡

冷轧生产线中的许多设备，如活套钢绳卷扬、张力辊组、轧机工作辊等，由两台或多台电机驱动。为了使这些传动装置具有良好的同步性，避免出力不均的情况出现，大多需要采用负荷平衡控制。负荷平衡主要有以下 4 种方式。

(1) 从电机转矩控制。

这是最常用的负荷平衡方式，即主电机采用速度控制，从电机采用转矩控制。从电机的速度设定略大于主电机(通常大 2%～5%)，主电机速度调节器的输出作为从电机的转矩限幅。正常生产时，由于速度环始终饱和，从电机相当于转矩控制，其转矩输出完全由主电机的转矩设定决定。当主从连接断裂时，从电机的速度环迅速退出饱和，转为速度控制，能有效避免飞车事故的发生。

由于从电机采用转矩控制，这种负荷平衡方式具有响应速度快、动态平衡效果好等优点，再加上实现简单，在冷轧生产线上广泛使用。但是对于一些柔性连接的场合，例如，张力辊组间通过带钢连接，当带钢与设备间发生打滑现象时，容易导致从电机超速。所以这种方法多用在主从刚性连接的场合。

(2) 从电机负荷控制。

这种方式中主从电机均采用速度控制，主电机转矩环设定值减去从电机转矩环设定值，该转矩差值乘以相应的系数之后，叠加在从电机的速度设定上，通过从电机的速度控制实现负荷平衡。这种方法通过主从电机间的负荷差调节从电机的速度，实现主从之间动态的负荷平衡，调节过程较慢，调节输出量较小，具有一定抑制扭振的能力，适用于弹性连接的场合，如轧机上下辊的控制。

(3) 从电机速度环比例控制。

主从电机均采用速度控制，主电机将速度环 PI 调节器中的积分量传递给从电机，作为从电机速度控制中的积分量，从电机自身的速度调节积分取消。该方法实现简单，主从电机可以在单独的速度控制和主从转矩平衡控制之间灵活切换，适用于机械设备变结构控制的场合。

(4) 软化功能控制。

电机不分主从，均为速度控制，共同驱动同一负载时，通过速度设定值的软化功能，可以适当调整电机的速度设定值，保证所有传动的输出转矩均在允许范围内。根据工艺控制要求的不同，软化功能实现的方法有很多，最常用的是将速度调节器的积分量乘以系数作为速度设定值的修正，如图 2.23 所示。软化功能使速度环调节器的特性变软，对冲击性负载有一定缓冲作用，同时避免了多传动驱动同一负载时出力不均的情况。

第3章　带钢冷连轧的逻辑控制

冷连轧的逻辑控制根据轧机当前的运行状态和操作人员的命令来决定整个轧机的同步协调运行和状态转换。逻辑控制主要由四大部分构成：物料跟踪、生产线协调、速度主令和动态变规格。其中，物料跟踪完成钢卷和带钢在生产线上所处的加工环节和状况，及时进行相应的自动控制。生产线协调控制完成连轧机五个机架的同步运转和同步指令执行。速度主令完成连轧机五个机架的同步升减速等传动同步指令执行。动态变规格是在连轧机运行条件下，通过对辊缝、速度、张力等参数的动态调整，实现相邻两卷带钢的规格转换。可以说逻辑控制是整个连轧机能够正常运行的指挥中心和关键因素。

3.1　物料跟踪控制

物料跟踪（material tracking，MTR）是带钢冷连轧轧制过程计算机系统的主要功能之一。在冷轧生产过程中，同一时刻经常有很多轧件在生产线上的不同工序进行加工处理，而每个轧件的原始条件（如钢种、来料规格）、加工状况（如轧制速度、张力）和成品要求（如尺寸规格、组织性能）等又各不相同。因此，为了对整个轧制生产过程进行自动控制，就必须严格区分每个轧件的不同情况，针对它们在生产线上所处的加工环节和状况，及时进行相应的自动控制，因而必须对轧件进行跟踪。

3.1.1　跟踪功能概述

冷连轧跟踪控制包括钢卷跟踪和带钢跟踪两种，用于计算机控制的冷连轧生产过程，其关键是要使轧件在生产线上的移动与该轧件的数据流完全保持一致，并能随时存取所必需的原始数据和轧制过程中新出现的数据，只有这样才能根据实际情况进行计算机控制。计算机可以随时了解轧件在轧制生产线上的实际位置及其控制状况，在规定的时间内启动各有关功能程序，对指定的轧件准确地进行各种控制、数据采样、操作指导。

1. 跟踪的方式

带钢冷连轧生产线对物料的跟踪主要有以下几种方式：基于目标识别的物料跟踪、基于检测元件的物料跟踪、基于理论计算的物料跟踪。几种跟踪方式的选择完全根据现场工艺的要求，但不论哪种方式都是为了得到生产过程中物料的详细位置信息，以便完成后续的控制工作。

1）基于目标识别的物料跟踪

冷轧生产流程一般可以分为生产线上的工艺环节和生产库区内的物料分流及加工环节。在生产工艺环节，类似冷连轧生产线需要有行车进行物料吊运，在库区生产的物料分流过程中，物料的流动主要也由行车吊运完成。这些物料的流动都需要进行跟踪，以便三级管理系统的统筹安排及进行相应工艺控制，因此对行车的位置进行跟踪非常必要。对于行车的位置跟踪主要采用目标识别的跟踪方式，特别是 RFID 技术的应用已经取得了比较好的效果。RFID 技术利用无线射频方式对目标进行非接触式自动识别，并可根据要求在不同的场合和条件下使用低频、高频、超高频、微波等不同的频率，发挥它们各自的优点，极大地加速目标信息的收集和处理，并且具有信息存储量大，对不良环境适应能力强、识别距离远、操作快捷等优点。它的主要核心部件是一个电子标签，体积小，但是可存储的数据量巨大。通过相距几厘米到几十米距离内传感器发射的无线电波，可以读取电子标签内储存的信息，识别电子标签代表的物件身份。

一般钢厂库区行车位置跟踪需要满足以下几个性能要求。

快速性：要求跟踪系统能在行车移动过程中识别行车的准确位置，以对生产过程提供指导作用。

准确性：消除行车位置跟踪误差。

可靠性：要求系统长时间无故障运行，能长期为物料全自动跟踪系统提供可靠数据。

基于 RFID 的行车位置跟踪方式能完全满足以上要求。系统包括 RFID 电子标签数据包采集、编码器数据采集、数据处理平台、行车终端系统 4 个部分。其中读写器负责 RFID 电子标签的数据采集，通过读取电子标签确定行车当前所处的位置，安装在行车轴轮处的编码器测量行车的行驶位置，两者获得的数据包传输到数据校准处理平台，经校准后得到当前行车所处的准确位置，并传输到行车终端。该方法综合了 RFID 技术与编码器技术的优缺点，采用 RFID 技术校准了行车车轮打滑产生的累积误差，在 RFID 电子标签布设密度较低的情况下提高了系统的位置跟踪精度。

2）基于检测元件的物料跟踪

在冷轧生产过程中要做到精确的物料跟踪，最直接且简单的方式莫过于使用检测元件。一般常用的检测元件有以下几种：限位开关、行程开关、金属检测器、光栅、增量式编码器、绝对值编码器、激光测距仪等。此类跟踪方式的特点是方便实用，可以根据工艺要求灵活地在现场安装检测元件，得到需要的信息，检测元件的反馈信号也都遵循国际标准，可以方便采集进入自动控制系统。检测元件的技术日益成熟，且使用起来更方便，因此在工业上大量使用。在酸洗冷连轧机生产线中，对于焊缝的跟踪可以使用此类检测元件方式，因为该生产线的跟踪核心是确定焊缝处于哪个工艺段，因此在关键工艺段使用光栅检测焊缝位置即可。但是仅仅依靠检测元件进行物料跟踪，也有其局限性，表现在以下几个方面：限位开关、行程开关、金属检测器、光栅取得的信号为离散且不连续。系统只能在有检测元件的位置得到物料位置信息，相当于点跟踪，不利于连续跟踪。对检测元件本身依赖较大，一旦检测元件损坏，或出现误信号，将直接导致跟踪结果错误，不利于生产的正常进行。光栅及编码器类检测元件成本相对过高，大量使用不利于企业经济成本的控制。

3）基于理论计算的物料跟踪

在生产过程中，使物料发生位置移动，通常是使用电机或者液压装置提供传动动力。无论多么复杂的机械结构，物料的位移始终与电动机的转速或者液压缸位置有直接关系，因此可以跟踪电动机的转速或者液压缸位置，通过理论来计算物料的位移，从而进行物料跟踪。电机方面以最常见的轧辊为例，其结构为电机通过一个减速箱与轧辊的机械部分相连，电机转动时，轧辊也跟随着转动。如果有物料处于该轧辊之上，那么可以通过计算得到物料的线速度如下：

$$V=\frac{n\cdot\pi\cdot D}{G} \tag{3.1}$$

式中，V 是物料的线速度；n 是电动机的实际转速；D 是轧辊直径；G 是减速箱的减速比。

工业现场电动机的控制有两种方式：一是直接接入工频电网，不做任何调速；二是通过变频器驱动电动机，从而达到调速的目的。对于不调速电动机，往往使用其铭牌上的额定转速进行计算，因此电网电压波动及铭牌的系统误差将累积到跟踪误差中。由变频器驱动的电动机转速可以从变频器中得到，随着现代变频技术的发展，变频器驱动的电动机转速精度越来越高，误差极小，完全能满足精确跟踪的要求。

液压驱动的装置通常不要求很高的精度，而对极限位置比较关注，因此通常使用限位监视液压设备的状态。但在某些地方，特别是类似轧机的压下量控制，需要极高的精度，这时通常在液压缸中安装 SSI 绝对值编码器，以达到极高的精度（μm）。这种绝对值编码器采用现代的快读技术，通过 SSI 接口（同步串行接口）传输相应的位置值。PLC 系统通过专用 SSI 模块采集其信号，为后续控制提供依据。

2. 酸洗冷连轧机物料跟踪

物料跟踪是任何连续轧制过程计算机控制的基本功能，只有正确地跟踪才能做到各功能程序的正确启动，为设定计算提供正确的带钢数据以及为人机界面提供数表和画面显示，使操作人员及维护人员正确掌握生产状态。冷连轧由于其生产工艺及控制的特殊性，它的跟踪功能可分为以下三类。

(1) 以钢卷跟踪为基础的物流跟踪和数据跟踪。

(2) 以带钢特征点跟踪为基础的带钢映像。

(3) 以带钢段跟踪为基础的测量值收集。

酸洗冷连轧机生产过程，首先将热轧原料库内的钢卷吊运至机组上卷鞍座，经操作工核对生产计划后开卷，装入开卷机，带钢经开卷矫直切头焊接后进入口活套；随后经破磷矫直机处理，进入紊流式盐酸酸洗槽，除掉带钢表面的氧化铁皮；再经过漂洗槽漂洗后送入热风干燥机内烘干；根据后续工序生产要求，带钢可以在切边机处选择是否切边，接着带钢送入冷连轧机入口活套内，供冷连轧机轧制，轧后的带钢由卷取机卷成钢卷；当卷重或带钢长度达到所规定值时，由轧机出口段的飞剪进行分卷，卷取好的钢卷由卸卷小车卸下并送至出口步进梁运输机上。出口钢卷传送区域，设有一套带钢表面检查站，必要时由检查站的钢卷小车把要检查的钢卷运到检查站对其头部进行上下两个表面的检查，最后钢卷经过称重打捆后送入成品库，酸洗-轧机联合机组的布置如图 3.1 所示。

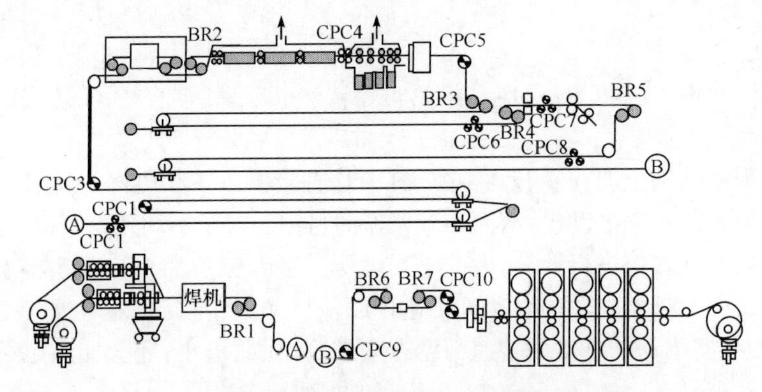

图 3.1　酸洗-冷连轧机生产线布置图

BR1-1＃S辊；CPC1-1＃对中装置；CPC2-2＃对中装置；CPC3-3＃对中装置；BR2-2＃S辊；CPC4-4＃对中装置；CPC5-5＃对中装置；BR3-3＃S辊；CPC6-6＃对中装置；BR4-4＃S辊；CPC7-7＃对中装置；BR5-5＃S辊；CPC8-8＃对中装置；CPC9-9＃对中装置；BR6-6＃S辊；BR7-7＃S辊；CPC10-10＃对中装置

物料跟踪系统控制范围从入口的辊上料装置起，经开卷机、入口活套、拉矫机、酸洗、漂洗、烘干、酸洗出口活套、切边(卷边)、出口活套、轧机、卷取机、出口步进梁，到轧机出口称重位置、打捆机。物料跟踪功能从钢卷进入生产线开始，直到轧制完成后离开生产线，贯穿整个轧制生产过程。依据跟踪的对象不同，可将物料跟踪分为钢卷跟踪和带钢跟踪。生产过程中，将钢卷从原料库运送到入口步进梁上，通过步进梁和钢卷小车将钢卷运送到开卷机，这个过程对钢卷所在的不同卷位进行跟踪，这个过程就称为钢卷跟踪，也称宏跟踪。钢卷到达开卷机后，向过程自动化系统请求轧制数据，然后根据带钢原料长度、生产线上各个区段带钢运行速度和焊缝检测仪的信号状态等信息实时计算带钢当前位置，这个过程就称为带钢跟踪，也称微跟踪。

物料跟踪 MTR 是一个对带钢的登记、注销和跟踪同步的过程。它的主要作用就是为自动化程序提供当前和下一步动作的依据。有了它相当于给程序加上了眼睛，使程序能够“看到”正在发生的事和将要发生的事，从而能够做出相应的动作。轧制过程中带钢在生产线上不断移动，首先要使带钢的移动与带钢在计算机内的数据流完全一致起来，并能随时存取所必需的原始数据和轧制过程中新出现的数据，只有这样才能使计算机根据实际情况进行控制。跟踪的目的就是使计算机随时了解带钢在轧制生产线上的实际位置及其控制状况，以便计算机能在规定的时间内启动各有关功能程序，对指定的带钢准确地进行各种控制、数据采样、操作指导等，从而保持生产的正常进行。所以带钢的跟踪是计算机控制系统的主要功能之一。如图 3.2 所示为冷连轧机物料跟踪功能单元与其他功能单元之间的数据交互情况。

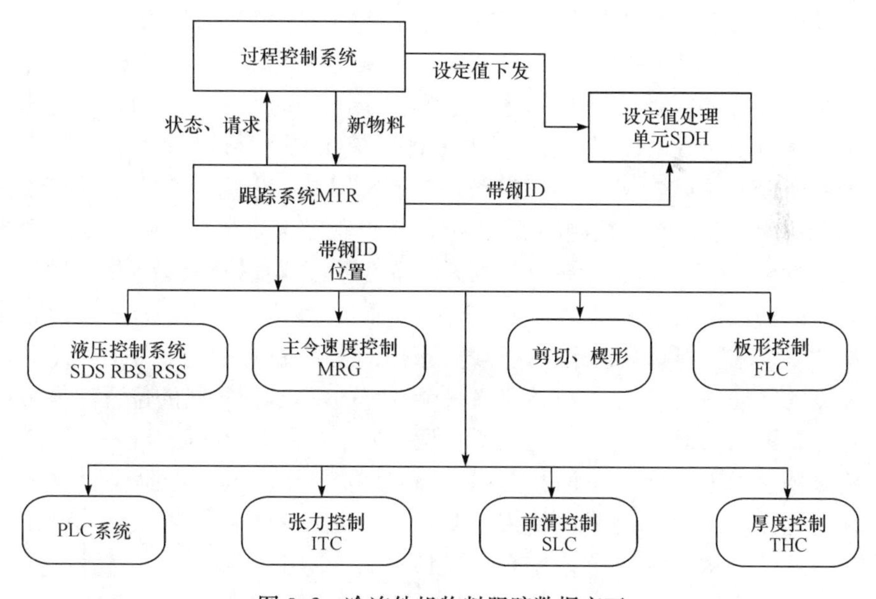

图 3.2　冷连轧机物料跟踪数据交互

随着带钢在生产线上的移动，带钢跟踪功能实时计算带钢的实际位置并传送到自动控制系统的其他功能单元，结合轧制工序要求进行轧制过程自动控制。物料跟踪功能的核心任务就是跟踪生产线上的物料，它主要有下列任务。

(1) 跟踪并显示物料的 ID 和位置。

(2) 触发其他逻辑功能的设定值申请。

(3) 为所有的逻辑功能提供物料的头尾位置。

(4) 触发新物料的设定值计算。

(5) 为 HMI 提供物料的显示信号。

(6) 允许物料仿真。

(7) 物料跟踪同步。

(8) 为过程自动化提供物料跟踪数据。

目前,物料跟踪主要有两种实现方式。一种是简单的物料跟踪,程序只负责根据所需信号进行数据的计算、管理和存储,物料数据供其他程序块调用并进行相应的动作。这样的程序独立性强,只要定义好与其他程序块之间的数据接口就可以运行。而另一种是复杂的物料跟踪,它不但包括数据的计算、管理和存储,还通过控制物料进而控制全线的设备,并为传动分配速度设定,从而实现全线的自动化控制,这就需要更加复杂的控制程序,如西门子开发的冷连轧机物料跟踪功能。两种方式各有优劣,还有待通过更多的实践去检验。

如果生产线上同时分布着多条带钢,为了能够准确区分和跟踪每一条带钢,需要将生产线划分成多个跟踪区域,分别对各个跟踪区域内的带钢进行跟踪。在一个跟踪区域内,带钢必须具有同一个运行速度,同时要求任意一个跟踪区域的长度都不能大于最小的带钢长度。同一个跟踪区域带钢速度不同或者在一个跟踪区域内出现一个以上的焊缝,都会引起带钢跟踪系统混乱。根据生产线上不同区域的带钢运行速度以及工艺和控制的要求,进行物料跟踪区域定义。每个跟踪区域都有自己的特性,这样可以根据每个跟踪区的特性进行分别处理。头尾位置的定义,一个物料的头尾不依赖轧制方向和传送方向,而是固定不变的。但是物料的移动和头尾位置是靠物料跟踪程序根据焊缝检测仪、速度、脉冲编码器等信号计算出来的。零点的定义,一个生产线应该定义一个唯一的零点,而物料的位置都是相对于这个零点来说的,这个零点同时也是所有设备的零点。如跟踪区开始和结束位置,焊缝检测仪位置等参数就是通过零点测量和计算得出的,这些数据是物料跟踪的前提之一,因此必须保证正确的输入。在计算机控制系统中,物料跟踪功能在基础自动化系统(L1)中完成,一些状态信息及请求指令需要发送到过程控制系统(L2)处理。当新的物料进入生产线时,L2 会将该物料的信息发过来,L1 跟踪程序接收这些信息并检查其正确与否,如果正确,则将其存储起来,否则发信息告诉 L2 信息有误。操作员也可以在 L2 有问题时自己手动输入新物料的信息。物料移出,当物料移出生产线时,程序会自动将其移出,操作员还可以根据实际情况自己动手移出某些物料。

同步功能,所谓同步就是根据生产线上的特殊设备或者信号来重新定位物料位置。同步功能包括钢卷位置同步和带钢位置同步。钢卷位置同步就是在入口或出口钢卷传送区域,外部原因导致钢卷跟踪位置出错时,人工调整钢卷跟踪位置的过程。物料的移动和头尾位置是靠物料跟踪程序根据速度、脉冲编码器等信号计算出来的,但是这个计算还是有偏差的,如何消除偏差就需要带钢位置同步校正。在生产线上一些特定位置,安装焊缝检测仪,在焊缝检测仪前后特定的位置范围内定义为带钢位置同步窗口,一旦物料进入带钢位置同步窗口,就开始检查焊缝检测仪信号状态,根据信号的上升下降沿来校正物料的头尾位置。如果需要,还可以根据这些信号重新计算物料的长度。

3.1.2　跟踪数据区和数据流

冷连轧物料跟踪可分为宏跟踪(钢卷跟踪)和微跟踪(带钢跟踪)。宏跟踪是指从机组入口至机组出口的全面跟踪,它是以一个钢卷为单位进行的相对粗放的跟踪,由于宏跟踪钢卷数量多,故信息量大,但时间响应要求不是很高;微跟踪主要是指生产线上带钢的详细跟踪,如带钢头部目前离轧机的正确距离,再走多少米它将进入轧机等详细信息,这种微跟踪直接参与在线控制,故时间响应要求高。在大多数系统中物料跟踪由宏跟踪和微跟踪共同完成,一般微跟踪为主、宏跟踪为辅。由于涉及大量的运算,在传统的控制系统中,均在过程计算机中实现宏跟踪和微跟踪,随着网络技术和电气 PLC 硬件的发展,过程信号都不直接连接到过程控制计算机上,跟踪所需要的检测设备仪连接到电气 PLC 上。目前,宏跟踪一般在过程计算机中实现,微跟踪转到基础自动化的电气 PLC 中完成。

以 1450mm 冷连轧机物料跟踪为例,介绍跟踪数据区和数据流以及实现方法。物料跟踪控制系统由三级组成:生产管理级 L3、过程控制级 L2 和基础自动化级 L1,应用软件的结构如图 3.3 所示。

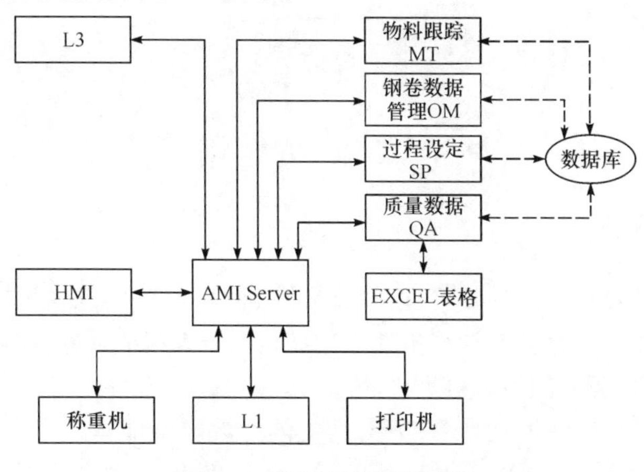

图 3.3　物料跟踪软件结构

1. 生产管理级

生产管理计算机负责生产计划下达、生产实绩接收及管理、各机组停机实绩管理，以及各机组间数据中转站的功能。例如，把轧机的生产实绩作为罩式炉退火生产计划的一部分传递给罩式炉生产过程控制计算机。

一般情况下，原始数据(PDI)来自 L3，但是作为一个备用功能，特别在安装调试阶段，操作人员可以从 HMI 终端上人工输入，这些人工输入功能包括：全部登入、部分修改、删除以及 PDI 顺序改变，L2 对这些人工输入记录在案。

二级与三级通信功能提供了 L2-L3 过程控制接口以及 L2 的应用程序，当 L2 应用程序想发送一条电文给 L3 时，就先发一条 AMI 电文给 L2 发送应用模块，L2 发送应用模块重新组织 AMI 电文，然后调用 L2-L3 过程控制接口 API 功能函数。接下来的处理由 L2-L3 过程控制接口来处理。当 L3 发送电文给 L2 时，就调用 L2-L3 过程控制接口 API 功能函数，L2 接收应用模块收到 L3 电文后，重新组织 L3 电文成 AMI 电文，然后发送给 L2 应用程序。接下来的处理由 L2 应用程序来处理，图 3.4 为 L3 通信示意图。

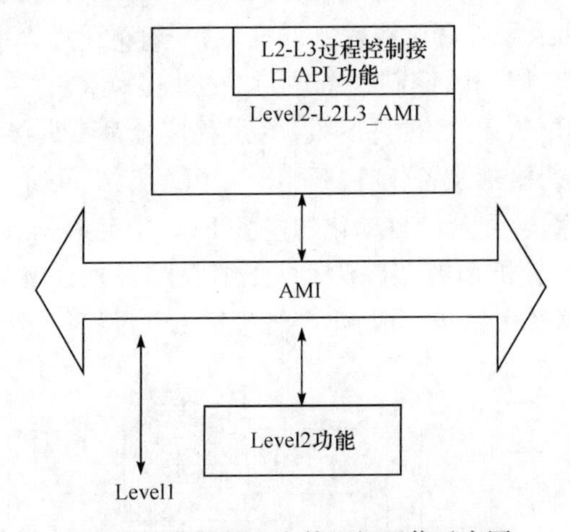

图 3.4　冷轧机生产管理级通信示意图

2. 过程控制级

过程控制计算机实现计划管理、模型计算、报表管理、轧辊数据管理等过程控制级的基本功能。过程控制计算机软件功能包括三大组成部分：控制功能、非控制功能、数据库。过程控制计算机软件功能构成如图 3.5 所示。

控制功能即指轧制道次计算部分，其主体为设定值计算。道次计算主要有以下 7 个功能：轧制策略（RS）、设定值计算（SC）、设定值输出（SD）、测量值收集

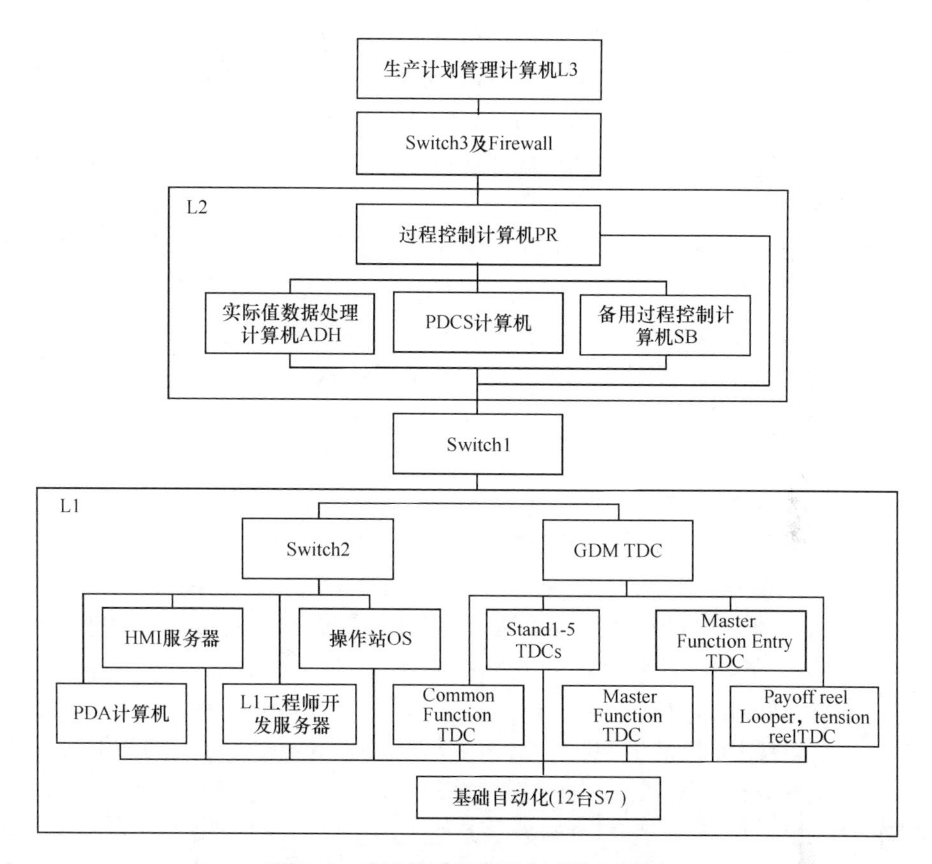

图3.5　冷连轧机过程控制系统概要图

(MYA)、测量值处理(MVP)、模型自适应(MA)、模型自学习(ML)。非控制功能包括与控制功能的接口、与L1的通信、与L3的通信、计划和原始数据管理、人机画面显示、生产数据管理、与实际数据处理(ADH)计算机通信。

下面以一卷带钢为例，简要地描述一下过程控制系统的处理流程。

(1) 过程计算机向生产管理级计算机自动或人工申请生产计划与钢卷数据。

(2) 过程计算机把接收到的生产计划和钢卷数据存储到数据库指定的表中。

(3) 钢卷进入第一个跟踪位置后，L1物料跟踪模块向L2发送应答请求电文，触发L2系统中的应答计算流程，计算结束后，L2系统向L1发送该钢卷的关键信息及计算结果。这一过程称为入口钢卷应答。此后，L2系统才真正“认识”该钢卷。

(4) 钢卷上开卷机后，物料跟踪发送电文启动“再次启动”应答计算流程，提示操作人员再次对该钢卷的关键信息及可轧制性进行确认。

(5) 带钢穿带或焊接完毕，带头或焊缝进入活套。当带头焊缝到达离轧机最近的一个焊缝探测仪时，物料跟踪模块启动道次计算模块对钢卷进行预计算，计算结果将存储在后带钢计算值缓冲区中，同时发送电文到设定值输出模块。设定值输出模块接收到电文后，将后带钢计算值缓冲区的内容发送到基础自动化。

(6) 当带头到达卷取机并且缠绕 3 圈后，基础自动化将后带钢计算值缓冲区的内容写到当前带钢计算值缓冲区内。

(7) 测量值收集模块以 200ms 为周期对测量值进行收集，一个带钢段取 30 个数据，每组数据送到测量值处理模块进行可信度计算等统计处理。

(8) 当带钢速度比较稳定并且大于剪切速度时，启动自适应循环进行后计算，后计算的结果将通过设定值输出模块发送到基础自动化。

(9) 自适应每进行 10 次就启动自学习模块，为下一根同钢种、同规格的带钢优化模型系数。

(10) 当带钢处于降速或者剪切时，关闭自适应。

(11) 当带钢甩尾后，卸卷到钢卷小车上产生冷卷号，同时后带钢计算值写入当前带钢计算值缓冲区。

(12) 冷轧卷在出口称重位置称重，在离开称重位置时发送钢卷生产实绩到 L3，一个冷轧卷的轧制过程结束。

L2-PLC 通信接口模块负责 L2 与电气 PLC 之间的通信。通信接口模块接收源自 L2 其他应用模块的 AMI 消息，将其转化为约定的 L1-L2 通信格式，通过 Socket 电文发送给电气 PLC。通信接口模块接收源自电气 PLC 的 Socket 电文，将其转化为相应的 AMI 消息，并转发给其他应用模块。考虑到 L2 作为 Socket 通信服务器端(server)，L1 作为 Socket 通信客户端(client)的特殊功能需求，将 L1-L2 通信接口模块设计为既可以作为 server 方，又可以作为 client 方，并在接口配置文件中设计切换开关。设计 L2-L1 的发送主要是通过 AMI 消息启动发送程序，发送程序再根据消息编号启动格式转换功能，之后打开 Socket 连接，把数据发送到 L1，具体实现如图 3.6 所示。

L1 接收 L2 线程流程图设计，L1 向 L2 的发送主要是通过 Socket 连接启动发送程序，发送程序再根据消息编号启动格式转换功能，之后通过 AMI 消息把数据发送到 L2，具体如图 3.7 所示。

3. 基础自动化级

物料跟踪也称为数据跟踪，主要任务是启动及协调各功能程序的运行，因此需知道每一个钢卷在轧机内所处的位里。为此需在轧机区设置一批跟踪点以及开辟一批数据存储区，跟踪点的位置及数量与功能程度的启动时序有关。表 3.1 列出了冷连轧物流跟踪所设置的 23 个跟踪点的位置。

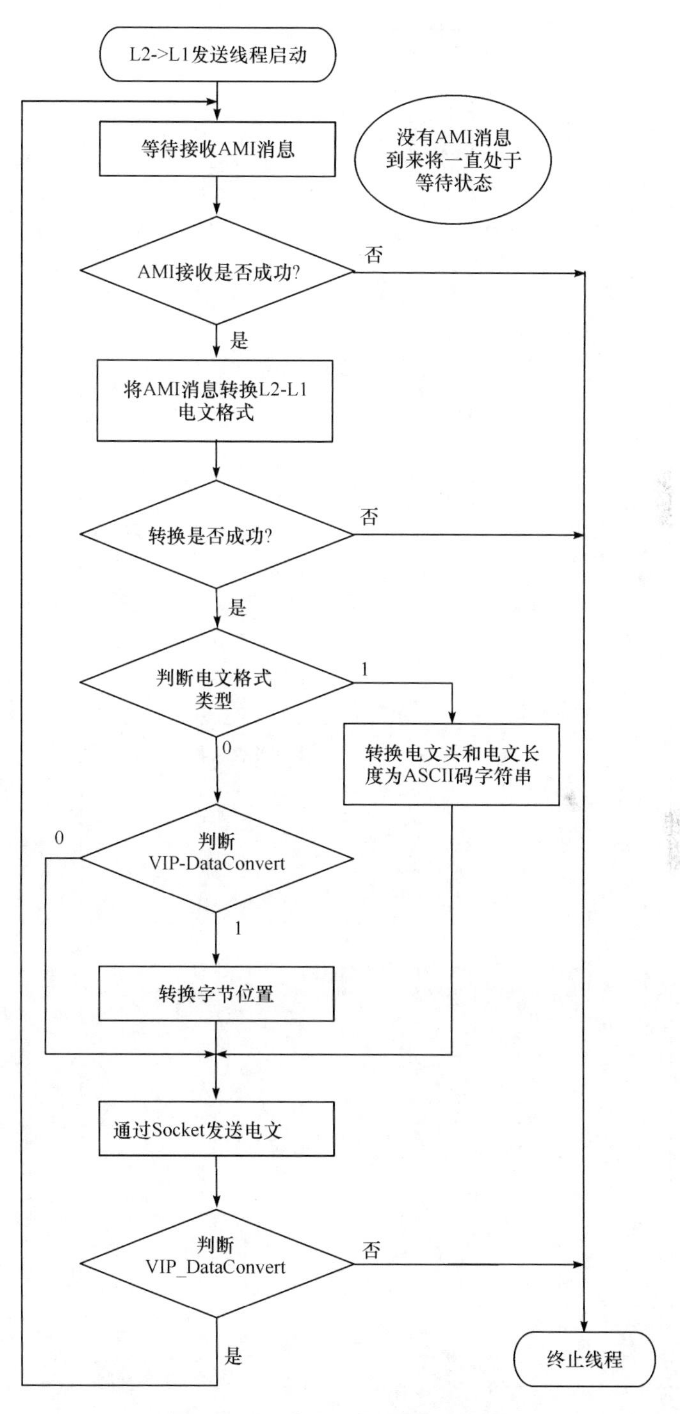

图 3.6　L2 向 L1 发送数据流程图

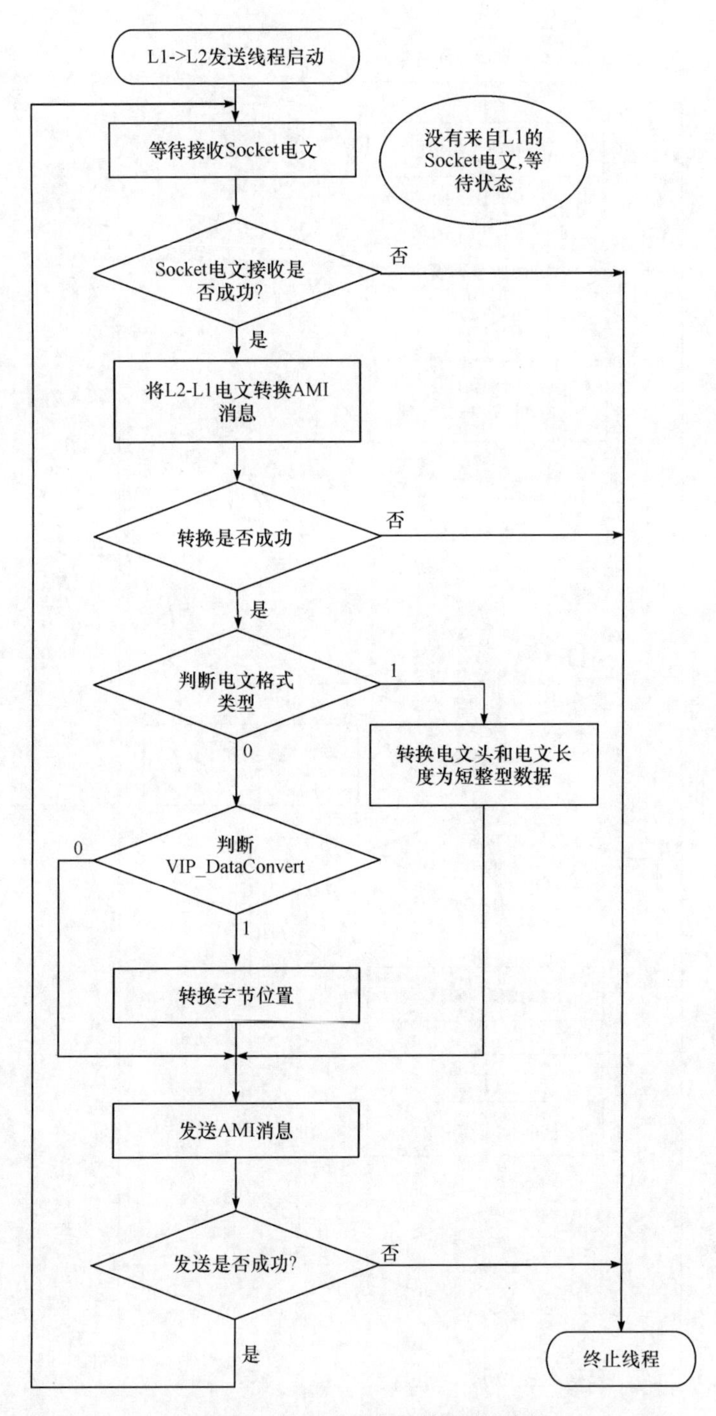

图 3.7　L1 向 L2 发送数据流程图

表 3.1　物流跟踪点的位置

编号	物料跟踪点位置	编号	物料跟踪点位置
1	钢卷确认位置	13	第 5 机架
2	焊机入口位置	14	1＃卷取机
3	焊机出口位置	15	2＃卷取机
4～9	活套内 6 个位置	16	1＃钢卷小车
10	轧机出口位置	17	2＃钢卷小车
11	轧机入口位置	18～22	步进梁上 5 个位置
12	第 1 机架	23	钢卷检查站

物料跟踪数据存储区为每一个跟踪点配备了一个跟踪数据记录，当带钢在轧机区内移动一个位置(跟踪点)时，跟踪数据区内的跟踪数据也随之移动，因此不同跟踪点上的跟踪数据可以反映带钢在轧机区内的实际位置，也可供相应功能程序使用正确的带钢数据。数据存储区能够接收来自过程控制级(二级 L2)或者其他跟踪区的物料数据，并将其存储起来。当新物料进入当前跟踪区时，需要将当前存储区内数据清除并填入新的物料数据。当有新的数据加入时，需要将新的数据填入数据存储区内。数据排序应当将存储区内数据按照位置进行排序，永远保证物料位置靠前的数据存储也靠前，这样可以方便以后的数据管理。

在计算机控制的酸洗冷连轧生产线，钢卷从吊放到入口步进梁接卷位起，就纳入数据流动管理的行列。在整个冷连轧生产线上同一时刻有十几块钢存在，分布在生产线上的不同位置，有的在步进梁上，也有在钢卷车和生产线，同时它们所处的工序可能也各不相同，因此计算机控制系统对它们的操作指令也各不相同。为了对生产线上的各种设备进行自动控制，必须掌握每块钢在各个区段中的数据和数据流动情况，钢卷传送过程如图 3.8 所示。

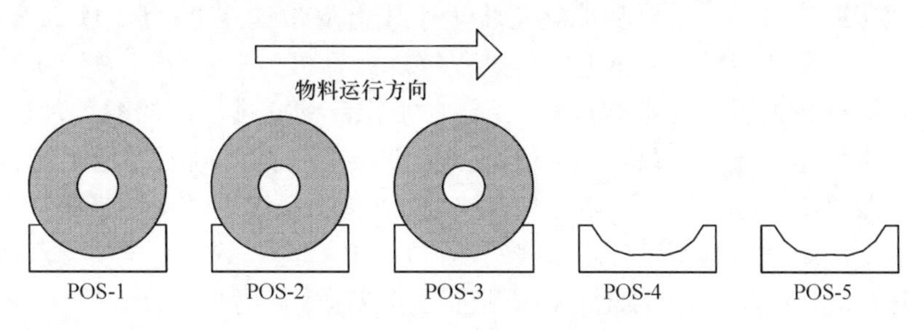

图 3.8　钢卷传送过程示意图

钢卷的初始数据进入后存放到钢卷数据文件中(物料跟踪区 1)，在此钢卷进入轧机区入口段时将进行钢卷确认，即由轧机入口段操作人员输入信息后由计算机确认该钢卷是否为轧制计划安排的下一卷要轧制的钢卷，确认后将此钢卷的数据文件登记到确认后的数据记录中(由钢卷确认到活套出口为跟踪区 2),当带头进入第 1 机架,此数据记录将转移到跟踪区 3(第 1 机架到卷取机),同样当钢卷小车卸卷时将转移到跟踪区 4(卸卷小车至轧机出口称重处)。物料跟踪以钢卷为基础,因此着重于钢卷的带头及带尾,直到钢卷称重完成。

冷轧连续生产线带钢跟踪又称微跟踪,是指生产线上带钢详细信息的跟踪,包括带钢 ID、颜色、长度等原始数据和带头带尾在生产线中的位置等内容。带钢跟踪过程实际上就是数据在不同存储区传递的过程。系统将生产线划分成若干个跟踪段,每个跟踪段设置两个数据存储区,分别记录当前带钢和下一条带钢的数据。带钢移动过程中数据传递过程如图 3.9 所示。

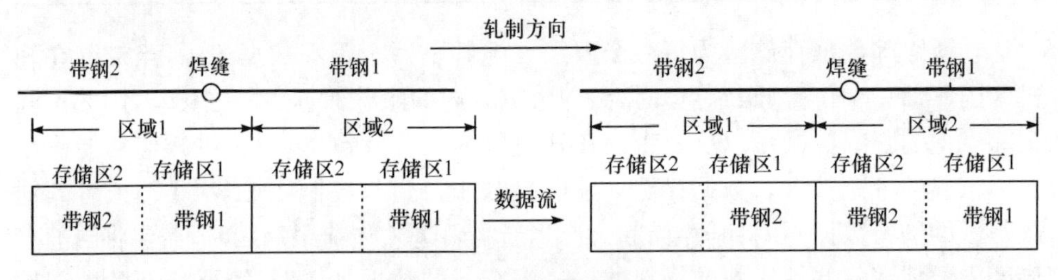

图 3.9　带钢跟踪原理图

当带钢进入跟踪区域时系统将带钢数据存储到当前 1 号存储区,当焊缝到达跟踪区域时系统将下一条带钢数据存储到 2 号存储区,当带钢完全通过跟踪区域时系统将下一条带钢数据从 2 号存储区传递到 1 号存储区中,1 号存储区原有的带钢数据被覆盖。带钢跟踪数据的传递过程通过带钢跟踪位置信息来触发。随着带钢在生产线上移动,系统根据带钢线速度实时计算出各条带钢在生产线上的准确位置,同时通过检测信号和设备动作信号对各条带钢的带头和带尾位置进行修正,以保证带钢的计算位置与生产线实际位置一致。

带钢跟踪的另一个重要功能就是将生产线上的带钢在 HMI 上实时显示,为操作人员提供操作指导。带钢上线前过程控制计算机为带钢分配一个颜色代码,作为带钢原始数据下发到带钢跟踪系统中,相邻带钢通过不同的颜色加以区分。生产线上带钢显示通过跟踪段实现的,在跟踪区域划分的基础上,将生产线详细划分成若干跟踪段,实时读取各段内带钢颜色码并在 HMI 上显示。带钢显示分段一般按照生产线上的典型设备划分,各段长度不必完全一致。系统实时读取焊缝位置,当焊缝进入某一跟踪段时,段内颜色码相应地进行更新。如图 3.10 所示,生产线上有蓝、绿、红、黄四条带钢,前后两个周期内带钢位置发生了变化,同时各段内带钢颜色发生变化,蓝、绿、黄三条带钢分别进入新的跟踪段,由于 23 段定义的位置范围较宽,红绿带钢焊缝仍在 23 跟踪段内。

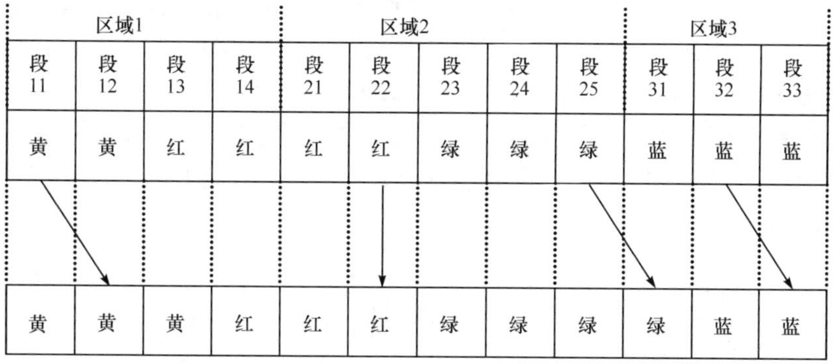

区域1				区域2					区域3		
段 11	段 12	段 13	段 14	段 21	段 22	段 23	段 24	段 25	段 31	段 32	段 33
黄	黄	红	红	红	红	绿	绿	绿	蓝	蓝	蓝
黄	黄	黄	红	红	红	绿	绿	绿	绿	蓝	蓝

图 3.10　带钢分段显示原理图

3.1.3　物料跟踪的关键技术

物料跟踪中的关键技术是中间件技术和数据库技术，它们在冶金生产领域也得到了广泛应用。近年来，冷轧领域也开始采用中间件和数据库技术参与生产控制，取得了比较好的应用实绩。在过程控制系统中，最常用的中间件是通信中间件，分成 L1(PLC). L2 通信中间件、L2 内部程序通信中间件、L2. L3 通信中间件。这三种中间件有着各自的特点，L1. L2 之间数据交换速度很快，这就要求 L1. L2 通信中间件响应速度要快；L2 内部程序之间关系复杂，数据交换内容多变，要求 L2 内部程序通信中间件的 API 足够灵活，能适用于复杂多变的逻辑调用；L2. L3 之间数据传递量大而且较集中，有时会大量占用 L2 过程机 CPU 时间和内存容量，造成其他程序长时间等待，这是 L2. L3 通信中间件需要解决的问题。目前在宝钢的各个新建或改造机组的过程控制级，使用各种中间件，如宝信自主开发的中间件 XCOM(L2 与 L3 之间的通信)、PLATURE99(L2 内部应用程序通信)、MULTILINK(L1 与 L2 之间的通信)；西门子的 L2 内部通信中间件 TAO(CORBA)；ABB 公司的 L2 内部通信中间件 AMI。

SIEMENS 的 L2 内部通信中间件平台 TAO，它基于 CORBA 标准，可以实现远程对象调用而不必关心如何定位对象。TAO 实现跨不同操作系统、跨编程语言、跨硬件平台的通信，这使它成为一个高性能、实时的 QOS(quality of service)分布式应用平台，具有高效性、可预见性以及可扩展性。可见，中间件技术和数据库技术在轧制控制领域的作用非常重要。

1. 中间件技术

通过在网络操作系统中使用附加软件层，隐藏网络操作系统中底层平台集合的异构性，同时提高分布透明性。这样实现的系统兼具网络操作系统的可扩展性和开放性以及分布式系统的透明性和易用性。该附加软件层称为中间件(middleware)。

设置中间件层的一个重要目标是对应用程序隐藏底层平台的异构性，因此许多中间件系统都提供一组完整程度不同的服务集。应用程序必须使用系统提供的接口来访问这些服务，除此以外没有别的访问方法。一般禁止跳过中间件层直接调用底层操作系统的服务。中间件层在整个分层协议参考模型中的位置如图 3.11 所示第 5 层，与 ISO/OSl 分层协议参考模型比较可知，它对应于其中的会话层和表示层。

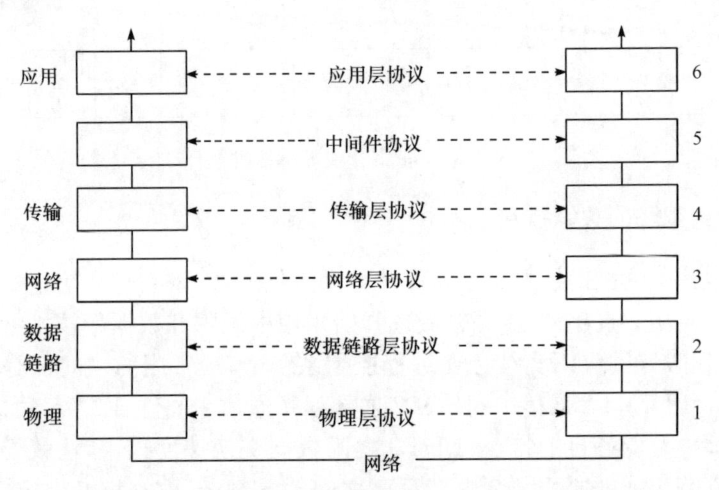

图 3.11　中间件在整个分层协议参考模型中的位置

中间件通常包含以下组成部分。

(1) 独立于应用的协议，支持中间件服务。

(2) 通信协议。

(3) 安全性协议(认证、授权)。

(4) 事务处理协议(提交、封锁)。

最常用的中间件是通信协议，如 JavaRMI、CORBA。CORBA(common object request broker architecture)是一种基于对象的通用对象请求代理机制，是分布式系统的行业标准。ORB 是它的核心，负责实现对象与客户间的通信，同时隐藏与分布式和异质有关的问题，以库的形式实现，被连接到客户/服务器应用程序，提供基本的通信服务。CORBA 的体系结构如图 3.12 所示。

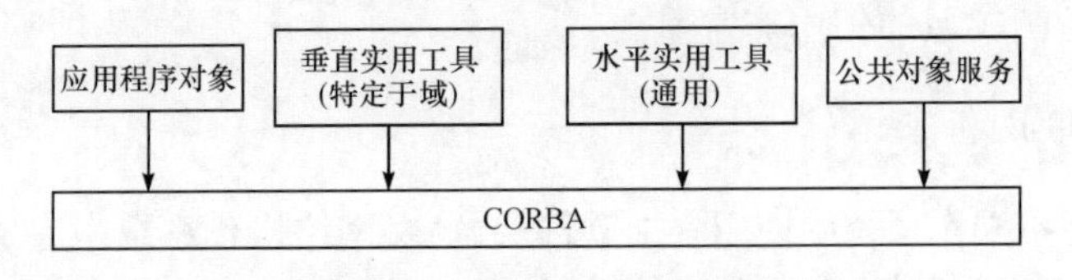

图 3.12　CORBA 的体系结构

2. 数据库技术

在计算机的应用中，数据处理占的比例最大，数据库系统是数据处理的核心机构。它的功能往往决定整个计算机应用系统的经济效益。数据库技术产生于 20 世纪 60 年代末 70 年代初，随着全球计算机、通信技术的飞速发展，数据库技术更是成为解决大规模数据处理问题的良策。由于数据库系统对数据实行统一管理，从而较好地保证了数据的安全性和可靠性。近年来，网络技术的进一步发展，与数据库紧密结合，分布式数据库技术已经成熟，并且商品化。数据库技术的应用越来越广泛，信息系统的规模也越来越大，人们对数据库技术的重要性认识得也越来越深刻，数据库系统已经成为信息系统的核心。

常见的数据库系统有 Oracle、DB2、Sybase、Informix、Ingress、RDB、SQLServer 等。其中 Oracle 公司的 Oracle 数据库以其卓越的处理性能、可靠的安全保障、强大的联网能力、丰富快捷的开发工具得到了广泛的赞誉。数据库技术在生产经营管理方面有很多的应用实绩。众多的企业、机构都采用数据库参与诸如财务管理、人事管理、经营管理、合同管理、采购与销售管理、资材与备件管理等日常管理事务。随着管理信息系统的普及，数据库已经逐渐成为管理信息系统的核心，参与到生产经营决策的过程中。随着计算机技术的迅速发展，现代社会已经步入信息化时代，管理信息系统日益得到广泛应用。Oracle 数据库以其高性能事务处理、完整的安全性控制，以及对业界各项工业标准的支持，支持分布式数据库和分布处理等多种优点而得到广泛应用，从而成为管理信息系统中较常用的几种数据库之一。

在冶金行业，数据库除了用于管理，还广泛用于生产控制。随着计算机系统在生产控制中应用得越来越多，大量的生产数据、工艺数据、统计数据、分析数据需要在实际生产过程中进行管理和维护，因此数据库技术已经成为生产数据管理的有效手段之一。随着分布式数据库技术的发展，越来越多的计算机系统都采用了客户机-服务器(client/server)的架构，即某一台主机作为服务器，提供数据服务，其他终端进行数学运算或者画面显示等。这样的技术提高了整个系统的运行效率，降低了系统负荷。

3.1.4　带钢跟踪控制

带钢跟踪系统由设置在生产流程线上的高精度、高灵敏度的焊缝检测器进行焊缝位置的观察，并根据生产线速度计算来实现带钢位置及状态跟踪。

1. 带钢跟踪区域划分

分段式跟踪(SEGA)是整个带钢跟踪的核心，它主要是跟踪全线的焊缝，从焊机开始一直到轧机出口剪结束，只有当焊机焊接后，焊缝才会被跟踪。按照工艺和设备的功能，将生产线划分成若干个带钢跟踪区域，每个区域又被划分成更细小的片段，通过这些片段来精确地跟踪焊缝，这还要用到各个区域的编码器。

所谓特征点是带头、带尾、焊缝、楔形段开始位置、缺陷头、缺陷尾、带钢段段头。随着这些特征点到达带钢跟踪区域的不同位置，需要启动不同功能或进行不同的处理。因此，应根据这些位置将生产线分为 n 段，并根据测厚仪及压力仪设置，确定 m 个测量点。带钢特征点跟踪根据带钢的数据（包括焊缝位置、缺陷头尾位置等），确定特征点到各测量点的距离（需根据每一机架的压下率、前滑等计算）。带钢特征点的行程距离可用轧机主传动编码器测量或利用现代冷轧机所设置的激光测速仪来测量。

为了标明测量值所对应的带钢段，引入了带钢段跟踪，即为带钢定义了一些虚拟标记，称作带钢段，段头由计算机进行跟踪。当带钢头部到达特定测量点时表示新的一段（带钢段）开始，各测量点以 0.2s 周期采样，每当特定测量点收集到 8 个测量值时，就可定义此时进入到零点测量位置的带钢点为新带钢段的段头。由此可知带钢段的长度与带钢运行速度、测量周期及各机架延伸率等有关。以 1450mm 酸洗冷连轧生产线轧机段带钢跟踪为例，介绍跟踪区域划分原则及方法。每个跟踪区域最多只能出现 2 条带钢，因此跟踪区域划分长度不能大于带钢的最小长度，其中冷连轧机带钢跟踪区域划分见表 3.2。

表 3.2　冷连轧机跟踪区域划分

跟踪区域	起点	终点
酸洗交接区	出口活套	入口剪
轧机入口区	入口剪	1 机架
1-2 机架区	1 机架	2 机架
2-3 机架区	2 机架	3 机架
3-4 机架区	3 机架	4 机架
4-5 机架区	4 机架	5 机架
5 机架-飞剪区	5 机架	飞剪
1 号卷取区	飞剪	1 号卷取
2 号卷取区	飞剪	2 号卷取

2. 焊缝跟踪

在每个跟踪区设置一个位置计数器，焊缝进入跟踪区域后，计数器开始计算焊缝运行距离，焊缝离开跟踪区域后计数器清零，等待下一次计算。焊缝运行距离计算如下：

$$P = \Delta L + P_{0i} = \int_{t_0}^{t_i} V_i \mathrm{d}t + P_{0i} \tag{3.2}$$

式中，P_{0i}为第 i 个跟踪区域起始位置；V_i 为第 i 个跟踪区域带钢运行速度；t_0 为带钢进入 i 个跟踪区域时刻；t_i 为带钢离开第 i 个跟踪区域时刻。

选择跟踪区域速度时，穿带过程中选用机架前建张辊（S 辊）运行速度作为所有跟踪区域带钢运行速度，甩尾过程中选用卷取机运行速度作为所有跟踪区域带钢运行速度。轧制过程中跟踪区域带钢运行速度选择见表 3.3。

表 3.3　冷连轧机跟踪区域速度选择

跟踪区域	运行速度
酸洗交接区	入口 S 辊速度
轧机入口区	1 机架轧辊速度
1-2 机架区	激光测速仪速度
2-3 机架区	激光测速仪速度
3-4 机架区	带有前滑补偿的 2 机架速度
4-5 机架区	激光测速仪速度
5 机架-飞剪区	激光测速仪速度
1 号卷取区	1 号卷取速度
2 号卷取区	2 号卷取速度

正常情况下，跟踪单元中记录的带钢位置即跟踪映像与生产线上实际位置完全一致，但有时会有特殊情况产生，如轧线上出现轧废的钢或半成品时必须将带钢从生产线上撤下，也就是“推钢”等。这时跟踪映像与实际情况就不一致了，操作者可以拒绝由指定区域到使用 HMI 的轧件跟踪功能。当操作者使用 HMI 拒绝跟踪时，必须指定目标轧件名称（卷取号等）和目的区域名称。另外，由于硬件的干扰信号有时会产生假有钢信号，导致跟踪错误，需要操作人员通过 HMI 根据带钢的实际位置对跟踪映像加以修正，修正时操作员必须指定目标轧件名称（卷取号等）和目的区域名称，以上是操作员通过 HMI 对跟踪执行的两种操作，完成操作的过程就称为“跟踪修正”，如果没有及时修正跟踪位置，可能会造成轧制混乱的严重后果。

带钢跟踪速度采用 S 辊或轧辊速度时，辊面与带钢之间存在滑动，采用焊缝检测仪进行位置校正来消除这种测量误差。带钢进入生产线前在焊缝位置冲孔，在酸洗活套出口和轧机入口剪后安装焊缝检测仪，通过焊缝检测信号和焊缝检测仪实际安装位置对焊缝位置计算值进行校正，在酸洗交接区域和轧机入口设置焊缝检测仪。焊缝位置校正原理如图 3.13 所示，针对焊缝测量的误触发信号，对焊缝检测信号进行有效性判断。设置焊缝信号有效区，在有效区内焊缝信号才有效。

酸洗交接跟踪区域焊缝信号有效区宽度设置为跟踪区域长度的4%～5%，轧机入口跟踪区域焊缝有效区宽度设置为跟踪区域长度的2%～3%，在有效内焊缝出现假信号的概率是微乎其微的。通过这种方法可以实现寻孔仪检测信号的有效性判定，保证焊缝跟踪计算的可靠性。

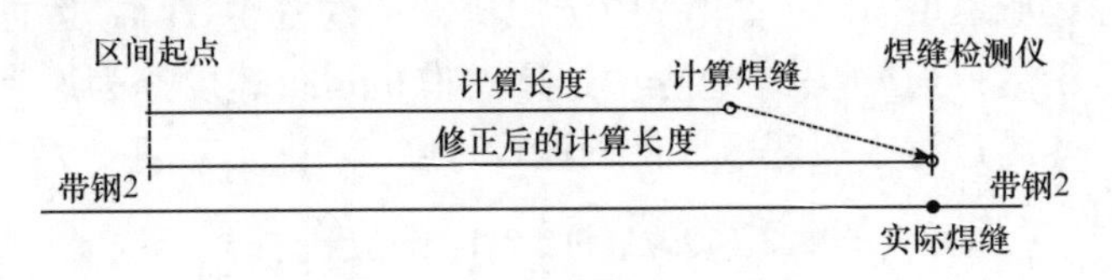

图 3.13　焊缝位置校正原理

3. 设定值请求及楔形轧制控制

焊缝进入轧机前25～30s向过程控制计算机请求新带钢设定值数据，保证设定值数据计算时间的要求。焊缝进入轧机前10～15s检查设定值数据是否正常下发。

楔形设定值包括楔形长度和焊缝到楔形头部距离，如图3.14所示。变规格轧制时，从当前带钢设定值过渡到新带钢设定值过程中带钢的轧制长度即为楔形长度。如图3.15所示，楔形头部到达1机架时楔形轧制启动，也就是当焊缝到机架距离小于焊缝到楔形头部距离设定值时1机架楔形轧制启动。第2～5机架楔形轧制启动控制与此相同。机架间楔形长度设定值小于机架间距离，避免两个机架同时进行变规格轧制。楔形轧制过程设定值过渡幅度根据已完成的楔形长度进行变化。机架楔形启动后，带钢跟踪开始计算楔形完成长度，当楔形完成长度达到设定值时停止计算。设定值变化幅度factor计算如下：

$$\text{factor} = \text{int}\left(\frac{n \cdot \int_0^t v\text{d}t}{L_{\text{wed}}}\right) \cdot \frac{1}{n} \tag{3.3}$$

式中，L_{wed}为楔形设定长度；v为机架后带钢速度；n为变规格步数，取值10～20。

当楔形轧制长度达到设定长度时机架楔形轧制结束，此时轧制设定值相应过渡到新带钢设定值计算：

$$v_{\text{wed}} = v_{\text{old}} + (v_{\text{new}} - v_{\text{old}}) \cdot \text{factor} \tag{3.4}$$

式中，v_{wed}为楔形轧制过程设定值；v_{old}为原带钢设定值；v_{new}为新带钢设定值。

4. 剪切位置计算

焊缝前后带钢宽度相同时，在焊缝位置剪切；焊缝前后带钢宽度不相同时，在窄带钢距离焊缝0.8～1.2m位置处剪切。剪切命令发出到剪切完成过程带钢行程d根据剪切运行时间进行计算。

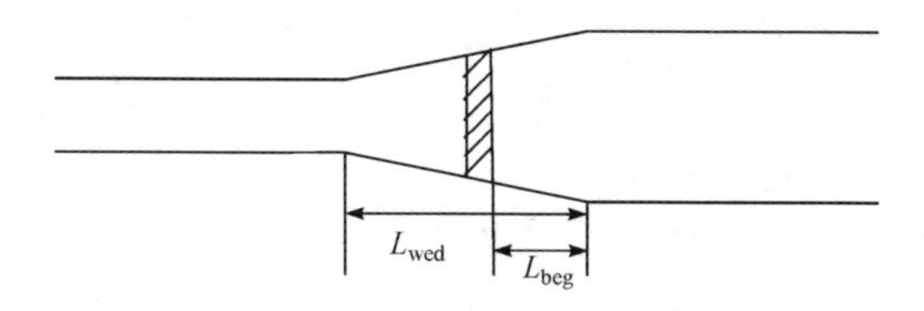

图 3.14　楔形设定示意图

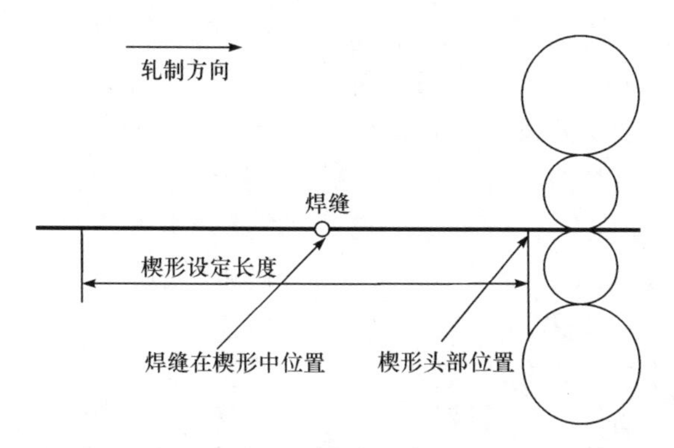

图 3.15　楔形长度示意图

$$d=\int_{t_0}^{t_1} v\mathrm{d}t \tag{3.5}$$

式中，t_0 为剪切启动时刻；t_1 为剪切完成时刻；v 为剪切过程带钢线速度。

冷连轧生产线带钢跟踪分区域进行，根据区域内带钢线速度计算带钢行进距离。每个跟踪区域设置两个数据区，分别存储当前带钢和下一条带钢的跟踪数据，因此每个跟踪区域最多只能出现两条带钢。为防止带钢数据丢失，跟踪区域长度不能大于带钢的最小长度。根据带钢速度和区域划分原则，轧机段划分为 10 个跟踪区域。各区域根据区域内带钢线速度来计算带钢行进距离，带钢线速度通过直接和间接手段进行测量。轧制过程中，活套出口区和轧机入口区带钢速度用机架前 S 辊线速度代替，1-2 机架区和 4-5 机架区、飞剪区和卷取区带钢线速度通过激光测速仪直接检测，2-3 机架区和 3-4 机架区带钢线速度用轧机工作辊线速度和前滑速度代替。轧机穿带过程中，带钢未发生形变，各区域带钢线速度用机架前 S 辊线速度代替。轧机甩尾过程中，各区域线速度用卷取机带钢线速度代替。

5. 设定值计算及轧制策略

整个道次设定值数据计算大致分为三个工作流程：预计算、后计算、自学习。轧制策略的启动条件因带钢头部焊缝在机组位置的不同而不同，这包括以下几部分。

(1) 应答计算:钢卷进入机组(在步进梁,5号鞍形链上,检查是否需要调整生产顺序)和钢卷进入生产线(在开卷机上,全连续方式)发生时,自动启动应答计算。

(2) 常规方式预计算:钢卷进入生产线(在开卷机上)。

(3) 全连续方式预计算:带钢头部或焊缝到达第1机架前32m处。

(4) 重新计算:已经进行过入口计算且轧制速度为0时操作工请求重新计算。

(5) 测试计算:在操作工需要的任何时候。

(6) 断带计算:发生断带停机后再次开机时,由操作工按断带计算按钮启动。

(7) 厚带头的断带计算:发生断带停机后再次开机,确实按厚带头穿带时,由操作工选定厚带头功能并设定厚带头值后,按下断带计算按钮启动。

轧制策略数据流如图3.16所示,轧制策略的任务是根据轧机运行方式、计算类型以及来料的钢种、规格、材质等参数从数据库表中读取相应记录,放入计算值缓冲区,作为入口参数提供给设定值计算。轧制策略程序的功能实现分三层:轧制策略程序预设置、计算数据准备、启动设定计算,如图3.17所示。其中计算数据准备中有七种计算数据准备方式。

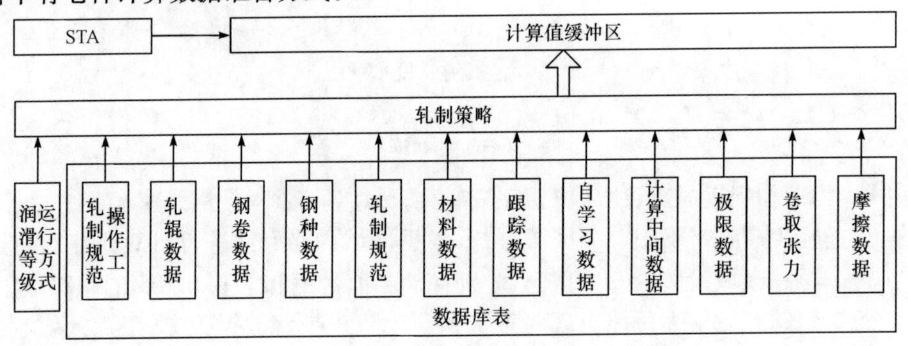

图3.16 轧制策略数据流

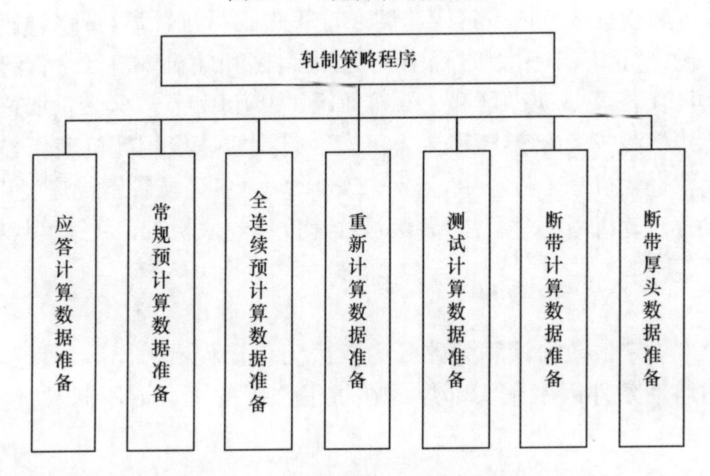

图3.17 轧制策略功能模块结构图

(1) 轧制策略程序预设置。

检查轧机运行方式(全连续/常规);询问启动原因(检测并保存计算类型,同时显示对应出错信息);复位与L2级计算相关的控制单元,根据计算类型选择不同的计算数据准备模块。

(2) 计算数据准备。

根据当前轧机运行方式,为不同的计算类型选择不同的数据准备过程。计算数据准备功能由七个模块组成:应答计算数据准备;常规预计算数据准备;全连续预计算数据准备;重新计算数据准备;测试计算数据准备;断带计算数据准备;厚带头断带计算数据准备。

(3) 启动设定值计算。

轧制策略程序准备好设定计算所需要的数据、参数及轧制规范后,启动设定计算程序。钢卷数据通常来自于生产管理系统(L3)发送给L2的生产计划电文,L2计划管理功能模块接收后,保存到钢卷数据表中,该表共可存放200个钢卷数据记录。通常该表保持95%的充满度,即当少于190个钢卷数据时,在功能键盘上给出相应提示。钢种数据存储在钢种数据表中,每个记录对应一个钢种,原有100个记录,可根据冷轧现场要求适当增加。具体记录数需与冷轧现场商议后确定。钢种数据包括出钢记号、合金补偿系数、钢种密度。材料数据存储在材料数据表中,根据出钢记号(数量待定)、来料厚度、成品厚度和带钢宽度的不同等级来检索,由于出钢记号数量未定,该文件数据记录总数也待定(最后一个记录存放前带钢的材料数据)。这些数据记录以如下等级存放在数据库中,见表3.4。

表3.4　材料数据检索条件

出钢记号	来料厚度/mm	成品厚度/mm	带钢宽度/mm
KL1	1.80～2.20	0.30～1.00	900～1250
KL25	2.21～2.70	1.01～2.00	1251～1550
KL50	2.71～3.50	2.01～3.50	1551～2000
KL75	3.51～4.30	0.18～0.50	800～1000
KL100	4.31～4.60	0.50～1.00	1000～1200

3.1.5　钢卷跟踪控制

开卷机前的钢卷跟踪是对处于入口鞍座与焊机之间的钢卷移动进行跟踪,并在必要时启动其他功能。入口跟踪过程如图3.18所示,操作人员从L3申请计划或者手动输入生产计划后,可以对其中任意钢卷进行上卷操作。钢卷上开卷机后,操作人员在L2入口段跟踪画面上的钢卷计划表中选中相应钢卷,然后单击并确认“应答到 1＃开卷机”或者“应答到 2＃开卷机”命令按钮，该钢卷将被显示在物料跟踪画面的相应位置上。在要求进行钢卷撤销应答与钢卷回退时，操作员选择开卷机上将要回退的钢卷，运用“撤销应答/钢卷回退”功能进行钢卷回退操作。开卷机的甩尾，表明下一卷钢卷可以进入生产。当钢卷上料、移动、返回时，该功能都将依据来自于 L1 级的信号更新 L2 级的跟踪信息和位置。

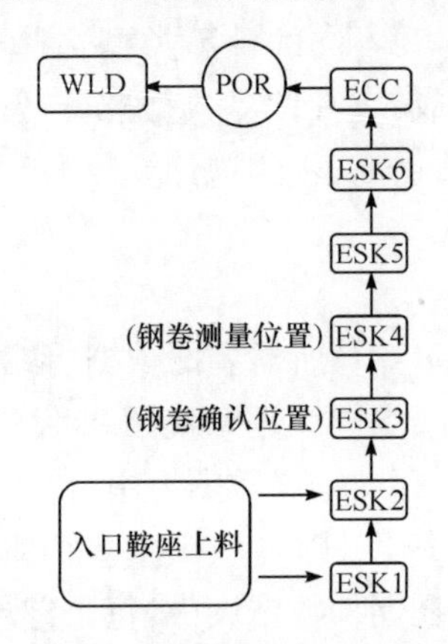

图 3.18　入口区域跟踪过程示意图

入口跟踪主要处理如下事件：入口鞍座（1 或 2）上料、钢卷确认、钢卷宽度和外径测量、入口步进梁传送、开卷 POR 上料、焊接完成、开卷完成、钢卷吊销。入口区域跟踪位置如表 3.5 所示。

表 3.5　入口区域跟踪位置

序号	标志	定义	备注
1	ESK1	入口鞍座 1	—
2	ESK2	入口鞍座 2	—
3	ESK3	入口鞍座 3	钢卷确认位置
4	ESK4	入口鞍座 4	钢卷测量位置
5	ESK5	入口鞍座 5	—
6	ESK6	入口鞍座 6	—
7	ECC	入口钢卷小车	打开位置
8	POR	开卷机	—
9	WLD	焊机	—

如图 3.19 所示，当钢卷吊装到入口鞍座 1 或鞍座 2 时，L2 级通过来自 L1 级的信号接收到该事件，并将该钢卷显示到跟踪画面中，其钢卷号暂时处在上料钢卷队列的最上面，表示为未确认钢卷。经过确认以后，钢卷号才被确认。当钢卷实际

信息和 L2 级接收到的信息一致时，钢卷得到确认，入口钢卷跟踪数据确定。钢卷测量主要是检查已确认钢卷外观是否正常，测量的内容包括钢卷宽度和外径。

同样，测量信息来自 L1 级。当步进梁移动完成时，L2 级通过 L1 级信号识别该事件，同时将入口输送机上的每一个钢卷前移一个工位。当钢卷从入口小车安装到开卷机上后，L2 级根据 L1 级信号识别该事件，并将钢卷从入口小车移动到开卷机。当一个钢卷焊接完成，L2 级依据 L1 级信号识别该事件，同时为焊机区域准备钢卷数据。当焊点通过＃1BR 时，钢卷将要开始生产线上带钢跟踪。当开卷完成信号产生，L2 依据 L1 信号识别该事件，同时删除开卷机上的钢卷。如果必要，可拒绝从 ESK1 到 POR 之间的钢卷。拒绝可分为两种：①钢卷整体拒绝；②钢卷部分拒绝，该功能只能依据 OPS 的操作工输入完成。

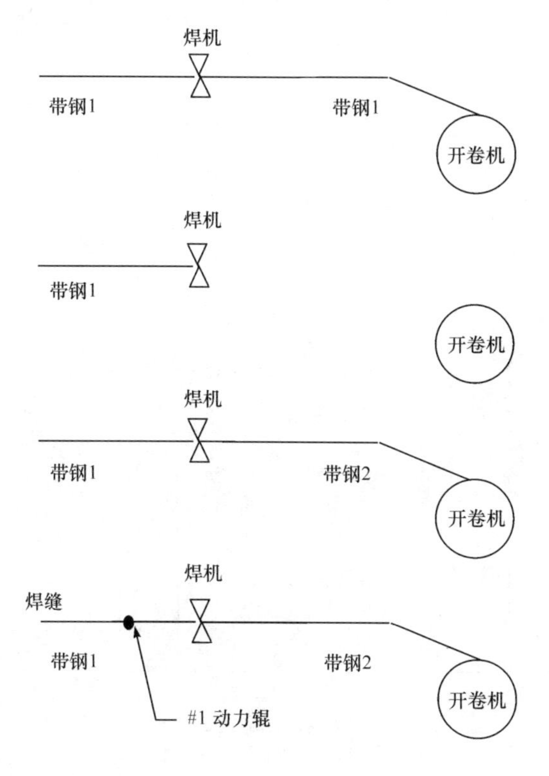

图 3.19　焊接完成并启动生产线带钢跟踪示意图

卷取机后的物料跟踪如图 3.20 所示，L1 级在焊缝或带头到达约定位置时向 L2 发送电文，电文中含有焊缝或带头后部(以带钢运行方向为前方)钢卷的来料钢卷号码(母卷号码)，L2 据此形成区域跟踪映像，其过程如下。

(1) 接收到来自 L1 的成品钢卷开始卷取电文，带头在卷取机上绕三圈：更新跟踪映像表；发电文通知 HMI，刷新跟踪画面。

(2) 接收到来自 L1 的钢卷离开卷取机电文，判断称重机上有没有钢卷信号，如果卷取机上还有钢卷信息，则自动补发钢卷离开称重机信号，执行钢卷离开称重机一系列任务；判断卷取机上是否没有钢卷，如果没有钢卷，则表明是误信号，不做处理；更新跟踪映像表；清卷取机跟踪位置：发电文通知 HMI 刷新跟踪画面；发电文通知 L1 启动称重。

(3)接收到来自 L1 的钢卷离开称重位置电文：发电文通知钢卷数据管理功能计划管理(OM)钢卷离开卷取机；发送电文启动标签打印；更新跟踪映像表；发电文通知 HMI，刷新跟踪画面。

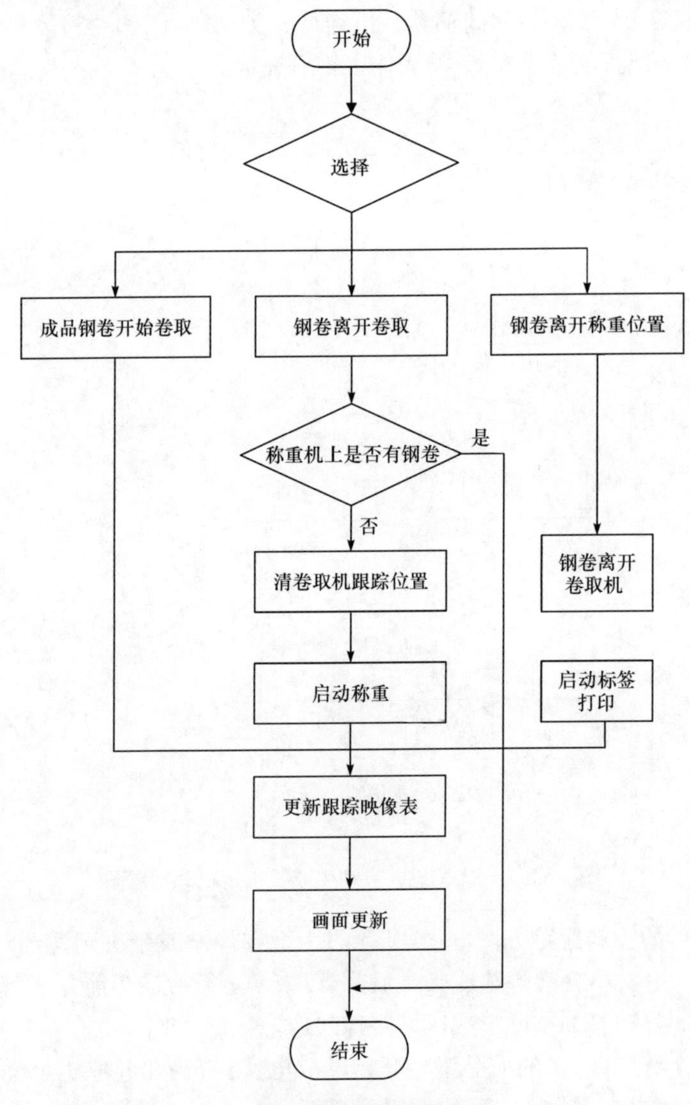

图 3.20　卸卷过程物料跟踪

OM 主要负责计划钢卷数据从请求到生产结束的管理，包括以下几个功能：计划请求、分卷管理、质量数据管理、停机管理、钢卷数据管理等。计划管理包括批计划请求与接收、指定卷请求与接收、L3 批计划撤销或指定卷撤销、L2 计划或指定卷撤销。分卷管理主要负责入口分卷和出口的分卷号计算。质量管理主要是指钢卷缺陷管理、入口和出口的封闭卷管理。停机管理主要是指现场停机后满一定时间，计算机对停机时间和停机原因进行记录，再次开机后收集开机时间，整理停机电文后发给 L3。钢卷数据管理包括计划数据处理和钢卷数据收集。钢卷数据管理是指钢卷进入跟踪后的对可能的入口分卷、回退、200m 样带或正常成品生产进行钢卷数据、钢卷状态的跟踪处理，主要包括钢卷回退处理、上卷取处理、钢卷生产结束处理、称重电文处理，从称重位置移走等处理。钢卷数据管理功能划分如图 3.21 所示。

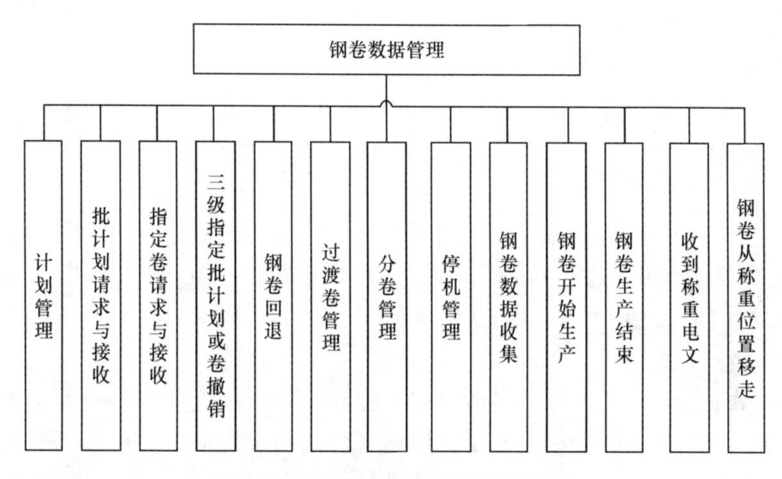

图 3.21　钢卷数据管理功能划分图

(1) 计划管理。

计划管理功能包括批计划请求与接收、指定卷请求与接收、L3 指定计划或指定卷撤销、L2 指定卷撤销和钢卷回退。

(2) 批计划请求与接收。

批计划请求包括指定钢卷和不指定钢卷号两种方式。指定钢卷号批请求是由操作工通过画面输入指定钢卷号，请求指定钢卷号以后的所有钢卷被计划释放并接收。不指定钢卷号请求是由操作工输入 0000000.00，由此请求所有释放的计划料并接收。

(3) 指定钢卷请求与接收。

指定计划表中的某一卷钢卷进行请求并接收这卷钢卷信息。

(4) L3 指定批计划或指定卷撤销。

L3 计划撤销分成批计划撤销和指定单卷撤销两种。批计划撤销由 L3 指定计划号，撤销该计划中的所有钢卷。如果该计划所有钢卷都还没进入跟踪，则删除这一批全部钢卷，给 L3 一个正应答信号；若部分钢卷已经进入跟踪，则删除还没有进入跟踪的钢卷，对已经进入跟踪的钢卷，给 L3 一个负应答信号。L3 指定钢卷号，撤销该钢卷。如果该钢卷还没进入跟踪，则删除这卷钢卷，给 L3 一个正应答信号；若该钢卷已经进入跟踪，则给 L3 一个负应答信号。

(5) 钢卷回退。

钢卷整卷回退钢卷还未进入生产或已经进入生产的钢卷长度小于 150m，这时将开卷机上的钢卷信息回送给 L3 称为整卷回退。由操作人员启动回退功能，OM 收到回退请求后，通知物料跟踪映像发生变化，组织回退电文发送给 L3。钢卷部分回退钢卷已经进入生产的长度大于 150m，操作工入口剪切做回退，这时的回退称为部分回退。部分回退必须由入口先分卷操作，然后针对开卷机上的剩余钢卷进行回退操作。OM 收到回退请求后，通知物料跟踪映像发生变化。与整卷回退不同的是，部分回退的回退电文必须等到母卷前半部分产生的成品卷的实绩电文发送后才能向 L3 发送。

(6) 过渡卷管理。

过渡卷与一般钢卷一样向计划进行申请，不同的是过渡卷有过渡卷标记以及过渡卷使用次数统计，过渡卷的跟踪和设定与正常卷一致，也可收集、发送与 L3 相关的实绩信息。过渡卷的生产次数标记每生产一次该标记加 1。

(7) 分卷管理。

分卷管理主要负责入口、出口的分卷、分卷号计算。入口分卷一般只在进行回退操作或生产 200m 样带时才需要。操作人员通过 L1 画面或者通过控制按钮启动入口段分卷。在操作员确认入口段分卷后，计算机将分卷后开卷机侧钢卷长度保存到公共数据表中，已经进入生产的钢卷长度存入来料母卷的工作表中，同时修改相应钢卷状态字。对于钢卷号，两侧的钢卷号都维持不变。除此以外，已经生产的钢卷需要重新根据分卷规范进行分卷长度计算。L1 将两个分卷的相关信息通过入口分卷电文上传至 L2。最后通知物料跟踪进行映像更新。出口分卷出口成品剪切后，L1 向 L2 发送剪切电文。L2 收到电文后将进行如下几项处理：其中的成品卷生产结束时间、本成品卷的带钢长度等数据收入到相应的钢卷实绩中。根据分卷号产生规范，确定成品的分卷号。分卷号产生规范如下：09 的分卷号共有两种方式。判断后道机组标志，有后道机组，分卷号从 10 开始，20、30 依次累加，如果只有一个分卷则卷号为 00；没有后道机组，即直接就是成品卷，则分卷号从 01 开始，02、03，如此依次累加。出口分卷的另一个重要任务就是计算当前卷是否是最终卷，确认是则置最终卷标记，最终卷的判断依据如下：①当 4 号寻孔仪检测到焊缝时，判定当前卷取机上的钢卷为最终卷；②当焊缝到达出口剪刀位置时，判断是否最终卷标志已经置起，没有则置最终卷标志，确认是最终卷则在剪切结束后需要向质量数据分析程序发母卷生产结束电文。

(8) 停机管理。

工艺段速度为 0 持续 5min，则认为故障停机，生成停机记录。之后操作工可以在画面上输入停机原因，若不输入则为缺省。当工艺段速度大于 0 持续 5min 后，认为故障结束，完善停机记录。最后向 L3 发送停机实绩。

(9) 钢卷数据收集。

钢卷数据收集主要是指成品钢卷生产开始、钢卷生产结束、收到称重电文时收集生产过程数据，并做一些相应处理。

(10) 钢卷开始生产。

带头在卷取机上卷 3 圈后，L1 向 L2 发送电文表示成品开始生产。L2 根据分卷号产生规则产生新成品的钢卷分卷号；将成品卷开始卷取时间和本成品卷带头在母卷中的长度位置等数据存入生产数据表中，并通知物料跟踪更新映像。

(11) 钢卷生产结束。

出口剪切后 L1 向 L2 发送电文。该电文包含成品卷生产结束时间、本成品卷带钢长度的信息。需要特别指出的是，此处所指的出口剪切不包括出口废料剪切，L1 区分废料剪切与成品分卷剪切，仅在后一种情况下才发送该电文。L2 收到电文后，将做如下处理：生成对应的钢卷数据记录和将成品卷生产结束时间等数据存入相应数据表；通知物料跟踪更新映像；判断是否最终卷，是最终卷则在剪切结束后需要向质量数据分析程序发母卷生产结束电文。

(12) 收到称重电文。

收到称重电文称重结束，L1 向 L2 发送电文。电文包含成品钢卷的重量，L2 将它保存入钢卷实绩。

(13) 钢卷从称重位置移走。

如果是 200m 标样带钢生产，则将样带的后半卷状态释放，从而可以继续生产。收集钢卷生产实绩发送实绩电文给 L3，如果钢卷前面有半卷回退，则发半卷回退实绩电文给 L3，通知物料跟踪钢卷离开称重位置更新映像。

3.2　生产线协调控制

为了保证轧机能够安全高效稳定运行，生产线协调控制(line coordinate，LCO)作为冷连轧机基础自动化控制系统的基础控制功能。如图 3.22 所示，入口段设备：5＃张力辊组、6＃张力辊组、6＃张力辊压辊、纠偏辊压辊；主轧机设备：1＃主轧机、2＃主轧机、3＃主轧机、4＃主轧机、5＃主轧机；出口段设备：板形辊、出口夹送上辊、出口夹送下辊、飞剪、转向辊、磁力皮带、1＃卷取机、2＃卷取机。

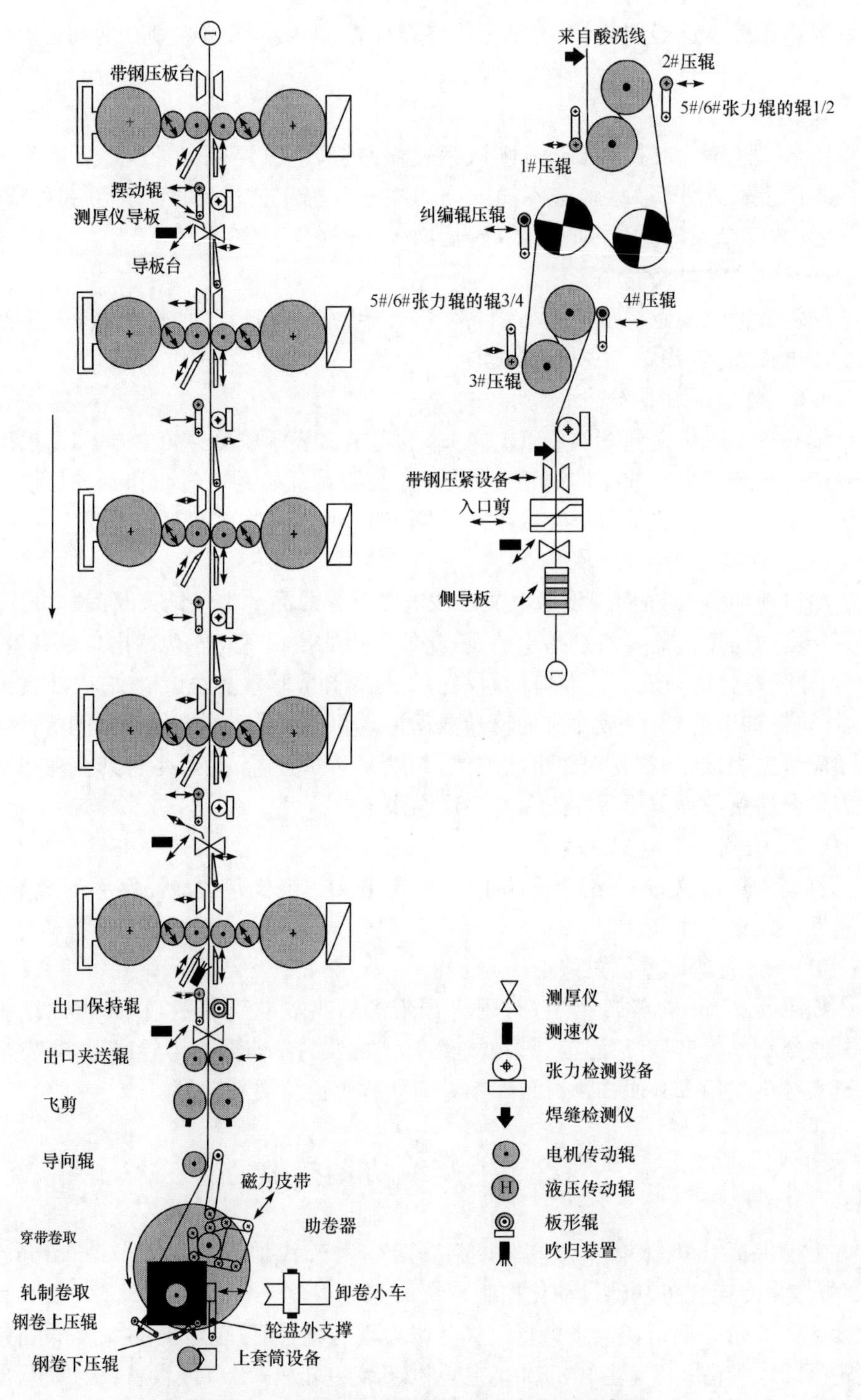

图 3.22 1450mm 冷连轧机的生产流程示意图

LCO主要作用是确保从轧机入口张力辊到出口卷取机之间的整个冷连轧生产线机组的正常生产运行。在冷连轧机组实际生产过程中，生产线协调控制系统根据轧机各控制子系统、各外部执行机构和现场检测设备反馈回来的对轧机当前工作运行状况的监测结果，结合轧机操作人员的操作命令，进行逻辑运算后，对各液压装置、传动装置及其他现场执行机构所属的各控制系统发出相应的使能、运行、停止、控制方式转换等各项控制指令，综合控制生产线上所有设备按照其设计功能正常工作。

3.2.1　联动准备条件协调

图3.23所示为线协调控制与轧机其他逻辑功能单元之间的数据交换，LCO功能从其他功能接收状态信号，并向它们发出控制信号，保证轧机的动作协调一致。在整个冷连轧机生产中，LCO处于最核心的地位，其主要功能如下。

(1) 穿带、加速、剪切和甩尾过程条件准备。如果提前选择了自动方式，则顺控系统接收来自生产线协调控制的请求信号并将相关设备移动到相应位置，如带钢穿带导板降到低位等。

(2) 检查穿带、加速、剪切和甩尾启动所需条件。生产线协调控制接收逻辑功能单元(LFU)的内部连锁备妥信号，如张力卷取机传动装置是否准备好，同时也接收顺控系统中单体辅助设备的位置状态信号，如剪切时带钢夹送辊装置是否上升到位。

(3) 冷连轧全线运行模式的协调和使能控制。运行模式分为以下几种：爬行、穿带、加减速、甩尾、剪切、组点动和特殊运行模式，如调零模式和热辊模式等。相关运行模式的请求信号传送至主令斜坡控制中，获得相关传动系统的设定速度。工艺控制功能接收生产线协调控制的请求信号，将相应的设定速度斜坡化处理，或者接收综合处理后的控制使能信号，如板形控制、秒流量控制等。因此，生产线协调控制必须接收来自LFU的状态信号和数据实际值，如带钢速度等。

(4) 带钢传动控制。生产线协调控制协调传动设备的运行使能，如反向器、速度控制、转矩控制、张力控制等；单体传动设备点动控制、测试功能的使能控制，如转动惯量和摩擦转矩测试。

(5) 冷连轧全线监控和故障处理。连续监测冷连轧全线电气设备和机械设备的准备信号，采取一切措施避免事故发生，其中包括断带发生时停车并抬起辊缝。因此，生产线协调控制有必要接收LFU的停车连锁信号，如正常停车请求、快停请求等。生产线协调控制还包括未响应动作和故障停车时诊断信息的输出操作。

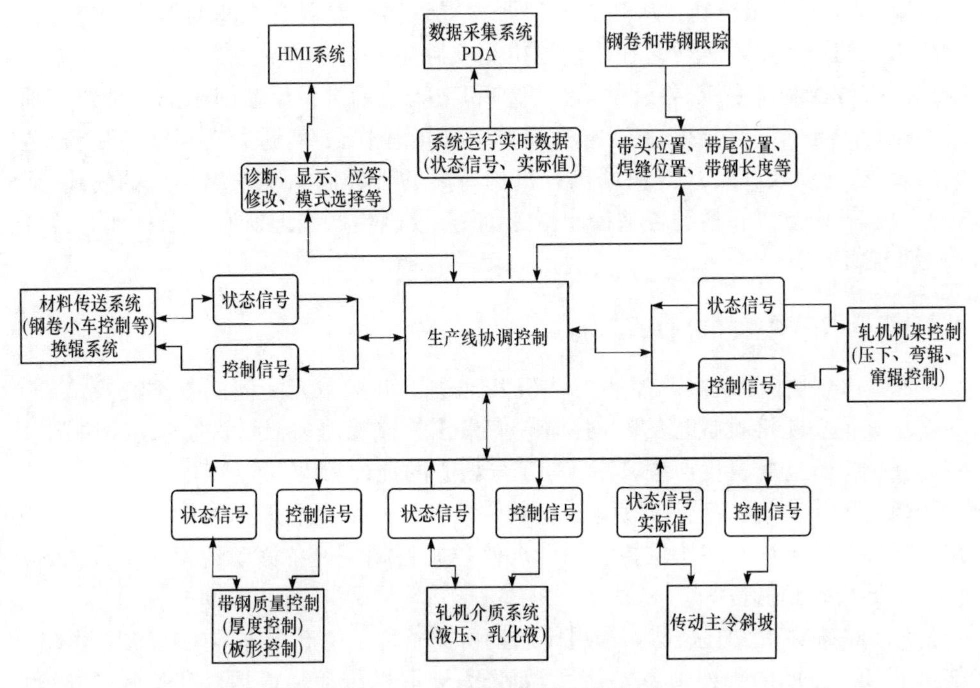

图 3.23　线协调通信数据流简图

3.2.2　工艺过程协调控制

1. 轧机穿带顺序控制

穿带过程顺序控制是使用组点动和自动穿带功能将带钢从入口分切剪送至张力卷取机的过程。

运行条件:带钢头部送至入口分切剪;带钢同步跟踪至头部位置;分切剪前的夹钳打开。

执行顺序:

(1) 入口张力辊和第 1 机架选入组点动,点动带钢使头部穿过第 1 机架。

(2) 第 1 机架压下至最小轧制力位置;第 2 机架选入组点动,点动带钢使头部穿过 2# 机架。

(3) 重复上述操作直至带钢头部穿过第 5 机架。

(4) 按下穿带按钮,完成以下功能:辊缝调整至轧制设定值;弯辊力调整至轧制设定值;入口处和机架间建立张力;所有传动装置以穿带速度运转;带钢在卷取机上缠绕 3 圈后建立张力;移动所有带钢设备到高速运转位置,包括皮带助卷器、导卫装置、卷取机旋转至卷取位置,卷取机上的带钢张力已达到设定值;卷取张力建立且所有机械设备处于高速运转位置时穿带顺控完成。

2. 轧机起车顺序控制

生产操作人员在轧机主控台发出轧机起车指令,启动时轧机速度从零加速到穿带速度并自动保持。

运行条件:带钢头部在出口张力卷取机上缠绕超过3圈;轧机辅助设备运行到位;轧机介质系统工作正常;出口带钢张力建立;活套张力已建立;厚度闭环控制预设完成;轧制规程数据有效;机架控制正常。

执行顺序:

(1) 轧机压下系统到达设定值。

(2) 轧机入出口张力到达带钢轧制张力。

(3) 轧机各传动装置使能。

(4) 测厚仪、测速仪挡板打开。

(5) 轧机速度主令发出;轧机启动。

带有厚头的楔形轧制:带有厚头的穿带轧制过程之后,压下辊缝位置从穿带设定值调整到正常工作值,如果操作人员没有手动操作,则当带钢速度大于100m/min时系统自动调整。

在轧机的启动过程中,系统如检测到异常信号将中断启动过程,触发停车信号。HMI系统中显示有报警信息,如启动过程正常完成。轧机速度保持在穿带速度,直至生产操作人员发出其他操作指令。

3. 轧机轧制顺序控制

轧制过程顺控依据轧制规程轧制带钢,轧制速度受操作人员和停车信号控制,如果在HMI上选择“自动加速”模式,当接收到轧机高速运转准备好的信号后,轧机自动加速至轧制设定速度。

运行条件:入口张力辊和卷取机间所有设备准备好高速运转;压辊和穿带导板脱离带钢;乳化液系统投入;外支撑轴承投入;入口、机架间和出口张力已建立;弯辊系统和压下系统准备好。

执行顺序:按下“加速”模式启动加速过程,或者在HMI上选择“自动”模式;所有传动装置加速到轧制设定速度。

4. 带钢剪切顺序控制

过程自动化控制系统确定钢卷剪切的相关信息,如在焊缝尾部剪切;在焊缝头部剪切;依据带钢长度剪切;依据钢卷重量剪切等。带钢剪切信息是轧制规程的一部分,冷连轧过程中,每次剪切点到达之前该值被传送给基础自动化系统。对于手动剪切,操作人员在主操作台上按下“剪切”按钮剪断带钢。

运行条件：轧制速度位于高、低速度之间；飞剪在初始位置并准备好剪切；卷取机卷筒芯轴涨开到位；皮带助卷器在穿带位置；卷取机前的穿带导板在穿带位置；卷取机传动装置准备好。

执行顺序：下一卷带钢的自动剪切可以在主操作台上按下“取消剪切”按钮取消。这种操作只能在异常情况下使用。轧机减速到剪切速度，根据剩余带钢长度和当前带钢速度，将轧机减速到剪切速度水平。对于手动剪切，需要操作工手动减速。

(1) 启动剪切所需的传动设备。带钢剪切所需的传动装置和待机状态的卷筒根据剩余剪切时间加速到剪切速度。

(2) 移动机械设备到剪切位置。抬升下夹送辊，降低出口压辊。

(3) 检查剪切准备是否就绪。当带钢剪切点运行至飞剪时，检查轧机系统的剪切准备是否就绪，如果没有准备好，轧机快速停车。如果出现这种情况，随后的剪切操作需要手动进行。

(4) 张力调整到剪切所允许的值，卷取机上的张力被调整到特定的剪切张力。

(5) 带钢分卷，当已卷取的带钢符合过程计算机给定的钢卷信息时，使用飞剪切断带钢。

(6) 将带钢尾部置于卷取机上。预先将带尾放在待料位置，将钢卷小车抬升至钢卷位置，带钢尾部旋转至卸卷位置，然后将钢卷从卷取机上卸下。

如果已经有至少 3 圈带钢缠绕到卷取机上，下一卷带钢加速已准备就绪，收回皮带助卷器，降低飞剪前的夹送辊并停止转动，转动卷取机到卷取位置并夹住带钢。当下卷带钢的张力已建立，并且所有机械设备都处于高速运转位置时，剪切顺控完成。选择“辅传系统自动运行”后，机械设备自行运转。主操作工可以按下“加速”按钮，将带钢速度提升至轧制规程设定值。如果在 HMI 上选择了自动加速，则带钢加速顺控过程自动完成。

5. 带钢甩尾顺序控制

甩尾过程顺控是在入口处剪断带钢，抬起压下系统，将带钢从轧机中抽出缠绕到卷取机上准备卸卷。轧机液压压下系统全部抬起，同时，所需的传动装置以甩尾速度运转。甩尾过程也可以使用本地操作台和主操作台上的组点动元件执行。

运行条件：带钢已经被入口分切剪剪断，头部被加紧装置夹住；带钢跟踪系统显示当前轧机中有带钢；轧机设备中甩尾带钢所使用的部分都处于甩尾位置。

执行顺序：

(1) 按下“甩尾”按钮启动甩尾过程。

(2) 压下系统抬起。

(3) 带钢传动装置升速至甩尾速度。

(4) 甩尾过程中带钢的尾部位置和轧机速度变化。

带钢尾部在 1＃和 2＃机架间，1＃机架停止转动；带钢尾部在 2＃和 3＃机架间，2＃机架停止转动；带钢尾部在 3＃和 4＃机架间，3＃机架停止转动；带钢尾部在 4＃和 5＃机架间，4＃机架停止转动；带钢尾部在 5＃机架后的测厚仪处，5＃机架停止转动。

(5) 将带钢尾部置于卷取机上。预先将带尾放在待料位置，将钢卷小车抬升至钢卷位置，带钢尾部旋转至卸卷位置，然后将钢卷从卷取机上卸下。

(6) 当带钢尾部置于卷取机上等待卸卷时，甩尾顺控结束。

3.2.3 带钢传动协调控制

1. 加速过程

当加速所需的条件满足时，操作人员可以将冷连轧全线加速到预设定速度。

运行条件：冷连轧全线设备准备好加速；自动降速未激活；自动剪切未激活。

当出现下列情况时，加速过程停止：急停、快停、正常停车、减速、速度保持、甩尾、穿带、剪切和爬行。

2. 减速过程

在没有选择速度保持和其余工作模式时，带钢所有传动装置减速至较低速度。

运行条件：全线运行；自动减速未激活；自动剪切未激活。

当出现下列情况时，减速过程停止：急停、快停、正常停车、减速、速度保持、甩尾、穿带、剪切和爬行。

3. 速度保持

加速过程和减速过程可以被速度保持模式中断。由自动减速模式或具有更高优先级的操作模式(如快停)控制的减速过程不能被中断。

运行条件：自动减速未激活；轧机速度大于穿带速度。

当出现下列情况时，加速过程停止：急停、快停、正常停车、减速、甩尾、穿带、剪切和爬行。

4. 爬行过程

带钢头部已经进入卷取机并且全线设备运行，选择爬行模式之后，全线设备以一个较小的速度运转。这种模式也可以用来在线检测带钢表面。

运行条件：张力已建立；自动减速未激活；自动剪切未激活。

当出现下列情况时，加速过程停止：急停、快停、正常停车、减速、速度保持、甩尾、穿带和剪切。

5. 穿带速度

轧机被减速至穿带速度。

运行条件:张力已建立;自动减速未激活。

当出现下列情况时,穿带过程停止:急停、快停、正常停车、减速、甩尾、爬行和剪切。

6. 甩尾速度

轧机被减速至甩尾速度。

运行条件:张力已建立;自动减速未激活。当出现下列情况时,甩尾过程停止:急停、快停、正常停车、加速、减速、穿带、爬行和剪切。

7. 剪切速度

轧机被减速至剪切速度。

运行条件:张力已建立;自动减速未激活。当出现下列情况时,剪切过程停止:急停、快停、正常停车、加速、减速、穿带、爬行和甩尾。

8. 单体设备点动

每个单体设备都可以用位于操作台和操作面板上的对话框向前或向后点动。生产线协调控制检查点动命令所需的条件,然后触发控制器转动传动设备。点动同时,生产线协调控制封锁其他操作模式。在考虑轧辊和钢卷直径后,点动速度维持在一个固定的常数。

点动时的内部连锁:传动装置准备好;没有急停信号;没有快停信号;传动没有接收到其他模式的速度斜坡;没有建立张力;通信连接正常运行;稀油润滑系统准备好。

9. 传动系统组点动

在个别的轧机操作室中,有单体设备分组选择按钮,激活后被选择的传动装置就拥有同样的角速度。连轧机中预选机架的组点动操作只有在辊缝抬起时或最小轧制力时才是可用的。

10. 传动协调控制

生产线协调控制可以对每个速度斜坡单独控制,全线根据需要以不同的速度斜坡控制不同的传动装置。例如,带钢轧制过程采用第一种速度斜坡,而待机状态的卷取机转筒则以另一种速度斜坡转动。速度斜坡的动态转换是必要的,如将待机状态的卷筒以主令速度加速到出口带钢速度等。

如图3.24所示，当某种操作方式(如轧机穿带、加速等)通过轧机操作或LCO内部程序逻辑激活后，LCO将对其有效性进行检查。这个过程要求LCO从基础自动化控制系统接受并检查所有相关电气、液压和机械设备的状态，包括传动准备就绪、卷取机胀颈、液压准备就绪等轧机运行的初始条件。如果对于该方式的激活存在缺少一个或多个条件的情况，则其诊断信息出现在HMI屏幕上。如果方式激活的所有条件都已满足，则与该方式运行相关传动设备的传动控制(速度或转矩控制)被使能。传动控制被使能之后，使能所有的传动附着MRG速度斜坡，在确认传动使能之后，LCO输出一个速度斜坡方式，这导致MRG提供与这个方式相关的设定值，所有的传动被使能在相应速度斜坡。

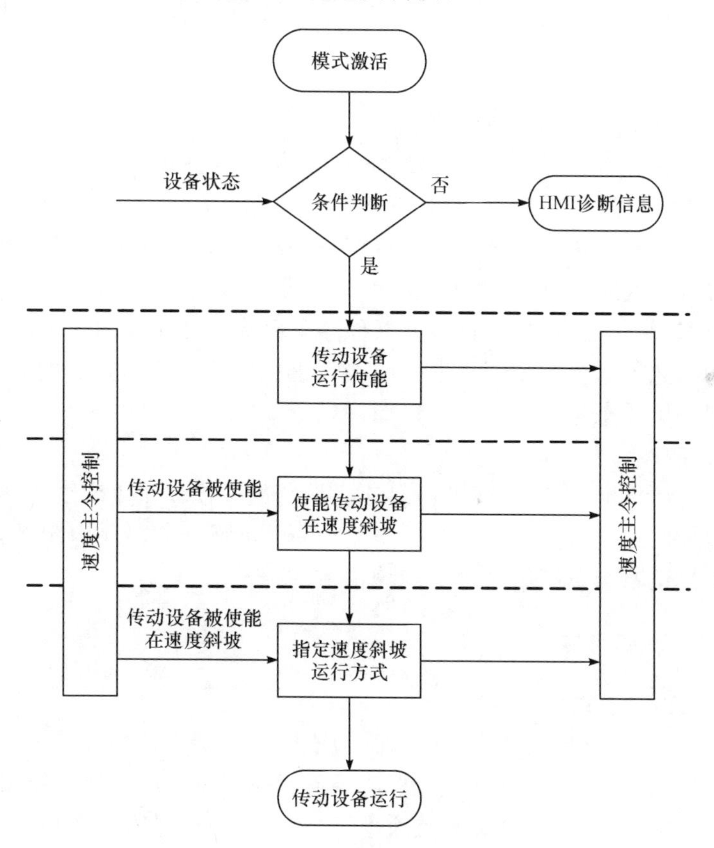

图3.24　带钢传动协调控制过程

3.2.4 辅机自动控制

1. 停车模式

生产线协调控制监测任何轧机可能出现的电气、机械或液压故障,并在必要的情况下采取一些相应的措施。除此之外,操作也可以触发一些分布在操作台或操作面板上的停车按钮来停止轧线动作。故障起因由诊断系统输出显示在消息平台上。

(1) 正常停车。

正常停车(normal stop)可以由操作或内部故障触发,轧机正常减速直至零速并维持张力不变。停车过程不能被速度保持模式中断,急停或快停可以中断这种模式。

(2) 快速停车。

快速停车(quick stop)可以由操作或内部故障触发,轧机快速减至零速并维持张力不变。快速停车过程不能被中断,急停可以中断这种模式。

(3) 紧急停车。

紧急停车(emergency stop)由独立的急停控制系统来实现。在急停系统触发硬线急停之前,会尝试使用一种可控的停车方式来停止轧线动作。因此,生产线协调控制接收“轧机急停”信号并立即为该种停车模式选择相应的速度斜坡,停止所有传动装置。急停系统监测停车过程,如果软停过程无法在设定的时间内完成,则急停系统立即硬线急停。

(4) 断带急停。

带钢断带后立即停车,防止带钢对轧机设备造成损坏。生产线协调控制向所有的速度斜坡发出断带停车信号。操作工必须点动操作使带尾退出轧机,轧机再次启动前需复位断带急停信号,并对带钢跟踪系统进行同步处理。

2. 轧机特殊操作模式

(1) 轧机预热模式。

轧机中没有带钢时,预热模式用于暖辊或用于测试。预热模式可以由主控制台上的“预热”按钮触发。预热过程中,液压辊缝控制系统以预热轧制力为设定值做轧制力闭环控制,传动装置加速至预热速度,乳化系统投入。在预热顺控中,轧机速度可以通过“相对速度上升-下降”对话框进行相应调整。

(2) 主传动轴头定位。

工作辊换辊时,轧机传动轴必须放置在规定的换辊位置,这个过程由传动控制系统本身完成。生产线协调控制检查这种工作模式的内部连锁条件,然后触发轧机传动装置将传动轴置于换辊位置。传动轴到位后,换辊控制系统接收到一个到位信号。在传动轴到位后，生产线协调控制禁止一切其他的操作模式运行。

(3) 压下系统标定。

压下系统标定是机架控制管理逻辑单元(SCM)的一部分。当轧线上无带钢时，生产线协调控制接收压下系统发送的转辊请求信号，检查相关的内部连锁信号满足后，通过速度主令控制系统向辊系传动控制装置发送标定过程设定速度值并触发该转辊操作。在进行标定操作时，生产线协调控制禁用其他操作模式。

3.2.5 轧机操作模式协调控制

轧机各区操作通过本地控制或者在 HMI 上选择轧机运行模式后，生产线协调控制检查所需条件满足后触发所选区段的自动操作。冷连轧全线 HMI 上分别显示穿带、轧制、甩尾和剪切等模式激活所需的电气和机械设备准备信号。

1. 顺序控制操作模式

(1) 轧机启动。

轧机在机架无带钢的情况下，按照穿带速度运转并将辊缝调整到预轧带钢的辊缝设定位置，在连续机组中这种方式在换支承辊并移动窜辊到轧制位置后使用。

启动条件：轧制模式选择，电气与液压设备合闸准备操作，机架无带钢，轧制道次数据分配。

动作过程：移动液压压上系统到最小轧制力→5 个机架以穿带速度运行→移动液压压上系统到窜辊轧制力→喷射乳化液→轧机升速到窜辊速度→窜辊到设定位置→轧机减速到穿带速度→移动液压压上系统到最小轧制力→停止传动→停止乳化液喷射→打开辊缝到穿带位置。

(2) 轧机穿带。

轧机通过主点动和自动穿带功能将带钢从入口剪引到出口卷取卷轴的过程。

启动条件：带钢头部被引到入口剪，带钢跟踪同步到带头位置，入口分切剪前带钢夹紧装置打开，测厚仪标定完成并在测量位，设定数据有效，活套张力建立，窜辊系统预设到轧制位。

动作过程：组点动带钢头部通过第 1 机架→调整第 1 机架辊缝到最小轧制力→重复以上过程在其他 4 个机架，将带头引到第 5 机架后→调整机架辊缝到操作值→调整弯辊系统到操作值→增加入口活套张力到操作值→建立入口和机架间张力→启动轧机到穿带速度→在卷取卷轴缠绕 3 圈并建立张力→移动所有机架设备到升速位。

(3) 轧制。

按设定轧制规程轧制带钢，轧制速度受操作和各种停车信号控制。

启动条件：所有轧制设备处于轧制状态。

(4) 剪切。

轧机出口侧飞剪切断带钢,使用待机状态的卷筒卷取带钢,定义剪切标准包括带尾焊缝剪切、带头焊缝剪切、按照带钢长度剪切、按照带钢重量剪切、按照钢卷直径剪切。

启动条件:轧机速度在最大与最小剪切速度之间,飞剪在初始位准备操作,卷轴胀径,助卷器在穿带位,卷取前的导板台在穿带位,卷取传动准备操作。

动作过程:轧机减速到剪切速度→加速穿带卷取到剪切速度→移动出口设备到剪切位→剪切准备检查→调整卷取张力到剪切张力→剪切动作→带尾定位→准备升速。

(5) 机间的甩尾。

使用入口分切剪切断带钢后抬起辊缝,将带钢从机架间抽出并准备卸卷。这个过程轧机辊缝均抬起,所需传动设备都以甩尾速度运转。

启动条件:带钢剪断并夹紧带钢头部,带钢跟踪表明机架有带钢,轧机设备处于甩尾位置。

动作过程:启动甩尾→依据带尾位置顺序停止机架传动→定位带尾在卷取上。

2. 轧机速度选择

加速:将所有带钢传动装置加速到轧制设定速度。

减速:工作模式不变的情况下,将带钢减速到一个较低速度。

保持:加速或加速阶段将速度保持在某一定值。

爬行:当带钢头部进入张力卷取机并且整条轧线已运行时,所有传动装置均减速到爬行速度,这种工作模式也可用于带钢表面在线检测。

穿带速度:轧机自动穿带速度是从静止到正常轧制前所应具有的速度一般为30m/min,所有传动装置可以减速到穿带速度。

甩尾速度:轧机自动甩带钢尾时所应具有的速度,一般为150～200m/min,所有传动装置加速到甩尾速度。

剪切速度:轧机自动剪切时所应具有的速度,一般为150～200m/min,所有传动装置减速到剪切速度。

3. 轧机停车模式

正常停车:在内部或外部条件的触发下,轧机以一种可控的停车斜坡模式停止运行,一般停车时间为16s。

快速停车:在内部或外部条件的触发下,轧机以一种可控的快速停车斜坡模式停止运行。

紧急停车:在内部或外部条件的触发下,轧机尽可能快地停车,所有设备均不允许动作。

断带急停：检测到带钢断带后，尽可能快地停车。

4. 特殊模式

预热模式：轧机乳化液系统投入后，将上下工作辊压靠在一起转动。

轧机轴头定位：将轧机传动轴置于换辊位置。

轧机标定：压下系统位置编码器的辊缝零位标定。

3.3　主令速度控制

主令速度控制(master ramp generator，MRG)是为整个轧机的传动产生速度设定值。它的主要功能是计算轧机传动的速度设定、依据 LCO 的要求带头带尾定位、带钢尾部自动减速、同时产生多个主令速度、卷取张力斜坡控制。冷轧机中接触带钢的传动系统通过 MRG 提供正常的速度和加速度，速度通过斜坡功能进行改变，速度改变的开始和结束的曲线形状是一种平滑圆弧形，并且速度改变使用预控功能达到一致加速的目的，这种特性对于卷取和机架传动抑制张力波动至关重要。

3.3.1　主令速度控制过程

要求达到一定速度等级要求的控制信号是由 LCO 产生的，它们以控制字的方式被发送给 MRG，MRG 包含 2 个或 3 个独立的主令速度斜坡(如主令斜坡 MR1、MR2 和 MR3)，传输给每一个传动。主令斜坡也具有约束区域斜坡(区域斜坡 SR)的功能，上述 3 个主令斜坡 MR1、MR2 和 MR3 是对整个冷连轧机起作用的，而附加区域斜坡 SR 是对每个机架起作用的。MR1 用来解决正常的轧制过程速度输出，MR2 用在轧机穿带和甩尾过程，如果轧机使用两个卷取，那么第二个卷取的穿带甩尾过程使用 MR3。

冷轧轧制时，为了穿带顺利进行，需先以较低的穿带速度(30m/min)将带钢头部依次咬入每个机架的辊缝并被卷取机卷上建立张力后，用最大加速度(2.2m/s^2)加速到正常轧制速度，进入稳态轧制阶段。为了避免损伤轧辊及防止断带，当焊缝进入轧机之前，将轧制速度降至剪切速度(连续轧制的动态变规格时末架出口速度降至 150～200m/min)。计算机在轧制过程中不断检测轧制过的长度，在焊缝到达第 1 机架前，计算出一定的制动行程，提前发出制动信号，使焊缝到达第 1 机架时，末机架已经减速到过焊缝的速度。当焊缝到达第 1 机架时，第 5 机架就开始减速到 200m/min 的剪切速度。当带钢焊缝通过所有机架后，轧机又立即加速到稳定轧制速度，进行下一钢卷的轧制，稳定轧制速度时间应占全过程的 90%以上，以提高生产率和产品质量。

如前所述，为了轧制过程中始终保持正常的连续轧制状态，不仅要求冷连轧机组各机架的速度控制系统在稳态轧制时的控制精度高，而且在加速、减速、过焊缝、甩尾等过程中，各机架的转速应严格按照比例关系升速和减速。同时，按照设备和工艺要求，冷连轧机在开始升速或减速时速度变化斜率应当逐步增加而避免出现突变，在达到新的稳定速度时，也要逐步降低加速度至零值。冷连轧机的全线同步升速或降速信号，即各机架共同的主令速度给定值是按照升降速张力不变的原则，由有关计算机计算产生。

在轧制过程中，工艺对传动系统的要求如下。

(1) 要求传动系统有灵活的操作方式，既可自动也可以手动操作；同时要求从自动到手动的无扰切换。

(2) 冷连轧机组中任一机架因故障停机时，整个机组应同时自动停车。

(3) 主电机在正常生产时需弱磁调速，在停车时应进行弱磁加热，以干燥电机线圈保持绝缘等级。

(4) 各机架速度既能单独启停、制动，又能联合启停、制动。

(5) 在穿带、加速、稳速轧制和减速等过程，各机架之间张力要保持恒定。

轧机加减速时，带钢张力波动≤±15%，卷取与轧机之间的带钢张力波动≤±5%；在稳态轧制时，带钢张力波动≤±5%，否则带钢表面将产生肋形，影响产品质量。

(6) 轧机空载时，为了防止轧辊打滑，应限制加速度，以免擦伤支承辊。

3.3.2 主令速度控制功能

冷连轧传动系统的主要对象是速度、位置、加速度及张力等机械参数，其中调速是传动系统最基本的控制形式，可分为直流调速和交流调速两大类。直流传动具有调速性能好、控制精度高、简单、控制方便、过载能力强、能承受频繁冲击负荷等特点，因此冷连轧机主传动一直被直流调速系统所占领。近年来，新型电力电子器件与大规模集成电路的出现和微处理器的广泛应用，以及矢量控制理论的出现，使得交流变频调速传动替代直流调速传动成为现实。因此，目前在冷连轧机的主传动全部采用交流调速技术。

1. 速度主令控制系统

冷连轧生产线起车、带钢运行，额定速度、加速度、扰动时间通过 MRG 计算，分配到相关处理器。已实现全线所有带钢传动按给定主令斜坡来变速，达到带钢传动输出的参考速度同步运行，同样在加减速时输出的参考速度也必须保持同步运行，这样可避免机组运行张力的波动。生产线传动设备正常运行在主令速度 1

(MR1)上，当带钢剪切点运行到第 1 机架时，LCO 发出信号，MR1 开始减速到剪切速度。此时，如果 1＃卷取机钢卷未占用(空)，则根据 LCO 的控制字 1＃卷取机开始运行在主令速度 2(MR2)上。2＃卷取机(占用)一直运行在 MR1 上，此时 2＃卷取机的速度为剪切速度。1＃卷取机(空)运行在 MR2 上逐渐加速到 MR1，这时 1＃卷取机由 MR2 切换到 MR1，1＃卷取机的速度相当于 2＃卷取机(占用)的速度。当飞剪开始剪切时，2＃卷取机(占用)由 MR1 切换到 MR2，并开始从 MR2 逐渐减速到 0，2＃卷取(占用)停止，速度为 0；而 1＃卷取机保持运行在 MR1 状态下正常卷取带钢，其控制过程如图 3.25 所示。

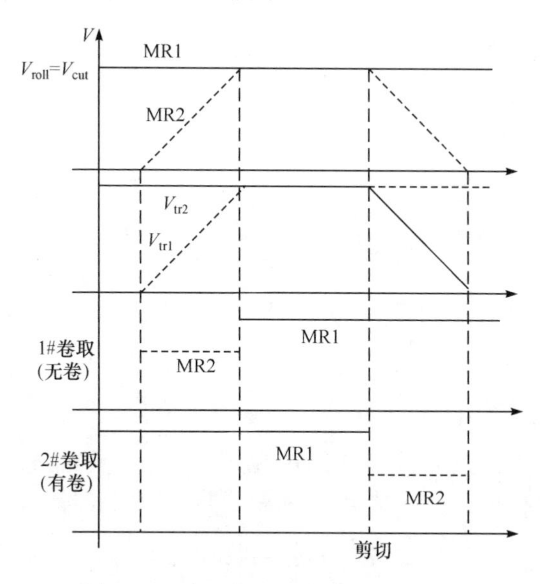

图 3.25　冷连轧机主令速度切换过程

2. 带尾自动减速计算

冷轧机在焊缝轧制过程中，为防止断带的发生，机组需要低速运行，减速过程对机组的作业率有较大影响，如果减速时间提前，将导致机组长时间低速段运行，导致机组作业率下降；如果减速时间过晚，将导致焊缝轧制时机组不能达到指定的速度，对轧机的工艺控制不利，容易造成断带。带钢自动减速采用斜坡 MR1 控制，并保持带钢在卷取轧制完成，通过带尾跟踪系统计算出轧制带钢剩余长度，根据轧机入口剩余带钢的长度和剩余带钢最终的带钢速度以及安全到达长度，MRG 功能产生带钢减速速度斜坡(即速度、加速度、扰动时间)，以保证准确达到最终目标速度。

1）减速段制动距离计算

轧机减速过程制动距离是指制动过程轧机出口带钢行程，根据轧机出口速度计算制动距离。如图 3.26 所示，制动距离包括匀变速段行程和非匀变速段行程两部分。

$$L_{b}=\frac{v_{1}^{2}-v_{2}^{2}}{a}+\frac{v_{1}+v_{2}}{2}\cdot T_{J} \tag{3.6}$$

式中，v_1 为减速初始速度；v_2 为减速目标速度；a 为匀减速段加速度；T_J 为变加速段时间常数；L_b 为自动减速段制动距离。

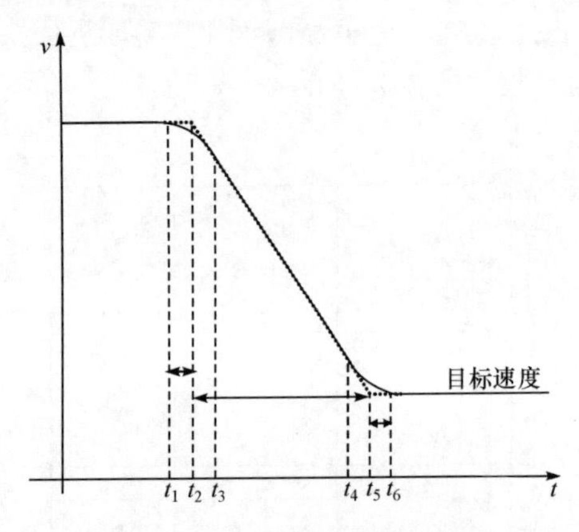

图 3.26　减速过程速度斜坡

2）带尾剩余长度计算

根据轧机入口实际速度，计算入口带尾剩余长度。焊缝进入轧机区域时，开始计算焊缝到第 1 机架的距离，也就是轧机入口带尾剩余长度。

$$L_{en}=D-\int_{0}^{t}v_{en}\,dt \tag{3.7}$$

式中，L_{en}为轧机入口带尾剩余长度；D 为轧机区域起始点到第 1 机架的距离；v_{en}为轧机入口速度。

如图 3.27 所示，在焊缝距离轧机前某个位置安装焊缝检测仪，利用焊缝检测仪对焊缝到第 1 机架间的距离进行校正，进一步提高带尾剩余长度计算精度。焊缝楔形轧制启动前，要求带尾自动减速过程完成，楔形头部到达第 1 机架时启动楔形轧制，考虑到楔形头部距焊缝的距离，设置剩余长度减少量为 ΔL，取值 0.5～1.0m；设置减速提前量为 L_a，取值为 5～10m。

$$L_{en}=D-\int_{0}^{t}v_{en}\,dt-L_{a}-\Delta L \tag{3.8}$$

根据冷轧轧制过程秒流量相等原理，将轧机入口带尾剩余长度折算到轧机出口。通过轧机入出口速度比值计算轧机出口带尾剩余长度 L_{ex}，消除原料厚度偏差对带钢剩余长度计算的影响。

$$L_{ex}=L_{en}\cdot\frac{v_{ex}}{v_{en}} \tag{3.9}$$

式中，L_{ex}为轧机出口带尾剩余长度；v_{ex}为轧机出口速度。

3）自动减速启停控制

自动减速功能实时监控带尾剩余长度，$L_{ex}>L_1$ 时，机组高速运行；当 $L_{ex}<L_1$ 时，自动减速启动，轧机按照设定参数进行减速，速度目标范围 1.8～2.5m/s，一般加速度取值范围为 0.5～1.0m/s²，变加速时间为 0.5～1s。当速度不大于目标速度，并且带尾剩余长度小于设定的偏差范围时，认为自动减速结束，定位偏差范围为(±0.1～±0.2)m。

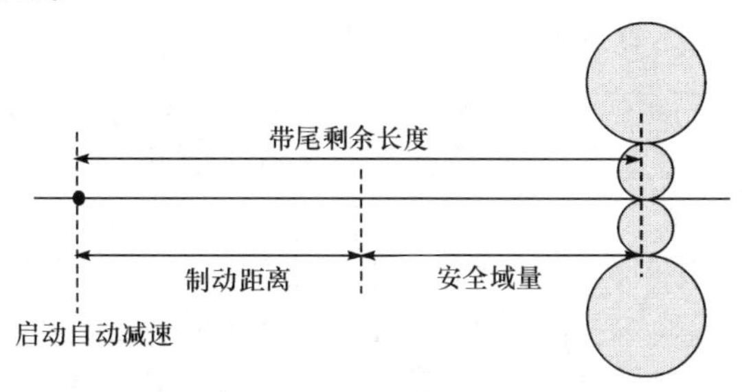

图 3.27　自动减速启动过程

3. 生产线带尾定位

带钢在正常轧制后，通过冷连轧机、剪前夹送辊、飞剪、剪后导向辊后，经卷取机卷取成一定卷径的钢卷。在带钢轧制工艺上，冷连轧机的末机架到卷取机的整个区域称为轧制线的出口，出口是冷连轧线上的最后环节，在卷取机上卷取的钢卷即为冷连轧的最终成品。冷连轧机普遍采用 Carrousel 双卷筒卷取机。如图 3.28 所示，机组穿带时，将带头穿至穿带卷取芯轴，穿带完成后轮盘逆时针旋转 180°，穿带位卷取芯轴定位到卷取位开始轧制，原卷取位芯轴同时定位到穿带位，进行穿带准备。当机组完成剪切分卷后，卷取位芯轴完成卸卷，同时穿带位芯轴完成穿带，轮盘再次逆时针旋转 180°完成芯轴定位，实现轧机连续轧制。

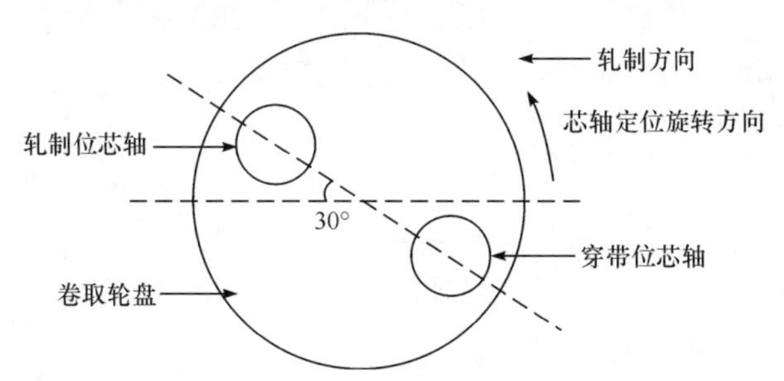

图 3.28　Carrousel 卷取机示意图

最终冷轧成品的质量当然与轧机各机架的控制有关,如厚度控制、张力控制、板形控制等。虽然出口部分并不能改变带钢的质量指标,但是高质量的成品若在出口部分处理不当,将会使其成为废品或次品,这是我们所不期望的。对于整条生产线,卷取机是控制难度较大的关键设备,如果卷取机甩尾时带尾位置控制不好,将会影响卸卷生产线降速,将会造成后续自动控制系统程序无法执行,从而影响产量。一般带尾定位分为上卷取和下卷取,若带尾定位还没有达到 8 点(即上卷取时卷取机逆时针旋转带尾在 8 点和 12 点之间)或 4 点(即下卷取时卷取机顺时旋转带尾在 12 点和 4 点之间)位置,就需要操作工人为停止自动程序的执行,操作需要点动旋转卷取机,目测带尾位置使之停留在 8 点或 4 点位置,然后再启动半自动程序卸卷和在鞍座之间移动钢卷,或者不停止自动程序的执行,操作就得用手托住过长的带尾来完成卸卷和钢卷在鞍座之间的移动。如果带尾拖在地上,或者造成最后一圈带钢松弛,就会影响质量,因此卷取机上带尾定位控制非常关键。为此在卷取过程中,剪切结束信号发出后,带钢带尾的速度如何设定以及带尾长度如何定位是决定带钢成品质量最关键的一步,是收尾阶段,必须引起我们的高度重视。

为获得最佳的带尾定位效果,设计的定位速度模型和两次定位长度模型的基本方法分别为:定位速度计算和定位长度计算模型。

1) 定位速度计算模型

带钢定位的过程是计算被定位带钢尾部的长度,并实时根据张力辊反馈实际长度,进行速度斜坡定位控制。当剪切发生时,飞剪将带钢剪切成两部分,前一部分继续在卷取机上进行卷取,后一部分继续向前运行,准备在另一卷取机上进行穿带。当“剪切完”信号发出后,必须对卷取机上的带钢带尾进行加速,以使当前卷的带尾和新卷的带头尽快分离。带尾离开公共区(飞剪和剪后导向辊之间)后,进入定位和减速阶段。“剪切完”信号发出后启动跟踪,以便为定位系统操作提供实际长度检测信号,作为定位长度计算的修正值。其中,定位速度与加速度曲线如图 3.29 所示,带尾定位速度计算模型为

$$\text{Jolt}=a_{\text{pos}}/T_{\text{J}} \tag{3.10}$$

$$v_{\text{R}}=0.5\cdot\text{Jolt}\cdot T_{\text{J}}^2=0.5\cdot(a_{\text{pos}}/T_{\text{J}})\cdot T_{\text{J}}^2=0.5\cdot a_{\text{pos}}\cdot T_{\text{J}} \tag{3.11}$$

$$T_{\text{L}}=(v_{\text{MR}}-2v_{\text{R}}-v_{\text{pos}})/a_{\text{pos}}=(v_{\text{MR}}-a_{\text{pos}}\cdot T_{\text{J}}-v_{\text{pos}})/a_{\text{pos}} \tag{3.12}$$

$$T_{\text{qs}}=2T_{\text{J}}+T_{\text{L}} \tag{3.13}$$

式中,v_{R} 为定位速度;v_{MR}为定位起始主令速度;v_{pos}为最终定位速度,值一般为 0;a_{pos}为定位加速度;T_{J} 为加速度斜坡时间;Jolt 为加速度变化;T_{qs}为带尾定位时间。

2) 带尾一次定位长度计算模型

当带钢全部缠在卷取芯轴后,带尾不是可以落在带卷圆周的任意点,而是落在带卷圆周的一个固定位置上。这是生产工艺的要求,必须得到满足。定位长度的计算在“剪切完”信号发出后开始,到定位完成时结束。定位长度依赖于卷径大小,

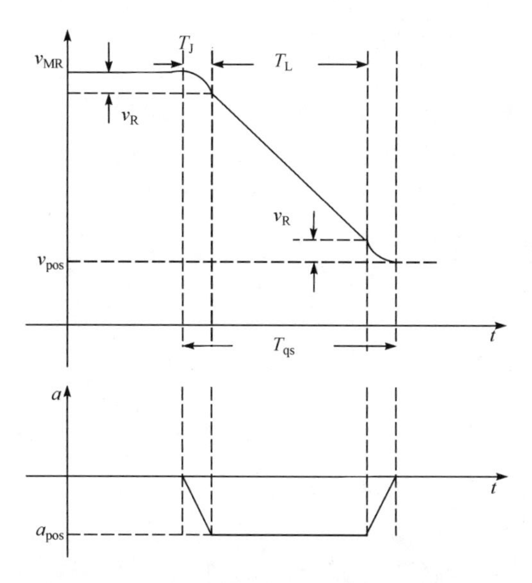

图 3.29　带尾定位速度与加速度计算示意图

带尾一次定位长度在卷取圆周 12 点附近。计算示意如图 3.30 所示，由于卷径 D 比剪后导向辊直径 d 大很多，故定位长度设定算法为

$$\mathrm{WS1_{pos}} = I + \mathrm{PTurn_{pos}} \cdot \pi D + \mathrm{PDL_{pos\_syn}} + \mathrm{WDL_{pos}} \tag{3.14}$$

式中，$\mathrm{WS1_{pos}}$ 为带钢定位长度设定值；$I=\sqrt{a^2+(b+D/2)^2}$，a 为卷取卷筒圆心到导向辊水平距离，b 为卷取卷筒圆心到导向辊垂直距离，D 为卷径长度；$\mathrm{PTurn_{pos}}$ 为带钢需要旋转 n 圈，一次定位取 0 值；$\mathrm{PDL_{pos\_syn}}$ 为导向辊到同步点的距离；$\mathrm{WDL_{pos}}$ 为距离 12 点位置的定位长度偏差，一次定位取 −0.2。

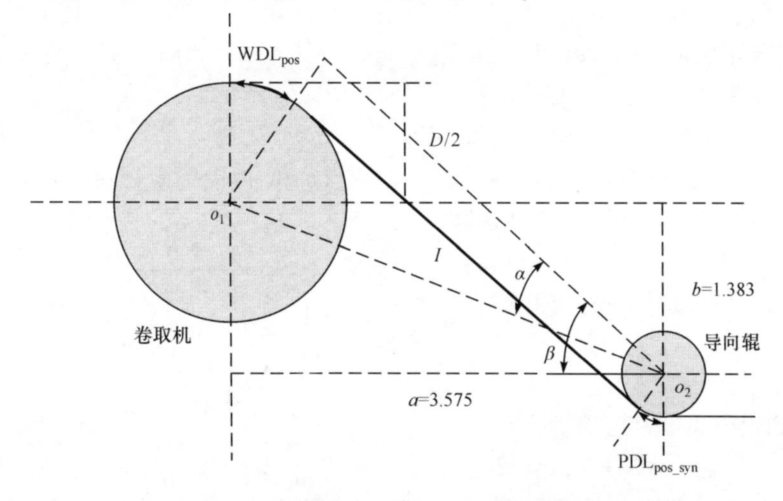

图 3.30　带尾一次定位长度计算示意图

带钢一次定位长度实际算法：

$$XDL_{pos}=\Delta XNW\_count \cdot \pi D \tag{3.15}$$

式中，XDL_{pos}为带钢定位长度实际值；ΔXNW_count 为带钢定位旋转圈数差，一次定位取 0 值。则带尾长度设定值与实际值比较结果为

$$XDL_{pos\_rest}=WS_{pos}-XDL_{pos} \tag{3.16}$$

一次定位带钢降速距离计算：

$$XDL_{pos\_br}=0.5\left[\frac{(v_{MR}^2-v_{pos}^2)}{a_{pos}}+JT_{pos}(v_{MR}+v_{pos})\right] \tag{3.17}$$

最后得到定位长度设定值为

$$L_{pos\_br}=XDL_{pos\_rest}-XDL_{pos\_br}=WS1_{pos}-XDL_{pos}-XDL_{pos\_br} \tag{3.18}$$

式中，L_{pos_br}为最终定位长度；v_{MR}为定位起始主令速度；v_{pos}为最终定位速度；a_{pos}为定位加速度；JT_{pos}为定位加速度调整时间。

3) 带尾二次定位长度计算模型

当带钢全部缠在卷取芯轴后，带尾二次定位不是可以落在带卷圆周的任意点，而是落在带卷圆周的一个固定位置上。这是生产工艺的要求，必须得到满足。到定位完成时结束，定位长度依赖于卷径大小，带尾二次定位长度在卷取圆周 6 点附近。计算示意如图 3.31 所示，定位长度设定计算：

$$WS2_{pos}=I+PTurn_{pos}\cdot \pi D+PDL_{pos\_syn}+WDL_{pos}+PT_{length}+PT_{correct\_length} \tag{3.19}$$

式中，$WS2_{pos}$为带钢二次定位长度设定值；$I=\sqrt{a^2+(b+D/2)^2}$，a 为卷取卷筒圆心到导向辊水平距离，b 为卷取卷筒圆心到导向辊垂直距离，D 为卷径长度；$PTurn_{pos}$为带钢需要旋转 n 圈，二次定位取 0.5；PDL_{pos_syn}为导向辊到同步点的距离；WDL_{pos}为距离 6 点位置的定位长度偏差，二次定位取−0.05m；PT_{length}为带尾长度，二次定位取−0.36m；$PT_{correct\_length}=v_{MR1}\cdot(-0.15)+0.325$ 为带尾定位修正长度带钢二次定位长度实际计算：

$$XDL_{pos}=\Delta XNW\_count \cdot \pi D \tag{3.20}$$

式中，XDL_{pos}为带钢定位长度实际值；ΔXNW_count 为带钢定位旋转圈数差。则带尾长度设定值与实际值比较结果为

$$XDL_{pos\_rest}=WS_{pos}-XDL_{pos} \tag{3.21}$$

二次定位带钢降速距离计算：

$$XDL_{pos\_br}=0.5\left[\frac{(v_{MR}^2-v_{pos}^2)}{a_{pos}}+JT_{pos}(v_{MR}+v_{pos})\right] \tag{3.22}$$

最后得到定位长度设定值为

$$L_{pos\_br}=XDL_{pos\_rest}-XDL_{pos\_br}=WS2_{pos}-XDL_{pos}-XDL_{pos\_br} \tag{3.23}$$

式中，L_{pos_br}为最终定位长度；v_{MR}为定位起始主令速度；v_{pos}为最终定位速度；a_{pos}为

定位加速度；JT_{pos}为定位加速度调整时间。

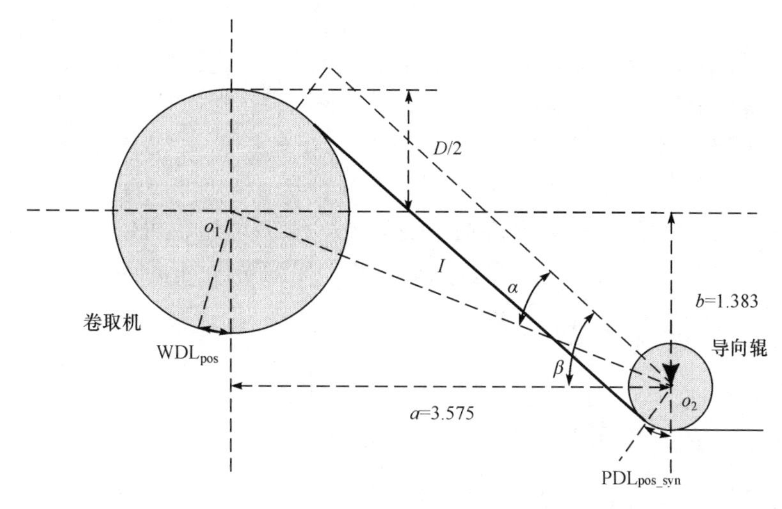

图 3.31　带尾二次定位长度计算示意图

4. 传动系统的张力控制

基本张力值能通过传动控制设定，作为张力设定值包括：①最小张力；②穿带张力；③静止张力；④操作张力。轧机入口张力辊和卷取机的操作张力由 MRG 提供，MRG 从 LCO 接收目前基本张力设定的使能信号。张力改变也是通过主令斜坡功能平滑过渡的。用于每个卷取机或者张力辊有五个信号提供，通过一个斜坡张力可以从一个基本值到另外一个值，它防止用于传动控制的张力设定值有跳变。卷取机张力设定点变化直到传动控制一起用另一个传动设定点。操作人员能够使用操作台的按键调整当前张力设定值，“增加张力”和“减小张力”的数字信号直接输入每一个卷取和张力辊。在轧机长时间静止状态下，系统切换到静止张力模式，对于更长的轧机静止状态下，系统被切换到最小张力或完全解除张力。穿带张力应用在穿带过程，穿带卷取使用穿带张力夹紧带钢头部，在带钢缠绕几圈后，LCO 发出命令切换到操作张力。

3.3.3　主传动系统的厚头轧制

冷连轧机的最终产品用于家电、汽车和建筑等行业，对于一般用户，冷轧带钢是其直接面对的轧制成品，因此对其厚度规格以及板形都有很高的要求。当来料在一定规格内时，轧机的模型计算和过程控制都非常稳定，带钢的头尾超差长度和板形均得到有效控制，生产效率比较高。如图 3.32 所示，在生产极限厚度带钢时（如带钢厚度小于 0.5mm 或大于 2.5mm），特别是针对超薄厚度小于 0.3mm 的带钢，会出现启动轧制穿带困难且由于带钢内径强度不够，易产生卷取塌心的卸料问题。

另外，带钢头尾部如果超厚也会影响冷轧下游工序连退焊机焊接困难等问题。为了有效解决上述问题，需采用极限厚度带钢的厚头轧制控制方法，利用带钢厚比系数、厚头楔形系数计算机架传动系数，建立轧机速度主令的控制模型，求解 5 个机架精确的速度改变量，利用轧机传动系统调节带钢头尾部厚度的控制策略。解决极薄带钢的轧机穿带问题，可降低带钢头尾的断带次数，也可以解决极厚带钢后续连退工序的焊接困难问题，提高轧机轧制极限厚度品种的生产效率。

1. 厚头轧制的基本思想

当前在冷连轧机组上应用较多的有两种厚头轧制模型：①基于动态变规格原理的穿带厚头模型；②利用后计算逐渐回归的厚头模型。

带钢冷连轧的厚头轧制控制模型可分为 3 个模块。

模块 1：将带钢成品厚度规格加大到工艺允许值后进行轧制参数计算和控制的模型。

模块 2：将带钢从工艺允许值回归到实际目标值的计算和控制模型。

模块 3：利用带钢目标值进行计算和控制的模型。

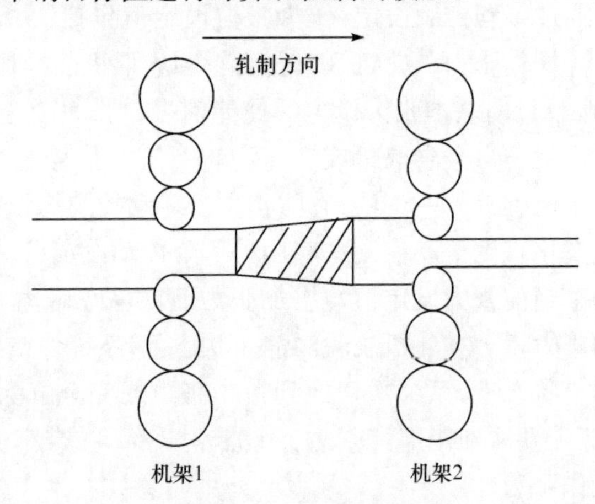

图 3.32　厚头轧制模型

冷连轧生产过程中，轧制参数的计算和设定是根据不同的轧制阶段而分别进行的，一般有 3 种情况：①带钢进入轧机前的轧制参数预计算；②带钢到达卷取机后的轧制参数后计算；③带钢发生断带等异常情况的轧制参数重新计算。

对于冷连轧机，顺利穿带是缩短轧制时间、提高带钢产量的有效因素。在正常换辊或连续轧制过程中发生断带后，穿带则会经常发生。为了使带钢顺利穿入 5 个机架中，可以使用厚头轧制预计算模型。将带钢的出口厚度设置到比较大的值，这样经过轧制参数模型计算后，辊缝值比较大，因此可以实现顺利穿带。如图 3.33 所示，在穿带厚头轧制过程中，模块 1 和模块 3 的功能由过程控制级(L2 级)完成，通过两次对 L2 系统内部轧制模型的调用，分别对带钢允许出口厚度和带钢目标厚度计算相应的轧制参数，同时将两次的计算结果传送给基础自动控制级(L1 级)，模型计算和参数传送都是在带钢进入第 1 机架前的预计算过程中完成的。厚头模型中关键的模块 2 由 L1 级实现，其基本原理与动态变规格过程一致。厚头轧制模型使不同的功能由两极系统分别承担，这样则使模型的计算逻辑和目标厚度回归的控制过程完全分开，L2 系统负责厚头模型轧制的有关参数计算，厚头轧制的控制过程完全由 L1 级负责。

厚头轧制模型的带钢目标厚度回归过程则是由后计算完成的。后计算回归的任务是将工艺模型的工作点调整到连轧机的实际工作点上(即模型计算值与实际值接近)。在此过程中先要通过一定的自适应算法修正轧制模型的系数，以便使计算值尽量贴近实际值，然后为本带钢的下一次设定点计算、为后续的相似带钢以及轧制过程的长期修正形成所需的修正量。整个后计算过程主要包括测量值收集、测量值处理、模型自适应、设定值后计算以及设定值输出、模型自学习等功能模块。在后计算过程中厚头轧制模型的回归修正则是由设定值后计算完成的。

2. 厚头轧制过程控制

如图 3.34 所示，冷轧极限厚度带钢的厚头轧制控制方法(为了叙述方便，带钢厚带头、薄带头轧制统一称为厚头轧制)，利用冷连轧机现有的焊缝跟踪系统，准确测量带钢的焊缝位置，通过 S1～S5 机架传动速度动态调整配合实现厚头轧制精确控制，主要控制过程如下。

1) 自动厚头轧制模式启动

条件 1：轧机出口设定厚度小于 0.5mm 或者大于 2.5mm。

条件 2：带钢焊缝距离第 1 机架小于 12m。

条件 3：带钢出口速度不为零。

2) 带钢厚比系数计算

$$A=\frac{T_G-T_N}{T_N} \tag{3.24}$$

式中，T_G 为厚头轧制目标厚度；T_N 为出口设定厚度；A 为厚比系数。

当设定厚度 $T_N<0.5$mm 时，厚头轧制目标厚度为设定厚度增加 0.34mm；当设定厚度 $T_N>2.5$mm 时，厚头轧制目标厚度为设定厚度减少 1.0mm。

为了去除厚度测量值中的尖峰信号，首先对测量值进行滤波处理。具体方法是取上周期厚度测量值的部分比例成分与本周期测量值的部分比例成分进行叠加，作为本周期测量值的输出量，计算公式为

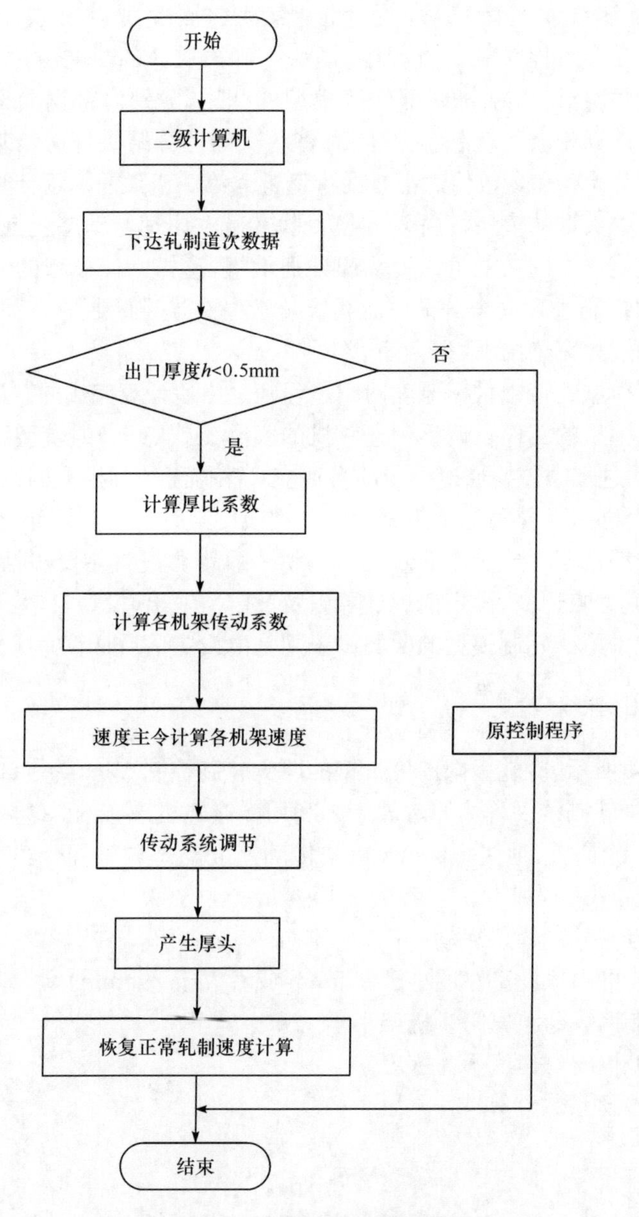

图 3.33　厚头轧制流程图

$$f(i)=a_0 \cdot f_0(i)+a_1 \cdot f_1(i) \tag{3.25}$$

式中，$f(i)$为本周期所测厚度滤波值；$f_0(i)$为上周期所测厚度值；$f_1(i)$为本周期所测厚度值；a_0、a_1 分别为比例系数，为了能够有效地剔除异常测量值，这里分别取 0.9 和 0.1。

3）附加速度锥系数计算

厚头轧制的策略是通过在原有5个机架速度设定的基础上，每个机架增加一定的速度附加，根据金属秒流量原理，前机架速度增加势必造成金属多流入，从而实现轧制厚带头的目的。其中，S1～S5机架增加的速度锥模型曲线如图3.34所示，速度增量计算公式如下：

$$V_i = V_{0i} + k_i \cdot V_{0i} \tag{3.26}$$

式中，V_i 为轧制厚度所需的机架速度，m/min；V_{0i} 为原始设定速度；k_i 机架速度锥的速度增加系数。

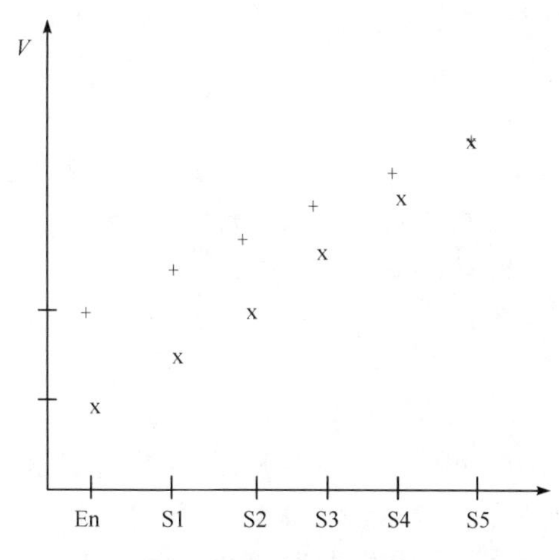

图3.34　速度锥模型曲线

4）斜坡平滑因数计算

为了使给出的机架主令速度与厚头附加速度相加形成的设定速度平稳地给定到轧机传动系统，避免出现较大的波动，这里给出斜坡平滑因数，此平滑因数与机架实际速度有关。通过平滑因数的调节可以达到速度平稳给定，其计算公式如下：

$$N_i = \int_0^1 b_i \cdot V_i \mathrm{d}t \tag{3.27}$$

式中，b_i 为平滑系数；N_i 为斜坡平滑因数。

5）厚头轧制附加传动系数计算

通道异常处理，当某一个通道或连续几个通道出现数据异常时，自动判别故障并进行合理补偿；关键数据连锁，设置关键数据上下限及连锁关系，为板形控制系统提供准确可靠的有效板形数据，避免异常板形数据导致控制失调等事故，确保生产的稳定性。机架传动系数计算如下：

$$M_i = V_i / (V_{\mathrm{msr}} \cdot \mathrm{SL}_i) \cdot W_i \cdot [(N_i \cdot k_i \cdot A) + 1] \tag{3.28}$$

式中，V_i 为各机架出口速度；V_{msr} 轧机主令速度；SL_i 为各机架前滑值；W_i 为机架速度楔形系数。

6）机架厚头轧制速度计算

各机架速度为主令速度与厚头附加传动系数乘积：

$$V_{ith}=V_{msr}\times M_i \tag{3.29}$$

式中，V_{ith}为机架厚头轧制设定速度；M_i 为厚头轧制附加传动系数。

3. 实际控制效果分析

自动厚头轧制技术是在 1450mm 五机架冷连轧机上完成应用，典型规格带钢：生产 0.25mm 的薄规格冷轧产品，厚头轧制厚度 0.5mm，带钢宽度 $B=1250\text{mm}$，抗拉强度 $R_m=650\text{MPa}$，成品道次张力 $T=3178\text{kg}$，实现过程如下。

（1）当轧机满足以下 3 个条件时，自动启动厚头轧制功能。

条件 1：轧机出口设定厚度 $h_{ref}=0.25\text{mm}<0.5\text{mm}$。

条件 2：带钢焊缝距离第 1 机架小于 12m。

条件 3：带钢出口速度 $v=60\text{m/min}$，不为零。

（2）厚比系数计算：$A=\dfrac{T_G-T_N}{T_N}=\dfrac{0.5-0.25}{0.25}=1$。

（3）速度锥系数计算：如图 3.34 曲线所示，各机架的速度改变系数为 $k_1=1$，$k_2=0.707$，$k_3=0.414$，$k_4=0.121$，$k_5=0$。

当轧机 S1～S5 机架设定速度为 0.85m/s、1.14m/s、1.5m/s、1.86m/s、2.25m/s 时，S1～S5 机架速度修正为

$$V_1=0.85+1\times0.85=1.7;\quad V_2=1.14+0.707\times1.14=1.95;$$
$$V_3=1.5+0.414\times1.5=2.121;\quad V_4=1.86+0.121\times1.86=2.085;$$
$$V_5=2.25+0\times2.25=2.25$$

（4）斜坡平滑因子计算：$\Delta N_i=0.25$，斜坡平滑因子从 0 到 1 递增，每次增加 0.25。

（5）厚头附加机架传动系数：

$$M_1=V_1/(V_{msr}\cdot SL_1)\cdot W_1\cdot[(N_i\cdot k_1\cdot A)+1]=0.282$$
$$M_2=V_2/(V_{msr}\cdot SL_2)\cdot W_2\cdot[(N_i\cdot k_2\cdot A)+1]=0.39$$
$$M_3=V_3/(V_{msr}\cdot SL_3)\cdot W_3\cdot[(N_i\cdot k_3\cdot A)+1]=0.535$$
$$M_4=V_4/(V_{msr}\cdot SL_4)\cdot W_4\cdot[(N_i\cdot k_4\cdot A)+1]=0.727$$
$$M_5=V_5/(V_{msr}\cdot SL_5)\cdot W_5\cdot[(N_i\cdot k_5\cdot A)+1]=0.992$$

（6）利用现有的焊缝跟踪系统，当焊缝到达 1＃机架前距离为 $L=12\text{m}$ 时，启动厚头轧制过程。焊缝距离 S5 机架 $L=12\text{m}$ 时，厚头轧制过程关闭。

(7) 切换到正常的厚度控制程序,厚头轧制控制结果如图 3.35 所示。通过厚头轧制附加速度的叠加,改变了 S1 速度设定,由 1.0m/s 提高到 1.6m/s,通过金属秒流量的变化使 S5 机架的出口厚度由设定厚度 0.25mm 提高到厚头目标厚度 0.5mm。

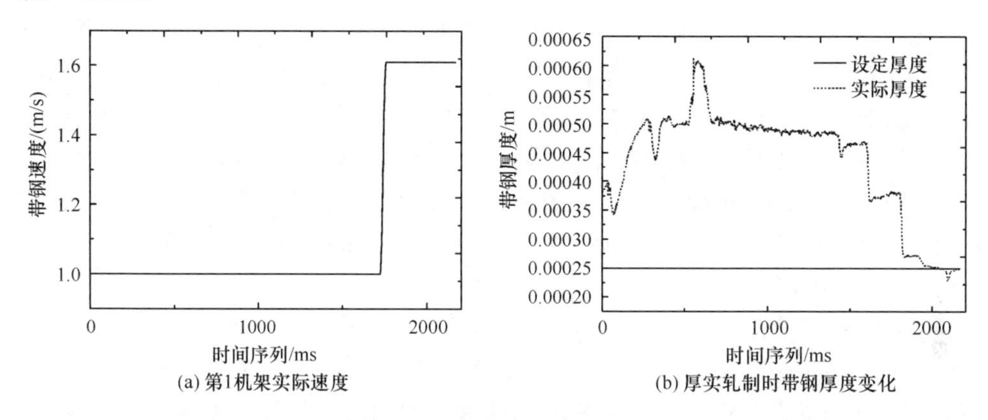

图 3.35　厚头轧制控制结果图

实现带钢冷连轧机的厚头轧制过程控制,并对功能进行详细的研究分析。通过控制模型和实际应用得到如下结论。

(1) 基于改变机架速度的方法,实现厚头轧制功能完全有效。

(2) 实际生产通过修正厚头轧制速度锥的参数优化,能够提高厚头目标厚度的控制精度。

(3) 厚头轧制功能的实现,需要二级和一级的协调配合。

(4) 厚头轧制控制精度达到±0.02mm 的范围,响应时间达到 10ms。

3.4　动态变规格控制

随着冷连轧机组向大型化、高速化发展,自 20 世纪 70 年代以来,冷连轧机组实现了计算机控制及全连续轧制技术。全连续轧制技术的关键是要解决动态变规格技术。冷连轧机组实现动态变规格全连续轧制后,消除了穿带、甩尾过程,缩短了加、减速过程的时间,从而可以提高轧机生产率,同时改善带钢的质量,尤其是带钢头、尾部的厚度偏差,并且板形质量得到较好控制,进而可减少带钢的切损,提高成材率。

3.4.1　动态变规格功能概述

动态变规格控制(flying gauge chang)是指在轧制过程中变换产品规格,即在连轧机组不停机的条件下,通过对辊缝、速度、张力等参数的动态调整,把一种产品规格(钢种、厚度、宽度等)变换成另一种产品规格。动态变规格是一项复杂的控制技术,它可以将不同规格的原料带钢轧成同种规格的成品带钢,也可将不同规格的原料带钢轧成不同规格的成品带钢,还可将同规格带钢分卷轧成不同规格的成品带钢。

虽然根据前后两卷带钢的不同热轧来料参数以及需要轧出的冷轧成品厚度规格,利用设定模型可以很容易地计算出两卷带钢各自应有的设定值(各机架的出口厚度、辊缝、轧辊速度的设定值以及各机架间张力的设定值等),而且为了进行规格的变化,轧机的速度要从高速状态降低一些,但是要在轧制过程中进行这些设定值的变化依然存在很多困难。动态变规格复杂之处在于,极短的时间内由前一卷带钢的轧制规程切换到下一卷带钢的轧制规程。在变规格过程中,辊缝和辊速需要进行多次大幅度的调整。因此动态变规格必须按照一定的规律进行,否则带钢厚度和张力将发生较大的波动,严重时会由于连轧过程失稳造成断带、折叠、伤辊等事故。虽然为了进行动态变规格,轧机速度将要降低,但是仍然会存在以下问题。

(1) 从一个规格变到另一个规格,必然要存在一个楔形过渡区,楔形过渡区的长度最长不能长于轧机两个机架间的距离,否则会有两个机架同时轧制楔形区,使张力的控制更加困难。

(2) 楔形过渡区由第 1 机架轧制成形后,随着带钢的运动而咬入后机架,直到第 5 机架轧出。当咬入第 i 机架时,第 $i+1$ 至第 5 机架轧制前一规格,而第 1 至第 i 机架轧制后一规格。因此,需要考虑如何除了楔形过渡区,能尽量保持两卷带钢头尾的质量。

(3) 各机架参数要随着楔形过渡区的移动而逐个机架变动,并且应保证任一机架参数的变动不影响两卷带钢的稳定轧制,为此需要有一个正确的控制策略和正确的控制规律。

(4) 前后两卷带钢设定参数变动较大时,防止过渡区张力波动大而导致断带。

对于上述问题,有两种不同的解决思路。

第一种是在过程控制级解决。由过程控制计算机分步实施设定值的变动,而由基础自动化级自行实现厚度、张力等控制系统的过渡。辊缝设定、速度设定和张力设定分步实施,使每次变动的量较小以不破坏轧制的稳定,减少轧制过程中张力的波动,由于变动量较小,参数可以用线性化的增量模型计算。

第二种是在基础自动化级解决。过程控制计算机一次下发辊缝变动、速度变动和张力变动值,由基础自动化通过厚度张力综合控制系统保证厚度的快速过渡以及张力的波动不超过极限。由于变动量较大,不能采用非线性线性化的方法,需采用非线性全量模型进行计算。

3.4.2　动态变规格控制原理

如图 3.36 所示，动态变规格的楔形区主要参数如下。

(1) 楔形区长度 l_{CHG}。

(2) 焊缝在楔形区内的位置，可用焊缝与楔形区起点的距离 l_{BG}来表示。

(3) 楔形区特征点厚度，包括起点厚度 h_A；焊缝点厚度 h_{WLD}；楔形区终点厚度 h_B。

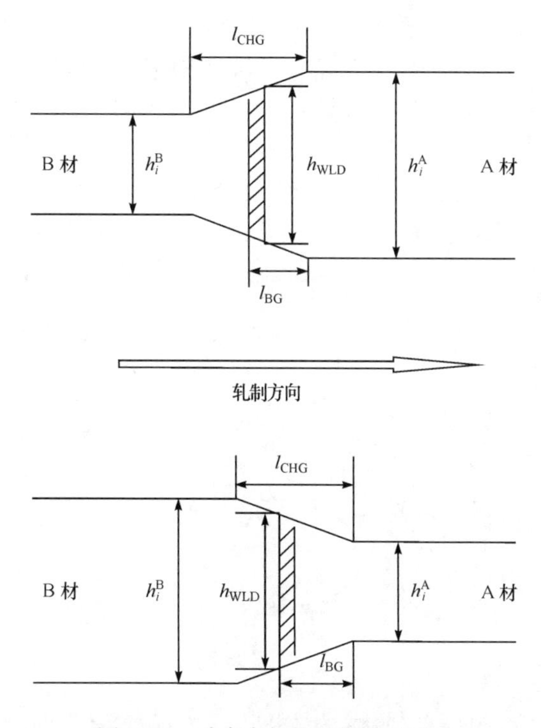

图 3.36　动态变规格的楔形过渡区

楔形区由第 1 机架(S1)轧制形成，在经过以后机架轧制后将延伸而变长，延伸率越大，楔形区长度也越长，经过 S4 轧制后其长度不应超过 S4 与 S5 机架间距 l_{max}。因此，由 S1 产生的楔形区长度应为

$$l_{CGH1} \leqslant l_{max} \cdot \left(\frac{h_4}{h_1}\right) \tag{3.30}$$

式中，h_4 为 S4 出口厚度；h_1 为 S1 出口厚度。

由于楔形区属于不合格带钢段，因此应尽量缩短其长度，但要考虑变动的平稳性，即过渡过程张力波动不能过大。在确定楔形长度后，需要控制的参数是焊缝在楔形区的位置，它可以用焊缝与楔形区起点的距离 l_{BG}来表示，该参数也由 S1 来控制。实际上 l_{BG}在 0.5l_{CHG}最好。

动态变规格有两种调节方式:顺流调节和逆流调节。所谓顺流调节就是顺着轧制方向改变各机架的辊缝和速度等的设定;逆流调节就是逆着轧制方向改变各机架的辊缝和速度等的设定。两种调节方式各有利弊,目前理论界已经形成共识,即采用逆流调节方式在操作及控制技术上更为可取和现实。因此,在现有所有全连续冷连轧机上,动态变规格都是采用逆流调节方式。

如图 3.37 所示,顺流调节时,当变规格点达到 i 机架时,一方面要对 Si 机架的辊缝、速度进行变更,同时要调节 S(i+1)至 S5 机架的速度以保持 S(i+1)机架到 S5 机架的张力。具体地说,当变规格点到达 S1 机架时,变更 S1 的辊缝以适应 B 材的轧制规范,此时不变更 S1 的速度,为了继续保持 S1 与 S2 间以及后面各机架间张力不变,需顺流对 S2～S5 机架速度进行调节。当变规格点到达 S2 时,将 S2 辊缝按照 B 材轧制规范调节,同时变更 S2 速度,使 S2 和 S3 间张力改为 B 材规范的张力设定值,而且还要对 S4、S5 速度调节以维持 S2 与 S3 间以及后面各机架间的张力不变,为 A 材的张力设定值,当变规格点达到 S3 时的控制策略以此类推。

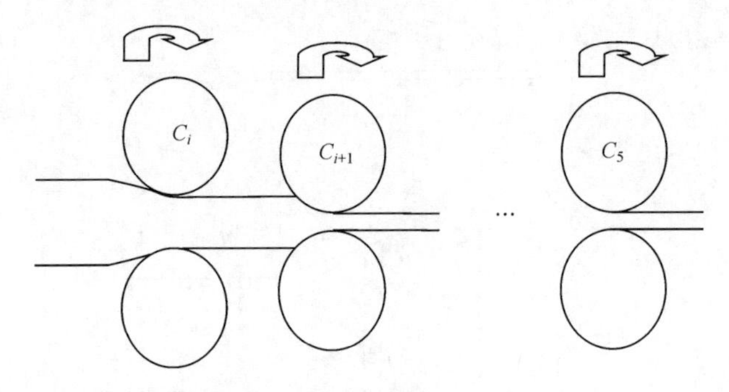

图 3.37　顺流调整过程

逆流调节时,当变规格点到达 i 机架时,一方面要对 i 机架的辊缝、速度进行调节,同时要调节 S(i−1)机架到 S1 机架的速度,以保持 S1 到 Si 机架间的张力。具体地说,当变规格点进入 S1 时,变更 S1 的辊缝来满足 B 材的规范,同时使 S2～S5间各机架轧制过程不受干扰,保持 A 材能继续维持稳定轧制使其尾部质量得到保证。当变规格点进入 S2 时,对 S2 辊缝按照 B 材规范设定,并调节 S2 速度以使 S2～S5 间张力不变,为 A 材张力设定值,同时调整 S1 速度以使 S1、S2 间建立 B 材要求的张力,以此类推。

楔形过渡区是在 S1 通过负荷辊缝调节来形成的,S2～S5 加以准时启动压上和停止压上来保持这一楔形区延伸后的长度,同时按照速度控制规律保持前后带钢的机架间张力。各机架的辊缝及速度逐架从前带钢设定值变换到后带钢设定值,可以一次或分多次转变。在变规格开始前 $h_{REFi}=h_{Ai}$,其中 h_{REFi} 为给定值,楔形区进入机架后，周期性地改变给定值。

$$h_{REFi}=h_{Ai}+n\cdot\frac{\delta h_i}{N} \tag{3.31}$$

式中，$\delta h_i=h_{Bi}-h_{Ai}$；N 为总次数；$n=1,2,\cdots,N$。

在厚度控制规律下，当楔形区终止点到达时，$n=N$。δh_i 是分 n 段给定的，这样不仅有计划地控制了楔形区长度，而且在张力的有效控制下保证了轧制的平衡，使张力波动小于规定范围，如果压上系统采用位置内环和厚度外环，则 $\delta S=[(P+K)/K]\cdot\delta h$，其中 $\delta h=h_{REF}-h^*$，h^* 为实测出口厚度。

在速度控制规律下，动态变规格的速度控制比厚度控制要复杂，因为速度控制规律既要能使 A 材速度设定值过渡到 B 材在该机架的速度设定值，又要在变动设定值过程中兼顾张力的动态变化。所谓张力的动态变化既包括了 A 材和 B 材张力设定值的不同，又包括了由于厚度调节所造成的张力波动，动态变规格的实现很大程度上取决于张力波动范围，只有在不断带的条件下才能进一步考核楔形区两侧的厚度精度。如图 3.38 所示，下面具体分析楔形区通过各机架时的情况。

(1) 在 S1 形成楔形区。在楔形区开始点到达 S1 前，S1～S5 都是 A 材的速度设定值，并且轧制处于稳定状态，各机架间张力恒定，AGC 及张力控制系统正常工作。当楔形区起始点将进入 S1 时，为了拉长变规格的可调时间，降低对控制系统的响应性要求，整个机组通过主令速度调节将各机架速度降到动态变规格的轧制速度。

(2) 楔形区起始点进入 S1 时，S1 压上进行厚度变规格控制，形成变形区。如果按照逆流调节的控制方式，在调压上的同时需调节 S1 速度来保持 S1 和 S2 间的张力恒定(A 材的张力设定值)。需要调速的原因是 S1 在轧制楔形区时压上量在不断改变，由此造成 S1 前滑的变化，使 S1 出口速度与 S2 原有的入口速度不匹配。

(3) 楔形区在 S1 和 S2 间。此时 S1 出口速度已经与 S2 入口速度匹配并保持 A 材张力设定值，但 S1 出口流量与 S2 出口流量不等，说明在非稳态轧制时，由于楔形区的存在，多机架流量方程是不成立的。

(4) 楔形区进入 S2。在调节 S2 压上的同时，调节 S2 速度保持 S2 和 S3 间张力的恒定(A 材张力设定值)，这是由于 S2 压上量的改变，改变了 S2 的前滑，使 S2 出口速度与 S3 入口速度不匹配。在 S2 调速的同时，考虑到 S2 速度变化及 S2 后滑的变化，要同步地调节 S1 速度，使 S1 和 S2 间张力达到 B 材的张力设定值，同时也需要调节 S 辊速度以保证 S1 的后张力。

(5) 楔形区进入 S3、S4、S5 的情况相同，每次调速都要逆流调节上游各机架的速度。当楔形区离开 S5 后，整个机组都已稳定轧制 B 材，通过主令速度调节使整个机组升速到正常轧制速度。

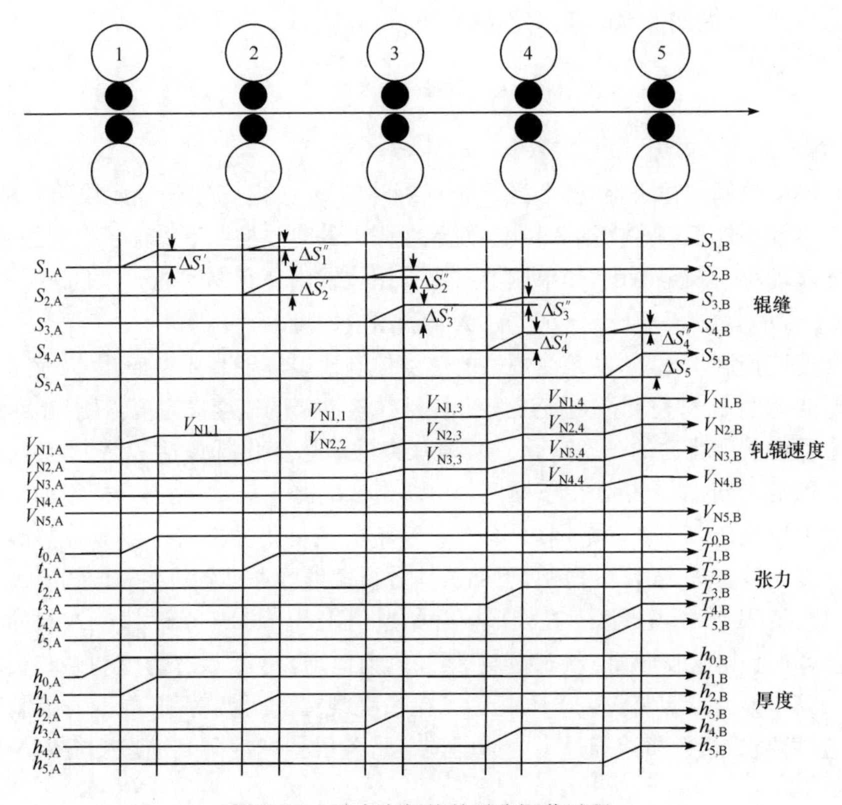

图 3.38　动态变规格的逆流调节过程

3.4.3　动态变规格张力计算

从动态变规格的数学计算方法来看，主要可以分为线性化增量法和非线性全量法两种方式。逆流调节过程如图 3.38 所示，其反映了变规格点到达某机架时，辊缝、速度的变化情况。动态变规格的控制回路由 3 部分组成。

(1) 焊缝楔形过渡参数计算。在焊缝进入轧机之前，冷连轧机的过程控制计算机必须先对楔形过渡段形成的一些参数，如楔形长度、楔形起点位置进行计算。

(2) 焊缝楔形过渡段形成过程的控制。主要涉及轧机的 FGC 控制系统、速度控制系统、张力控制系统以及带钢映像等控制回路，这些控制回路根据模型计算出的楔形过渡段参数经过一定转换变成轧机的调节参数，以对各机架的轧制力、张力、速度等参数进行调节，通过系统间相互配合以形成焊缝楔形段，并确保焊缝楔形段能正常通过轧机。

(3) 实时数据与信号的处理。焊缝楔形段的形成和轧机各控制模块都是根据带钢的轧制状态实时对轧制测量数据不断地进行调整。因此这些都需要通过过程计算机的测量值收集系统将实时数据与信号收集上来，经处理后提供给控制系统进行调控。

如图 3.39 所示的楔形轧件，假设其长度为 L；A 端的厚度为 h_1，速度为 v_1；B 端的厚度为 h_2，速度为 v_2，假定轧件无宽展。将该过渡区沿长度分为许多等长度的微小带钢段，每段长度为 Δl。在轧件上取一个微段（图中阴影部分），其厚度为

$$h=\frac{l}{L}(h_2-h_1)+h_1 \tag{3.32}$$

式中，l 为该微段距离 A 材头部的长度。由于在此微段中无厚度变化，常规的张力公式依然可用，该段张力为

$$\tau=\frac{bhE}{\Delta l}\int_0^t(v_{\mathrm{h}}-v_{\mathrm{e}})\mathrm{d}t,\text{则}\int_0^t(v_{\mathrm{h}}-v_{\mathrm{e}})\mathrm{d}t=\frac{\tau\Delta l}{bhE} \tag{3.33}$$

式中，τ 为该段轧件的张力；E 为轧件的杨氏模量；v_{h} 为此带钢微段头部速度；v_{e} 为此带钢微段尾部速度。

对整个楔形过渡区进行长度方向的积分，由于轧件是刚体，在内部任意一点上的张力都是相等的，故可以得到

$$\int_0^L\int_0^t(v_{\mathrm{h}}-v_{\mathrm{e}})\mathrm{d}t\mathrm{d}l=\frac{\tau}{bE}\int_0^L\frac{1}{h}\mathrm{d}l=\frac{\tau}{bE}\int_0^L\frac{1}{\dfrac{l}{L}(h_2-h_1)+h_1}=\frac{\tau}{bE}\frac{L}{h_2-h_1}\ln\frac{h_2}{h_1} \tag{3.34}$$

由于每个带钢微段都是首尾相连，前一段的尾部速度就等于后一段的头部速度，因此在式(3.34)求和过程中，所有中间项互相抵消，可以得到式(3.35)。

$$\int_0^L\int_0^t(v_{\mathrm{h}}-v_{\mathrm{e}})\mathrm{d}t\mathrm{d}l=\lim\sum_0^n\int_0^t(v_{\mathrm{h}}-v_{\mathrm{e}})\mathrm{d}t=\int_0^t(v_2-v_1)\mathrm{d}t \tag{3.35}$$

因此楔形轧件的张力及张应力公式为

$$T=\frac{h_2-h_1}{\ln\dfrac{h_2}{h_1}}\frac{bE}{L}\int_0^t(v_2-v_1)\mathrm{d}t \tag{3.36}$$

$$\tau=\frac{h_2-h_1}{h\ln\dfrac{h_2}{h_1}}\frac{bE}{L}\int_0^t(v_2-v_1)\mathrm{d}t \tag{3.37}$$

式中，h 为楔形轧件任意一点的厚度。

为了与原无纵向厚度变化的轧件张力公式在形式上一致，将式(3.36)和式(3.37)写为

$$T=\lambda_{Ti}\frac{bh_1E}{L}\int_0^t(v_2-v_1)\mathrm{d}t \tag{3.38}$$

$$\tau = \lambda_{\tau i} \frac{E}{L} \int_0^t (v_2 - v_1) \mathrm{d}t \tag{3.39}$$

式中，$\lambda_{Ti} = \dfrac{\sigma - 1}{\ln\sigma}$，$\lambda_{\tau i} = \lambda_{Ti} \dfrac{h_1}{h}$，为厚度变化修正系数，其中 $\sigma = \dfrac{h_2}{h_1}$

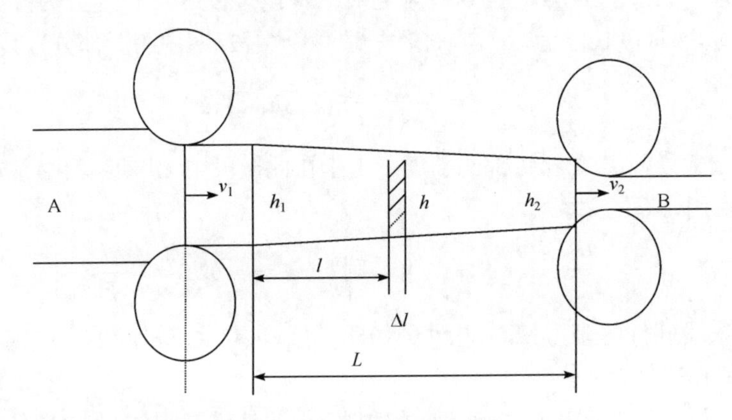

图 3.39　楔形过渡段

在有纵向厚度变化的轧件上，虽然纵向各点的张力是相等的，但由于各点厚度不同，因而它们的张应力是不同的。各点的张应力大小取决于各点厚度大小。

以上虽然推导了任何有纵向厚度变化过渡区的张力计算公式，但过渡区的纵向厚度变化曲线往往是非常复杂的，很难求出其积分值。并且在动态变规格过程中，机架间带钢的形状是逐渐形成的，过渡区的纵向厚度变化规律是经过一个动态变化过程才稳定的。因此利用式(3.37)计算冷连轧机在动态变规格过程中机架间的张力既复杂又难于实现，必须采用数值计算方法，计算实际机架间的过渡区张力。下面是动态计算机架间带钢张力的方法。

设采样周期为 T_s，机架间距为 L，在每个采样周期内，通过的带钢段的长度为 l_i，该段的厚度为 h_i，宽度为 b，则这一带钢段的张力为

$$\tau = \frac{bh_i E}{l_i} (v_{hi} - v_{ei}) T_s \tag{3.40}$$

$$v_{hi} - v_{ei} = \frac{\tau l_i}{bh_i ET_s} \tag{3.41}$$

式(3.40)和式(3.41)中，v_{hi}、v_{ei} 的含义同前所述。对机架间整段带钢求和可以得到

$$\sum_{i=1}^{n} (v_{hi} - v_{ei}) = (v_2 - v_1) = \sum_{i=1}^{n} \frac{\tau l_i}{bh_i ET_s} \tag{3.42}$$

所以，$\tau = \dfrac{ET_s(v_2 - v_1)}{\sum\limits_{i=1}^{n} \dfrac{l_i}{bh_i}}$，$\sum\limits_{i=1}^{n} l_i = L$。

式(3.42)就是离散化后的动态实用张力公式。在计算时，采用延时表的方法。首先记录每个采样周期内通过上游机架的带钢段长度 l_i、厚度 h_i 和宽度 b，以及此时两个机架的出口速度 v_1 和入口速度 v_2；再根据式(3.42)确定在这两个机架间带钢段的数目 n，即取从该采样周期开始向前 n 个周期内带钢段数据用于张力计算。最后，根据式(3.41)求出该采样时刻机架间的过渡区张力值。如果要计算某点的张应力，用张力值除以该点的厚度即可。

第4章　厚度与张力自动控制

厚度是冷轧带钢最主要的尺寸质量指标之一，厚度自动控制(AGC)也是冷连轧生产中不可缺少的重要组成部分，而厚度控制经常与张力控制(ITC)耦合在一起。所以本章从分析冷轧板带钢厚度与张力波动的原因和变化规律入手，重点介绍厚度控制形式及其控制原理、张力控制原理、提高厚度精度补偿方法，最终依托实例分析控制效果。

4.1　厚度变化规律

4.1.1　厚度波动原因

冷轧生产是一个复杂的多变量非线性控制过程，带钢的成品厚度偏差产生的原因与生产过程的关系比较复杂，各种因素的干扰都会对带钢厚度精度造成影响，总体来说主要有以下三个方面的原因。

(1) 热轧原料的影响。

热轧卷来料带钢厚度不均，这是由于热轧设定模型及 AGC 控制不良造成的来料厚度波动；热轧卷变形抗力不均，这是由于热轧终轧及卷曲温度控制不良造成的来料硬度波动。原料厚度不均将随着冷轧厚度控制而逐渐减小，但硬度波动具有重发性，进入机架都会产生新的厚差。另外，原料硬度的变化、宽度的变化、断面的变化、平直度的变化也将影响厚度精度。

(2) 轧机机械及液压装置。

冷轧设备对板厚精度的影响因素主要有：加减速时油膜轴承油膜厚度的变化；轧辊偏心产生的辊缝偏差；轧辊热膨胀和轧辊磨损产生的辊缝偏差；轧辊和带钢相对摩擦产生辊缝偏差，在升降速的过程中尤为明显；带钢张力偏差产生的辊缝偏差；测厚仪测量精度。

当轧机承受负荷时，那些传递载荷的机构将发生扭曲和变形，从而使辊缝产生额外的变化，其变化程度将取决于轧机结构刚度，而刚度则是以下参数的函数：轧辊直径、轧辊凸度、轧辊压扁、液压缸及附件。

(3) 轧机工艺原因。

工艺对板厚精度的影响因素主要有：乳化液和轧制速度造成轧辊轧件间摩擦系数的波动；轧机模型设定计算偏差；控制系统结构和控制参量的变化；动态变规格产生的楔形过渡。这类厚度偏差属于非正常状态的厚差，通过冷轧 AGC 无法解决，是不可避免的。

针对影响带钢板厚的各种因素，就需要采取相应的控制措施来消除或者减少这些影响，使带钢成品符合质量要求。而采取控制手段的基本理论依据就是带钢的弹塑性曲线。

4.1.2　厚度变化基本规律

如图 4.1 所示，在轧制过程中，由于受轧制力的作用，轧机的机架、轧辊、轴承等部分都会产生弹性变形，这些变形引起的辊缝变化的总和即称为轧机弹跳。轧机在咬入轧件前存在一个空载辊缝（与厚度控制有关），当带钢咬入轧机后，轧辊将给轧件一个很大的轧制力，使轧件产生塑性变形，同时轧机亦受到方向相反、大小相等的作用力，产生一个负载辊缝。它是轧机负载辊缝与空载辊缝差值的函数，轧机在外力 P 的作用下，产生弹性变形（$h-S_0$），由胡克定律可得

$$P=K_m(h-S_0) \tag{4.1}$$

式中，K_m 为轧机模数或轧机刚度系数，它表征使轧机产生单位弹跳量所需的轧制力；S_0 为空载辊缝。

由式(4.1)得

$$h=S_0+\frac{P}{K_m} \tag{4.2}$$

该式称为轧机的弹跳方程，它表示轧件厚度与空载辊缝、轧制压力和轧机纵向刚度系数之间的关系，是轧机厚度自动控制系统中的基本方程。

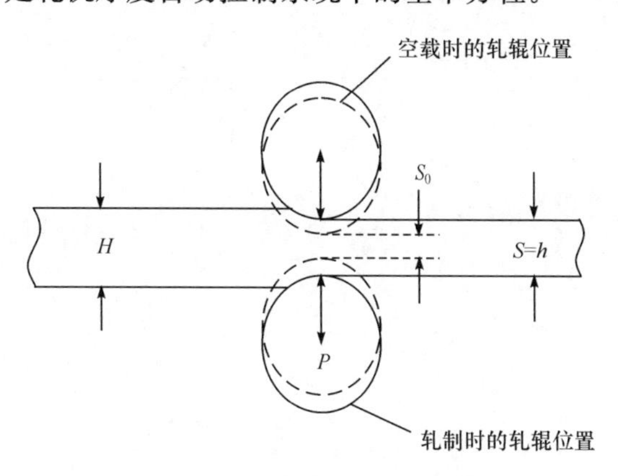

图 4.1　轧制时发生的弹跳现象

在实际生产中，由于轧机与轧件间的非线性接触变形不稳定，每次换辊都有变化，故弹跳曲线的非直线部分经常是变化的，因此式(4.2)很难在实际中应用。为了消除上述不稳定和非直线段的影响，先将轧辊预先压到一定的压力 P_0，并将此时的轧辊辊缝设为零位。为了定量地讨论厚度控制，应用弹性-塑性方程图解及

其解析法(P-h 图)。P-h 图以弹性方程和塑性方程曲线的图形求解方法,描述轧机与轧件相互作用又相互影响的关系。如图 4.2 所示,以轧制力为纵坐标,以厚度(辊缝)为横坐标的 P-h 图可直观地讨论轧件带来的扰动(塑性曲线的变动)和轧机带来的扰动(弹性曲线的变动)所产生的后果。

轧制时的轧制压力 P 是所轧带钢的宽度 B、来料入出口厚度 H 和 h、摩擦系数 f、轧辊半径 R、温度 t、机架前后张力 T_f 与 T_b 以及变形抗力 σ_s 等的函数。

$$P=f(B,H,h,f,R,t,T_f,T_b,\sigma_s) \tag{4.3}$$

式(4.3)为金属的轧制力方程(又称塑性变形方程)。在冷轧机中,影响轧制力的主要因素是 H、h、T_f 和 T_b,因此式(4.3)可以简化为

$$P=f(H,h,T_f,T_b) \tag{4.4}$$

对(4.4)式进行 Taylor 级数展开并取一次项得到

$$\Delta P=\frac{\partial P}{\partial H}\Delta H+\frac{\partial P}{\partial h}\Delta h+\frac{\partial P}{\partial T_f}\Delta T_f+\frac{\partial P}{\partial T_b}\Delta T_b \tag{4.5}$$

在实际应用中,总是针对具体的主要扰动因素,对式(4.5)进一步简化。如果除出口厚度 h 以外,其他参数恒定不变,则 P 只随 h 变化,可以在图 4.2 的 P-h 图上绘出曲线 B,称为金属的塑性曲线,其斜率称为轧件的塑性系数,它表征使轧件产生单位压下量所需的轧制力。

$$P=\Phi(h) \tag{4.6}$$

轧件的一个重要参数是轧件塑性系数,它是使轧件产生单位压塑所需的轧制力,用 M 表示轧件塑性系数,则

$$M\triangleq-\frac{\partial P}{\partial h}=-\frac{\partial(H,h,\cdots)}{\partial h} \tag{4.7}$$

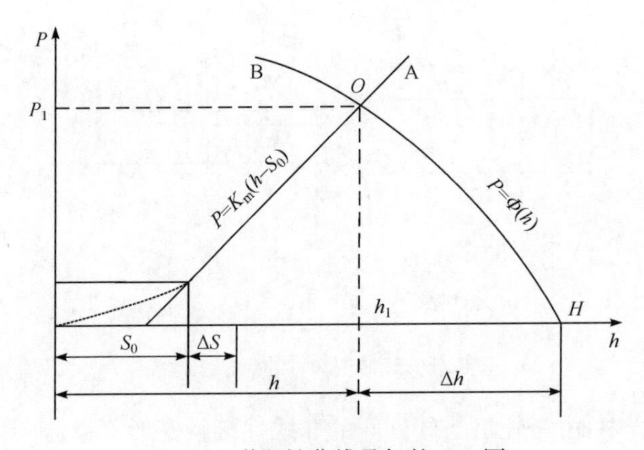

图 4.2 弹塑性曲线叠加的 P-h 图

如图 4.3 所示,A 为轧机弹性变形的弹性方程曲线,B 为反映轧件塑性变形的塑性方程曲线。轧机的弹性曲线和塑性曲线实际上并不是直线,但是由于在轧制

过程中实际的轧制压力和出口厚度都在曲线的直线段部分，为了便于分析问题，常把它们当作直线来处理。随着辊缝设定位置的变化，S_0 将发生变化，在其他条件相同的情况下，将引起带钢实际出口厚度 h 的改变。例如，因辊缝调整变大，则 A 曲线平移与 B 曲线的交点由 n 变为 n'，此时实际出口厚度便由 h_2 变为 h_2'，使带钢变得更厚。

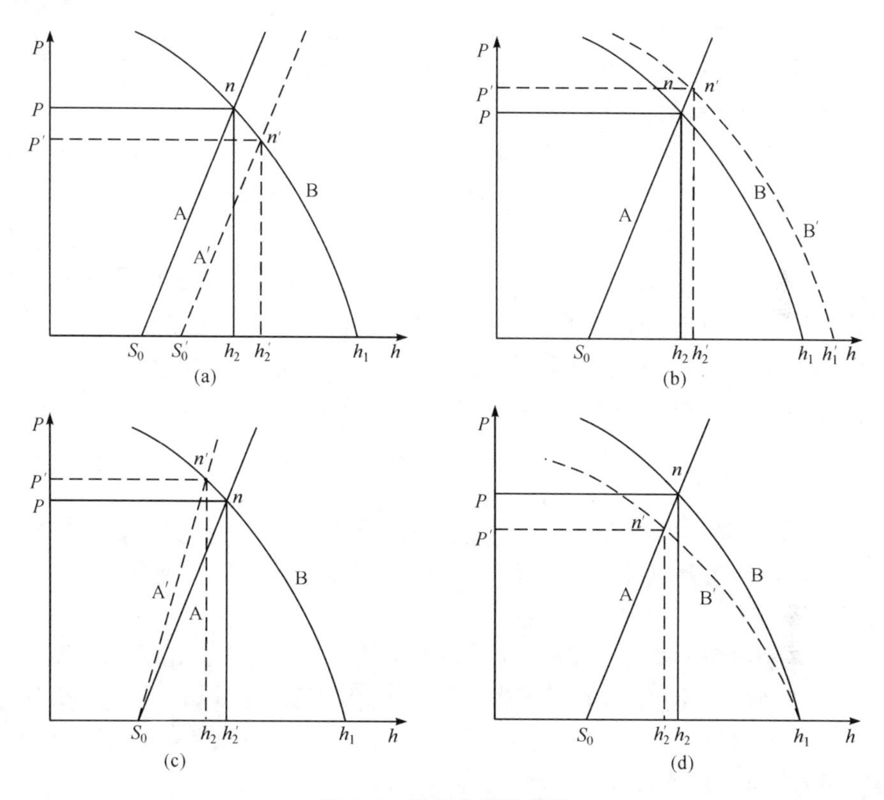

图 4.3 轧机弹塑性曲线

当轧件（来料厚度 H）咬入空载辊缝为 S_0 的轧辊时，轧辊将给轧件一个轧制力 P 使其产生塑性变形（由 H 变形到出口厚度 h），而轧件也将同时给轧辊一个反作用力 P，使轧机产生弹性变形，因而有载辊缝将变为 S_h，由于轧辊和轧件最终处于平衡状态，因此 $S_h=h$，亦即弹性方程曲线和塑性方程曲线相交点的垂直坐标为轧制力 P，水平坐标将为轧出厚度 h。当有扰动使弹性线变动或使塑性线变动时将使 P 和 h 变动，产生厚度偏差。

如前所述，所有影响轧制压力的因素都会影响金属塑性曲线 B 的相对位置和斜率，即使在轧机弹性曲线 A 的位置和斜率不变的情况下，所有影响轧制压力的因素都可以通过改变 A 和 B 曲线的交点位置，从而影响着带钢的实际轧出厚度。

(1) 如图 4.3(a)所示为初始辊缝设置的影响。增大辊缝，把曲线 A 向右平移，当轧机达到一个新的平衡点时，轧制力降低到 P'，同时轧件出口厚度变为 h_2'，厚度增大。

(2) 如图 4.3(b)所示为来料厚度的影响。当来料厚度增大时，会使 B 曲线向右平移，当轧机达到新的平衡点时，轧制力上升到 P'，同时轧件的出口厚度增大到 h_2'。

(3) 如图 4.3(c)所示为轧机刚度的影响。轧机刚度的变化相当于曲线 A 的斜率发生变化，增大轧机刚度如同增大曲线 A 的斜率，在轧机达到新的平衡点时轧制力增大到 P'，轧件出口厚度降至 h_2'。

(4) 如图 4.3(d)所示为轧件变形抗力的影响。轧件变形抗力的变化相当于曲线 B 的斜率发生变化，降低轧件刚度如同减小了曲线 B 的斜率，当达到平衡状态时，轧制力降为 P'，而轧件出口厚度也减小为 h_2'。

另外，由于摩擦系数、变形抗力或张力等因素的影响，轧件塑性线由 B 变化到 B′时，为了保证轧机出口带钢厚度 h 不变，需调整轧机辊缝 ΔS，使轧机弹性线由 A 变化到 A′。因此，厚度控制的基本原理是：无论轧制过程如何变化，总使轧机弹性线 A 与塑性线 B 相交于等厚轧制线 n，从而得到恒定厚度的带钢。轧制时的弹塑性曲线以图解的方式，直观地表达了轧制过程的矛盾，因此它日益得到广泛的应用。

(1) 通过弹塑性曲线可分析轧制过程中造成厚差的各种原因。当来料厚度波动，材质有变化，张力、摩擦条件、温度等发生改变时，都会使 P 变化，因而影响了产品厚度。

(2) 通过弹塑性曲线可以说明轧制过程中的调整原则。当轧制过程参数变化时，会影响轧件厚度的变化，就需要进行调整来消除这些影响，调整的手段为辊缝和张力。此外，利用弹塑性曲线还可以探索轧制过程中，在原有轧件与调整手段的基础上，寻求新的途径。

(3) 弹塑性曲线给出了厚度自动控制的基础。根据 $h=S_0+\dfrac{P-P_0}{K_m}$，如果能进行辊缝位置检测以确定 S_0，测量压力 P 以确定$\dfrac{P-P_0}{K_m}$，那么就可确定 h；如果所测量的 h 与要求给定值有偏差，那么就调整液压机构以改变 S_0 和$\dfrac{P-P_0}{K_m}$值，到维持所要求的厚度为止。

4.1.3 张力和速度对厚度的影响

1. 带钢张力对厚度的影响

如图 4.4 所示，在事先给出某些近似假设的条件下，从轧件入口到中性点处轧辊所受的正压力分布可由下式给出：

$$P_1=\frac{kh}{h_1}\left[1-\frac{T_f}{k_1}\right]\exp[\mu(H_1-H)] \tag{4.8}$$

而从轧件出口处到中性点轧辊所受正压力的分布又可由下式给出：

$$P_2=\frac{kh}{h_2}\left[1-\frac{T_b}{k_2}\right]\exp(\mu H) \tag{4.9}$$

式中，h_1、h_2 分别为入口与出口处带钢厚度；k_1、k_2 分别为入口与出口处带钢屈服应力；T_f 和 T_b 分别为入口与出口处带钢的张力；k 为接触弧中任意点处的带钢屈服应力；h 为接触弧中任意点处带钢的厚度；μ 为带钢与轧辊间的摩擦系数；H_1 为入口处带钢厚度。

其中

$$H=2\sqrt{\frac{R'}{h_2}}\tan^{-1}\left[\sqrt{\frac{R'}{h_2}}\theta\right]$$

式中，R'为轧辊压扁半径；θ 为在相应厚度 h 处的接触角。

由式(4.8)和式(4.9)可以看出，不管入口处还是出口处，带钢张力都使轧辊所受的正压力减小，从而导致轧制力 P 降低，而轧制力可由下式计算：

$$P_t=P\left[1-\frac{1}{K}(m_1s_1+m_2s_2)\right] \tag{4.10}$$

式中，P_t为带张力时的轧制力；P 为不带张力时的轧制力；K 为变形抗力；m_1 和 m_2 分别为入口和出口处的带钢张力影响因子；s_1 为带钢后张力；s_2 为带钢前张力。

入口处轧件的张力对轧制力的影响要比出口处张力对其相应的影响大得多。综合多种因素，m_1 因子常在 0.5～0.667 变化，而 m_2 因子的变化范围却为 0.335～0.5。带钢张力一发生变化就会使轧制力 P 变化，从而导致应力状态系数 P/K 变化，这样轧制中的带钢厚度就发生变化。

2. 轧制速度对带钢厚度的影响

作为轧制速度的函数并引起带钢厚度变化的两个主要因素如下。

(1) 支承辊轴承油膜的厚度。

(2) 辊缝中润滑油膜的厚度。

油膜厚度 h_f 由雷诺(Reynolds)方程可表示如下：

$$h_f=\frac{a_1\delta X}{X+b_1} \tag{4.11}$$

式中，$X=c_1\eta\frac{v}{P}$；a_1、b_1、c_1 为常数；δ 为轴承与辊径之间直线间的间隙差；X 为 Sommerfield 常数；η 为油黏度；v 为轧制速度；P 为轧制力。

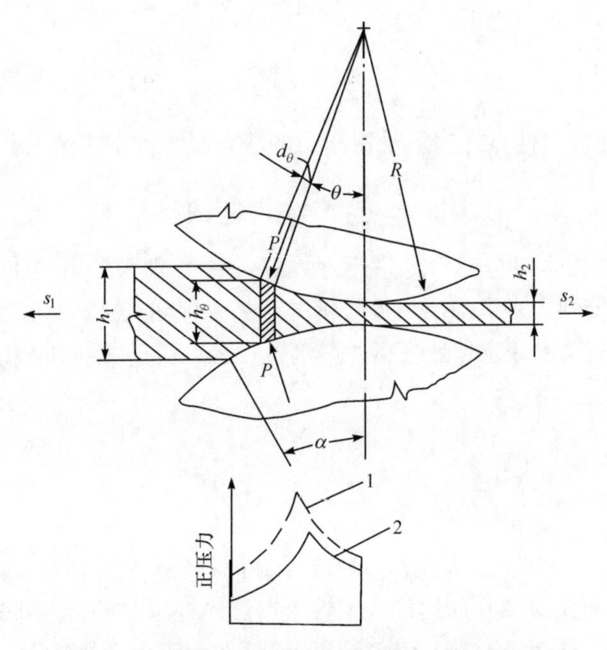

图 4.4　带有张力时作用在变形区中单元体的力

1-不带张力；2-带张力

常数 c_1 由下式给出：

$$c_1=\frac{l\delta^2\times10^{-2}}{3\pi D_\mathrm{b}d} \tag{4.12}$$

式中，l 为轴承宽度；D_b 为支承辊直径；d 为轴承径直径。

由式(4.11)和式(4.12)可知，油膜厚度是轧制速度和轧制力的函数，为了在较低速度下促进油膜的产生，通常是使用液体润滑系统，这种系统是在轧制速度降低到某一值后才开始起作用的。

在没有液体润滑的情况下，油黏度与轴承速度有关。然而，当使用了液体润滑后，油黏度就成为常数，如果油黏度保持不变，那么式(4.11)就可以简化成以下形式：

$$h_\mathrm{f}=\frac{a_2(v/P)}{(v/P)+b_2} \tag{4.13}$$

式中，a_2、b_2 为常数。

关于油膜厚度与比值 v/P 之间的关系，在没有轧件的情况下使上下辊靠在一起并施加载荷，分别在加速、减速以及等速情况下进行测试。在轧辊加速或减速过程中，油膜形成的过渡状态导致油膜厚度的显著变化，此时可作为轧机加速度的函数进行补偿。辊缝中润滑油膜按照轴承中油膜厚度变化的方式随速度的变化而变化，随着轧机速度增加，大量润滑油被吸入辊缝，从而增大了润滑油膜的厚度，结果使有效辊缝减小，于是得到较薄的带钢。

轴承油膜与润滑油膜厚度变化对带钢厚度的累积影响，带钢采用无速度补偿控制的五机架冷连轧机组进行轧制。可以得出，在低速轧制时，尤其在速度低于 2.5m/s 时，轧出的带钢厚度明显增加，而当轧制速度超过 5.08m/s 时，轧出的带钢厚度基本上与轧制速度无关。

4.2 厚度控制形式及控制原理

厚度精度是冷轧带钢最重要的技术指标，而最终产品的尺寸精度能否保证，在极大程度上依赖于厚度自动控制系统(AGC)。AGC 是通过测厚仪或传感器对带钢实际轧出厚度进行连续测量，并根据实测值与给定值比较的偏差信号，应用控制装置和功能程序，改变辊缝位置、轧制力、张力或轧制速度等，把厚度控制在偏差范围之内的方法。

由 20 世纪 50 年代发展起来的厚度自动控制技术发展比较成熟，控制效果明显。但由于 AGC 系统控制方式很多，各种 AGC 复合系统往往相互关联、相互影响，实际上存在着最优组合方案。AGC 系统的基本控制方式分为粗调 AGC 和精调 AGC 两部分，粗调 AGC 控制方式就是利用第 1 机架的前馈、压力、监控 AGC 来改变其辊缝，通过第 2 机架的前馈 AGC 来改变架间秒流量，使带钢大部分厚度偏差在第 1 机架得到消除(为了方便表述，在此规定第 1～5 机架分别用 S1～S5 表示)。冷连轧机 AGC 最基本原则就是基于保持整个轧机的秒流量恒定，每个机架的秒流量输出都是带钢速度和厚度的综合结果。

4.2.1 前馈 AGC

前馈 AGC(FF-AGC)是根据轧机入口测厚仪测出的厚度偏差，通过调节辊缝或机架间张力来消除厚差的控制方式，用于消除来料厚差，输入机架入口测厚仪厚度信号，输出相应的辊缝和轧辊速度调节量。根据执行机构的不同，也可分为辊缝前馈 AGC 和张力前馈 AGC。

考虑到热轧来料厚差是冷轧带钢产生厚度偏差的主要原因之一，冷连轧机一般在 S1 机架前后设有测厚仪，可直接测量来料厚差用于前馈控制，机架间也可设有测厚仪用于下一机架的前馈控制。前馈 AGC 根据机架前测厚仪测得的带钢厚度偏差，求出消除此厚度偏差应施加给此机架的辊缝或前机架的辊速调节量，其目的是为了消除因来料厚差对此机架出口厚度的影响。

前馈 AGC 不是根据本机架(即 Si 机架)实际轧出厚度的偏差值来进行厚度控

制的，而是在轧制过程尚未进行时，预先测定出来料厚度偏差 ΔH，并往前馈送给下一机架，在预定时间内提前调整辊缝位置或轧辊速度，保证获得所要求的轧出厚度 h。正是由于它是利用前馈方式来实现厚度自动控制的，所以称为前馈 AGC 或预控 AGC。

如图 4.5 所示，在前馈 AGC 策略中，利用机架前入口测厚仪检测出其入口厚度 H_i，并且与给定厚度 H_0 相比较，当有厚度偏差 ΔH 时，预先估计出可能产生的轧出厚度偏差 Δh，从而确定为消除此 Δh 值所需的辊缝调节量 ΔS，然后根据该检测点进入机架的时间和移动 ΔS 所需的时间，从入口测厚仪到轧机辊缝之间被跟踪，即入口厚度被输入一个移位寄存器准确跟踪，其作用是模拟从测厚仪到 S1 工作辊辊缝之间的带钢移动。当实际带钢向轧机移动一个带钢段时，通过脉冲计算器计数到零来触发移位寄存器中的值，使它们顺序地转存到前一个寄存器中。当测量的带钢轧入轧机辊缝的时候，带钢厚差值 ΔH 从移位寄存器中提出，调节下一机架辊缝来消除该厚度偏差的 AGC 调节方式，同时调节入口张力辊(S 辊)转矩进行张力解耦控制。

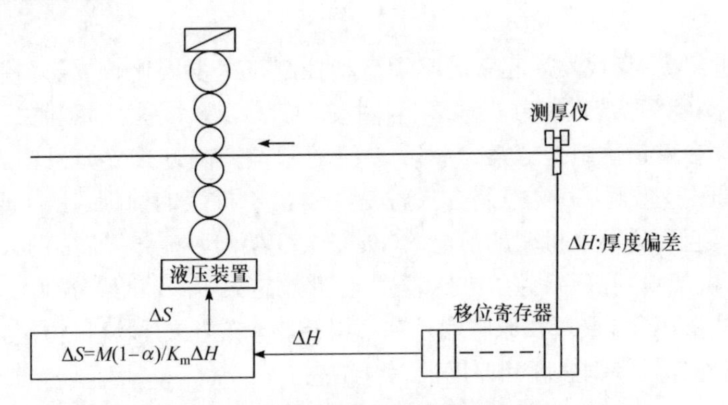

图 4.5　前馈 AGC 控制系统示意图

ΔH、Δh 与 ΔS 之间的关系，可以根据图 4.6 所示的 P-h 图来确定，由图可知：

$$\Delta H=bd,\Delta h=ba=\frac{gc}{K_{\mathrm{m}}}$$

又由于

$$bd=bc+cd=\frac{gc}{K_{\mathrm{m}}}+\frac{gc}{M}=\frac{M+K_{\mathrm{m}}}{M}bc$$

故

$$\Delta h=\left(\frac{M}{K_{\mathrm{m}}+M}\right)\Delta H \tag{4.14}$$

根据轧机弹跳方程的关系得

$$\Delta S=\left(\frac{K_m+M}{K_m}\right)(1-\alpha)\Delta h=\left(\frac{K_m+M}{K_m}\right)\left(\frac{M}{K_m+M}\right)(1-\alpha)\Delta H=\frac{M}{K_m}(1-\alpha)\Delta H \tag{4.15}$$

式中，M 为带钢的塑性系数；K_m 为轧机的刚度模数；α 为模量常数。

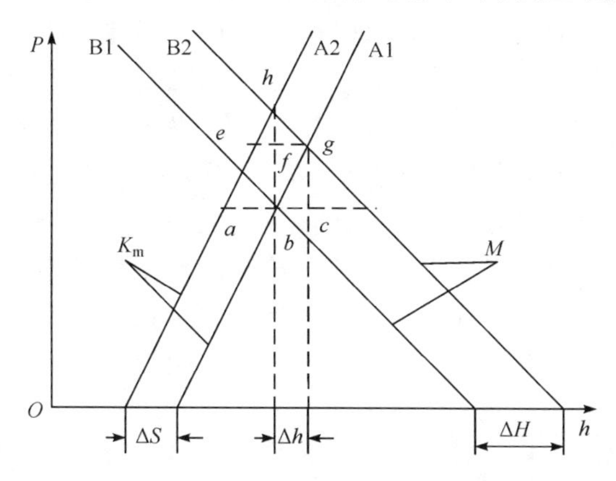

图 4.6　ΔH、Δh 与 ΔS 关系图

通过轧机模型和轧件模型的形式把入口厚度的变量转换成适当的位置变量。轧件模型有 3 个来源，即来自过程控制的设定计算，或由控制计算机根据带钢宽度计算材料常数 M_B 值，即

$$M_B=B\times K_B/100 \tag{4.16}$$

式中，B 为带钢宽度，mm；K_B 为材料常数宽度系数，kN/mm^2。

根据实际轧制力计算出来的材料常数，有

$$M_P=\frac{P_1}{2\left[(H_0+\Delta H_0)-\left(H_1+\frac{\Sigma\Delta H_1}{n}\right)\right]} \tag{4.17}$$

式中，P_1 为 S1 架轧制力；H_0 为 S1 架前带钢厚度设定值；ΔH_0 为 S1 架前带钢厚差平均值；H_1 为 S1 架后带钢厚度平均值；$\Sigma\Delta H_1$ 为 S1 架后带钢厚度偏差和；n 为 S1 架后测量次数。

在高级秒流量控制方式下情况有所不同，由式(4.18)可得，将入口张力辊看成“0”机架，通过调节轧机入口 S 辊速 ΔV_0，来消除轧机入口厚差 ΔH_0，而张力解耦控制则由 S1 辊缝控制实现。

$$\Delta V_0=-V_0\frac{\Delta H_0}{H_0} \tag{4.18}$$

式中，ΔV_0 为入口 S 辊速度调节量；ΔH_0 为 S1 架前实测厚差。

由于前馈 AGC 属于开环控制系统，其控制效果不单独地进行评定，一般是将前馈 AGC 与反馈 AGC 控制系统结合使用，所以它的控制效果也只能与反馈

AGC 控制系统结合在一起评定。

4.2.2 压力 AGC

压力 AGC 包括 BISRA-AGC 和 GM-AGC，根据设定轧制力和实测轧制力通过弹跳方程得到带钢的厚度偏差，并通过控制液压压上调整辊缝来消除带钢厚度偏差。由于反馈 AGC 属于闭环控制方式，出口厚度偏差产生后加以检测并反馈回去控制，它将使厚差越来越小，但由于存在滞后，因此控制效果将受影响，如何减小滞后是反馈 AGC 控制成败的关键。如果用机架后测厚仪进行反馈，滞后很大，特别是低速轧制时，从变形区出口运行到测厚仪往往要几百毫秒，大滞后的反馈控制容易使系统不稳定。由于轧制力 AGC 控制的基本思路就是将轧机当作测厚仪，采用弹跳方程计算出辊缝调节量然后进行厚度控制，这将大大减少滞后影响，所以又称为厚度计法，其厚度控制系统称为厚度计法厚度控制系统，简称为 GM-AGC。

轧制力 AGC 是一种无滞后的间接 AGC 控制方式，系统控制原理如图 4.7 所示。根据轧机弹跳方程测得的厚度偏差信号进行厚度自动控制可以克服前述的传递时间滞后，但是由于液压机构的电气和机械系统以及计算机控制程序运行的时间滞后仍然不能完全消除，所以这种控制方式，从本质上讲仍然是反馈式。在轧制过程中，任意时刻的轧制压力 P 和空载辊缝 S_0 都可以检测到，因此可用弹跳方程计算出任何时刻的实际轧出厚度 h。在这种情况下，相当于把整个轧机作为检测厚度的"厚度计"，这种检测厚度的方法称为厚度计方法（简称 GM）以区别于用测厚仪检测厚度的方法。

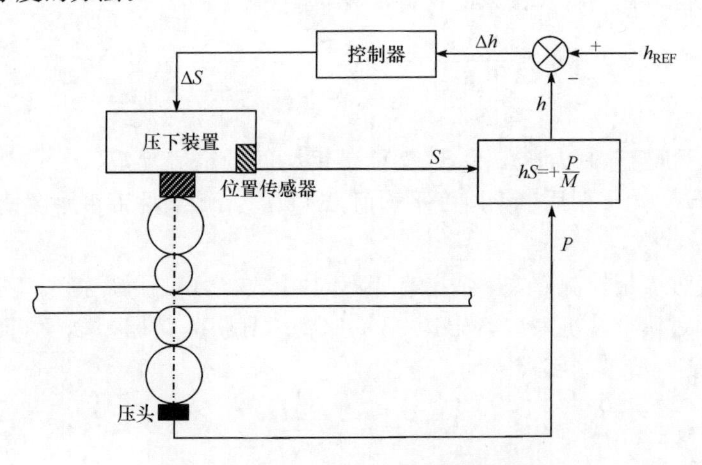

图 4.7 轧制力 AGC 系统控制原理图

设轧制力 AGC 目标厚度为 h_{REF}，则由弹跳方程得

$$h_{REF}=S_{REF}+\frac{P_{REF}}{K} \tag{4.19}$$

式中，S_{REF}为目标厚度对应的空载辊缝；P_{REF}为目标厚度对应的轧制力。

若第 n 时刻的检测厚度为 h_n，由弹跳方程得

$$h_n=S_n+\frac{P_n}{K} \tag{4.20}$$

式中，h_n 为第 n 时刻轧出厚度；S_n 为第 n 时刻实际空载辊缝；P_n 为第 n 时刻实测轧制力。

则第 n 时刻的厚度偏差 Δh_n 为

$$\Delta h_n=\Delta S_n+\frac{\Delta P_n}{K} \tag{4.21}$$

式中，Δh_n 为第 n 时刻以目标厚度为基准的厚度偏差，$\Delta h_n=h_n-h_{REF}$；ΔP_n 为第 n 时刻的轧制力增量，$\Delta P_n=P_n-P_{REF}$；ΔS_n 为第 n 时刻的位置增量，$\Delta S_n=S_n-S_{REF}$。

压下效率如式(4.15)所示，可得轧制力 AGC 的控制算法为

$$\Delta S_{n+1}=\Delta S_n-\frac{M+K}{K}\Delta h_n \tag{4.22}$$

式中，ΔS_{n+1}为第 $n+1$ 时刻的辊缝调节量。

如图 4.8 所示，在小轧制力的范围内，曲线是非线性的，但是曲线的主要部分仍是线性的，其斜率为轧机模数(轧机刚度系数)。若轧机在曲线的线性段内工作，则轧机的弹跳值可由 $S_0+\frac{P}{K}$计算出，式中 S_0 为曲线直线段的外延部分，它表示轧机弹跳的横轴上的截距，P 为总轧制力。如果轧辊的原始辊缝为 S，那么在此工作条件下的辊缝即为 $S+S_0+\frac{P}{K}$。

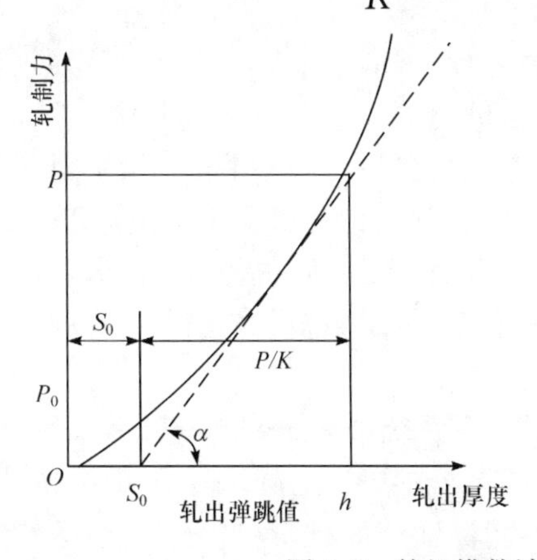

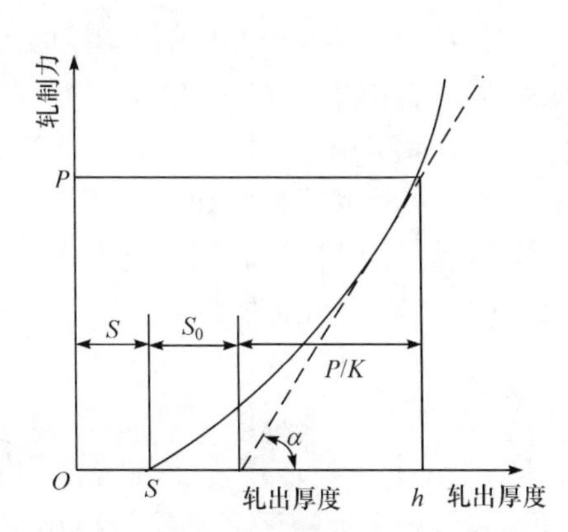

图 4.8　轧机模数计算弹跳值和厚度的曲线

为了推导出使带钢纵向厚度均匀一致的 AGC 控制模型，其基本假设是：轧机弹跳方程为精确的线性方程，即轧机刚度系数 K 为常数；轧件的塑性方程也为精确的线性方程，即轧件塑性系数 M 为常数；辊缝和轧制力信号准确；辊缝位置压上系统动态响应无限快。

实现轧制力 AGC 控制过程如图 4.9 所示，它采用厚度计监控 AGC（GM-AGC）方式。通过 S1 架轧制力压头检测轧制力，通过弹跳方程计算出带钢厚度。

$$h_G=\frac{P}{K}+S+\Delta S_0 \tag{4.23}$$

式中，h_G为计算出口厚度；P 为实际轧制力；K 为机架刚度。

将实际厚度偏差 Δh_x输入 Smith 预估器补偿系统滞后，补偿结果 ΔE_0 对计算厚度 h_G进行修正，并与设定厚度 h_{REF}同时输入 GM-AGC 控制器，输出 S1 辊缝修正值 ΔS_{GM}，调节 S1 辊缝实现厚度控制。

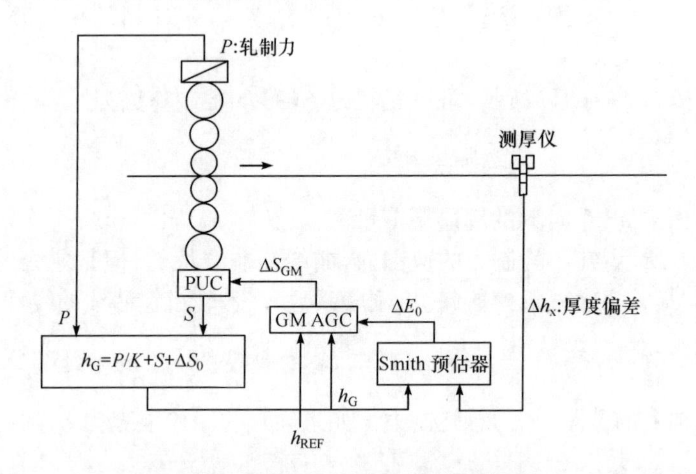

图 4.9　反馈 AGC 控制系统示意图

分析日立和 SIEMENS 的控制策略差异，日立考虑应用 GM-AGC 可以消除系统滞后影响，但由于压力 AGC 存在精度不高的缺点，利用精度高的 S1 后测厚仪来检测实际厚度偏差，通过 Smith 预估器对 Δh_x滞后进行补偿，并反馈到 GM-AGC 系统中进行修正效果比较理想。SIEMENS 则认为由于 S1 后测厚仪检测到的厚度偏差已经非常准确，经过 Smith 预估器滞后补偿可以达到精度要求，根据弹跳方程间接计算带钢厚度 h_G，并通过实际厚度偏差 Δh_x进行修正的 GM-AGC 系统效果不明显。

GM-AGC 能在变形区出口处估计轧件厚度，系统结构简单，快速性好，目前在各种轧机上都有广泛应用，在厚板轧机的厚控系统中更是主流。但是，由于弹跳方程精度不高，加上油膜厚度补偿等措施仍不能保证精度，这也是当前推出秒流量

AGC 的原因。GM-AGC 存在以下主要缺点,这也是限制它在高精度轧机上成功应用的原因。

(1) 辊系的数学模型复杂而且高度非线性,轧机模数很难准确知道,必须在每个静态和动态轧制过程中不断修正。

(2) GM-AGC 对辊缝波动引起的误差有扩大作用,实际应用中需要对引起辊缝波动的因素,如轧辊偏心、热膨胀、轴承油膜厚度等进行补偿。然而这些因素的数学模型又很难准确知道,限制了 GM-AGC 的精度。

(3) GM-AGC 不可能精确地测出轧件出口厚度,估计的精度决定于计算模型和方程中系数的准确程度。

(4) 压力传感器存在精度误差,这也是 GM-AGC 误差产生的原因之一。

4.2.3 测厚仪反馈 AGC

测厚仪反馈 AGC 系统的原理如图 4.10 所示。带钢从轧机轧出之后,通过轧机出口侧的测厚仪测出实际厚度值 h,从而得到厚度偏差 $\Delta h = h_{REF} - h$,将此厚度偏差反馈给厚度自动控制系统,变换为辊缝调节量的控制信号 ΔS,输出给压上系统进行相应的调节,以消除此厚度偏差。

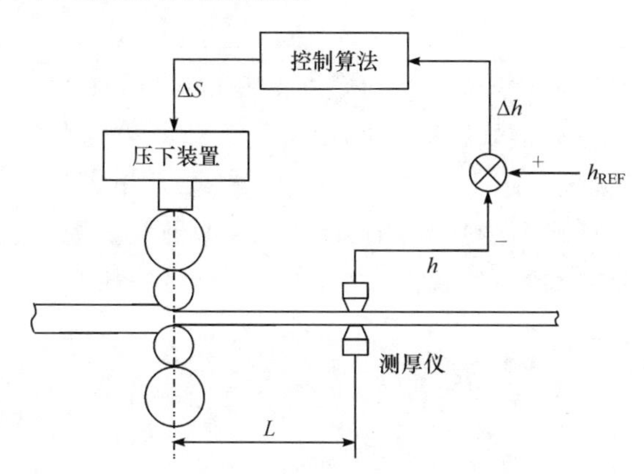

图 4.10 测厚仪式 AGC 系统示意图

h_{REF}-给定厚度;h-实测厚度;ΔS-辊缝调节量;Δh-出口厚度偏差;L-轧辊中心线到测厚仪的距离

当空载辊缝由 S_0 移动到 S 时,辊缝变化量为 $\Delta S = S - S_0$,产生的厚度偏差为 $\Delta h = h - h_0$,轧制力变化为 $\Delta P = P - P_0$。

根据图 4.11 的几何关系,可以得到

$$\Delta h = fg = fi/M$$

$$\Delta S = eg = ef + fg = \frac{fi}{K_m} + \frac{fi}{M} = fi\left(\frac{M + K_m}{K_m M}\right) = \Delta P \frac{M + K_m}{K_m M}$$

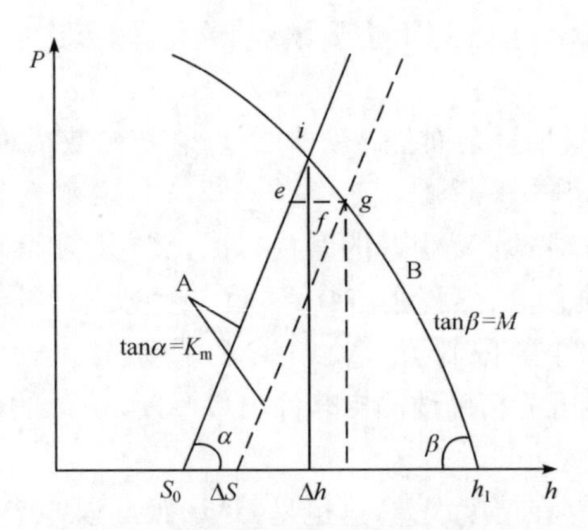

图 4.11　测厚仪式反馈厚度控制算法

故

$$\Delta S=\Delta h+\frac{\Delta h\cdot M}{K_{\rm m}}=\left(1+\frac{M}{K_{\rm m}}\right)\Delta h \tag{4.24}$$

即

$$\Delta h=\frac{K_{\rm m}}{M+K_{\rm m}}\Delta S \tag{4.25}$$

从式(4.24)可知，为了消除带钢的厚度偏差 Δh，需要将液压压上使辊缝移动 $(1+M/K_{\rm m})\Delta h$ 的距离。也就是要移动比厚度差 Δh 还要大 $M/K_{\rm m}$ 倍的距离。因此，只有当 $K_{\rm m}$ 越大，而 M 越小，才能使 ΔS 与 Δh 之间的差别越小。当 $K_{\rm m}$ 和 M 为一定值时，即 $(1+M/K_{\rm m})$ 为常数，则 ΔS 与 Δh 呈正比关系。当辊缝减小时，轧制力增大，则辊缝变化 ΔS 引起的轧制力变化量为

$$\frac{\Delta P}{M}+\frac{\Delta P}{K}=\Delta S \tag{4.26}$$

即

$$\Delta P=\frac{MK}{M+K}\Delta S \tag{4.27}$$

用测厚仪进行厚度闭环控制时，由于考虑到轧机结构的限制，测厚仪的维护方便性，以及为了防止带钢断带而损坏测厚仪等，测厚仪一般装设在离轧机出口较远的地方。所以，检测出的厚度变化量与辊缝的控制量不是在同一时间内发生的，因此，实际轧出厚度的波动不能得到及时反馈，结果使整个厚度控制系统的操作都有一定的时间滞后 τ，如式(4.28)所示：

$$\tau=\frac{L}{v} \tag{4.28}$$

式中，τ 为滞后时间；v 为轧制速度；L 为轧辊中心线到测厚仪的距离。

测厚仪式 AGC 能准确地测出实际厚度进行反馈控制，但是由于测厚仪的安装点离辊缝有一段距离，所以存在较大的纯滞后，测厚仪式 AGC 系统存在难以稳定的问题，很容易出现超调和振荡现象。因此，这种测厚仪式 AGC 系统不能作为一种独立的 AGC 系统来运行。但由于 X 射线式测厚仪可以满足高性能 AGC 对厚度检测精度的需要，所以测厚仪式 AGC 并没有消失，它被广泛用作监控 AGC。因此常给厚度计式 ACC、秒流量 AGC 进行慢监控处理，保证轧出厚度控制的精度。

在反馈 AGC 策略中，其控制原理就是对间接测厚 AGC 系统进行监控修正，以便进一步提高 AGC 精度。SIEMENS 采用监控 AGC 方式，即基于 S1 机架出口测厚仪，测得厚度偏差，结合 Smith 预估器对厚度偏差进行滞后补偿，修正量作用到 S1 辊缝，通过调节 S1 辊缝来消除该厚度偏差的调节方式。在高级秒流量方式下，由式(4.29)可得，通过调节入口 S 辊速 ΔV_0 消除 S1 架出口厚差 ΔH_1。

$$\Delta V_0 = -V_0 \frac{\Delta H_1}{H_1} \tag{4.29}$$

式中，ΔH_0 为来料厚差均值；ΔV_0 为入口 S 辊速度调节量；ΔH_1 为 S1 出口实际厚差。

4.2.4　监控 AGC

监控 AGC(MON-AGC)是根据轧机出口测厚仪测出的厚度偏差，来调节辊缝或张力以达到消除厚度偏差的目的，用于减少稳定段的偏差和长期扰动，输入机架出口测厚仪厚度信号。其中以液压缸为执行机构，通过调节辊缝消除厚差称为辊缝监控 AGC；通过调整上游机架轧辊速度来控制机架间张力消除厚差称为张力监控 AGC。机架后测厚仪虽然存在大的滞后，但其根本的优点是能高精度地检测出成品厚度，因此一般用其作为监控。监控是通过对测厚仪信号的积分，以实测带钢厚度与设定值比较求得厚差总的趋势。有正有负的偶然性厚差通过积分或累加将相互抵消而得不到反映。

如果总的趋势偏厚应对机架液压压上给出一个监控值，对其系统厚差进行纠正，使带钢出口厚度的平均值更接近设定值。如图 4.12 所示，为了克服滞后影响，一般调整控制回路的增益以免系统不稳定，或者减小系统的过渡过程时间使其大于纯滞后时间，为此在积分环节的增益中引入出口速度；另一种方法是加大监控控制周期，并使控制周期等于纯滞后时间，即每次控制后等到被控的该段带钢来到测厚仪测出上一次控制效果后，再对剩余厚差继续监控，以免控制过头。上述两种方法的结果都使控制效果减弱，厚度控制精度降低。

监控 AGC 基于机架出口测厚仪检测的厚度偏差对当前机架出口厚度进行实时监控，其闭环修正量作用到机架液压压上系统。由于机架出口测厚仪的检测滞后，采用 Smith 预估器对机架监控 AGC 进行补偿。监控 AGC 系统计算过程如下。

首先计算机架出口厚度偏差：

$$\Delta H_i = H_i^* - H_{\text{preset}} \cdot (1 + X_i) \tag{4.30}$$

式中，ΔH_i 为机架出口测厚仪实测的厚度偏差；H_{preset} 为机架出口带钢厚度预设值，即测厚仪接收到的厚度预设值；X_i 为机架出口测厚仪测得的厚度偏差百分数。

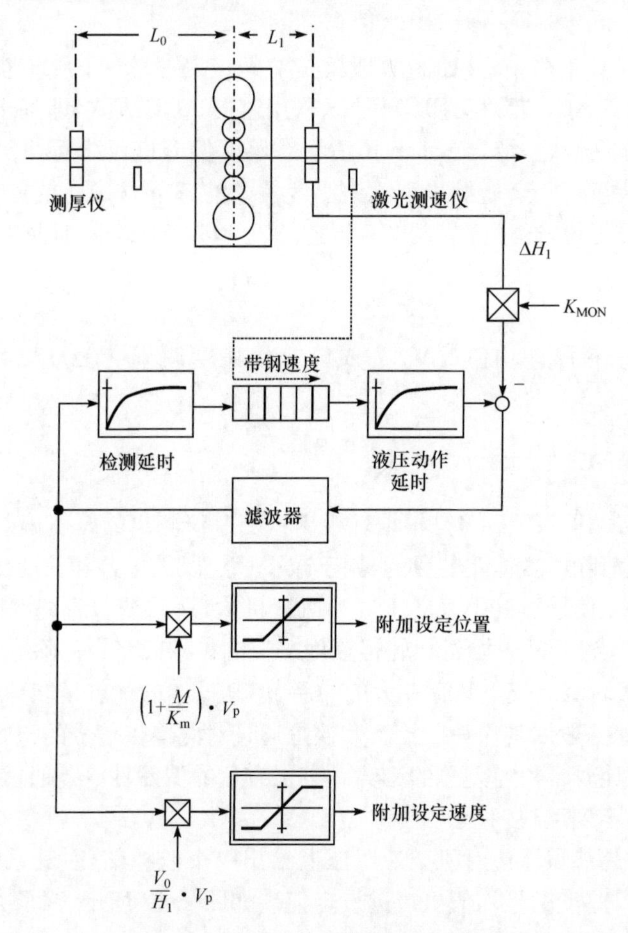

图 4.12 监控 AGC 控制系统示意图

监控 AGC 的 Smith 预估模型传递函数为 $G_i(s)$，以 $G_i(s)$ 传递函数模拟液压压上和测厚仪等环节的动态模型。

$$G_i(s) = \frac{a_0 + a_1 s}{b_0 + b_1 s} \tag{4.31}$$

式中，a_0、a_1、b_0、b_1 为机架监控 AGC 的 Smith 预估器调试参数。

Smith 预估器各可调参数的初值来自离线的最优降阶模型，并根据现场调试最终确定，可调参数与压上-厚度有效系数、液压压上环节及测厚仪环节的响应时间等相关。监控 AGC 的控制量 ΔH_i 与 Smith 预估控制器输出的厚度补偿量 ΔH_{Smith}之间的关系可用以下传递函数表示：

$$\frac{\Delta H_{\text{Smith}}}{\Delta H_i}=G_i(s)\cdot(1-\mathrm{e}^{-\tau_i s}) \tag{4.32}$$

式中，τ_i 为带钢段从机架辊缝处到 X_i 测厚仪处经过的时间。

监控 AGC 采用变增益的积分控制器，积分时间与带钢厚度、轧制速度、HGC 响应时间等参数有关。积分时间 t_{MON}利用式(4.33)计算：

$$t_{\text{MON}}=\frac{t_{\text{Hresp}}+t_{\text{Gresp}}+(L_i/V_i)}{K_{\text{MON}}} \tag{4.33}$$

式中，t_{Hresp}为机架 HGC 系统响应时间；t_{Gresp}为测厚仪 X_{i} 的响应时间；L_i 机架到测厚仪 X_{i} 的中心距离；V_i 为机架出口带钢速度；K_{MON}为机架监控 AGC 控制器可变增益。

当机架秒流量 AGC 投入时，监控 AGC 控制量 ΔH_{MON}直接输出到机架秒流量 AGC 中。当机架秒流量 AGC 未投入时，监控 AGC 控制量 ΔH_{MON}经过压上-厚度有效系数转换后，调节机架的辊缝位置。辊缝调节量的计算公式如下：

$$\Delta S_{\text{MON}}=\Delta H_{\text{MON}}\cdot\left(1+\frac{M}{K}\right) \tag{4.34}$$

张力补偿的速度调节量的计算公式如下：

$$\Delta V_{\text{MON}}=\Delta H_{\text{MON}}\cdot\frac{V_{i-1}}{H_i} \tag{4.35}$$

4.2.5　秒流量 AGC

秒流量 AGC 是冷连轧 AGC 控制特有的技术。秒流量 AGC(MF-AGC)的基本原理是稳态连轧过程中，各机架间秒流量应保持恒定，即机架入口秒流量应等于出口秒流量，通过秒流量恒定原则估算机架出口厚度，将该厚度与目标厚度进行比较，得到出口厚度偏差，通过调整辊缝或辊速来消除厚度偏差。一般用于消除呈周期性频繁变化因素对轧件轧出厚度的影响。

如图 4.13 所示，秒流量 AGC 是 SIEMENS 最为推崇的一种冷连轧 AGC 方式，他们在传统秒流量 AGC 的基础上推出高级秒流量 AGC。高级秒流量 AGC 是把秒流量相等的原理扩展到第 1 机架前的张力辊。在第 1 机架的 AGC 控制中，将张力辊当作无压上的第 0 机架处理。因此，第 1 机架前的张力控制输出不再控制 S 辊的张力，而是与其他机架一样，其输出控制第 1 机架的辊缝位置。同样作为高级秒流量 AGC 方式下的厚度调节，第 1 机架的前馈控制根据第 1 机架前的测厚仪测得的厚差信号，调节第1机架的辊缝，达到消除来料厚差的目的。同时，由于第1机架辊缝位置的调节，会使S辊与第1机架间带钢张力发生变动，故需在辊缝调节的同时去控制S辊的速度，从而达到S辊与第1机架间张力不变的目的。

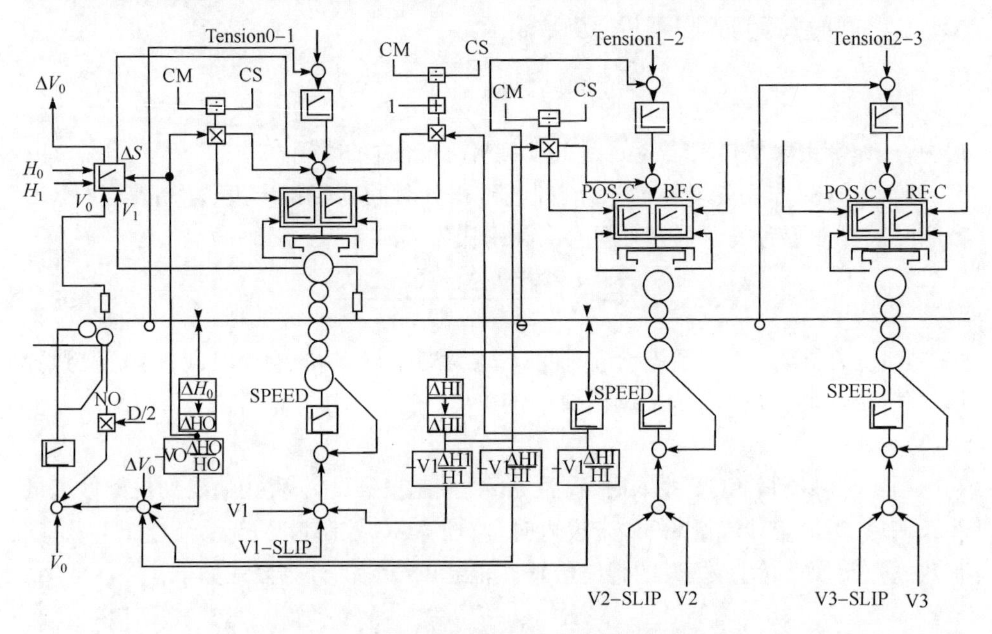

图4.13　高级秒流量AGC系统示意图

以S1机架的秒流量AGC为例，基于入口测速仪V_0、入口测厚仪H和出口激光测速仪V_1，实时估算出口厚度偏差，其闭环修正值直接作用到第1机架辊缝和轧辊速度。秒流量AGC控制响应无滞后，这是监控AGC无法比拟的优点。基本数学模型是秒流量恒定方程，所谓秒流量恒定就是在轧制过程中金属单位时间流入机架入口和流出机架出口的轧件体积相等，由于冷轧过程机架入口带宽与出口带宽基本相等，则以下公式成立：

$$V_0 \cdot H = V_1 \cdot h \tag{4.36}$$

式中，V_0为机架入口带钢速度；V_1为机架出口带钢速度；H为机架入口带钢厚度；h为机架出口轧件厚度。

式(4.36)即为常用的秒体积流量恒定方程，简称秒流量方程。由式(4.36)可得

$$h = \frac{V_0}{V_1} H \tag{4.37}$$

由此可见，只要能直接准确检测机架入口、出口的带钢速度和入口的带钢厚度，便可间接测得机架出口厚度。用这种方法构成的AGC方式称为流量AGC。也有个别轧机用设定厚度与速度进行流量计算。高精度的激光测速仪和测厚仪使

秒流量 AGC 的控制精度很高，应用范围广。但对于其他轧件方面的原因(如轧件硬度)引起的出口厚度变化却不能通过秒流量方程检测，否则将可能导致系统振荡。因此，流量 AGC 的应用是有局限性的，应与其他形式的 AGC 配合使用。例如，可与测厚仪式 AGC 配合使用，也可与 Smith-AGC 配合使用。

日立和 SIEMENS 的秒流量 AGC 代表国际最先进的水平，但由于检测仪表配置不同，它们也采用不同的控制策略。由于日立公司在 S1 架前后未配置测速仪，无法实现 S1 秒流量 AGC，但它在 S2～S5 后都配置了测速仪，因此可以实现 S2～S5 反馈秒流量 AGC。以 S5 反馈秒流量 AGC 说明其控制原理。如图 4.14 所示，通过检测 S5 前厚度和速度以及 S5 后速度，应用秒流量原理计算 S5 后的厚度初始值，并与 S5 后测检测实际厚度 h_5^* 进行比较，得到修正量 η_5，再输入式(4.37)调节 S4 辊速 V_{4R} 进行修正。

$$h_{5m}=\frac{V_{4D}}{V_{5D}}\cdot H_5\cdot(1+\eta_5) \tag{4.38}$$

式中，h_5 为 5 架出口厚度；V_{4D} 为 4 架出口速度；V_{5D} 为 5 架出口速度；H_5 为 5 架入口厚度。

同样，S2～S4 反馈秒流量 AGC 实现方法与 S5 相同。对于 S2～S5 为了抵消由于辊速调节产生的机架张力波动，依据式(4.39)计算调节 $n+1$ 架辊缝进行张力解耦控制。

$$\Delta S_{ref}=\frac{(K+M)}{K}\cdot(V_{ref}\cdot H_{ref}) \tag{4.39}$$

式中，ΔS_{ref} 为调节架前张力的辊缝调节量；K 为轧机刚度；M 为带钢塑性系数；V_{ref} 为某机架速度设定。

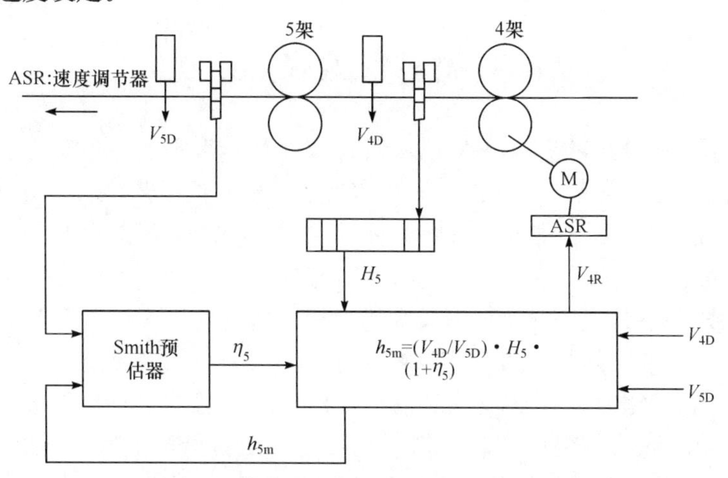

图 4.14 反馈秒流量 AGC 控制系统示意图

SIEMENS 可以通过检测 S1 前厚度和速度以及 S1 后速度，应用秒流量公式(4.40)预计算出 S1 后的厚度偏差 Δh_1。

$$\Delta h_1=\frac{V_0}{V_1}\cdot(H_0+\Delta h_0)-H_1 \tag{4.40}$$

式中，H_1、Δh_1 为 S1 后的厚度及厚度偏差；V_0、V_1 分别为 S1 前后速度；H_0、Δh_0 为 S1 前厚度及厚度偏差。

如图 4.15 所示，秒流量预计算可预先知道 S1 出口的厚差，并且对机架的辊速或辊缝调节，其预计算结果由监控 AGC 进行修正，修正值输入秒流量控制器。在普通秒流量控制方式下，调节量输入到 S1 辊缝控制，同时调节 S1 入口 S 辊速对入口张力波动进行补偿；在高级秒流量控制方式下，系统将 S 辊看作"0"架调节量转化为入口 S 辊速，同时调节 S1 辊缝对入口张力波动进行补偿。

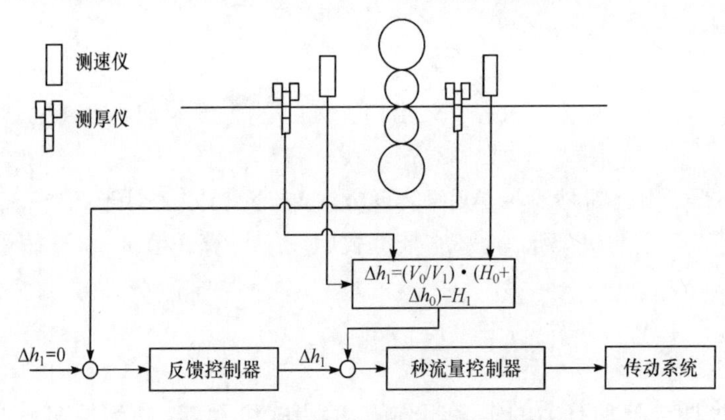

图 4.15　第 1 机架秒流量 AGC 示意图

4.3　冷连轧的张力控制

张力是冷连轧制过程特有的现象和最活跃的因素，实现高精度的张力自动控制(automatic tension control，ATC)，不仅关系到能否按工艺要求成功地完成轧制过程，更直接关系到轧后带钢的各种性能。冷连轧生产过程正常进行的条件是各机架在单位时间内的秒流量完全相等，若秒流量不等便会引起机架之间的带钢有张力作用或者失张，从而导致拉钢或堆钢。秒流量完全相等是实现无张力轧制的理想状态，但是在实际轧制过程中影响机架间张力的工艺参数还是很多，如压下量、轧制压力、轧制力矩、轧制速度和前滑等，不可能完全做到绝对无张力轧制。

实践表明，张力的变化又对工艺参数产生相互的影响作用。例如，在相邻的 Si 和 Si+1 机架之间轧件上的张力因某种原因有所增加，此张力的波动不仅会使 Si+1 上的轧制力减小、力矩增大、前滑减小、速度降低；而且还会使 Si 机架上的轧制力减小、压力减小、速度提高、前滑增大；同时还会影响其他机架工艺参数的变化，只是其影响效应有所不同。在连轧过程中张力这种相互传递的影响作用，可以说是牵一发而动全身，所以张力的问题是冷连轧机带钢生产控制的核心问题之一。

4.3.1　张力产生原因及其作用

连续轧制过程中，带钢上之所以有张力作用，是由于在轧件长度方向上存在速度差，使得轧件上不同部位的金属有相对位移而产生张应力，单位平均张力为 τ_{Tm}，与所作用的横截面积 A 乘积就是作用在轧件上的张力 T，如图 4.16 所示，其表达式如下：

$$T=A\cdot\tau_{\mathrm{Tm}}\tag{4.41}$$

式中，T 为作用于带钢截面 A 上的张力；A 为带钢的横截面积；τ_{Tm} 为单位平均张力。

根据弹性体的胡克定律可知，金属弹性变形时，应力 τ 与弹性应变量 ε 呈正比关系，即

$$\tau=E\cdot\varepsilon\tag{4.42}$$

式中，E 为材料的弹性模数，低碳钢的 $E=20.58\times10^{4}\mathrm{MPa}$。

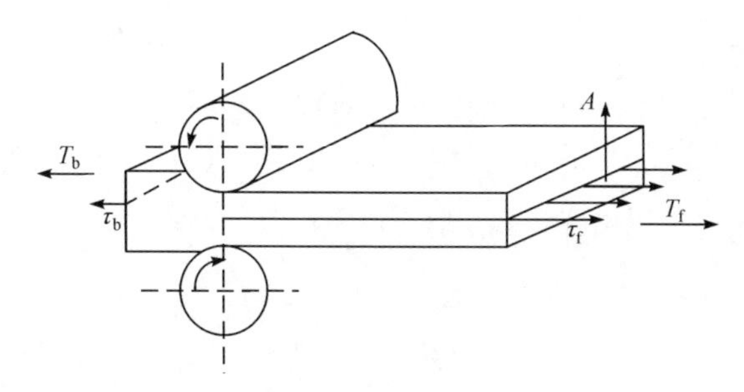

图 4.16　作用在带钢上的张力

由此可知，应力的产生是由于金属弹性应变。如图 4.17 所示的带钢上取出任意两点 a 和 b 来分析，以此两点之间的距离作为标准距离，用 l_0 表示，a 点和 b 点的运动速度分别为 v_a 和 v_b，并且 $v_b>v_a$，带钢长度方向上的位移量为 Δl，则弹性应变可用下式表示：

$$\varepsilon=\frac{\Delta l}{l_0}\tag{4.43}$$

应力的产生及其大小取决于轧件长度方向上的应变，即取决于该两点的相对位移量。要使 a 与 b 两点有相对位移，只有当 a 点与 b 点之间存在运动速度差才有可能。当按式(4.40)求出应变值之后，轧制时的应力可按式(4.41)求出，此应力就是张应力，用 τ_{0T} 表示，即

$$\tau_{0T}=E\cdot\varepsilon$$

$$\mathrm{d}(\sigma_{0T})=E\mathrm{d}\varepsilon=E\mathrm{d}\left(\frac{\Delta l}{l}\right)=\frac{E}{l_0}\mathrm{d}(\Delta l)=\frac{E}{l_0}(v_b-v_a)\mathrm{d}t \tag{4.44}$$

所以

$$\tau_{0T}=\frac{E}{l_0}\int(v_b-v_a)\mathrm{d}t \tag{4.45}$$

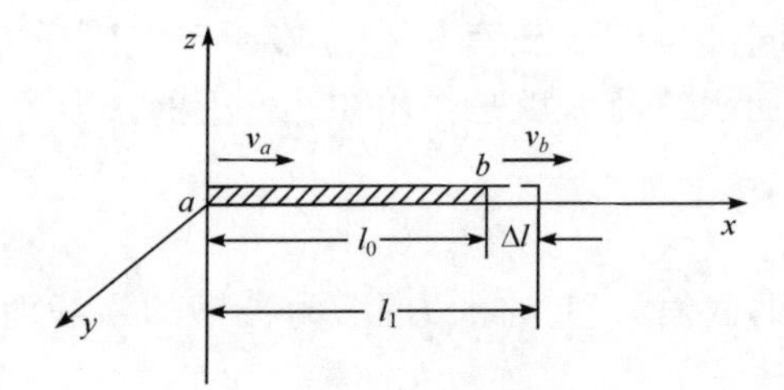

图 4.17　张力产生的原因示意图

因此，当 a 点与 b 点有速度差时，作用于带钢上的张力 T_0 为

$$T_0=\frac{AE}{l_0}\int(v_b-v_a)\mathrm{d}t \tag{4.46}$$

由式(4.46)可知，在具体的轧制条件下，A、E 和 l_0 皆为定值，所以在轧制过程中张力的产生完全是由 a 点和 b 点的速度差而引起的。

在实际的轧制过程中，v_a 和 v_b 本身也有变化，当 v_a 和 v_b 分别产生 Δv_a 和 Δv_b 的微小变化时，张应力和张力也会产生相应的变化，其值为

$$\Delta\sigma_T=\frac{E}{l_0}\int(\Delta v_b-\Delta v_a)\mathrm{d}t \tag{4.47}$$

$$\Delta T=\frac{AE}{l_0}\int(\Delta v_b-\Delta v_a)\mathrm{d}t \tag{4.48}$$

所以当 a 点与 b 点除有速度差之外，它们本身还有速度变化时，作用于带钢上的单位张力 σ_T 和张力 T 分别为

$$\sigma_T=\sigma_{0T}+\Delta\sigma_T=\frac{E}{l_0}\int(v_b-v_a)\mathrm{d}t+\frac{E}{l_0}\int(\Delta v_b-\Delta v_a)\mathrm{d}t \tag{4.49}$$

$$T=T_0+\Delta T=\frac{AE}{l_0}\int(v_b-v_a)\mathrm{d}t+\frac{AE}{l_0}\int(\Delta v_b-\Delta v_a)\mathrm{d}t \tag{4.50}$$

由式(4.49)、式(4.50)可知，只有当轧件不同部位有速度差时，才可能产生张应力和张应力的变化，以及张力和张力的变化。并可看出，速度差是时间 t 的函数，单位张力 τ_T 与 v_a 及 v_b 的绝对值的大小无关，而只与它们速度差的大小有关。

张力轧制是冷轧生产的一个重要特点，机架间带钢所受的张力分为前张力和后张力两种。如图 4.16 所示，作用方向与轧制方向相同的张力称为前张力，用 T_f

或 τ_f 表示；而作用方向与轧制方向相反则称为后张力，用 T_b 或 τ_b 表示。

机架间张力在冷轧生产中的作用主要体现在以下几方面。

(1) 防止带钢跑偏。防止带钢跑偏的控制是保证冷轧正常轧制的一个重要问题。在实际生产中，即使是绝对平行的轧件截面进入绝对平行的原始辊缝的轧辊中进行轧制，喂钢时不能准确对中和沿轧件宽度方向上压力分布不平衡，仍然会造成轧件跑偏。跑偏将会破坏正常板形，引起操作事故甚至设备故障。若采用张力轧制，当轧件出现不均匀的延伸时，沿轧件宽度方向上的张力分布将发生相应的变化，即延伸较大的一侧张力较小，否则相反。因此，在轧制过程中建立适当大小的张力就能防止轧件跑偏。

(2) 降低金属变形抗力和变形功。在无张力作用时，金属在变形区中受到三向压应力的作用。当有张力作用，且前后张力足够大时，能够使水平出口方向的应力由原来的压应力变为拉应力，垂直方向的压应力变小，轧制总压力有所降低。前张力的一部分由辊面承担，轧件应力状态变化较小。相对而言，后张力对单位压力和轧制压力的效果有更加明显的作用。

(3) 保证所轧带钢板形平直。所谓板形良好就是指带钢的平直度好，轧制后的带钢之所以会出现不良板形，其原因主要是由于纵向延伸不均，轧件中的残余应力超过了稳定时所允许的压应力。如果在轧制过程中给轧件加上一定的单位张力，使带钢沿宽度方向上的纵向变形能趋于一致，便可减少带钢残余应力，有利于得到平直的带钢。

(4) 能够适当调节主电机的负荷分配。如图 4.18 所示的连轧电机负荷调整，若带钢在 Si 和 Si+1 机架中进行无张力轧制时的力矩分别为 F_i 和 F_{i+1}，所需的功率分别为 $N_{0,i}$ 和 $N_{0,i+1}$，则当带钢在张力 T 的作用下进行连轧时，F_{i+1} 机架便会通过带钢牵引 F_i 机架，帮助 F_i 机架轧制，因此 F_i 机架上主传动的负荷 $M_{0,i}$ 减小到 $M_{1,i}$，而 F_{i+1} 机架上主传动的负荷 $M_{0,i+1}$ 增加到 $M_{2,i+1}$。所以在实际连轧过程中，张力自调整作用可以使设定的功率发生改变。现场有时也通过调节速度来适当地调整各机架主电机的负荷。

(5) 能适当地调节带钢的厚度。张力变化引起轧制压力改变，轧机弹跳也就改变，张力的作用是敏感的，可以用它来作为厚度的微调。

4.3.2 张力控制方式

冷连轧张力控制系统中对机架间张力控制系统性能要求最高，对其也最难以控制。机架间张力控制方式分为速度张力控制和辊缝位置张力控制。

1. 速度张力控制

速度控制模式是张力控制中较好的控制方式。在轧机低速控制时(一般小于

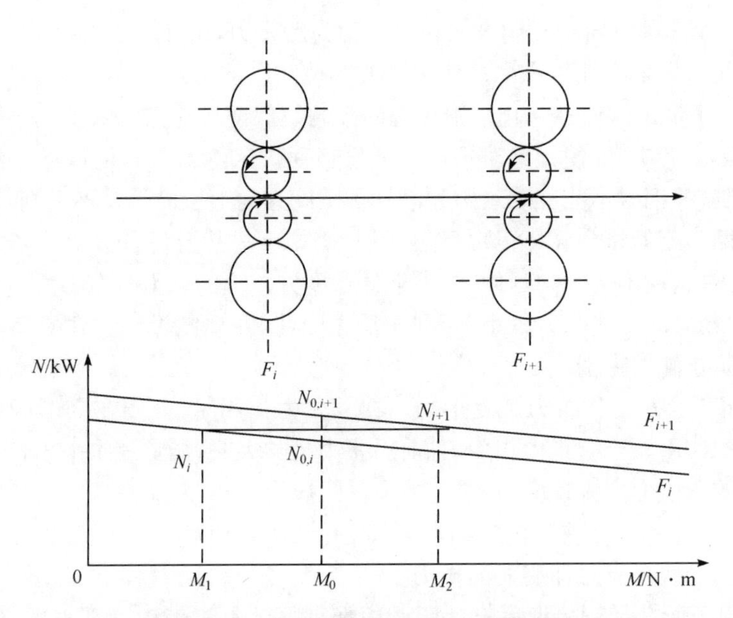

图 4.18　轧制张力对主电机负荷的影响

60m/min),辊缝位置对张力的作用效果不够明显,并且会损害板形,这时的控制策略是利用改变机架速度调节张力,其效果好于改变机架辊缝位置,对板形的影响最小。低速控制方式以 S3 机架为基准机架调节其上游及下游机架的速度,这种速度控制方式与轧机速度分配的原则是相符的,事实是一个机架速度的变化,将影响其前后两个机架间的张力。因此,对所调节机架相邻的非基准机架的速度进行级联调节。

通过机架间的张力计测量机架间张力,张力反馈处理后,将测量的实际张力与设定张力相比较,形成的张力偏差信号输出给机架速度控制功能。通过 PID 调节作用,输出速度调节量,如果机架间的张力小,则减小轧辊线速度,否则增大轧辊线速度。此功能可在穿带和甩尾轧制过程中实现。

$$T=\frac{Bh_iE}{L}\cdot\int(v_{(i+1)\mathrm{H}}-v_{i\mathrm{h}})\mathrm{d}t \tag{4.51}$$

式中,E 为带钢的弹性模量;L 为机架间距离;$v_{i\mathrm{h}}$ 为第 i 机架带钢出口速度;$v_{(i+1)\mathrm{H}}$ 为第 $i+1$ 机架带钢入口速度;B 为带钢宽度;h_i 为第 i 机架的带钢厚度。

式(4.51)两边取微分可得

$$\Delta v_i=\frac{L}{Bh_iE}\cdot\frac{\mathrm{d}T}{\mathrm{d}t} \tag{4.52}$$

张力偏差信号送入 PID 控制器中,输出信号为机架速度调整量,从而构成机架间张力的闭环控制,张力反馈控制框图如图 4.19 所示。

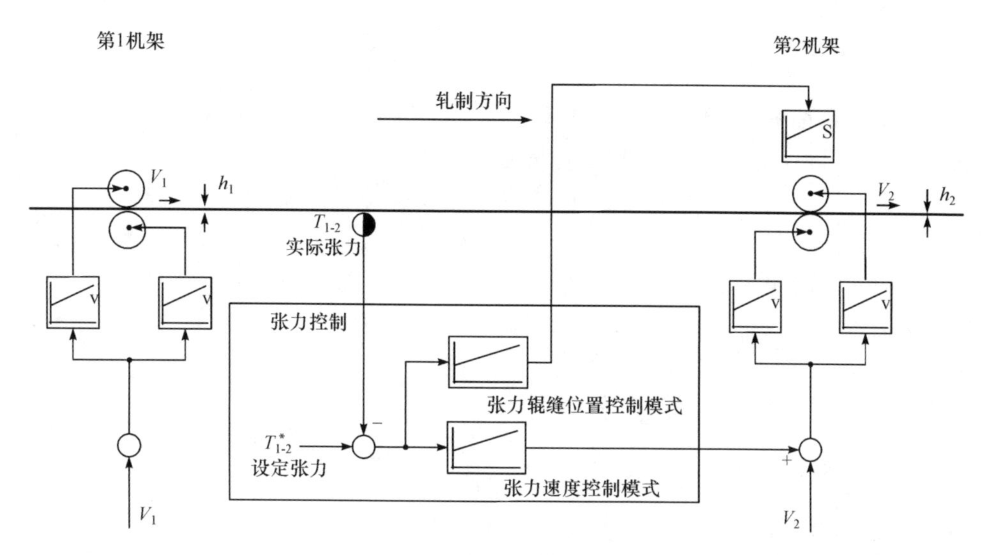

图 4.19　张力反馈控制原理

2. 辊缝位置张力控制

在高速轧制过程中(一般大于 60m/min),张力控制系统的执行机构为液压压上装置。此时带钢张力对辊缝位置作用的反应比调速更快。通过用机架间设置的张力计测量机架间张力,反馈处理后,将测量的张力与设定张力相比较,得到张力偏差信号,将张力偏差信号输入辊缝位置控制功能,输出再被转化为辊缝调整量,通过与测量的厚度、速度值以及轧制模型数据进行运算,最后将此辊缝位置调整量用于下游机架辊缝位置调整。如果机架间的实际张力比设定张力低,则将下游机架的辊缝位置放大,否则就将下游机架的辊缝位置缩小。

辊缝位置张力控制实质是通过调节下一机架的液压压上系统,改变此机架的轧件出口厚度,在出口速度和来料厚度不变的情况下,改变了此机架的轧件入口速度,达到调节前后两机架间张力的目的。

如图 4.19 所示,是 S1-S2 机架间带钢张力控制实例。由 S1 机架后张力计的测量值通过张力反馈处理后,得到张力实际值 $T_{1\text{-}2}$ 与设定张力 $T'_{1\text{-}2}$ 比较,得到张力偏差值。若张力偏差值超过张力偏差允许范围,液压辊缝控制功能输出一个辊缝调节量 ΔS_2,给 S2 机架的压上系统,通过调节 S2 机架的辊缝,改变了轧件的出口厚度,在轧件入口厚度和出口速度都不变的情况下,根据秒流量相等原则,轧件的入口速度一定会发生变化。

设 S2 机架的出口厚度变化量为 Δh_2,出口速度 v_{2o} 和入口厚度 H_2 不变,根据秒流量相等原则,可设 S2 机架的入口速度变化量为 v_{2i},则有

$$\Delta v_{2i} \cdot H_2 = v_{2o} \cdot \Delta h_2 \tag{4.53}$$

所以，$\Delta v_{2i}=\dfrac{v_{2o}\cdot\Delta h_2}{H_2}$。

在轧件塑性系数和轧机模数不变的情况下，设辊缝的调节量为 ΔS。根据 F-h 图，由几何关系可得，轧件的出口厚度变化量为

$$\Delta h=\frac{M}{M+Q}\cdot\Delta S \tag{4.54}$$

将式(4.53)代入式(4.54)得

$$\Delta v_{2i}=\frac{M}{M+Q}\cdot\frac{v_{2o}}{H_2}\cdot\Delta S \tag{4.55}$$

机架压上比入口速度变化增益为

$$K_1=\frac{\Delta v_{2i}}{\Delta S}=\frac{M}{M+Q}\cdot\frac{v_{2o}}{H_2} \tag{4.56}$$

最终得到

$$\Delta S=\frac{M+Q}{M}\cdot\frac{H_2}{v_{2o}}\cdot\frac{L}{Bh_2E}\cdot\frac{\mathrm{d}T}{\mathrm{d}t} \tag{4.57}$$

由上述推导过程可知，调节下游机架辊缝来调节张力 T_1。当 $T_1-T_0>0$ 时，应减小辊缝使实际张力减小，直到 $T_1-T_0=0$；$T_1-T_0<0$ 时，应增大辊缝使实际张力增加，以消除张力偏差。

4.3.3 带钢张力值的测定

在冷轧时用于检测带钢张力的最为普遍的装置就是张力计。冷连轧机一般共有 5 个机架，每个机架的前后均装有张力检测辊，第 5 机架后的张力检测辊作为板形辊出现。张力计测量张力的原理就是利用带钢被拉伸时，带钢内的张力就会施加到一个处于动态平衡状态的检测辊上，安装在检测辊两端轴承座下面的传感器装置，便可以检测到垂直于底座的分力。

每个张力检测辊的下方分别在传动侧和操作侧各装有一个张力传感器，如图 4.20 所示，检测到张力实际值，通过数据收集器，将张力数值模拟信号传输到张力检测数据处理器中，处理器提供张力传感器电源并处理张力检测信号，通过 RS232/RS458 传输到外设，或通过 Fieldbus 网络传输到 PLC 中。

1. 张力传感器

张力传感器检测原理是基于在受到机械压力的条件下，电磁材料的磁导率发生改变的事实。张力计压头装置是一种用于测量带钢张力的机电一体化传感器，它为测量辊精确工作提供了一个牢固稳定的平台，如图 4.21 所示，传感器包括带有 4 个孔的钢块，其中对角线的两个圆孔互相按照正确的角度缠绕上线圈。通过

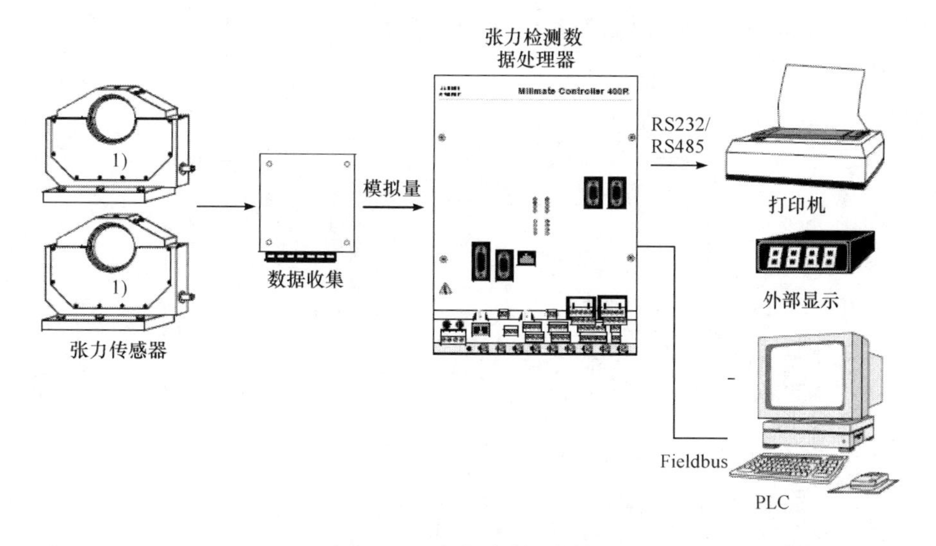

图 4.20　张力计检测结构

一次绕组线圈流过交流电流，则在其周围产生磁场，因为两个线圈彼此在正确的角度，只要在传感器压头上没有负荷，所以在二次绕组周围不会产生磁场。当在检测方向对传感器压头施加压力时，磁场的传输发生改变，造成通过二次绕组，并在其中产生交流电压，控制单元将交流电压转换成直流电压，此电压与施加的压力成正比。

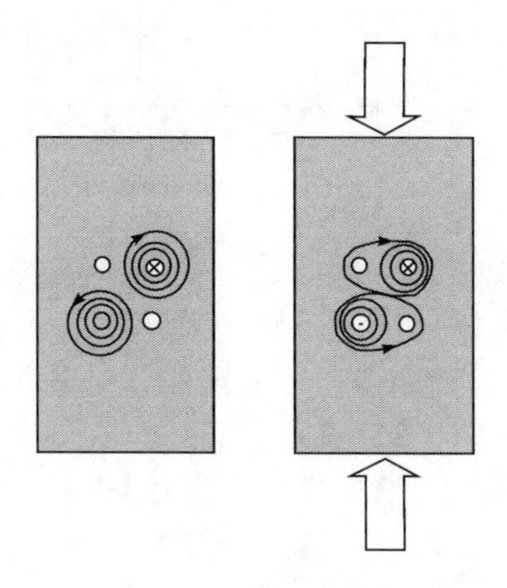

图 4.21　张力传感器检测原理

2. 检测数据处理单元

检测数据处理单元给张力传感器提供电源，同时处理从传感器传输过来的信号，并将测量值传送给外部设备，包括传感器压头的励磁电流、2～4 路传感器模拟信号输入、4 路测量值模拟信号输出、8 路控制信号输入、8 路状态和报警信号输出、网络连接等，如图 4.22 所示。

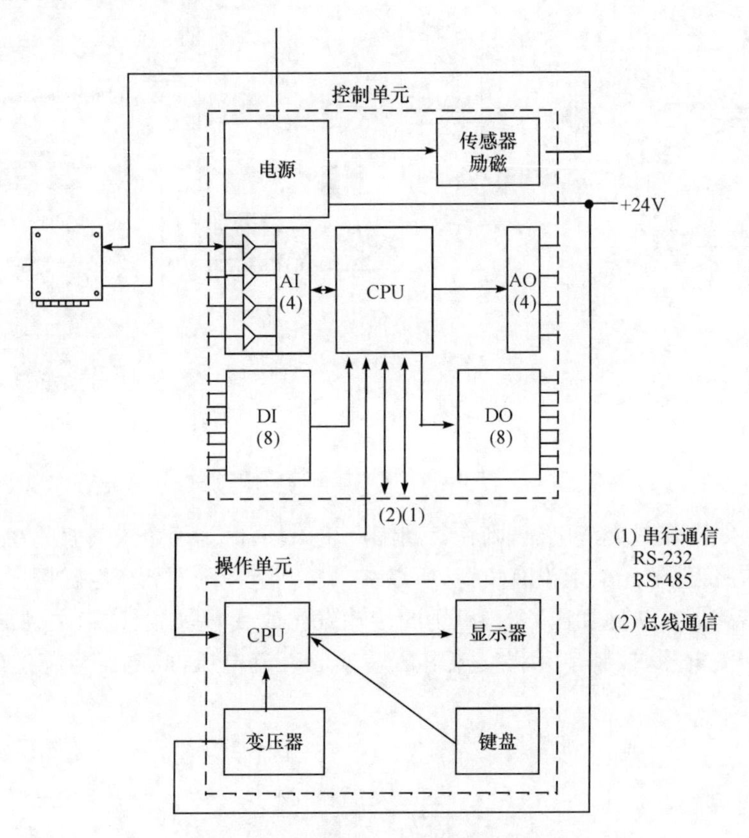

图 4.22　张力数据处理器功能组成

3. 张力实际值计算

如图 4.23 所示，张力计测量张力的原理就是利用带钢被拉伸时，带钢内的张力就会施加到一个处于动态平衡状态的检测辊上，安装在检测辊两端轴承座下面的传感器装置，便可以检测到垂直于底座的分力。从传感器的输出信号、带钢夹角或称包角 α 和 β 及安装的几何尺等参数，可以直接计算出带钢的张力 T。计算原理及公式如下：

$$T=G\times F_{R}$$

式中，T 为带钢张力；G 为包角增益；F_{R} 为传感器检测方向的张力分量。

(1) 传感器水平安装时，对于垂直测量的包角增益：

$$F_{R}=F_{Vert},\quad G=\frac{T}{F_{R}}=\frac{1}{\sin\alpha_{1}+\sin\alpha_{2}}$$

对于水平测量的包角增益：

$$F_R = F_{Hor}, \quad G = \frac{T}{F_R} = \frac{1}{\cos\alpha_2 - \cos\alpha_1}$$

(2) 传感器非水平安装时，偏转角 $\alpha_1 + \alpha_2$ 必须被倾斜角 γ 补偿：

$$\alpha_1 = \alpha_1 + \gamma, \quad \alpha_2 = \alpha_2 - \gamma$$

以上计算在检测数据处理单元中自动执行，一般包角增益在 0.5～2.0 变化，依靠机械安装类型。

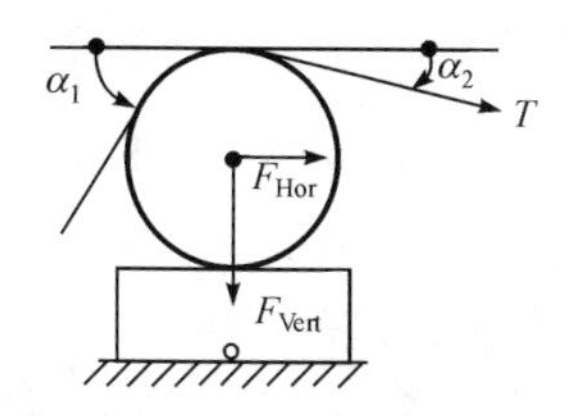

图 4.23　张力实际值计算

4.3.4　张力控制时的轧制特性

如图 4.4 所示为带钢张力对接触弧上正压力分布的影响，在事先做出某些近似假设的条件下，从带钢入口到中性点处轧辊所受的正压力分布可由下式给出：

$$P_1 = \frac{kh}{h_1}\left(1 - \frac{T_1}{k_1}\right)\exp[\mu(H_1 - H)] \tag{4.58}$$

而从带钢出口处到中性点轧辊所受正压力的分布又可由下式给出：

$$P_2 = \frac{kh}{h_2}\left(1 - \frac{T_2}{k_2}\right)\exp[\mu H] \tag{4.59}$$

式中，h_1、h_2 分别为入口与出口带钢厚度；k_1、k_2 分别为入口处与出口处带钢屈服应力；T_1、T_2 分别为入口处与出口处的带钢张力；k 为接触弧中任一点处的带钢屈服应力；h 为接触弧中任一点处的带钢厚度；μ 为带钢与轧辊间的摩擦系数；H_1 为入口处带钢厚度；H 为无量纲参数，其表达式如下：

$$H = 2\sqrt{\frac{R'}{h_2}}\tan^{-1}\left[\sqrt{\frac{R'}{h_2}}\theta\right] \tag{4.60}$$

式中，R'为轧辊压扁半径；θ 为在相应厚度 h 处的接触角。

由式(4.59)和式(4.60)可以看出，不管是入口处还是出口处，带钢张力都使轧辊所受的正压力减小，从而导致轧制力 P_T 降低。而轧制力可由下式来计算出：

$$P_T = P\left[1 - \frac{1}{K}(m_1 s_1 + m_2 s_2)\right] \tag{4.61}$$

式中，P_T 为带张力时的轧制力；P 为不带张力时的轧制力；K 为变形抗力；m_1、m_2 分别为入口处和出口处的带钢张力影响因子。

研究发现，入口处带钢张力对轧制力的影响要比出口处张力对其相应的影响大得多。综合多种因素，m_1 因子常在 0.5～0.667 变化，而 m_2 因子的变化范围却为 0.335～0.5。带钢张力一发生变化就会使轧制力 P_T 变化，从而导致应力状态系数 P_T/K 变化，这样轧制中的带钢厚度就发生了变化。

4.3.5 轧机架间张力控制

1. 轧机架间张力数学模型

在一定轧制条件下，带钢进入轧辊的入口速度 V_{iH} 小于轧辊在该点处的线速度 V_i 的水平分量 $V_i\cos\alpha$ 的现象称为后滑；而轧件出口的水平速度 V_{ih} 大于轧辊在该处的线速度 V_i 的现象称为前滑。轧制时的前滑和后滑现象使得轧件在出轧辊时的速度与轧辊的线速度不相等，其差值在轧制过程中受许多因素的影响而变化。前滑值是用轧件的出口速度和轧辊线速度的相对差值来表示的，即

$$f_{ih}=\frac{V_{ih}-V_i}{V_i}\times 100\% \tag{4.62}$$

式中，f_{ih} 为第 i 机架的前滑量；V_i 为第 i 机架的轧辊线速度；V_{ih} 为第 i 机架带钢的出口速度。

同样，后滑值是用轧件的入口速度 V_{iH} 和轧辊在该点处线速度 V_i 的水平分量 $V_i\cos\alpha$ 的相对差值来表示的，即

$$\varphi_{ih}=\frac{V_i\cos\alpha-V_{iH}}{V_i\cos\alpha}\times 100\% \tag{4.63}$$

式中，φ_{ih} 为第 i 机架的后滑值；$V_i\cos\alpha$ 为第 i 机架的轧辊线速度水平分量；V_{iH} 为第 i 机架轧件的入口速度。

知道带钢出口速度、轧辊的线速度和前滑值或后滑值的关系，就可以进一步推导轧制过程中张力形成环节的数学模型。基于相邻机架速度差产生张力这一观点来推导和建立冷连轧机张力环节的数学模型。

张力控制如图 4.24 所示，F_i 和 F_{i+1} 是冷连轧机相邻的两个机架，L 是相邻机架间的间距，V_{ih} 是第 i 个机架带钢的出口速度，$V_{(i+1)H}$ 是 F_{i+1} 机架带钢的入口速度。设 $V_{(i+1)h}>V_{ih}$，则带钢长度将被拉长，可表示为如下形式：

$$L_1=L-\Delta L \tag{4.64}$$

式中，L 是拉伸后的长度，也是两机架间的距离；L_1 是带钢没拉伸的长度；ΔL 是带钢长度方向上的拉伸量。

由式(4.64)，相对拉伸量 ε 可表示成如下形式：

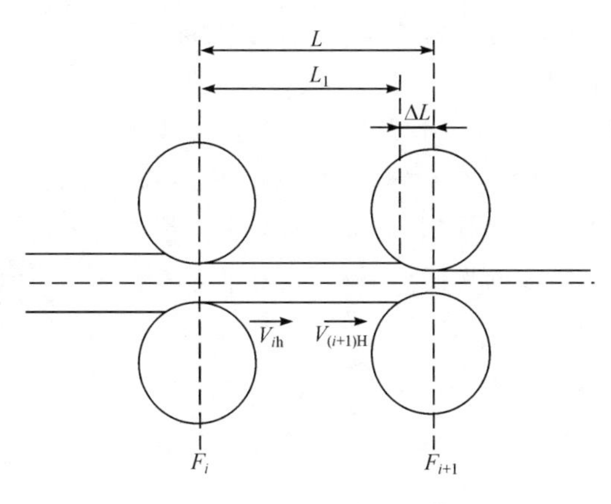

图 4.24　张力控制示意图

$$\varepsilon=\frac{\Delta L}{L-\Delta L} \tag{4.65}$$

由式(4.65)可得出

$$\Delta L=\frac{\varepsilon}{1+\varepsilon}\times L$$

在任意时刻，带钢被拉伸的速度为

$$\frac{\mathrm{d}\Delta L}{\mathrm{d}t}=V_{(i+1)\mathrm{H}}-V_{i\mathrm{h}}$$

将(4.63)和式(4.64)代入式(4.65)得

$$\frac{\mathrm{d}\Delta L}{\mathrm{d}t}=\frac{L}{(1+\varepsilon)^2}\times\frac{\mathrm{d}\varepsilon}{\mathrm{d}t}=V_{(i+1)\mathrm{H}}-V_{i\mathrm{h}}$$

$$\frac{\mathrm{d}\varepsilon}{\mathrm{d}t}=\frac{(1+\varepsilon)^2}{L}\times[V_{(i+1)\mathrm{H}}-V_{i\mathrm{h}}] \tag{4.66}$$

在正常的轧制状态下，轧件为弹性拉伸，故这种形变服从胡克定律。所以下式成立：

$$\varepsilon=T/E$$

式中，E 为弹性模量；T 为张力值。

由式(4.66)可得

$$\mathrm{d}\varepsilon=\frac{1}{E}\times\mathrm{d}T$$

将式(4.66)代入式(4.64)得出

$$\frac{\mathrm{d}T}{\mathrm{d}t}=\frac{E}{L}\times\left(1+\frac{T}{E}\right)^2\times[V_{(i+1)\mathrm{H}}-V_{i\mathrm{h}}] \tag{4.67}$$

式(4.67)虽为张力环节的数学模型，但是只考虑了速度差的影响，所以并不能完全真实地反映张力的动态过程。实际上张力的形成不但受到速差的影响,还受到轧件前滑和后滑值的影响。当由于某种因素造成张力上升时,会因为张力的增大使轧件的前滑值增大。由式(4.63)可知,将导致 V_{ih}上升,从而使张力下降。同样,张力的变大也会使后滑值变大,由式(4.64)可知,将导致 $V_{(i+1)H}$下降,使张力减小。由此可以看出,张力形成的系统本身是一个平衡系统,在受到外界干扰时,张力将由一个平衡点向新的平衡点运动,只要张力值没有超过带钢的屈服极限,这一平衡点就是存在的。

$T/E \ll 1$ 时,有

$$\frac{\mathrm{d}T}{\mathrm{d}t}=\frac{E}{L}\times(V_{(i+1)\mathrm{H}}-V_{i\mathrm{h}}) \tag{4.68}$$

并假定 $V_{(i+1)H}$不受后滑量的影响,后滑量的影响归结到 V_{i+1}的变化上。

由于前滑量的影响,V_i 为

$$V_{i\mathrm{h}}=V_i\times(1+f_{i\mathrm{h}}) \tag{4.69}$$

式中,V_i 为第 i 个机架轧辊的线速度;f_{ih}为第 i 个机架的前滑量。

实际上,前滑量 f_{ih}也是板带钢的张力函数。由实验给出了如下关系式:

$$f_{i\mathrm{h}}=f_{i\mathrm{h}_0}+\alpha T \tag{4.70}$$

式中,f_{ih_0} 为 $T=0$ 时的前滑量;α 为前滑量影响系数。

将式(4.69)代入式(4.68)得出

$$V_{i\mathrm{h}}=V_i\times(1+f_{i\mathrm{h}_0}+\alpha T) \tag{4.71}$$

将式(4.71)代入式(4.68)可推出

$$\begin{aligned}\frac{\mathrm{d}T}{\mathrm{d}t}&=\frac{E}{L}\times[V_{(i+1)\mathrm{H}}-V_i\times(1+f_{i\mathrm{h}_0}+\alpha T)]\\&=\frac{E}{L}\times[V_{(i+1)\mathrm{H}}-V_i\times(1+f_{i\mathrm{h}_0})-\alpha V_iT]\\&=\frac{E}{L}\times[V_{(i+1)\mathrm{H}}-V_{i\mathrm{h}_0}]-\frac{E\alpha V_i}{L}\times T\end{aligned} \tag{4.72}$$

式中,$V_{ih_0}=V_i\times(1+f_{ih_0})$。

将式(4.72)进行拉普拉斯变换得到

$$sT(s)=\frac{E}{L}\times[V_{(i+1)\mathrm{H}}(s)-V_{i\mathrm{h}_0}(s)]-\frac{E\alpha V_i}{L}\times T(s) \tag{4.73}$$

设 $G_T(s)$为张力传递函数,则有下式成立:

$$\begin{aligned}G_T(s)&=\frac{T(s)}{V_{(i+1)\mathrm{H}}(s)-V_{i\mathrm{h}_0}(s)}=\frac{E/L}{E\alpha V_i/L+s}\\&=\frac{1/\alpha V_i}{1+(L/E\alpha V_i)s}=\frac{K_T}{1+\tau_T s}\end{aligned} \tag{4.74}$$

式中，$K_T=\dfrac{1}{\alpha V_i}$；$\tau_T=\dfrac{L}{E\alpha V_i}$。

张力与速度差之间为一惯性环节，如图 4.25 所示。其中 V_i 是基速机架的轧辊线速度。当 V_i 不变时，K_T、τ_T均为常数，但实际中它是时刻变化的，故 K_T、τ_T也在变化。此时调节第 i 和第 $i+1$ 机架间的张力，可以通过调节第 $i+1$ 机架轧辊的辊速 V_{i+1}来实现。由此可见，机架间的张力模型参数是时变的，其两个主要参数都受到周围机架辊速的影响。

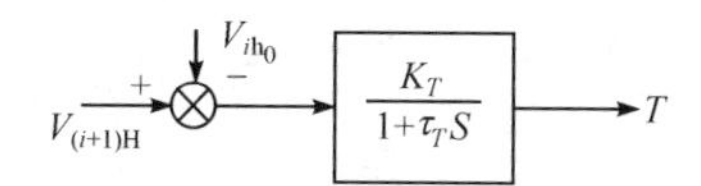

图 4.25　张力传递函数模型

2. 轧机架间张力控制策略

在高速轧制时(一般大于 60m/min)，自动张力控制系统的执行机构为下一机架辊缝，这时带钢张力对辊缝作用的反应比调速更快。但在张力偏差过大的情况下，如果单纯靠辊缝来调节张力，不仅调节时间过长，而且可能会造成断带或叠钢事故。因此，这时需要机架辊缝与传动同时起作用，以最短时间消除张力偏差。在低速轧制时(一般小于 60m/min)，机架辊缝对张力的作用效果不够明显，并且会影响带钢板形。因此，这时的控制策略是把机架主传动作为执行机构，机架辊缝则保持不变。另外，在轧机启动前需要建立静张力时，速度调张控制器采用 P 控制器，达到快速响应建张的作用，一旦轧机启动开始穿带时，则立即切换到 PI 控制器进行调速控制。

当带钢生产达到正常轧制速度时，速度调节器作用消失，仅有辊缝来调节张力。控制原理如图 4.26 所示，经过滤波处理的张力设定值与实际值经过比较，偏差值经死区函数输入 PID 控制器，输出控制量对辊缝或速差进行控制，来调节机架间张力保持在恒定范围内。其中，$T_{\rm ref}$、$T_{\rm act}$分别为张力目标值和实际值；$G_{\rm L1}(k)$、$G_{\rm L2}(k)$、$G_{\rm L3}(k)$为滤波器；$G_{\rm S1}(k)$、$G_{\rm S2}(k)$为张力差死区函数；$G_{\rm PI}(k)$为 PI 控制器；$G_{\rm H}(k)$为辊缝闭环传函、$G_{\rm M}(k)$为速度闭环传函。

辊缝调节张力控制是在轧制过程中对实际张力干扰的补偿，包括对外部干扰、带钢厚差和辊缝影响的补偿。一般来说，调节辊缝的张力控制是在穿带速度(60m/min)和最大速度之间起作用。如图 4.26 所示，将机架间张力计检测到实际张力信号 $T_{\rm act}$与张力设定值 $T_{\rm ref}$进行比较，形成张力偏差信号 ΔT_1，输入张力控制器，控制器输出调节量再被转化为 2 机架的附加辊缝调节量 ΔS_2，在来料厚度和带钢出口速度不变的情况下，由秒流量原理，2 机架入口速度将发生改变，从而引起一机架带钢出口速度与 2 机架入口速度产生速差，由此引起张力的改变，达到调节

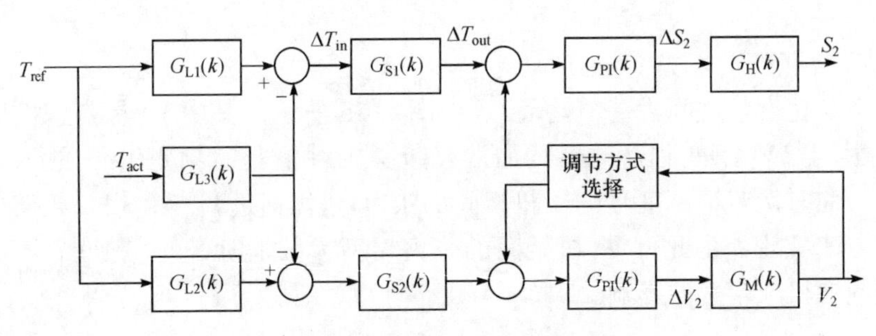

图 4.26　机架张力控制系统

张力的目的。

一般而言，与带钢张力相关的辊缝闭环传递函数为高阶系统，在不影响精度的情况下，可以近似为一阶惯性系统：

$$G_H(S)=\frac{1}{1+0.02s}$$

根据轧机弹性方程和秒流量公式得到辊缝与速度变化之间的关系为

$$\Delta v_{2H}=\frac{M}{M+QH_2}\frac{v_{2h}}{}\Delta s$$

式中，v_{2h}为 2 机架的带钢出口速度；Δs 为辊缝调节量；M 为轧机刚度；Q 为轧件塑性系数；H_2 为 2 机架带钢入口厚度。

张力动态模型为一阶惯性环节，经推导，得

$$\frac{T(s)}{\Delta v(s)}=\frac{Bh_1E}{ls}$$

式中，B 为带钢宽度；E 为弹性模量；l 为机架间距离；h_1 为 1 机架带钢出口厚度。

从整体考虑，带钢张力控制过程包括带钢动态和执行机构动态过程，可以近似为带有死区时间的二阶传递函数，由上述三式可得张力控制系统的传递函数为

$$G(s)=\frac{M}{M+Q}\frac{Bv_{2h}E}{ls}\frac{1}{0.02s+1}$$

3. 变参数张力控制方法

冷连轧机架间张力控制采用 PID 控制策略，由于系统不确定部分对控制的影响不能忽略，为了获得良好的控制效果，PID 控制器参数必须随线性对象的参数变化而不断调整。为此，提出对不确定部分建立灰色估计模型，在有限步数后，根据参数对不确定部分进行一定的补偿，以减少其影响。如图 4.27 所示，与张力控制相关的对象可以描述为二阶系统：

$$\dot{x}=Ax(t)+bu(t)+bD(x,t)$$

式中，$x\in\mathbf{R}^2$；A 为 2×2 矩阵；b 为二维矩阵；$D(x,t)\in\mathbf{R}$。

$bD(x,t)$代表系统满足匹配条件的不确定部分，它包括参数不确定与外部干扰等。

$$D(x,t)=V_1x_1+V_2x_2+f(t)$$

为了减弱不确定部分的影响，改善控制性能并提高鲁棒性，在控制器启动过程中，首先采用灰色估计器将不确定部分模型参数V粗略地估计出来，然后对$D(x,t)$加以一定程度的补偿。

由于这种灰色估计不要求连续实时地进行，故不存在实时辨识中存在的数据发散问题，具有灰色估计器的 PID 控制方法分为两个阶段。

采用 PID 进行控制，对不确定部分的模型参数V进行估计。

(1) 建立$x_i^{(0)}(k)$原始离散数列，$i=1,2,\cdots,n$；$k=1,2,\cdots,N$；$N\geqslant n$。

(2) 计算$x_i^{(1)}(k)$累加离散数列，$i=1,2,\cdots,n$；$k=1,2,\cdots,N$。

(3) 计算 $B=\begin{bmatrix} x_1^{(1)}(2) & \cdots & x_n^{(1)}(2) & 1 \\ x_1^{(1)}(3) & \cdots & x_n^{(1)}(3) & 2 \\ \vdots & & \vdots & \\ x_1^{(1)}(N) & \cdots & x_n^{(1)}(N) & N-1 \end{bmatrix}$

式中，$B^{\mathrm{T}}B$必须可逆，若不可逆，则应适当增加N，直到$B^{\mathrm{T}}B$可逆。

(4) 根据状态$x^{(0)}(k)$及式$D(x,k)=\dfrac{1}{b}[\dot{x}(t)-Ax(t)-bu_{\mathrm{p}}(t)]$，计算$D^{(0)}(k)$离散数列，其中$k=1,2,\cdots,N$。

(5) 计算$D^{(1)}(k)$累加离散数列：$D_N^{(1)}=[D^{(1)}(1)\ D^{(1)}(2)\ \cdots\ D^{(1)}(N)]$。

(6) 计算不确定参数估计值：$\widehat{V}=(B_{\mathrm{b}}^{\mathrm{T}}B_{\mathrm{b}})^{-1}B_{\mathrm{b}}^{\mathrm{T}}D_N^{(1)}$，$\hat{V}=(\hat{V}_1\ \hat{V}_2\ \cdots\ \hat{V}_n\ \hat{f}_D)^{\mathrm{T}}$

在N步后，在上述控制律基础上，按估计参数$\hat{V}$加上补偿控制u_{c}，此时$u=u_{\mathrm{p}}+u_{\mathrm{c}}$，$u_{\mathrm{c}}=-\left[\sum\limits_{i=1}^{n}\hat{V}_ix_i+\hat{f}\right]$，设$\widetilde{D}(x,t)=\sum(V_i-\widehat{V}_i)x_i+(f(t)-\hat{f})$。采用以上控制律，系统性能将大为改善，鲁棒性大为提高。

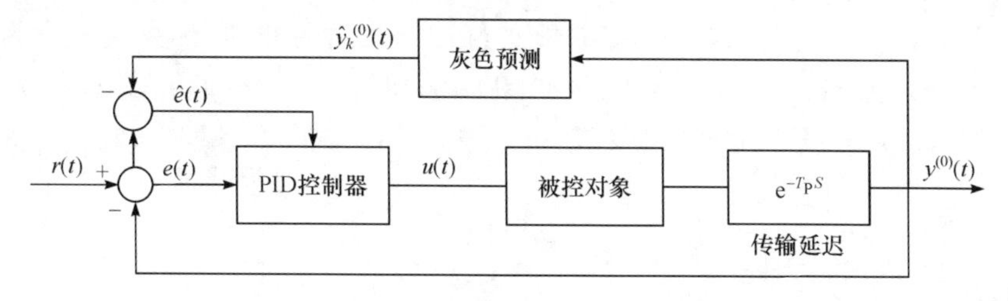

图 4.27　变参数张力 PID 控制系统

在高速轧制状态下，轧制过程有发生振动的倾向，而张力控制结果会促使这种倾向增加，如果这时 PI 控制器的增益与低速状态下一致，会造成由于响应过快而产生振动。因此，采用8Hz高通滤波器建立自适应调节控制器增益KP的功能。工作过程如图4.28所示，当经过平滑作用的张力偏差($T_{ref}-T_{act}$)>0.01T_{ref}时，8Hz高通滤波器通过触发斜坡函数中的变量CD，使斜坡函数输出增益乘积因子KP_1在0.25～1.0，并以一定的斜率(5s)下降，达到减少PI控制器增益KP的目的。当低速轧制时，为提高张力控制系统响应，通过触发斜坡函数中的变量CU，使斜坡函数输出增加到1.0，达到增加控制器增益KP的目的。

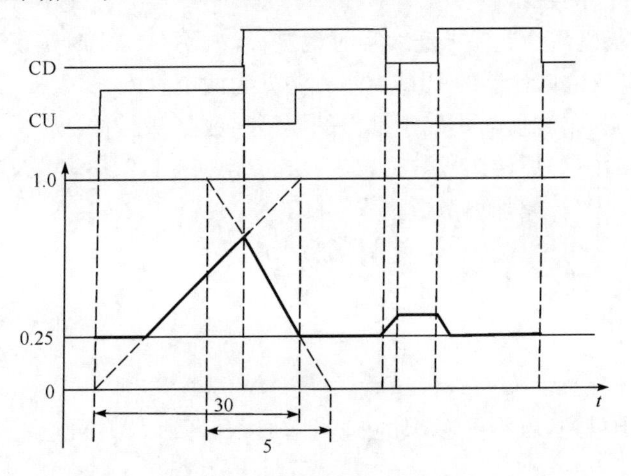

图4.28　8Hz滤波器工作原理

4. 机架间张力控制效果

由于实际生产过程中，张力系统是高实时性的变参数系统，且存在较多的外部干扰，灰色预测变参数PID控制处理的问题是系统参数的不确定性，具有较强的适应能力、抗干扰性和鲁棒性。

如图4.29所示，以冷轧1450mm五机架冷连轧机的第2机架辊缝为控制对象，将离散灰色PID控制算法应用在一二机架间的辊缝调整张力系统中，从实际运行结果可以看出，变参数PID控制能很好抑制张力的波动，最大误差为35kN，最大相对误差为1.5%，方差为0.00186，张力波动较小。在升速时，由于8Hz-滤波功能的调节，适应调节降低PID控制器增益部分，使系统响应减弱，抑制轧制振动的产生。

4.3.6　轧机卷取张力控制

轧机卷取及其应用技术的研究，是随着近年来带钢连轧生产中高效率、高精度轧制工艺要求的广泛提出，而逐渐地被纳入工程师研究领域的。卷取机是轧钢生产工艺的末道工序，在此工序中伴随着带钢复杂变形和张力波动，这些都直接影响

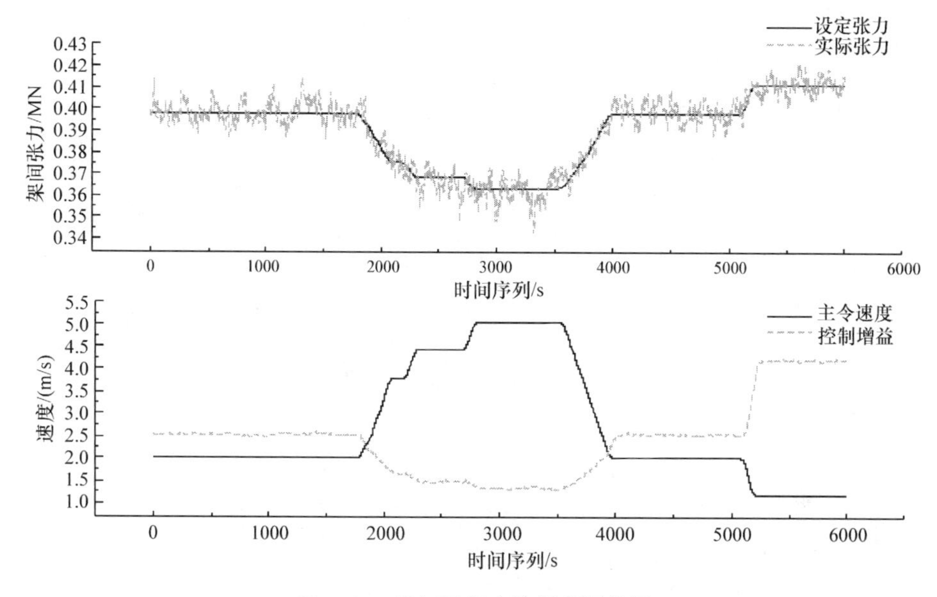

图 4.29　机架间张力控制实际效果

产品的质量。在卷取过程中保持张力的恒定，对提高带钢的综合精度有着重要的意义。

在冷轧生产中，伴随着高精度轧制工艺研究的不断深入，保持张力恒定、张力横向均布和控制辊缝形状一起被列为高精度轧制的三大技术手段。在冷连轧带钢控制系统中，为保证产品质量和工艺过程稳定，需要在全线保持恒张力轧制，卷取机张力控制精度直接影响成品的板形及厚度公差。卷取控制系统中最突出的问题是不仅要求在稳速轧制过程中维持张力恒定，而且在加减速动态过程和辊缝不断调节的情况下也要保持张力恒定，即要求系统能准确地补偿惯量变化、卷径变化和转速变化等因素引起的动态转矩。

1. 卷取张力控制原理

卷取张力控制如图 4.30 所示，带钢出冷连轧机第 5 机架后，经过张力检测辊，由卷取机进行卷取，当轧制薄规格带钢时需要使用皮带助卷器辅助卷取。张力检测辊用于实时测量卷取张力；第 5 机架出口处安装有测厚仪与激光测速仪，分别用于检测带钢出口厚度和出口速度；卷取电动机上安装有脉冲编码器，用于测量卷取电动机的转速；卷取机由一台交流同步电动机驱动，电动机通过齿轮箱与卷筒相连，通过控制卷取电动机的转速转矩可实现卷取张力的调节。

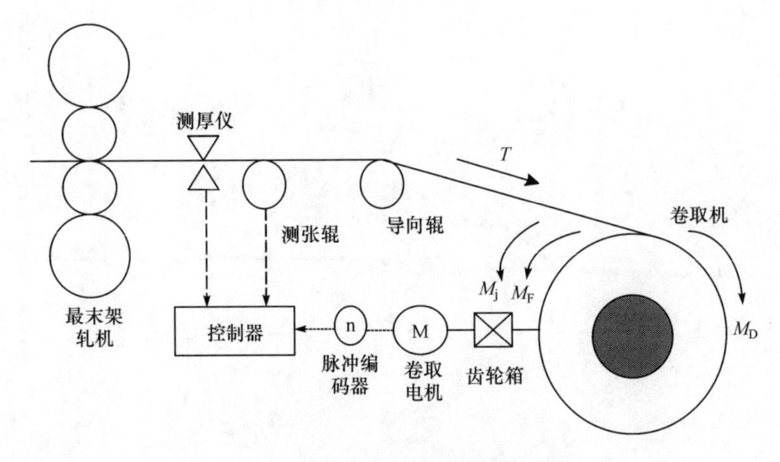

图 4.30　卷取张力控制过程示意图

T-张力；M_D-卷取电机输出的驱动转矩；M_j-惯性转矩；M_F-摩擦转矩

2. 卷取机转矩计算

卷取机张力控制系统为转速转矩双闭环系统，转速控制为外环，转矩控制为内环。为了保持带钢在卷取过程中的张力，卷取电机的输出转矩必须要等于各部分的阻力矩之和，即

$$M_D = M_{TS} + M_j + M_F$$

式中，M_{TS}为速度环经限幅后的输出，不同的工作状态和控制模式下取值不同，但在张力控制发挥作用时，其主要为根据工艺设定张力而计算的张力转矩 M_T。

卷取过程中，钢卷的卷径不断增大，造成系统惯量动态变化，同时 M_T 也随卷径不断变化，因此为了确定 M_D，需要先计算钢卷实际卷径，再计算 M_T 和 M_j，最后根据摩擦转矩随转速变化而不断变化的特点，通过测试法计算 M_F。

1) 张力转矩计算

通过激光测速仪测量的带钢速度 V_s 和卷取电机实际转速 N_{act} 可以计算出实际卷径：

$$D_{act} = \frac{V_s i}{\pi N_{act}} \tag{4.75}$$

式中，i 为卷取电动机与卷筒之间的齿轮比。

卷取电动机的张力转矩为

$$M_T = T_{set}(D_{act}/2i) \tag{4.76}$$

式中，T_{set}为工艺要求的张力设定。

2) 惯性转矩计算

卷取电动机转轴上的转动惯量包括两个部分：一部分为固定不变的惯量 J_{fix}，

它等于卷筒、传动机械部分及卷取电动机等转化到卷取电动机转轴上的转动惯量；另一部分为可变惯量 J_{var}，它等于钢卷的转动惯量，该惯量随着卷径的增大而增大。分别求得两部分转动惯量后，就可以计算出总的惯性转矩。

J_{fix} 由测试法得出，即卷取机空载情况下以指定转矩进行加减速测试，记录下加减速的时间和转速的变化量即可计算出固定惯量，电动机加速运动方程式为

$$M_g = J \times \frac{dn}{dt} \tag{4.77}$$

式中，M_g 为加速转矩；J 为折算到电动机轴上的总惯量；$\frac{dn}{dt}$ 为加速度。设机械系统平均摩擦转矩为 M_{fric}，将上述加速和减速过程参数代入可得到下列方程组：

$$\begin{cases} M - M_{fric} = J_{fix} \times \dfrac{2\pi(n_2 - n_1)}{t_1} \\ M + M_{fric} = J_{fix} \times \dfrac{2\pi(n_2 - n_1)}{t_2} \end{cases} \tag{4.78}$$

式中，M 为测试时的指定转矩；n_1 为计时的转速下限，这里取卷取电动机额定转速的 10%；n_2 为计时的转速上限，这里取卷取电机额定转速的 90%。

联立求解得到

$$J_{fix} = \frac{M}{\pi(n_2 - n_1)} \times \frac{t_1 t_2}{t_1 + t_2} \tag{4.79}$$

卷取机上的钢卷可以近似地看成一个空心圆柱体，它绕轴线的转动惯量可用空心圆柱体绕轴线的转动惯量公式来表示，即

$$J_{var} = \frac{(D_{act}^4 - D_0^4)\pi\rho S_W}{32 i^2} \tag{4.80}$$

式中，D_0 为卷径初始值，即卷筒涨径；ρ 为带钢密度；S_W 为带钢宽度。

综上所述，卷取机的总转动惯量为

$$J_{total} = \frac{M}{\pi(n_2 - n_1)} \times \frac{t_1 t_2}{t_1 + t_2} + \frac{(D_{act}^4 - D_0^4)\pi\rho S_W}{32 i^2} \tag{4.81}$$

卷取机卷取的过程中，卷筒上的总转动惯量 J_{total} 不断增大，同时随着卷径的增加必然导致角速度 ω 降低，也就是说转动惯量和角速度均是时间 t 的函数，则卷筒上的惯性转矩表示为

$$M_J = \frac{\partial(J_{total}\omega)}{\partial t} = \omega \times \frac{\partial J_{total}}{\partial t} + J_{total} \times \frac{\partial \omega}{\partial t} \tag{4.82}$$

由上述推导最终可以得到总的惯性转矩：

$$M_J = \frac{D_{act} h V^2 \rho S_W}{2i} + J_{total} \times \left(\frac{2i \times \dfrac{\partial V}{\partial t}}{D_{act}} - \frac{4ihV^2}{\pi D_{act}^3} \right) \tag{4.83}$$

该公式表明：当带钢的品种、规格及卷取工艺确定以后，影响惯性转矩的因素只有卷取线速度 V 及其变化率 $\frac{\partial V}{\partial t}$ 和卷径 D_{act}。

3）摩擦转矩计算

卷取机的摩擦转矩随着转速的变化而变化，在电动机输出功率不变的情况下，摩擦转矩与转速成反比，在转速控制器的控制下，卷取电机转速实际值逐渐接近设定值，等转速实际值达到设定值并稳定下来以后，将变频器传来的当前转矩实际值 M_{F1} 记录下来；依次提高卷取电机的转速设定值，每次以额定转速的 5%递增，最后达到额定转速的 90%，在每种转速下等转速实际值达到设定值以后，记录下当时的转矩实际值，一共有 15 档转速，相应的转矩记为 $M_{F1} \sim M_{F15}$。实际使用中当转速位于测试点之间时采用线性插值的方式处理，这样根据转速实际值就可以得到相应的摩擦转矩 M_F。

3. 卷取机张力控制策略

如图 4.31 所示，转速控制器的输出 M^* 经 $M_{max,set}$ 限幅后得到 M_{TS}，与 M_J 和 M_F 叠加后作为转矩设定值 M_{set} 转矩内环的任务就是在接收到转矩设定值后，控制电机实际转矩快速、无振荡地达到给定值。卷取机有单动和联动两种工作状态。单动时，附加线速度给定 $\Delta V=0$，选择工艺事先设定的固定值作为转速控制器限幅 $M_{max,set}$，转速设定值 N_{set} 为爬行转速，这时卷取机与轧机间无带钢，张力尚未建立，转速环和转矩环都工作，限幅 $M_{max,set}$ 仅提供转矩保护作用，$M_{TS}=M^*$，卷取机转速在双环控制系统作用下达到设定值，完成上卷、卸卷、穿带、甩尾等任务。穿带完成后，发出联动指令，卷取机低速爬行，慢慢绷紧带钢，然后令 $\Delta V=(5\% \sim 10\%)V_{max}$（$V_{max}$ 为线速度最大值），张力很快建立。此时，卷取电机受张力牵制，实际转速达不到设定值，转速控制器正向饱和，其输出值被 $M_{max,set}$ 限幅，即大小由 $M_{max,set}$ 决定，$M_{TS}=M_{max,set}$ 相当于转速控制器退出控制，只有转矩内环起作用。联动时，可选择间接张力和直接张力控制两种模式，两种模式下的 $M_{max,set}$ 分别选择 M_T 和 $M_T+\Delta M_{DT}$。

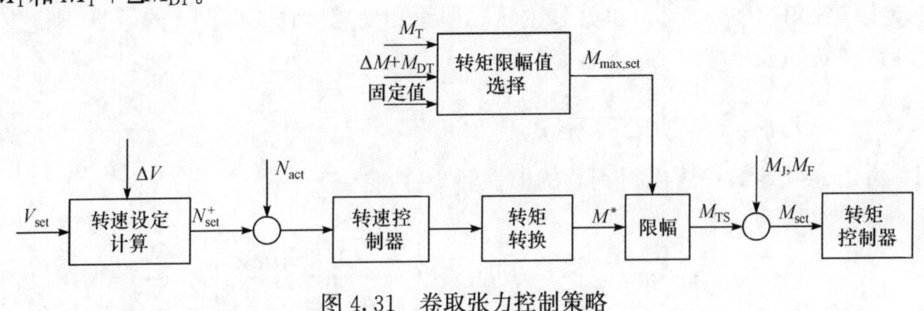

图 4.31　卷取张力控制策略

联动工作状态下，根据测张辊是否工作正常，可选择间接张力控制模式或直接张力控制模式，两种模式下转速控制器限幅 $M_{max,set}$ 取值不同。

1) 间接张力控制模式

间接张力控制系统中没有张力实际值反馈，因此是一种开环控制系统，此时转速控制器正向饱和，其正限幅 $M_{max,set}=M_T$，转矩内环的输入转矩设定值 M_{set} 由张力转矩 M_T 加上惯性转矩 M_J 和摩擦转矩 M_F 后得到，转矩内环控制卷取电动机转矩达到设定值，以间接的方式保证张力值的恒定。

2) 直接张力控制模式

直接张力控制模式基于间接张力控制模式，增加了一个张力调节器，由测张辊测量出带钢实际张力 T_{act} 作为反馈信号，张力调节器按照张力设定值和实际值的偏差计算出附加转矩调节量 ΔM_{DT}，加上按张力设定值计算出的张力转矩 M_T，一起组成转速控制器的正向限幅值 $M_{max,set}$，最后叠加惯性转矩和摩擦转矩，通入转矩内环。

张力调节器采用 PI 控制器。张力调节量 ΔT_{ad} 由张力设定值与实际值的偏差 ΔT 计算，使用的离散 PI 控制算法为

$$\Delta T_{ad}(n)=\Delta T_{ad}(n-1)+K_P\times\left[\left(1+\frac{t_s}{t_N}\right)\times\Delta T(n)-\Delta T(n-1)\right] \tag{4.84}$$

其中，$\Delta T=T_{set}-T_{act}$，n 和 $n-1$ 分别为当前采样时刻和上一采样时刻；K_P 为张力调节器比例系数；t_s 为采样周期；t_N 为张力调节器的积分时间。则直接张力控制模式下的附加张力转矩为

$$\Delta M_{DT}=\Delta T_{ad}(D_{act}/2i) \tag{4.85}$$

直接张力控制模式的控制如图 4.32 所示，由于直接张力控制在张力发生突变的时候容易产生振荡，为了避免这种情况，在张力调节器后面加了一个限幅器，限制附加张力调节量，调节范围取张力最大值的 10%。

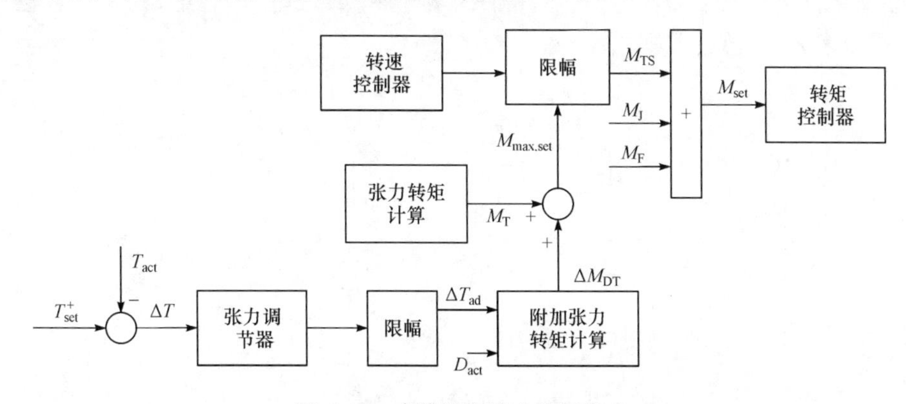

图 4.32　直接卷取张力控制模式

4.4　厚度控制补偿

4.4.1　加减速补偿

如图 4.33 所示，在轧机加减速时，轧辊与带钢的摩擦系数发生变化，将影响轧机的轧制力，从而造成轧机出口的厚度偏差。因此，在加减速时可以通过调整辊缝或调节张力来消除其对轧制厚度的影响。轧机加减速时，由于轧辊与带钢的摩擦系数发生变化，这将影响轧机的轧制力，从而造成轧机出口的厚度偏差。因此，在加减速时可以通过调整辊缝或调节张力来消除其对轧制厚度的影响。

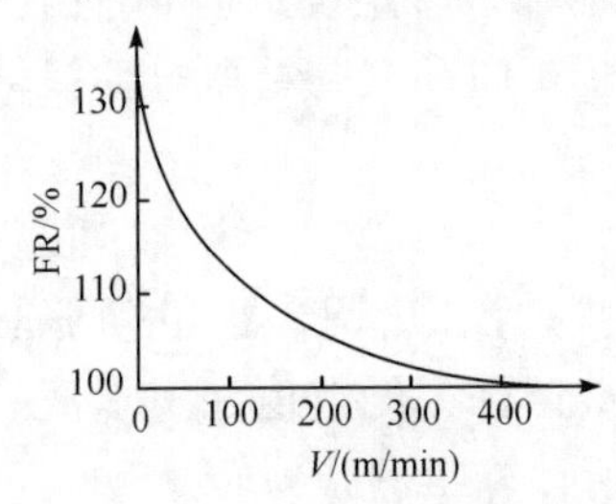

图 4.33　轧机轧制效率曲线

1. 机架加减速补偿

加减速补偿前需要进行加减速测试，即从来料中选取几种不同塑性系数的带钢轧制，轧制过程中控制轧制力为定值，记录轧机从起车到最高速过程中的出口厚度，从厚度曲线中提取速度对出口厚度的影响，具体的影响量用轧制效率量化表示，轧制效率就是测试厚度曲线上速度变化造成的厚度变化量。加减速补偿的算法如图 4.34 所示，其辊缝补偿值 ΔS_{REC} 在轧机加减速时计算，加减速过程完成后保持不变，仍然施加在轧机辊缝设定值上，公式如下：

$$\Delta S_{\mathrm{REC}} = \sum \frac{\Delta C_{\mathrm{REC}} F_{\mathrm{act}}}{K_S} \times G_{\mathrm{REC}} \tag{4.86}$$

式中，ΔC_{REC} 为当前采样时刻与上一时刻轧制效率的差值；F_{act} 为轧制力实际值；G_{REC} 为自适应补偿增益，初值为 1.0，实际轧制时根据加减速过程中实时采样的出口厚度差自适应调整，若加速过程中带钢实际厚度超过目标厚度，则减小补偿增益，否则增大，减速过程则相反。

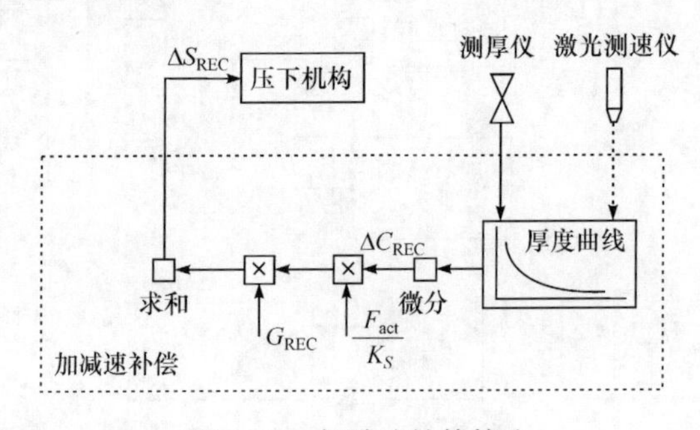

图 4.34　加减速补偿算法

2. 入口张力辊加速补偿

厚度控制调节机架辊缝会影响机架带钢线速度，从而造成入口张力的波动，因此在调节辊缝的同时需要给入口张力辊一个速度补偿。分别计算每种 AGC 调节方式下的速度补偿值如下：

$$\Delta V_{\mathrm{FF}} = -\frac{\Delta H_1}{H_1^*} \times a_1$$

$$\Delta V_{\mathrm{MF}} = -\frac{\Delta h_{1,\mathrm{MF}}}{h_1^*} \times a_2$$

$$\Delta V_{\mathrm{Monitor}} = \int \left(-\frac{\Delta h_{1,\mathrm{Monitor}} + \Delta h_{2,\mathrm{Monitor}}}{h_1^*} \times G_{\mathrm{Monitor}} \right) \mathrm{d}t \tag{4.87}$$

式中，ΔV_{FF}、ΔV_{MF}、$\Delta V_{\mathrm{Monitor}}$分别为前馈、秒流量和监控 AGC 下的速度补偿；$H_1^*$ 为机架入口厚度设定；a_1、a_2 为可调参数，初值由工程经验给出，分别为 2.0 和 1.0，具体可根据实际效果适当调节；$\Delta h_{1,\mathrm{Monitor}}$、$\Delta h_{2,\mathrm{Monitor}}$分别为 1 机架和 2 机架监控出口厚差平均值。式(4.14)中积分器的积分时间为带钢在第 1 机架监控段上的运行时间。

入口张力辊工作在转矩控制模式下，速度补偿量需转化为加速度补偿值，然后与张力辊惯量相乘转换为加速度转矩附加到张力辊传动上去。入口张力辊的加速度补偿 ΔA_{DR}使用了微分环节，即

$$\Delta A_{\mathrm{DR}} = \frac{\mathrm{d}(\Delta V_{\mathrm{FF}} + \Delta V_{\mathrm{MF}} + \Delta V_{\mathrm{Monitor}})}{\mathrm{d}t} \tag{4.88}$$

微分环节的离散算法为

$$Y_{\mathrm{D},n} = (X_{\mathrm{D},n} - X_{\mathrm{D},n-1}) \times \frac{T_{\mathrm{D}}}{T_{\mathrm{S}}} \tag{4.89}$$

式中，$Y_{\mathrm{D},n}$为 n 时刻微分环节的输出值；$X_{\mathrm{D},n}$和 $X_{\mathrm{D},n-1}$分别为 n 时刻和 $n-1$ 时刻微分环节输入值；T_{D} 为微分时间参数，是可调参数，一般为 2s。

4.4.2　油膜补偿

如图 4.35 所示，压力 AGC 都是根据实时测量的轧制力 P 和辊缝 S，按照某一模型来调整辊缝，最终达到钢板厚度延纵向一致的目的。由于压力 AGC 是压力正反馈，即实测压力增大，认为钢板在该部分变厚或温度偏低，AGC 系统压紧辊缝，以保证该部分钢板厚度不变，调整后压力进一步增大；反之，实测压力减小，AGC 调整后压力进一步减小。可见压力 AGC 不但无法消除油膜厚度变化的影响，相反会使厚度精度变得更糟。为了消除油膜厚度的影响，需要有精确的油膜厚

度计算模型,实时计算油膜厚度变化,并反相加到辊缝调节中,即可将其影响消除掉。为了补偿轴承油膜厚度的变化,在冷轧机中采用油膜补偿的方式进行校正。由于支承辊油膜厚度的变化,使得轧制力在加速和减速阶段也随着变化。这个变化只取决于两个参量:轧制力、轧机速度。通过这些参量可以计算出一个校正值,此校正值在两端是相等的。

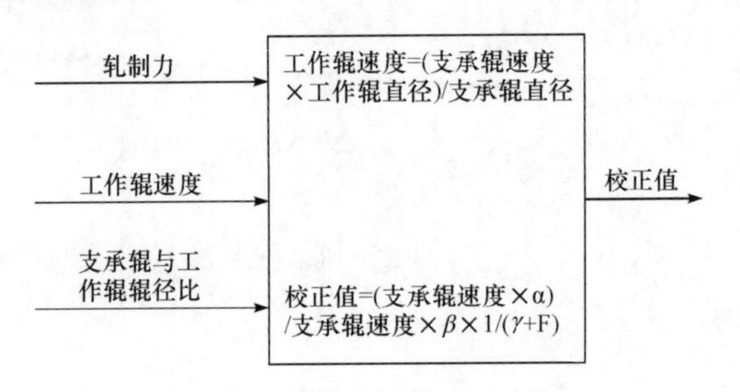

图 4.35 油膜补偿实现控制框图

油膜轴承轧制过程中,支承辊在低速时靠近它的轴承外沿,但随着轧辊的旋转速度上升,油膜轴承内的油被均匀分布在轧辊轴的周围,导致轧辊向中心移动。随着轧辊转速的提高将减小轧机辊缝的开度,这种影响会随着轧制力的增加而变小,油膜厚度与轧制力和速度之间关系如图 4.36 所示。

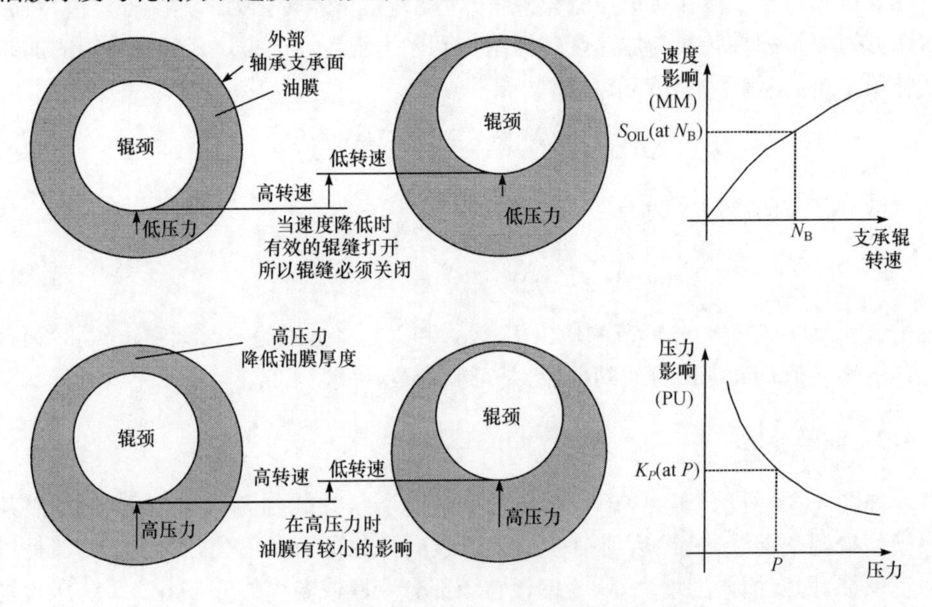

图 4.36 油膜厚度与轧制力和轧制速度的关系

辊缝位置传感器不能检测到油膜引起的辊缝变化,而 1 机架采用位置控制方式,这种辊缝误差较大,因此有必要进行油膜厚度补偿。

油膜厚度补偿是对辊缝位置调节器提供一个偏差补偿曲线，使得当轧机速度变化时维持一个恒定的有效辊缝。轧制力控制和速度控制同时作用于辊缝，不同压力下的油膜厚度则是利用油膜厚度压力系数 K_P 进行修正，此系数是根据反馈回来的滤波后轧制力进行线性插值得到的，轧制力越大，K_P 越小；速度作用在零速度时为零，当速度增加时，辊缝将被打开，油膜厚度是根据支承辊的实际转速线性插值得到的，图 4.37 为油膜厚度补偿示意图。

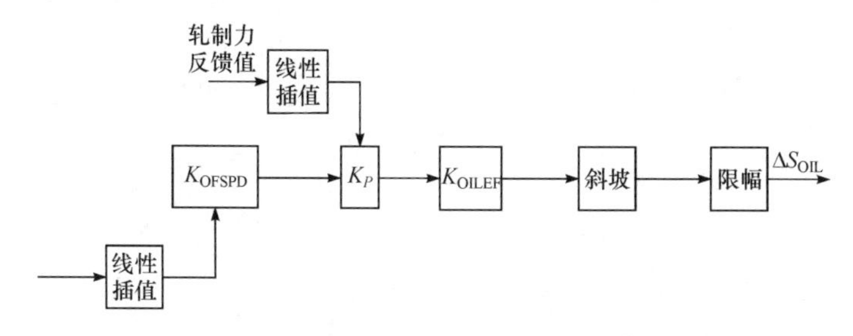

图 4.37　油膜厚度补偿计算示意图

K_{OFSPD}-油膜厚度速度补偿系数；K_P-油膜厚度压力系数；

K_{OILEF}-机架油膜厚度调节系数；ΔS_{OIL}-油膜厚度补偿值

4.4.3　偏心补偿

如图 4.38 所示，在冷轧生产中，随着轧制一定数量的带钢以后，会产生支承辊或工作辊径向窜动、辊形磨损、轧辊横截面不为圆形等现象，另外还会发生转动中心与几何中心相偏离的现象，把这些现象称为轧辊偏心。当轧辊发生偏心时，会引起辊缝波动，直接影响带钢的出口厚度、轧制力的变化，从而影响成品质量，严重时甚至造成废品。一般来说，轧辊偏心的变化频率是一种高频的周期波动。

(1) 相对于辊身或轴承与轴承之间，支承辊轴承偏心 e。

(2) 工作辊和支承辊辊身最大直径 D 和最小直径 d 之间的差值而引起的轧辊椭圆度。

(3) 相对于轧辊轴承和辊身，支承辊轴承旋转套筒的偏心。

(4) 辊身圆周的不均匀性。

(5) 轴承圆周的不均匀。

(6) 支承辊轴承旋转套筒圆周的不均匀性。

(7) 轧辊轴承中轴颈的不均匀性。

由于这些不规则变化而引起的周期性辊缝变化通常称为轧辊偏心。

1. 冷连轧机中轧辊偏心对厚度变化的影响

在冷连轧机中，轧辊偏心对厚度的影响可以用出口厚度变化的频谱分析来评

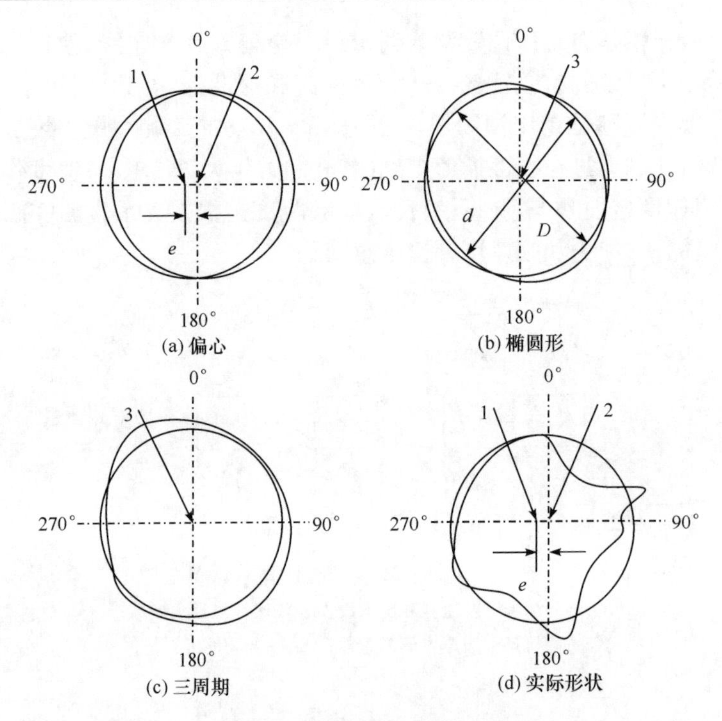

图 4.38　轧辊偏心断面类型

1-辊身转动中心；2-轴颈转动中心；3-辊身和轴颈转动中心

估，如图 4.39 所示。利用快速傅里叶变换（FFT），分析带钢的五机架出口厚度数字化信号，通过分离所有周期分量，并依据所有轧辊转速和尺寸，能够辨别出大部分频谱峰值。出口厚度频谱明显地反映出冷轧机支承辊选择频率所对应的大部分峰值。然而，热轧机的支承辊和冷连轧的工作辊的影响也同样重要。经过研究发现，五机架冷连轧机 1 机架支承辊的偏心对出口厚度周期变化有较大影响，而其他机架的影响可以忽略。

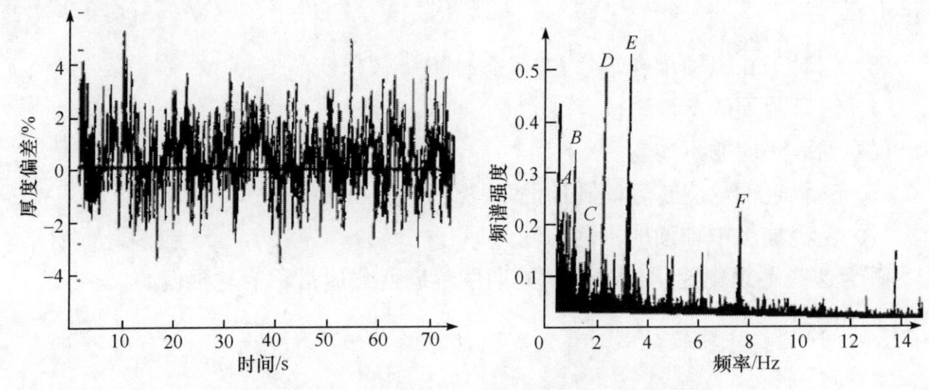

图 4.39　五机架出口厚度偏差和频谱测量

2. 基于 FFT 方法的轧辊偏心补偿算法

理论分析和实验结果表明，轧辊的偏心信号具有如下特点。

(1) 轧辊的偏心反映在辊缝、轧制力和带钢厚度上，是一种频率随着轧制速度变化而变化的高频周期波。

(2) 包含偏心信息的辊缝、轧制力和带钢厚度信号中，还包含有噪声和带钢硬度厚度变化、油膜厚度变化等造成的随机干扰。

(3) 偏心频率和幅值不是固定不变的，当轧制速度变化时，偏心频率随之变化。

基于 FFT 的轧辊偏心补偿算法根据轧辊旋转角度，通过分析辊缝、轧制力和带钢厚度等包含轧辊偏心信号，关键就是设法获取偏心信号或其主要成分，得到轧辊偏心对辊缝的补偿量进行控制。采用傅里叶级数展开法，轧制力可表示为

$$F = F_{\phi} + \sum_{i=1}^{3} a_i \sin(\mathrm{i}\omega t) + \sum_{i=1}^{3} b_i \cos(\mathrm{i}\omega t) \tag{4.90}$$

式中，F_{ϕ} 为轧制力均值；ω 为支承辊的角速度。

系数定义为

$$a_i = \int_0^{2\pi} F \times \sin(\mathrm{i}\varphi)\mathrm{d}t$$

$$b_i = \int_0^{2\pi} F \times \cos(\mathrm{i}\varphi)\mathrm{d}t$$

式中，φ 为支承辊的旋转角度。

基于 FFT 的轧辊偏心补偿实现如图 4.40 所示。由于轧辊偏心信号周期性变化的特点，反映在轧制力和出口厚度上也是周期性变化的。随着轧制的进行，轧辊偏心会使轧制力呈周期性波动，而各种 AGC 系统都是借助于测量轧制力 F 和辊缝 S，通过模型计算来调整辊缝从而控制出口厚度，因此对轧辊偏心的处理可以采用减小或减弱轧制力波动的方法。

轧制力的频谱分析就是该轧制力信号的分析系统，采用 FFT 在频域范围内对轧制力信号的各种频率成分进行分析。主要的思想是：处理轧制力信号 P，因为轧制力信号是一个混合信号，它包括轧件影响的低频信号和轧机（轧辊偏心）影响的高频信号 P，还包括其他频率成分的信号，如水印影响的低频信号，处理方法是根据信号频率的不同，通过一种算法或一种滤波器，提取出高频信号（也就是提取出偏心影响的那部分轧制力），然后利用处理后的轧制力与偏心量之间的关系，得出需要补偿的偏心量的值，标定轧辊圆周的偏心补偿量，把该数值补偿到 AGC 的弹跳方程中去，推动液压或电动压下机构动作。

基于 FFT 的轧辊偏心控制系统的组成如图 4.40 所示，它主要由以下四部分组成：

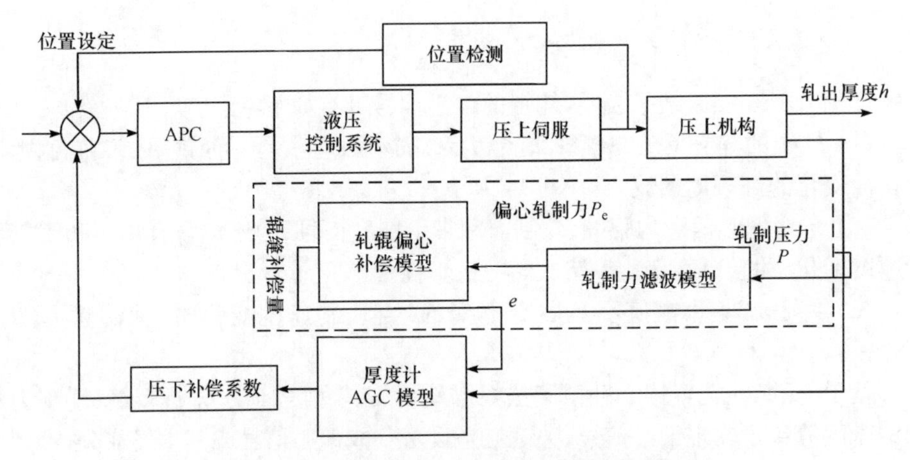

图 4.40 带偏心滤波和补偿的厚度控制模型

(1) 辨识轧辊偏心的信号源检测装置。

(2) 实现轧辊偏心控制算法的高性能控制器。

(3) 基于 FFT 的轧辊偏心控制算法及其软件。

(4) 将轧辊偏心控制器输出量真正实施的高响应液压辊缝控制系统。

3. 轧制力信号的采集与处理

轧制力信号采集系统由测量系统、转换系统、记录系统三大模块组成。其中测量系统由传感器和二次仪表构成，转换系统实现模拟量到数字量的转换，记录系统实现数字量的量化、标定和在线显示等功能。信号的预处理是现场拾取信号后及正式处理之前对信号进行的某些工作，其目的是将测量信号变换为最适宜处理的形式。现场采集到的轧制力信号往往混有其他频率成分的信号，同时也可能存在记录信号过程中严重的噪声干扰、信号丢失、传感器失灵等原因造成的虚假数据信号。因此偏心信号的预处理要经过伪点剔除处理、信号抗混低通滤波处理、平滑趋势处理、周期加权平均处理。偏心信号预处理的目的是增强偏心成分，减弱或消除干扰信号，为下一步的频谱分析做准备。

由于采样过程中量化误差、信号丢失、传感器失灵等因素，在记录的信息中会混有过高或过低的虚假信号，这些虚假的偏心信号会对以后的频谱分析造成很大的误差，剔除伪点也可以看成信号的一次预处理。目前常用的剔除伪点的方法是探测插值法，其基本原理如图 4.41 所示。$(\overline{x_i})^2$ 是先将数据平滑再平方，$\overline{x_i^2}$是先将数据平方再平滑，其目的是产生一个不断更新的样本方差 σ_i^2，$\sigma_i^2=\overline{x_i}^2-(\overline{x_i})^2$，然后探测下一个数据点 x_{i+1}，如果下一个数据点满足$\overline{x_i}-k\sigma_i<x_{i+1}<\overline{x_i}+k\sigma_i$ 关系式，则该数据认为不是伪点；如果不满足则采用线性外插法剔除该伪点；伪点代替公式

为$\overline{\overline{x_{i+1}}}=x_i+(x_i-x_{i-1})$。

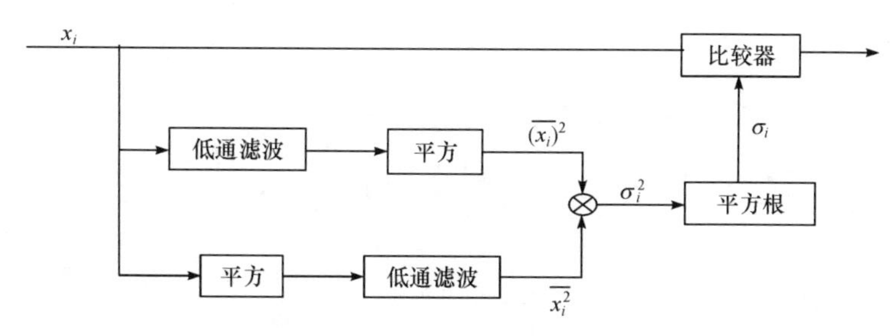

图 4.41　伪点剔除原理图

信号的抗混低通滤波在信号的预处理中是最重要的，也是决定整个信号分析成败的关键。信号的抗混滤波将被处理信号的频带限制在采样频率所允许的最高频率范围内，以免引起混叠误差，实质还是去掉干扰，增强被分析的信号。另外它还可以提取出被分析信号所在的那个频带宽的混合信号，避免了不必要的干扰，因此也可以看成信号的二次预处理。

由现场众多传感器测量的数据，不可避免地会带来一些干扰信号引起的噪声，为了提高数据处理的精度，必须除去这些噪声，通常采用平滑处理的方法。例如，在轧机弹性特性曲线测试中，轧机弹跳值是随轧制力变化的，有些变化是噪声引起的，有些变化是两者内在关系的体现。在单纯移动平滑处理中，不但对噪声进行了平滑，而且引入了由于处理本身而产生的方法性误差，它随平滑点的增多而增大。另外，经过一次预处理后的轧制力数据曲线中，既包含缓慢变化的低频部分又包含高频振荡部分，为了更适合实际情况，需设计一低通滤波器、高通滤波器、带通滤波器和带阻滤波器，分别研究轧制力曲线各个频带的部分。

如图 4.42 所示，滤波器的软件是采用窗函数法来设计的，主要包括窗函数设计子程序、滤波器设计子程序、输入输出子程序和主程序四个部分。该程序实质是一种数字滤波器，它优越于传统的模拟滤波器(巴特沃思滤波器)，因为它不需要进行双线性变换转换成数字滤波器，而且数字滤波器的实现要比模拟滤波器简单得多，并且具有较好的通用性和实用性。

其中，窗函数设计子程序是决定滤波好坏的关键，因为不同的窗产生的滤波效果不同，这样可以根据实际的情况选取所需要的窗。滤波设计子程序主要是设计包括低通、高通、带通、带阻这四种类型的滤波器，它既能够获得所要求频带的信号，又可滤掉某些不需要频带的信号及一些随机干扰信号。按如下公式计算

$$y(n)=-\sum_{k=1}^{N}a(k)y(n-k)+\sum_{r=0}^{M}b(r)x(n-r) \tag{4.91}$$

就可得到滤波后的输出序列 $y(n)$，从而实现原信号的滤波和去噪。

取信号 $s=\sin(t\times2\times pi)+3\sin(t\times5\times2\times pi)+\mathrm{rand}(N)$；该信号可以近似地

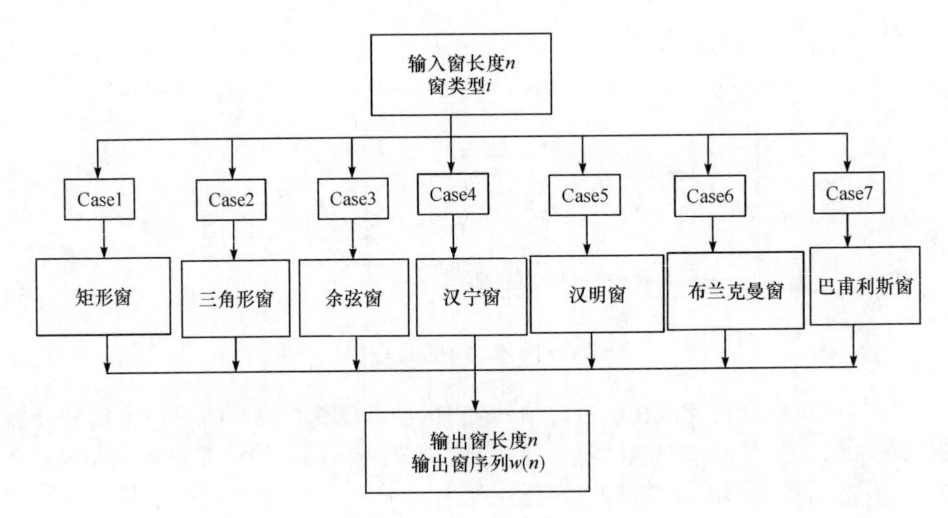

图 4.42　窗函数设计原理图

看成轧制力的偏差量,这样处理是由于轧制力直流分量的数量级比偏差轧制力的数量级要大得多,轧制力的直流分量实际上就是 0 频分量,这样在做低通滤波处理时必然把直流分量滤波出来,影响了观察信号周期波动的视觉。

该信号由 1Hz、5Hz 和随机信号组成,即轧制力的偏差量。现分别设置 3Hz 的低通滤波、3Hz 的高通滤波、4～6Hz 的带通滤波、4～6Hz 的带阻滤波,显然 3Hz 的低通滤波和 4～6Hz 的带阻滤波得到的结果应该相接近,也就是应该得到 1Hz 的信号,3Hz 的高通滤波和 4～6Hz 的带通滤波的结果应该相接近,应该得到 5Hz 的信号是经过程序处理后的滤波曲线。

平滑趋势的目的是减弱或消除待分析信号的某种趋势(如线性趋势,指数趋势,多项式趋势等),增强频谱分析效果,本文仅以线性趋势为例加以解释。趋势是由于样本记录过程中周期大于记录数据长度的周期成分,一般是线性趋势,它是记录在时间轴上线性或缓变的误差,该误差会对以后偏心信号的频谱分析造成很大的畸变,严重影响频谱分析的精度。

最常用而且精度又高的消除趋势项的方法是最小二乘法,它既能消除高阶多项式趋势项又可以消除线性趋势项。最小二乘拟合消除趋势项的方法原理是,用如下定义的 k 阶多项式拟合数据 $x(n)$,$n=1,2,\cdots,N$,h 为采样间隔:

$$\overline{x}(n)=\sum_{k=0}^{K}b_k\,(nh)^k \tag{4.92}$$

适当地选择系数 b_k,使 $x(n)$ 与 $\overline{x}(n)$之差的平方和最小,就认为 $\overline{x}(n)$很好地拟合 $x(n)$,该方法就是最小二乘拟合法。

$$Q(b)=\sum_{n=1}^{N}\left[X(n)-\overline{x}(n)\right]^2=\sum_{n=1}^{N}\left[X(n)-\sum_{k=0}^{K}b_k\,(nh)^k\right]^2 \tag{4.93}$$

若 $Q(b)$ 取最小值,按极值定理得

$$\frac{\partial Q}{\partial b_l}=\sum_{n=1}^{N}2\left[X(n)-\sum_{k=0}^{K}b_k\,(nh)^k\right]\left[-(nh)^l\right]=0$$

$$\sum_{k=0}^{K}b_k\sum_{n=1}^{N}(nh)^{k+l}=\sum_{n=1}^{N}X(n)\,(nh)^l \tag{4.94}$$

由 $k+l$ 个方程可以解出 $k+l$ 个系数 b_k。

周期平均的目的是使原本近似周期变化的信号或周期性不明显的信号经该算法处理成周期性更明显的信号,以进一步增强频谱分析的效果。其方法是首先设法在对应的一个周期中切断信号,把它们中任意两个相关结果与第三个相关结果进行相关处理,所得结果再与第四个进行相关,如果继续下去就可得到多道相关结果,再把这些信号相加平均,经过这种处理后得到的信号就是周期加权平均化处理后的信号。它可获得相当于一个周期的标准信号,这时可认为随机成分消除,这样在进行 FFT 分析时,可以较清楚地获得幅值和相角信息。

4.5　厚度控制系统实例及控制效果分析

4.5.1　检测仪表配置

与离线检测厚度然后再事后修正下一卷带钢厚度相比,板厚控制技术伴随着检测技术的发展有了长足的进步。1948 年,在克利夫兰 2489mm 的带钢热轧机上首次安装了一台非接触式 X 射线测厚仪。此时,还只是对带钢的厚度进行测量,并不能进行厚度自动控制,但这却迈出了板厚控制的关键一步。其他与冷连轧过程密切相关的仪表,如张力计、压力传感器、位置传感器等也都相继研发出来并不断地提高检测精度。

自动化检测仪表在线检测轧制工艺参数和带钢质量指标,不仅是为了使操作人员能正确地操作并调整轧制生产,更重要的它是现代冷轧机实现自动控制的前提条件。现代冷连轧生产的测量仪表很多,其中与厚度控制相关的仪表主要有测厚仪、张力计、辊缝仪、激光测速仪、轧制力测量仪、辊速编码器等。检测仪表的种类与配备方式决定了 AGC 控制的形式与控制效果。从理论上仪表配备越完善越好,但检测仪表价格昂贵,有必要根据冷连轧机组的实际生产特点及产品精度选择合适的仪表配置,以下对各种仪表在冷连轧生产过程中的作用进行介绍。

(1) 测厚仪:厚度连续测量是保证带钢厚度精度的重要手段,是带钢厚度自动控制的必要条件。现代测厚仪为了适应轧制速度和厚度精度提高的需要,大都采用非接触式射线性测厚仪。测厚仪配备的数量和位置由 AGC 控制策略来决定。

(2) 张力计:轧机入口、各机架之间及轧机出口一般均设置有张力计,主要目的是为了稳定轧制,使各机架间的带钢张力控制在一定范围之内。防止堆钢、断带

等现象，或采用一定的张力卷取，使带钢端面平整。

(3) 轧制力测量仪：轧制力测量包括压头(load cell)和油压计(pressure transducer)两类测量仪表。其中压头直接检测轧制力，测量精度高、价格昂贵。一般冷连轧机组中只在设有压力 AGC 的机架上装备压头，而在其他机架上只装备油压计，结合液压缸尺寸间接计算轧制力，但液压缸内摩擦力较大时，轧制力计算值误差较大。

(4) 辊缝仪：现代冷连轧的压上或压下装置基本采用长行程液压缸，轧机辊缝的检测一般是通过内置于轧机两侧液压缸内部的位置传感器来间接计算。位置传感器的形式有数字感应型位置传感器(SONY 磁尺)，磁滞伸缩式位置传感器(temposonics)等，具备测量精度高、性能稳定可靠等优点。

(5) 辊速编码器：辊速编码器一般安装在每架轧机的传动主电机轴头处，用来测量轧辊转速。辊速的测量一般采用双电子电路编码器或同轴双编码器，一路编码器信号用来做传动系统调速反馈；另一路编码器信号进入 AGC 基础自动化系统用来精确跟踪轧辊偏心。

(6) 测速仪：通过激光测速仪对带钢轧制过程直接测速，是近些年来现代化冷连轧生产的一个特点。带钢速度的测量结果主要用于秒流量 AGC 控制和前滑的自适应学习修正。轧制过程中，由于带钢表面乳化液和烟雾影响，激光测速仪的工作状态将受到影响，为此使用压缩空气吹扫等手段保证测速仪稳定工作。因此，激光测速仪一般只布置在使用秒流量 AGC 控制的机架前后。

现今世界比较先进的 AGC 策略中，最具代表性的是日立(Hitachi)公司和 SIEMENS 公司，它们的 AGC 策略各有特点，代表冷轧机厚度控制领域的先进水平。在检测仪表配置方面，如图 4.43 所示，日立仪表配置包括：第 1 机架(S1)前后测厚仪、S1 轧制力压头；S2～S5 后测速仪；S5 前一台测厚仪、S5 后两台测厚仪、S5 轧制力压头；SIEMENS 仪表配置包括：S1 前后测厚仪、S1 前后测速仪；S5 前后测厚仪、S5 前后测速仪。为了获得高精度的产品厚度，AGC 系统必须得到高精度设定值计算系统、张力调节系统、速度调节系统以及压下调节系统的支持。上级过程计算机根据数学模型计算出各个机架的实际值，并通过自适应和自学习计算使计算结果与实际值一致，从而保证了设计计算的预报精度。

从上述仪表配置对比可以看出它们控制策略的不同，SIEMENS 轧机在 S1 前后配备了测速仪和测厚仪，可以在 S1 实现秒流量 AGC，能够迅速消除来料硬度偏差和厚度偏差。日立轧机在 S1 前后仅配备了测厚仪，无法实现 S1 秒流量 AGC，由于在 S2～S5 后都配置了测速仪，则可以实现 S2～S5 反馈秒流量 AGC，其目的是保证每个机架都有厚度控制方式，另外利用 S1 轧制力压头可以实现压力 AGC，补偿滞后和提高焊缝轧制。

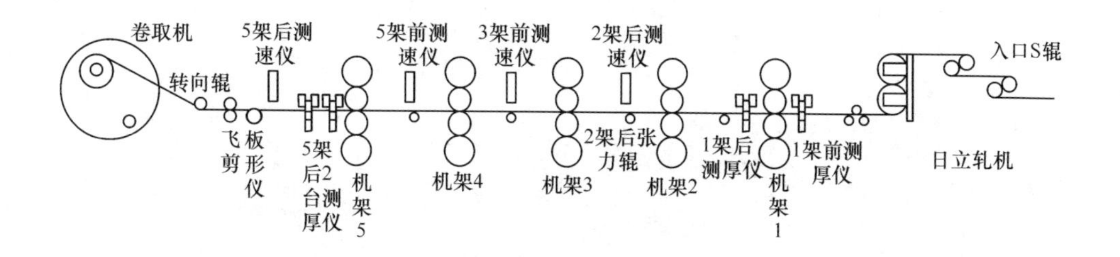

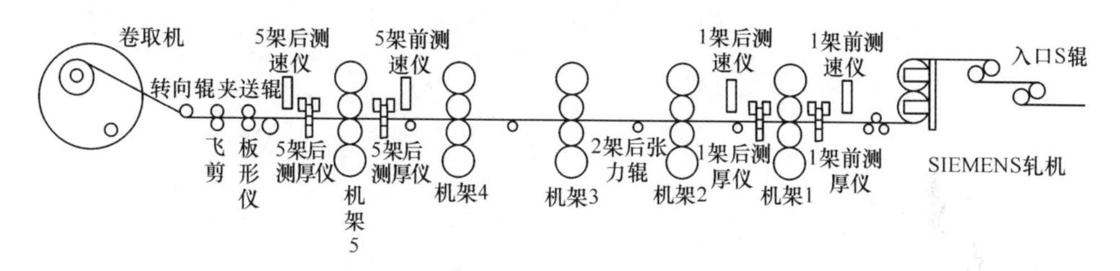

图 4.43　AGC 检测仪表配置示意图

4.5.2　控制方式选择及功能

如图 4.44 所示，根据仪表配置和产品精度要求，所设计的冷连轧 AGC 系统主要包含如下功能。

(1) 第 1 机架前馈 FF1-AGC；

(2) 第 1 机架监控 MON1-AGC；

(3) 第 1 机架秒流量 MF1-AGC；

(4) 第 2 机架前馈 FF2-AGC；

(5) 第 5 机架前馈 FF5-AGC；

(6) 第 5 机架监控 MON5-AGC；

(7) 第 5 机架秒流量 MF5-AGC；

(8) 第 1 机架轧辊偏心补偿 REC1。

1. S1 机架前馈 AGC

1) 计算 S1 机架前带钢来料的实测厚度偏差

$$\Delta H_0 = H_{0,\mathrm{preset}} \cdot X_0$$

式中，ΔH_0 为 S1 机架入口测厚仪实测的厚度偏差；$H_{0,\mathrm{preset}}$ 为 S1 机架入口带钢厚度预设值，即测厚仪接收到的厚度预设值；X_0 为 S1 机架入口测厚仪测得的厚度偏差百分数。

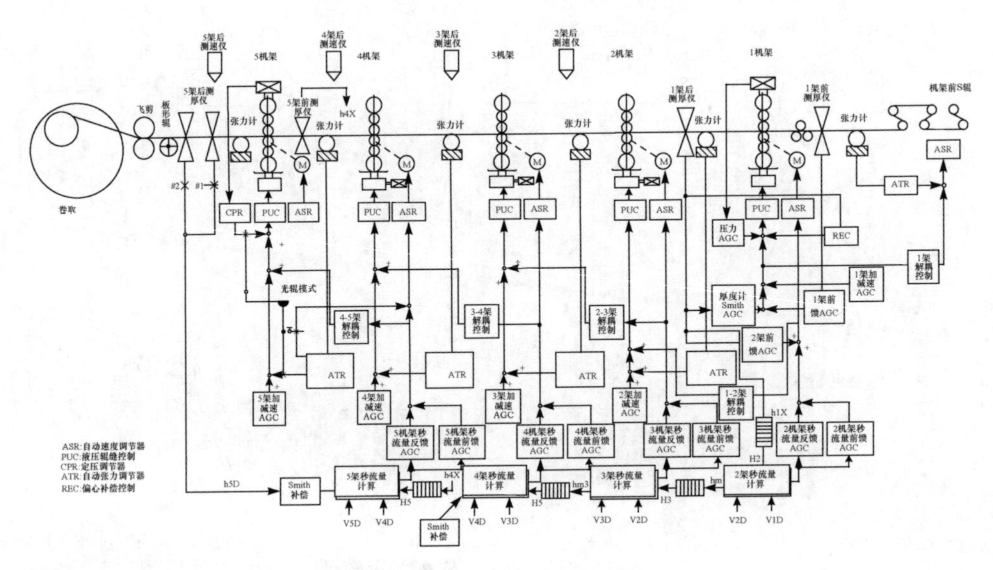

图 4.44　轧机 AGC 策略示意图

2）移位寄存器

为了使测量的带钢段与控制的带钢段相一致，设置了一组移位寄存器，跟踪所检测带钢段的厚度偏差到轧机入口处然后实施控制。考虑到液压系统的响应时间和测厚仪的响应时间，检测带钢段向下游机架移动距离 L_1 后，从移位寄存器中取出作为控制带钢段。移位寄存器的速度与入口带钢实际线速度一致。

$$L_1 = L_0 - (t_{\mathrm{Hresp1}} + t_{\mathrm{Gresp0}})V_0$$

式中，L_0 为 S1 机架前测厚仪 X_0 与 S1 机架辊缝中心的距离；t_{Hresp1} 为 S1 机架 HGC 系统的响应时间；t_{Gresp0} 为 X_0 测厚仪的响应时间；V_0 为 S1 机架入口实际线速度。

3）S1 机架前馈控制逻辑选择

当 S1 机架监控 AGC 选择且 S1 机架前馈 AGC 也选择时，S1 机架前馈控制模式为相对模式。当 S1 机架监控 AGC 无选择且 S1 机架前馈 AGC 选择时，S1 机架前馈控制模式为绝对模式。

4）不同控制模式下的前馈厚度调节量

S1 机架前馈控制器为比例控制器，比例控制器增益为 K_{FF1}。

绝对模式下：

$$\Delta H_0 = K_{\mathrm{FF1}} \cdot \Delta h_{\mathrm{reg1}}$$

相对模式下：

$$\Delta H_0 = K_{\mathrm{FF1}} \cdot (\Delta h_{\mathrm{reg1}} - \Delta h_{\mathrm{lock1}})$$

式中，ΔH_0 为第 1 机架前馈控制的厚度变化量；Δh_{reg1} 为入口实际厚差经移位寄存器后的厚度偏差；$\Delta h_{\mathrm{lock1}}$ 为经过移位寄存器后的厚度偏差锁定值。

5）计算 S1 机架前馈 AGC 的 S0 附加速度调整量

$$\Delta V_0 = -V_0 \cdot \frac{\Delta H_0}{H_0}$$

计算 S1 机架前馈 AGC 的 S1 机架辊缝位置补偿：

$$\Delta S_1 = \Delta H_0 \cdot \frac{K_{\mathrm{m1}}}{M}$$

式中，ΔV_0 为 S1 机架前馈的辊缝附加量；V_0 为轧机入口速度；K_{m1} 为 S1 机架刚度；M 为带钢塑性系数。

2. S1 机架监控 AGC

1）计算 S1 机架出口厚度偏差

$$\Delta H_1 = H_{1,\mathrm{preset}} \cdot X_1$$

式中，ΔH_1 为 S1 机架出口测厚仪实测的厚度偏差；$H_{1,\mathrm{preset}}$ 为 S1 机架出口带钢厚度预设值，即测厚仪接收到的厚度预设值；X_1 为 S1 机架出口测厚仪测得的厚度偏差百分数。

2）S1 机架监控 AGC 的 Smith 预估器

S1 机架监控 AGC 的 Smith 预估模型传递函数为 $G_{\mathrm{Smith}}(s)$，以 $G_{\mathrm{Smith}}(s)$ 传递函数模拟液压和测厚仪的动态模型。

$$G_{\mathrm{Smith}}(s) = \frac{a_0 + a_1 s}{b_0 + b_1 s}$$

式中，a_0、a_1、b_0、b_1 为 S1 机架监控 AGC 的 Smith 预估器调试参数。

S1 机架监控 AGC 的控制量 ΔH_1 与 Smith 预估器输出的厚度补偿量 $\Delta H_{1,\mathrm{Smith}}$ 之间的传递函数：

$$\frac{\Delta H_{1,\mathrm{Smith}}}{\Delta H_1} = G_{\mathrm{Smith}}(s) \cdot (1 - \mathrm{e}^{-\tau_1 s})$$

式中，τ_1 为特征段带钢从 S1 机架辊缝处到出口测厚仪处所经过的时间。

3）S1 机架监控 AGC 控制输入偏差

$$\Delta H_1 = \Delta H_{1,\mathrm{act}} - \Delta H_{1,\mathrm{Smith}}$$

4）S1 机架监控 AGC 的积分时间

$$t_{\mathrm{MON1}} = \frac{t_{\mathrm{Hresp1}} + t_{\mathrm{Gresp1}} + L_1 / V_1}{K_{\mathrm{MON1}}}$$

式中，t_{Hresp1} 为 S1 机架液压系统响应时间；t_{Gresp1} 为 X1 侧厚仪的响应时间；L_1 从 S1

机架到测厚仪 X1 的中心距离；V_1 为 S1 机架出口速度；K_{MON1} 为监控 AGC 控制器增益。

S1 监控 AGC 的控制量：

$$\Delta H_{MON1}(s)=\frac{\Delta H_1(s)}{t_{MON1}\cdot s}$$

5）S1 机架监控 AGC 控制量输出

当 S1 秒流量 AGC 投入时，S1 机架监控 AGC 控制量 ΔH_{MON1} 直接输出到 S1 机架秒流量 AGC 中。当 S1 秒流量 AGC 未投入时，S1 机架监控 AGC 控制量 ΔH_{MON1} 经过压上-厚度有效系数转换，调节 S1 机架辊缝。辊缝调节量计算如下：

$$\Delta S_{MON1}=\Delta H_{MON1}\cdot\left(1-\frac{1}{K_{m1}}\cdot\frac{\partial P_1}{\partial H_1}\right)$$

式中，ΔS_{MON1} 为 S1 机架监控 AGC 的辊缝附加量；$\frac{\partial P_1}{\partial H_1}$ 为 S1 机架轧制力对出口厚度的偏微分；K_{m1} 为 S1 机架刚度。

3. S1 机架秒流量 AGC

1）计算 S1 机架出口秒流量目标值

$$MF_1'=(H_1'+\Delta H_{MON1})\cdot V_1$$

式中，MF_1' 为 S1 机架出口秒流量目标值；H_1' 为 S1 机架出口带钢厚度预设值；ΔH_{MON1} 为 S1 机架监控 AGC 投入时对出口厚度的调节量。

2）S1 机架辊缝入口处厚度计算

S1 机架辊缝入口处厚度通过 X0 测厚仪检测后进行跟踪得到，跟踪时必须考虑液压系统和测厚仪 X_0 的响应时间。H_0 是实际检测入口厚度经过移位寄存器 L_{MF1} 距离后得到的。

$$H_0=H_{preset0}\cdot(1+X_0)$$

$$L_{MF1}=L_1-(t_{Hresp1}+t_{Gresp0})\cdot V_0$$

式中，L_1 为 S1 机架前测厚仪 X0 与机架辊缝的距离。

3）S1 机架秒流量 AGC 控制输出调节量

S1 机架秒流量 AGC 采用比例积分控制，比例增益 $K_{MF1,P}$ 和积分增益 $K_{MF1,I}$ 与带钢厚度、速度有关：

$$K_{MF1,P}=C1_{MF1,P}\cdot\frac{H_0}{V_1+C2_{MF1,P}}$$

$$K_{MF1,I}=\frac{H_0}{V_1\cdot C1_{MF1,I}+C2_{MF1,I}}$$

式中，$C1_{MF1,P}$ 为 S1 机架秒流量 AGC 控制比例增益；$C2_{MF1,P}$ 为固定常数；$C1_{MF1,I}$ 为

S1 机架秒流量 AGC 控制积分响应时间；$C2_{\mathrm{MF1},I}$为 S1 机架秒流量 AGC 控制积分响应长度；ΔH_{MF1}为秒流量 AGC 厚度调节量。

S1 监控 AGC 的控制量：

$$\Delta H_{\mathrm{MON1}}(s)=\frac{\Delta H_1(s)}{t_{\mathrm{MON1}}\cdot s}$$

4）S1 机架秒流量 AGC 控制量输出

$$\Delta S_{\mathrm{MF1}}=\Delta H_{\mathrm{MF1}}\cdot\left(1-\frac{1}{K_{\mathrm{m1}}}\cdot\frac{\partial P_1}{\partial H_1}\right)$$

式中，ΔS_{MF1}为 S1 机架秒流量 AGC 的辊缝附加量；$\frac{\partial P_1}{\partial H_1}$为 S1 机架轧制力对出口厚度的偏微分；$K_{\mathrm{m1}}$为 S1 机架刚度。

4. S2 机架前馈 AGC

S2 机架前馈 AGC 通过跟踪 S1 出口测厚仪 X1 检测到的厚度偏差，利用速度厚度比计算功能改变 S1 机架速度实现，同时调节 S0 入口张力辊速度作为张力补偿。S2 前馈 AGC 控制时，还具有对机架间张力和前滑的补偿环节。

X1 测厚仪测得的厚度偏差信号 ΔH_1 经过移位寄存器后，通过秒流量原理计算 S2 机架前馈 AGC 的 S1 速度调节量：

$$\Delta V_{\mathrm{FF2}}=-V_1\cdot\frac{\Delta H_1}{H_1}$$

计算 S2 机架前馈 AGC 的张力 S1 机架辊缝位置补偿为

$$\Delta S_2=\Delta H_1\cdot\frac{K_{\mathrm{m2}}}{M}$$

同时 S0 张力辊调速的张力补偿为

$$\Delta V_0=-V_0\cdot\frac{\Delta H_1}{H_1}$$

移位寄存器距离为

$$L_{\mathrm{FF2}}=L_{\mathrm{X1\text{-}S2}}-(t_{\mathrm{MR1}}+t_{\mathrm{X1}})\cdot V_1$$

式中，V_1 为 S1 后带钢速度；V_0 为 S1 前带钢速度；$L_{\mathrm{X1\text{-}S2}}$为测厚仪 X1 与 S2 机架的中心距离；$t_{\mathrm{MR1}}$为 S1 传动系统响应时间；$t_{\mathrm{X1}}$为测厚仪 X1 的响应时间。

5. S5 机架 AGC

经过 S1 和 S2 机架的粗调 AGC 策略后，大部分的厚度偏差已经基本得到消除，S5 机架属于精调 AGC 的范畴，用来保证连轧出口成品带钢厚度尽可能接近目标厚度。基于轧机出口的 X5 测厚仪配置了 S5 机架 AGC。

S5 机架监控 AGC 有两种方式:B 方式和 C 方式。当轧机工作在 B 方式下时,S5 机架轧机处于位置(辊缝)闭环工作状态,S5 机架承担一定压下量。为了防止该机架过负荷,S5 机架工作辊一般采用粗糙度低的光辊;当轧机工作在 C 方式下时,前四机架已经完成全部压下量。S5 机架轧机处于轧制力闭环工作状态,在轧制过程中保持一个恒定较小的轧制力,起到平整和改善板形的作用。为了防止轧制力较小时打滑,S5 工作辊一般采用粗糙度较高的毛化辊,同时也满足了后道工艺对产品表面粗糙度要求较高的需求。

1) B 方式下的 AGC

B 方式下的 AGC 参见图 4.45,利用 S5 前后激光测速仪和 S5 前测厚仪信号,确定 S5 出口处厚差。

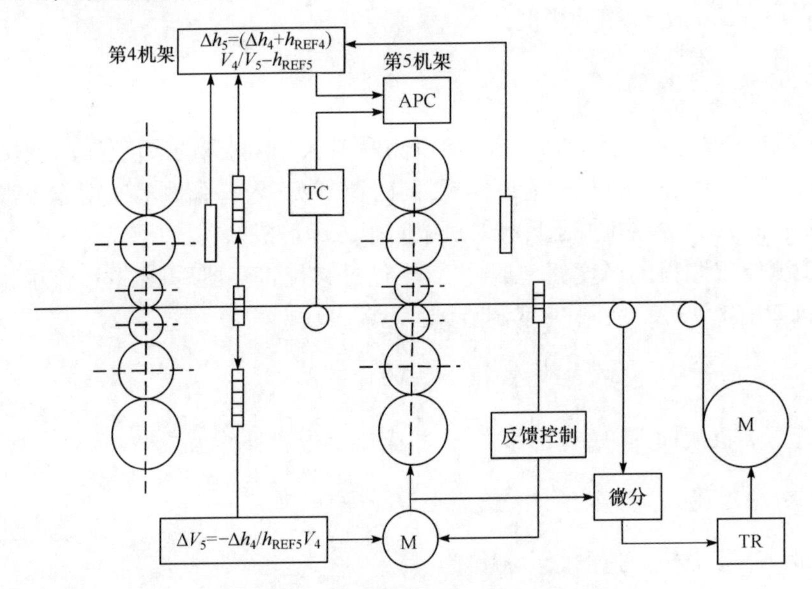

图 4.45 第 5 机架精调 AGC 的 B 方式

$$\Delta h_5 = (h_{\mathrm{REF4}} + \Delta h_4)\frac{V_4}{V_5} - h_{\mathrm{REF5}}$$

因此

$$\Delta S_5 = \frac{K_{\mathrm{m5}} + M}{K_{\mathrm{m5}}}\left[(h_{\mathrm{REF4}} + \Delta h_4)\frac{V_4}{V_5} - h_{\mathrm{REF5}}\right]$$

同时应对 S5 速度进行控制以保持流量:

$$V_4(h_{\mathrm{REF4}} + \Delta h_4) = (V_5 + \Delta h_5)h_{\mathrm{REF5}}$$

得到 $\Delta V_5 = -\frac{\Delta h_4}{h_{\mathrm{REF5}}}V_4$。

成品测厚仪信号反馈控制 S5 速度,使 S4-S5 张力变化,然后通过张力控制回路调节 S5 辊缝位置。

2) C 方式下的 AGC

当来料板形不好而轧制产品厚度及硬度都允许用四机架轧制时，将 S5 机架作为平整功能，仅给极小压下率，S5 此时采用恒轧制力控制，S4-S5 张力计信号不再控制 S5 压下而是控制 S4 速度来保持 S4-S5 张力恒定，如图 4.46 所示。

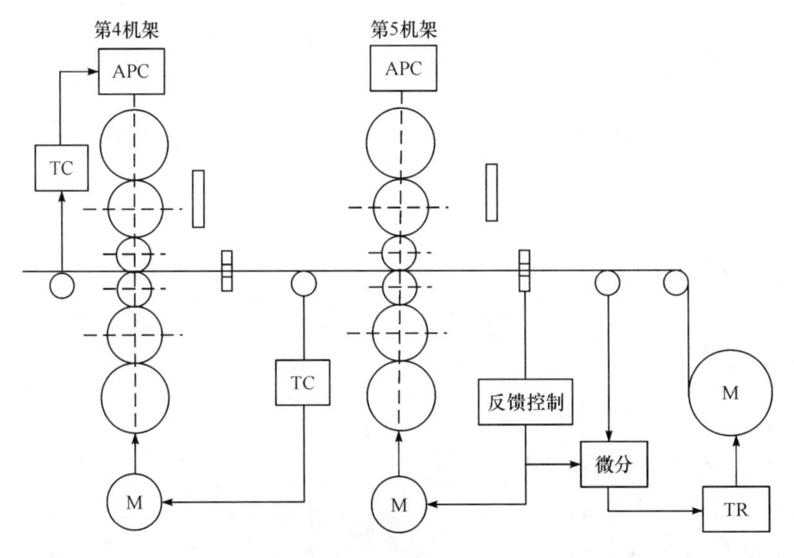

图 4.46　第 5 机架精调 AGC 的 C 方式

S5 后成品测厚仪信号用来反馈控制 S5 速度，其结果是 S5 速度改变影响S4-S5 的张力，而 S4-S5 张力变化将控制 S4 速度，S4 速度变化又将影响 S4-S5 的张力，S3-S4 张力变化将调整 S4 压下，因此消除成品的厚差。

当用 Δh_5 控制 S5 速度时，应同时控制卷取转矩使 S5 机架后张力恒定。对 S5 速度调整同样采用秒流量恒定原理，即

$$(h_{\mathrm{REF5}}+\Delta h_5)(V_5+\Delta V_5)=h_{\mathrm{REF5}}V_5$$

$$\Delta V_5=-\frac{\Delta h_5}{h_{\mathrm{REF5}}}V_5K_{\mathrm{v}}$$

式中，K_{v} 为控制用系数，可以调整。

采用秒流量 AGC 后成品厚度精度得到较大提高。综上所述，由各种 AGC 策略可知，冷连轧 AGC 系统由于各种参数间错综复杂的关系，必须要非常清楚厚度控制和张力控制的关系。从本质上来说，厚度控制和张力控制是两个系统，应该分开讨论与研究，但是由于两者之间又存在强耦合关系，所以明确在利用速度或压下解决厚度偏差的同时，兼顾张力补偿控制，保证在厚度控制过程张力不会产生较大波动。

4.5.3　控制效果对比分析

如图 4.47 所示,在冷连轧厚度控制中,日立公司和 SIEMENS 公司所采用的各自控制策略,通过比较它们的仪表配置、粗调 AGC 控制、精调 AGC 控制的不同实现方式,经分析得出以下结论。

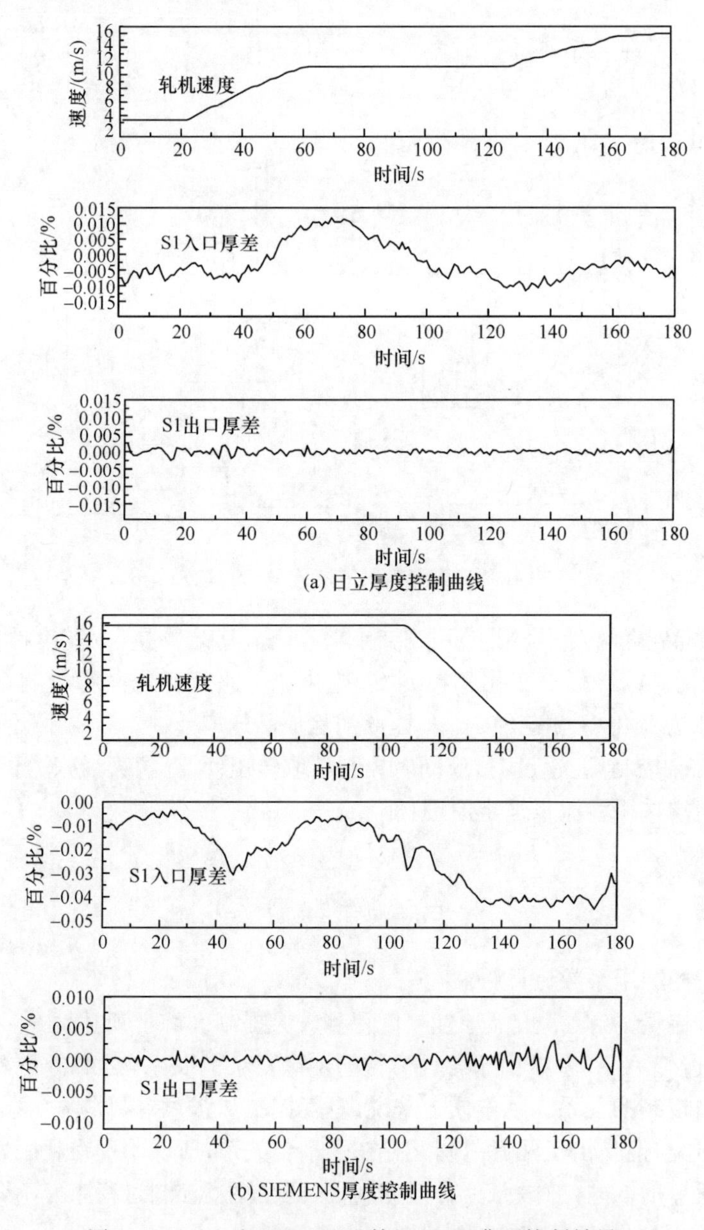

图 4.47　日立和 SIEMENS 轧机 AGC 典型控制效果

(1) 日立公司由于在 S2～S5 后配备激光测速仪,可以实现 S2～S5 反馈秒流量 AGC,最终达到 S1～S5 所有机架都具有厚度控制功能,对提高控制精度有优势。另外,由于 S1 采取 GM-AGC 方式可以消除反馈 AGC 滞后影响,同时有利于焊缝厚度控制。

(2) SIEMENS 公司通过采用特有的 S1 高级秒流量 AGC,可以实现所有机架都通过辊速调节厚度功能,实现通过机架辊缝调节张力,有利于在高速轧制时保持张力的恒定。另外,S1 前馈、反馈和秒流量 AGC 三种控制方式的结合,保证 S1 可以消除 98%以上的厚度偏差,最终提高成品厚度精度。

(3) 它们考虑方面各有侧重,但都很好达到了成品厚度精度要求,控制策略的不同只是在现有硬件配置的基础上实现优化控制。经分析比较,优化的 AGC 控制策略如下:S1 采取前馈、修正 GM-AGC、秒流量 AGC;S2 前馈、秒流量 AGC;S4、S5 反馈秒流量 AGC。

第5章 冷连轧板形平直度控制

5.1 板形控制概述

板形及厚度精度是衡量冷轧板带质量的两个重要外形尺寸指标。从某种意义上讲,带钢的板形控制实际上是厚度控制沿带钢宽度上的拓展。冷轧板形控制技术与控制系统是冷轧技术领域中最复杂的技术内容。随着高档汽车、家电等用户对冷轧产品质量要求的提高,板形质量成为冷轧带钢最重要的质量指标之一。板形问题包括板带的横向厚差和平直度两个方面,但由于这二者紧密相关,故把他们总称为板形问题。所谓板形,直观地说是指板材的翘曲程度,其实质是指带钢内部残余应力的分布。板形实际上包含带钢横截面几何形状和在自然状态下带材的平直度两个方面,要定量描述板形就涉及这两个方面的多项指标,包括凸度、楔形、边部减薄、局部高点和平直度。

现代化的主流板形控制冷轧机通常具备多种板形控制的调节机构,如轧辊倾斜、工作辊弯辊、中间辊弯辊和工作辊分段冷却控制等。众多的板形调节机构是实现高精度板形控制的保证,但也为实际控制带来了很大的难题。由于多种板形调节机构参与板形闭环反馈控制,从而使此类轧机的板形控制数模及系统更为复杂。冷轧板形控制系统具有典型的多变量、多控制回路、非线性、强耦合、时变性强的特征,是最复杂的控制系统之一。因此,深入研究冷轧板形控制系统的核心模型,制定合理有效的板形控制策略,开发适用于实际冷轧带钢生产的板形控制系统对提高我国冷轧板形控制水平具有重要的意义。

5.2 板形平直度控制理论

5.2.1 板形平直度的表示方法

带钢在不受张力作用时表面的翘曲程度称为平直度。翘曲是由于带钢宽度方向上各处延伸不均所造成的内部残余应力分布。冷轧带钢由于在轧制时前后将施以较大张力,因此轧制时从表面上一般不易看出翘曲、起浪等现象,但当取一定长度的成品带钢,自然地放在平台上(无张力)时,常可看到带钢的翘曲。冷轧带钢常见的板形缺陷如图5.1所示。

依据是否有外观浪形产生,平直度缺陷又可分为潜在缺陷和外在缺陷。具有潜在缺陷的带钢表面虽然保持平直,但其内部受到残余内应力的作用,如果将带钢

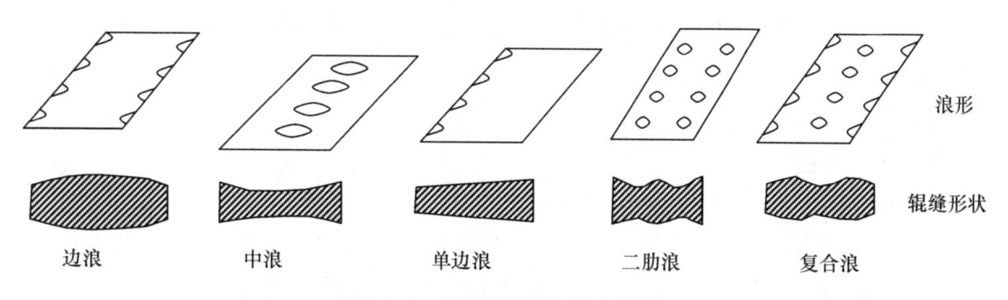

图 5.1　冷轧钢板的板形缺陷

沿纵向切分使内应力得到释放，带钢宽度方向上的不均就会表现出来。对于具有外在平直度缺陷的带钢，宽度方向上长度差的存在是显而易见的。冷连轧带钢生产中轧机的入口和出口一般要施加比较大的张力，在外张力作用下带钢横向的张应力分布将会表现出与带钢横向相对长度差呈现分布规律相同的曲线形态。因此，测量带钢在轧机中的出口张应力分布是实现平直度测量的一条可行之路，并具有理论上的严谨性。

根据测量方式的不同，平直度可有不同的表示方法：

1）相对长度差表示法

如图 5.2 所示，相对长度表示法就是取一段轧后的带材，将其沿横向裁成若干纵条并平铺，用带材横向不同点上相对长度差 ρ_v（也称为板形指数）来表示带材的平直度状况：

$$\rho_v = \Delta L / L \tag{5.1}$$

式中，L 是所取基准点的轧后长度；ΔL 是其他点相对基准点的轧后长度差。

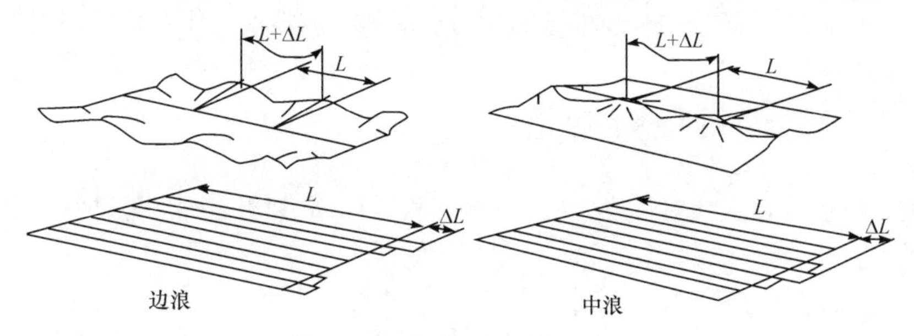

图 5.2　带钢各纵条的相对延伸差

板形表示没有一个统一的国际单位，各国采用的度量单位并不相同。由于用式(5.1)计算的板形指数是一个很小的数值，因此为了直观地表征板形缺陷，在实际生产中常采用 I 单位来表示板形。在《中国冶金百科全书》的金属塑性加工分卷中对 I 单位的定义如下：在板形检测中度量板带不平度的单位。轧后带材的纵向延伸沿宽度分布不均，会引起带材纵向内应力分布不均，此内应力达到一定程度则会引起带材出现波浪和瓢曲。设带材轧后最终纵向纤维的长度为 L，最长与最短纤维之间的长度差为 ΔL，则此两种纤维的相对长度差 $\Delta L/L$ 为 $N\times10^{-5}$时，称为 N 个 I 单位。

2）波形表示法

在翘曲的钢板上测量相对长度来求出长度差很不方便，而轧后带钢会由于边部或中部较大的延伸而产生严重边浪或中浪，所以人们采用了更为直观的方法，即以翘曲波形来表示平直度，称之为波浪度 d_v。将带材切取一段置于平台之上，如将其最短纵条视为一直线，最长纵条视为一正弦波，则如图 5.3 所示，可将带钢的波浪度表示为

$$d_v=\frac{R_v}{L_v}\times100\% \tag{5.2}$$

式中，R_v 为波高；L_v 为波长；d_v 为波浪度。

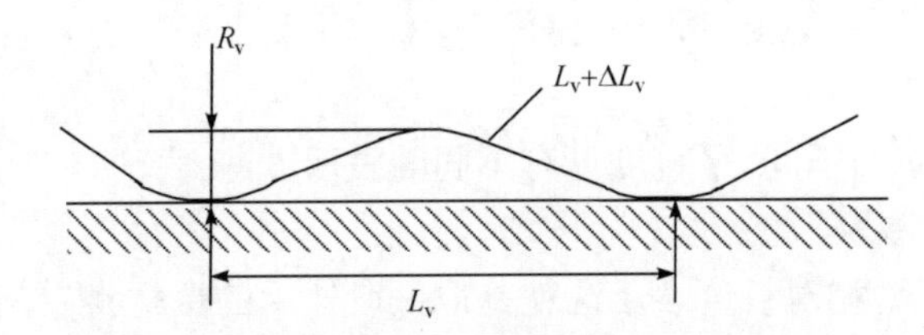

图 5.3 板形的波高和波长示意图

这种方法直观且易于测量，所以现场多采用这种方法。在图 5.3 中与长为 L_v 的直线部分相对应的曲线部分长为 ΔL_v+L_v，并认为曲线按正弦规律变化，则可利用线积分求出曲线部分与直线部分的相对长度差。波浪度与相对长度差间的关系如式(5.3)所示：

$$\frac{\Delta L_v}{L_v}=\frac{\pi^2}{4}\times d_v^2 \tag{5.3}$$

因此波浪度可以作为相对长度差的代替量，只要测出带钢的波浪度就可求出相对长度差。

3）残余应力表示法

带钢平直度不良，实质上是由带钢内部残余应力横向的分布所造成的，所以在理论研究和板形控制中用带钢内部的残余应力表示板形更能反映问题的实质。一般将带钢内部残余应力表示为带钢横向相对位置的函数，x 是所研究点距离带钢中心的距离，B 是板宽。经验表明，要精确表示残余应力分布，需要用四次函数，在凸度设定及前馈控制时一般为了简化只用二次函数，即

$$\sigma(x)=\sigma_T\left(\frac{2x}{B}\right)^2+C \tag{5.4}$$

式中，$\sigma(x)$为距带钢中心为 x 的点处发生的残余应力；C 为常数；σ_T 为平直度参数，它可以由理论分析确定。理论研究表明，σ_T 与下列参数有关：

$$\sigma_T = f(\tau_b, \tau_f, h_0, h, v, C_w, C_b, F) \tag{5.5}$$

式中，τ_b、τ_f 为前、后张应力，kN/mm^2；h_0、h 为轧前、轧后厚度，mm；C_w、C_b 为工作辊、支承辊的凸度，mm；v 为轧制速度，m/s；F 为液压弯辊力，kN。

4）张应力差表示法

当使用剖分式张力辊式平直度测量仪时，获得实测的带钢宽度方向张应力分布(其积分值为总张力)。由于存在内应力，内应力与张应力合成而造成张应力不均匀分布。因此张应力不均匀分布形态，实质上反映了内应力的分布形态。设实测张应力为 $\tau_f(x)$，而 $\Delta\tau(x)$为

$$\Delta\tau(x) = \tau_f(x) - \tau_{fm} \tag{5.6}$$

则

$$\Delta\tau(x) = E\rho w(x) \times 10^5 \tag{5.7}$$

式中，τ_{fm}为宽度方向上的平均张应力。

5.2.2 板形平直度控制的理论基础

板形平直度控制必须以板形理论为指导，只有不断改进板形控制方法和提高板形检测精度，才能进一步提高板形的控制水平。板形控制技术的发展始终是以板形理论研究作为基础的，无论板形检测技术的进步、板形控制手段的革新，还是板形控制模型的优化，都是与板形基础理论研究分不开的。

板带的轧制过程是一个极其复杂的金属压力加工过程，轧后板带的板凸度和板形决定于轧件在辊缝中的三维变形。对于这一过程的研究，板形理论也因此涉及许多影响因素和许多分析模型。长期以来，人们从不同角度出发对板形理论进行了深刻的探讨和研究，使之成为一个较为完整的理论体系。完整的板形计算理论包括以下三个方面。

(1) 辊系弹性变形和热变形计算理论：辊系模型。

(2) 金属三维塑性变形理论：金属模型。

(3) 轧后带材失稳屈曲变形理论：判别模型。

这三个模型之间的关系如图 5.4 所示。

从图 5.4 中可以看出这三个理论是相互联系的，金属三维塑性变形模型为辊系弹性变形模型提供轧制压力及其横向分布；辊系弹性变形模型和热变形模型为金属三维塑性变形模型提供轧后带材厚度横向分布；根据前张力的横向分布，轧后带材失稳屈曲变形模型判别带材是否失稳或失稳后是否处于允许的屈曲变形状态，从而决定是否进行反馈调节。

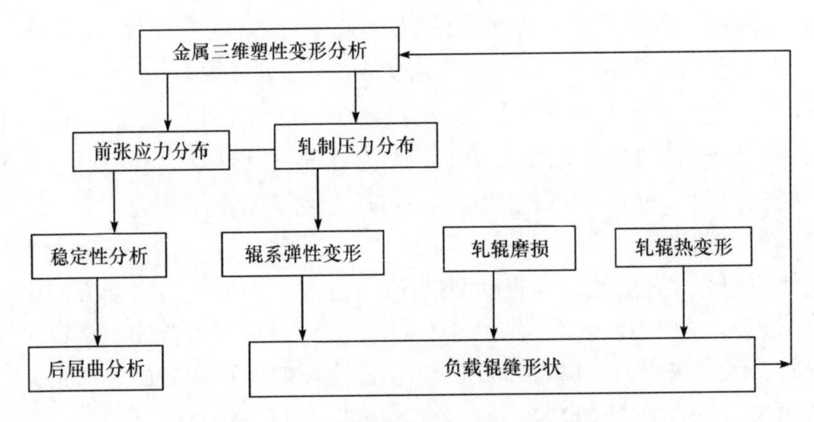

图 5.4　板形理论的各领域及相互关系

1. 辊系变形理论

通常轧制产品是在变形了的弹性体-轧辊作用下生产出来的，轧辊的弹性变形直接影响最终产品的断面形状和尺寸精度。所以只有从本质上充分地研究轧辊弹性变形，才能准确地预测一定工艺条件下的轧后断面分布、张应力分布和板形，才能找出板形随各种扰动因素及控制因素变化而变化的规律，从而确定正确的工艺参数、寻找改善板形的途径、探索控制板形的方法、提供可靠的理论依据。

轧后带材的断面形状取决于轧制过程中有载辊缝的形状，而影响轧机有载辊缝形状最主要的因素是轧辊的弹性变形，因此，轧辊的弹性变形理论在板形理论中具有举足轻重的地位。研究轧辊弹性变形的方法主要有解析法、影响函数法和有限元法。

1) 轧辊解析法

解析法是研究轧辊弹性变形的重要方法，其理论基础是 1965 年斯通(M. D. Stone)首次将弹性基础梁理论引入轧辊的弹性变形分析中，他以文克尔弹性基础梁理论为基础，将支承辊和被轧带材看成弹性基础，工作辊为处于两弹性基础中的梁，通过求解四阶微分方程得到了工作辊的轴线位移。工作辊受到弯辊力 F_w 后发生变形，引起轧制压力和支承辊反力的变化量分别为 Δp^* 和 Δq^*，则工作辊的挠度曲线微分方程为

$$EI_w \frac{d^4 y}{dx^4} = -\Delta p^* + \Delta q^* = -2K_2 y - K_1 y = -Ky \tag{5.8}$$

其解为

$$y = e^{\beta x}(A\cos\beta x + B\sin\beta x) + e^{-\beta x}(C\cos\beta x + D\sin\beta x) \tag{5.9}$$

其中 $\beta = \sqrt[4]{\dfrac{K}{4EI_w}}$，$A$、$B$、$C$、$D$ 是积分常数，由边界条件确定。

当施加弯辊力 F_w 以后，边部接触压力增大，对支承辊的弯矩为

$$M_{bw}=F_w(d+e) \tag{5.10}$$

引起的支承辊挠度变化应为

$$\Delta_{bw}=-\frac{M_{bw}}{2EI_b}[x(l-x)] \tag{5.11}$$

式中，I_b 为支承辊的抗弯截面模数；d 为支承辊轴承中心线与辊身端部的距离；e 为支承辊辊身端部到力 F_w 的作用线的距离。

斯通模型可以求解在弯辊作用下工作辊的挠度大小，但是不能给出带材轧后断面形状与各影响因素的关系和如何通过液压弯辊作用给出合理的板形。盐崎宏行对斯通模型在两个方面上进行了重大的改进：①考虑了工作辊与支承辊辊身不同区段的受力情况，采用了不同的微分方程来描述；②对工作辊和支承辊分别列出挠度曲线微分方程，通过辊间压扁关系把这两个方程联系起来。盐崎模型可以给出弯辊力和轧辊凸度值的关系，轧辊凸度曲线的形状和弯辊力引起的压下量变化，比较合理地处理了工作辊和支承辊的变形。但是它仍然不能给出在轧制力和弯辊力共同作用下，轧辊弹性变形和板带轧后断面的分布。

本城恒仅将支承辊假设为弹性基础，轧件和工作辊之间的关系通过轧制压力来体现，即把轧制力当成外力来处理，工作辊的压扁采用半无限体模型求出。这样处理有两点好处：①轧制压力、辊间压力以及轧辊的变形都不像过去那样只考虑弯辊力引起的变动值，而是考虑整个体系受力和变形的绝对值。②轧制压力不是根据轧辊的挠度按弹性基础梁假定确定，而是将轧制力从弹性变形体系中解脱出来，作为外力处理，这样轧制压力可以根据金属变形的实际工艺条件确定，轧辊压扁问题也易于解决。本城模型求解的结果与实验结果较为符合，通常用来求解轧辊的弹性变形、确定轧后轧件的断面形状和计算最佳弯辊力等。但是本城模型对剪切挠度的处理不合理，将轧制力分布假设为二次曲线以及关于轧辊凸度和磨损分布的设定，这些都是该模型的不足之处。

东北大学王国栋教授将工作辊和支承辊之间的弹性压扁假定为弹性基础梁，工作辊的弹性变形由工作辊和支承辊之间的弹性压扁引起的工作辊弯曲、工作辊和支承辊作为整体简支梁所发生的弯曲以及轧制力引起的工作辊弹性压扁三部分组成，导出了辊缝形状函数和板形方程，并给出了最佳弯辊力的直接算法，为板形的定量研究和板形控制提供了重要的理论基础。其中，轧辊辊缝形状和出口轧件断面几何形状的协调方程，即板形方程为

$$\Phi(F_w,H_c,H_e,h_c,h_e,T_f,T_b,\mu,k_f,b,c_w,c_b,R_w)-\frac{1}{2}(h_c-h_e)=0 \tag{5.12}$$

式中，Φ 为辊缝形状函数；H_c、H_e 为轧前轧件中心和边部的厚度；h_c、h_e 为轧后轧件中心和边部的厚度；T_b、T_f 为前后张应力；μ 为摩擦系数；k_f 为变形抗力；b 为板

宽 1/2；c_w、c_b 为工作辊和支承辊的凸度值；R_w 为工作辊半径。

但是，作为解析方法不可避免地会有局限性，如关于轧制压力分布、轧辊凸度和磨损分布的假定，都不能客观地、真实地反映实际情况。其次，关于剪切挠度的处理也不够理想。同时解析方法计算手段烦琐，计算过程复杂，其应用受到了一定限制。由于解析法在求解过程中不可避免地引入了过多的假设和简化，计算结果与实际值误差较大，而且计算过程复杂，因此单纯的解析法难以在工程实践中广泛应用。

2）影响函数法

影响函数法是一种离散化的方法。它的基本思想是将轧辊离散成若干单元，将轧辊所承受的载荷及轧辊弹性变形也按相同单元离散化，应用数学物理中关于影响函数的概念先确定对各单元施加单位力时辊身各点的变形，然后应用"叠加原理"将全部载荷作用于各单元，得出各单元的变形量，从而确定带钢出口厚度和张力分布等。目前许多重要的板形理论问题和工程实际问题均采用影响函数方法处理变形，收到了很好的效果。

如图 5.5 所示，首先研究轧辊的离散化过程，在一般的对称轧制中，轧辊所承受的载荷及其变形是左右对称的，所以研究半辊身长。将半辊身长抽象为一个悬臂梁，轧辊中心为悬臂梁的固定端，辊肩部为它的自由端，沿轴线方向分为 n 个单元，各单元的长度分别为 $\Delta x(i)$，则各单元中点到固定端的距离为

$$x(i)=x(i-1)+1/2[\Delta x(i-1)+\Delta x(i)] \tag{5.13}$$

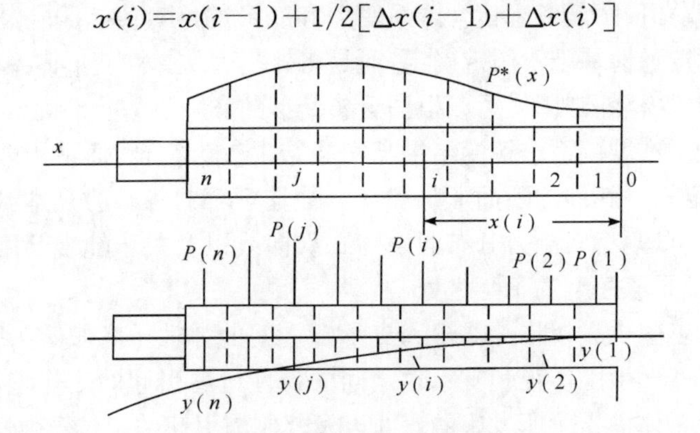

图 5.5　轧辊辊身离散化

其次，将作用于轧辊上的载荷(单位宽轧制力及辊间接触压力)按相同单元离散化，即将作用于上述各单元的分布载荷以集中力代表，则作用于 i 单元上的轧制力和辊间的接触压力分别为

$$p(i)=\begin{cases} p^*[x(i)]\cdot\Delta x(i), & i\leqslant m \\ 0, & i>m \end{cases} \tag{5.14}$$

$$q(i)=q^*[x(i)]\Delta x(i)$$

在轧件与轧辊的接触面上作用有轧制压力，计算轧辊压扁这个接触区也需要离散化。各接触区沿轴向也划分成 n 个单元，各单元宽仍为 $\Delta x(i)$，但接触区沿轧向的长度就是在 $p(i)$作用下的接触弧长度：

$$l_{\mathrm{d}}(i)=\sqrt{R_{\mathrm{w}}\left[\Delta h(i)+\frac{16k_{\mathrm{w}}p(i)}{\Delta x(i)}\right]} \tag{5.15}$$

式中，$\Delta h(i)$为 i 单元的绝对压下量；k_{w} 为工作辊泊松比和杨氏模量确定的弹性常数，$k_{\mathrm{w}}=\dfrac{1-v_{\mathrm{w}}^2}{\pi E_{\mathrm{w}}}$；$R_{\mathrm{w}}$ 为工作辊半径。

这样就将轧件和轧辊的接触区离散为 m 个 $l_{\mathrm{d}}(i)\Delta x(i)$的微面积元。

根据同样的方法，可以将工作辊和支承辊的弹性接触区分为 n 个单元，其中接触区宽度是由该区域作用的接触压力 $q(i)$决定的，设接触区半宽为 $b(i)$，则

$$b(i)=\sqrt{\frac{4(k_{\mathrm{w}}+k_{\mathrm{b}})R_{\mathrm{w}}R_{\mathrm{b}}q(i)}{(R_{\mathrm{w}}+R_{\mathrm{b}})\Delta x(i)}} \tag{5.16}$$

这样将工作辊与支承辊的弹性接触区离散化为 n 个 $2b(i)\Delta x(i)$的微面积分。

在国际上，绍特首先用影响函数法分析了轧辊的弹性变形，这是板形理论研究方面的重要成果。但采用辊间接触压扁和接触压力之间的线性关系及无张力轧制时单位宽轧制力和相对压下量之间的线性关系两个假设，使问题的处理简单化了。之后艾德瓦尔兹等在处理工作辊和支承辊之间及带钢与工作辊之间的协调关系时，用浮动坐标的原点及用矩阵和向量表示工作辊和支承辊弹性变形时力-变形关系等方法，使问题处理更加简单且合理。但在处理轧辊弹性压扁问题上缺乏科学性。户泽利用半无限体模型给出了轧制压力对轧辊压扁的影响函数。王国栋教授利用半无限体模型及中岛理论对半无限体模型进行了修正，提出矩阵计算方法，使分割模型法进一步趋于丰富和完善。

总之，影响函数法广泛应用于辊间压力分布计算、辊形优化、板形控制等各个方面。虽然影响函数法有了很大发展，但张应力的处理一直是困扰人们的难题，其中计算收敛问题是关键。张应力分布直接影响轧制压力分布，从而影响辊缝形状，因此采用适当方法确定轧机的张应力分布，是辊系弹性变形计算的重要组成部分。

3）轧辊有限元法

在轧制过程的板形力学分析模型中，解析法和影响函数法只能进行二维分析，同时要引入一些假设，与实际结果有一定的偏差，分析的范围也受到限制。有限元方法可以非常灵活地模拟各种轧制情况，通过合理划分网格和合理设定边界条件进行求解，其计算结果可达相当的精度。应用有限元法进行辊系弹性变形计算，可以将轧辊、挠曲和弹性压扁以及带钢弹塑性变形统一进行考虑，因而计算更加完整。所以，有限元方法有着其他方法不可比拟的优点。但是，有限元方法也有计算耗时太长的缺点。

陈先霖和邹家祥利用变厚度平面有限元法讨论了轧辊凸度和弯辊力等因素对辊缝的影响。时旭等用有限元法对四辊轧机的辊系变形进行了模拟，分析了带钢宽度、弯辊力等参数对辊系弯曲、工作辊接触弧上的压扁变形、板宽方向的压扁变形以及有载辊缝的影响，弯辊力对轧后带材板凸度的影响等。张清东等运用有限元软件 ANSYS 对六辊 CVC 轧机辊系变形进行了有限元分析。魏娟等建立了六辊轧机辊系变形的有限元模型，计算了不同弯辊力、轧辊横移量下辊系的弹性变形，分析比较了弯辊力和轧辊横移对板形控制的影响效果。

2. 轧制过程金属变形理论

金属变形理论研究是板形理论研究的难点和瓶颈。金属变形过程是一个极其复杂的弹塑性变形过程，变形区内部的金属处于三维弹塑性应力状态，变形区外又受到张力、摩擦力、轧制力等的多重作用，变形区金属在产生纵向流动的同时还会产生一定的横向流动，以上种种因素使金属变形过程的理论研究变得极其复杂。弹塑性变形在应力应变关系上表现出高度非线性的特点，因而在基础实验研究上存在很大的困难。金属变形过程是联系辊系变形过程和轧后板形生成过程的桥梁，对轧件变形过程的研究在整个板形理论研究体系中有着重要的意义。目前，解决三维问题的主要方法有初等分析方法、极限分析方法、有限元素法等。

1）轧件解析法

解析法的基本思路是在变形区内分离出微单元体，对单元体建立力平衡微分方程，根据边界条件求解力平衡微分方程。卡尔曼（Karman）方程和奥罗万（Orowan）方程等著名微分方程都是用这种方法得出的。在金属三维变形的解析方法方面，20 世纪 60 年代许多学者做过一些探索性的研究，但未得到满意的结果。从 20 世纪 60 年代起，柳本左门在二维卡尔曼方程基础上又增加了一个横向平衡微分方程，并采用了包含三个主应力的塑性条件，解析求解了热轧中三维变形条件下的卡尔曼微分方程。根据三维问题的特点，采用了两项重要的假定：第一，摩擦力方向假定，引入平均滑动角的概念，即认为在变形区内任意点，滑动角 α 不变；第二，屈服条件假定，应用米泽斯屈服条件近似。从变形区中分离出单元体，如图 5.6 所示。在距出口 x 处，用相距 $\mathrm{d}x$ 的两个平行截面截变形区，在距板中心距离为 y 处，以相距 $\mathrm{d}y$ 的两个平行截面截变形区，得到体积为 $h\mathrm{d}x\mathrm{d}y$ 的单元体。由单元体在 x 方向上力的平衡，得到纵向平衡方程：

$$h\frac{\partial \sigma_x}{\partial x}+\sigma_x\frac{\partial h}{\partial x}=p_{\mathrm{d}}\tan\theta\mp\tau_{10} \tag{5.17}$$

由单元体在 y 方向上力的平衡可得

$$h\frac{\partial \sigma_y}{\partial y}+\tau_{20}=0 \tag{5.18}$$

应力以压缩为正，式(5.17)以负号表示后滑区，正号表示前滑区。

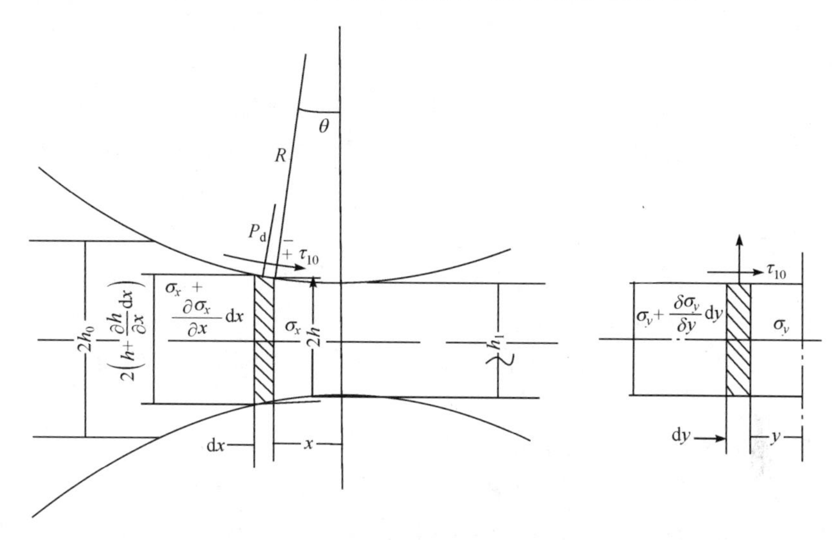

图 5.6　变形区及分离的单元体

20世纪70年代，户泽康寿等提出了三维解析法的全理论式解并进行修正，进行了带钢的三维变形解析。国内连家创又进行了进一步的改进，采用精确的应力边界条件，并在停滞区用预位移原理计算摩擦力，使横向平衡微分方程得到精确满足，完成了宽板条件下的三维解析法计算。解析法还解决了诸如轧制力、力矩、功率、宽展、前滑等轧制过程参数的近似计算问题。从60年代开始对金属三维变形的解析方法做过一些探索性的研究，但由于采用过多的简化假设，对边界条件的处理也很粗糙，没有得到令人满意的结果。

2）轧件有限元法

金属塑性加工属于大应变的弹塑性问题，涉及几何非线性和物理非线性，理论求解难度很大，一般难以求得精确解。近年来，有限变形理论和塑性理论的发展以及高速大容量计算机的普及和计算技术的进步，用有限元法分析金属塑性加工问题得到广泛重视，解题精度不断提高。用有限元法模拟轧制过程，也取得了一批重要成果。

在轧制问题中应用得比较广泛是刚塑性有限元法和弹塑性有限元法。刚塑性有限元法是1973年由李(Lee C H)和小林史郎提出的。与弹塑性有限元法相比，该方法忽略弹性变形，不采用应力、应变增量形式求解，每次加载可用较大的增量步长，不存在要求单元逐步屈服的问题，因而可用数量较少的单元来求解大变形问题，计算模型比较简单，计算量大大减少。

弹塑性有限元法是在20世纪60年代马克尔和山田嘉昭利用米泽斯塑性条件和普朗特-鲁斯弹塑性应力应变关系式求解弹塑性问题的数值解并推导出弹塑性

刚度矩阵的基础上发展起来的。此方法应用于冷轧时可进行更精确的计算。在冷轧中，带钢的变形抗力很大，而且是热轧的后续加工，带钢的厚度很薄，使得带钢变形中的弹性变形不能被忽略。刘才等用三维弹塑性有限元法对冷轧过程、薄板带张力轧制的金属流动规律和变形规律进行了模拟。有限元法虽可详尽地描述整个辊系的应力和变形，但其计算量过大，且因辊间接触宽度极小而使其压力和压扁计算困难。

3）变分法

变分法也称为能量法，用变分法研究轧制过程金属三维变形的基本思路是：首先根据轧制过程的特点，构造满足位移边界条件的位移(或速度)函数；其次根据最小能量原理，确定位移函数中的待定参数；最后进行三维应力与变形的计算和分析。

用变分法求解带钢平辊轧制的三维定常问题，大致可分为三个阶段：第一阶段的代表为苏联的塔尔诺夫斯基，他利用不等式做了数学上的简化处理来求解能量泛函的极值。第二阶段的代表是小林史郎，他采用了平断面假设，在涉及非线性联立方程组的问题时，一般采用 Newton-Raphson 法求解。第三阶段的代表是加藤和典，他在建立运动许可速度场时不考虑或考虑断面弧形和横断面弯曲，此时能够求解 3 和 5 个待定参数。按能量泛函最小化来确定待定参数时，先假设带钢表面形状，然后采用沿坐标方向搜索法或沿共轭方向搜索法确定这些参数，最后给出数值解。

3. 板形失稳判别理论

板形失稳判别理论需要解决两方面的问题：

(1) 确定轧后带钢产生屈曲变形的临界条件，即稳定性分析。

(2) 计算在一定形态的残余内应力作用下带钢翘曲变形的模态和程度，即后屈曲分析问题。

带钢产生翘曲的原因是延伸不均匀导致内应力超过临界值。根据带钢延伸不均可以计算得到内应力的分布情况。而由这个内应力分布计算出带钢是否发生失稳屈曲、失稳后浪高和浪距将会达到何种程度，就是屈曲失稳判断理论。

20 世纪 60 年代末，国际上开始提出板带轧制的板形缺陷可以归结为弹性薄板受压稳定性问题，即带钢产生瓢曲变形的机理被认为是轧制残余应力屈曲问题，其临界应力值可按铁木辛柯的经典稳定理论计算。但经典稳定理论主要关注板壳结构的承载强度问题，与轧制带钢的残余应力屈曲特点有所不同，仅适用于简单边界条件的边浪和中浪两种类型的离线屈曲特例。实际上，应力和位移的复杂与不确定性，往往使得理论解答与生产实际不符，总要乘以一个变化范围很大的经验系数，才能形成一个板形应力控制界限标准的半经验公式，而且仅适用于宽厚比不大的窄带钢整体式的屈曲。近年来,众多学者分别应用解析法、有限元法、有限条法和条元法对轧后板带的屈曲变形进行分析和研究。带钢屈曲失稳判断理论同时可以结合金属三维变形进行平坦度死区的估算。

带钢浪形的形成可以描述为如下过程:在张力作用下,带钢内部原存在的纵向纤维不均匀延伸,导致带材上有的部分受拉应力,有的部分受压应力。当压缩部分的压应力超过一定临界值时,该部分的带材将会出现受压失稳,产生某种形式的屈曲变形,出现翘曲波浪,也就是产自于冷轧机的带钢原始板形缺陷。板形失稳研究的意义在于建立可以应用于在线板形控制的冷轧机板形控制目标。

5.2.3 影响带钢板形的主要因素

金属在轧辊作用下,经过一系列变形过程轧成需要的板带材,最终产品的板形受到许多因素的影响。有载辊缝的形貌必须与带钢断面形貌保持匹配,才能保证板形质量,影响有载辊缝形貌的因素很多,主要可归纳为轧制张力、轧制力波动、轧辊凸度变化、轧辊的弹性压扁以及来料厚度分布等。

1. 带钢张力对板形的影响

在轧制过程中,施加张力是调整板形、保证轧制过程顺利进行的重要手段。20 世纪 70 年代末,意大利的 Borghesi 首次提出用改变后张力的方法改善板形。他们研究了各种输入张力对板形的影响,当输入张力的横向分布形式由均匀到抛物线变化时,输出的张应力分布由抛物线形变化到均匀分布,即板形由边浪到平直,由此可见张力对板形的影响。张力对轧辊的热凸度产生影响,特别是后张力影响更大,因此调整张力是控制板形的手段。张力对轧制压力产生影响,根据轧制理论,由于张力变化,特别是后张力变化,对轧制压力有很大影响,而轧制压力变化必然导致轧辊弹性变形发生变化,所以必然对板形产生影响。张力分布对金属横向流动产生影响。研究表明,增大张力可以减小金属的横向流动,有利于板形控制。因此,在生产中为了促进带钢均匀变形,保证板形质量,应在设备允许的条件下,优先采用大张力轧制工艺。

2. 轧制力对板形的影响

带钢在轧辊的压力作用下产生塑性变形,但在轧制力的作用下,轧辊会发生挠曲变形,轧制力越大,轧辊挠曲变形越严重,导致带钢边部的厚度与中心处的厚度差越大,带钢的正凸度越大。从板形控制的角度看,轧制力减小,相当于增加一个正弯辊力,板形有从边浪向中浪过渡的趋势,过渡的趋势取决于轧制力减小的幅度;反之,轧制力增大,板形有从中浪向边浪过渡的趋势。轧制过程中,轧制力受到带钢的变形抗力、来料厚度、摩擦系数以及入出口张力分布等诸多因素的影响,某些因素的变化会引起轧制力的变化。同时由于轧辊热膨胀、轧辊磨损等无法准确预知因素的影响，为了保证轧后厚度精度，AGC 系统需要不断地调整辊缝，也会导致轧制力在很大的范围内发生变化。轧制力的变化会影响轧辊的弹性变形，也就是影响轧辊的挠曲程度，从而影响所轧带钢的板形。

3. 轧辊凸度对板形的影响

造成轧辊本身凸度发生变化的因素主要有轧辊热凸度和轧辊磨损。金属塑性变形会产生热量，金属与轧辊的摩擦也会产生热量，这些热量一部分被冷却水带走，另一部分则滞留在轧辊里，使轧辊产生热变形，偏离原来设计的辊形，使轧辊辊形呈一定的热凸度。热凸度使得轧辊的凸度增加，这与正弯辊力的功能是一致的。工作辊辊形的变化将直接导致辊缝形状的改变，进而影响轧机的出口带钢板形质量。影响轧辊热凸度的主要因素很多，主要有轧制速度、冷却液的换热能力、轧制力、轧制摩擦系数和冷却液的温度。一般而言，由于轧辊边部区域较中部区域散热快，因此，轧辊的热凸度通常是轧辊中部热膨胀较大，两边热膨胀较小。在轧机机型确定的情况下，辊形是影响板形控制的最直接、最活跃的因素，轧辊磨损辊形是轧辊服役过程中影响轧辊辊形变化的重要因素。轧辊磨损会直接影响轧辊的初始凸度，从而与热凸度、机械凸度和轧辊的弹性变形一同影响板凸度和板形。与热凸度和轧辊的弹性变形相比，磨损凸度具有更多的不确定性和难以控制性，且磨损一旦出现，便不可恢复，不能在短期内加以改变。

4. 轧辊压扁对板形的影响

轧辊在轧制力的作用下发生弹性压扁，这种弹性压扁状况既会发生在轧辊之间，也会发生在工作辊与带钢之间。弹性压扁的存在，会直接影响辊缝的形状，进而对板形产生影响。在带钢宽度与工作辊辊面宽度之比较小的情况下，无论辊间的接触压扁，还是变形区出口侧工作辊压扁，其最大值均位于辊面的中部，并从中部朝两端部逐渐减小。这种分布与轧辊的弹性挠曲变形叠加起来，加剧了辊缝正凸度的增大，不利于带钢板形的控制，并加剧边部减薄。如果增加带钢宽度，情况则朝有利于板形控制的方向发展，因为随着宽度比的增大，端部压扁值逐渐增加，当宽度比达到一定程度时，轧辊压扁最大值会出现在两端部。轧辊压扁这种分布能够补偿由于轧辊弹性变形造成的轧件边部压下过大，有利于使轧件厚度沿宽度方向上均匀分布。

5. 来料厚度对板形的影响

来料带钢厚度分布对带钢板形的影响也很大。在辊缝形状一定的情况下，来料带钢凸度的变化、厚度不均匀以及来料出现楔形，都会导致出口带钢产生一定的板形缺陷。图 5.7 所示为来料带钢凸度大于辊缝凸度和来料楔形的情况。

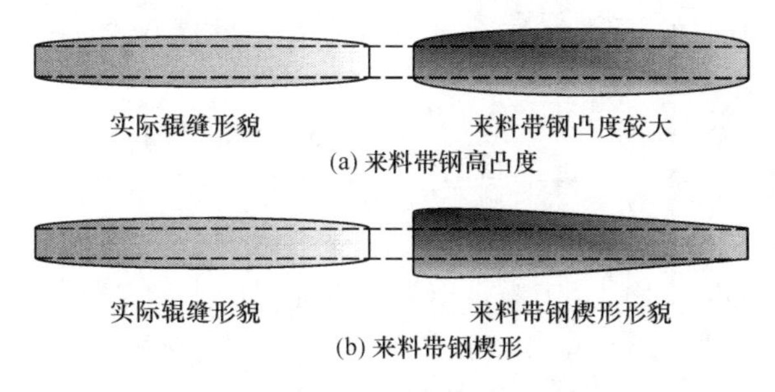

图 5.7　来料带钢形貌对板形的影响

在辊缝形状一定的情况下，沿辊缝宽度方向上，带钢厚度较大的部分会产生更大压下量，导致更多的纵向延伸，因此，带钢厚度分布不均对板形控制的影响可以通过带钢局部压下量和延伸量之间的关系来说明。如果带钢宽度方向上存在厚度较大的纵条，在轧制过程中，将该卷带钢沿长度方向划分为若干段，每段平均压下量为 Δh_i，导致的纵向延伸为 Δl_i，考虑轧制过程中带钢两向受压应力，一向受拉应力，忽略宽展，由体积不变原理可得

$$\Delta l_i=\frac{\Delta h_i}{h_i-\Delta h_i}\cdot l_i \tag{5.19}$$

式中，i 为沿带钢长度方向划分的带钢段序号；l_i 为第 i 段带钢的长度；h_i 为第 i 段带钢的平均厚度；Δh_i 为第 i 段带钢轧后的压下量；Δl_i 为第 i 段带钢轧后的延伸量。

同理，该段带钢沿宽度方向上厚度较大的纵条伸长量为

$$\Delta l'_i=\frac{\Delta h'_i}{h'_i-\Delta h'_i}\cdot l_i \tag{5.20}$$

式中，h'_i为第 i 段带钢沿宽度方向上厚度较大纵条的平均厚度；$\Delta h'_i$为第 i 段带钢沿宽度方向上厚度较大的纵条的压下量；$\Delta l'_i$为第 i 段带钢沿宽度方向上厚度较大纵条的延伸量。

由于轧机辊缝是连续的曲线形貌，且辊缝刚度分布均匀，因此沿宽度方向上厚度较大的纵条必然比其他区域有更大的相对压下量，即$\frac{\Delta h'_i}{h'_i-\Delta h'_i}>\frac{\Delta h_i}{h_i-\Delta h_i}$，则沿宽度方向上厚度较大的纵条必然比其他区域有更长的延伸。

轧制力作用下，轧后沿宽度方向上厚度较大的纵条相比其他区域延伸量的增加为

$$\Delta L_i=\left(\frac{\Delta h'_i}{h'_i-\Delta h'_i}-\frac{\Delta h_i}{h_i-\Delta h_i}\right)\cdot l_i \tag{5.21}$$

式中，ΔL_i 为第 i 段带钢沿宽度方向上厚度较大的纵条比其他区域增加的延伸量。

从式(5.21)可以看出,只要某处的带钢有较大的相对压下量,就会有相应的比其他区域延伸的增加量,整个带钢长度方向上的延伸增加量为

$$\Delta L = \sum_{i=1}^{N} \Delta L_i = \sum_{i=1}^{N} \left(\frac{\Delta h_i}{h_i - \Delta h_i} - \frac{\Delta h_i'}{h_i' - \Delta h_i'} \right) \cdot l_i \tag{5.22}$$

式中,ΔL 为带钢宽度方向上厚度较大的纵条在整个带钢长度内增加的总延伸量;N 为带钢长度方向划分的带钢段数。

从式(5.22)可以看出,由于沿带钢长度方向上的纵向延伸是个累加值,沿宽度方向上的来料厚度不均造成的相对压下量不均对带钢的纵向延伸不均会造成很大影响。沿带钢长度方向上的每一小段带钢在宽度方向上的厚度不均对该段带钢的延伸产生的影响不大,但是在整个带钢长度范围内这种影响是累积的,当这种延伸差的累积达到一定程度,就会导致带钢出现浪形。假设轧后一卷带钢长 3000m,入口带钢厚度为 1mm,而沿带钢宽度方向上某个纵条的带钢厚度为 1.002mm,且沿带钢长度范围内该纵条厚度一致,经过轧制后,出口带钢厚度为 0.8mm。由于该纵条较其他区域厚,使该处的轧辊有较大的弹跳量和压扁量,该纵条带钢厚度并不能跟出口带钢厚度保持一致。假设其出口厚度为 0.801mm,则相比其他区域有 0.001mm 的压下量增加,代入式(5.22)可得该纵条会比其他区域的带钢延伸量增加 2.778m。可见,很小的厚度分布不均都会导致带钢延伸量最终出现较大的不均,且随着带钢长度的增加,这种延伸不均更加突出。

除了以上主要影响板形控制的因素,还有初始辊形、带钢宽度、来料硬度不均、卷取形状等都会对板形控制产生影响。

5.3 板形平直度检测技术

实现板形平直度控制的先决条件是要有精确的板形测量信号,板形检测装置是板形自动控制系统的眼睛,所有板形信息均来自板形检测装置。因此,对可以适应现场恶劣工况长期稳定运行并具有完善的信号处理过程的板形检测技术的研究依然开展得十分活跃。

对板形检测装置的主要要求如下。

(1) 高精度,即它能够如实地精确地反映带钢的板形状况,为控制系统提供可靠的在线信息。

(2) 良好的适应性,即它可以用于测量不同材质、不同规格的产品,在轧制的恶劣环境中可以长时间地工作而不发生故障或降低精度。

(3) 安装方便、结构简单,易于维护。

(4) 对带钢不造成任何损伤。

板形检测装置形式繁多,按带钢和板形检测装置的关系划分,有接触式和非接

触式。按其工作原理,还可以进一步分类。

5.3.1 接触式板形检测装置

1. 分段式板形仪

以瑞典ABB公司分段式板形仪为典型代表,它的设备组成为检测辊、测量值电气处理、显示屏幕和工程师站。在板形仪中检测辊是测量带钢平直度的重要测量元件,也用作导向辊。ABB的检测辊结构如图5.8所示,检测辊为一个钢辊上相距90°的地方铣出四个长槽,槽内固定压磁传感器(压头),把检测辊沿轴向分为若干个宽为52mm的区段,每一区段上安装一辊环,根据检测带钢最大宽度确定辊环的个数。辊环用以保护压头不被损坏,同时起到将带材的径向力传递压头的作用。每个环下面都对应有4个压头,在整支辊子上可实现直线测量,辊子每转一周就有四个或一个信号发出,指示出压头受力的大小。在轧制中由于带钢宽度上有不同的平直度,因此,对检测辊上的各测量环产生不同的压力,使得沿辊面宽度上的力分布不均。这种各点压力的不同,就是带钢按环宽分成若干个窄条的长度差。由此就可以得到带钢的平直度情况。

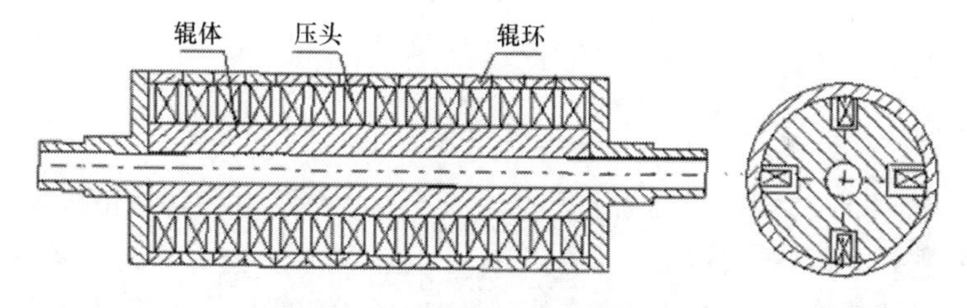

图5.8 ABB分段式检测辊示意图

这种板形仪的优点是输出信号大、过载能力强、寿命长、抗干扰性能好、结构简单。不足之处是信号输出时所用滑环多。另外,在使用过程中,辊环与辊体有时会发生周向滑动,划伤带钢。

2. 空气轴承式板形仪

空气轴承式板形仪的特点在于它的检测辊结构。英国DAVY公司Broner空气轴承式检测辊的结构如图5.9所示,在张力承受面(转动环)下面,每个环内都安放空气喷嘴和压力变换器,在每个环的周围有高压喷嘴,并在高低相差180°的位置安放两个压力变换器,经过净化的高压空气经管道从芯轴的空腔引入。当被测带钢因张力分布不均对各个分割辊施以不同的压力时,将改变空气轴承内气体的压力分布,张力越大,上下两个通道的压力差越大,把各转子上下两个压力变换器的压力差用电信号引出,经处理即可将带钢的张力分布检测出来。

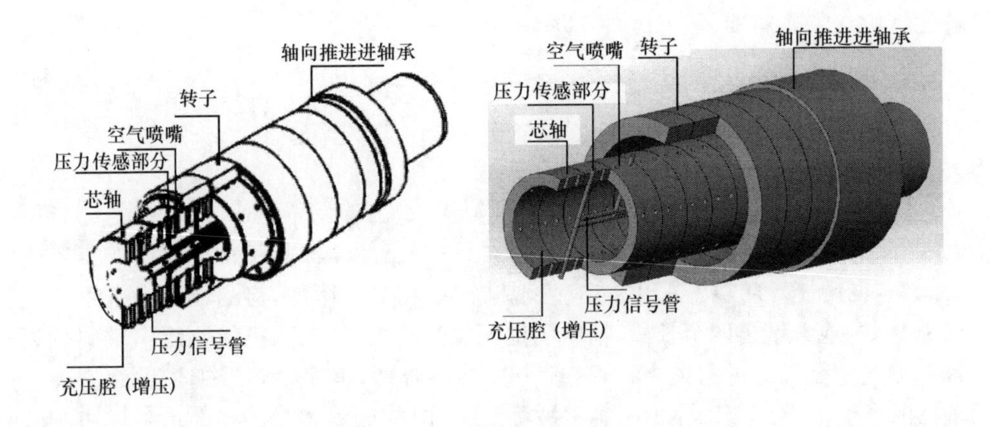

图 5.9　空气轴承式检测辊结构图

这种检测装置的辊子惯性小，辊环和芯轴之间无摩擦，所以包角可以较小，可以在较小的张力下测量板形。不会在加、减速的过程中划伤带钢表面，适用于箔材等精密材料的板形检测。但是这种设备也存在一些缺点，如设备要求的加工精度极高，接近量具级的加工精度。同时，在使用过程中这种板形仪对气体的清洁度要求很高。

3. 压电式板形仪

压电式板形仪的代表产品为 BFI 分片板形仪。BFI 测量辊由德国钢铁工艺研究所研制，它是在辊体上挖出一些小孔，在小孔中埋入压电石英传感器，并用螺栓固定，螺栓对传感器施加预应力使其处于线性变化范围内。外部用圆形金属盖覆盖保护传感器，保护盖和辊体之间有 10～30μm 的间隙，间隙的密封采用的是 Viton-O 环。当圆形盖受到带钢的压力作用时，会将压力传送给传感器。由于不存在辊环并且传感器盖与辊体之间存在缝隙，因此相当于带钢对板形辊的径向压力直接作用在传感器上。压电式板形辊的结构如图 5.10 所示。

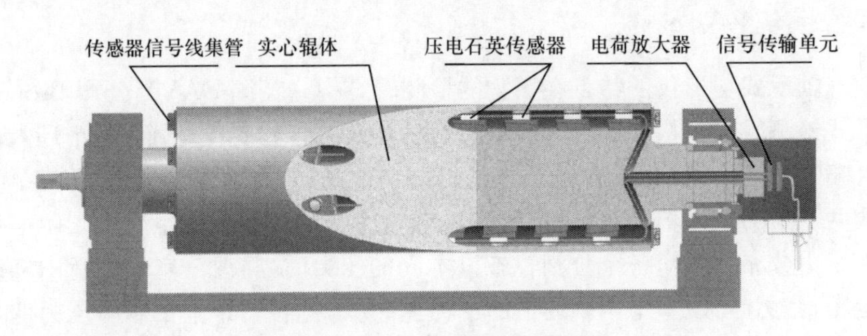

图 5.10　压电式板形辊的结构

板形辊上的每个传感器对应一个测量段，测量段的宽度有 26mm 和 52mm 两种规格。传感器沿辊身分布状况是中间疏两边密，这是因为边部带钢板形梯度较大，中间部分带钢板形梯度较小。如图 5.11 所示，为了节省信号传递通道，这些压电石英传感器沿辊身的分布并不是直线排列的，而是互相错开一定的角度，这样在板形辊旋转过程中不在同一个角度上的若干个传感器就可以共用一个通道传递测量信号。由于传感器彼此交错排列，因此发送的信号也是彼此错开的。例如，若沿板形辊圆周方向划分为 9 个角度区，每个角度区对应的传感器数目最大为 12 个，因此板形辊只需要有 12 个信号传输通道就可以同时传输一个角度区上各个传感器所测得的板形测量值。压电石英传感器在带钢径向压力作用下产生电荷信号，这些电荷信号经过电荷放大器转变为电压信号，再经滤波、A/D 转换、编码，然后通过红外传送将测量信号由旋转的辊体中传递到固定的接收器上，再经解码后传送给板形计算机。目前 BFI 最新型的板形辊进行了改进，传感器安装不在辊面上进行打孔，而是利用沿辊轴方向的长孔将传感器安装到位，表面更加光滑，保证了带钢表面质量。

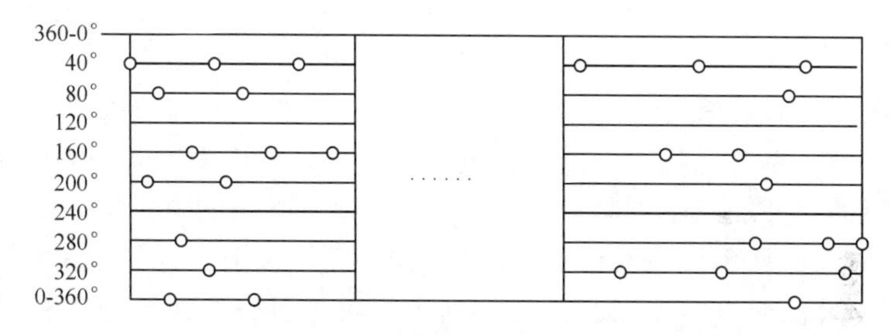

图 5.11　压电式板形辊传感器沿辊面分布展开

5.3.2　非接触式板形检测装置

非接触式板形检测的对象是运动中带钢的波长和振幅，用波长表示法来显示板形。这种方法能够在带钢宽向上进行连续测量。

1. 磁性吸引式板形仪

这是一种非接触式的板形检测装置，它的检测对象是带钢中的张应力。根据磁学理论，在机械应力的作用下，磁性材料的磁导率发生变化，反过来利用导磁性的变化也可以检测带钢中张应力的变化和分布。日本三菱电气公司研制的应力计在传感器和轧件之间有一个空气间隙，如图 5.12 所示。传感器 2 放在支承辊 1 和 3 之间。每次在带钢 4 被由电磁力发生器 5 产生的交变磁场吸到支承辊上后，每隔一定时间循环测量带钢的挠曲。

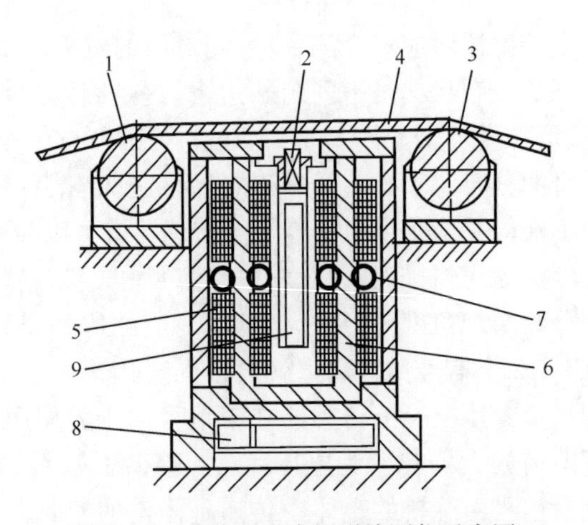

图 5.12　磁性吸引式板形检测仪示意图

1、3-支承辊；2-空气间隙传感器；4-带钢；5-电磁力发生器；6-磁芯；7-冷却水管；8-冷却水槽；9-信号处理器

2. 利用转象方法的光学板形仪

这也是一种非接触式板形检测装置，它的检测对象是带钢的波形。基本原理是在带钢一侧竖立一荧光灯，它发出的光经带钢反射后由带钢另一侧的摄像机摄取。当带钢的板形缺陷不同时，在摄像机中会形成不同的像。法国钢铁研究院(IRSID)研制了一种利用平移图像法的传感器，进行带钢平直度的在线测量。这个传感器称为"激光板形仪"，如图 5.13 所示。激光用作发射器，带线扫描的摄像机和感光二极管作为接收器。激光束轴线 SBA 和镜头轴线 AA 对于辊道表面是固定的。当激光从 A 点移动 B 点时，由于辊道平面上带钢平面从 y_1 变到 y_0，带钢上的激光位置 A 的像 A'转到 B'。像 A'和 B'之间的距离测出后，带钢表面高度很容易通过三角测量法算出。

在选定的时间间隔内利用基准面上的带钢高度，并算出带钢沿波浪方向的纤维长度，根据波形表示法即可计算出带钢平直度。

3. 带有涡流测距仪的板形仪

它的检测对象是运动中带钢的振动振幅，由振动振幅再算出带钢的翘曲度。在给带钢施加张力之后，表面看起来带钢是平直的，但在带钢的高速运动中，它受到轧机、冷却液及空气等所施加的外力，不断地发生弹性振动，将轧制中的板形称为在线板形，而将无张力作用的静止带钢的板形称为离线板形。若忽略横向阻力的影响，可以得出在线板形和离线板形之间的关系：

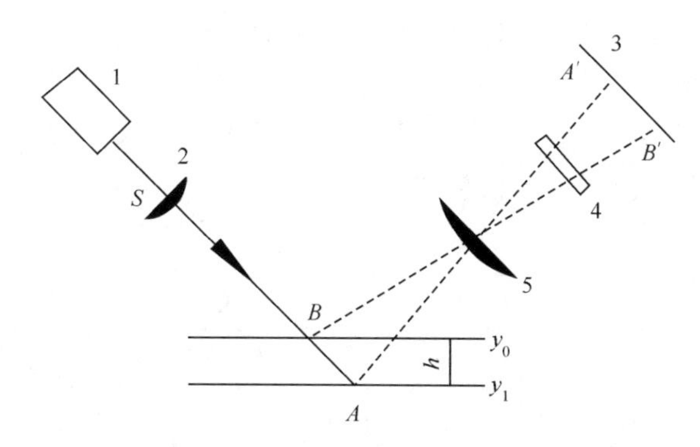

图 5.13　激光板形仪传感器上应用的平移图像法示意图

1-氦氖激光器；2-柱面透镜；3-线形光学二极管阵列；4-干涉滤光器；5-摄像镜头

$$\lambda^* = \frac{2}{\pi}\sqrt{\frac{(1+\sigma'/E_p)}{(1+\bar{\sigma}/E_p)}\left(\frac{\pi^2}{4}\lambda_0^2+1\right)-1} \tag{5.23}$$

式中，λ^*、λ_0 分别为在线和离线的板翘曲度；$\bar{\sigma}$ 为平均拉伸应力；σ' 为弹性振动时引起最大振幅的应力；E_p 为带钢的杨氏模量。

在线的最大振幅可以写作

$$h^* = \frac{2L}{\pi}\sqrt{\frac{(1+\sigma'/E_p)}{(1+\bar{\sigma}/E_p)}\left(\frac{\pi^2}{4}\lambda_0^2+1\right)-1} \tag{5.24}$$

式中，L 为导向辊的间距。所以只要能测出 h^*，就可以求出 λ_0，即离线的翘曲度。

这个类型的板形测量仪的代表产品为 SIEMENS 公司推出的 SI-FLAT 板形测量仪，SI-FLAT 的工作原理是通过压缩空气对带钢进行周期性的激振，测量带钢沿宽度方向上的激振高度，用激振波高的分布来衡量带钢的张力分布及板形。这种检测方法所用的检测元件是涡流测距仪，通过检测带钢宽度上带钢的固有振动和强迫振动的振幅和频率变化来间接地确定板形。

4. 喷水型板形仪

日本川崎制铁公司研制的喷水型平直度检测仪称为“水传感器”，用来测量热带轧机出口处的带钢平直度。如图 5.14 所示，高压水喷头安装在辊道辊之间。至少需要三个喷嘴，一个喷嘴安在带钢中部，另两个安在接近带钢边部位置，每个喷嘴以垂直于轧件表面的方向喷出一道恒速的高压水流。每个喷嘴的上部与一个流量恒定水源的一个接头连接，而这个流量恒定的水源的另一个接头接地。辊道辊也是接地的，当高压水接触到带钢时，一个恒定的电流就通过包括喷嘴、水流、带钢、辊道辊、地在内的电回路。

金属零件的电阻与水流电阻相比很小,是可以忽略的,因此每个电路的总电阻实际上等于水流电阻。当轧件有波浪时,水流的长度将相应地改变,导致总电阻改变、输小电压也分别产生变化。假定带钢板形是正弦波形,板翘曲度 S 可以根据带钢速度 v 和传感器测出的波浪振幅算出。

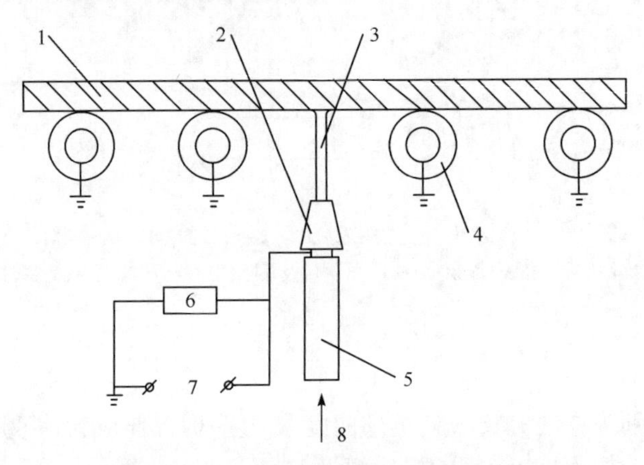

图 5.14　水柱电阻式平直度检测装置原理图

1-带钢;2-喷嘴;3-喷射水流;4-辊道辊;5-水管;6-恒定电流电源;7-输出电压;8-水

接触式的优点是:信号检测直接,信号处理比较容易保真;测量精度高,现已达±0.51 单位(实际产品有±0.31 已可满足高标准的要求)。其缺点是:造价高,备件昂贵,每套售价为非接触式的 3~5 倍;辊面磨损后必须重磨,否则会划伤板面,磨后须进行技术要求很高的重标定。

非接触式的优点是:硬件结构相对简单而易于维护,因而造价及备品备件相对便宜得多;传感器为非转动件,安装方便;非接触式不会划伤板面。它的缺点是:板形信号为非直接信号,处理不好容易失真,目前精度最高为±2.5I 左右;信号处理技术要求高,难度大,编写软件调试费用消耗大。

5.4　板形平直度控制技术

实现板形自动控制,是研究板形问题的最终目标。为了实现这个目标,必须解决三方面问题。首先,要有调整板形的手段,包括液压弯辊机构、压上倾斜机构、中间辊横移机构等;其次,要有可靠的板形检测装置,能够取得准确的在线检测信号;最后,在检测装置和执行机构之间,应当装备板形控制系统。板形控制系统主要分为开环和闭环两种。在没有检测装置的情况下,只能采用开环控制系统,执行机构的调整量要依据规程给定的板宽和实测的轧制力由合理的数学模型给出。如果具有板形检测装置,则可以进行闭环控制,这时要依据在线的板形检测结果,确定实际的板形参数，并将它与可获得最佳板形参数比较，利用两者的差值给出执行机构的调节量。

5.4.1　板形控制系统的发展

完整的板形控制系统包括三部分：板形预设定系统、板形反馈控制系统以及前馈控制系统。其中，板形预设定系统一般都集成于过程自动化的数学模型中，作为一个子系统来处理。板形反馈控制系统比较复杂，包括大量的计算处理，对实时性要求也非常高，集成在基础自动化系统中。轧制力前馈控制一般由设定系统计算出相应的前馈系数，然后在基础自动化中执行相应的运算和控制。

从带钢头部进入辊缝到建立稳定轧制的一段较长时间内，由于轧机未进入稳定运行状态，反馈控制系统不能投入，需要预设定值保证这一段带钢的板形，如工作辊弯辊需要多大、中间辊弯辊需要多大、轧辊横移量需要多大等。在进入反馈闭环控制前给出这一组预设定值就是预设定控制的任务。此外，当反馈控制系统投入运行时，当时的预设定值就是反馈控制的初始值，它的正确与否将影响闭环反馈控制系统调整实际板形达到目标值的时间。总而言之，板形预设定控制系统的作用就是在带钢准备轧制时，或者说当带钢进入轧机辊缝前，预先设置轧机板形调控机构的初始调节量。

板形预设定计算主要是通过计算弯辊力、轧辊横移量、轧辊热凸度和轧辊磨损等影响实际辊缝形貌的参数，使辊缝形貌与来料带钢形貌相匹配。主要计算模型包括弯辊力计算模型、轧辊横移量计算模型、轧辊热凸度计算模型、轧辊磨损计算模型、板形目标曲线计算模型等。其中，板形目标曲线模型也可以放在板形反馈控制系统中进行设定。传统的预设定模型计算是以轧辊的弹性变形理论、轧件的塑性变形理论以及板形判别理论等板形理论为基础进行的。

燕山大学彭艳基于完整的板形理论建立了 HC 轧机板形控制仿真软件，通过离线仿真给出了几种典型轧制规格的最佳中间辊横移量。Guo 采用基于弹性理论的二阶段转置矩阵法建立了弯辊力预设定计算模型。东北大学邸洪双从理论上分析了影响 UC 轧机最佳中间辊弯辊的主要因素，给出了包含轧制力和带钢宽度两个参数的最佳中间辊弯辊力预设定模型和工作辊弯辊力的预设定模型。刘玉礼等通过对冷轧带材的三维弹塑性变形分析、轧机的辊系弹性变形计算以及系统的实验研究后，建立了 400mm HC 轧机完整的板形预设定控制模型等。

由于以板形理论为基础的计算模型的精度有限，理论计算结果和实际控制效果误差较大，后来又发展出了许多基于模型自学习、模糊算法、神经网络等人工智能板形预设定计算方法。如白金兰针对首钢 6H3C 轧机，从理论上分析了轧辊的弹性变形、轧辊的热变形和轧辊的磨损变形，并结合人工智能算法建立了具有自适应和自学习功能的弯辊力预设定控制模型。常安等利用 BP 神经网络建立了单机架六辊可逆冷轧机的弯辊力预设定模型，其计算精度比常规理论计算模型要高。朱洪涛等建立了包含短期、中期和长期自学习的算法来计算补偿板凸度、平直度偏差的各种学习量。通过这些板形预设定研究工作可以看出，板形理论仍是预设定的基础，人工智能算法可以在此基础上提高模型精度，但大部分情况下仍需要这些理论计算提供初始参数。因此，不断发展和完善的板形理论基础是提高板形预设定控制水平的关键因素。

板形自动控制的核心是反馈控制系统，其周期性按照一定的板形控制策略给出各板形控制执行机构的设定值，以使由板形仪测得的板形实际值达到生产者要求的目标值。板形控制系统是一个复杂的工业控制系统，很难建立精确的数学模型。这是因为影响板形的因素很多，无论对于内因（金属本性）还是外因（轧制条件），都无法得到一个与轧机辊缝对应的精确的数学关系。而且轧制过程的环境恶劣，带钢板形又受到各种各样的干扰，这给控制系统建模带来了更大的困难。

传统的板形控制系统一般采用模式识别的方法。首先是沿带钢宽度方向上对板形偏差使用一个多项式表达出来，再对该多项式使用勒让德正交多项式或车比雪夫正交多项式进行正交分解，分别分解出线性板形缺陷、二次板形缺陷和四次板形缺陷。在对板形调节机构的处理上也同样如此。首先将各个板形调节机构对板形的影响，如工作辊弯辊、中间辊弯辊、轧辊横移、轧辊倾斜等对带钢板形或者辊缝形貌的影响进行正交分解，分解出的线性部分、二次部分以及四次部分与相应的线性、二次和四次板形偏差正交多项式进行最小二乘计算，求解各个板形调节机构的调节量。由于模式识别算法复杂，且板形调节机构种类较多时，各个板形调节机构对板形的影响规律无法完全通过正交分解得出线性、二次以及四次部分。因此，在具备多种板形调节机构的轧机上，这种控制方法并不适用。后来，随着板形控制研究的深入发展，又出现了以板形调控功效为基础的多变量最优板形控制算法。这种算法的特征是不再对带钢的板形偏差和板形调节机构对板形的影响规律做正交分解和模式识别，而是研究各个板形调节机构对各个测量段处板形的影响规律。以此为基础，再结合各个测量段处的板形偏差做整体的最优控制计算，求解各个板形调节机构的最优调节量。这种算法既简化了计算过程，又避开了模式识别过程中出现的误差，不做正交分解的特点可以使其满足具有各种板形调节机构轧机的板形控制。无论板形模式识别控制方法，还是以板形调控功效为基础的最优板形控制方法，一般都是采用外环使用模型计算每个采样周期下的板形调节机构设定值，内环采用 PID 控制器对调节机构进行设定控制的方式。

由于板形检测点与辊缝不是同一点，而是有一定的距离，因此板形控制系统是一个滞后的控制系统。另外，一个完整的板形控制系统是多种控制方案的综合体，需要同时控制液压弯辊力、轧辊横移、带钢张力、轧辊热凸度等，这些因素又相互影响，因此它是一个多变量、强耦合、纯滞后的控制系统。由于板形控制系统的多变量、大滞后、非线性特点，板形调节机构的控制模型精度有限，尤其是分段冷却控制的对象模型很难建立，传统的 PID 控制已不能满足其要求，致使板形控制的研究陷入困境。这样，人们在寻求建立更精确系统模型的同时，开始探讨从控制思想的角度来研究板形控制问题，于是出现了一些如滞后的预测补偿、模糊控制、专家系统、神经网络等新的控制思想及人工智能控制方法。智能控制模拟人脑思维方式，从经验和数据中总结和归纳因果关系，自适应和自学习能力强，模型简练，计算时间短，满足了在线控制快速计算的需要。

在滞后控制方面，日本的 Ikuya Hoshno 等将 Kimura 提出的以输出调节理论为基础的合成方法应用到板形控制中，有效地解决了检测时间延迟的问题，并将轧制速度变化引起的板形误差降至最小。乔俊飞等针对 UC 轧机提出了内环采用自校正控制，外环采用带有 Smith 预估的 PID 控制方法，提高了板形控制系统的抗干扰性，并且克服了滞后对系统性能的影响。另外，王益群等采用基于神经网络的 Smith 预估控制，神经网络用于整定 PID 参数，Smith 预估器则消除了滞后对系统性能的影响，对系统的仿真结果显示优于常规的 PID 控制。

在模糊控制和神经网络算法的应用方面，日本日立公司和新日铁等钢铁生产厂家，将模糊控制应用于轧辊分段冷却控制中，解决了系统建模带来的诸多困难。周旭东等设计了一种自适应神经元网络控制器，对板形板厚进行综合控制，仿真结果表明，该方法的效果比 PID 控制要优越。Jung 等就普通六辊轧机的板形控制进行了系统的研究，探讨了利用模糊逻辑进行六辊轧机板形控制的可行性。针对传统基于最小二乘法的板形模式识别方式存在原理上的容错性能差、抗噪声能力差以及识别精度不高等缺点，张清东等构建了两种板形模式识别的模糊分类方法，提高了板形模式识别精度。乔俊飞运用模糊识别理论，提出了一种新的板形识别方法，该方法具有很强的抗干扰能力，识别效果很好。贾春玉将模糊技术与神经网络技术相结合，提出了板形模式识别的自调整模糊神经网络方法。此外还有基于混沌优化的模糊识别方法等。在专家系统的应用方面，Postlethwaite 等将专家系统与自适应控制理论应用于铝带的板形控制中，利用知识库中保存的大量实测数据及相关轧制参数的状态估计值，对工作辊弯辊设定值及冷却液控制量进行不断修正，获得了良好的板形质量。

由轧制力对板形的影响可知，作用在支承辊两端的轧制力会让整个辊系产生一定的挠曲变形，进而改变辊缝形状。如果轧制力在带钢轧制过程中发生波动，必将引起轧辊弹性变形的变化，进而引起辊缝形状发生变化，最终影响带钢板形。在轧制过程中，轧制力、热凸度等实时变化的轧制工艺参数，对板形有很大影响，对冷轧来说主要是轧制力。这些轧制工艺参数在轧制过程中，有的可以直接测出，有的可以通过间接测量然后计算得到。因此可以通过对这些实时测量的轧制工艺参数建立前馈控制，主动干预板形控制，提高板形控制的精度水平和响应速度，这就是板形前馈控制的功能。

由于轧制力对轧辊的变形影响类似于弯辊，常采用弯辊控制来完成轧制力波动的补偿控制，也就是板形前馈控制。早期的轧制力-弯辊力前馈控制模型采用的是辊缝凸度补偿控制方法。也就是进入稳定轧制状态后，开始实测轧制力，计算轧制力的变化量，再进行辊系变形计算，求出由轧制力波动产生的辊缝凸度变化，最后根据辊缝凸度变化量来计算相应的弯辊力补偿值。整个计算过程的环节多、计算量大，导致误差增大。后来人们又研究了一种新的板形前馈控制方法，这种方法不再以辊缝凸度变化量为计算依据，而是从轧制力以及弯辊力对在带钢宽度方向上各点板形的影响来计算轧制力波动所需要的弯辊力补偿值。由于不像辊缝凸度那样只是两点辊缝值之差，它考虑了整个辊缝形貌的变化，并且不再进行大量的模型计算，较之前的控制方法在计算速度和精度方面都有很大的提高。

国内外学者都在板形前馈控制的研究中做了大量工作，并取得了良好的效果。Rosen 等预先计算了弯辊力补偿量与轧制力变化之间的关系曲线，并根据这些曲线计算出了轧制力变化所需的弯辊力补偿量，实现了 CVC 轧机的板形前馈控制功能。Egan 等针对 5 机架冷连轧机开发了用于补偿入口带钢断面形貌变化和轧制力变化的板形前馈控制系统，使得带钢的板形由±11I 提高到了±8I，在稳定的轧制阶段，带材的板形则能保持在±5I 以内，取得了良好的板形前馈控制效果。Paul Kern 等针对六辊冷连轧机开发了利用工作辊弯辊和中间辊弯辊来补偿轧制力变化的板形前馈控制系统 DCC(dynamic crown control)。应用结果表明，前馈控制系统的投入消除了轧制力变化造成带钢边部张力的突增，大大减少了仅依靠板形反馈控制使得实测板形达到设定目标板形的时间。

由于轧制力波动对板形控制的影响很大，想要进一步提高板形控制质量，必须对板形前馈控制有更深入的研究。原来的板形简化理论模型在板形控制精度要求不高的情况下可以满足要求，但是，随着各生产部门对冷轧带钢质量要求的不断提高，板形前馈控制的研究也会更加深入，各种新的控制思想和控制方法会不断涌现。

5.4.2　板形控制的基本方法

1. 辊形设计

欲获得良好的板形，必须使轧机的工作辊缝与来料带钢的断面形貌相匹配。而影响轧机工作辊缝的因素主要是轧辊的弹性压扁、弹性挠曲、轧辊的不均匀热变形和磨损。然而无论采用什么样的新设备、新工艺、新技术，正确合理的原始辊形设计仍是获得良好板形的基本条件。

同时，原始辊形设计也是一种重要的、有效的板形调节手段，合理的辊形设计可以缓解辊间接触压力的不均匀分布状况，减少轧制过程中的磨损或者使其均匀磨损，直接降低成本，同时减少不良产品率，提高板形质量。近年来，人们通过在辊身上磨削出特殊的辊形，如 S 形曲线辊形、茄形辊形、单锥度辊形等，与轧辊弯曲和横移技术合理配置，控制板形。另外，还采用控制工作辊辊形的方法控制板形，例如，将工作辊预先加工成一定的凸度，用这个凸度来补偿因工作辊变形等对辊缝的影响以及沿工作辊辊身方向施以不同程度的冷却液，甚至采用局部加热或冷却的方法，有效地改变轧辊的热变形。CVC 轧机是这项技术的典型代表。

2. 液压弯辊法

液压弯辊法是通过液压弯辊系统对工作辊或中间辊端部附加一可变的弯曲力，使轧辊弯曲来控制辊缝形状，以矫正带钢的板形，液压弯辊的形式如图 5.15(a)所示。

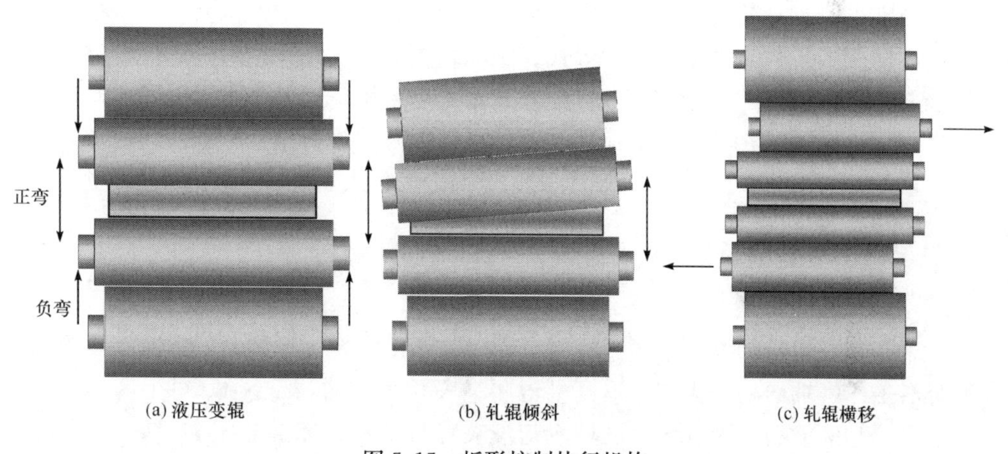

图 5.15　板形控制执行机构

液压弯辊法可使工作辊缝在一定范围内迅速变化，且能连续调整，有利于实现板形控制的自动化，故在现代带钢冷轧机上广泛采用。无论新建还是改建的轧机，只要条件允许，都设置液压弯辊装置。

3. 轧辊倾斜控制

轧辊的压下倾斜控制是借助轧机两侧压下机构差动地进行轧辊位置控制，使两侧压下位置不同，从而使辊缝一侧的轧制压力增大，另一侧的轧制压力降低，形成一个楔形辊缝，如图 5.15(b)所示。这样，带钢在轧制过程中出现的“单边浪”“镰刀弯”等板形缺陷将得到控制。

轧辊倾斜控制对带钢单侧浪形具有很强的纠正能力，尤其适用于来料为楔形的带钢，是板形自动控制系统中必不可少的执行机构。

4. 轧辊横移与交叉

轧辊横移控制是通过横移液压缸使一对轧辊沿轴向相对移动一段位移，如图 5.15(c)所示。通过轧辊横移控制，可以使辊间的接触区长度与带钢宽度相适应，消除带钢与轧辊接触区以外的有害接触区，提高了辊缝刚度，改善了边部减薄的状况。

轧辊横移控制对于板形的改善有十分显著的功效，同时还能够使轧辊的磨损变得均匀。对于四辊轧机，采用的是工作辊横移控制的方法；对于六辊轧机，一般采用中间辊横移的方法。

使轧机的上、下辊在水平面内与垂直于轧制方向的轴向形成所需要的交叉角，这样就在上下轧辊间形成抛物线形状的辊缝，与轧辊凸度等效，改变交叉角即可改变该凸度，从而可控制板形。目前主要分为工作辊交叉、支承辊交叉、工作辊与支承辊成对交叉及中间辊交叉 4 种形式。其中轧辊成对交叉方式对板形控制能力强且轴向力小，在实际中采用最多，其他方式则很少采用。近年来又出现了非对称交叉法，但对其研究较少，亦很少采用。在所有板形控制法中交叉轧制法的板形控制能力最强，是一种很有发展前途的方法。PC 轧机将上、下工作辊交叉，即使工作辊没有凸度，也可以形成一定凸度的辊缝。

5. 工作辊分段冷却控制

工作辊分段冷却控制是通过控制工作辊热凸度实现板形控制的方法。将冷却系统沿工作辊轴向划分为与板形测量辊测量段相对应的若干区域，每个区域安装若干个冷却液喷嘴。控制各个区域冷却液喷嘴打开和关闭的数量和时间，调节沿辊身长度冷却液流量的分布来改变轧辊温度的分布，从而调节热凸度的大小和分布，达到控制板形的目的。工作辊分段冷却控制的方式如图 5.16 所示。

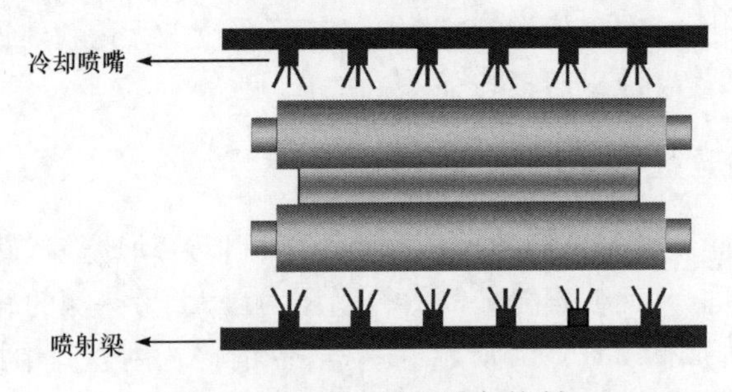

图 5.16　工作辊分段冷却控制

当带钢中部产生浪形时，冷却系统中部区域的冷却喷嘴被打开，降低该区域的工作辊热凸度；当带钢两边产生波浪时，冷却系统的边部区域冷却喷嘴打开，降低该区域的工作辊热凸度,实现板形的控制。

如图5.17所示,冷连轧五机架的每个机架都有板形控制。其中,S1～S4设有工作辊和中间辊弯辊的板形预设定控制,S1～S5设有中间辊横移的板形预设定控制,S5机架设有轧辊倾斜、工作辊和中间辊弯辊以及分段冷却的板形闭环反馈控制。

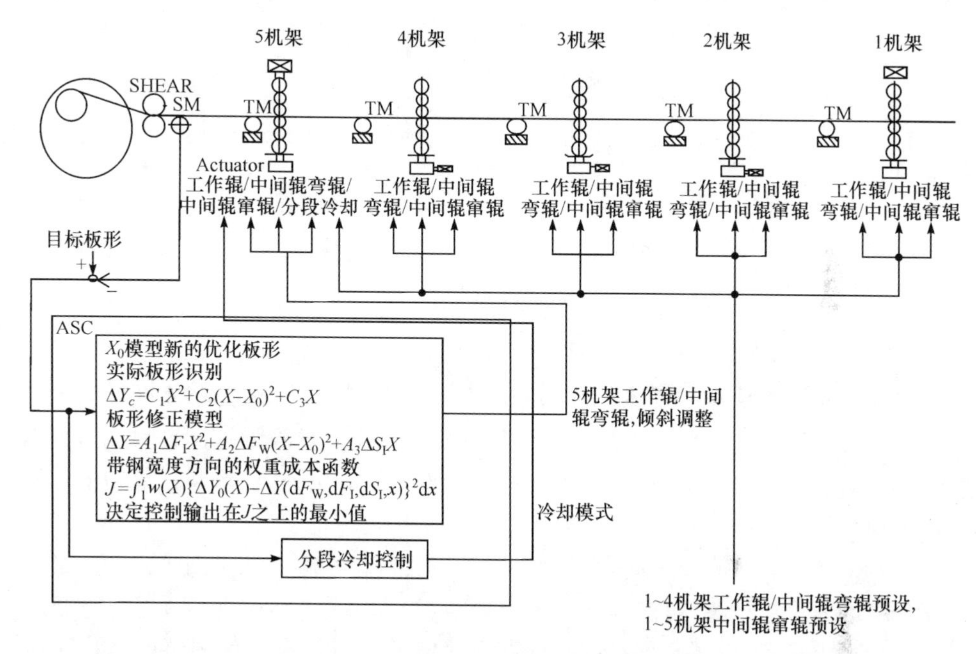

图5.17 轧机各机架板形控制策略

5.4.3 板形预设定控制

板形设定控制是板形控制计算机在带钢进入辊缝前,根据所选定的目标板形,预先设置板形调控机构的调节量并输出到执行机构。如果轧机没有板形反馈控制,则该设定值在没有人工干预的条件下,将会自始至终对当前带钢产生作用,影响整个轧制过程。如果轧机有反馈控制,则从带钢带头进入辊缝至建立稳定轧制的一段时间内,在反馈控制模块不能投入的情况下,仍需要设定值保证这一段带钢的板形,因此设定控制的精度关系到每卷带钢的废弃长度,即成材率。而且,当反馈控制模块投入运行时,当时的设定值就是反馈控制的初始值,它的正确与否将影响反馈控制模块调整板形达到目标值的收敛速度和收敛精度。因此,设定计算的精度直接影响带钢板形质量和轧制稳定性。板形设定计算的组成与功能框图如图5.18所示。设定计算虽然也可以进行自适应、自学习,但设定计算的效果很难实时、准确地进行反馈修正,因此对设定计算的数学模型提出了很高的要求。

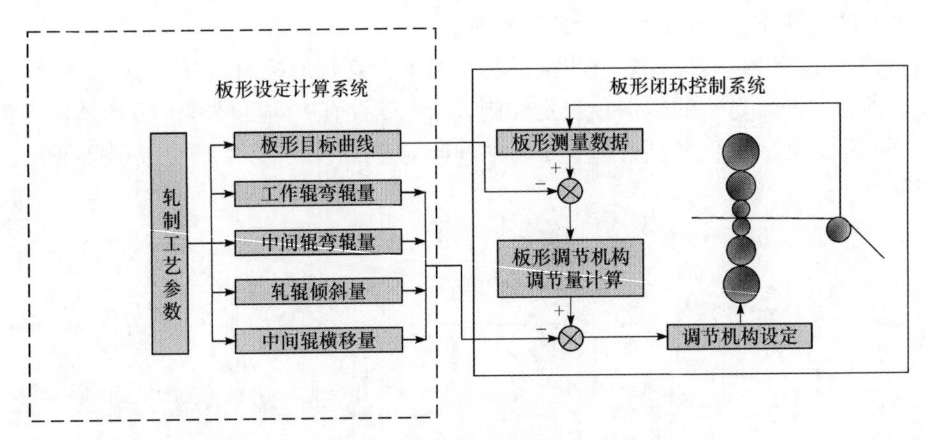

图 5.18　板形设定计算的组成与功能框图

1. 板形设定计算策略

冷连轧机的板形调控手段一般都有两个或两个以上，因此设定计算时必须考虑这些调控手段如何搭配以实现最佳的板形控制。设定计算的控制策略就是根据板形调控机构的数量和各自特点，确定设定计算调节的优先级，以及计算初值和极限值如何选取。

设定值计算的基本过程为：根据各调控手段的优先级，按照选定的初值，具有高优先级的先进行计算，对辊缝凸度进行调节，当调节量达到极限值，但辊缝凸度没有达到要求且还有控制手段可调时，剩下的偏差则由具有次优先级的调控手段进行调节，以此类推，直至辊缝凸度达到要求或再没有调节机构可调。

各调节机构优先级的选取，一般根据两个原则：第一个原则是按照响应慢的、灵敏度小的、轧制过程中不可动态调节的调节机构先调。这是因为在轧制过程中，操作工或者反馈控制系统还要根据来料和设备状态的变化情况，动态调节板形调控手段，因此希望响应快、灵敏度大的调节机构的设定值处于中间值，这样在轧制过程中可调节的余量最大。反之，如果响应快的先调，当调节量达到极限值时，再进入下一个调控手段的计算。这样，如果在轧制过程中还需要进一步调节，就只能调节响应慢的调节机构，影响了调节的速度和效率。第二个原则是轧制过程中，也就是带钢运行过程中不能调节的手段先调，其原因与第一条原则相似。在板形调控手段中，轧辊横移属于响应慢、灵敏度小的一类，工作辊弯辊属于响应快、灵敏度大的一类，中间辊弯辊介于二者之间，PC 轧辊交叉属于动态不可调的一类。

2. 板形目标曲线动态补偿设定模型

板形目标曲线是板形控制的目标，控制时将实际的板形曲线控制到标准曲线上，尽可能消除两者之间的差值。它的作用主要是补偿板形测量误差、补偿在线板形离线后发生变化、有效地控制板凸度以及满足轧制及后续工序对板形的特殊要求等。设定板形目标的主要作用是满足下游工序的需求，而不是仅仅为了获得轧机出口处的在线完美板形。在板形控制系统消差性能恒定的情况下，板形目标曲线的设定则是板形控制的重要内容。

板形标准曲线模型是板形控制的基本模型之一，是板形控制的目标模型，目前我国引进的先进板形控制系统，只引进了一些可供选择的板形标准曲线，而没有引进制定板形标准曲线的原理、模型和方法，这是技术的源头和秘密，难以引进。在实际生产中如何选择板形标准曲线，也只有根据大量的操作经验，逐步摸索，属经验性选择，缺少理论分析计算，这对于轧制新产品是很不利的。

3. 板形调节机构设定计算

以影响函数法为例，说明设定计算的流程。设定计算的具体过程是：首先根据来料情况和轧机状态计算目标辊缝凸度和实际辊缝凸度，然后计算板形调控手段对辊缝的影响函数。此时的影响函数为对应于离散化分段的一组系数，因此也称为影响系数。根据目标辊缝和实际辊缝的偏差以及影响系数的数值，计算板形调控机构的设定值，使实际辊缝和目标辊缝的偏差最小。具体过程分为如下 6 个步骤。

1）离散化

根据轧制的对称性，为提高计算速度，一般在计算时只取 1/2 轧辊和 1/2 带钢进行计算。在计算过程中首先将轧辊和带钢在辊缝宽度方向上离散化，即沿轴线方向分成 n 个单元，各单元的编号分别为 $1,2,3,\cdots,n$。编号的方式有两种，第一种是以带钢中心位置为零点，从中心向边部编号；第二种是以带钢边部为零点，从边部向中心编号。第二种方法计算时表达式较为复杂。

2）计算辊缝凸度目标值

由带钢的入口凸度、入口板形、目标出口板形、入口厚度和出口厚度计算带钢的目标出口凸度，也就是目标辊缝凸度：

$$C'_s(i)=C_1(i)=\left\{\left[\frac{C_0(i)}{h_0}+\lambda_0(i)\right]-\lambda_1(i)\right\}\cdot h_1 \tag{5.25}$$

式中，i 为轴向单元序号；$C'_s(i)$为目标辊缝凸度，mm；$C_1(i)$为带钢的出口凸度，mm；$C_0(i)$为带钢的入口凸度，mm；$\lambda_1(i)$为带钢的出口板形，I；$\lambda_0(i)$为带钢的入口板形，I；h_1 为带钢的出口厚度，mm；h_0 为带钢的入口厚度，mm。

3）计算板形调控机构的影响系数

将辊间压力或轧制力等分布力离散化为一系列集中力后，应用影响函数的概念可得出集中力 $p(1),p(2),\cdots,p(n)$引起第 i 单元的位移，如图 5.19 所示。

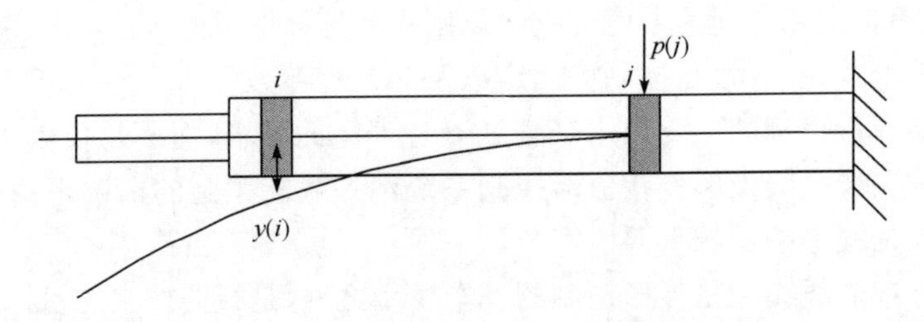

图 5.19　影响函数法的计算原理

第 i 单元的位移可以按下式叠加：

$$y(i)=\sum_{i=1}^{n}\mathrm{eff}(i,j)\cdot p(j) \tag{5.26}$$

式中，$y(i)$为分布力作用下轧辊在第 i 单元处产生的挠曲变形，mm；$\mathrm{eff}(i,j)$为在 j 单元处的分布力对轧辊第 i 单元挠曲变形的影响系数，mm/kN；$p(j)$为 j 单元处的分布力，kN。

在式(5.26)中，$y(i)$就是离散化了的变形，它表示在载荷系列 $p(1)$，$p(2)$，…，$p(n)$作用下 i 单元的中点所产生的总变形。可以看出，分布力的影响系数为一个二维数组。同理，也可以定义弯辊力、轧辊横移量、PC 轧辊交叉角等板形调控手段对辊缝的影响系数 $\mathrm{eff}(i)$，也称为效率因子。此时，影响系数为一维数组：

$$C_{\mathrm{s}}(i)=\mathrm{eff}(i)\cdot F \tag{5.27}$$

式中，$C_{\mathrm{s}}(i)$为板形调控机构作用下辊缝在第 i 单元处产生的改变量，mm；$\mathrm{eff}(i)$为板形调控机构对辊缝第 i 单元的影响系数，如 mm/kN(弯辊)、mm/mm(轧辊横移)、180mm/π · θ(轧辊交叉)；F 为板形调节机构的调节量，如 kN(弯辊)，mm(轧辊横移)，π · θ/180(轧辊交叉)。

4) 计算实际辊缝凸度

利用计算得到的影响系数，实际辊缝凸度可以由式(5.28)求出：

$$C_{\mathrm{s}}(i)=y_{\mathrm{r}}(i)+r_{\mathrm{sr}}(i)-k(i)+k(0)+y_{\mathrm{l}}(i)+r_{\mathrm{sl}}(i)-k(i)+k(0) \tag{5.28}$$

式中，$C_{\mathrm{s}}(i)$为实际辊缝凸度，mm；$y_{\mathrm{r}}(i)$为工作辊右侧挠曲变形轴线；$r_{\mathrm{sr}}(i)$为工作辊右侧初始凸度，mm；$y_{\mathrm{l}}(i)$为工作辊左侧挠曲变形轴线；$k(i)$为工作辊压扁量，mm；$k(0)$为工作辊中心点处的压扁量，mm。

工作辊的初始凸度为

$$r_{\mathrm{s}}(i)=c(i)+c_{\mathrm{t}}(i)+c_{\mathrm{w}}(i) \tag{5.29}$$

式中，$c(i)$为工作辊原始凸度，mm；$c_{\mathrm{t}}(i)$为工作辊热凸度，mm；$c_{\mathrm{w}}(i)$为工作辊磨损凸度，mm。

5) 计算实际辊缝凸度和目标辊缝凸度之间的偏差

实际辊缝凸度和目标辊缝凸度的偏差可以由式(5.30)计算：

$$C_{\mathrm{dev}}(i)=C_{\mathrm{s}}(i)-C_{\mathrm{s}}'(i) \tag{5.30}$$

式中，$C_{dev}(i)$为实际辊缝凸度和目标辊缝凸度的偏差，mm；$C'_s(i)$为目标辊缝凸度，mm。

该辊缝凸度偏差 $C_{dev}(i)$用于计算板形调控机构的设定值。

6）计算板形调节机构的设定值

计算板形调控机构设定值的方法一般选用最小二乘法建立最优评价函数。最小二乘法的基本原理是使板形偏差的控制误差平方和达到最小。令最优评价函数为U，则有

$$U = \sum_{i=1}^{n} [C_{dev}(i) - \mathrm{eff}(i) \cdot F]^2 \tag{5.31}$$

对式(5.31)求偏导：

$$\frac{\partial U}{\partial F}=0 \tag{5.32}$$

求出设定值的表达式为

$$F = \frac{\sum_{i=0}^{n} C_{dev}(i) \cdot \mathrm{eff}(i)}{\sum_{i=0}^{n} \mathrm{eff}\ (i)^2} \tag{5.33}$$

通过式(5.33)即可求出用于板形预设定的各个板形调节机构的设定值。

5.4.4 板形闭环控制

板形控制系统主要分为开环和闭环两种。在没有板形检测装置的情况下，只能采用开环控制系统，板形调节机构的调节量要依据规程给定的板宽和实测的轧制力由合理的数学模型给出。如果具有板形检测装置，则可以进行闭环反馈控制。板形闭环反馈控制是在稳定轧制工作条件下，以板形辊实测的板形信号为反馈信息，计算实际板形与目标板形的偏差，并通过反馈计算模型分析计算消除这些板形偏差所需的板形调控手段的调节量，然后不断地对轧机的各种板形调节机构发出调节指令，使轧机能对轧制中的带钢板形进行连续的、动态的、实时的调节，最终使板带产品的板形达到稳定良好的状态。板形闭环反馈控制的目的是为了消除板形实测值与板形目标曲线之间的偏差，图 5.20 所示的板形控制系统正是这样一个典型的闭环反馈板形控制系统。板形闭环控制系统主要包括板形调控功效系数计算和板形闭环控制模型。

1. 板形调控功效系数计算

带钢冷轧机通常具备多种板形调节手段，如压下倾斜、弯辊、中间辊横移等。实际应用中，需要综合运用各种板形调节手段，通过调节效果的相互配合达到消除

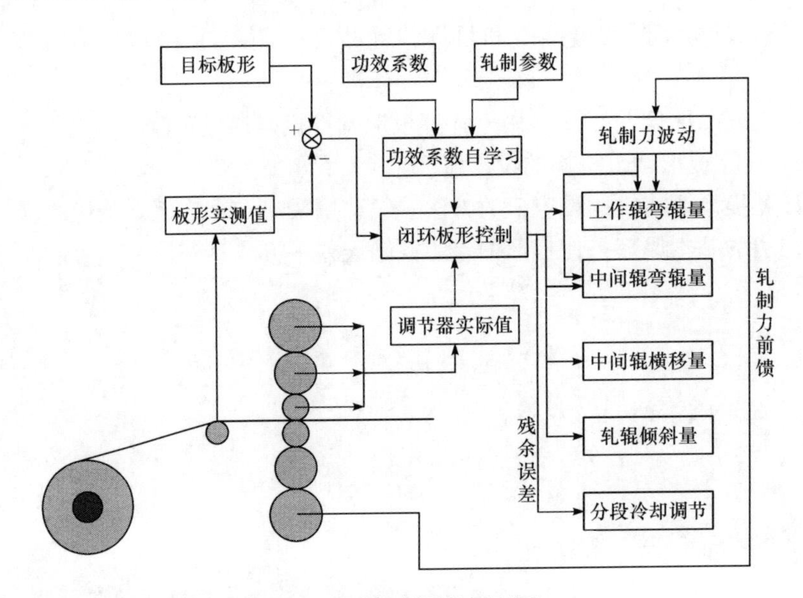

图 5.20　板形控制系统原理图

偏差的目的。因此,板形控制的前提是对各种板形调节手段性能的正确认识。随着工程计算及测试手段的进步,使利用调控功效函数描述轧机性能成为可能。调控功效作为闭环板形控制系统的基础,是板形调节机构对板形影响规律的量化描述。目前板形调控功效系数基本上通过有限元仿真计算和轧机实验两种方法确定,由于各板形调节机构对板形的影响很复杂,且它们之间互相影响,很难通过传统的辊系弹性变形理论以及轧件三维变形理论来精确地求解各板形调节机构的调控功效系数。在实际轧制过程中,调控功效系数还受许多轧制参数的影响,如带钢宽度、轧制力以及中间辊横移位置,因而通过轧机实验和离线模型计算的板形调控功效并不能满足实际生产中板形控制的要求。

调控功效系数从实测板形应力分布的角度进行相关的分析和计算,对板形控制机构调节性能的认识不再局限于1次、2次、4次板形偏差的范畴,可以描述任意形态的板形调节性能,并且不需要再进行板形偏差模式识别与解耦计算。与传统模型相比,能够实现对板形测量信息更为全面的利用,有利于轧机板形控制能力的充分发挥和板形控制精度的提高。板形调控功效是在一种板形控制技术的单位调节量作用下,轧机承载辊缝形状沿带钢宽度上各处的变化量,可表示为

$$\mathrm{Eff}_{ij}=\Delta Y_i\cdot(1./\Delta U_j)\tag{5.34}$$

式中,Eff_{ij}为板形调控功效系数,它是一个大小为$m\times n$的矩阵中的一个元素,m和n分别为板宽方向上测量点的数目和板形调节机构数目。i为板宽方向上的测量点序号;j为板形调节机构序号;ΔY_i为第j个板形调节机构调节量为ΔU_j时,第i个测量段带钢板形变化量,I。ΔU_j为第j个板形调节机构调节量,调节机构

为轧制力和弯辊力时，其单位为 kN；若为中间辊横移量和轧辊倾斜量，则单位是 mm。

板形调控功效系数是板形控制的基础和落脚点，没有准确的板形调控功效系数，实现高精度的板形控制就无从谈起。基于板形调控功效系数在板形控制系统中的重要性，为了获得精确的板形调控功效系数，制定了板形调控功效的自学习模型。在正常轧制模式下，通过测量轧制过程实际板形数据，以及板形调节机构的当前调节量就可以在线自动获取板形调节机构的调控功效系数。功效系数的自学习过程是：在对轧机进行调试时，根据板形调节机构的调节量和产生的板形变化量，计算几个轧制工作点处的板形调控功效系数，这些功效系数作为自学习模型的先验值，然后不断通过自学习过程来改进功效系数的先验值，进而获得较为精确的板形调控功效系数。

如图 5.21 所示，在板形调控功效系数自学习模型中，各个板形调节机构的调节量为 $u_1, u_2, \cdots, u_n$，沿带钢宽度方向板形辊对应的各个测量点的张应力变化量为 $y_1, y_2, \cdots, y_m$，正常轧制时的工作点参数为 $b_1, b_2, \cdots, b_r$，通过这些参数就可以在线获得各个板形调节机构的调控功效系数矩阵 $q_{11}, q_{12}, \cdots, q_{mn}$。

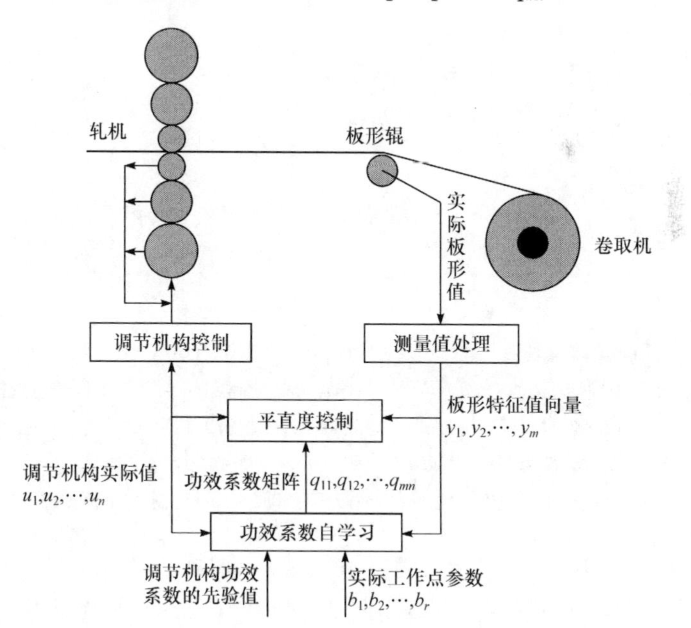

图 5.21　板形调控功效系数的自学习确定

2. 多变量最优板形闭环控制

板形闭环控制采用接力方式的控制策略。具体过程是：首先计算实测板形和板形目标之间的偏差。通过在板形偏差和各板形调节机构调控功效之间做最优计算，确定各个调节机构的调节量。本层次调节量计算循环结束后，按照接力控制的顺序开始计算下一个控制层次的调节量，此时板形偏差需进行更新，即要从原有值中减去可由上次计算得出的调节量消除的部分，并在新的基础上进行下一层次的调节量计算。

在同一控制层次中，如果有两种或者两种以上的板形调节机构的效果相似，则按照设定的优先级只调节一种。当高优先级的板形调节机构调节量达到极限值，但板形偏差没有达到要求且还有可调的板形调节机构时，剩下的板形偏差则由具有次优先级的板形调节机构进行调节。以此类推，直至板形偏差达到要求或者再没有板形调节机构可调。板形控制系统的结构如图 5.22 所示。

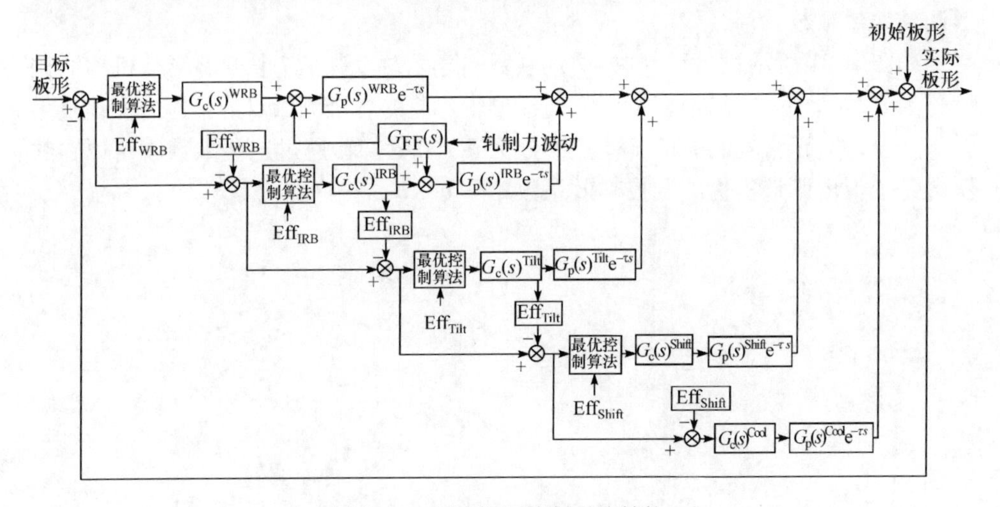

图 5.22　板形闭环控制系统结构

Eff_{WRB}-工作辊弯辊功效系数；Eff_{IRB}-中间辊弯辊功效系数；Eff_{Tilt}-轧辊倾斜功效系数；Eff_{Shift}-中间辊横移功效系数；$G_c(s)^{WRB}$-工作辊弯辊控制器；$G_c(s)^{IRB}$-中间辊弯辊控制器；$G_c(s)^{Tilt}$轧辊倾斜控制器；$G_c(s)^{Shift}$-中间辊横移控制器；$G_c(s)^{Cool}$-分段冷却控制器；$G_p(s)^{WRB}$-工作辊弯辊模型；$G_p(s)^{IRB}$-中间辊弯辊模型；$G_p(s)^{Tilt}$-轧辊倾斜模型；$G_p(s)^{Shift}$-中间辊横移型；$G_p(s)^{Cool}$-分段冷却控制模型；$e^{-\tau s}$-纯滞后环节；$G_{FF}(s)$-轧制力前馈的传递函数

最优控制算法是基于板形调控功效的最小二乘算法，用于根据板形偏差求取各个板形调节机构的调节量。由最优控制算法计算的各板形调节机构的调节量再通过 PID 控制器对板形调节机构进行控制。用于计算各个板形调节机构调节量的计算模型是基于带约束的最小二乘评价函数的控制算法。它以板形调控功效为基础，使用各板形调节机构的调控功效系数及板形辊各测量段实测板形值运用线性最小二乘原理建立板形控制效果评价函数，求解各板形调节机构的最优调节量。评价函数为

$$J = \sum_{i=1}^{n}[g_i(\Delta y_i - \sum_{j=1}^{m}\Delta u_j \cdot \mathrm{Eff}_{ij})]^2 \tag{5.35}$$

式中，J 为评价函数；n、m 分别为测量段数和调节机构数目；g_i 为板宽方向上各测量点的权重因子，值在 0～1 设定，代表调节机构对板宽方向各个测量点的板形影响程度，对于一般的来料，边部测量点的权重因子要比中部区域大；Δu_j 为第 j 个板形调节机构的调节量，kN；Eff_{ij} 为第 j 个板形调节机构对第 i 个测量段的板形调节功效系数；Δy_i 为第 i 个测量段板形设定值与实际值之间的偏差，I。

使 J 最小时，有

$$\partial J/\partial \Delta u_j = 0 \ (j=1,2,\cdots,n) \tag{5.36}$$

可得 n 个方程，求解方程组可得各板形调节结构的调节量 Δu_j。

上述算法就是最优控制算法的核心思想。获得各板形调节机构的板形调控功效系数之后，板形控制系统按照接力方式计算各个板形调节机构的调节量。首先根据板形偏差计算出工作辊弯辊调节量，即

$$J_{\mathrm{WRB}} = \sum_{i=1}^{n}[g_{i\mathrm{WRB}}(\Delta y_i - \Delta u_{\mathrm{WRB}} \cdot \mathrm{Eff}_{\mathrm{WRB}})]^2 \tag{5.37}$$

式中，J_{WRB}用于求解工作辊弯辊调节量的评价函数；$g_{i\mathrm{WRB}}$为工作辊弯辊在板宽方向各个测量点的板形影响因子。Δu_{WRB}为工作辊弯辊的最优调节量，kN；$\mathrm{Eff}_{\mathrm{WRB}}$为工作辊弯辊的板形调节功效系数；$\Delta y_i$ 为第 i 个测量段板形设定值与实际值之间的偏差，I。

使 J_{WRB}最小时，有

$$\partial J_{\mathrm{WRB}}/\partial \Delta u_{\mathrm{WRB}} = 0 \tag{5.38}$$

可得 n 个方程，求解方程组可得工作辊弯辊的调节量 Δu_{WRB}。

计算出的工作辊弯辊调节量需要经过变增益补偿环节、限幅输出的处理，再输出给工作辊液压弯辊控制环。变增益补偿环节为

$$\Delta u_{\mathrm{WRB\_gained}} = \Delta u_{\mathrm{WRB}} \cdot \frac{T}{T_{\mathrm{WRB}} + T_{\mathrm{Shapemeter}} + L/V} \cdot K_{\mathrm{T}} \tag{5.39}$$

式中，$\Delta u_{\mathrm{WRB_gained}}$为变增益补偿后的工作辊弯辊调节量，kN。$T$ 为测量周期，s；T_{WRB}为工作辊弯辊液压缸的时间常数；$T_{\mathrm{Shapemeter}}$为板形辊的时间常数；L 为板形辊到辊缝之间的距离，m；V 为轧制速度，m/s；K_{T}为与板形偏差大小、材料系数相关的增益。

输出前的限幅处理主要是防止调节量超过执行机构的可调范围而损坏设备。完成限幅后工作辊调节量为 $\Delta u_{\mathrm{WRB\_gained\_lim}}$，则从板形偏差中减去工作辊弯辊所调节的板形偏差，从剩余的板形偏差中计算中间辊弯辊调节量，即

$$\Delta y_i' = \Delta y_i - \Delta u_{\mathrm{WRB\_gained\_lim}} \cdot \mathrm{Eff}_{\mathrm{WRB}} \tag{5.40}$$

式中，$\Delta y_i'$为工作辊弯辊完成调节后剩余板形偏差。

则建立的中间辊弯辊调节量计算的评价函数为

$$J_{\mathrm{IRB}} = \sum_{i=1}^{n} [g_{i\mathrm{IRB}}(\Delta y_i' - \Delta u_{\mathrm{IRB}} \cdot \mathrm{Eff}_{\mathrm{IRB}})]^2 \tag{5.41}$$

式中，J_{IRB}用于求解中间辊弯辊调节量的评价函数；$g_{i\mathrm{IRB}}$为中间辊弯辊在板宽方向各个测量点的板形影响因子。Δu_{IRB}为中间辊弯辊的最优调节量，kN；$\mathrm{Eff}_{\mathrm{IRB}}$为中间辊弯辊的板形调节功效系数。

使J_{IRB}最小时，有

$$\partial J_{\mathrm{IRB}} / \partial \Delta u_{\mathrm{IRB}} = 0 \tag{5.42}$$

求解方程组可得工作辊弯辊的调节量 Δu_{IRB}。

同工作辊弯辊一样，中间辊弯辊调节量输出给液压弯辊控制环之前也需要按照同样的方法进行变增益补偿、限幅输出的处理。以此类推，板形控制系统按照这种接力方式依次计算出轧辊倾斜调节量、中间辊横移量，最后残余的板形偏差由分段冷却消除。

5.4.5　板形前馈控制

轧制力前馈控制主要是用来补偿轧制力波动引起的辊缝形状的变化。轧制力产生波动时，辊缝的形貌随之改变，必然影响出口板形。因此，必须制定轧制力波动的补偿控制模型。

板形前馈控制策略实质上就是对轧制力波动的补偿控制，由于相对于闭环控制系统而言没有滞后，因此称为板形前馈控制。根据板形调控功效系数分析，轧制力对板形的影响与弯辊控制相似，可以采用弯辊控制来抵消轧制力波动对板形的影响。对于1450mm冷轧机，轧机同时装备有工作辊弯辊和中间辊弯辊，可通这两种弯辊控制来完成板形前馈控制。板形前馈控制系统结构如图5.23所示，图中$\Delta \mathrm{FF}_{\mathrm{WRB}}$和$\Delta \mathrm{FF}_{\mathrm{IRB}}$分别为由板形前馈模型计算的工作辊弯辊和中间辊弯辊的附加调节量。$G_c(s)^{\mathrm{Rem}}$为剩余板形调节机构的传递函数。

为了避免出现调节振荡，设置有轧制力波动补偿死区，若轧制力波动在死区范围内，则板形前馈控制功能不投入。同时考虑到工作辊弯辊和中间辊弯辊对轧制力波动的补偿效率不同，对这两种补偿机构设定了不同级别的优先级，调节速度快的、效率高的先调。与闭环反馈板形控制策略相同，板形前馈计算模型也是以板形调控功效为基础，基于最小二乘评价函数的板形控制策略，其评价函数为

$$J' = \sum_{i=1}^{m} [(\Delta p \cdot \mathrm{Eff}_{ip}' - \sum_{j=1}^{n} \Delta u_j \cdot \mathrm{Eff}_{ij})]^2 \tag{5.43}$$

式中，Δp 为轧制力变化量的平滑值，kN；Eff_{ip}'为轧制力在板宽方向上测量点 i 处的影响系数(等同于轧制力的板形调控功效系数)；Δu_j 用于补偿轧制力波动对板形影响的板形调节机构调节量；Eff_{ij}用于补偿轧制力波动对板形影响的板形调节

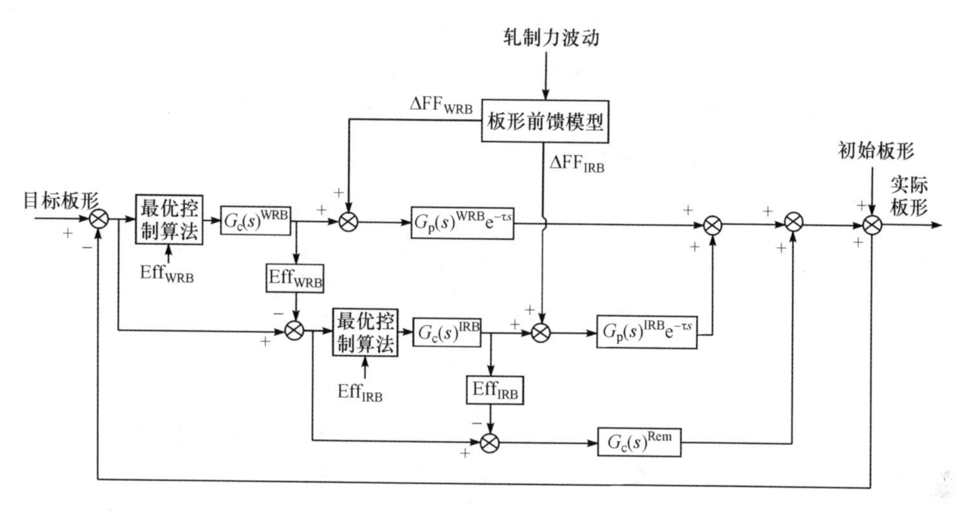

图 5.23　板形反馈-前馈控制结构

机构在测量点 i 处的调控功效系数。

使 J' 最小时，有

$$\partial J'/\partial \Delta u_j = 0 \quad (j=1,2,\cdots,n) \tag{5.44}$$

求解方程组可得用于补偿轧制力波动的各板形调节结构的调节量 Δu_j。

5.5　典型冷轧板形测控系统及实例

冷轧 1450mm 冷连轧机板形控制系统，解决方案是由该钢企联合国内多家科研院所开发的，可实现四辊、六辊冷轧机及平整机、光整机带钢的精确板形控制。1450mm 冷轧机板形控制系统主要组成有板形测量系统、数据采集系统、实时控制系统、测量及控制数据分析系统以及一系列的通信实现方案。其主要功能是通过检测带钢板形偏差，实时控制板形调节机构的调节量，将板形偏差控制到目标板形偏差曲线上。从生产过程来讲，就是保证带钢的平直度，满足后续工序对带钢板形的要求。

5.5.1　板形控制系统设计

1. 硬件配置

板形控制系统的硬件组成主要有：板形测量辊、板形信号采集与峰值保持单元、A/D 转换单元、Profibus DP 控制单元、板形计算机、HOST 计算机等部分组成。

板形辊为整体实心式，由电机单独传动。沿辊身长度方向互相成 180°角开出两排凹槽，每个凹槽埋入压磁式传感器，每排共有 23 个凹槽，安放有 23 个压磁式传感器。每个传感器上方安装弹性体，用于承载带钢径向压力，并将该径向压力传导至传感器，产生相应的电压信号，用于表征带钢板形分布。这些电压信号通过集流装置输入给板形信号采集与峰值保持单元。板形辊的结构示意图如图 5.24 所示。

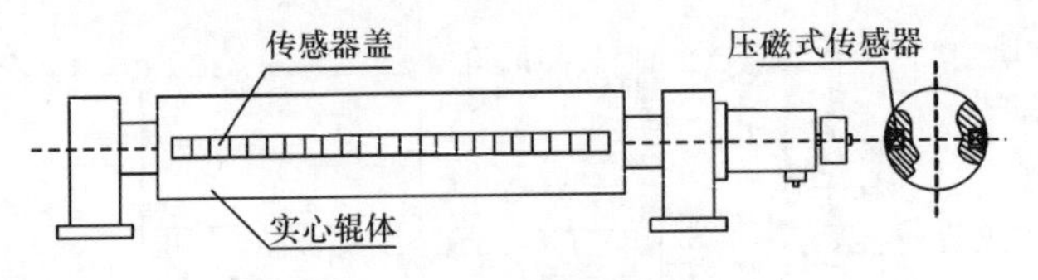

图 5.24　板形辊结构

板形信号采集与峰值保持单元由信号传输电路、A/D 转换单元、DSP 芯片处理单元、D/A 转换单元以及输出电路组成。在这里完成信号的 A/D 转换、信号峰值保持以及随后的 D/A 转换等功能，用于为板形计算机提供可靠的板形信号输入。

板形计算机通过专用的 A/D 转换单元接收板形信号采集与峰值保持单元发送给板形计算机的测量数据。A/D 转换单元的型号为 M-AD12-16，具备 16 个单端通道或者 8 个差分通道，16 个可调输入范围。它具有 12 位快速转换器，2.8μs 转换时间。内置稳定时间定时器，用于通道改变后的稳定时间定时。而且内置硬件校正偏移量和增益误差。测量通道具有自动增加模式，可以快速获取多通道测量值，同时内置 EEPROM 可用于存储校正值软件设定模块，无需任何跳线设定，无需外部电源供电，如图 5.25 所示。

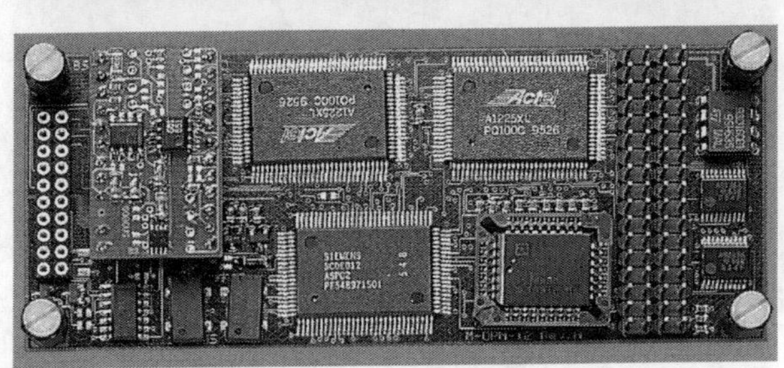

图 5.25　板形值采集和通信模块

Profibus DP 控制单元型号是 M-DPM-12，用于实现板形计算机与 PLC 控制器的过程通信，以及向 ET200 站实时输出冷却控制量。它是一个用于 SORCUS MODULAR-4/586 基板的智能 Profibus-DP 控制器模块，它支持包括 12MB 在内的所有波特率。局部微控制器(C165)与 MODULAR-4/586 之间的接口是一个双向 RAM(DPRAM)，通过它可以传输命令和数据。

板形控制计算机是板形控制系统的核心组成，它承载着板形数据的处理、板形调节机构调节量计算以及大部分的通信工作。板形计算机是一块插板，其配制如表 5.1 所示，它通过 ISA 总线插槽与 HOST 计算机相连。板形控制系统所有的程序都在板形计算机上面运行来实现板形控制功能，如图 5.26 所示。

表 5.1　板形计算机的配置

配置	参数
CPU	133MH
RAM	4M 静态
ROM	EPROM，512KB，可扩展
定时器	三个 16 位可编程定时器，输入频率分别为 1MHz、2.5MHz、10MHz，两个用于 SCC，一个用于实时钟
中断	15 个中断输入：SP-bus(6)，St1(1)，PC 接口(2)，定时器 8254(3)，SCC(1)，RTC(1)，RS-232 输入(1)
PC 接口	16 位并行口，可以产生中断输入或输出，DMA 控制器，单向传输速率为 1MByte/s
多任务操作系统	最大支持 1024 个任务，包括中断任务、定时器任务、非中断任务，在 MODULRA4/486 板子的 EPROM 之中，运行时拷贝到 RAM 中，使用 64KB 的 RAM

图 5.26　板形计算机

HOST 计算机为板形计算机的物理载体，它为板形计算机提供电源和相关的辅助功能。同时，它还起到调试机的作用。在实时板形程序的编写调试阶段，可以通过它对板形计算机上的实时程序进行变量修改、硬件组态、软件下载和实时监控。另外，HMI 系统与板形计算机之间的数据传输也是通过 HOST 计算机完成的。HOST 计算机与板形计算机的连接方式以及接口模块 A/D 转换单元 M-

AD12-16 和 Profibus DP 控制单元 M-DPM-12 的连接示意图如图 5.27 所示。

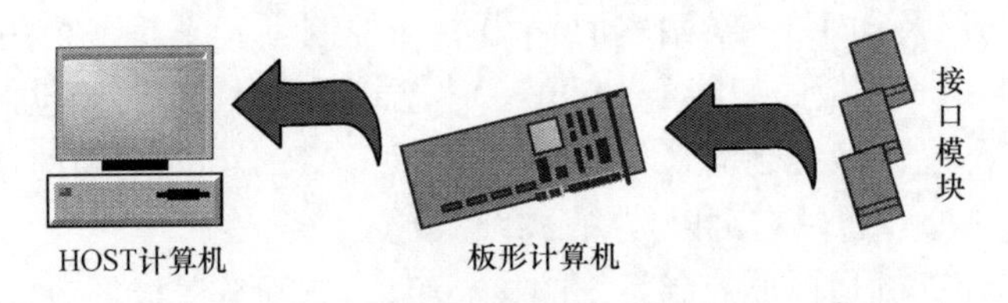

图 5.27 板形计算机的接口连接

2. 软件设计

软件部分主要包括运行在板形计算机上的实时程序和运行在 HOST 计算机上的通信程序以及 HMI 系统程序和相关辅助程序。板形计算机上运行的实时程序使用 Borland C 开发，主要进行板形数据的处理、控制量计算和通信工作。实时程序共有 20 个任务进程，按照启动方式和运行方式的不同，可以划分为三类任务：中断任务，非中断任务，定时任务。

HOST 计算机上运行的程序主要是 HMI 系统程序、板形计算机与 HOST 计算机之间的通信程序，以及用于板形控制的辅助程序，使用 VC++开发。HMI 系统主要用于控制效果的监控、轧制参数的输入以及部分手动控制功能的调节。通信程序主要完成板形计算机与 HOST 计算机接口的功能，程序正常运行中，数据传输通过通信程序完成。在实时程序的调试阶段，通过通信程序可以对板形计算机上的实时程序进行下装，对板形计算机复位。板形控制的辅助程序主要用来完成板形调节机构功效系数的自学习功能，为板形控制系统提供控制依据。

3. 系统通信

板形控制系统是一个复杂的工业控制系统，分散式的控制方式需要各个子系统之间具备稳定的通信。由于接口类型不同，通信方式也有多种。主要的通信方式有 Profibus DP、工业以太网、ISA、RS-232。

Profibus DP 通信应用于板形计算机与 PLC 控制器之间的数据及信号传输，是一种要求实时性高的通信方式。工业以太网应用于 HOST 计算机与各 HMI 操作站计算机之间的通信，以及过程计算机与 PLC 控制器之间的通信。ISA 通信是板形计算机与 HOST 计算机之间的通信方式，主要是传递数据、在对板形计算机进行组态调试时通过 ISA 通信实现对实时程序的监控与修改。RS-232 通信主要用于程序开发阶段对板形计算机实时程序的调试，通过交叉串口线，使用 Turbo debugger 单步调试程序。板形控制系统的通信方式及设备配置如图 5.28 所示。

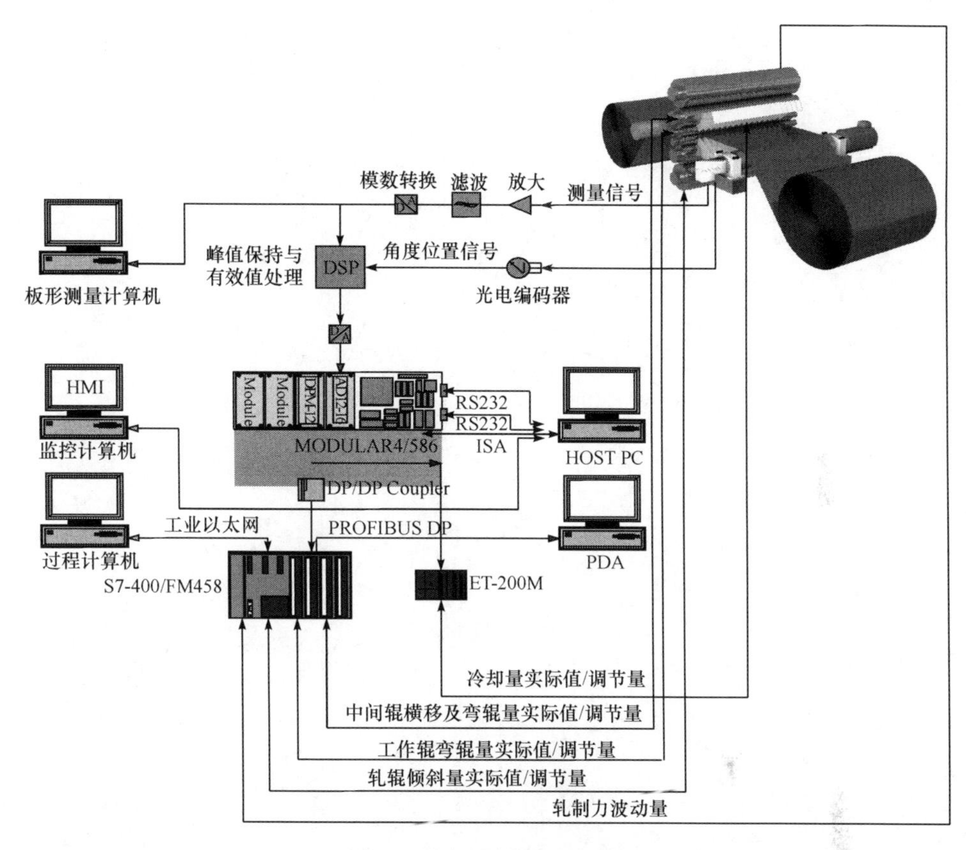

图 5.28　板形控制系统通信

5.5.2　板形检测系统

板形检测系统采用残余应力表示法来显示板形。其原理是基于板形缺陷产生的原因，为带材在其宽度方向上内应力分布不均，因此可以通过测定带材宽度方向上的内应力分布来判断板形缺陷的类型和大小。在轧制过程中，不可能在线测量轧后带钢各条纵向的不均匀延伸，但可以在线测量带钢张力作用在板形检测辊上面的径向压力。通过对所测径向压力的换算，可以得到带钢纵向张应力和纵向残余应力，进而得到轧后带钢内部残余应力沿板带宽度方向的分布，即板形。

板形检测原理如图 5.29 所示。

在张力作用下，带钢以一定的包角通过检测辊，会在检测辊上面产生径向压力，如图 5.30 所示。

假设带钢绕过检测辊角度为 2θ，第 i 片辊片宽度为 b_i，覆盖第 i 片辊片的带钢厚度为 h_i，则根据力学关系和几何关系可知，在张应力 σ_i 的作用下，带钢对第 i 片

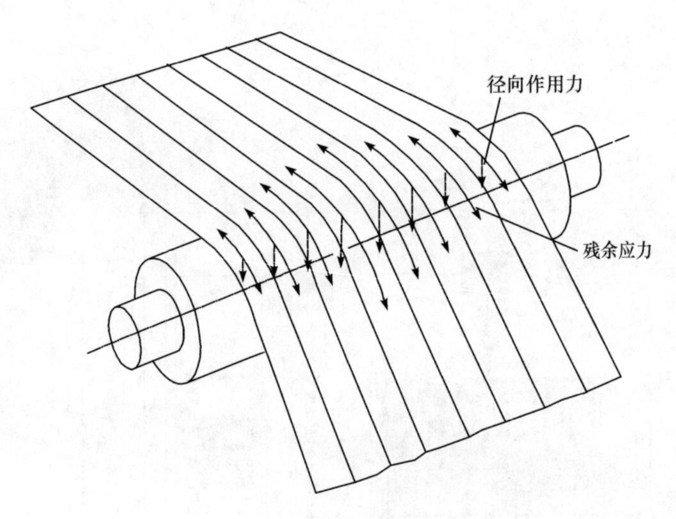

图 5.29　板形检测原理

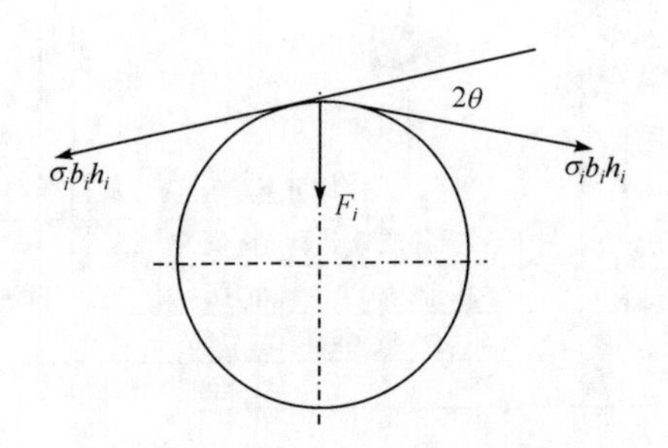

图 5.30　检测辊径向压力检测示意

辊片的径向压力 F_i 为

$$F_i=\sigma_i \cdot b_i h_i \cdot 2\sin\theta \tag{5.45}$$

由式(5.45)可求得作用在板形检测辊上的带钢总张力 T 为

$$T=\sum_{i=1}^{n} T_i=\sum_{i=1}^{n} \sigma_i \times b_i \times h_i=\frac{\sum_{i=1}^{n} F_i}{2\sin\theta} \tag{5.46}$$

带钢平均应力 $\bar{\sigma}$ 可以根据带钢张力 T、板宽 B 和厚度 h 求得，如式(5.47)所示。

$$\bar{\sigma}=\frac{T}{Bh} \tag{5.47}$$

为了计算方便，由式(5.45)～式(5.47)可求得 σ_i 的另一表达形式：

$$\sigma_i = \frac{F_i}{2\sin\theta \cdot b_i \cdot h_i} = \frac{F_i}{2\sin\theta \cdot b_i \cdot h_i} \times \frac{\sum_{i=1}^{n} F_i}{n \cdot \frac{1}{n} \cdot \sum_{i=1}^{n} F_i}$$

$$= \frac{\sum_{i=1}^{n} F_i}{2\sin\theta \cdot n \cdot b_i \cdot h_i} \times \frac{F_i}{\frac{1}{n} \cdot \sum_{i=1}^{n} F_i} = \frac{\sum_{i=1}^{n} F_i}{2\sin\theta \cdot B \cdot h} \times \frac{F_i}{\frac{1}{n} \cdot \sum_{i=1}^{n} F_i} = \bar{\sigma} \times \frac{F_i}{\bar{F}} \tag{5.48}$$

式中，假设带钢板宽 $B=n \cdot b_i(n=0,1,2,\cdots)$，$h \approx h_i$，$\bar{F}$ 表示各辊片所受的径向压力的平均值。

由式(5.48)可知，通过实测各片上的径向压力 F_i，最终就可以计算出每一片的应力 σ_i 和相应的残余应力(应力偏差)$\Delta\sigma_i$，即

$$\Delta\sigma_i = \sigma_i - \bar{\sigma} = \bar{\sigma} \cdot \frac{F_i}{\bar{F}} - \bar{\sigma} = \frac{F_i - \bar{F}}{\bar{F}} \times \frac{T}{hB} \tag{5.49}$$

根据弹性体的胡克定律可知，金属弹性变形时，应力 $\Delta\sigma_i$ 和弹性变形量 $\frac{\Delta l_i}{L}$ 成正比，即

$$\frac{\Delta l_I}{L} = -\frac{\Delta\sigma_i}{E} \times (1-\nu^2) \tag{5.50}$$

式中，E 和 ν 为弹性模量和泊松比。

国际上通常用 I 表示板形基本单位。一个 I 单位表示相对长度差为 10^{-5}。则板形 ε 表示为

$$\varepsilon = \frac{\Delta l}{l} \times 10^5 = \frac{l' - l}{l} \times 10^5 \mathrm{I} \tag{5.51}$$

式中，Δl 为带钢沿横向最长与最短纵向纤维长度差；l' 和 l 分别为最长和最短纵向纤维的长度。

在带张力轧制时，残余应力的横向分布表现为前张应力的横向分布：

$$\Delta\sigma(y) = \sigma(y) - \bar{\sigma} \tag{5.52}$$

式中，$\Delta\sigma(y)$ 表示残余应力分布；$\sigma(y)$ 表示前张应力分布；$\bar{\sigma}$ 表示平均前张应力。

依据式(5.48)～式(5.52)，可求得带钢板形 ε，即

$$\varepsilon = -\frac{F_i - \bar{F}}{\bar{F}} \times \frac{T}{hb} \times \frac{(1-\nu^2)}{E} \times 10^5 \tag{5.53}$$

为了提高冷轧带钢的产品质量，需要实时检测出带钢的显性和隐性板形，以便于后继板形控制的实施。但在轧制过程中，板形定义中所需要的参数不能够在线

测得,故转而寻求能够在线测量的间接量,也就是作用在板形检测辊上面的径向压力 F_i;通过力学之间关系的相互转换,依据式(5.49)可求得板带宽度方向上的残余应力 $\Delta\sigma_i$,依据式(5.53)计算冷轧带钢的板形。

5.5.3　板形测量值处理

作为板形控制系统的反馈值,板形测量值的准确性直接关系到板形控制系统的控制效果。板形辊作为在线板形测量仪器,对其测量信号进行准确的数学处理,进而使之能够精确地转化为实测板形值对闭环反馈板形控制系统至关重要。

1. 滤波处理

为了去除板形测量值中的尖峰信号,首先对径向力测量值进行滤波处理。具体方法是取上周期板形测量值的部分比例成分与本周期板形测量值的部分比例成分进行叠加,作为本周期板形测量值的输出量,计算公式为

$$f(i)=k\cdot f_0(i)+(1-k)\cdot f_1(i) \tag{5.54}$$

式中,$f(i)$为本周期板形辊所测径向力的输出量;$f_0(i)$为上周期径向力输出量;$f_1(i)$为本周期板形辊所测径向力;k 为比例系数,为了能够有效地剔除异常径向力测量值,这里取0.9。

2. 边部段测量值修正

轧制过程中,带钢宽度常常与板形辊有效测量宽度不同,因此会发生带钢边部不能完全覆盖板形辊两端传感器的情况,如图5.31所示。板形辊上传感器所测径向力和带钢与该传感器之间接触面积相关,在带钢宽度与检测辊有效检测宽度大小不一致的情况下,板形辊检测出来的带钢边部张力并不能真实反映带钢张力。由于生产中会不断产生带钢偏移,也就是出现带钢宽度方向中心线与板形辊宽度方向中心线不重合的情况,因此在需要实时确定板形辊边部有效测量段,并计算该测量段上压磁传感器上带钢覆盖率,进而修正边部传感器所测径向力,使之精确地转化为带钢边部实际张力。

1) 基于带钢宽度和偏移量的修正方法

操作侧未被带钢覆盖的区域长度为

$$l_{\mathrm{uc\_os}}=\frac{l_{\mathrm{r}}-w_{\mathrm{s}}}{2}-\delta_{\mathrm{s}}+\delta_{\mathrm{r}} \tag{5.55}$$

式中,$l_{\mathrm{uc_os}}$为操作侧板形辊上未被带钢覆盖的长度;l_{r} 为板形辊各测量段长度和;w_{s} 为带钢宽度;δ_{s} 为带钢偏移量,其符号与带钢偏移方向有关,当带钢向操作侧偏移时为正,向传动侧偏移时为负;δ_{r} 为板形辊沿轴向偏移轧制中心线的距离。

同理,传动侧未被带钢覆盖的区域长度为

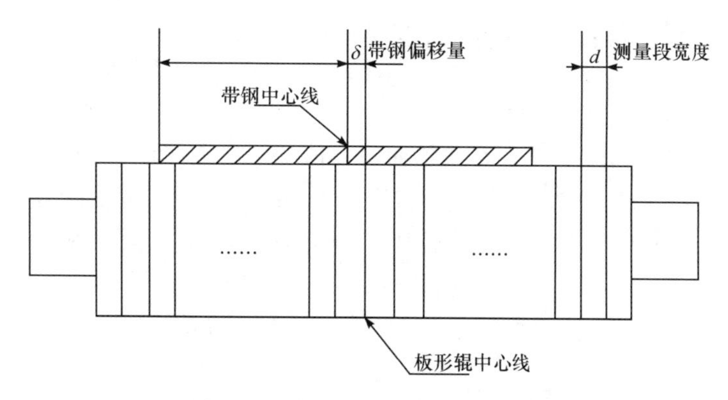

图 5.31　带钢与板形辊的接触状态

$$l_{uc\_ds}=\frac{l_r-w_s}{2}+\delta_s-\delta_r \tag{5.56}$$

式中，l_{uc_ds}为传动侧板形辊上未被带钢覆盖的长度。

测量段宽度为 52mm，由操作侧未被带钢覆盖的区域长度及测量段宽度可得到操作侧板形辊上未被带钢覆盖的测量段数，即

$$n_{uc\_os}=\frac{l_{uc\_os}}{52} \tag{5.57}$$

则操作侧带钢边部所覆盖的测量段的覆盖率为

$$\alpha_{c\_os}=1-(n_{uc\_os}-[n_{uc\_os}]) \tag{5.58}$$

式中，α_{c_os}为操作侧带钢边部覆盖的测量段覆盖率；$[n_{uc_os}]$为对 n_{uc_os} 取整后的整数。

同理可以按照上述方法求得传动侧带钢边部所覆盖的测量段的覆盖率。

边部未全部覆盖测量段的面积覆盖因子为

$$\lambda=\frac{\Delta s}{s}=\alpha \tag{5.59}$$

式中，α 为未覆盖测量段上的面积覆盖率；Δs 为测量段的覆盖面积；s 为测量段所在弹性体(传感器盖)面积。

边部未被带钢全部覆盖的传感器受力状态与全被带钢覆盖的传感器受力状态不同，它不能像其他传感器一样工作于一个稳定的线性区间。可以使用面积覆盖因子及它内侧相邻两个传感器所测径向力来修正边部未被带钢全部覆盖的传感器所测径向力。为了减小操作侧与传动侧两者之间的修正误差，在对一侧边部传感器所测径向力进行修正时，将另一侧边部传感器相邻的两个传感器所受径向力考虑进来。操作侧边部传感器所受径向力的修正方法为

$$f_{zone\_os}=\frac{1}{2\gamma_{os}}\cdot\left[f_m(os)+\frac{2\cdot f_m(os+1)-f_m(os+2)}{2\cdot f_m(ds-1)-f_m(ds-2)}\cdot f_m(ds)\right] \tag{5.60}$$

式中，f_{zone_os}为操作侧边部未被带钢全部覆盖的传感器所测径向力的修正值；γ_{os}为操作侧边部传感器的面积覆盖因子；$f_m(os)$为操作侧边部未被带钢全部覆盖的传感器所测径向力；os 为操作侧边部有效测量段号；$f_m(os+1)$、$f_m(os+2)$为靠近板形辊内侧与操作侧边部传感器最相邻的两个传感器所测径向力；$f_m(ds)$为传动侧边部未被带钢全部覆盖的传感器所测径向力；ds 为传动侧边部有效测量段号；$f_m(ds-1)$、$f_m(ds-2)$为靠近板形辊内侧与传动侧边部传感器最相邻两个传感器所测的径向力。

同理，传动侧边部传感器所受径向力的修正方法为

$$f_{zone\_ds}=\frac{1}{2\gamma_{ds}}\cdot\left[f_m(ds)+\frac{2\cdot f_m(ds-1)-f_m(ds-2)}{2\cdot f_m(os+1)-f_m(os+2)}\cdot f_m(os)\right] \tag{5.61}$$

式中，f_{zone_ds}为传动侧边部未被带钢全部覆盖的传感器所测径向力的修正值；γ_{ds}为操作侧边部传感器的面积覆盖因子。

2) 基于径向力的修正方法

如果轧机对中系统故障率较高且没有偏移量测量装置，经常出现带钢偏移量无法确定的现象，并且由于过程控制系统下发的宽度设定值数据为需要的成品数据，有时甚至会出现带钢宽度设定值不准确的现象，需要根据径向力确定带钢实际宽度、边部有效段、测量值边部修正的方法。

在每卷带钢获得第一份测量值时，假定带钢宽度能够覆盖所有测量段。从操作侧开始向带钢中心依次判断各段的径向力测量值是否大于预设的最小阈值，该最小阈值为现场调试后确定的。如果出现第一个大于预设最小阈值的测量值，将该测量段认为是操作侧覆盖起始测量段，段号记录为 zone_os。同理，从传动侧向带钢中心判断获得传动侧覆盖起始测量段，段号记录为 zone_ds。此时，根据获得的 zone_os、zone_ds 计算所有被覆盖的测量段的平均径向力，公式如下：

$$\bar{f}=\frac{\sum_{i=zone\_os}^{zone\_ds} f_i}{zone\_ds-zone\_os+1} \tag{5.62}$$

式中，f_i 为各个测量段原始测量值；$\bar{f}$ 为所有被覆盖的测量段的平均径向力。计算得到平均径向力后，将 f_{zone_os}与 $\bar{f}\gamma_{min}$进行比较，如果大于 $\bar{f}\gamma_{min}$认为该段覆盖率达到最小覆盖以上，将该段记为操作侧首个有效测量段，段号记为 $z\_os=zone\_os$，如果小于 $\bar{f}\gamma_{min}$说明没有达到最小覆盖，舍弃该测量值，并将其面向带钢中心的相邻测量段认定为操作侧首个有效测量段，段号记为 $z\_os=zone\_os+1$。同理，传动侧达到最小覆盖的首个有效测量段段号为 $z\_ds=zone\_ds$，如果没有达到最小覆盖被舍弃，那么认定的首个有效测量段段号为 $z\_ds=zone\_ds-1$。

如果是舍弃了首个测量值，那么认定的首个有效测量段为完全覆盖，测量值无需进行修正，记为 $F_{z\_os}=f_{zone\_os+1}$。此时计算被舍弃的那个测量段覆盖率，该段原

始测量值为 $f_{\mathrm{zone\_os}}$，取该测量段面向带钢中心内侧相邻的 4 个测量值，对其进行二次曲线拟合，通过拟合求得被舍弃的测量段近似完整覆盖测量值，记为 $F_{z\_\mathrm{os}-1}$。该段的近似覆盖率可以由下面的公式求得：

$$\gamma_{z\_\mathrm{os}-1}=\frac{f_{\mathrm{zone\_os}}}{F_{z\_\mathrm{os}-1}} \tag{5.63}$$

但是大于最小覆盖，没有被舍弃，被认定为首个有效测量段的测量值，由于无法保证其真实覆盖率，因此需要对其进行测量值修正。修正方法为，取其面向带钢中心内侧相邻的 4 个测量值，对其进行二次曲线拟合，通过拟合曲线获得首个有效测量段的近似完整覆盖测量值，记为 F_{z_os}，而原始测量值记为 $f_{\mathrm{zone\_os}}$。该段的近似覆盖率可以由下面的公式求得

$$\gamma_{z\_\mathrm{os}}=\frac{f_{\mathrm{zone\_os}}}{F_{z\_\mathrm{os}}} \tag{5.64}$$

同理，对传动侧信号进行处理后得到，如果舍弃了首个测量值，认定的首个有效测量段测量值无需处理，为 $F_{z\_\mathrm{ds}}=f_{\mathrm{zone\_ds}-1}$，被舍弃的段近似覆盖率为

$$\gamma_{z\_\mathrm{ds}+1}=\frac{f_{\mathrm{zone\_ds}}}{F_{z\_\mathrm{ds}+1}} \tag{5.65}$$

式中，$F_{z\_\mathrm{ds}+1}$ 为被舍弃段通过相邻内侧四个测量段径向力经过二次曲线拟合获得的近似完整覆盖径向力。

传动侧达到最小覆盖，没有被舍弃，认定的首个有效测量段近似覆盖率如下：

$$\gamma_{z\_\mathrm{ds}}=\frac{f_{\mathrm{zone\_ds}}}{F_{z\_\mathrm{ds}}} \tag{5.66}$$

式中，F_{z_ds} 为认定的首个有效测量段通过相邻内侧四个测量段径向力经过二次曲线拟合获得的近似完整覆盖径向力。

通过以上计算可以如以下公式分四种情况求得近似的带钢宽度：

$$\mathrm{Width_{strip}}=\begin{cases}[\gamma_{z\_\mathrm{os}-1}+(z\_\mathrm{ds}-z\_\mathrm{os}+1)+\gamma_{z\_\mathrm{ds}+1}]\times 52, & \mathrm{os}、\mathrm{ds}\text{ 侧都被舍弃}\\ [\gamma_{z\_\mathrm{os}}+(z\_\mathrm{ds}-z\_\mathrm{os})+\gamma_{z\_\mathrm{ds}+1}]\times 52, & \mathrm{ds}\text{ 侧被舍弃}\\ [\gamma_{z\_\mathrm{os}-1}+(z\_\mathrm{ds}-z\_\mathrm{os})+\gamma_{z\_\mathrm{ds}}]\times 52, & \mathrm{os}\text{ 侧被舍弃}\\ [\gamma_{z\_\mathrm{os}}+(z\_\mathrm{ds}-z\_\mathrm{os}-1)+\gamma_{z\_\mathrm{ds}}]\times 52, & \text{无舍弃段}\end{cases} \tag{5.67}$$

3. 无效测量段处理

实际轧制过程中，板形辊的工作环境较为复杂，经过一段时间的运行后，某些传感器可能会产生故障，即使对其进行重新标定也无法完成测量工作，这些出现故障传感器所在测量段称为故障测量段，也称为 Dummy 测量段，如图 5.32 所示。为了不影响板形控制，需要对这些 Dummy 区进行处理，得到一个近似的板形测量

值，用于板形控制系统中。

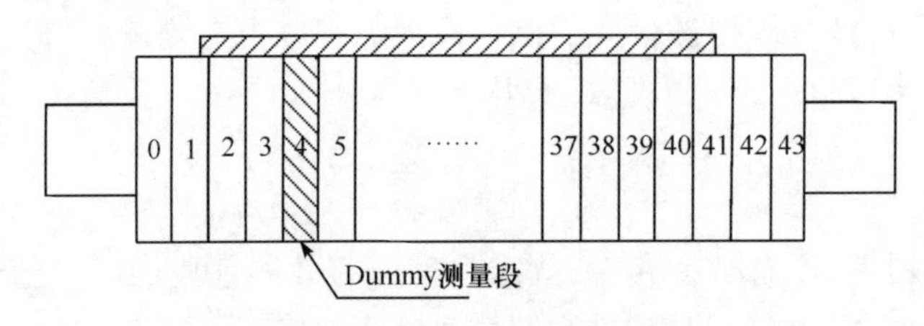

图 5.32　Dummy 测量段的插值计算

Dummy 测量段处带钢作用于板形辊上的径向力可以通过对其两侧有效传感器所测径向力进行线性插值处理获得，计算方法为

$$f_{\text{dummy}}(i)=\frac{f_{\text{active}}(j)-f_{\text{active}}(k)}{k-j}\cdot(j-i)+f_{\text{active}}(j) \tag{5.68}$$

式中，$f_{\text{dummy}}(i)$为测量段号为 i 的 Dummy 测量段板形辊所受径向力；$f_{\text{active}}(j)$为 Dummy 测量段的操作侧最相邻的一个有效测量段所测径向力；$f_{\text{active}}(k)$为 Dummy 测量段传动侧最相邻的一个有效测量段所测径向力；j 和 k 分别为操作侧和传动侧与 Dummy 测量段最相邻的两个有效测量段序号。

如图 5.32 中所示，4 号测量段为 Dummy 时，可通过对操作侧和传动侧与其最相邻的 3、5 两个有效测量段上所测径向力进行插值计算来近似获得 4 号测量段上板形辊所受到的径向力。当连续的两个测量段都是 Dummy 测量段时，同样可以按照上述插值算法进行计算。

4. 板形控制异常值处理

板形辊在长期运行过程中，为了预防某些传感器或者信号传输电路在某些时刻发生故障，导致在这些时刻使板形计算机接收到错误的板形信息，需要在系统中增加异常通道处理程序，可以避免由于错误的板形信息导致板形调节机构的误动作。异常通道的补偿计算方法为

$$f_{\text{bad}}(i)=\frac{f(j)-f(k)}{k-j}\cdot(j-i)+f(j) \tag{5.69}$$

式中，$f_{\text{bad}}(i)$为测量段号为 i 的异常测量段板形辊所受径向力；$f(j)$为异常测量段的操作侧最相邻的一个有效测量段所测径向力；$f(k)$为异常测量段传动侧最相邻的一个有效测量段所测径向力；j 和 k 分别为操作侧和传动侧与异常测量段最相邻的两个有效测量段序号。

5.5.4　板形目标曲线动态设定

1. 板形目标曲线的设定原则

板形目标曲线的设定随设备条件（轧机刚度、轧辊材质、尺寸）、轧制工艺条件

(轧制速度、轧制压力、工艺润滑)及产品情况(尺寸、材质)的变化而不同,总的要求是使最终产品的板形良好,并降低边部减薄。制定板形目标曲线的原则主要如下。

(1) 目标曲线的对称性。板形目标曲线在轧件中心线两侧要具有对称性,曲线要连续而不能突变,正值与负值之和基本相等。

(2) 板形板凸度综合控制原则。轧件的板形平直度和板形凸度(横向厚差)两种因素相互影响、相互制约。在板形控制中,不能一味地控制板形而牺牲对板凸度的要求,带材的板凸度也是衡量最终产品质量的重要指标。

(3) 补偿附加因素对板形的影响。主要考虑测量辊挠度补偿、温度补偿、卷取补偿及边部补偿,消除这些因素对板形测量造成的影响,以及减轻边部减薄。

(4) 满足后续工序的要求。板形目标曲线的制定需要考虑后续工序对带钢板板形以及凸度的要求,如对"松边"及"紧边"等工艺的要求。当来料和其他轧制条件一定时,一定形式的板形目标曲线不但对应着一定的板形,而且对应着一定的板凸度。选用不同的板形目标曲线,将会得到不同的板形平直度和板形凸度。

板形目标曲线是由各种补偿曲线叠加到基本板形目标曲线上形成的。基本板形目标曲线根据后续工序对带钢凸度的要求由过程计算机计算得到,然后送给板形计算机。补偿曲线主要是为了消除板形辊表面轴向温度分布不均匀、带钢横向温度分布不均匀、板形辊挠曲变形、板形辊或卷取机几何安装误差、带卷外廓形状变化等因素对板形测量的影响。与基本板形目标曲线不同,补偿曲线在板形计算机中完成设定。

2. 基本板形目标曲线与挠度补偿曲线

基本板形目标曲线主要基于对板凸度的控制设定。在减小带钢凸度时,为了不造成轧后带钢发生瓢曲,不能一味地减小带钢凸度,必须保证板形良好。基本板形目标曲线的形式为二次抛物线,由过程计算机计算抛物线的幅值并送给板形计算机。基本板形目标曲线的形式为

$$\sigma_{\text{base}}(x_i)=\frac{A_{\text{base}}}{x_{\text{os}}^2}\cdot x_i^2-\bar{\sigma}_{\text{base}} \tag{5.70}$$

式中,$\sigma_{\text{base}}(x_i)$为每个测量段处带钢张应力偏差的设定值;$A_{\text{base}}$为过程计算机依据带钢板凸度的调整量以及带材失稳判别模型计算得到的基本板形目标曲线幅值;x_i 为以带钢中心为坐标原点的各个测量段的坐标,带符号,操作侧为负,传动侧为正;x_{os}为操作侧带钢边部有效测量点的坐标;$\bar{\sigma}_{\text{base}}$为平均张应力。

板形测量辊安装在轧机出口张力测量辊的位置上,保证张力检测系统的运行,由于板形直径较细且长度较长,当带钢带张力压在测量辊上时,必然会引起测量辊的挠曲。挠曲的程度与带钢的宽度呈反比关系,与带钢的总张力呈正比关系。为了补偿挠曲对测量值造成的影响,需要对基本目标曲线进行修正,增加挠曲补偿曲

线形式如下：

$$\sigma_{\text{base}}(x_i)=\frac{K_{\text{w}}K_{\text{t}}A_{\text{base}}}{x_{\text{os}}^2}\cdot x_i^2-\bar{\sigma}_{\text{base}} \tag{5.71}$$

式中，K_{w} 为与宽度相关的系数；K_{t} 为与带钢张力有关的系数。这两个系数根据实际的板宽和张力动态的设定。设定的具体参数根据现场调试后的板形测定值与理论计算相结合的方式确定。

平均张应力计算公式为

$$\bar{\sigma}_{\text{base}}=\frac{1}{n}\sum_{i=1}^{n}\frac{K_{\text{w}}K_{\text{t}}A_{\text{base}}}{x_{\text{os}}^2}\cdot x_i^2 \tag{5.72}$$

式中，n 为板形有效测量段数。

1450mm 冷轧机的板形控制系统中，板形辊共有 23 个有效测量段。基本板形目标曲线的形式为二次曲线，在每个道次开始时，板形计算机接收到过程计算机发送的幅值后，首先判断带钢是否产生跑偏，然后根据传动侧和操作侧的带钢边部有效测量点来确定总的有效测量点数，并按照式(5.72)逐段计算每个有效测量点处的张应力设定值，最终形成完整的板形目标曲线，如图 5.33 所示。

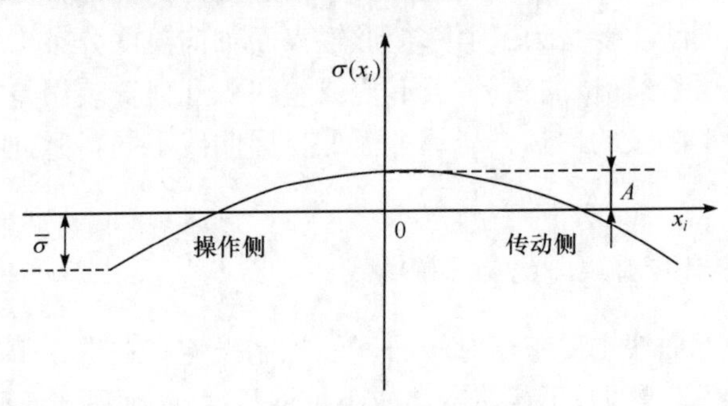

图 5.33　基本板形目标曲线

过程计算机计算幅值 A 时，根据不同的来料带钢规格，在保证板形不产生缺陷的，保持带钢比例凸度一致。其次，由带材内应力自相平衡条件，在带钢宽度范围内，基本板形目标曲线还应满足下式：

$$\sum_{i=1}^{n}\sigma(x_i)=0 \tag{5.73}$$

3. 卷取形状补偿

卷形修正又称为卷形补偿，由于带钢横向厚度分布呈正凸度形状，随着轧制的进行，卷取机上钢卷卷径逐渐增大，致使卷取机上钢卷外廓沿轴向呈凸形或卷取半径沿轴向不等，这将导致带钢在卷取时沿横向产生速度差，使带钢在绕卷时沿宽度方向存在附加应力。卷取附加应力的计算公式为

$$\sigma_{\mathrm{cshc}}(x_i)=\frac{A_{\mathrm{cshc}}}{x_{\mathrm{os}}^2}\cdot\frac{d-d_{\min}}{d_{\max}-d_{\min}}\cdot x_i^2 \tag{5.74}$$

式中，A_{cshc}为卷形修正系数，由过程计算机根据实际生产工艺计算得到；d 为当前卷取机卷径；$d_{\min}$为最小卷径；$d_{\max}$为最大卷径。

4. 安装几何误差补偿

由于设备安装条件限制，常常会出现卷取机轴线与板形辊轴线不平行的情况。由于卷取过程中存在不均匀的卷取张力，这必然会对带钢的板形测量造成影响，如图 5.34 所示。

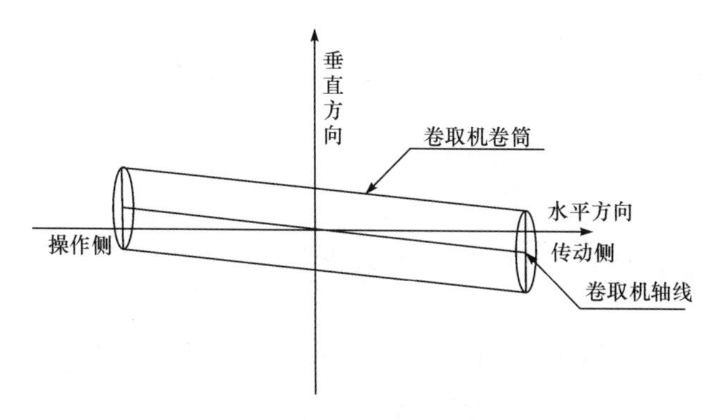

图 5.34　卷取机安装几何误差

为了消除这种影响，在板形日标曲线中增加了卷取机安装几何误差补偿环节，该误差补偿为线性修正，根据卷取机与板形辊之间的偏斜方向及偏斜角度来制定，其计算公式为

$$\sigma_{\mathrm{geo}}(x_i)=x_i\cdot\frac{A_{\mathrm{geo}}}{2\cdot x_{\mathrm{os}}}\cdot E \tag{5.75}$$

式中，A_{geo}为线性补偿系数；E 为弹性模量。

A_{geo}的单位为 I，是一个板形值，与卷取机及板形辊轴线之间的偏斜方向和偏斜角度有关，表征了由于卷取机轴线与板形辊轴线之间的偏斜，导致的板形辊操作侧与传动侧之间产生的板形偏差大小。当卷取机传动侧在水平方向低于操作侧时，A_{geo}值为正，反之为负。

5. 带钢横向温差补偿

轧制过程中，变形使带钢在宽度方向上的温度存在差异，它将引起带钢沿横向出现不均匀的横向热延伸，这反映为卷取张力沿横向产生不均匀的温度附加应力。如不修正其影响，尽管在轧制过程中将带钢应力偏差调整到零，仍不能获得具有良好平直度的带钢。这是因为当带钢横向温差较大时，板形辊在线实测板形与轧后最终实际板形并不相同，轧后带钢温差消失后，沿带钢横向原来温度较高的部分由于热胀冷缩的影响会产生回缩，从而影响板形控制效果。当带钢横向两点之间存在 Δt(℃)的温差时，按照线弹性膨胀简化计算，则可以得到产生的浪形为

$$\frac{\Delta l}{l}=\frac{\Delta t \cdot \alpha \cdot l}{l}=\Delta t \cdot \alpha \tag{5.76}$$

式中，Δl 和 l 分别为带钢长度方向上的延伸差和基准长度，α 为带钢热膨胀系数，可取 1.17×10^{-5}。

将式(5.76)换算为 I 单位，当温差为 10℃时，这个温差将会产生 11.7I 的浪形。可见，温度在板宽方向上的分布对板形的影响很大。为了消除带钢横向温差对轧后板形的影响，可以采用设定温度补偿曲线的方法。

由式(5.76)结合胡克定律可知温度附加应力表达式为

$$\Delta\sigma_t(x)=k \cdot t(x) \tag{5.77}$$

式中，$\Delta\sigma_t(x)$为不均匀温度附加应力；k 为比例系数，取 2.5；$t(x)$为温差分布函数。

使用红外测温仪实测出末机架出口带钢各部位温度后，通过曲线拟合可以确定其温度分布函数，如图 5.35 所示。经过数学处理后的温差分布函数为

$$t(x)=ax^4+bx^3+cx^2+dx+m \tag{5.78}$$

式中，a、b、c、d、m 为曲线拟合后的温差分布函数的系数；x 为带钢宽度方向坐标。

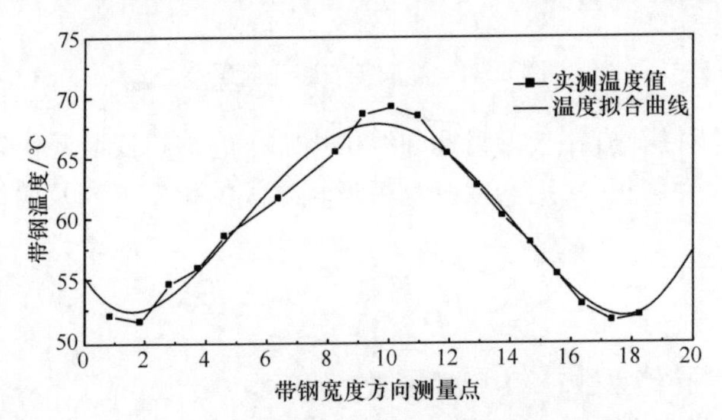

图 5.35　带钢温度实测值与温度拟合曲线

用于抵消带钢横向温差产生的附加应力曲线为

$$\sigma_t(x_i)=-2.5(ax_i^4+bx_i^3+cx_i^2+dx_i+m) \tag{5.79}$$

6. 边部减薄补偿

冷轧带钢的横截面轮廓形状除边部区域外中间区域的带钢断面大致具有二次曲线的特征，而在接近边部处厚度突然迅速减小形成边部减薄，就是生产中所说的边缘降，简称边降。边部减薄是带钢重要的断面质量指标，直接影响到边部切损的大小，与成材率有密切的关系。为了降低边部减薄，制定了边部减薄补偿方案，根

据生产中边部减薄的情况，在操作侧和传动侧各选择若干个测量点进行补偿，操作侧补偿计算公式为

$$\sigma_{os\_edge}(x_i)=\frac{A_{edge}+A_{man\_edge}}{(x_{os}-x_{os\_edge})^2}\cdot(x_i-x_{os\_edge})^2 \quad (x_{os}\leqslant x_i\leqslant x_{os\_edge}) \tag{5.80}$$

式中，A_{edge}为边部减薄补偿系数，根据生产中出现的带钢边部减薄情况确定，由过程计算机计算得到，发送给板形计算机；A_{man_edge}为边部减薄系数的手动调节量，这是为了应对生产中边部减薄不断产生变化而设定的，由斜坡函数生成，并经过限幅处理；x_{os_edge}为从操作侧第一个有效测量点起，最后一个带有边部减薄补偿的测量点坐标。

操作侧进行边部减薄补偿的测量点个数为

$$n_{os}=|x_{os}-x_{os\_edge}| \tag{5.81}$$

传动侧的边部减薄补偿计算公式为

$$\sigma_{ds\_edge}(x_i)=\frac{A_{edge}+A_{man\_edge}}{(x_{ds}-x_{ds\_edge})^2}\cdot(x_i-x_{ds\_edge})^2 \quad (x_{ds\_edge}\leqslant x_i\leqslant x_{ds}) \tag{5.82}$$

式中，x_{ds_edge}为从传动侧第一个有效测量点起，最后一个带有边部减薄补偿的测量点坐标。

操作侧进行边部减薄补偿的测量点个数为

$$n_{ds}=|x_{ds}-x_{ds\_edge}| \tag{5.83}$$

根据轧制工艺及生产中出现的边部减薄情况，一般使操作侧和传动侧边部补偿的测量点数目相同，即 $n_{os}=n_{ds}$。

7. 板形调节机构的手动调节附加曲线

为了得到更好的板形控制效果，以及更适应实际生产的灵活性，除了补偿各种影响因素对板形测量造成的影响，还根据轧机具有的板形调节机构对板形控制的特性，分别制定弯辊和轧辊倾斜手动调节附加曲线，可以根据实际生产中出现的板形问题，由操作工在画面上在线调节板形目标曲线。

1）弯辊手动调节附加曲线

$$\sigma_{bend}(x_i)=\frac{A_{man\_bend}}{x_{os}^2}\cdot x_i^2 \tag{5.84}$$

式中，A_{man_bend}为弯辊手动调节系数，不进行手动调节时值为 0，调节时由斜坡函数生成，并经过限幅处理。

2）倾斜手动调节附加曲线

$$\sigma_{tilt}(x_i)=-\frac{A_{man\_tilt}}{2\cdot x_{os}}\cdot x_i \tag{5.85}$$

式中，A_{man_tilt}为轧辊倾斜手动调节系数，不进行手动调节时值为 0，调节时由斜坡函

数生成,并经过限幅处理。

实际用于板形控制的板形目标曲线是在基本板形目标曲线的基础上叠加补偿曲线和手动调节曲线形成的。具体方法是:首先计算各个有效测量点的补偿量及手动调节量的平均值,然后将各个测量点的补偿设定值减去该平均值得到板形偏差量,将板形偏差量叠加到基本目标板形曲线上即可得到板形目标曲线。各个有效测量点补偿量及手动调节量的平均值为

$$\bar{\sigma}=\frac{1}{n}\sum_{i=1}^{n}[\sigma_{\mathrm{cshc}}(x_i)+\sigma_{\mathrm{geo}}(x_i)+\sigma_{\mathrm{t}}(x_i)+\sigma_{\mathrm{os\_edge}}(x_i)+\sigma_{\mathrm{ds\_edge}}(x_i)+\sigma_{\mathrm{bend}}(x_i)+\sigma_{\mathrm{tilt}}(x_i)] \tag{5.86}$$

则板形目标曲线为

$$\sigma(x_i)=\sigma_{\mathrm{base}}(x_i)+\sigma_{\mathrm{cshc}}(x_i)+\sigma_{\mathrm{geo}}(x_i)+\sigma_{\mathrm{t}}(x_i)+\sigma_{\mathrm{os\_edge}}(x_i)+\sigma_{\mathrm{ds\_edge}}(x_i)+\sigma_{\mathrm{bend}}(x_i)+\sigma_{\mathrm{tilt}}(x_i)-\bar{\sigma} \tag{5.87}$$

5.5.5 板形控制策略确定

如图 5.36 所示,1450mm 冷轧机的板形控制系统采用的是板形闭环反馈控制结合轧制力前馈控制的策略。板形调节机构有工作辊弯辊、中间辊正弯辊、中间辊横移、轧辊倾斜、轧辊分段冷却。轧制力前馈控制用来补偿轧制力波动引起的辊缝形状的变化。

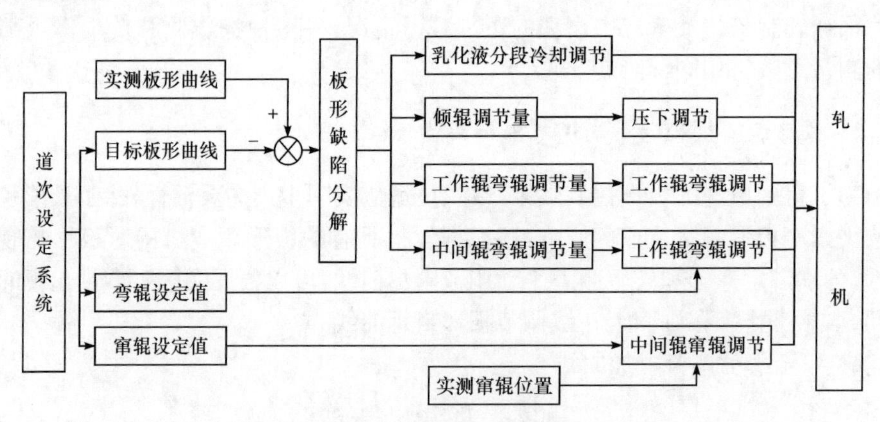

图 5.36 1450mm 冷轧机板形控制策略

1. 板形调控功效系数的定义

调控功效系数从实测板形应力分布的角度进行相关的分析和计算,与传统模型相比,能够实现对板形测量信息更为全面的利用,有利于轧机板形控制能力的充分发挥和板形控制精度的提高。板形调控功效是在一种板形控制技术的单位调节

量作用下,轧机承载辊缝形状沿带钢宽度上各处的变化量,可表示为

$$\mathrm{Eff}_{ij}=\Delta Y_i \cdot (1./\Delta U_j) \tag{5.88}$$

式中,Eff_{ij} 为板形调控功效系数,它是一个 $m\times n$ 矩阵,m 和 n 分别为板宽方向上测量点的数目和板形调节机构数目,其中 i 为板宽方向上的测量点序号,j 为板形调节机构序号;ΔY_i 为当第 j 个板形调节机构调节量为 ΔU_j 时,板宽方向第 i 个测量点处带钢板形变化量;$1./\Delta U_j$ 表示 1 点除 ΔU_j。

1450 冷轧机板宽方向板形测量点有 23 个,液压伺服板形调节机构有 4 个,分别是工作辊弯辊、中间辊正弯辊、中间辊横移、轧辊倾斜。轧制力波动对板形的影响也通过调控功效来表达。因为采用的闭环反馈控制器采用的是 586CPU,而矩阵运算需要大量运行时间资源。为了减少运算负荷,将调控功效系数矩阵列向量的长度设定为 20,轧制力波动对板形的影响也通过调控功效来表达,因此板形调控功效系数矩阵大小为 20×5,即

$$\mathrm{Eff}=\Delta Y\cdot(1./\Delta U)=\begin{bmatrix}\Delta y_1\\ \Delta y_2\\ \vdots\\ \Delta y_{20}\end{bmatrix}\cdot\begin{bmatrix}\frac{1}{\Delta u_1} & \frac{1}{\Delta u_2} & \cdots & \frac{1}{\Delta u_5}\end{bmatrix}=\begin{bmatrix}\mathrm{Eff}_{1,1} & \mathrm{Eff}_{1,2} & \cdots & \mathrm{Eff}_{1,5}\\ \mathrm{Eff}_{2,1} & \mathrm{Eff}_{2,2} & & \vdots\\ \vdots & & \ddots & \\ \mathrm{Eff}_{20,1} & \cdots & & \mathrm{Eff}_{20,5}\end{bmatrix} \tag{5.89}$$

2. 板形闭环反馈控制模型

板形闭环反馈控制采用的计算模型是基于最小二乘评价函数的板形控制策略。它以板形调控功效为基础。使用各板形调节机构的调控功效系数及板形辊各测量段实测板形值运用线性最小二乘原理建立板形控制效果评价函数,求解各板形调节机构的最优调节量。评价函数为

$$J=\sum_{i=1}^{m}\left[g_i\left(\Delta y_i-\sum_{j=1}^{n}\Delta u_j\cdot\mathrm{Eff}_{ij}\right)\right]^2 \tag{5.90}$$

式中,J 为评价函数;m 为测量段数;g_i 为板宽方向上各测量点的权重因子,代表调节机构对板宽方向各个测量点的板形影响程度,边部测量点的权重因子要比中部区域大;n 为板形调节机构数目;Δu_j 为第 j 个板形调节机构的调节量;Eff_{ij} 为第 j 个板形调节机构对第 i 个测量段的板形调节功效系数;Δy_i 为第 i 个测量段板形设定值与实际值之间的偏差。

使 J 最小时,有

$$\partial J/\partial\Delta u_j=0\quad(j=1,2,\cdots,n) \tag{5.91}$$

可得 n 个方程,求解方程组可得各板形调节结构的调节量 Δu_j。

获得各板形调节机构的板形调控功效系数之后,板形控制系统按照接力方式计算各个板形调节机构的调节量。首先根据板形偏差计算出轧辊的倾斜量,然后

从板形偏差中减去轧辊倾斜所调节的板形偏差,再从剩余的板形偏差中计算工作辊的弯辊量,按照这种接力方式依次计算出中间辊正弯辊量、中间辊横移量。最后残余的板形偏差由分段冷却消除。调节机构的执行顺序会影响板形控制效果,需要按照各调节机构的特性以及设备状况制定执行顺序。各板形调节机构之间具有替代模式,当计算出的某个调节机构的调节量超限时,则使用另外一个调节机构来完成超限部分调节量。

3. 轧制力前馈控制模型

轧制力前馈控制主要是用来补偿轧制力波动引起的辊缝形状的变化,和闭环反馈板形控制策略相同,轧制力前馈计算模型也是以板形调控功效为基础,基于最小二乘评价函数的板形控制策略。其评价函数为

$$J' = \sum_{i=1}^{m}[(\Delta p \cdot \mathrm{Eff}'_{ip} - \sum_{j=1}^{n}\Delta u_j \cdot \mathrm{Eff}_{ij})]^2 \tag{5.92}$$

式中,Δp 是轧制力变化量的平滑值;Eff'_{ip}是轧制力在板宽方向上测量点 i 处的影响系数(等同于轧制力的板形调控功效系数);Δu_j 和 Eff_{ij} 分别为用于补偿轧制力波动对板形影响的板形调节机构调节量和该板形调节机构在 i 处的调控功效系数。

使 J'最小时,有

$$\partial J'/\partial \Delta u_j = 0 \quad (j=1,2,\cdots,n) \tag{5.93}$$

可得 n 个方程,求解方程组可得用于补偿轧制力波动的各板形调节结构的调节量 Δu_j。为了抵消轧制力波动对带钢板形的影响,用于补偿轧制力波动的板形调节机构要与轧制力具有相似的板形调控功效系数,一般选取工作辊弯辊和中间辊弯辊。当工作辊弯辊达到极限时,再使用中间辊弯辊进行补偿。

4. 板形调控值输出控制

在板形闭环反馈控制模型中求得的各板形调节结构的调节量,对各个执行器来说相当于一个阶跃给定,如何使各执行器快速稳定无超调地完成调节是控制量输出控制的重点内容。由于在生产过程中,板形控制具有滞后、时变、非线性等特点,尽管控制理论发展迅速,但是 PID 控制器仍是在工业控制过程中最常见的一种控制器。由于受 PID 控制器结构限制,即使具有最优 PID 参数,对于滞后的对象和复杂对象,其控制效果也不够理想,采用常规的 PID 算法难以获得满意的控制效果。为克服现有技术的不足,采用了动态变增益输出控制方法,针对冷轧板形控制的滞后特点,采用混合型控制器的算法原理,即动态变增益＋PID 控制器的算法原理来实现对带钢板形动态输出控制。

动态变增益控制方法,针对冷轧板形控制的滞后特点,采用混合型控制器的算

法原理，实现了对带钢板形动态控制。闭环反馈模型计算出的控制器调节量 Δu_j 经过动态变增益控制后，再经过上下限限幅控制、步长控制、死区控制后就可以输出给控制器进行实时控制。动态变增益系数针对每个执行机构单独设定，针对本项目所使用的两个执行器倾斜控制和工作辊弯辊控制，动态变增益系数主要与板形实时偏差和带钢速度有关。

$$k_{\mathrm{t\_gain}}=k_{\mathrm{t\_static}}\cdot \mathrm{kp}_{\mathrm{dev}}\cdot \mathrm{kp}_{\mathrm{v\_tilt}} \tag{5.94}$$

式中，$k_{\mathrm{t_gain}}$为所求的动态变增益系数；$k_{\mathrm{t_static}}$为静态增益系数，系统调试时手动给定；$\mathrm{kp}_{\mathrm{dev}}$为与板形偏差相关的增益系数，与板形偏差绝对值成正比；$\mathrm{kp}_{\mathrm{v_tilt}}$为与速度有关的增益系数，与速度成正比。

$\mathrm{kp}_{\mathrm{dev}}$与板形偏差绝对值成正比，在板形偏差大时值较大，以便快速地地调节板形，板形偏差小时值较小，对执行器微调，防止超调引起振荡。在实施控制时 $\mathrm{kp}_{\mathrm{dev}}$ 根据板形偏差的绝对值通过分段线性插值函数曲线求得，具体的分段插值函数曲线通过调试数据给定。

$\mathrm{kp}_{\mathrm{v_tilt}}$为与速度有关的增益系数，它与板形测量辊测量转换时间、执行器响应时间、执行器与测量辊之间的滞后时间都有关系。

$$kp_{\mathrm{v\_tilt}}=\frac{t_{\mathrm{trig}}\cdot t_{\mathrm{meva}}}{t_{\mathrm{tilt}}+t_{\mathrm{meva}}\cdot[\tau+0.5(t_{\mathrm{delay}}+t_{\mathrm{trig}}+t_{\mathrm{smooth}})]} \tag{5.95}$$

式中，t_{trig}为与带钢速度有关的触发周期，与带钢速度成正比；t_{meva}为本次控制循环触发时间与上次控制循环触发时间的间隔，与速度成反比；t_{tilt}为倾斜执行器响应时间周期；t_{delay}为测量辊信号转换延时时间周期；τ 为辊缝距测量辊长度造成的系统纯滞后时间周期；t_{smooth}为板形测量值平滑处理对系统造成的滞后时间周期。

τ 为辊缝距测量辊长度造成的系统纯滞后时间周期，由下式求得：

$$\tau=\frac{L_{\mathrm{gr\_mr}}}{\pi\cdot R_{\mathrm{meva}}} \tag{5.96}$$

式中，$L_{\mathrm{gr_mr}}$为测量辊到辊缝的距离；R_{meva}为测量辊直径。

动态变增益控制器的引入，有效地解决了板形控制过程中由纯滞后引起的系统动态品质问题；提高了板形控制系统的鲁棒性。

5.5.6　调控功效系数自学习模型

板形调控功效系数是板形控制的基础和落脚点，没有准确的板形调控功效系数无法实现高精度的板形控制。基于板形调控功效系数在板形控制系统中的重要性，为了获得精确的板形调控功效系数，板形调节机构的调控功效系数是通过在线自学习获得的，除了自学习功能，该模型还具有记忆功能。

在正常轧制模式下，通过测量轧制过程实际板形数据，以及板形调节机构的当前调节量就可以在线自动获取板形调节机构的调控功效系数。功效系数的自学习过程是:在对轧机进行调试时,根据板形调节机构的调节量和产生的板形变化量,计算几个轧制工作点(一个工作点对应一组轧制力和带钢宽度参数)处的板形调控功效系数,这些功效系数作为自学习模型的先验值,然后不断通过学习过程来改进功效系数的先验值,进而获得较为精确的板形调控功效系数。在板形调控功效系数自学习模型中,各个板形调节机构的调节量为 $u_1, u_2, \cdots, u_n$,沿带钢宽度方向板形辊对应的各个测量点的张应力变化量为 $y_1, y_2, \cdots, y_m$,正常轧制时当前工作点参数为 $b_1, b_2, \cdots, b_r$,通过这些参数就可以在线获得各个板形调节机构的调控功效系数矩阵$[q_{11}, q_{12}, \cdots q_{mn}]$。

1. 板形调控功效系数先验值的确定

调控功效系数的自学习过程以先验值为基础。在对轧机调试时,选择几种不同宽度规格的带钢进行轧制,板形闭环控制系统不投入,当出现板形缺陷时,手动调节各个板形调节机构来调节板形,板形计算机记录由板形辊测得的带钢宽度方向上各个测量点的板形改变量。根据板形调节机构的调节量与板形变化量之间的关系,计算出各个测量点处调节器对板形的影响系数,这些影响系数就是各个板形调节机构的调控功效系数先验值。

板形调控功效系数的计算公式为

$$\mathrm{Eff}=\Delta Y\cdot(1./\Delta U)=\begin{bmatrix}\Delta y_1\\ \Delta y_2\\ \vdots\\ \Delta y_i\end{bmatrix}\cdot\begin{bmatrix}\dfrac{1}{\Delta u_1} & \dfrac{1}{\Delta u_2} & \cdots & \dfrac{1}{\Delta u_j}\end{bmatrix}=\begin{bmatrix}\mathrm{Eff}_{11} & \mathrm{Eff}_{12} & \cdots & \mathrm{Eff}_{1j}\\ \mathrm{Eff}_{21} & \mathrm{Eff}_{22} & \cdots & \vdots\\ \vdots & & \ddots & \\ \mathrm{Eff}_{i1} & \cdots & & \mathrm{Eff}_{ij}\end{bmatrix} \tag{5.97}$$

式中,Eff 为板形调控功效系数矩阵;ΔY 为板宽方向的板形变化量矩阵;ΔU 为板形机构调节量矩阵。

图 5.37 为 1450mm 冷轧机的板形控制系统由实测板形数据计算得到的某个轧制工作点处的板形调控功效系数曲线。由图中数据可知,对称性的弯辊和中间辊横移对板形的影响基本是对称的,可以用来消除二次和高次板形缺陷;轧辊倾斜调节对板形的影响是非对称性的,可以用来消除一次板形缺陷。在板形影响因素中,轧制力波动对板形的影响较大。在轧制不同宽度规格的带钢时,这些先验值并不准确,通过自学习过程,可以获得精确的板形调控功效系数。

2. 板形调控功效系数的自学习过程

轧机调试时,选择几种不同规格的带钢进行轧制,将每一组轧制力和宽度参数作为一个工作点,得到若干个工作点处的板形调控功效系数的先验值后,将这若干个不同的工作点做成表格,然后以文件的形式保存下来,如图 5.38 所示。每个工

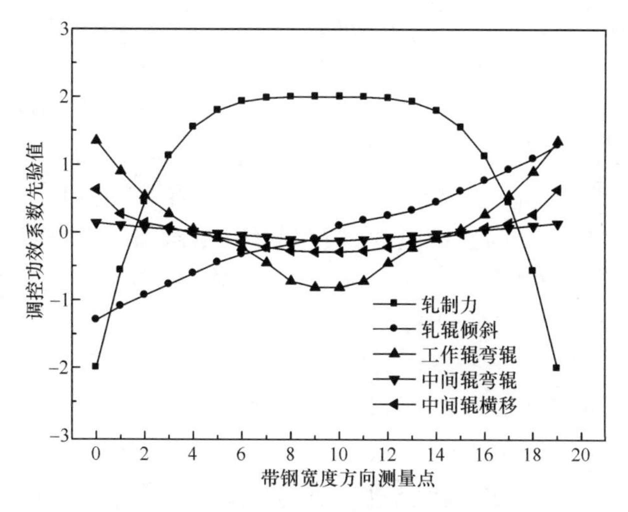

图 5.37　调控功效系数的先验值曲线

作点都对应一个二维的先验功效系数矩阵。图中的工作点参数有两类，即轧制力和带钢宽度。每个结点的值都是一个 $i \times j$ 的矩阵，表示在这个工作点下的板形调控功效系数，i、j 分别为沿带钢宽度方向上的板形测量点数目和板形调节机构数目。各结点的初值是板形调控功效系数的先验值，由于只是通过一组实测板形数据确定的，因此这些先验值并不精确。为了得到精确的板形调控功效系数，使之更接近于现场实际情况，需要根据实测板形数据来不断地提高这些先验值的精确度。

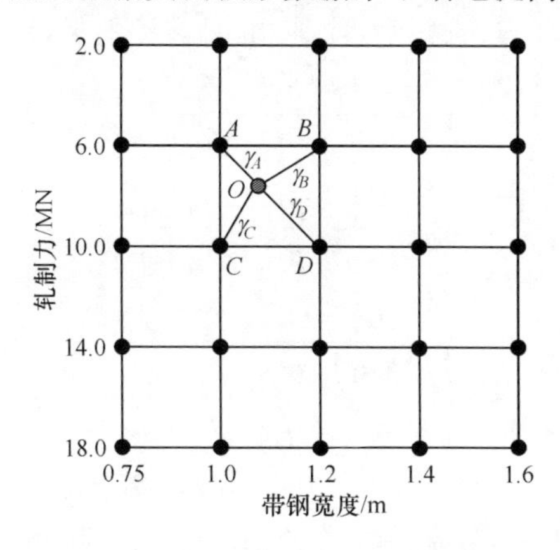

图 5.38　不同工作点下的板形调控功效系数表

轧制过程中，根据实际带钢宽度和轧制力大小可以在图中确定实际轧制过程的工作点位置。如图所示，当轧制过程中实际轧制力和带钢宽度分别为 7600kN 和 1.08m 时，可通过查表确定其在图中的工作点位置为 O 点，它在图中的边界分别为 A、B、C 和 D 四点。A、B、C 和 D 四个工作点下的板形调节机构调节量和板

形改变量是在轧机调试阶段记录下来的,用来计算这四个工作点下的板形调控功效系数。四点的板形调节机构调节量分别为

$$\Delta U_K=[\Delta u_{K1}\quad \Delta u_{K2}\quad \cdots\quad \Delta u_{Kj}]^{\mathrm{T}}\quad (K=A,B,C,D) \tag{5.98}$$

对应的板形改变量分别为

$$\Delta Y_K=[\Delta y_{K1}\quad \Delta y_{K2}\quad \cdots\quad \Delta y_{Ki}]^{\mathrm{T}}\quad (K=A,B,C,D) \tag{5.99}$$

根据式(5.97)可得四点的板形调控功效系数值分别为 Eff_A,Eff_B,Eff_C 和 Eff_D,它们都是一个大小为 $i\times j$ 的矩阵,也就是这四个工作点处的板形调控功效系数先验值。

1) 板形改变量计算值的获取

工作点 O 处的实测板形调节机构的调节量和板形改变量分别为

$$\Delta U_O=[\Delta u_{o1}\quad \Delta u_{o2}\quad \cdots\quad \Delta u_{oj}]^{\mathrm{T}},\Delta Y_O=[\Delta y_{o1}\quad \Delta y_{o2}\quad \cdots\quad \Delta y_{oi}]^{\mathrm{T}}$$

为了提高 A、B、C 和 D 四个工作点下的板形调控功效系数的精度,首先根据这四个点的板形调控功效系数先验值以及工作点 O 处的实测板形调节机构的调节量计算 O 处的板形改变量,即

$$\Delta Y_O'=(\mathrm{Eff}_A\cdot\gamma_A+\mathrm{Eff}_B\cdot\gamma_B+\mathrm{Eff}_C\cdot\gamma_C+\mathrm{Eff}_D\cdot\gamma_D)\cdot\Delta U_O \tag{5.100}$$

式中,$\Delta Y_O'$为由模型计算出的工作点 O 处的板形改变量,γ_A、γ_B、γ_C 和 γ_D 分别为 A、B、C 和 D 四个工作点与工作点之间的权重因子。

2) 权重因子的确定

权重因子 γ_A、γ_B、γ_C 和 γ_D 表征 A、B、C 和 D 四个工作点与工作点 O 之间参数的相似程度,它是跟工作点参数(宽度、轧制力)有关的量,计算公式如下:

$$\begin{aligned}
\gamma_A&=\frac{w_B-w_O}{w_B-w_A}\cdot\frac{p_C-p_O}{p_C-p_A}\\
\gamma_B&=\frac{w_O-w_A}{w_B-w_A}\cdot\frac{p_D-p_O}{p_D-p_B}\\
\gamma_C&=\frac{w_D-w_O}{w_D-w_C}\cdot\frac{p_O-p_A}{p_C-p_A}\\
\gamma_D&=\frac{w_O-w_C}{w_D-w_C}\cdot\frac{p_O-p_B}{p_D-p_B}
\end{aligned} \tag{5.101}$$

式中,w_O、w_A、w_B、w_C和 w_D分别为工作点 O、A、B、C 和 D 处的带钢宽度值;P_O、P_A、P_B、P_C和 P_D分别为工作点 O、A、B、C 和 D 处的轧制力值。

当实际轧制的工作点 O 位于两点之间时,也就是在图 5.40 中落在两个结点之间连线上时,该工作点只有两个边界点。例如,当工作点位于 A、B 两点之间的连线上时,它的两个边界点为 A、B。此时工作点 O 的轧制力参数与 A、B 两个工作点处的轧制力参数相同,因此在计算这两点的权重因子时,只考虑工作点 O 与

A、B 两个工作点处带钢宽度参数的相似程度，权重因子计算公式为

$$\gamma_A=\frac{w_B-w_O}{w_B-w_A}$$
$$\gamma_B=\frac{w_O-w_A}{w_B-w_A} \tag{5.102}$$

同理，当工作点位于 A、C 两点之间的连线上时，它的两个边界点为 A、C。此时工作点 O 的带钢宽度参数与 A、C 两个工作点处的带钢宽度参数相同，因此只考虑工作点 O 与 A、C 两个工作点处轧制力参数的相似程度，权重因子计算公式为

$$\gamma_A=\frac{p_C-p_O}{p_C-p_A}$$
$$\gamma_C=\frac{p_O-p_A}{p_C-p_A} \tag{5.103}$$

计算出权重因子后，代入式(5.100)就可以得到板形变化量的模型计算值 $\Delta Y'_O$。

3. 板形调控功效系数的改进

令 δ_O 为工作点 O 处板形改变量的实测值与由式(5.100)得到的板形改变量的计算值之间的偏差，即

$$\delta_O=\Delta Y_O-\Delta Y'_O \tag{5.104}$$

则 A、B、C 和 D 四个工作点的板形调控功效系数自学习模型可按照下式设定：

$$\mathrm{Eff}'_k=\delta_O\cdot\Delta U_O\cdot\gamma_k\cdot v+\mathrm{Eff}_k\quad(k=A,B,C,D) \tag{5.105}$$

式中，Eff'_k 为 A、B、C 和 D 四个工作点处经过学习改进后的板形调控功效系数；γ_k 为权重因子，Eff_k 为这四个工作点处板形调控功效系数的先验值；v 为学习速度，值在 0～1，通过它可以改变学习速度。

模型中使用 ε 作为判断学习是否完成的条件。经过若干周期学习后，判断由自学习模型计算的板形改变量与实测板形改变量之间的偏差 δ_O 与 ε 的关系，然后决定自学习过程是否可以结束，如果满足 $\delta_O\leqslant\varepsilon$，则认为学习后的板形调控功效系数精度已经满足要求，可以结束自学习过程。

轧制过程中，当轧制操作对应的工作点(轧制力和带钢宽度)落在图 5.39 中的其他区间时，同样按照这种自学习模型来提高其他边界点的板形调控功效系数的精度。板形调控功效系数的自学习模型不断利用本周期的实测板形数据改进上周期学习后的板形调控功效系数，同时将改进后的板形调控功效系数以文件的形式保存下来，并按照式(5.100)计算当前实际工作点的调控功效系数，用于下周期的板形闭环反馈控制以及轧制力前馈控制，可以使板形控制精度不断得到提高。当

学习达到精度要求后，则停止学习，并将最终的板形调控功效系数文件保存起来，供板形控制系统调用。

5.5.7　分段冷却控制系统

冷轧板形控制手段主要包括轧辊倾斜、弯辊、中间辊横移等全辊缝调节功能，但是对于局部不规则的非对称微浪形，靠上述手段往往难以消除。在现代板形控制系统中，轧辊分段冷却是必不可少的控制板形的有效手段之一，分段冷却控制能够对轧制辊缝中任意位置进行调节，满足沿板宽局部板形缺陷的调控要求。

带钢冷轧过程中，常会出现轧辊局部"热点"的现象。轧辊局部的"热点"通常是由轧制过程中施加的不对称轧制负载以及轧辊辊身存在的温度不均匀引起的。"热点"会直接引起辊身的局部热膨胀，造成轧辊沿轴向呈不均匀分布状态，导致带钢热平直度缺陷的产生。轧辊分段冷却技术是对轧辊各分段按板形要求分别进行冷却的一项技术，它将工作辊辊身分成与板形测量辊严格对应的若干长度相等但独立控制的小段，每一段都独立地受一个冷却阀的控制，由冷却阀控制相应的喷嘴开闭及喷射出冷却液的流量，通过控制工作辊各分段的冷却量，抑制轧辊各分段的热凸度(热膨胀量)，使轧辊辊径趋于一致，有效地调节轧制辊缝，从而消除高次项的板形缺陷。

分段冷却作为冷轧板形控制中的一种板形调控手段，在单机架冷轧机、冷连轧生产线、有色轧机等都有广泛运用。在冷连轧生产线上通常将分段冷却系统结合板形控制系统一起部署在第 5 机架，用于消除常规板形调控手段难以消除的板形缺陷。理论上带钢轧制过程中常见的局部板形缺陷如 1/4 浪、边中浪和一些高次项浪形等，都可以由分段冷却控制系统消除。然而在实际运用中，往往存在着冷却液温度控制不佳以及轧辊润滑不够充分的现象，导致分段冷却技术在板形调控方面有着调节范围窄、滞后时间长的不足。虽然分段冷却技术还存在着以上两点不足，但是在带钢的板形控制方面，没有任何其他手段能够取代其在各种高次浪形的调控作用。

轧辊分段冷却系统一般主要包括喷射梁组、喷嘴、冷却阀、冷却液供给系统等。图 5.39 为冷轧机采用的分段冷却的横截面示意图，在该冷却系统中，共有两组冷却液喷射梁，即工作辊分段冷却与辊缝润滑喷射梁、中间辊冷却与辊缝润滑喷射梁。分段冷却与辊缝润滑喷射梁的喷嘴为双排设计，其中分段冷却喷嘴主要对工作辊辊面冷却，辊缝润滑喷嘴对带钢和工作辊的轧制辊缝进行润滑并提供基础冷却；中间辊冷却与辊缝润滑喷射梁为单排设计，主要是负责对中间辊与支承辊之间的辊缝进行润滑。

图 5.40 为上述几中板形控制手段针对板形缺陷的分工协作图。从中可以看出轧辊分段冷却的作用和地位。板形偏差是板形实际测量值与板形设定值的差

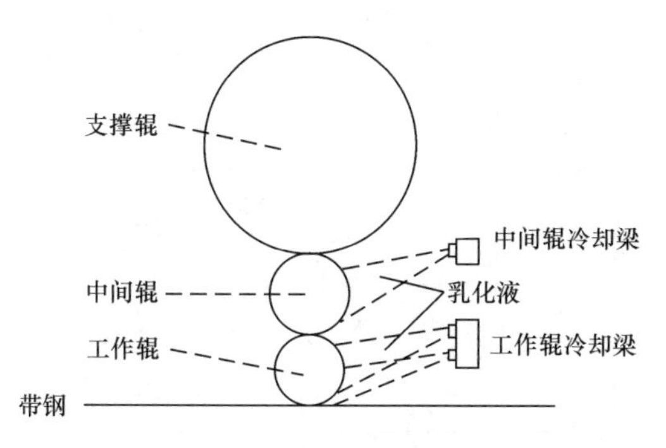

图 5.39　分段冷却喷射图

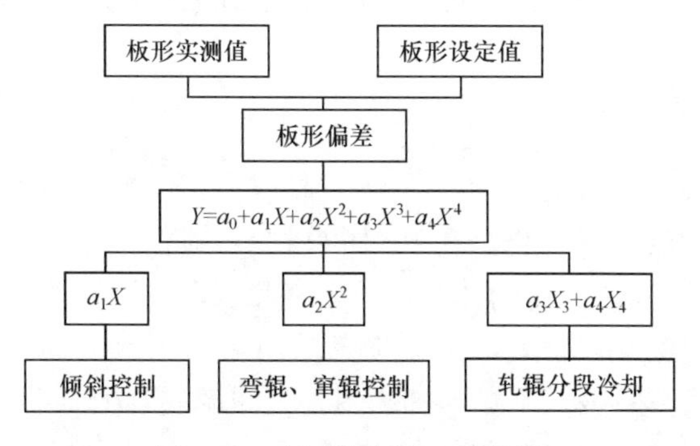

图 5.40　板形控制分工协作图

值，将偏差值通过最小二乘法可拟合成 $Y=a_0+a_1x+a_2x^2+a_3x^3+a_4x^4$ 的形式，$x=[x_1,x_2,\cdots,x_n]$，其中 x_i 为第 i 段在数轴上的坐标位置，然后针对不同阶次的板形缺陷运用不同的板形调控手段予以消除，与轧辊倾斜、弯辊、窜辊控制不同的是，分段冷却并不是针对板材大范围内的缺陷，它只是针对板带某个局部缺陷，即 $a_3x^3+a_4x^4$ 分量，在控制局部高次缺陷方面具有无可替代的作用。

1. 最小冷却量控制模型

分段冷却控制板形的原理是轧辊分段冷却系统借助于对轧辊按区段喷射冷却液，提供了对沿轧辊辊身长度方向上的热凸度的高精度控制，使轧辊各段上的热凸度发生变化，来控制带材相应段上长度方向的延伸率变化，最终改善带材的平直度。根据热辊系变形理论和热传导理论，根据轧制力求得轧制辊缝功率：

$$W_g=\frac{G_{rf}\cdot P_i\cdot v}{B} \tag{5.106}$$

式中，P_i 为实际轧制力；G_{rf}为通过轧制力求辊缝功率的增益系数；v 为带钢实际速度；B 为带钢实际宽度。

通过现场测试，可以得到辊缝功率 W_g 和最小冷却流量 C_{min}的关系如图 5.41

所示。

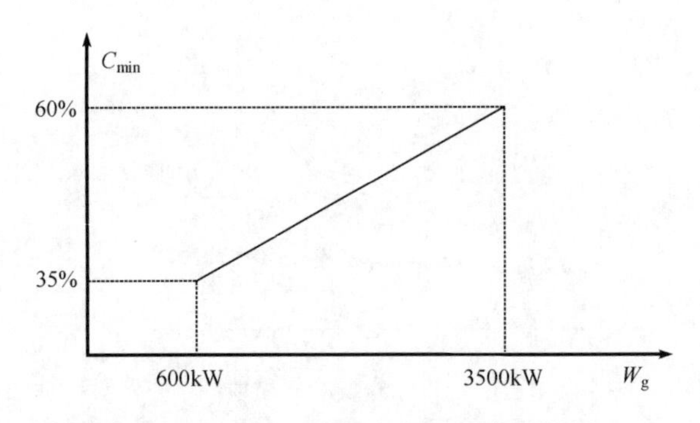

图 5.41　最小冷却量与辊缝功率的关系

2. 分段冷却喷嘴布局设计

在分段冷却控制系统的设计中，一般都提供 4 根冷却喷射梁(2 上，2 下)，分别负责工作辊和中间辊冷却功能。其中，中间辊冷却喷射梁包含一排喷嘴，根据窜辊系统的机械设置不同，由少量的几个可控喷嘴和一定数量的恒定流量喷嘴组成；每根工作辊冷却喷射梁会包含上下两排喷嘴，其中上工作辊冷却喷射梁的上排喷嘴为可控喷嘴，负责分段冷却；下排中部为恒定流量喷嘴，边部为可控喷嘴负责基础冷却；下工作辊冷却喷射梁的布置与上工作辊相反，上排中部为恒定流量喷嘴，边部为可控喷嘴，下排为可控喷嘴。

基础冷却用于工作辊，其目的是获得轧机的热控制且用作润滑剂，以增加轧机的工作效率。在轧制过程中，压力、张力和工艺速度导致在轧辊辊身长度方向上无规则温升，从而使轧辊的平均直径变大，影响到轧辊的辊形。轧辊辊身平直度的这些变化传给了轧制产品，最终导致板形缺陷。通过冷却精确测量定位的分区，轧辊分段冷却系统对沿轧辊辊身长度方向上的热偏差(热凸度)进行高精度控制，利用分段冷却功能改变辊身某处的喷射量，改变辊系局部的热凸度就可以消除此种板形缺陷。

精确的轧辊冷却释放了轧辊中的内应力，提高了轧辊的服务寿命，降低了维护修理费用，缩短了代价昂贵的停机时间。轧辊冷却系统的精确设计也有利于生产表面更洁净的带材，使表面质量得到进一步改善。每个可控冷却喷嘴乳液喷射流量的确定，是通过板形控制系统经过复杂运算实现的。

在 1450mm 冷轧机板形分段冷却控制系统中，喷嘴控制部分采用压缩空气控制，电信号通过气动阀岛控制每个喷嘴阀气源的开关，从而控制喷嘴的开关。执行部分是通过喷嘴阀的开关控制乳化液的开闭，喷嘴外部和内部结构如图 5.42 所示。可控喷嘴的工作原理：当气动柜电磁气动阀开关处于接通状态时，压缩空气通过软管进入喷嘴的尾部空气端,此时喷嘴阀空气端压力增大,阀芯压缩空气端受力大于乳化液端,喷嘴内部的活塞向左运动堵住了喷水通道,可控喷水阀处于关闭状态;如果气动柜电磁气动阀开关处于关闭状态,压缩空气无法到达喷嘴,在水压的推动下活塞向右运动喷水通道打开,可控喷嘴处于喷射乳化液状态。用来控制压缩空气的电磁阀采用了得电打开的方式,该设计最大限度地考虑了设备的安全,如果冷却控制柜的通信中断或出现故障断电,那么电磁阀失电将关闭,压缩空气无法通过,该电磁阀所控制的喷嘴将处于喷射状态,以保证不会出现轧辊无法得到足够冷却的现象。

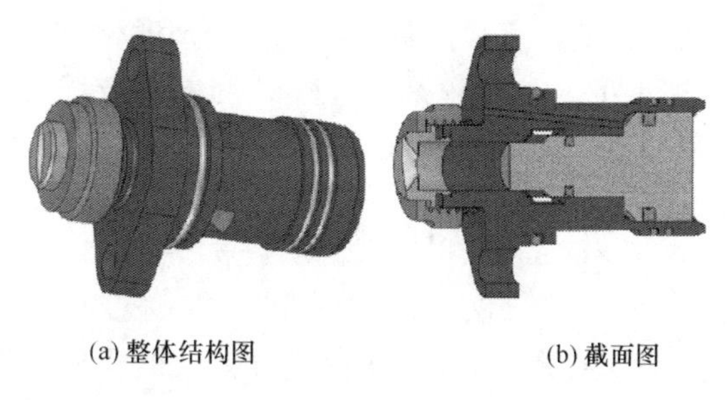

(a) 整体结构图　(b) 截面图

图 5.42　分段冷却喷嘴结构图

3. 各段冷却液流量确定

在实际的应用中发现,当取所有调节器校正后残留缺陷进行冷却控制时,效果不是十分理想,而使用去除倾斜影响后的残留缺陷进行控制时,效果最佳。

如图 5.43 所示,残留板形缺陷的获得由以下公式确定:

$$\text{dev\_}c_i = \text{ref}_i - \text{mes}_i - \sum_{j=1}^{m} \alpha_j \text{Eff}_{ij} \tag{5.107}$$

式中,$i=1,2,\cdots,n$ 为带宽内有效板形仪传感器数;$j=1,2,\cdots,m$ 为调节器数;ref_i 为轧辊凸度对应的目标板形;mes_i 为各段板形测量值;α_j 为第 j 个调节器所需的调节量;Eff_{ij} 为第 j 个调节器在第 i 段上的单位调节量。

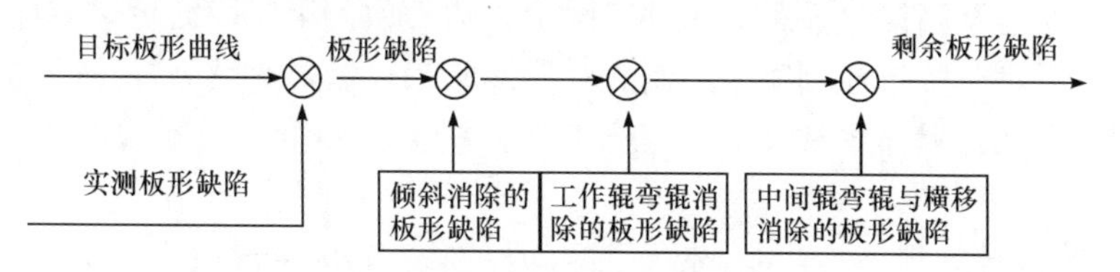

图 5.43　剩余板形缺陷推导图

获得残留板形缺陷后,将残留板形缺陷从板形测量段转化到工作辊冷却段,然后将转换后的各区段剩余板形缺陷与其平均值相减,得到带钢各区段的剩余板形偏差，同时为了消除板形缺陷值瞬变时对阀门开闭的影响，需要对剩余板形偏差进行平滑滤波处理。

获得残留偏差后，使用经典控制理论中的 PI 控制器对各个喷嘴的冷却液流量进行控制。PID 控制器中的各个参数意义如下：$y(t)$和 $r(t)$分别表示带钢板形的实测值与理论值，$e(t)$表示带钢的板形偏差，其中 $e(t)=r(t)-y(t)$，$u(t)$则表示与冷却液的流量相关的 PI 控制器输出，可直接转换为冷却液流量，被控对象指的是各分段轧辊及其传递函数。

由于使用的是 SIEMENS 的 TDC 控制器，这是一种数字计算机离散控制，它只能根据采样时刻的偏差值计算控制量，式中的积分和微分项不能直接使用，需要进行离散化处理，用离散的差分方程来代替连续的差分方程，此即离散 PID 控制的思想。在程序中采用以和式代替积分的方法来构建 PI 控制器如下：

$$u(k) = K_{\mathrm{P}}e(k) + K_{\mathrm{I}}\sum_{j=0}^{n} e(k) \tag{5.108}$$

式中，k 为采样序号，$u(k)$为第 k 次采样时刻的 PI 控制器输出值；K_{P} 为与板形缺陷绝对值相关的比例增益系数，K_{I} 是与轧制速度有关的积分增益系数。

将上面的 $u(k)$所对应的经过 PI 控制后得到的输出值代入区段冷却关系曲线中得到每个喷嘴应实施的控制量；最后对应上面根据轧制条件计算辊缝热能，对冷却量进行修正，得到轧辊各区段的冷却量输出。

4. 人工干预后的冷却量补偿

在冷轧机的生产过程中，由于入口纠偏装置调节不够精确，出口带钢跑偏量较大，而且时有来料超宽现象，为此板形测量辊的边部理论补偿功能长期处于一种时好时差的状态。在实际板形控制中，由于 CVC 轧辊的本身弱点，薄料的边沿浪形和宽料的边中复合浪占了板形缺陷的大多数，而且通过对轧后带材波浪的测量可以发现，许多情况下边沿浪的宽度恰好就是边部未完全覆盖板形辊测量环并且未达到最小覆盖率时而被舍弃没有测量值显示的那一段，通常在 25～40mm。而在程序中，这时的板形测量显示的边部实际上是边部内侧第二段的板形，被认为是平直的，这就不利于板形控制策略的制定和实际板形控制，给板形质量统计造成较大误差，而且在实际操作中常会引起操作工认为板形辊测量出现问题而切断板形自动控制。

为了改进控制程序的功能，改进了冷却控制策略，为分段冷却提供了手动干预功能，以方便操作工在发现边部板形不良时进行人工干预。该功能通过可人工干预的喷嘴来实现。系统中将所有的喷嘴都设置为可人工干预的模式，可以切换手动和自动模式。在自动模式下，喷嘴按残余板形缺陷计算的冷却量进行喷射，人工干预时按照人工干预值进行喷射。例如，通常情况下最外边的那个喷嘴在自动模式下是不喷冷却液的，因为在自动状态下最外边这一段由于覆盖率未达到最低有效覆盖率而被舍弃了，或者是这一段测量段没有被带钢所覆盖。在实际生产过程中，通常根据实际轧制情况把这一喷嘴进行手动干预，以实现对板形的更好控制。

在前面根据轧制力进行计算最终得到了最小冷却流量 $C_{\min}$。当进行人工干预以后，实际的冷却液总量有时可能会低于最小冷却流量，此时必须对总的冷却量进行补偿。补偿的方法是从冷却量偏差推导出一个附加板形缺陷，将该附加板形缺陷加到 dev_c_i 上重新计算每个喷嘴的冷却液流量 C_{z_i}，并对该过程进行迭代计算，直到冷却量偏差小于一个阈值时结束运算。该附加板形缺陷的计算公式为

$$r=G_{\mathrm{kp}}\cdot\frac{C_{\min}-C_{\mathrm{sum}}}{\mathrm{count}-C_{\mathrm{cool\_min}}} \tag{5.109}$$

式中，$C_{\min}$为最小冷却流量，根据辊缝功率求得；C_{sum}为实际总冷却量；count 为处于自动喷射状态的喷嘴数量；$C_{\mathrm{cool_min}}$为所有有效喷嘴中流量小于喷嘴基础冷却流量的喷嘴数量；G_{kp}为根据冷却偏差量计算附加板形缺陷的增益系数。

5. 冷却梁的喷嘴控制

冷轧机冷却喷射控制阀有两种，一种是开口度调节阀，另一种是开关阀。在工程实践中，由于耐用性、可维护性、经济性等多方面的因素，开关阀的使用频率更高。开关阀顾名思义，只有开启和关闭两种状态，在一个周期时间内，通过调整开启状态的占空比，实现对冷却量的调节，并以此实现分段冷却控制功能。准确地说，占空比控制应该称为电控脉宽调制技术，它是通过电子控制装置对加在工作执行元件上一定频率的电压信号进行脉冲宽度的调制，以实现对所控制的执行元件工作状态精确、连续地控制。应用中占空比是对电控脉宽调制的引申说明，占空比实质上是指受控制的电路被接通的时间占整个电路工作周期的百分比。

第6章　冷连轧边部减薄控制

冷轧带钢产品具有产品性能好、表面质量高等特点，广泛应用在汽车、家电、建筑、包装等生产行业。随着市场竞争日趋加剧，带钢边部减薄质量越来越受到国内外钢铁企业的重视。世界钢铁产量最大的中国也将边部减薄质量控制作为重要的生产因素进行考虑。但是边部减薄控制核心技术一直掌握在国外企业手中。宝钢、武钢、首钢和太钢等国内钢铁企业的硅钢冷连轧生产线的边部减薄控制技术全部从国外引进。因此，自主开发冷连轧边部减薄核心技术，并在实际钢铁生产过程中应用是我国钢铁领域技术创新的重要工作课题。

6.1　边部减薄工艺方法

6.1.1　边部减薄的含义

冷轧带钢产品在距离带钢边部的区域，带钢的厚度急剧减小的现象被称为边部减薄，也称为边缘降(edge drop)。板带材的边部减薄是衡量冷轧带钢成材率的一个重要质量标准，也是板形质量控制的几大指标之一。带钢的边部减薄量越大，轧后带材的切边量也越大，产品的成材率越低。边部减薄所造成的同板差缺陷会降低材料的冲压成型性能，导致镀锡板和汽车用钢板等在冲压成型加工中产生裂纹问题。冷轧硅钢产品用于电机或变压器制造时，微小的同板厚差在叠片累积后可能会大到无法接受的程度，同时会造成导磁性能不均，影响电气设备的电磁转换效能。

带钢外观表现是厚度均匀的产品，但实际上带钢断面形状并不规则。沿带钢宽度方向厚度的变化可以将带钢分为以下几个区域：中心区、边部减薄区、骤减区，如图6.1所示。对于一定宽度的冷轧带钢，边部减薄可用边部减薄量和边部减薄率来描述。边部减薄量 C_e 定义为距带钢边部120mm和20mm点的厚度差，即 $C_e=h_{120}-h_{20}$，边部减薄率定义为带钢边部减薄量与带钢中心厚度之比，如图6.1所示。

边部减薄可分为三个类型：传动侧边部减薄，操作侧边部减薄，边部减薄平均值。

传动侧边部减薄定义为

$$C_{e'}=h_{j'}-h_{i'} \tag{6.1}$$

式中，$h_{j'}$ 为传动侧边部减薄区的厚度，定义为距带钢边部120mm处的带钢厚度；

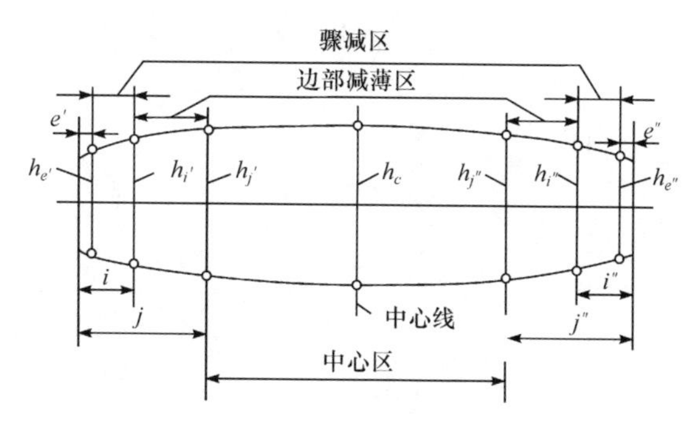

图 6.1　边部减薄现象

$h_{i'}$ 为传动侧骤减区的厚度，定义为距带钢边部 20mm 处的带钢厚度。

操作侧边部减薄定义为

$$C_{e''}=h_{j''}-h_{i''} \tag{6.2}$$

式中，$h_{j''}$ 为操作侧边部减薄区的厚度，mm；$h_{i''}$ 为操作侧骤减区的厚度，mm。

边部减薄平均值定义为

$$C_e=(C_{e'}+C_{e''})/2 \tag{6.3}$$

一般情况下，冷轧带钢传动侧和操作侧带钢的边部减薄实际值不同，这主要因为热轧带钢原料传动侧和操作侧厚度分布不均，同时冷轧过程中由于两侧张力不同，轧辊磨损和热凸度也不均匀，另外冷轧生产过程中采用六辊轧机，工作辊和中间辊横移后，轧机传动侧和操作侧弹性变形也不均匀。因此，冷轧生产过程中带钢两侧边部减薄控制采用分别控制方式。

6.1.2　边部减薄的产生原因

边部减薄是发生在带钢边部的特殊物理现象，是带钢轧制过程轧辊弹性变形与带钢金属发生三维塑性变形共同作用的结果。从产生机理上来看，造成边部减薄的直接原因有以下几个方面。

(1) 工作辊的弹性压扁是产生带钢边部减薄的最直接原因。如图 6.2 所示，工作辊的弹性压扁是轧辊表面与带钢接触受轧制压力的作用引起的。在轧制过程中轧制压力沿辊身横向分布很不均匀，尤其是在带钢边部区域，轧制压力急剧下降，造成了工作辊在带钢边部的压扁量急剧下降，相应地引起负载辊缝在带钢边部的高度急剧下降，形成边部减薄。

(2) 工作辊的弹性弯曲使负载辊缝在带钢边部的高度与内部差距加大，在整体上使负载辊缝形状更加倾向于加剧带钢的边部减薄。如图 6.3 所示，支承辊与工作辊的辊身长度总是大于带钢宽度，在带钢宽度范围外的工作辊与支承辊接触区便是所谓的有害接触区。有害接触区内支承辊对工作辊的接触作用力产生了影

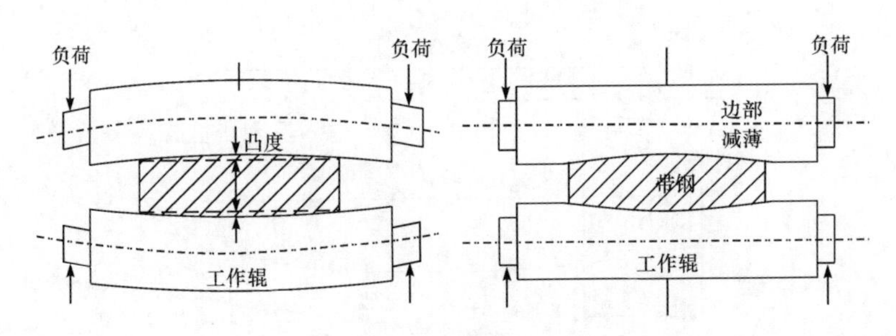

图 6.2　负载辊缝形状

响工作辊弹性弯曲的有害弯矩，轧制过程中轧制力增大，工作辊与支承辊间有害接触区及有害弯矩的增大都会直接加剧工作辊的弹性弯曲度，进而使带钢边部减薄增大。

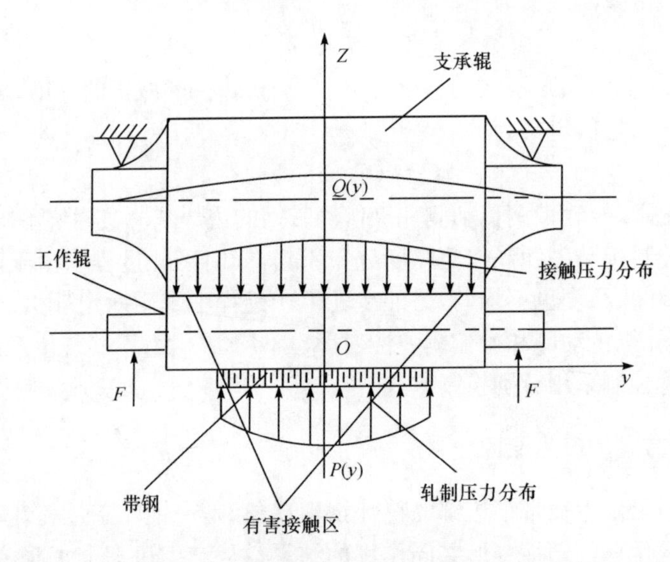

图 6.3　支承辊对工作辊的有害弯矩

(3) 在轧制过程中由于自由表面的影响，带钢边部金属和内部金属的流动规律不同，边部金属受到的侧向阻力比内部要小得多，所以带钢边部金属除纵向流动外还发生明显的横向流动，促进了带钢边部厚度的急剧下降。另外，金属横向流动还会进一步降低带钢边部区域的轧制力和轧辊弹性压扁量，加剧边部减薄。如图 6.4 所示，1～6 为板带边缘附近的等距离端面，图 6.4(a)代表没有变形的板带。当轧制开始后，这些端面[图 6.4(b)]将向板带边部流动，越靠近边缘的端面流动量越大，边部就越薄。

(4) 大量实测和计算结果表明，在板带轧机工作辊的换辊周期内，尤其是在换辊周期的后期，轧辊表面磨损非常严重，而且受轧制力横向不均匀分布和金属横向

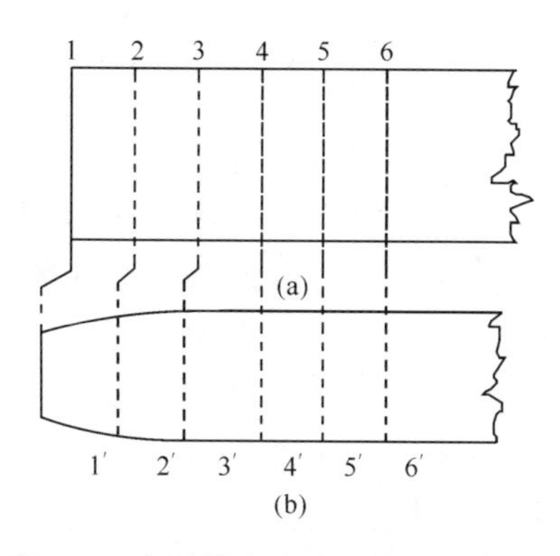

图 6.4 金属横向流动造成的边部减薄

流动等因素的影响,轧辊磨损沿辊身横向的分布也很不均匀,在带钢边部区域轧辊磨损量急剧减小。这也使得负载辊缝在带钢边部的高度急剧下降,使带钢边部减薄加剧。

6.1.3 边部减薄的控制方法

1. 工艺控制方法

冷轧带钢轧制后可以通过切边来去除边部减薄的影响,以保证板带产品的质量,但切边会降低板带的成材率,影响企业的经济效益,不利于生产过程的节能降耗。因此,国内外钢铁企业都将控制带钢边部减薄作为重要的课题,相继开发了多种边部减薄工艺控制方法。由带钢边部减薄产生的机理可知,这些边部减薄控制方法本质上都是通过控制轧辊有害弹性变形或者通过控制带钢边部金属横向塑性变形来实现的。

1) 双锥度轧辊

由带钢边部减薄产生的机理可知,带钢的边部减薄量可以通过减小轧辊轴向压扁的不均匀分布,减小带钢边部金属的横向流动,以及减小工作辊在带钢有效轧制区外的有害弯矩来实现。早期通过采用双锥度辊,双锥度工作辊或双锥度支承辊(图 6.5)来减小工作辊的有害弯矩,进而控制带钢的边部减薄,但是这种方法局限性较大,不能适应带钢宽度的变化和带钢中心线的跑偏。

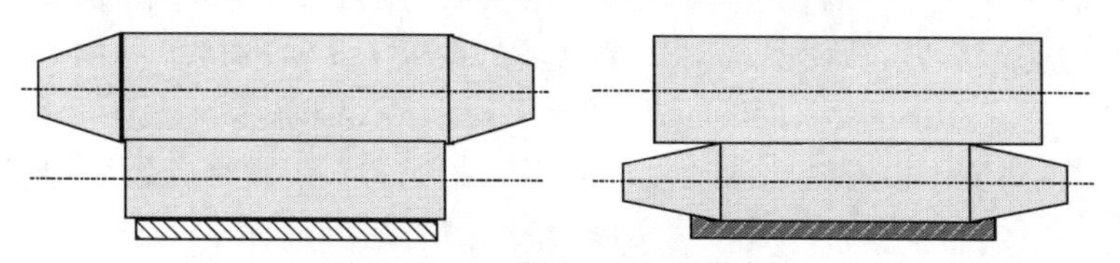

图 6.5 双锥度支承辊和工作辊

2）交叉轧辊

20 世纪 70 年代开始，日本三菱重工、日立重工，意大利达涅利等冶金设备企业相继开发了工作辊交叉、中间辊交叉、支承辊交叉和工作辊与支承辊对辊交叉等不同类型的轧辊交叉轧机，如图 6.6 所示。此轧辊交叉轧机在带钢生产领域得到广泛应用。轧辊交叉轧机通过调整上下辊系的交叉角来改变辊缝的形状，以控制轧件的横向厚度分布和板形。日本住友金属鹿岛厂冷连轧生产线采用 PC 轧机，通过改变交叉角形成抛物线形状的轧辊等效凸度来改变金属边部流动特性，进而实现边部减薄控制。通过对轧辊交叉轧机控制边部减薄效果的研究发现：当交叉角较小时，轧机的板形和边部减薄的控制能力较小，随着交叉角的增加，板凸度随之减小，同时带钢边部减薄问题得到了有效改善。采用轧辊交叉技术和强化冷却技术可以有效改变辊缝凸度，等效于改变带钢横向各部分的压下量，从而达到改善轧制力分布状况，控制边部减薄的目的。不利之处是这些技术对轧制力分布的改变是大宽度范围的，对冷轧带钢的小边部减薄区和大边部减薄值的情况控制能力有限。另外，交叉轧机机械设备复杂，轧辊磨损与轴向力较大。

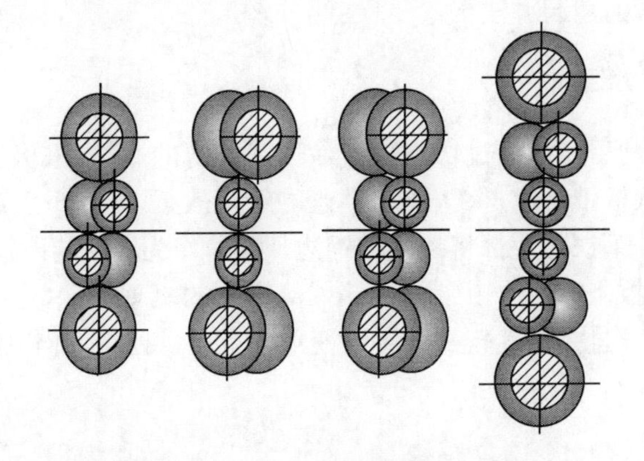

图 6.6　不同类型的轧辊交叉轧机

3）EDC 边部减薄控制

德国西马克公司开发了边部减薄控制轧辊（EDC roll）技术，又称作边部柔性轧辊技术，以此方法来控制冷轧带钢的边部减薄。EDC 辊技术的基本原理是在工作辊辊身的一端挖空一圈，以降低辊端面的刚度，再与工作辊的窜辊相配合，降低板带边部的变形压力，从而实现对边部减薄的控制，EDC 辊技术适用于生产对边部减薄控制要求严格的电工钢等。如图 6.7 所示，EDC 辊在圆柱形轧辊的辊身两端开环形的槽，工作辊沿轴向窜动以适应不同宽度的板带规格。EDC 辊对带钢边部减薄的补偿依靠于板带和其上方 EDC 辊凹槽壳的重叠程度。EDC 辊的设计在辊缝靠近带钢边部也要承受一定的压力，同时保证带钢和辊面能够有光滑的接触。轧制时随着板带和其上方 EDC 辊凹槽壳重叠量的增加，边部减薄逐渐减少；在最大重叠量时，边部出现隆起。轧制过程中 EDC 辊的凹壳部分随带钢边部位置的不同而变动，使用 EDC 辊技术可有效降低带材的边部减薄，从而减少板带轧制后的切边损失。

与 EDC 辊技术相配套，德国西马克公司还开发了边部减薄控制强化冷却（EDC cooling）技术，EDC 冷却系统的目的是在板带边部得到一个轧辊热凸度的突变减少，以补偿边部减薄量。在板带宽度方向获得一个足够大的温度梯度，形成合适的热辊形，从而在板带边部得到适当的热凸度。该技术采用细化边部减薄区轧辊分段冷却控制的冷却模式，在轧制过程中通过控制冷却系统，使轧辊沿板带宽度方向产生适当的温度分布，从而形成合理的平台状热凸度，避免了边部减薄区轧辊热凸度过大而造成的带钢边部减薄。EDC 技术最大的缺点是轧辊的制造非常复杂，全世界没有几个轧辊制造商可以生产该类型轧辊，因此该技术没有得到广泛推广使用。

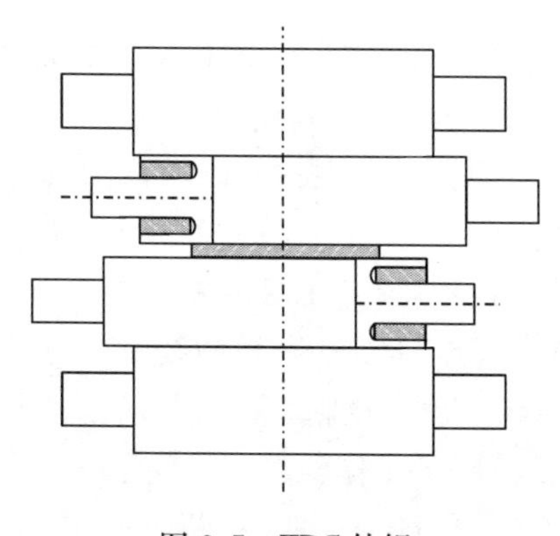

图 6.7　EDC 轧辊

4) HC 轧机

为了消除轧制过程中有害弯矩的影响，日本日立公司开发和设计了 HC 轧机，它将轧辊横移和弯辊相结合，在轧制过程中用于改善板凸度和平直度，取得了良好的效果，理论上可使轧机的横向刚度达到无穷大。HC 轧机通过轧辊窜动来减小有害接触区长度，进而减少轧件边部减薄现象。HC 轧机目前是世界范围内冷轧板带生产的最主要机型，HC 系列轧机包括多种形式，如图 6.8 所示。

HCW 轧机是适用于四辊轧机的一种 HC 轧机改进型，HCW 轧机具有双向工作辊横移和正弯辊系统。HCM 轧机是一种适用于六辊轧机的 HC 轧机，通过采用中间辊的双向横移和工作辊正弯辊来实现板形和板平直度的控制功能。HC-MW 轧机同时采用中间辊双向横移和工作辊双向横移，因此 HCMW 轧机兼备了 HCW 轧机和 HCM 轧机的主要特点，另外，它还采用了工作辊正弯辊系统。UCM 轧机在 HCM 轧机的基础上，引入中间辊弯辊系统以进一步提高板凸度和板平直

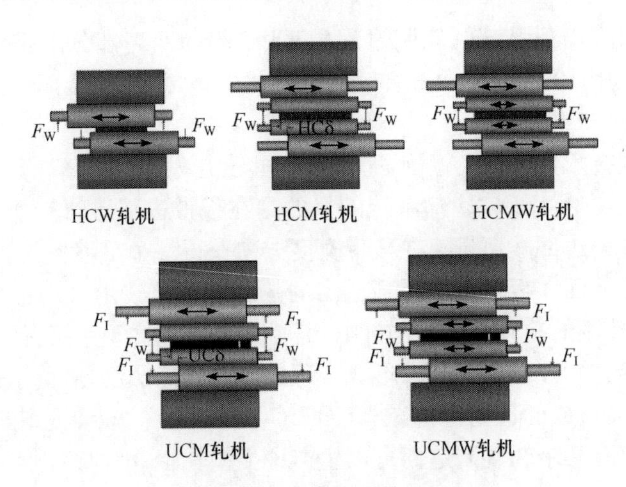

图 6.8　HC 系列轧机

度的控制能力。UCMW 轧机除了具有 HCMW 轧机的功能，又引入中间辊弯辊系统，具有更强的板凸度和板平直度的控制能力。

HC 轧机的板形控制功能主要表现在控制板形和板凸度的稳定性，即刚性辊缝策略。板形的稳定性是指轧制压力波动时板形变化的大小。一般四辊轧机当轧制压力波动时，带钢板形也随之波动。HC 轧机的板形和板凸度的控制功能可通过调整中间辊轴向位移量以及扩大液压弯辊的效果这两点来体现。HC 轧机当中间辊横移量在最佳位置时，轧机横向刚度系数很大，当轧制压力波动时，板形几乎没有变化。另外，HC 轧机去除了工作辊与中间辊之间的有害接触，使弯辊力控制板形的能力增强，这样也增大了 HC 轧机控制板形的能力。

在带钢边部，HC 轧机通过中间辊横移来改变辊系的接触状态，消除工作辊有害弯矩的影响；另外，六辊轧机的工作辊可以采用较小的辊径，这样可以减小轧制力，进而减小轧辊弹性压扁的不均匀分布；同时采用小工作辊径还可以减少宽展，这些都可以有效减少带钢边部减薄。HCMW 和 HCW 也可以提供较大的边部减薄控制能力。UC 轧机具有中间辊弯辊装置，并且工作辊直径比 HC 轧机辊径小。UCMW 轧机是 UC 轧机系列中板形控制能力最强的一种，该机型除了中间辊可轴向移动，工作辊也可以轴向移动。UCMW 轧机的中间辊和工作辊都为平辊，轧辊在轧制过程中发生的弹性弯曲，可通过调整中间辊和工作辊弯辊力得以补偿。而根据带钢的宽度，UCMW 轧机通过移动中间辊的轴向位置，来调整轧辊之间的接触长度，进而改变辊间接触压力的分布，消除有害接触，达到减少工作辊弹性挠曲、改善带钢边部减薄的目的。HC 系列轧机改善了轧制压力沿轴向分布不均，消除了工作辊的有害弯矩，对边部减薄有缓解作用，但无法控制带钢边部金属横向流动产生的带钢边部减薄。

5）锥形工作辊横移轧机

在边部减薄控制技术中，由川崎制铁公司开发的锥形工作辊横移（taper work roll shift，T-WRS）技术是目前使用最广泛的边部减薄控制技术，如图 6.9 所示。T-WRS 技术采用单锥度的工作辊，根据轧制带钢的钢种、宽度等不同规格进行工作辊横移，改变轧辊锥形段带钢的有效长度，从而达到减少带钢边部横向流动，控制边部减薄的目的。这种控制方法比较容易实现，生产成本较低，控制效果明显，四辊或六辊轧机都可以使用。

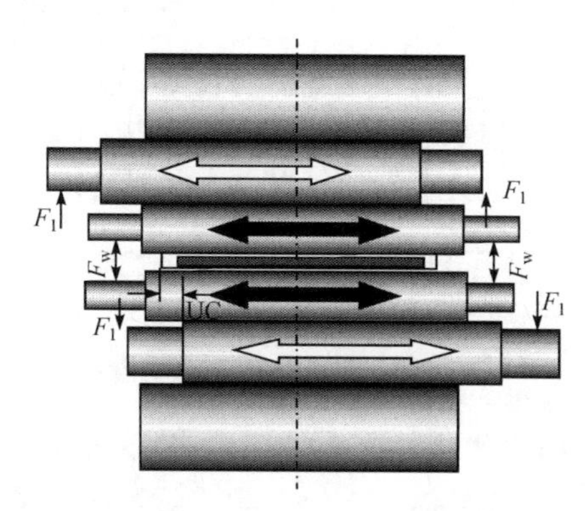

图 6.9　锥形工作辊横移轧机

理论与实际应用表明，在 T-WRS 轧机中，工作辊轴向移动量较大时能得到较好的改善边部减薄的效果，把工作辊的锥形段移动到最佳位置时，可以在板带宽度方向得到均匀的厚度精度。根据板带厚度断面形状和轧制条件，可以确立控制工作辊横移位置的预设定模型；通过在冷连轧机组的入口和出口处配置凸度仪和边降仪，构成边部减薄的前馈和反馈控制。根据成品带钢的边部减薄实测值来调整轧辊锥形段带钢有效长度，考虑到带钢表面质量及轧辊所受轴向力的影响，轧辊横移通常在前后卷过渡阶段进行。通过这些技术手段实现了对整个轧材高精度的控制。

2. 自动控制方法

随着计算机、自动控制技术的进步，带钢连轧自动化水平获得了长足发展。与此同时，轧制过程主要工艺参数，如带钢尺寸、速度、位置、张力、轧制力、温度等检测仪表的性能和精度也有了显著提高。这些条件为带钢冷连轧生产综合自动化水平的提高创造了条件。新技术、新工艺的应用使得带钢连轧机组设备大型化、生产高速化、工艺连续化、控制自动化，图 6.10 为冷连轧生产线控制功能流程。现代化冷连轧生产线上采用全部液压装置，电气传动全数字化，配备了完善的检测仪表，实现了带钢高精度厚度控制（AGC）、张力控制（ATC）、平直度控制（AFC）、边部减薄控制(EDC)等功能,实现了过程控制数学模型优化设定计算。这些先进技术的应用,扩大了带钢生产品种,增加了产量,提高了产品质量。现代化冷连轧生产线已成为工业生产过程中自动化程度最高的行业之一。

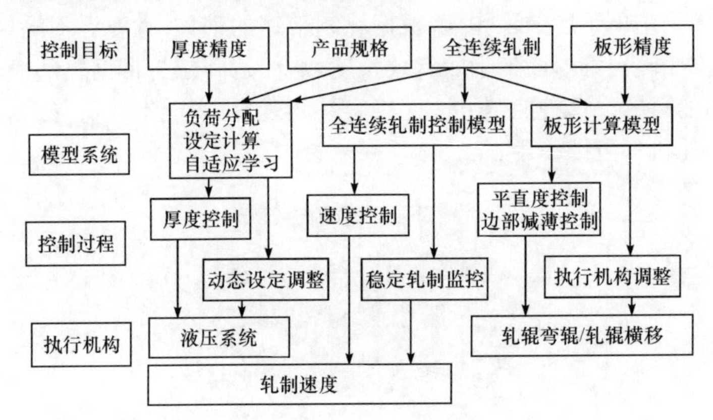

图 6.10　冷连轧生产线控制功能流程

如图 6.11 所示,目前现代化冷连轧带钢生产线全部采用分布式计算机,实行分级控制。通常情况下,一条带钢连轧机组生产线的分布式计算机控制系统分三级:一级计算机为直接数字控制级,二级计算机为过程控制级,三级计算机为生产管理级。一级计算机采用可编程逻辑控制器,完成轧制过程基础自动化控制的各项功能。二级计算机采用 PC 服务器或小型机,主要任务是实现轧制工艺的最优控制、带钢在生产线上的跟踪、数据通信、数据记录等功能。三级计算机一般采用微型机或小型机,主要完成生产计划的编排,不同生产工序的协调,产品质量管理等功能。

对于冷连轧生产线的边部减薄控制(EDC),整个生产控制流程由三级计算机系统完成。首先由三级计算机根据产品的客户要求确定边部减薄控制的目标值并将参数通过工业以太网传送给二级过程控制计算机系统,二级计算机系统根据边部减薄控制目标值以及带钢品种、厚度、宽度等规格参数,通过模型的设定计算初步确定边部减薄控制执行机构的终始设定值,并将控制参数传送给一级基础自动化控制计算机,由其根据设定值对轧机设备的执行机构进行实时控制。生产线的边部减薄检测仪表可以实时测量出带钢轧前和轧后的边部减薄实际值,一级基础自动化计算机系统根据边部减薄目标值与实际值的偏差进行边部减薄的前馈与反馈控制,以求达到产品边部减薄控制的目标值。同时,二级过程计算机系统根据实测值对边部减薄控制设定模型进行自适应,提高模型的设定精度。

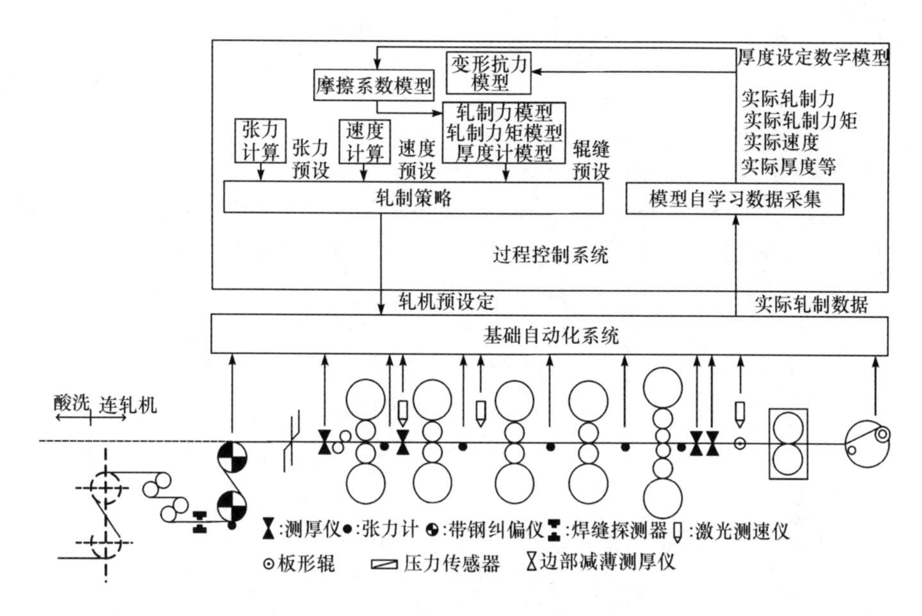

图 6.11　冷连轧自动控制系统示意图

6.2　边部减薄影响机理分析

由带钢边部减薄产生的机理可知，边部减薄控制效果可以通过以下两个基本原理来实现：①控制轧辊有害弹性变形；②控制带钢边部金属变形。

近年来随着板带轧制理论和边部减薄控制理论的不断发展，在理论研究和大量轧制实验的基础上，开发了双锥度辊技术、具备轧辊横移技术的 HC 系列轧机、EDC 工作辊横移技术和冷却技术、PC 轧机、锥形工作辊横移技术等多种边部减薄控制方法，并取得了较好的控制效果。目前应用较为广泛的是锥形工作辊横移技术，可在冷轧带钢生产线上联合或单独使用。

6.2.1　有限元分析理论

有限元法是一种将物体离散为若干单元体并求解所研究问题的方法，它是研究边部减薄的有效方法。根据变形体选用材料模型的不同，有限元法可分为刚塑性、弹塑性及黏塑性有限元法。用弹塑性有限元法求解带钢冷轧问题不仅能得到塑性区的扩展情况、变形体内质点的流动、应力、应变大小和分布规律以及变形体几何形状变化，而且能计算变形后的残余应力和应变，还能有效处理卸载及弹性恢复等问题，这些都是其他方法无法比拟的。计算机性能的提高解决了采用弹塑性有限元法求解塑性变形过程时间耗费高、存储空间大等问题，使利用弹塑性有限元法求解轧制过程的应用日益增多。

1. 变形过程描述

1）物质和空间的描述

从变形的角度来说，物体的变形过程实际上是从一种构形变换到另一种构形的过程。变形后物体的形状及位置可以用质点的位置坐标来表示，如图 6.12 所示。

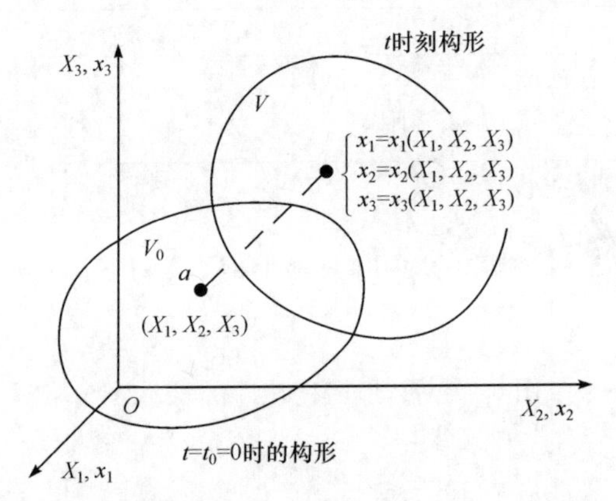

图 6.12 物体构形

在三维笛卡儿直角坐标系中，设在 $t=t_0=0$ 时刻物体任一质点 a 的位置坐标为 $X_i(i=1,2,3)$，此时的构形为初始构形，记为 V_0。此后某一时刻 t，物体运动到一个新位置，各质点间的相互位置关系发生了变化，物体产生变形，质点 a 的位置坐标从 X_i 变为 $x_i(i=1,2,3)$。显然 x_i 是 X_i 和时间 t 的函数，即

$$x_i=x_i(X_1,X_2,X_3,t) \tag{6.4}$$

假设物体及其运动和变形都是连续的，则 V_0 中每一质点 X_i 仅与 V 中一个质点 x_i 对应，反之亦然。于是，可认为函数 $x_i(X_j,t)$ 是单值、连续和可微的，且雅可比(Jacobi)行列式不等于零，即

$$J=\left|\frac{\partial x_i}{\partial X_j}\right|=\begin{vmatrix}\dfrac{\partial x_1}{\partial X_1} & \dfrac{\partial x_1}{\partial X_2} & \dfrac{\partial x_1}{\partial X_3}\\ \dfrac{\partial x_2}{\partial X_1} & \dfrac{\partial x_2}{\partial X_2} & \dfrac{\partial x_2}{\partial X_3}\\ \dfrac{\partial x_3}{\partial X_1} & \dfrac{\partial x_3}{\partial X_2} & \dfrac{\partial x_3}{\partial X_3}\end{vmatrix}\neq 0 \tag{6.5}$$

式中，$X_i=X_i(x_1,x_2,x_3,t)$，x_i 为空间坐标；$j=\left|\dfrac{\partial X_i}{\partial x_j}\right|\neq 0$，则 $j=J^{-1}$ 也称欧拉(Euler)变量或欧拉坐标。

2）有限变形应变张量

物体变形的基本标志是物体中质点间的距离发生了变化，物体刚性运动（刚体旋转和平移）不产生变形，因此可用质点间距离的变化来描述变形。

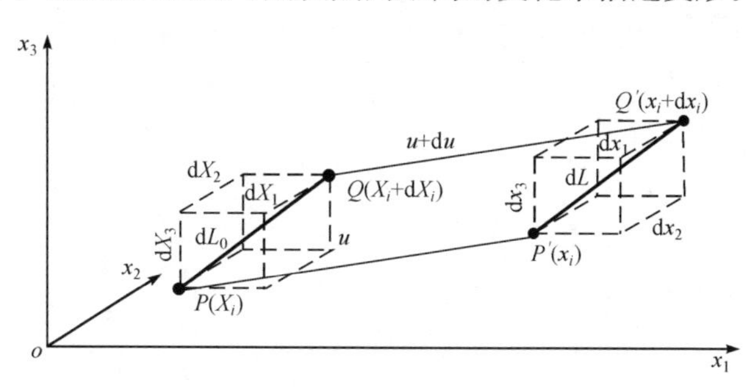

图 6.13　位移与变形

如图 6.13 所示，三维空间直角坐标系中，初始时刻两相邻的质点 $P(X_i)$ 和 $Q(X_i+dX_i)$ 间的距离为 dL_0：

$$(dL_0)^2=(dX_1)^2+(dX_2)^2+(dX_3)^2=\delta_{ij}\,dX_i\,dX_j \tag{6.6}$$

在终了时刻，两质点到达新的位置 $P'(x_i)$ 和 $Q'(x_i+dx_i)$，其间距离为 dL：

$$(dL)^2=(dx_1)^2+(dx_2)^2+(dx_3)^2=\delta_{ij}\,dx_i\,dx_j \tag{6.7}$$

由于 $x_i=x_i(X_1,X_2,X_3)$ 和 $X_i=X_i(x_1,x_2,x_3)$，有

$$dx_i=\frac{\partial x_i}{\partial X_j}dX_j,\quad dX_i=\frac{\partial X_i}{\partial x_j}dx_j$$

用拉格朗日变量，式(6.7)可写成

$$(dL)^2=\delta_{\alpha\beta}\frac{\partial x_\alpha}{\partial X_i}\frac{\partial x_\beta}{\partial X_j}dX_i\,dX_j$$

由上式和式(6.6)，得两点间距离（即连接两点的线元的长度）平方的改变量为

$$(dL)^2-(dL_0)^2=\left(\delta_{\alpha\beta}\frac{\partial x_\alpha}{\partial X_i}\frac{\partial x_\beta}{\partial X_j}-\delta_{ij}\right)dX_i\,dX_j$$

记

$$E_{ij}=\frac{1}{2}\left(\delta_{\alpha\beta}\frac{\partial x_\alpha}{\partial X_i}\frac{\partial x_\beta}{\partial X_j}-\delta_{ij}\right) \tag{6.8}$$

则 $(dL)^2-(dL_0)^2=2E_{ij}\,dX_i\,dX_j$，等式左边为标量，$dX_i\,dX_j$ 是二阶张量，由张量识别定理知 E_{ij} 是二阶张量，并且由式(6.8)可知 $E_{ij}=E_{ji}$，即 E_{ij} 是二阶对称张量，称为格林应变张量。用欧拉变量时，式(6.6)可写成

$$(dL_0)^2=\delta_{\alpha\beta}\frac{\partial X_\alpha}{\partial x_i}\frac{\partial X_\beta}{\partial x_j}dx_i\,dx_j$$

由式(6.8)和式(6.7)变式整理得

$$e_{ij}=\frac{1}{2}\left(\delta_{ij}-\delta_{\alpha\beta}\frac{\partial X_{\alpha}}{\partial x_{i}}\frac{\partial X_{\beta}}{\partial x_{j}}\right) \tag{6.9}$$

3）应变与位移的关系

记初始坐标为 X_i 的质点在终了时刻的位置坐标为 x_i，则其位移分量 u_i 为

$$u_i=x_i-X_i \quad (i=1,2,3)$$

有

$$\frac{\partial x_{\alpha}}{\partial X_{i}}=\frac{\partial u_{\alpha}}{\partial X_{i}}+\delta_{\alpha i}, \quad \frac{\partial X_{\alpha}}{\partial x_{i}}=\delta_{\alpha i}-\frac{\partial u_{\alpha}}{\partial x_{i}} \tag{6.10}$$

分别代入式(6.8)和式(6.9)，得

$$E_{ij}=\frac{1}{2}\left[\delta_{\alpha\beta}\left(\frac{\partial u_{\alpha}}{\partial X_{i}}+\delta_{\alpha i}\right)\left(\frac{\partial u_{\beta}}{\partial X_{j}}+\delta_{\beta j}\right)-\delta_{ij}\right]$$

$$e_{ij}=\frac{1}{2}\left[\delta_{ij}-\delta_{\alpha\beta}\left(\delta_{\alpha i}-\frac{\partial u_{\alpha}}{\partial x_{i}}\right)\left(\delta_{\beta j}-\frac{\partial u_{\beta}}{\partial x_{j}}\right)\right] \tag{6.11}$$

从而得到应变与位移的关系式为

$$E_{ij}=\frac{1}{2}\left(\frac{\partial u_{i}}{\partial X_{j}}+\frac{\partial u_{j}}{\partial X_{i}}+\frac{\partial u_{k}}{\partial X_{i}}\frac{\partial u_{k}}{\partial X_{j}}\right) \tag{6.12}$$

$$e_{ij}=\frac{1}{2}\left(\frac{\partial u_{i}}{\partial x_{j}}+\frac{\partial u_{j}}{\partial x_{i}}-\frac{\partial u_{k}}{\partial x_{i}}\frac{\partial u_{k}}{\partial x_{j}}\right) \tag{6.13}$$

由式(6.12)和式(6.13)可知，它们分别有六个独立的方程，六个独立的应变分量只联系着三个位移分量。因此，当应变给定求解位移分量时，应变分量必须满足协调条件，所求得的位移才是连续的。反之，若由位移求应变，协调条件能自然满足。

2. 弹塑性变形本构方程

普朗特-罗伊斯塑性流动理论认为物体内任一点的总应变增量 $d\varepsilon_{ij}$ 应包括弹性应变增量 $d\varepsilon_{ij}^{(e)}$ 和塑性应变增量 $d\varepsilon_{ij}^{(p)}$ 两部分，即

$$d\varepsilon_{ij}=d\varepsilon_{ij}^{(e)}+d\varepsilon_{ij}^{(p)} \tag{6.14}$$

式中，弹性应变增量的分量 $d\varepsilon_{ij}^{(e)}$ 和应力增量的分量 $d\sigma_{ij}$ 之间的关系由广义胡克定律来确定，即

$$d\varepsilon_{ij}^{(e)}=\frac{1+\mu}{E}dS_{ij}+\frac{1-2\mu}{E}\delta_{ij}\,d\sigma \tag{6.15}$$

式中

$$\begin{cases} dS_{ij}=d\sigma_{ij}-\delta_{ij}\,d\sigma \\ d\sigma=\dfrac{1}{3}d\sigma_{kk} \end{cases}$$

对塑性变形部分，按照莱维-米泽斯增量理论，其应变增量的分量 $d\varepsilon_{ij}^{(p)}$ 和应力偏量的分量 S_{ij} 之间的关系可写为

$$d\varepsilon_{ij}^{(p)}=d\lambda S_{ij} \tag{6.16}$$

式中，$d\lambda$ 是比例因子，对各向同性硬化材料而言，它是与载荷和位置坐标有关的函数。

考虑加载与卸载关系，引入一个载荷性质判断因子 a'。把式(6.15)和式(6.16)代入式(6.14)整理可得

$$d\varepsilon_{ij}=\frac{1+\mu}{E}dS_{ij}+\frac{1-2\mu}{3E}\delta_{ij}d\sigma_{kk}+a'd\lambda S_{ij} \tag{6.17}$$

设屈服函数 $f(\sigma_{ij})=c$（c 是屈服面）给定，并采用米泽斯屈服条件，有

$$f(\sigma_{ij})=S_{ij}S_{ij}=\frac{2}{3}\sigma_i^2 \tag{6.18}$$

根据普朗特-罗伊斯塑性流动理论，体积变形是完全弹性的。平均应力的增量 $d\sigma_{kk}$ 和平均应变的增量 $d\varepsilon_{kk}$ 之间的关系为

$$d\sigma_{kk}=3Kd\varepsilon_{kk}=\frac{E}{1-2\mu}d\varepsilon_{kk} \tag{6.19}$$

K 为体积弹性模量：

$$K=\frac{E}{3(1-2\mu)}$$

由此，式(6.19)可写成

$$d\varepsilon_{ij}-\delta_{ij}d\varepsilon_{kk}=\frac{1+\mu}{E}dS_{ij}+a^*d\lambda S_{ij} \tag{6.20}$$

由式(6.15)和式(6.20)，经过移项后得弹塑性变形的本构方程为

$$dS_{ij}=\frac{E}{1+\mu}\left[d\varepsilon_{ij}+\frac{3\mu}{1-2\mu}\delta_{ij}d\varepsilon_{kk}-a^*d\lambda S_{ij}\right] \tag{6.21}$$

3. 弹塑性有限元

金属塑性成形过程具有几何、物理非线性特点，是一种非线性的大变形问题，即有限变形问题。对其进行弹塑性有限元分析将涉及有限变形理论（几何非线性）、塑性理论（物理非线性）及按上述理论建立起来的有限元方程等。

1）弹塑性变分原理

金属塑性成形过程中，以增量形式表示的基本方程和边界条件如下。

平衡方程：$d\sigma_{ij,j}=0$；几何方程：$2d\varepsilon_{ij}=du_{i,j}+du_{j,i}$；本构关系：$d\sigma_{ij}=d\sigma_{ij}(d\varepsilon_{kl})$ 或 $d\varepsilon_{ij}=d\varepsilon_{ij}(d\sigma_{kl})$；边界条件：$d\sigma_{ij}n_j=dp_i$（在给定外力表面 Γ_p 边界上）；$du_i=d\bar{u}_i$（在给定位移表面 Γ_u 边界上）。

在金属塑性成形过程中,弹塑性变分原理可表述为:在所有满足给定上述几何方程和位移边界条件的运动许可的 $d\hat{u}_i$ 中,真实解使泛函式(6.22)为极小值,即

$$\Pi = \iiint_V U(d\varepsilon_{ij})dV - \iint_{\Gamma_p} dp_i du_i d\Gamma \tag{6.22}$$

对应变硬化材料的本构方程,式(6.17)可写成

$$d\varepsilon_{ij} = d\varepsilon_{ij}^{e} + a^* d\varepsilon_{ij}^{p} = \frac{1-2\mu}{3E} d\sigma_{kk}\delta_{ij} + \frac{dS_{ij}}{2G} + a^* h df \frac{\partial f}{\partial \sigma_{ij}} \tag{6.23}$$

式中,G 为剪切模量,$G=\dfrac{E}{2(1+\mu)}$;h 为硬化模量。

式(6.23)变形整理得

$$d\sigma_{ij} = \frac{E}{3(1-2\mu)} d\varepsilon_{kk}\delta_{ij} + 2Gde_{ij} - a^* 2Ghdf \frac{\partial f}{\partial \sigma_{ij}} \tag{6.24}$$

变形金属的应变能密度为

$$U = \frac{1}{2}\sigma_{ij}\varepsilon_{ij} = \frac{E}{6(1-2\mu)} d\varepsilon_{kk} d\varepsilon_{ij}\delta_{ij} + Gde_{ij}de_{ij} - a^* Ghdf \frac{\partial f}{\partial \sigma_{ij}} d\varepsilon_{ij} \tag{6.25}$$

设真实解为 du_i、$d\varepsilon_{ij}$ 和 $d\sigma_{ij}$,运动许可的解为 $d\hat{u}_i$ 和 $d\hat{\varepsilon}_{ij}$。由虚功原理得

$$\iiint_V d\hat{\varepsilon}_{ij} d\sigma_{ij} dV = \iint_{\Gamma_p} d\hat{u}_i dp_i d\Gamma \tag{6.26}$$

和

$$\iiint_V d\varepsilon_{ij} d\sigma_{ij} dV = \iint_{\Gamma_p} du_i dp_i d\Gamma \tag{6.27}$$

式(6.26)和式(6.27)相减,经变式运算整理,得

$$\frac{1}{2}\iiint_V d\hat{\sigma}_{ij} d\hat{\varepsilon}_{ij} dV - \iint_{\Gamma_p} d\hat{u}_i dp_i d\Gamma > \frac{1}{2}\iiint_V d\sigma_{ij} d\varepsilon_{ij} dV - \iint_{\Gamma_p} du_i dp_i d\Gamma \tag{6.28}$$

通过式(6.28)可知,在所有满足几何方程和位移边界条件的运动许可场 $d\hat{u}_i$ 中,真实解使势能泛函取最小值,即弹塑性有限变形变分原理成立。

2) 动力虚功率方程

轧制过程是动力学过程,因此需要采用动力学方法进行分析。设在 t 时刻物体的现时构形为 V,其表面积为 S,$S=S_p+S_c+S_u$,其中 S_p 为外力 p_i 已知的表面;S_c 是与另一个物体接触的表面,记接触表面力为 q_i;S_u 为位移约束表面,其位移是给定的,一般也称为位移面。物体 V 发生弹塑性变形时满足下列基本方程。

运动方程:

$$\sigma_{ij,j} + b_i - \rho a_i - \gamma v_i = 0(\text{在 } V \text{ 中})$$

应力边界条件:

$$\sigma_{ij} n_j = p_i(\text{在 } S_p \text{ 上}), \quad \sigma_{ij} n_j = q_i(\text{在 } S_c \text{ 上})$$

位移边界条件:

$$u_i = \bar{u}_i (\text{在 } S_u \text{ 上})$$

式中，γ 为阻尼系数；$\bar{u}_i$ 是给定的位移。

设由运动学容许的任一虚速度场 $\delta v_i(x_1, x_2, x_3, t)$ 在微小时间间隔 dt 内引起的相应虚位移为 $\delta u_i(x_1, x_2, x_3, t)$。上述运动方程和应力边界条件可集合成如下积分形式：

$$\int_V (\rho a_i + \gamma v_i - \sigma_{ij,j} - b_i) \delta v_i \mathrm{d}V + \int_{S_p} (\sigma_{ij} n_j - p_i) \delta v_i \mathrm{d}S + \int_{S_c} (\sigma_{ij} n_j - q_i) \delta v_i \mathrm{d}S = 0 \tag{6.29}$$

式(6.29)中，a_i 是加速度；把"质量与加速度的乘积并带上负号"$(-\rho a_i)$称为作用于质点上的惯性力；同理，称$(-\gamma v_i)$为阻尼力。利用高斯散度定理和式(6.30)

$$\delta \dot{e}_{ij} = \frac{1}{2}(\delta v_{i,j} + \delta v_{j,i}) \tag{6.30}$$

有

$$\int_V \sigma_{ij,j} \delta v_i \mathrm{d}V = \int_S \sigma_{ij} n_j \delta v_i \mathrm{d}S - \int_V \sigma_{ij} \delta \dot{e}_{ij} \mathrm{d}V \tag{6.31}$$

将式(6.31)代入式(6.29)得

$$\int_V \sigma_{ij} \delta \dot{e}_{ij} \mathrm{d}V = \int_V b_i \delta v_i \mathrm{d}V + \int_{S_p} p_i \delta v_i \mathrm{d}S + \int_{S_c} q_i \delta v_i \mathrm{d}S - \int_V \rho a_i \delta v_i \mathrm{d}V - \int_V \gamma v_i \delta v_i \mathrm{d}V \tag{6.32}$$

式(6.32)是弹塑性问题的动力虚功率方程。

3) 有限元方程

从式(6.32)出发可建立用于动力分析的弹塑性有限元方程。首先，把整个物体离散成若干个有限单元，对任一单元 e 由虚功率方程建立有限元方程。然后，将所有单元方程集合即可形成整体有限元方程。对任一单元 e，选取其形函数矩阵 $[N]$，单元内任一点的位移、速度和加速度向量分别记为 $\{u\}$、$\{v\}$ 和 $\{a\}$，单元节点位移、速度和加速度向量分别记为 $\{u\}^e$、$\{v\}^e$ 和 $\{a\}^e$，对三维问题有

$$\begin{cases} \{u\} = [u_1 \quad u_2 \quad u_3]^{\mathrm{T}} \\ \{v\} = [v_1 \quad v_2 \quad v_3]^{\mathrm{T}} \\ \{a\} = [a_1 \quad a_2 \quad a_3]^{\mathrm{T}} \end{cases} \tag{6.33}$$

式中

$$\{u\} = [N]\{u\}^e, \{v\} = [N]\{v\}^e, \{a\} = [N]\{a\}^e \tag{6.34}$$

另外，$\{b\} = [b_1 \quad b_2 \quad b_3]^{\mathrm{T}}$，$\{p\} = [p_1 \quad p_2 \quad p_3]^{\mathrm{T}}$，$\{q\} = [q_1 \quad q_2 \quad q_3]^{\mathrm{T}}$，并记

$$\{\sigma\} = [\sigma_{11} \quad \sigma_{22} \quad \sigma_{33} \quad \sigma_{12} \quad \sigma_{23} \quad \sigma_{31}]^{\mathrm{T}}, \{\dot{e}\} = [\dot{e}_{11} \quad \dot{e}_{22} \quad \dot{e}_{33} \quad 2\dot{e}_{12} \quad 2\dot{e}_{23} \quad 2\dot{e}_{31}]^{\mathrm{T}}$$

任一点的应变速率列阵$\{\dot{e}\}$中的分量$\dot{e}_{ij}$为

$$\dot{e}_{ij}=\frac{1}{2}(v_{i,j}+v_{j,i}) \tag{6.35}$$

从式(6.35)和式(6.34)可得

$$\{\dot{e}\}=[B]\{v\}^{e} \tag{6.36}$$

这样可写出单元e的动力虚功率方程的矩阵式为

$$\begin{aligned}&\int_{V^e}\rho[N]^{T}[N]\mathrm{d}V\{a\}^{e}+\int_{V^e}\gamma[N]^{T}[N]\mathrm{d}V\{v\}^{e}\\=&\int_{V^e}[N]^{T}\{b\}\mathrm{d}V+\int_{S_p^e}[N]^{T}\{p\}\mathrm{d}S+\int_{S_p^e}[N]^{T}\{q\}\mathrm{d}S-\int_{V^e}[B]^{T}\{\sigma\}\mathrm{d}V\end{aligned} \tag{6.37}$$

式(6.37)即是单元有限元方程。将单元方程集合,即得到整体有限元方程:

$$\begin{aligned}&\sum\left(\int_{V^e}\rho[N]^{T}[N]\mathrm{d}V\right)\{\ddot{U}\}+\sum\left(\int_{V^e}\gamma[N]^{T}[N]\mathrm{d}V\right)\{\dot{U}\}\\=&\sum\int_{V^e}[N]^{T}\{b\}\mathrm{d}V+\sum\int_{S_p^e}[N]^{T}\{p\}\mathrm{d}S+\sum\int_{S_c^e}[N]^{T}\{q\}\mathrm{d}S\\&-\sum\int_{V^e}[B]^{T}\{\sigma\}\mathrm{d}V\end{aligned} \tag{6.38}$$

令

$$[M]=\sum\int_{V^e}\rho[N]^{T}[N]\mathrm{d}V,[C]=\sum\int_{V^e}\gamma[N]^{T}[N]\mathrm{d}V$$

$$\{P\}=\sum\int_{V^e}[N]^{T}\{b\}\mathrm{d}V+\sum\int_{S_p^e}[N]^{T}\{p\}\mathrm{d}S+\sum\int_{S_c^e}[N]^{T}\{q\}\mathrm{d}S$$

$$\{F\}=\sum\int_{V^e}[B]^{T}\{\sigma\}\mathrm{d}V$$

则式(6.38)可写成

$$[M]\{\ddot{U}\}+[C]\{\dot{U}\}=\{P\}-\{F\} \tag{6.39}$$

式(6.39)是动力分析有限元方程的一般形式。$\{\ddot{U}\}$是整体节点加速度列阵;$\{\dot{U}\}$是整体节点速度列阵;$[M]$是整体质量矩阵;$[C]$是整体阻尼矩阵;$\{P\}$是外力节点力列阵;$\{F\}$是内力节点力列阵。

4) 有限元方程求解

如果式(6.39)是一个常系数的二阶微分方程组,则可以用一种适当的有限差分格式通过位移来近似表示速度和加速度,使它成为未知变量为${}^{t+\Delta t}\{U\}$的显式线性方程组,从而可直接解出${}^{t+\Delta t}\{U\}$。考虑物体有限元系统在t时刻的平衡,就可以实现这一设想。写出t时刻的有限元方程:

$$[M]^{t}\{\ddot{U}\}+[C]^{t}\{\dot{U}\}={}^{t}\{P\}-{}^{t}\{F\} \tag{6.40}$$

采用适当的有限差分格式通过位移来表示速度和加速度,可使式(6.40)成为未知变量为${}^{t+\Delta t}\{U\}$的显式线性方程组，从而可直接求解出 $t+\Delta t$ 时刻的位移。这种求解方法称为显式积分方法。对于弹塑性问题的动力分析，一种非常有效的方法是中心差分法，该方法采用的差分格式是

$$
{}^{t}\{\dot{U}\}=\frac{1}{2\Delta t}({}^{t+\Delta t}\{U\}-{}^{t-\Delta t}\{U\}) \tag{6.41}
$$

$$
{}^{t}\{\ddot{U}\}=\frac{1}{\Delta t^2}({}^{t+\Delta t}\{U\}-2^{t}\{U\}+{}^{t-\Delta t}\{U\}) \tag{6.42}
$$

把式(6.41)和式(6.42)代入式(6.40)得

$$
\left([M]+\frac{\Delta t}{2}[C]\right)^{t+\Delta t}\{U\}=\Delta t^2({}^{t}\{P\}-{}^{t}\{F\})+[M](2^{t}\{U\}-{}^{t-\Delta t}\{U\})+\frac{\Delta t}{2}[C]^{t-\Delta t}\{U\} \tag{6.43}
$$

记${}^{t}[\hat{K}]=[M]+\frac{\Delta t}{2}[C]$，${}^{t}[\hat{R}]=\Delta t^2({}^{t}\{P\}-{}^{t}\{F\})+[M](2^{t}\{U\}-{}^{t-\Delta t}\{U\})+\frac{\Delta t}{2}[C]^{t-\Delta t}\{U\}$，式(6.43)可写成简洁形式：

$$
{}^{t}[\hat{K}]^{t+\Delta t}\{U\}={}^{t}\{\hat{R}\} \tag{6.44}
$$

由式(6.44)可直接求解出${}^{t+\Delta t}\{U\}$。

5）有限元建模

冷轧带钢是一个几何、材料、边界条件多重非线性过程，可采用有限元软件ANSYS/LS-DYNA 进行轧制过程的数值模拟。如图 6.14 所示，模拟将使用显示算法对轧制过程进行三维分析，所以选取显示单元中的 3D Solid 164 单元划分各部分有限元模型。在轧制中主要产生塑性变形，还要考虑加工硬化，选用弹塑性材料中的双线性硬化材料模型；针对所研究的问题进行建模，在轧辊和带钢边部进行网格细化，同时对与带钢接触的轧辊表面轮廓进行网格细化。另外，还采用了带中

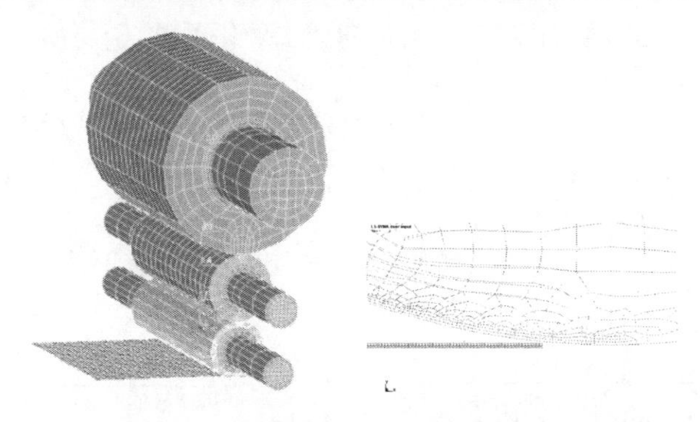

图 6.14　六辊冷轧机三维模型及网格划分

间节点的六面体单元，以及有针对性地采用质量缩放技术，在可接受的计算时间范围内，保证了计算结果的精度。通过分析，在 LS-DYNA 中准确地建立几何模型、材料模型、划分单元、边界条件、加载，在前处理器中建立模型。轧辊和带钢板带的尺寸及材料属性见表 6.1 和表 6.2，摩擦条件采用库仑模型。

表 6.1 轧辊和冷钢板带尺寸 (单位：mm)

	辊身长度	辊身直径	辊颈长度	辊颈直径
支承辊	1510	1150～1300	855	800
中间辊	1510	440 ～ 490	150	390
工作辊	1605	385 ～ 425	265	340

表 6.2 轧辊和硅钢板带材料属性

	质量密度/(kg/m³)	弹性模量/MPa	泊松比
轧辊	7.8×10^3	2.1×10^5	0.3

6.2.2 带钢属性对边部减薄的影响

1. 带钢厚度影响分析

如图 6.15 所示为三种来料厚度在不同压下率的条件下，带钢边部厚度的变化情况。带钢厚度变化对边部减薄的影响非常明显，相同压下率条件下带钢厚度越大，边部减薄越大，这是因为带钢厚度增大，边部金属三维流动性增强。同一厚度条件下，压下率增大，边降值增大。这是因为压下率增大，轧制力增大，带钢边部金属的横向流动也增大，同时轧制力增大导致轧辊的弹性压扁量也增大，且分布更加不均匀。由带钢厚度对边部减薄的影响规律可知，冷轧带钢的边降控制应该在冷连轧机组的前面机架完成。因为前面机架带钢厚度和压下率相对较大，边降控制效果明显。后面机架，带钢厚度很小，带钢加工硬化严重，金属横向流动性小，边降控制效果较弱。

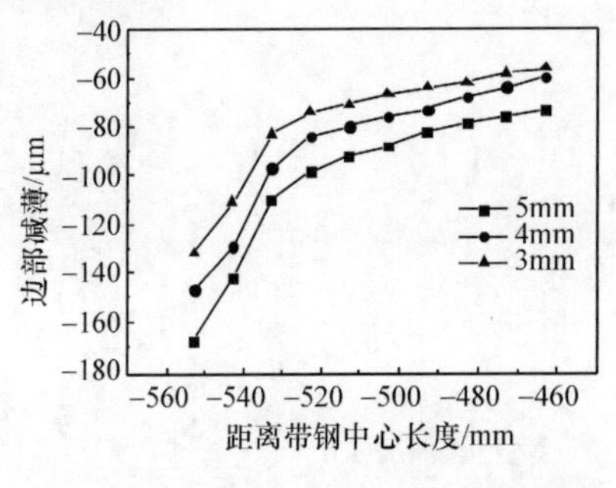

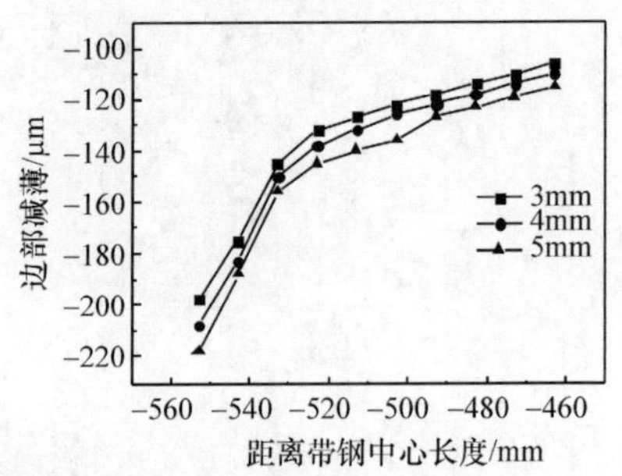

图 6.15 在 20%和 30%压下率时不同厚度带钢的边部减薄

2. 带钢宽度影响分析

从图 6.16 可以看出，随着带钢宽度的不断增加，其边部减薄先增大后减小，当带钢宽度达到一定值时，边部减薄达到最大。这是因为当带钢宽度较小时，随着带钢宽度的增大轧制力急剧增大，由轧制力引起的轧辊弹性变形和带钢边部减薄也随之增大，而工作辊与支承辊间的有害接触区虽然减小，但是减小得比较缓慢，对边部减薄的影响不足以弥补轧制力增大的影响，轧制力的变化对边部减薄的影响居于主导地位，所以边部减薄随着带钢宽度的增大而增大；当带钢宽度较大时，随着带钢宽度的增大，轧制力的增大变得比较缓慢，而工作辊与支承辊间的有害接触区和有害弯矩都会急剧减小，其对边部减薄的影响足以补偿轧制力增大的影响，工作辊与支承辊间有害接触的变化对边部减薄的影响居于主导地位，而轧制力变化的影响居于次要地位，所以边部减薄随着带钢宽度的增加而减小。

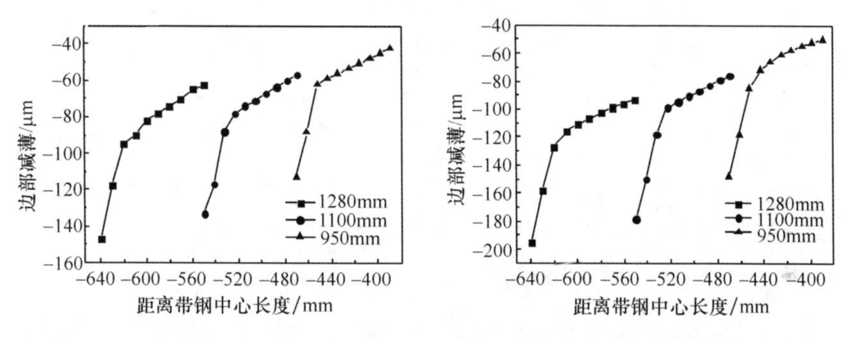

图 6.16　在 20%和 30%压下率时不同宽度带钢的边部减薄

3. 带钢变形抗力影响

变形抗力是带钢在轧制过程中抵抗产生塑性变形的阻力。变形抗力是带钢自身属性和轧制过程中变形积累程度、变形速率等轧制状态因素综合影响的结果。取带钢变形抗力分别为 400MPa、600MPa、800MPa 以及不同厚度和压下率条件下，变形抗力对边部减薄的影响规律进行分析研究。如图 6.17 和图 6.18 所示，在同一变形抗力条件下，随着压下率的增加，带钢边部减薄量增大。在同一变形抗力条件下，随着带钢厚度的增加，带钢边部减薄量增大。分析其原因，随着带钢厚度增加，带钢边部金属在轧制条件下横向流动能力增加，造成带钢边部减薄量增加。而随着压下率的增加，轧制力变大，带钢边部金属横向流动量也增大。同时，随着轧制力的增加，轧辊弹性压扁量也增加，因为轧辊压扁量沿着轧辊横向分布并不均匀，轧辊边部与轧辊中心区域压扁量将发生显著区别，因此带钢边部减薄量也将明显增加。

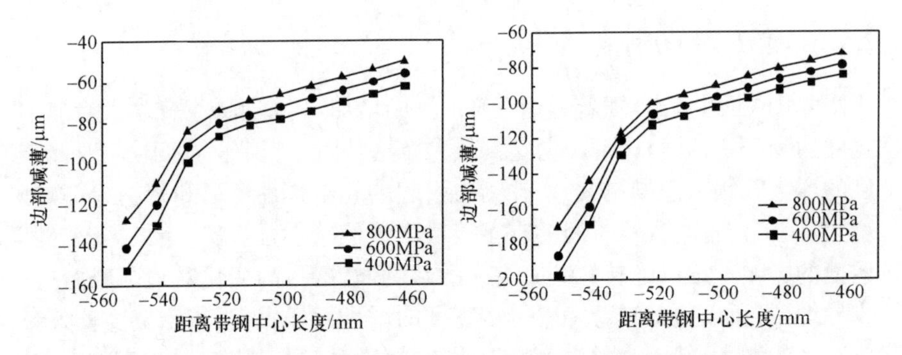

图 6.17　2mm 厚度带钢在不同压下率变形抗力与边部减薄关系

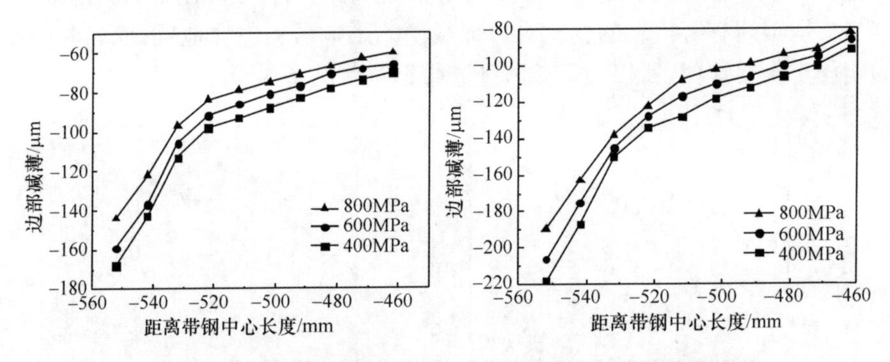

图 6.18　3mm 厚度带钢不同压下率变形抗力与边部减薄关系

对实际生产的第 5 机架冷连轧生产线而言,变形抗力对带钢边部减薄的影响是复杂而又多层次的。对于前 2 或 3 机架,带钢厚度较大时,带钢积累变形量较低,变形抗力总体上处于较小范围内。此时,一方面,带钢变形抗力增大时带钢边部金属的横向流动能力减小,边部减薄量减小;另一方面,变形抗力增大时,轧制力增加,轧辊弹性压扁量增加,且分布不均匀造成带钢边部减薄量增加。这两方面影响中,前一方面对带钢边部减薄量的影响大于后一方面,即随着带钢变形抗力增加,带钢边部减薄量减小。对于冷连轧生产线后两个机架,此时带钢的积累变形量很大,带钢变形抗力也非常大,此时带钢边部横向塑性变形能力已经非常小,无论轧制力再如何增加,带钢边部减薄量都无明显变化。

6.2.3　轧制状态对边部减薄的影响

1. 压下率影响分析

压下率是重要的轧制状态工艺参数。通常情况下,压下率的增加会增加轧制力,影响带钢的边部减薄量。如图 6.19 所示,分别对厚度为 2mm 和 3mm 带钢在不同轧制压下率条件下,带钢边部减薄影响进行分析。不同厚度和宽度带钢随着

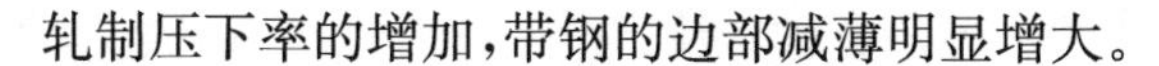

轧制压下率的增加，带钢的边部减薄明显增大。

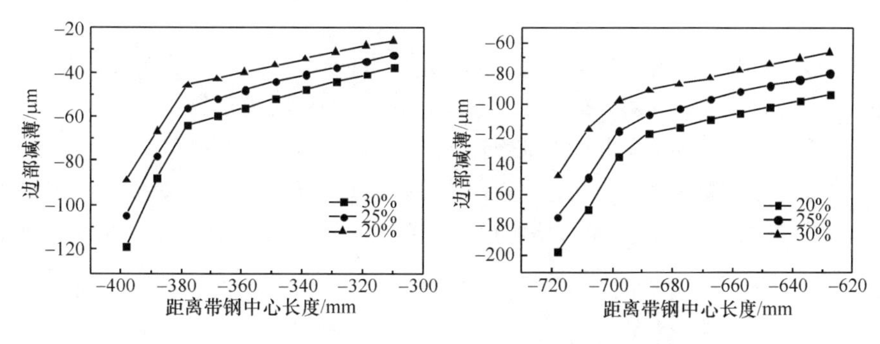

图 6.19　不同厚度带钢压下率与边部减薄关系

2. 轧制力影响分析

轧制力是带钢轧制过程中最重要的工艺参数。如图 6.20 所示，取不同品种的带钢，分析轧制力对带钢边部减薄的影响。由图可见，随着轧制力增加，带钢边部减薄显著增加。因为轧制力增加，轧辊中部压扁量增加，轧辊边部压扁量与中部压扁量差值增加，造成带钢边部减薄增加。

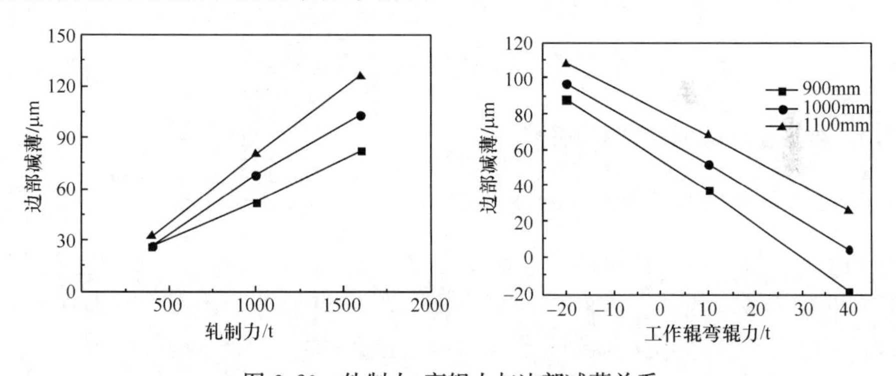

图 6.20　轧制力、弯辊力与边部减薄关系

3. 弯辊力影响分析

弯辊是冷轧机板形控制的重要手段。弯辊可以改变工作辊的弹性弯辊，减少轧辊有害弯矩对带钢的不利影响。同时，可以补偿轧辊弹性压扁对带钢边部减薄的影响。分析弯辊力对带钢边部减薄的影响，如图 6.20 所示，随着弯辊力由负弯向正弯的增加，带钢边部减薄量逐渐减小。根据轧辊弹性变形分析可知，工作辊弯辊对带钢边部变形的影响远大于中间辊的影响。因此，工作辊弯辊不仅对减少带钢边部减薄有利，而且轧制过程中，工作辊弯辊也是保证边部减薄控制过程中带钢平直度质量的重要手段。

4. 张力影响分析

张力是冷轧过程最基本的特征，设定带钢前后张应力相等，取值分别为80MPa、100MPa和130MPa轧制时，不同张应力对带钢边部减薄的影响分析，如图6.21所示。由图可见，张力对带钢边部减薄的影响非常明显。随着张应力增加，带钢边部减薄量减少。轧制过程中，带钢所受的纵向张应力增加后，带钢横向金属流动趋势减少。同时，张力增加后，轧制力减小，这样带钢边部减薄量减小。

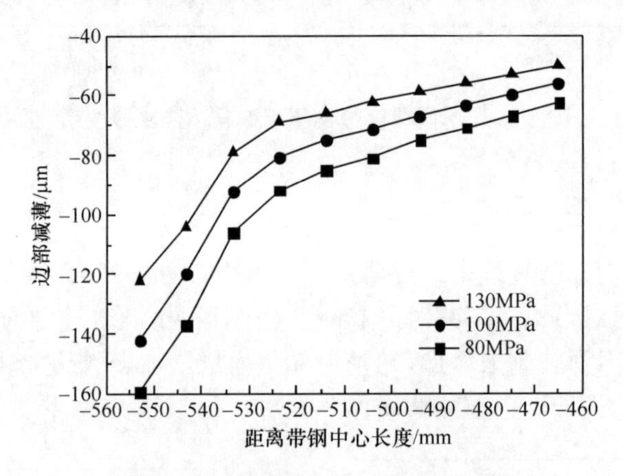

图6.21 带钢张力与边部减薄关系

6.2.4 锥形工作辊对边部减薄的影响

1. 锥形段带钢有效长度影响

如图6.22所示，工作辊锥形段有效长度是指工作辊锥形段内带钢有效长度，通常称为插入量。通过工作辊的轴向窜动可以控制工作辊锥形段内带钢有效长度的改变，达到针对不同宽度规格带钢边部减薄控制的目的。

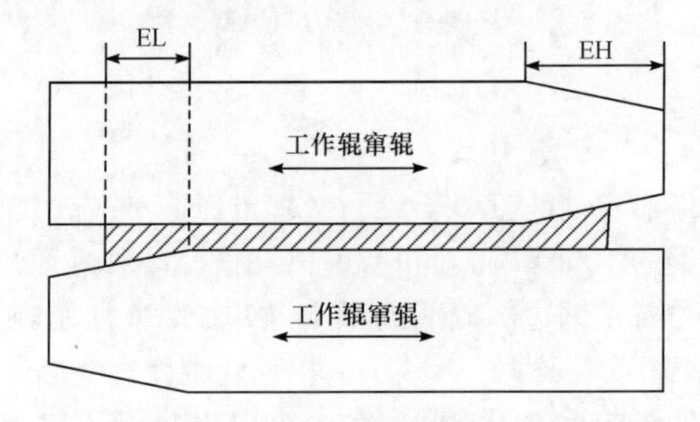

图6.22 锥形工作辊有效长度与锥度

带钢厚度由2.0mm轧制到1.4mm，压下率为30%条件下，工作辊锥度为1/300，锥形段内带钢有效长度分别为 0mm、50mm、70mm、90mm 情况下，带钢边部减薄情况如图 6.23 所示。由图可以看出，锥形工作辊边部减薄的控制效果与锥形段内带钢有效长度密切相关，随着锥形段内带钢有效长度的增加，边部减薄减小的趋势显著增大。当插入量达到一定程度后，带钢会出现边部增厚，容易导致带钢断带，因此在插入量调节过程中严禁出现边部增厚。这些数据可以证明采用锥形工作辊来改善带钢边部减薄非常有效。通过工作辊横移合理地调整锥形段内带钢有效长度，可以有效控制带钢的边部减薄量。工作辊锥形段插入量是冷连轧过程控制计算机二级模型系统根据轧制带钢的钢种和宽度等参数确定。

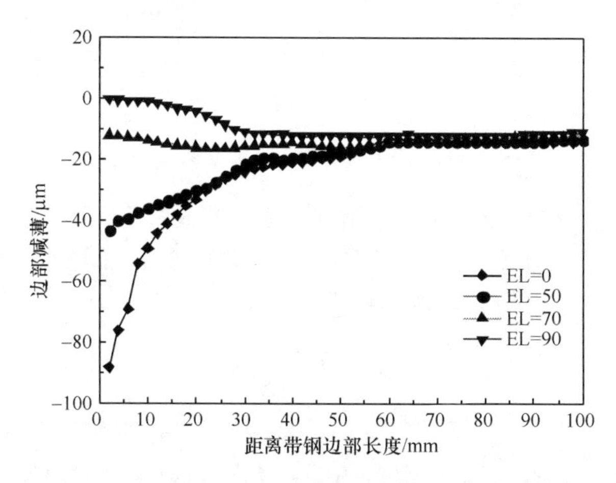

图 6.23　带钢有效长度的影响

2. 轧辊锥度影响

带钢厚度由 2.0mm 轧制到 1.4mm，压下率为 30%，锥形段内带钢有效长度为 60mm，轧辊锥度分别为 1/300、1/400 和平辊条件下，带钢边部减薄情况如图 6.24 所示。由图可见，在工作辊端部辊形曲线段内带钢有效长度相同的条件下，大锥度工作辊的边部减薄控制效果要比小锥度工作辊控制效果明显。考虑到轧辊的磨损消耗、轧辊的使用周期以及带钢平直度质量，工作锥度应在一定范围内。入口原料凸度小和实际边降值小的带钢，可选用小锥度的工作辊。大锥度的工作辊轧制压力沿轴向分布不均，轧辊磨损大，使用周期短。因此考虑轧辊磨损和边部减薄控制效果，实际生产过程中通常选用 1/400 锥度的工作辊。

6.2.5　边部减薄控制功效系数

采用锥形工作辊窜辊进行边部减薄控制时，考虑到磨辊和备辊条件，通常情况下轧辊锥度工艺参数确定后在实际生产过程中将保持不变。实际进行边部减薄在

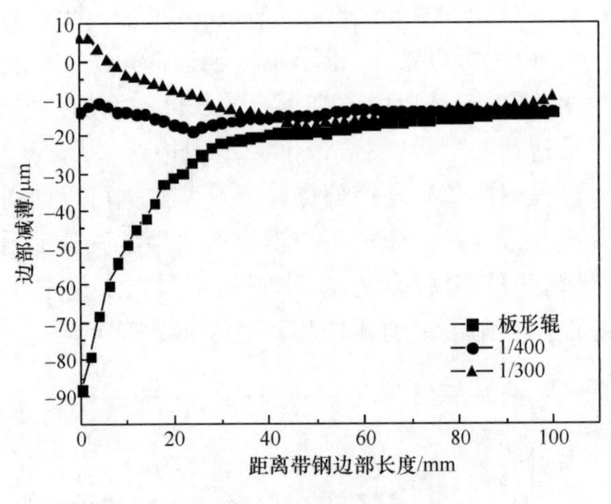

图 6.24　轧辊锥度的影响

线控制时，只通过工作辊窜辊调整带钢锥形段内有效长度。不同机架，通过工作辊窜辊形成不同的带钢有效长度条件下，带钢边部区域内不同位置特征点的边部减薄效果不同。为此定义边部减薄控制功效系数如下：

$$K_{SWi,aj}=\frac{\delta ED_{i,aj}}{\delta S_{Wi}} \tag{6.45}$$

式中，i 为道次号；j 为特征点位置号；δS_{Wi} 为 i 道次工作辊窜辊引起的锥形段内带钢有效长度变化量；$\delta ED_{i,aj}$ 为 aj 特征点第 i 道次带钢锥形段变化 δS_{Wi} 时边部减薄变化量。

根据现场工艺实际，通过有限元计算可得，采用工作辊窜辊进行边部减薄控制的前三个机架道次的不同窜辊锥形段有效长度变化量与各特征点边部减薄变化量的对应关系，进而得到工作辊窜辊对带钢边部减薄控制能力的功效系数，如图 6.25 所示。根据实际生产带钢的钢种、宽度、厚度划分层别表，在过程控制二级计算机系统中建立窜辊边降控制功效系数数据库。

冷连轧生产过程中，不同道次轧制的带钢具有比例凸度基本相同的特点。在边部减薄控制系统中，应用此特点可以计算出初始机架带钢边部减薄对成品带钢边部减薄的影响，这里定义边部减薄遗传系数 ξ_i 如下：

$$\xi_i=\frac{\delta ED_i}{\delta ED_{0,i}} \tag{6.46}$$

式中，$\delta ED_{0,i}$ 为第 i 道次入口边部减薄变化量；δED_i 为第 i 道次出口边部减薄变化量。

通过有限元分析可以计算出各机架边部减薄遗传系数。根据冷连轧的特点，随着轧制道次的增加，该系数呈逐渐增大的趋势，也就是边部减薄越来越小，下游

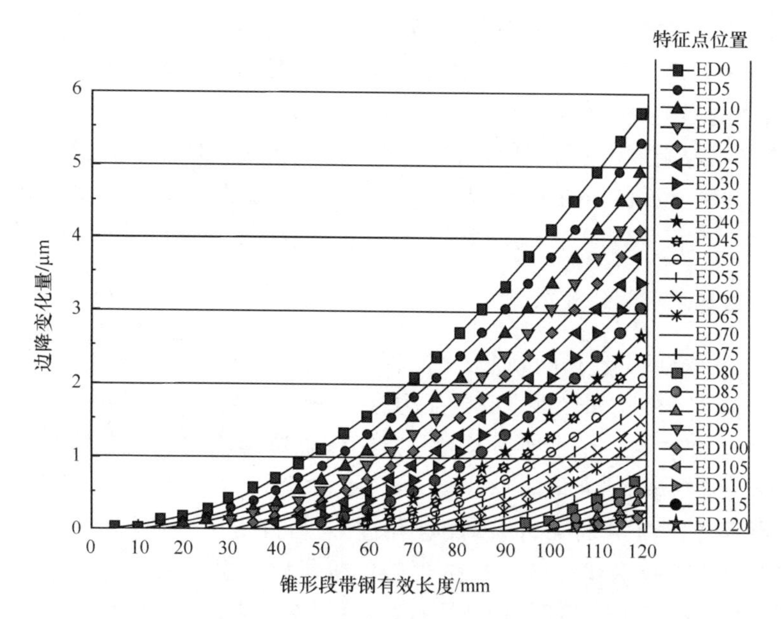

图 6.25 机架工作辊窜辊功效系数

机架很大程度上遗传继承了上游道次轧制时带钢边部减薄的特征。

6.3 锥形辊横移边部减薄控制技术

6.3.1 锥形辊横移工作原理

锥形工作辊横移(taper work roll shifting,T-WRS)是由日本川崎制铁开发的边部减薄控制控制技术,其控制方法用工作辊锥形部分在带钢边部的定位来有效地控制带钢边部减薄。采用锥形工作辊横移,利用锥形段与带钢边部的有效锥形段长度,使带钢轧制过程中边部增厚来达到控制边部减薄的作用。T-WRS边部减薄控制技术采用辊端形状设计,为补偿带钢边部减薄形状的近似轮廓——锥形,一方面补偿带钢边部轧辊弹性变形的明显变化,另一方面减小轧辊在带钢边部的磨损,以达到对带钢边部减薄的有效抑制。当此种方法与轴向移位的轧制方法相结合时,就可以实现对各种钢种、宽度和厚度带钢的边部减薄控制。

T-WRS边降控制技术的锥形工作辊的锥形部分以斜率(锥高锥长之比)研磨,带钢边缘与轧辊锥形区开始点之间的距离定为插入深度EL。当轧辊轴向移动时,插入深度发生变化,带钢边部各点的初始辊缝开度随之变化,达到对边部各点边降的控制。因此,锥度斜率是表征辊形的基本参数,参数EL是边降的控制参数。它们直接决定了带钢边部各点的初始辊缝开度。

根据带钢的不同宽度规格,通过调整锥形工作辊锥形段插入带钢边部的有效工作长度EL，来改变边部金属的横向流动，使带钢在轧制过程中边部增厚，减少切边量，提高成材率。通过工作辊横移可以改变工作辊和中间辊的接触长度，减少轧辊有害弯矩的影响，从而达到降低边部减薄的目的。锥形工作辊横移轧机具有很强的边部减薄控制能力及稳定的工作特性。参考日本HITACHI公司的相关研究结论：锥度辊放置在不同机架，其改善带钢边部较薄的效果不同，放置在S1轧机可以改善40%，S2轧机可以改善30%，其余轧机总改善效果不会超过30%。

6.3.2 关键影响因素作用效果

锥形工作辊横移轧机可以通过中间辊和工作辊的横向窜动来调节辊系之间的压力分布，调节工作辊和轧件之间的压力分布，进而改变工作辊的弹性变形和轧件的边部减薄。工作辊锥形段有效长度是指工作辊锥形段内带钢有效长度，通常称为插入量。工作辊的轴向横移也会导致工作辊锥形段有效长度的改变。如图6.26所示，锥形工作辊边部减薄的控制效果与锥形段内带钢有效长度密切相关，随着锥形段内带钢有效长度的增加，边部减薄减小的趋势显著增大。当插入量达到一定程度后，带钢会出现边部增厚，容易导致带钢断带，因此在插入量调节过程中严禁出现边部增厚。由此可见，采用锥形工作辊来改善边部减薄非常有效，通过工作辊横移合理地调整锥形段内带钢有效长度，可以有效控制带钢的边部减薄量。工作辊锥形段插入量是根据轧制带钢的钢种和宽度确定的。带锥度的工作辊必须与窜辊相结合才能有效地控制带钢边部减薄，边部减薄控制技术的两大核心内容为辊形和插入量，它们是实现边部减薄控制的关键。

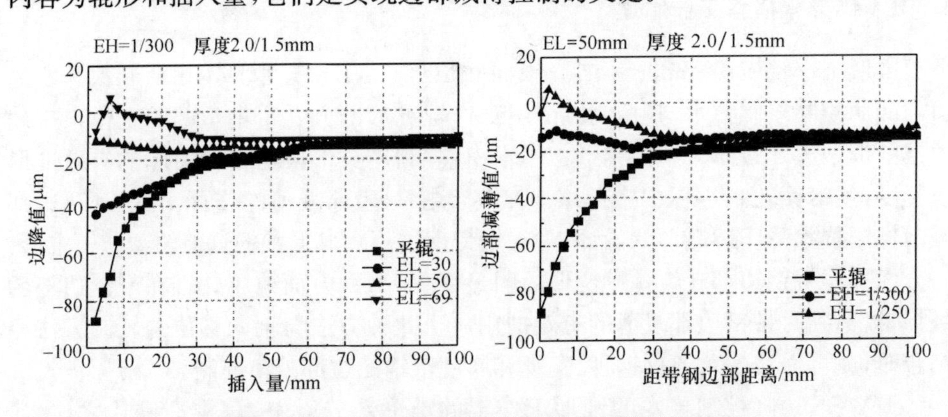

图 6.26 插入量和锥度对边部减薄控制效果的影响

锥形工作辊横移是目前使用最广泛的边部减薄控制技术，采用边部带辊形的工作辊，通过工作辊的横移来改变带钢边部与轧辊的接触压力分布，以此来调节带钢边部形状，从而达到减少带钢边部横向流动，控制边部减薄的目的。

边部减薄控制辊形的基本要求是轧辊直径逐渐减小。满足这一要求的可以是直线，也可以是任意形式的曲线。从接触压力分布角度考虑，如果工作辊辊端曲线采用直线形式，必然会在平辊段和边部减薄控制端结合处出现局部应力集中，易造成辊面剥落，带钢表面可能出现压痕，影响带钢表面质量。因此，边部减薄控制段采用曲线辊形，以实现平辊段和边部减薄控制段辊形之间的平滑过渡。边部减薄控制段辊形曲线可以采用圆形、抛物线形、高次曲线、椭圆、正弦曲线、指数曲线、对数曲线等，一般采用易磨削加工、辊形曲线保持性较好的正弦曲线。无论采用哪一种类型的曲线，设计过程中均要考虑辊形曲线的锥度，在锥度设定的前提下进行曲线设计。

由图 6.26 可知，在工作辊端部辊形曲线段内带钢有效长度相同条件下，大锥度工作辊的边部减薄控制效果要比小锥度工作辊控制效果明显。考虑到轧辊的磨损消耗、轧辊的使用周期、入口原料的凸度和实际边部减薄值，工作锥度应在一定范围内。入口原料凸度小和实际边部减薄值小的带钢，可选用小锥度的工作辊。大锥度的工作辊轧制压力沿轴向分布不均，轧辊磨损大，使用周期短。因此考虑轧辊磨损和边部减薄控制效果，实际生产过程中通常选用 1∶400 的工作辊端部辊形曲线。

6.4　边部减薄预设定控制系统

边部减薄计算机二级过程控制数学模型系统的主要功能是根据热轧原料带钢钢种、宽度、厚度、入口带钢实际凸度和现场边降闭环控制实际反馈情况，对即将进入轧机的钢卷进行工作辊窜辊插入量的预设定计算，根据带钢实际轧制数据进行自适应学习，提高模型计算精度，使工作辊窜辊插入量预设定值不断优化且接近现场生产边部减薄最佳控制效果时使用的插入量值。工作辊窜辊设定值计算流程如图 6.27 所示。

整个工作辊窜辊设定值的计算流程如下。

(1) 操作人员根据生产工艺要求，录入第 1～3 机架锥形轧辊类型数据。

(2) 带钢进入轧机序列后，一级计算机向二级计算机系统请求锥形工作辊窜辊设定值。

(3) 二级跟踪进程接收读取轧辊数据和边部减薄工艺参数，并利用模型公式计算出工作辊窜辊请求并转发给轧制策略进程。

(4) 轧制策略进程准备好数据向模型计算进程发送设定值计算请求。

(5) 模型计算进程从数据库中辊设定值发送给设定值处理进程。

(6) 二级设定值处理进程把工作辊窜辊设定值发送给基础自动化。

(7) 采集完成带钢入口实际凸度值后，二级利用实际凸度值对边部减薄工艺参数进行优化，然后重新计算工作辊窜辊设定值下发给基础自动化。

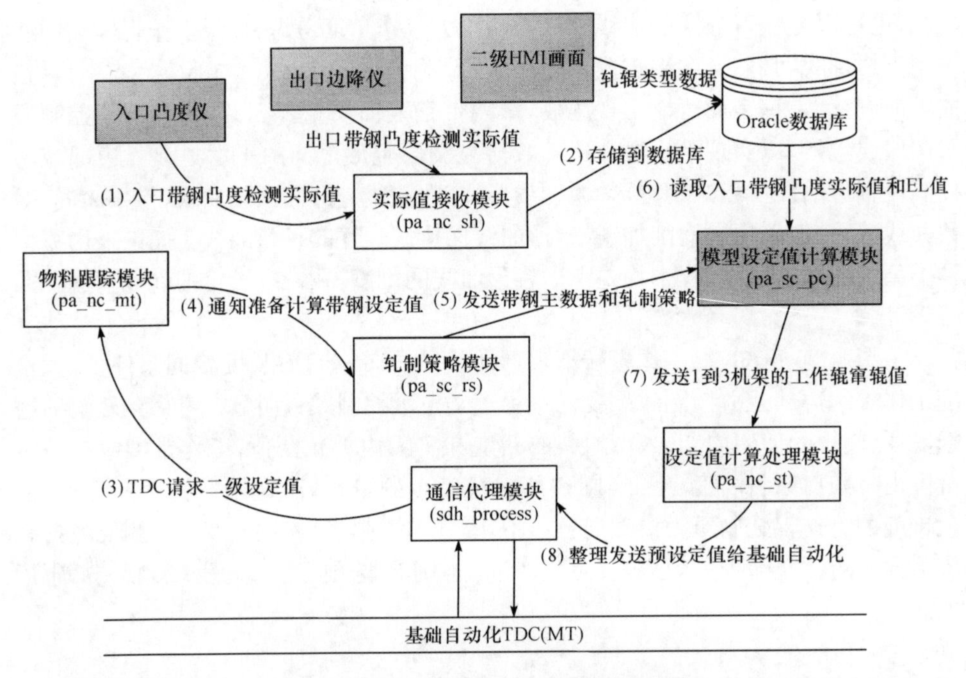

图 6.27 工作辊窜辊设定值计算流程图

(8) 通过对出口边降仪的实际数据进行回归计算，对窜辊插入量模型自适应系数进行不断优化，使模型计算设定值更加准确。

6.4.1 预设定控制模型计算

边部减薄预设定模型计算是在没有进行窜辊边部减薄调控功效系数自学习更新条件下，对于新进入冷连轧过程控制二级计算机系统轧制序列带钢的初始设定计算。预设定计算采用查表法确定机架工作辊窜辊锥形段内带钢有效长度，一般预设定控制模型计算分为如下五步。

(1) 触发条件：在没有进行窜辊边部减薄调控功效系数自学习时，对于下一卷带钢，来料进入轧制计划序列，同原系统厚度预设定触发条件。

(2) 模型输入：钢种、宽度、厚度。

(3) 模型输出：S1～S3 机架窜辊插入量，共三个参数。

(4) 需要的数据库。

① 窜辊插入量数据库。

划分层别：钢种、宽度、厚度；

保存内容：S1～S3 机架工作辊窜辊插入量，共三个参数：

SW1. Save，SW2. Save，SW3. Save。

② 窜辊插入量自学习数据库。

划分层别：钢种、宽度、厚度。

保存内容：S1～S3 机架工作辊窜辊插入量自学习系数，共三个参数：

LeaSW1. Save，LeaSW2. Save，LeaSW3. Save。

(5) 数学模型：如图 6.28 所示，从窜辊插入量数据库中根据钢种、宽度、厚度输入条件提取机架窜辊插入量，从窜辊插入量自学习数据库中根据钢种、宽度、厚度输入条件提取机架窜辊插入量自学习数值，相乘作为输出。操作侧(WS)与传动侧(DS)设定值相同。

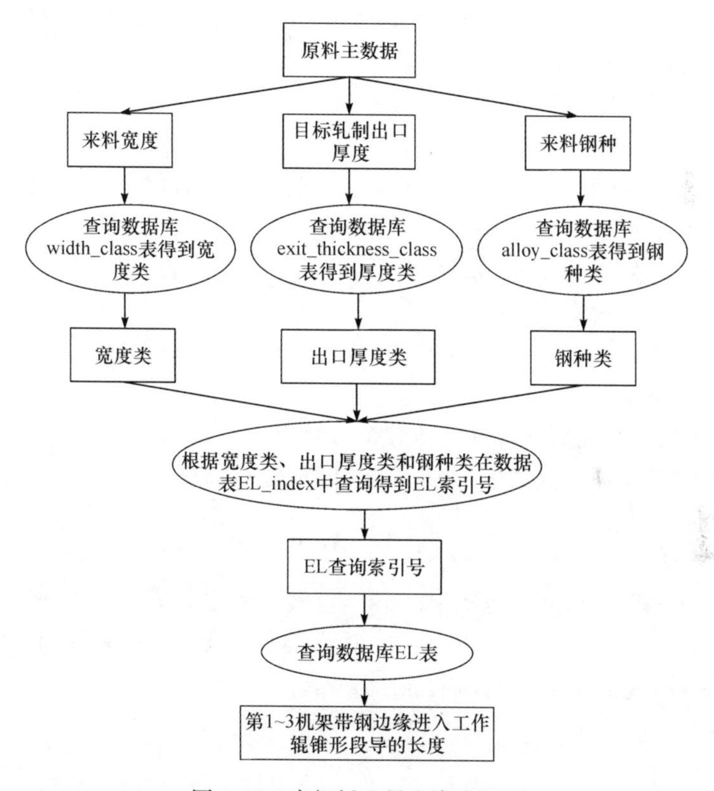

图 6.28　窜辊插入量查询流程图

6.4.2　设定控制模型计算

随着带钢轧制的连续进行，控制系统将根据带钢轧制过程中实测数据对边部减薄控制系统的工艺参数进行自适应学习，以提高模型系统的计算精度。在完成前一卷带钢轧制，并完成工作辊窜辊特征点的边部减薄调控功效系数自适应学习之后，下一卷带钢进入控制计算机生产序列，带钢头部到达 S1 机架入口凸度仪。检测到的带钢入口凸度值与热轧原料凸度参数偏差小于极限值时，将启动模型设定计算功能。一般设定控制模型计算分为如下五步。

(1) 触发条件：在完成一次窜辊边部减薄调控功效系数自学习之后，对于下一卷带钢，来料进入轧制计划序列，同原系统厚度预设定触发条件；带钢头部到达 S1 入口凸度仪时，S1 入口断面数据无较大偏差，但此时前一卷带钢轧制完成且完成一次窜辊边部减薄调控功效系数自学习。

(2) 模型输入：带钢钢种、宽度、厚度、离散点定义的 S1 入口边部减薄预设值、离散点定义的 S5 出口边部减薄目标值、边升允许死区、总窜辊插入量最大值限幅与最小值限幅、边升调节步长、两侧插入量偏差死区。

(3) 模型输出：S1～S3 机架操作侧、传动侧窜辊插入量，共 6 个参数。

(4) 需要的数据库：

① 窜辊边部减薄调控功效系数数据库。

划分层别：钢种、宽度、厚度；

保存内容：S1～S3 机架工作辊窜辊的窜辊边部减薄调控功效向量在带钢边部宽度范围内各点的幅值系数。

② 边部减薄控制目标曲线数据库。

划分层别：钢种、宽度、厚度；

保存内容：带钢边部范围一组离散点组成的边部减薄目标。

(5) 数学模型。

步骤一：从窜辊边部减薄调控功效系数数据库中根据钢种、宽度、厚度输入条件提取窜辊边部减薄调控功效系数；从边部减薄控制目标曲线数据库读取各点边部减薄控制目标值。

步骤二：计算各机架窜辊插入量。

针对带钢两侧边部某一范围(150mm)定义厚度数组 $h[j]$ 与边部减薄数组 $\mathrm{ED}[j]$，每隔一段(5mm)定义一个点，每侧 30 点，即 $j=1,2,\cdots,30$，取其中 3 个点定义为 3 个特征位置点 a_1、a_2、a_3，对应边部减薄值为 ED_{a1}，ED_{a2}，ED_{a3}，其定义方式如下：

$$\mathrm{ED}_{a1}=h_{\mathrm{Ini}}-h_{a1}$$

式中，h_{Ini} 为边部起始点厚度(可以取为 h_{120})；h_{a1} 为 a_1 点厚度。进一步区分操作侧与传动侧，则为 $\mathrm{ED}_{a1,\mathrm{WS}}$ 与 $\mathrm{ED}_{a1,\mathrm{DS}}$。

通过求解如下方程组得到各工作辊窜辊设定值：

$$\begin{cases}\mathrm{ED}_{a1}^{*}+(S_{\mathrm{W1,WS}}-S_{\mathrm{W1,WS}}^{*})K_{\mathrm{SW1},a1}+(S_{\mathrm{W2,WS}}-S_{\mathrm{W2,WS}}^{*})K_{\mathrm{SW2},a1}\\ \quad+(S_{\mathrm{W3,WS}}-S_{\mathrm{W3,WS}}^{*})K_{\mathrm{SW3},a1}+\xi(\mathrm{ED}_{0a1,\mathrm{WS}}-E_{0a1}^{*})=\mathrm{ED}_{a1,\mathrm{WS}}^{\mathrm{Set}}\\ \mathrm{ED}_{a2}^{*}+(S_{\mathrm{W1,WS}}-S_{\mathrm{W1,WS}}^{*})K_{\mathrm{SW1},a2}+(S_{\mathrm{W2,WS}}-S_{\mathrm{W2,WS}}^{*})K_{\mathrm{SW2},a2}\\ \quad+(S_{\mathrm{W3,WS}}-S_{\mathrm{W3.WS}}^{*})K_{\mathrm{SW3},a2}+\xi(\mathrm{ED}_{0a1,\mathrm{WS}}-E_{0a2}^{*})=\mathrm{ED}_{a2,\mathrm{WS}}^{\mathrm{Set}}\\ \mathrm{ED}_{a3}^{*}+(S_{\mathrm{W1,WS}}-S_{\mathrm{W1,WS}}^{*})K_{\mathrm{SW1},a3}+(S_{\mathrm{W2,WS}}-S_{\mathrm{W2,WS}}^{*})K_{\mathrm{SW2},a3}\\ \quad+(S_{\mathrm{W3,WS}}-S_{\mathrm{W3.WS}}^{*})K_{\mathrm{SW3},a3}+\xi(\mathrm{ED}_{0a1,\mathrm{WS}}-E_{0a3}^{*})=\mathrm{ED}_{a3,\mathrm{WS}}^{\mathrm{Set}}\end{cases}$$

式中，标星号变量代表用于插值的典型工况对应的参数；ξ 为来料边部形状向量对产品边部形状向量的影响系数；下标“0”表示来料边部减薄数据，对边部减薄设定控制模型为预设来料边部减薄数据。

步骤三：出口厚度边升判断。

计算带钢边部各点边部减薄值：

$$ED_{WS}[j]=ED_{WS}^{*}[j]+(S_{W1,WS}-S_{W1,WS}^{*})K_{SW1}[j]+(S_{W2,WS}-S_{W2,WS}^{*})K_{SW2}[j]+(S_{W3,WS}-S_{W3.WS}^{*})K_{SW3}[j]+\xi(ED_{0,WS}[j]-E_{0}^{*}[j])$$

$$ED_{DS}[j]=ED_{DS}^{*}[j]+(S_{W1,DS}-S_{W1,DS}^{*})K_{SW1}[j]+(S_{W2,DS}-S_{W2,DS}^{*})K_{SW2}[j]+(S_{W3,DS}-S_{W3.DS}^{*})K_{SW3}[j]+\xi(ED_{0,DS}[j]-E_{0}^{*}[j])$$

计算各点与控制目标曲线偏差值：

$$\Delta ED_{WS}[j]=ED_{WS}[j]-ED_{WS}^{Set}[j]$$

$$\Delta ED_{DS}[j]=ED_{DS}[j]-ED_{DS}^{Set}[j]$$

针对各点判断，边部减薄如果大于边升允许死区，则进行相应调节。如果在 S3 机架窜辊插入量(S_{W3})最大调节范围内，则首先调节 S_{W3}，然后调节 S_{W2}，最后调节 S_{W1}，直至边升控制在死区范围内；如果在 S_{W3} 与 S_{W2} 最大调节范围之间，则首先调节 S_{W2}，然后调节 S_{W1}，直至边升控制在死区范围内；如果在 S_{W2} 与 S_{W1} 最大调节范围之间，则仅调节 S_{W1}，直至边升控制在死区范围内，传动侧控制逻辑同操作侧。

步骤四：两侧插入量偏差限制。

如果两侧插入量偏差大于一定范围，则进行限制控制逻辑如下。当两侧插入量偏差($DIFS_{Wi}$)大于偏差死区($SIDEBAND_i$)时，WS 和 DS 侧插入量分别修正为

$$S_{Wi,WS}=S_{Wi,WS}-(DIFS_{Wi}-SIDEBAND_i)/2$$

$$S_{Wi,DS}=S_{Wi,DS}+(DIFS_{Wi}-SIDEBAND_i)/2$$

当两侧插入量偏差小于偏差死区($-SIDEBAND_i$)时，WS 和 DS 侧插入量分别修正为

$$S_{Wi,WS}=S_{Wi,WS}+(DIFS_{Wi}-SIDEBAND_i)/2$$

$$S_{Wi,DS}=S_{Wi,DS}-(DIFS_{Wi}-SIDEBAND_i)/2$$

步骤五：总窜辊插入量限幅控制逻辑如下。

当某一侧的插入量大于限幅值(Max S_{Wi})时，则插入量修正为 $S_{Wi,WS}=\text{Max } S_{Wi}$。

当某一侧的插入量大于限幅值(Min S_{Wi})时，则插入量修正为 $S_{Wi,DS}=\text{Min } S_{Wi}$。

步骤六：两侧窜辊值插入量分别输出，并取平均保存到窜辊插入量数据库：

$$S_{Wi,Save}=(S_{Wi,WS}+S_{Wi,DS})/2$$

6.4.3　再设定控制模型计算

边部减薄控制模型的预设定计算和设定计算是带钢信息进入冷连轧控制计算

机形成带钢轧制序列时触发的。随着轧制过程的进行，带钢进入轧机前的凸度仪时，带钢断面的边降值将被实测，此时数学模型系统将根据带钢的入口实测边降信息进行最后的再设定计算，并将计算结果发送给基础自动化进行工作辊窜辊的实际控制。边部减薄再设定控制模型与边部减薄预设定控制模型相同，区别是通过S1 机架入口凸度仪测得的来料边部形状代替预设定来料边部形状。

(1) 触发条件：根据带钢跟踪，获得稳定的 S1 入口断面数据并与预设 S1 入口断面数据比较存在较大偏差，则触发计算。

(2) 模型输入：带钢钢种、宽度、厚度、S1 入口凸度仪实测多点厚度信号、离散点定义的 S1 入口边降预设值、离散点定义的 S5 出口边降目标值、S1 入口厚度值最大值与最小值、S1 入口边降值稳定判断限幅、S1 入口边部减薄偏差死区、边升允许死区、总窜辊插入量最大值与最小值限幅、边升调节步长、两侧插入量偏差死区。

(3) 模型输出：S1～S3 机架操作侧、传动侧窜辊插入量，共 6 个参数。

(4) 需要的数据库：窜辊边部减薄调控功效系数数据库，边部减薄控制目标曲线数据库。

(5) 数学模型。

步骤一：边部减薄再设定触发条件。

以 T 为程序执行周期，在该执行周期内取平均，设 S1 前凸度仪采样周期为 t，则平均采样数 n 为

$$n=T/t$$

针对每一位置厚度实测值，可以得到执行周期 T 内的平均值。

计算各点边部减薄值，以操作侧为例，传动侧控制逻辑与操作侧相同：

$$ED_{0,WS}^{Mea}[j]=\overline{h_{0,WS}^{Mea}[23]}-\overline{h_{0,WS}^{Mea}[j]}$$

判断是否周期内点都有效，如果有效则计入多周期稳定判断的 N 序列周期，否则 N 序列周期重新计数。判断连续 M 个周期边部减薄值偏差趋于稳定，然后判断实测边部减薄值与预设边部减薄值之间偏差。其中判断实测边部减薄值与预设边部减薄值之间偏差，选取点数对应 S1 入口凸度仪检测点数。

步骤二：从窜辊边部减薄调控功效系数数据库中根据钢种、宽度、厚度输入条件提取窜辊边部减薄调控功效系数；从边部减薄控制目标曲线数据库读取各点边部减薄控制目标值。

步骤三：计算各机架窜辊插入量。

针对带钢两侧边部 150mm 范围定义厚度数组 $h[j]$与边部减薄数组 ED[j]，每隔 5mm 定义一个点，每侧 30 点，即 $j=1,2,\cdots,30$，取其中 3 点定义为特征位置点，如 a_1、a_2、a_3，对应边部减薄值为 ED_{a1}，ED_{a2}，ED_{a3}（如 ED[3]，ED[8]，ED[14]），以 ED_{a1}为例，其定义方式如下：

$$\mathrm{ED}_{a1}=h_{\mathrm{Ini}}-h_{a1}$$

式中，h_{Ini}为边部标准点厚度（如可以取距离边部 120mm 处为 $h[23]$），h_{a1}为 a_1 点厚度，即

$$\mathrm{ED}[j]=h[23]-h[j]$$

若进一步区分操作侧与传动侧，则变量定义为 $\mathrm{ED}_{a1,\mathrm{WS}}$与 $\mathrm{ED}_{a1,\mathrm{DS}}$。

通过求解如下方程组得到各窜辊设定值：

$$\begin{cases}\mathrm{ED}_{a1}^{*}+(S_{\mathrm{W1,WS}}-S_{\mathrm{W1,WS}}^{*})K_{\mathrm{SW1},a1}+(S_{\mathrm{W2,WS}}-S_{\mathrm{W2,WS}}^{*})K_{\mathrm{SW2},a1}\\ +(S_{\mathrm{W3,WS}}-S_{\mathrm{W3.WS}}^{*})K_{\mathrm{SW3},a1}+\xi(\mathrm{ED}_{0a1,\mathrm{WS}}^{\mathrm{Mea}}-E_{0a1}^{*})=\mathrm{ED}_{a1,\mathrm{WS}}^{\mathrm{Set}}\\ \mathrm{ED}_{a2}^{*}+(S_{\mathrm{W1,WS}}-S_{\mathrm{W1,WS}}^{*})K_{\mathrm{SW1},a2}+(S_{\mathrm{W2,WS}}-S_{\mathrm{W2,WS}}^{*})K_{\mathrm{SW2},a2}\\ +(S_{\mathrm{W3,WS}}-S_{\mathrm{W3.WS}}^{*})K_{\mathrm{SW3},a2}+\xi(\mathrm{ED}_{0a2,\mathrm{WS}}^{\mathrm{Mea}}-E_{0a2}^{*})=\mathrm{ED}_{a2,\mathrm{WS}}^{\mathrm{Set}}\\ \mathrm{ED}_{a3}^{*}+(S_{\mathrm{W1,WS}}-S_{\mathrm{W1,WS}}^{*})K_{\mathrm{SW1},a3}+(S_{\mathrm{W2,WS}}-S_{\mathrm{W2,WS}}^{*})K_{\mathrm{SW2},a3}\\ +(S_{\mathrm{W3,WS}}-S_{\mathrm{W3,WS}}^{*})K_{\mathrm{SW3},a3}+\xi(\mathrm{ED}_{0a1,\mathrm{WS}}^{\mathrm{Mea}}-E_{0a3}^{*})=\mathrm{ED}_{a3,\mathrm{WS}}^{\mathrm{Set}}\end{cases}$$

式中，上标“Mea”表示来料边部减薄数据为 S1 机架入口边部减薄仪实测值。

步骤四：出口厚度边升判断。

计算带钢边部各点边部减薄值：

$\mathrm{ED}_{\mathrm{WS}}[j]=\mathrm{ED}_{\mathrm{WS}}^{*}[j]+(S_{\mathrm{W1,WS}}-S_{\mathrm{W1,WS}}^{*})K_{\mathrm{SW1}}[j]+(S_{\mathrm{W2,WS}}-S_{\mathrm{W2,WS}}^{*})K_{\mathrm{SW2}}[j]+(S_{\mathrm{W3,WS}}-S_{\mathrm{W3.WS}}^{*})K_{\mathrm{SW3}}[j]+\xi(\mathrm{ED}_{0\mathrm{WS}}^{\mathrm{Mea}}[j]-E_{0}^{*}[j])$ $\mathrm{ED}_{\mathrm{DS}}[j]=\mathrm{ED}_{\mathrm{DS}}^{*}[j]+(S_{\mathrm{W1,DS}}-S_{\mathrm{W1,DS}}^{*})K_{\mathrm{SW1}}[j]+(S_{\mathrm{W2,DS}}-S_{\mathrm{W2,DS}}^{*})K_{\mathrm{SW2}}[j]+(S_{\mathrm{W3,DS}}-S_{\mathrm{W3,DS}}^{*})K_{\mathrm{SW3}}[j]+\xi(\mathrm{ED}_{0\mathrm{DS}}^{\mathrm{Mea}}[j]-E_{0}^{*}[j])$

计算各点与控制目标曲线偏差值：

$$\Delta\mathrm{ED}_{\mathrm{WS}}[j]=\mathrm{ED}_{\mathrm{WS}}[j]-\mathrm{ED}_{\mathrm{WS}}^{\mathrm{Set}}[j]$$

$$\Delta\mathrm{ED}_{\mathrm{DS}}[j]=\mathrm{ED}_{\mathrm{DS}}[j]-\mathrm{ED}_{\mathrm{DS}}^{\mathrm{Set}}[j]$$

针对各点判断边部减薄如果大于边升允许死区，则进行相应调节如下。

如果在 S3 机架窜辊 S_{W3}最大调节范围内，则首先调节 S_{W3}，然后调节 S_{W2}，最后 S_{W1}，直至边升控制在死区范围内；如果在 S_{W3}与 S_{W2}最大调节范围之间，则首先调节 S_{W2}，然后 S_{W1}，直至边升控制在死区范围内；如果在 S_{W2}与 S_{W1}最大调节范围之间，则仅调节 S_{W1}，直至边升控制在死区范围内，传动侧控制逻辑同操作侧。

步骤五：两侧插入量偏差限制。

如果两侧插入量偏差大于一定范围，则进行限制。

如果两侧插入量偏差大于偏差死区（$\mathrm{SIDEBAND}_i$）时，则操作和传动侧插入量分别修正为

$$S_{\mathrm{W}i,\mathrm{WS}}=S_{\mathrm{W}i,\mathrm{WS}}-(\mathrm{DIFS}_{\mathrm{W}i}-\mathrm{SIDEBAND}_i)/2$$

$$S_{\mathrm{W}i0,\mathrm{DS}}=S_{\mathrm{W}i,\mathrm{DS}}+(\mathrm{DIFS}_{\mathrm{W}i}-\mathrm{SIDEBAND}_i)/2$$

如果两侧插入量偏差小于偏差死区（$-\mathrm{SIDEBAND}_i$）时，则 WS 和 DS 侧插入

量分别修正为

$$S_{Wi,WS}=S_{Wi,WS}+(DIFS_{Wi}-SIDEBAND_i)/2$$

$$S_{Wi,DS}=S_{Wi,DS}-(DIFS_{Wi}-SIDEBAND_i)/2$$

步骤六：总窜辊插入量限幅。

当某一侧的插入量大于限幅值(Max S_{Wi})时，则插入量修正为

$$S_{Wi,WS}=\text{Max } S_{Wi}$$

当某一侧的插入量大于限幅值(Min S_{Wi})时，则插入量修正为

$$S_{Wi,DS}=\text{Min } S_{Wi}$$

步骤七：两侧窜辊值插入量分别输出，并取平均保存到窜辊插入量数据库。

$$S_{Wi,Save}=(S_{Wi,WS}+S_{Wi,DS})/2$$

6.4.4 窜辊插入量自学习控制模型

轧制过程中，带钢实际边部减薄值及其对应的机架工作辊窜辊带钢插入量实际值都可以获得。为了提高窜辊模型计算精度，可以用窜辊实际值对模型进行自适应学习以求提高模型计算精度。模型自适应计算首先需要在一卷带钢生产周期内对实际边部减薄值和窜辊值进行合理性和逻辑性校验。在满足边降控制精度要求前提下，获得窜辊插入量实际值，并对实际值进行数理统计处理，得到模型自适应所需的实际值。然后通过指数平滑法计算模型自适应学习系数。自学习系数按带钢钢种、宽度和厚度层别表的形式存储在过程控制计算机数据库中。

(1)触发条件：本卷钢边部减薄闭环控制投入过程中，触发针对本卷钢的窜辊插入量自适应计算，本卷钢轧制结束时，当自适应完成一定次数时，触发自学习计算。

(2) 模型输入：钢种、宽度、厚度、离散点定义的 S5 出口边部减薄目标值、S5 机架出口边降仪实测多点厚度信号、S5 机架出口边部减薄值稳定判断限幅、边部减薄偏差量死区、自适应计数值，自学习触发计数值。

(3) 模型输出：S1～S3 机架窜辊插入量自学习系数，共 3 个参数。

(4) 需要的数据库。

① 窜辊插入量数据库。

划分层别：钢种、宽度、厚度；

保存内容：S1～S3 机架工作辊窜辊插入量，共 3 个数值，即 $S_{W1.Save}$，$S_{W2.Save}$，$S_{W3.Save}$。

② 窜辊插入量自学习数据库。

划分层别：钢种、宽度、厚度；保存内容：S1～S3 机架工作辊窜辊插入量自学习系数，共 3 个数值，即 LEASW1. Save，LEASW2. Save，LEASW3. Save。

(5) 数学模型。

步骤一：从窜辊插入量数据库中根据钢种、宽度、厚度输入条件提取 S1～S3 机架窜辊插入量，从窜辊插入量自学习数据库中根据钢种、宽度、厚度输入条件提取 S1～S3 机架窜辊插入量自学习数值。

步骤二：自适应触发条件判断。

以 T 为程序执行周期，在该执行周期内取平均，设 S5 后边部减薄仪采样周期为 t，则平均采样数 n 为

$$n=T/t$$

针对每一位置厚度实测值，可以得到执行周期 T 内的平均值，判断是否周期内点都有效，如果有效则启动自适应计算，传动侧控制逻辑相同。

步骤三：自适应计算。

依据系统已保存的窜辊插入量以及当前执行周期的窜辊插入量，按照指数平滑法进行自适应计算，首先将数据库提取的窜辊插入量作为自适应的起点：

$$S_{Wi.\,WS.\,Save}=S_{Wi.\,Save}$$

然后通过如下指数平滑法公式进行自适应计算：

$$\mathrm{ADAS}_{Wi.\,WS}=\mathrm{ADAS}_{Wi.\,WS}+\alpha(S_{Wi.\,WS}/S_{Wi.\,WS.\,Save}-\mathrm{ADAS}_{Wi.\,WS})$$

$$\mathrm{SELFADANUM}=\mathrm{SELFADANUM}+1$$

其中，SELFADANUM 为自适应计数值；$\mathrm{ADAS}_{Wi.\,WS}$为每执行周期自适应后的窜辊插入量自适应系数，α 为自适应系数。

步骤四：自学习计算

当一卷钢轧制结束时，判断自适应计数是否达到自学习触发计数，如果满足则触发自学习，自学习公式如下：

$$\mathrm{LEAS}_{Wi.\,WS}=\mathrm{LEAS}_{Wi.\,WS}+\beta(\mathrm{LEAS}_{Wi.\,WS}-\mathrm{ADAS}_{Wi.\,WS})$$

其中，$\mathrm{LEAS}_{Wi.\,WS}$为每执行周期自适应后的窜辊插入量自学习系数，β 为自适应系数。

这里需要强调，自适应在一卷钢控制过程中计算多次，不更新数据库，而自学习在一卷钢轧制结束触发一次，更新数据库，且传动侧控制逻辑同操作侧。

步骤五：两侧自学习系数取平均，保存在自学习数据库中：

$$\mathrm{LEAS}_{Wi.\,Save}=(\mathrm{LEAS}_{Wi.\,WS}+\mathrm{LEAS}_{Wi.\,DS})/2$$

6.4.5　调控功效系数自学习控制模型

调控功效系数初始值是通过理论计算和生产经验获得的。带钢轧制过程中各机架窜辊插入量目标设定值与实际值、带钢入口和出口边部减薄目标值与实际值都可以实测获得，因此可以利用公式在线对特征点工作辊窜辊边降调控功效系数 $K_{SWi,ai}$进行自适应学习优化以提高参数精度。更新后的功效系数按带钢钢种、宽度和厚度层别表的形式存储在过程控制计算机数据库中。

(1) 触发条件：窜辊插入量自学习系数与 1 偏差较大时，触发窜辊边部减薄调控功效自学习控制模型。

(2) 模型输入：钢种、宽度、厚度、S1 入口边部减薄仪实测多点厚度信号、S5 出口边部减薄仪实测多点厚度信号、窜辊插入量自学习偏差限幅。

(3) 模型输出：S1～S3 机架工作辊窜辊的窜辊边部减薄调控功效向量在带钢边部宽度范围内各点的幅值系数，窜辊边部减薄调控功效系数自学习触发标志。

(4) 需要的数据库。

① 窜辊插入量自学习数据库。

划分层别：钢种、宽度、厚度。

保存内容：S1～S3 机架工作辊窜辊插入量自学习系数，共三个数值，即 LeaSW1. Save，LeaSW2. Save，LeaSW3. Save。

② 窜辊边部减薄调控功效系数数据库。

划分层别：钢种、宽度、厚度。

保存内容：S1～S3 机架工作辊窜辊的窜辊边部减薄调控功效向量在带钢边部宽度范围内各点的幅值系数。

(5) 数学模型。

步骤一：从窜辊插入量自学习数据库中根据钢种、宽度、厚度输入条件提取 S1～S3 机架窜辊插入量自学习数值。

步骤二：判断上一卷钢窜辊插入量自适应系数偏差大于一定限幅，则启动窜辊边部减薄调控功效系数自学习。

步骤三：窜辊边部减薄调控功效系数自学习计算。

针对带钢宽度边部范围内特定点，提取三组窜辊实测位置值、S1 入口边部减薄实测值以及 S5 出口边部减薄实测值，依据以下公式建立三个方程形成的方程组，求解得到该点对应的窜辊边部减薄调控功效系数：

$$\begin{aligned}&\mathrm{ED}_{\mathrm{WS}}^{*}[j]+(S_{\mathrm{W1,WS}}-S_{\mathrm{W1,WS}}^{*})K_{\mathrm{SW1}}[j]+(S_{\mathrm{W2,WS}}-S_{\mathrm{W2,WS}}^{*})K_{\mathrm{SW2}}[j]\\&\quad+(S_{\mathrm{W3,WS}}-S_{\mathrm{W3.WS}}^{*})K_{\mathrm{SW3}}[j]+\xi(\mathrm{ED}_{0\mathrm{WS}}^{\mathrm{Mea}}[j]-E_{0}^{*}[j])=\mathrm{ED}_{\mathrm{WS}}[j]\end{aligned}$$

通过该方法只能针对有探头检测值位置点进行窜辊边部减薄调控功效系数自学习计算，其他位置则需要插值处理。计算得到的两侧窜辊边部减薄调控功效系数取平均，保存在窜辊边部减薄调控功效系数数据库中。

6.5 边部减薄反馈控制系统

6.5.1 测量值数据采集与处理

如图 6.29 所示，边部减薄检测仪简称边降仪，它发出的射线根据投射原理工作，射线源发出 X 射线或同位素射线透过被测物体(即带钢)。在被测带钢另一面的检测器测量出射线的强度。在 IMS 边降仪上一直采用电离室作为检测器，当射线穿过带钢时，带钢会吸收一些射线，剩下的未被吸收的辐射到达检测器，检测器测量这些辐射的强度并产生电离电流 I_m，而此电流与带钢厚度成比例。电离电流在测量变换器内转换成数字信号，此测量变换器位于 C 形架内，然后此信号通过以太网连接传送到边降仪信号处理计算机，信号处理计算机输出表示带钢厚度的信息。

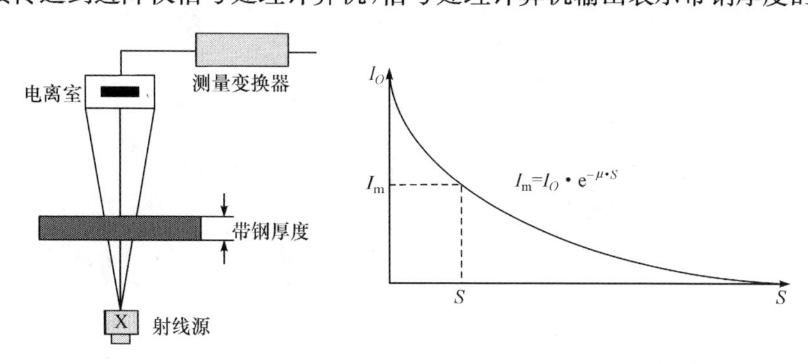

图 6.29　边部减薄仪检测原理

一般而言，边部减薄检测仪可以提供带钢中心线厚度测量，以及带钢边部轮廓的连续测量。它由一个 C 形架组成并包含三个测量头，两个边部测量头和一个中心线测量头。每个边部测量头包含多个检测器(如 15 个检测器)，中心测量头也包含多个检测器(如 12 个检测器)。电离室是唯一被使用的检测器，每个检测器输出信号作为独立的厚度测量通道单独处理。在板带测量和校准过程中，会不断地对所有通道数据有效性进行检查。由此而来，所有的故障通道都可以被自动检测出来，并被剔除而不会中断设备的检测。如图 6.30 所示，边部测量头的检测器以这样的形式布置：最外侧的测量通道始终测到"无带钢"，旁边的一个通道用于带钢边部位置检测。如果带钢不跑偏，在"自动测边"参数开启时，测量头自动追踪带钢边部，直到第三个电离室被带钢完全覆盖，测量头停止移动。在带钢不跑偏的时候，能测到边部 200mm 区域，检测的最小带钢宽度是 870mm，低于此宽度的带钢，其边部测量范围将减少。其中，带钢楔度、凸度和边部减薄的计算见表 6.3。

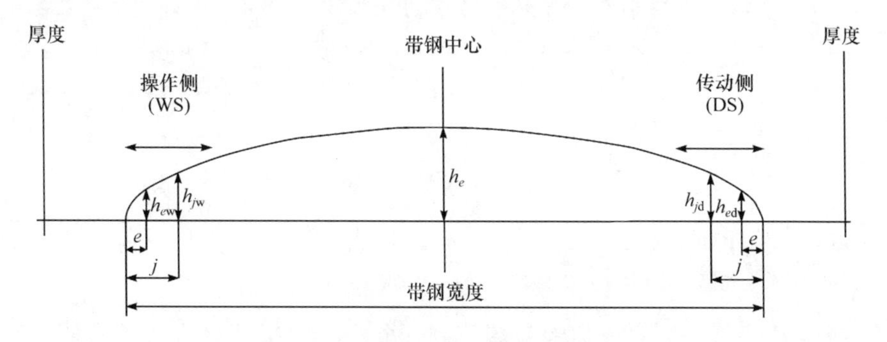

图 6.30　边部减薄仪检测点分布

表 6.3　楔形、凸度和边部减薄的数值计算

数值	方程
凸度(平均)	$h_c-(h_{jd}+h_{jw})/2$
凸度(DS)	h_c-h_{jd}
凸度(WS)	h_c-h_{jw}
楔形	$h_{jw}-h_{jd}$
边部减薄(DS)	$h_{ed}-h_{jd}$
边部减薄(WS)	$h_{ew}-h_{jw}$
边部减薄(平均)	$(h_{jw}+h_{jd})/2-(h_{ew}+h_{ed})/2$

注：h_{ew}、h_{ed}为距离边部 e mm 点的带钢厚度；h_{jw}、h_{jd}为距离边部 $j$mm 点的带钢厚度；h_c 为中心线带钢厚度。

6.5.2　单特征点闭环控制模型

边部减薄单特征点闭环控制模型是针对 S5 机架出口边降仪实测边部减薄偏差信号中某个特殊的特征点(如距带钢边缘 20～120mm 的边部减薄值)定义的，S1～S3 机架以特定的顺序计算各自的锥形段插入调节量进行调节。当发生设备故障或操作工发现异常时，主控台可以将某个机架单独地关闭锥形段插入功能，此时该机架使用平辊轧制模式。在这种情况下，单特征点闭环控制模型的各个机架控制算法的输入数据需要进行特定的判断，以便输入合理的边部减薄特征数据。在各种选择情况下，各个机架的模型输入数据见表 6.4。

表 6.4　单特征点闭环控制投入的逻辑顺序

S1 使能	S1 输入	S2 使能	S2 控制输入	S3 使能	S3 控制输入
No	0	No	0	No	0
				Yes	ΔED_0
		Yes	ΔED_0	No	0
				Yes	$\Delta ED_0-\Delta ED_2$
Yes	ΔED_0	No	0	No	0
				Yes	$\Delta ED_0-\Delta ED_1$
		Yes	$\Delta ED_0-\Delta ED_1$	No	0
				Yes	$\Delta ED_0-\Delta ED_1-\Delta ED_2$

注：表中 ΔED_0 为模型初始输入量特征点边部减薄偏差值；ΔED_1 为模型计算出的 S1 机架锥形段插入调节量已经提供的偏差消除量；ΔED_2 为 S2 机架提供的偏差消除量。

如果三个机架共同完成边部减薄控制任务，在 S1 机架投入边部减薄闭环控制，S2 机架与 S3 机架只有一架投入边部减薄闭环控制时，如果 S1 架的实际插入量没有超过 75%,则后续机架将不参与边部减薄闭环控制。如果 S1 架不投入边部减薄闭环控制,S2、S3 投入边部减薄闭环控制,那么 S2 插入量没有超过 50%,S3 不参与边部减薄闭环控制。S1～S3 机架全都投入边部减薄闭环控制,S1 到达 75%,S2 开始调节;S2 达到 50%,S3 开始调节。

在边部减薄控制单特征点闭环控制模型中,针对带钢两侧边部减薄实测值对上、下工作辊分别进行闭环反馈控制,即非对称调节控制。边部减薄反馈控制根据 S5 机架出口边降仪检测的成品横向断面的厚度实际值,分为边升控制和边部减薄控制两部分,而边升控制的优先控制等级要高于边部减薄控制。单特征点闭环控制模型的核心是锥形段插入调节量 EL 的计算,EL 直接影响边部减薄控制的效果。EL 应根据带钢的入口厚度 H、出口厚度 h、变形抗力 σ、边部减薄反馈值与目标值之差 E_{d}、张力 T 等条件确定,即

$$\mathrm{EL}=f(H,h,\sigma,E_{\mathrm{d}},T) \tag{6.47}$$

式中,EL 随 H、h、σ、E_{d} 的增大而增大;在边部减薄目标控制量相同的情况下,张力 T 越大,所需的 EL 越小,对上述公式等号两边取增量:

$$\Delta\mathrm{EL}=\frac{\partial f}{\partial H}\Delta H+\frac{\partial f}{\partial h}\Delta h+\frac{\partial f}{\partial \sigma}\Delta\sigma+\frac{\partial f}{\partial E_{\mathrm{d}}}\Delta E_{\mathrm{d}}+\frac{\partial f}{\partial T}\Delta T$$

令式中 $K_H=\frac{\partial f}{\partial H}$、$K_h=\frac{\partial f}{\partial h}$、$K_\sigma=\frac{\partial f}{\partial \sigma}$、$K_{E_{\mathrm{d}}}=\frac{\partial f}{\partial E_{\mathrm{d}}}$、$K_T=\frac{\partial f}{\partial T}$,则

$$\Delta EL=K_H\Delta H+K_h\Delta h+K_\sigma\Delta\sigma+K_{E_{\mathrm{d}}}\Delta E_{\mathrm{d}}+K_T\Delta T$$

故 EL 可以写成

$$\mathrm{EL}=\mathrm{EL}_0+\Delta\mathrm{EL}=\mathrm{EL}_0+K_H\Delta H+K_h\Delta h+K_\sigma\Delta\sigma+K_{E_{\mathrm{d}}}\Delta E_{\mathrm{d}}+K_T\Delta T$$

边部减薄控制的目的就是通过锥形段的插入使边部减薄反馈值与目标值之差 E_{d} 趋近于零,因此 ΔE_{d} 是边部减薄控制的基本着眼点。并且在固定的某卷带钢轧制过程中,针对每一个固定的机架来说,H、h、σ、T 基本都是固定的,因此可以简化公式如下:

$$\mathrm{EL}=\mathrm{EL}_0+K_{E_{\mathrm{d}}}\Delta E_{\mathrm{d}} \tag{6.48}$$

模型的参数通过锥形段插入轧制实验获得。实验中针对固定的机架,使用同一批同规格的带钢进行。实验步骤如下。

(1) 取两块轧制实验料,使用平辊轧制,收集稳态轧制过程中的边部减薄数据计算这批料平均轧后边部减薄值。

(2) 取同一批次的同规格实验料两块,将锥形段插入 10mm,轧制过程中不修正锥形段插入值,收集稳态轧制过程边部减薄数据,计算锥形段插入量为 10mm 时的平均边部减薄值,与步骤(1)中获得的数据比较,得到锥形段插入量 10mm 时的边部减薄功效值。

(3) 每轧制同一批次的同规格实验料两块，将锥形段插入量调整一次，每次增加 10mm，进行与步骤(2)相同的数据收集过程，获得不同的锥形段插入量时的边部减薄功效值。

(4) 将该批次同规格带钢轧至边部减薄值小于 3μm 后停止该规格带钢的轧制实验，根据所收集的数据绘制该规格品种的带钢边部减薄功效曲线。

针对具体的钢种、规格、机架的边部减薄功效曲线如图 6.31 所示。

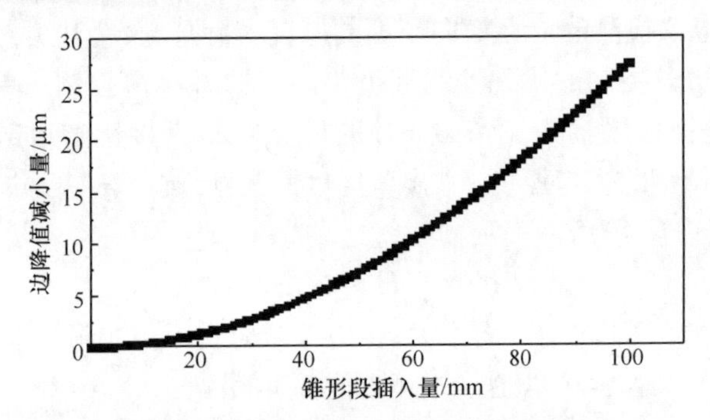

图 6.31　不同的锥形段插入量对特征点处带钢边部减薄功效示意图

由于冷轧硅钢生产的产品规格较少，几乎所有的产品带钢目标厚度都是同一规格(如 0.5mm)，来料厚度变化也不是很大，基本固定。因此在进行轧制实验时，主要针对不同钢种和不同机架组合进行。由于图 6.31 的边部减薄功效曲线是通过离散插入量拟合获得的，在收集插入量点上的数据时准确度较高，因此在不同插入量实验工作点附近都对公式 $EL=EL_0+K_{E_d}\Delta E_d$ 进行拟合，获得不同的 EL_0 和 K_{E_d} 参数。

实际生产过程中，S5 机架后的边降仪获得带钢断面的实际厚度，单特征点闭环控制模型使用距离带钢边部 20mm 处的带钢边部减薄值与 120mm 处的带钢边部减薄值的偏差作为输入值。获得特征点边部减薄偏差量后进行死区判断，如果偏差位于死区内，则模型不计算调节量；如果超出死区范围，单特征点闭环控制模型开始按照顺序计算每个机架的锥形段插入调节量。每个机架模型的输入量通过上述的逻辑判断获得。由模型输入量通过边部减薄功效曲线初步判断调节目标位于那个工作点附近，即确定参数 EL_0 和 K_{E_d}，根据公式计算出模型的输出值 EL。

系统的实际输出量由如下公式确定：

$$EL_{sp}=EL\times G_{SW,i} \tag{6.49}$$

由于执行机构位于 S1～S3 机架，而测量机构位于第 5 机架后，作为反馈控制属于大滞后问题，因此模型输出量不能直接作为控制量进行输出。$G_{SW,i}$ 参数就是为了解决滞后问题而设计的，它与测量滞后时间(与带钢速度有关)、执行器响应时间等参数有关，保证了系统能够快速响应并且不会超调。

获得本周期的调节量 EL_{sp} 以后，需要对锥形段插入量的累计值做上下限限幅判断，将本周期的调节量与当前实际设定插入量求和后做限幅，再减去当前实际设定插入量得到本周期的插入调节量。同时为了保证测量周期和窜辊调节同步，根据带钢速度和轧制力求得窜辊最大速度，从而获得每个测量周期窜辊移行的最大距离，对插入调节量进行步长限幅，保证输出的 EL 调节量在下个周期到来之前肯定执行完毕。

6.5.3　多特征点闭环控制模型

与单特征点边降反馈控制逐个机架顺次，通过窜辊插入量调整来消除出口带钢的边部减薄偏差不同，多特征点反馈控制是通过带钢边部多个特征位置的边部减薄偏差目标最小值的求解，一次同时算出多个机架工作辊窜辊的调整量，多个机架同时进行窜辊调整来消除出口带钢边部减薄偏差。为获得最佳的板形控制效果，边部减薄控制的基本策略如下。

(1) 将来料热轧带钢的凸度情况用于工作辊的前馈设定计算中。

(2) 将出口的成品边部减薄情况反馈实现闭环反馈控制。

(3) 根据工作辊窜动位置的变化给予工作辊弯辊的补偿控制。

其控制策略如图 6.32 所示，数学模型包括三个主要部分：前馈预设定控制模型、闭环反馈控制模型和工作辊弯辊补偿模型。

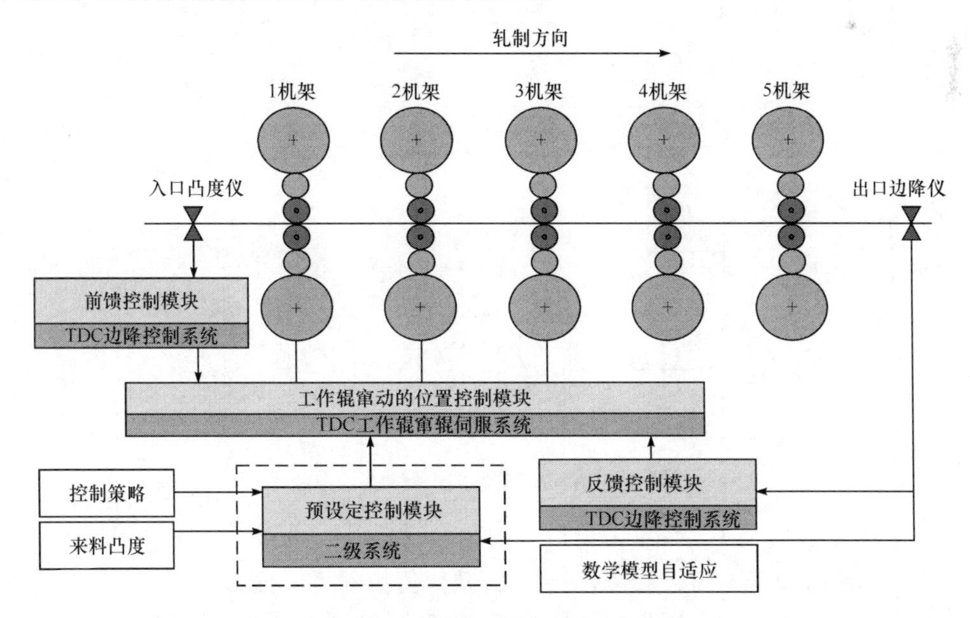

图 6.32　边部减薄控制策略示意图

边部减薄反馈控制程序是边部减薄控制系统的核心程序，其控制模式分为

S1～S3机架的控制模式和 S1 机架单独控制模式。两种控制模式都由边部减薄实际值检测、边部减薄状况评价、边部减薄修正量计算、工作辊轴向位移反馈修正量计算和工作辊轴向位置校核与修正 4 个基本模块组成。

(1) 边部减薄实际值检测。

根据边部减薄仪的各种反馈状态信号判断边部减薄仪是否在测量过程中、监测操作侧和传动侧的测量值是否存在并判断边部减薄仪的测量值是否正常。采集距带钢边部 3 个特征点和 1 个标准点处的边部减薄仪的实际检测数据,如果都在设定厚度的±30%偏差以内则认定此数据有效,否则不进行边部减薄控制输入此处边部减薄厚度的目标值。同时对 3 个特征点和 1 个标准点处边部减薄厚度进行滤波处理。

(2) 边部减薄状况评价。

控制系统对边部减薄的评价是多点的综合评价,且对操作侧和驱动侧进行分别评价。考虑在程序中完成实际值向拟合值的平滑处理,当所有被评价点都达到了程序所规定的范围内时,边部减薄状况才是优良,可以不进行闭环反馈控制。要求边部减薄仪同时提供实际值和拟合值。如图 6.33 所示,两侧取 3 个作为特征点(如 19.25、24.75、41.25)和 1 个作为标准点(如 122.5)。

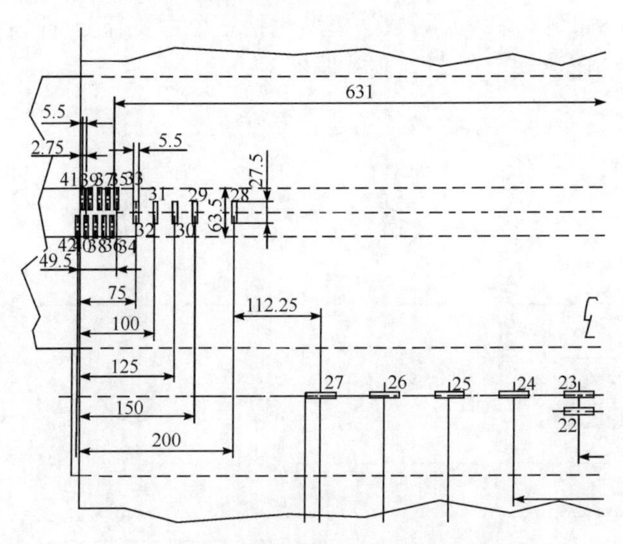

图 6.33　边部减薄仪边部检测点分布图

如图 6.34 所示为边部减薄数据死区判断,在得到边部减薄特征点实测信号后,将其与边部减薄标准点相减,得到边部减薄值信号,再与边部减薄设定值计算边部减薄偏差值,然后判断偏差量是否在死区范围内(≤2μm),如果超过死区范围则进行调节,死区判断采用偏差的最大值是否超过死区限幅来确定。

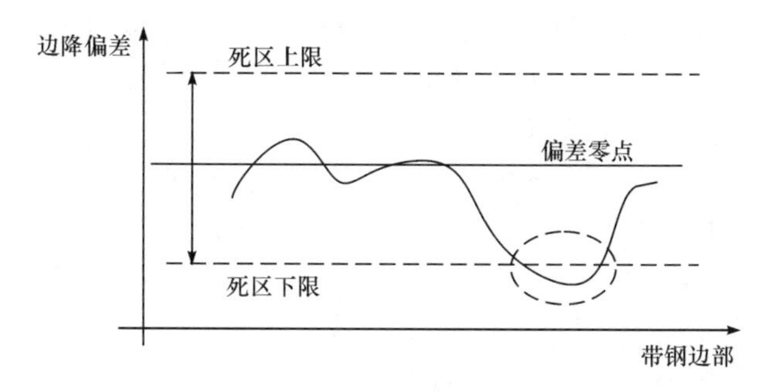

图 6.34　边部减薄偏差信号死区判断

(3) 边部减薄修正量计算。

边升控制判断边部所有检测点的边部减薄厚度，如果 50 次检测值边升偏差都超过 $+3\mu m$，则 1～3 机架窜辊调节量直接 +10mm，并置位边升控制启动标志，给窜辊同向控制。边部减薄的窜辊值计算中，在边部减薄评价结束后，若边部某点或某些点的边部减薄实际值不能达标，就必须计算边部减薄的修正量，以确定反馈控制的修正方向。程序模型针对无取向硅钢而制定，边部减薄修正量以边部减薄实际值与固定目标值的差值决定。

如定义 3 个特征位置点 a_1、a_2、a_3 分别距边部 19.25mm、24.75mm、41.25mm，标准点位置距边部 122.5mm。

通过求解方程组，计算各机架窜辊插入量调节量：

$$
\begin{cases}
\Delta S_{\mathrm{W1,WS}} \cdot K_{\mathrm{SW1},a1} + \Delta S_{\mathrm{W1,WS}} \cdot K_{\mathrm{SW2},a1} + \Delta S_{\mathrm{W1,WS}} \cdot K_{\mathrm{SW3},a1} = \Delta ED_{a1,\mathrm{WS}} \\
\Delta S_{\mathrm{W2,WS}} \cdot K_{\mathrm{SW1},a2} + \Delta S_{\mathrm{W2,WS}} \cdot K_{\mathrm{SW2},a2} + \Delta S_{\mathrm{W2,WS}} \cdot K_{\mathrm{SW3},a2} = \Delta ED_{a2,\mathrm{WS}} \\
\Delta S_{\mathrm{W3,WS}} \cdot K_{\mathrm{SW1},a3} + \Delta S_{\mathrm{W3,WS}} \cdot K_{\mathrm{SW2},a3} + \Delta S_{\mathrm{W3,WS}} \cdot K_{\mathrm{SW3},a3} = \Delta ED_{a3,\mathrm{WS}}
\end{cases}
$$

$$
\begin{cases}
\Delta S_{\mathrm{W1,DS}} \cdot K_{\mathrm{SW1},a1} + \Delta S_{\mathrm{W1,DS}} \cdot K_{\mathrm{SW2},a1} + \Delta S_{\mathrm{W1,DS}} \cdot K_{\mathrm{SW3},a1} = \Delta ED_{a1,\mathrm{DS}} \\
\Delta S_{\mathrm{W2,DS}} \cdot K_{\mathrm{SW1},a2} + \Delta S_{\mathrm{W2,DS}} \cdot K_{\mathrm{SW2},a2} + \Delta S_{\mathrm{W2,DS}} \cdot K_{\mathrm{SW3},a2} = \Delta ED_{a2,\mathrm{DS}} \\
\Delta S_{\mathrm{W3,DS}} \cdot K_{\mathrm{SW1},a3} + \Delta S_{\mathrm{W3,DS}} \cdot K_{\mathrm{SW2},a3} + \Delta S_{\mathrm{W3,DS}} \cdot K_{\mathrm{SW3},a3} = \Delta ED_{a3,\mathrm{DS}}
\end{cases}
\tag{6.50}
$$

$$
\begin{aligned}
\Delta S_{\mathrm{W}i,\mathrm{WS}} &= \Delta S_{\mathrm{W}i,\mathrm{WS}} \cdot G_{\mathrm{SW},i} \\
\Delta S_{\mathrm{W}i,\mathrm{DS}} &= \Delta S_{\mathrm{W}i,\mathrm{DS}} \cdot G_{\mathrm{SW},i}
\end{aligned}
\tag{6.51}
$$

式中，$K_{\mathrm{SW}i,a1}$ 为第 i 机架窜辊边部减薄调控功效系数在边部 a_1 点位置的值；$G_{\mathrm{SW},i}$ 为窜辊调节增益系数。

简化方程：

$$
\begin{cases}
\delta S_{\mathrm{W},1} \cdot K_{\mathrm{SW1,E90}} = \delta E_{90} \\
\delta S_{\mathrm{W},2} \cdot K_{\mathrm{SW2,E60}} = \delta E_{60} - \delta S_{\mathrm{W},2} \cdot K_{\mathrm{SW1,E60}} \\
\delta S_{\mathrm{W},3} \cdot K_{\mathrm{SW3,E20}} = \delta E_{20} - \delta S_{\mathrm{W},3} \cdot K_{\mathrm{SW1,E20}} - \delta S_{\mathrm{W},3} \cdot K_{\mathrm{SW2,E20}}
\end{cases}
\tag{6.52}
$$

依据各机架调控特性有差别，对各机架窜辊调节范围进行区分，例如，$S_{\mathrm{W},1}$ 调节范围为60～120mm，$S_{W,2}$调节范围30～80mm，$S_{W,3}$调节范围0～60mm。如果下游机架窜辊量过大，则一方面边部增厚控制效果不明显，另一方面会产生起浪或起筋。

边部楔形控制中，判断边部所有检测点的边部减薄厚度，如果100次检测值边升偏差都超过出口厚度的1%，并且第1～3机架边部减薄窜辊调节量为0，楔形控制输出给窜辊调节量。

计算边部楔形：

$$\text{Wedge}=(h_{a1,DS}+h_{115,DS})/2-(h_{a1,WS}+h_{115,WS})/2 \tag{6.53}$$

判断楔形存在，连续多执行周期出现边部楔形，则进行窜辊调节。

(4) 工作辊窜辊值的校核与修正。

工作辊轴向位移的范围是由冷轧边部减薄区的长度和锥辊的工作长度确定的，反馈控制中，对上下辊轴向移动范围以及上下辊位差都做了限制。其中上下工作辊的插入量范围为5～80mm；上下工作辊位差限幅为±40mm。当工作辊轴向移动操作量超过限定范围时，就会对反馈量进行修正，原则是优先保证相对减薄一侧的控制。如果第1～3机架的工作辊轴移量处于上下范围内，反馈修正量计算结束标志置ON，控制周期为5s，如果有一个机架工作辊轴移量超出上下限，计算结束标志置OFF，本处理结束。

6.5.4 工作辊弯辊补偿控制

采用锥形工作辊窜辊进行边部减薄控制过程中，由于带钢沿宽度方向，特别在带钢边部区域的压下量不均匀，这将引起带钢板形平直度的质量问题。因此在进行带钢边部减薄控制的同时需要进行带钢板形平直度控制，以保证边部减薄与平直度两个重要的冷轧带钢板形技术质量指标都达到要求。

轧机的工作辊弯辊与平衡系统功能，在RBS(roll bending system)逻辑功能单元中实现。工作辊弯辊系统是独立单元，包括逻辑控制和闭环控制，逻辑控制接收从其他功能发送的动作命令转化为设定值，这些设定由闭环控制执行。工作辊弯辊功能实现包括：①控制算法；②控制模式选择；③控制监控；④伺服阀数字滤波。

如图6.35所示，工作辊弯辊系统有两种结构：①弯辊系统（WRB1）在操作侧和传动侧各有内侧和外侧两套液压缸，相对应WRB就包含4个控制环节，分别控制两侧的内外液压系统，每个液压系统都有特殊的阀体在正负弯辊之间切换。这样布置是通过使用外侧正弯和内侧负弯使得在弯辊从正弯向负弯转换过程更加平稳顺滑，但是为了产生更高的弯辊值（>50%或<－50%）需要在一侧内外的弯辊系统同时执行。②弯辊系统（WRB2）设计为操作侧和传动侧没有内外侧之分，每一侧只有一套液压缸。WRB液压执行部分的改变造成控制系统需要进行相应的变化。

由于 S1～S3 机架工作辊窜动位置随着反馈控制的要求不断地发生变化，必然造成各机架用于板形控制弯辊执行机构的效果变化。而对于 S1～S5 机架，要求工作辊弯辊具备能进行自动补偿的功能，以保证弯辊的效果。补偿方法如下：

$$\Delta F_{\mathrm{w}}, i^{\mathrm{ref}} = K_{\mathrm{w}i} \cdot \Delta S_{\mathrm{w}i}^{\mathrm{act}} \tag{6.54}$$

$$\Delta S_{\mathrm{w}}, i^{\mathrm{act}} = (S_{\mathrm{wt}}, i^{\mathrm{act}} + S_{\mathrm{wb}}, i^{\mathrm{act}})_n / 2 - (S_{\mathrm{wt}}, i^{\mathrm{act}} + S_{\mathrm{wb}}, i^{\mathrm{act}})_{n-1} / 2 \tag{6.55}$$

式中，$\Delta F_{\mathrm{w}}, i^{\mathrm{act}}$为 i 机架 WR 弯辊补偿量；$\Delta S_{\mathrm{w}}, i^{\mathrm{act}}$为 i 机架 WR 窜动位置变化量；$S_{\mathrm{wt}}, i^{\mathrm{act}}, S_{\mathrm{wb}}, i^{\mathrm{act}}$为上/下工作辊窜动位置实绩值；$K_{\mathrm{w}i}$为弯辊影响系数。

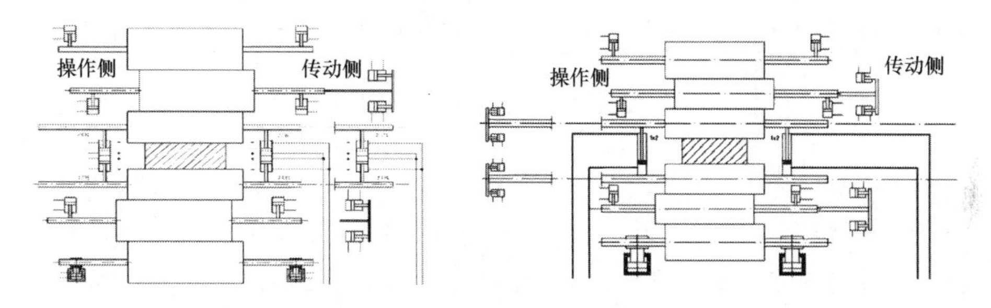

图 6.35　工作辊弯辊系统的工作原理

6.6　边部减薄控制分析及应用实例

6.6.1　硅钢 1500 冷连轧机

冷轧 1500mm 无取向硅钢生产线于 2004 年 7 月酸轧联合机组建成投产，设计年产量为 100 万吨，其中 80 万吨为中、低牌号无取向硅钢，20 万吨冷硬卷。硅钢 1500 冷连轧机组可生产厚度 0.18～2mm，宽度 700～1380mm 的电工钢板和冷轧板。产品能够满足中小型电机、家用电器、电磁开关、镇流器、继电器等需要，具有尺寸精度高、铁损小、导磁性好、性能稳定、绝缘性强等特点。产品厚度精度为(0.5±0.03)mm，横向同板厚度控制精度<12μm，宽度控制精度为±1.5mm。可生产电工钢牌号包括 50aw470、50aw600、50aw700、50aw800、50aw1000、50aw1300 等。

表 6.5　1500mm 硅钢冷连轧机主要技术参数

项目	数值	项目	数值
最大轧制压力/kN	20000	工作辊尺寸/mm	ϕ425/ϕ385×1500
轧制速度/(m/min)	轧机入口侧<300	中间辊尺寸/mm	ϕ490/ϕ440×1510

续表

项目	数值	项目	数值
	轧机出口侧<1200	支承辊尺寸/mm	ϕ1300/ϕ1150×1500
卷取速度/(m/min)	最大 1260	工作辊最大开口度/mm	20
加/减速/(m/s^2)	最大 60	工作辊正/负弯辊力/kN	+400/−200(每个轴承座)
轧制力矩/kN·m	250	中间辊正弯辊力/kN	+500(每个轴承座)
液压系统压力/MPa	14	工作辊横移量/mm	150
弯辊系统压力/MPa	28	中间辊横移量/mm	400

冷轧硅钢作为国家优先发展的高效节能、用量大的优秀软磁功能材料，是我国钢铁工业品种结构调整的重中之重，广泛应用于电力、机电、邮电和军工等领域。电磁性能和横向厚差是冷轧无取向硅钢的重要质量指标。横向厚差决定硅钢的叠片系数，因此用户为了提高电机和变压器效率，不仅对硅钢的电磁性能有严格要求，而且对横向厚差的要求也极高，普通要求小于等于 10μm，高级要求小于等于 5μm。

为了能够反映边部减薄的情况，冷轧硅钢横向厚差大小取决于热轧来料凸度及冷轧过程中的带钢边部减薄。目前热轧来料板凸度基本能够满足要求，因而冷轧硅钢横向厚差的大小完全取决于冷轧过程的边部减薄。冷轧过程中带钢边部减薄现象是由轧机工作辊的弹性压扁及带钢边部区域金属的横向流动引起的。为了减少带钢边部减薄，目前通常采用森吉米尔轧机、锥形工作辊横移或者 EDC 轧辊进行轧制。这些技术要求轧机工作辊直径很小，或者要求轧机工作辊具有横向窜动功能。而不具备窜动能力的 HC 轧机，为了满足横向厚差要求，只有在后续工序进行切边处理。而解决无取向硅钢边部减薄问题，不仅要从工作辊辊径或辊形曲线设计单方面考虑，还应包括窜辊功能预设控制、工作辊弯辊补偿和边部减薄反馈控制等方面综合控制。

6.6.2 控制系统应用实际

参照国内外冷轧硅钢生产线的经验和理论分析的结果，如图 6.36 所示，硅钢 1500 冷连轧机边部减薄项目将原有的五机架 6 辊 UCM 轧机的 S1～S3 机架改造为带锥形工作辊轴向窜动的轧机。如图 6.37 所示为工作辊传动接轴由传统的固定式接轴改造成能适应工作辊轴向窜动的接轴；工作辊辊身长度由原 1500mm 增加到 1605mm，锥形段长度为 155mm，锥度为 1∶400，过渡段采用正弦曲线；工作辊轴承座机械结构重新设计；工作辊轴承重新选型，提高了轴向止推能力；新增工作辊窜辊机械和液压设备；工作辊弯辊缸和弯辊缸块重新设计加工，最大正弯辊力为 400kN，最大负弯辊力为 200kN，数量为 4 个；由于工作辊辊系尺寸的改变，换辊车的机械结构重新进行了设计和加工；为稳定轧机入口张力，防止轧机入口张力波动大，减少入口带钢跑偏，轧机原入口压板台拆除，设计安装三辊稳定辊。

图 6.36　新增机械设备与入口凸度仪

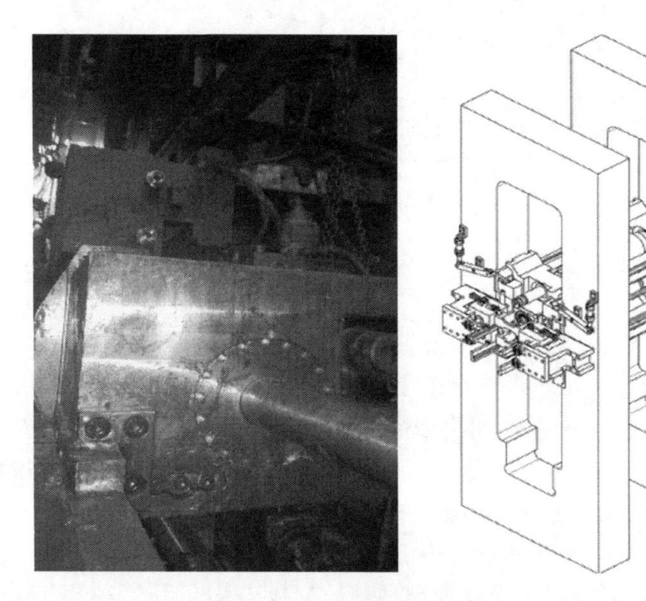

图 6.37　新增的工作辊窜辊设备

机械设备进行改造的同时，电气设备和控制系统也进行相应的改造：增加入口凸度仪形成边部减薄前馈开环控制，42 个并行检测通道，可同步测量带钢横断面上 42 点厚度，检测带钢宽度 800～1350mm；增加出口边部减薄仪形成边部减薄反馈闭环控制，检测原理和参数与入口凸度仪相同；每个工作辊窜辊液压缸安装一个位置传感器用于工作辊窜辊位置闭环控制；每个工作辊液压伺服系统安装两个油压传感器用于窜辊轴向力监测和故障诊断。控制系统通信网络重新设计；TDC 中新增工作辊窜辊控制程序 WRS，同时增加 WRS 与其他功能单元的控制逻辑；主操作台和机旁操作箱新增工作辊窜辊操作按钮；TDC 系统中增加边部减薄闭环控制程序;TDC 工作辊弯辊程序修改;二级系统新增工作辊插入量设定计算程序;如图 6.38 所示,HMI 人机接口增加了边部减薄闭环控制显示,同时对相应改造内容进行了修改;PLC 机架顺序控制程序和换辊顺序控制程序也进行了改进。

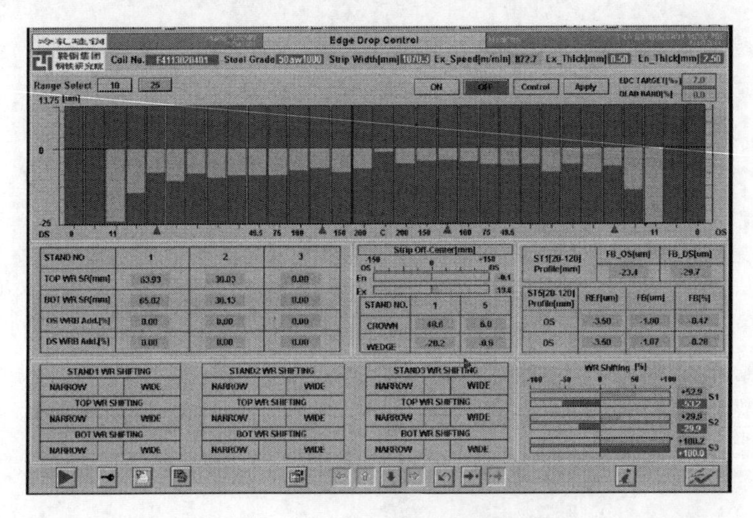

图 6.38 HMI 画面边部减薄控制画面

6.6.3 控制系统性能分析

以典型硅钢产品为例,对边部减薄控制效果进行分析。硅钢产品:宽度 1120mm,出口厚度 0.5mm,钢种 50a-mz13,S1 机架插入量为 60mm,S2 机架的插入量为 30mm,连续轧制 16 卷的实际效果如图 6.39 所示。稳态轧制时,操作侧和传动侧距边部 20mm 处的边部减薄值≤5μm,2σ≤3.75μm。动态变规格时,操作侧和传动侧距边部 20mm 处的边部减薄值≤7μm。

板厚精度和板形精度是决定冷轧电工钢产品质量的两个关键几何尺寸精度指标。近几年来,随着机械、液压、自动检测和过程控制技术的不断发展,带材的纵向厚度控制精度越来越高,对于成品厚度在 0.5mm 以下的冷轧电工钢产品,其纵向厚度精度偏差可稳定在±5μm 范围内。随着电机、家电、汽车等下游相关行业自动化程度的提高,对带钢板形控制精度的要求也越来越高,原来对平坦度的要求为 20I,现今的要求则是 10I,甚至 5I。狭义的板形控制精度是指带钢的纵向延伸率,广义的板形精度还包括带钢的横断面凸度和边部减薄量。冷轧硅钢的纵向延伸率通常能够达到 5I 以内,对边部减薄量的要求从十几年前的≤20μm,发展到几年前的≤10μm,现在的要求是≤7μm,未来的要求则是≤5μm。因此,边部减薄量的控制已经成为冷轧硅钢生产的关键技术难题,严重影响企业自身的经济效益。

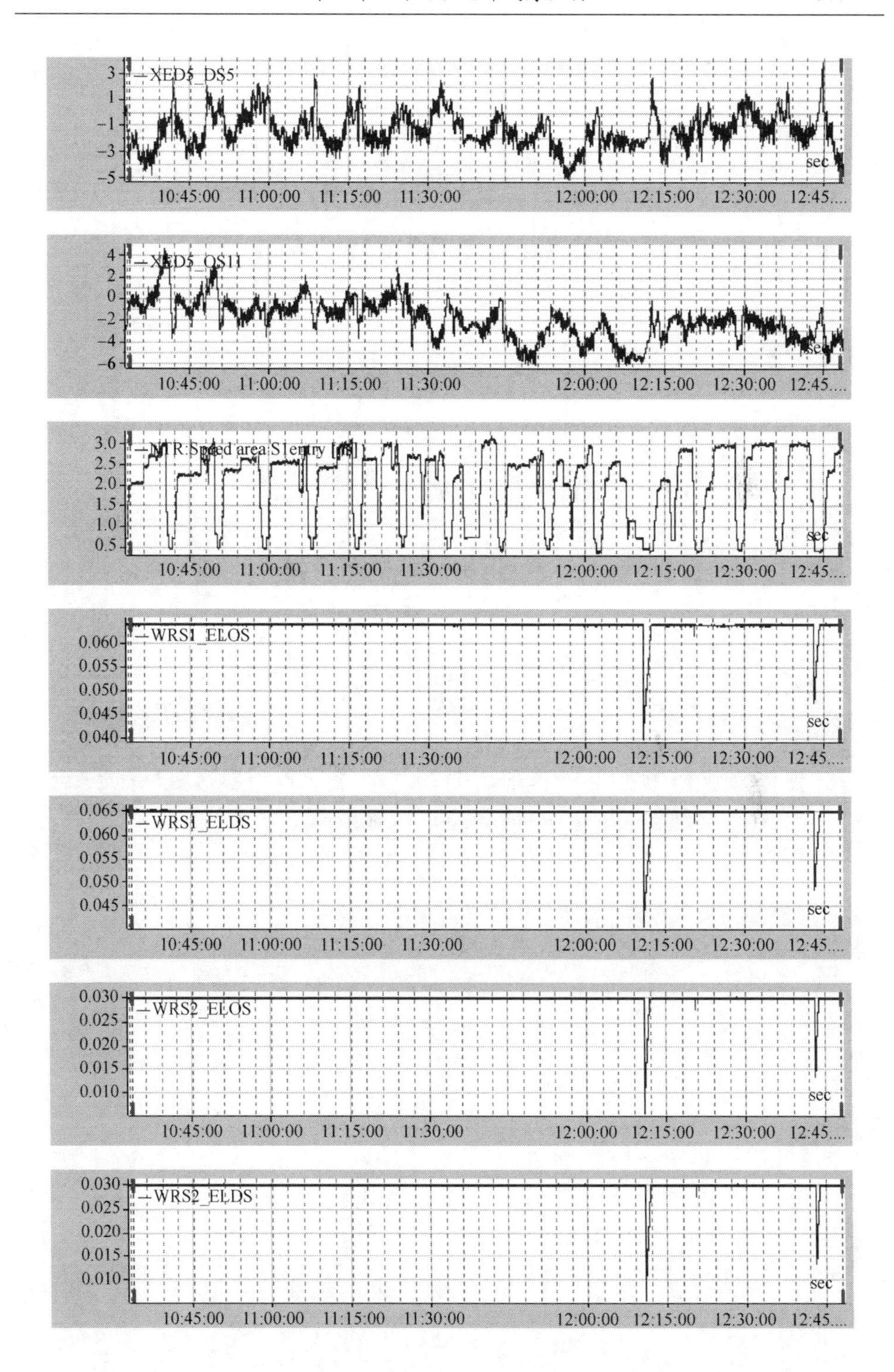
XED5_DS5
XED5_OS11
NTR:Speed area S1entry [m/s]
WRS1_ELOS
WRS1_ELDS
WRS2_ELOS
WRS2_ELDS
sec
10:45:00
11:00:00
11:15:00
11:30:00
12:00:00
12:15:00
12:30:00
12:45...

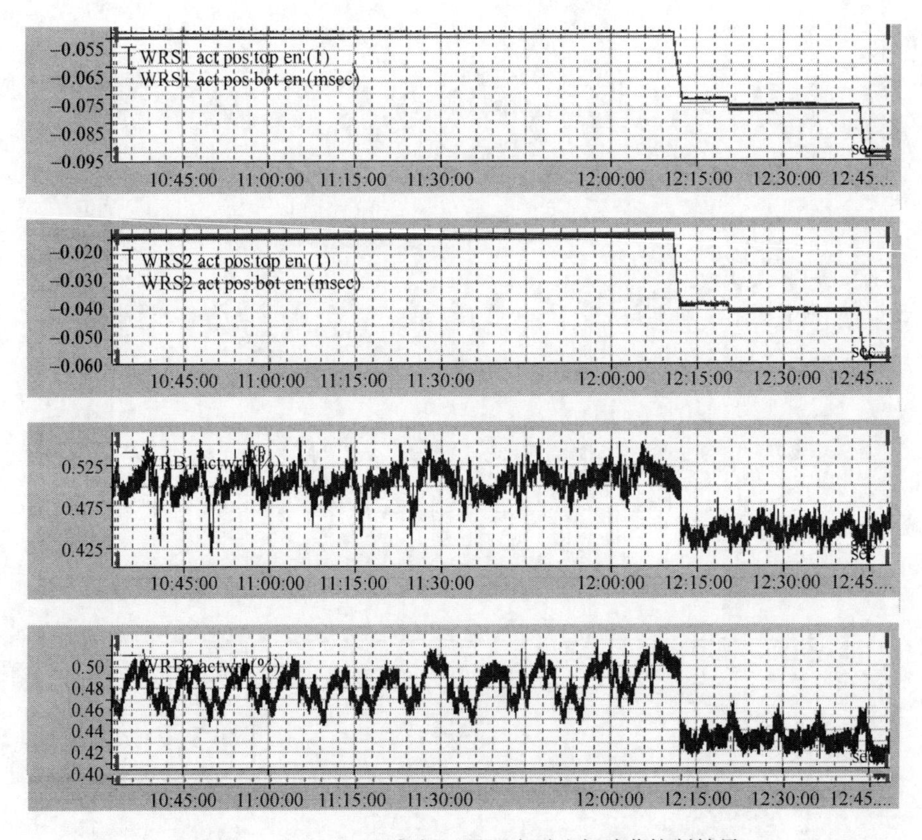

图 6.39　S1 和 S2 机架插入量固定时边部减薄控制结果

第 7 章　冷连轧介质系统控制

冷连轧机液压系统的动力来自于液压站的提供，减速机齿轮润滑、主电机轴承润滑油是由润滑站提供的，所以液压站和润滑站就好比人体的心脏，为整个轧机的正常运转提供保障。另外，带钢表面清洁性是冷轧带钢产品质量的重要指标之一，轧制油吨钢消耗量是影响冷轧成本的主要因素，改善冷轧机的工艺润滑和工艺冷却，不仅可以大幅度提高产品质量、降低生产成本，而且将给后部工序创造更好的生产条件，工艺润滑和工艺冷却已经成为现代冷轧技术的重要课题。本章以生产实践应用为主要目的，在现有工艺润滑和工艺冷却的基础上，结合现场技术参数和实际数据，以冷轧机实际应用为出发点，并总结出对生产具有很强指导性的理论，达到理论与实际的良好结合，从而提高产品质量，降低生产消耗。

7.1　给油脂系统

7.1.1　液压站控制

传统的液压站控制系统设计一般是采用各种继电器、接触器、开关及触点，按照特定的逻辑关系组合来实现其启停控制功能。其特点是：传统的继电器控制为全硬件控制，系统体积大、安全性差、可靠性低、安装困难、结构复杂，逻辑关系一经确定就更改困难。PLC 控制功能强、适应性强、可靠性高，编程方法简单。为此冷轧液压站控制系统均采用 PLC 控制。如图 7.1 和图 7.2 所示，冷轧机液压站系统

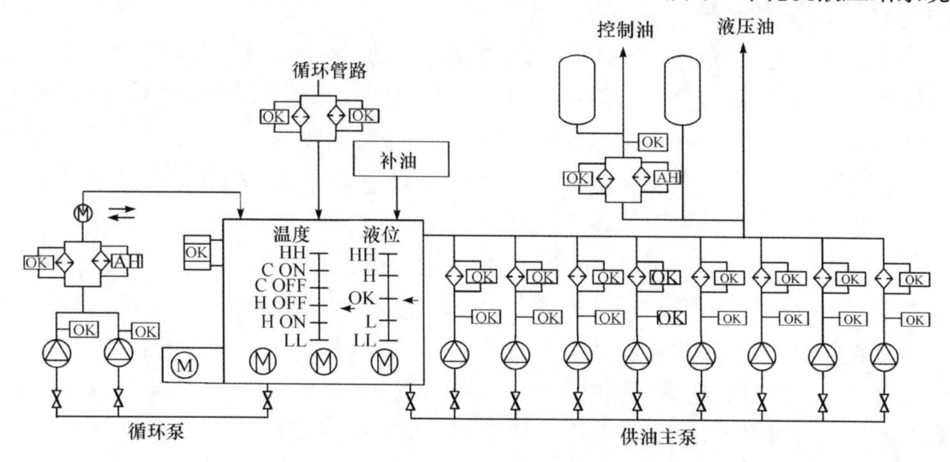

图 7.1　冷轧机 14MPa 液压站自动化系统

一般包含低压和高压两种系统，即 14MPa 液压站系统和 28MPa 液压站系统，用于向轧机及酸洗出口机械设备的液压执行机构提供动力。

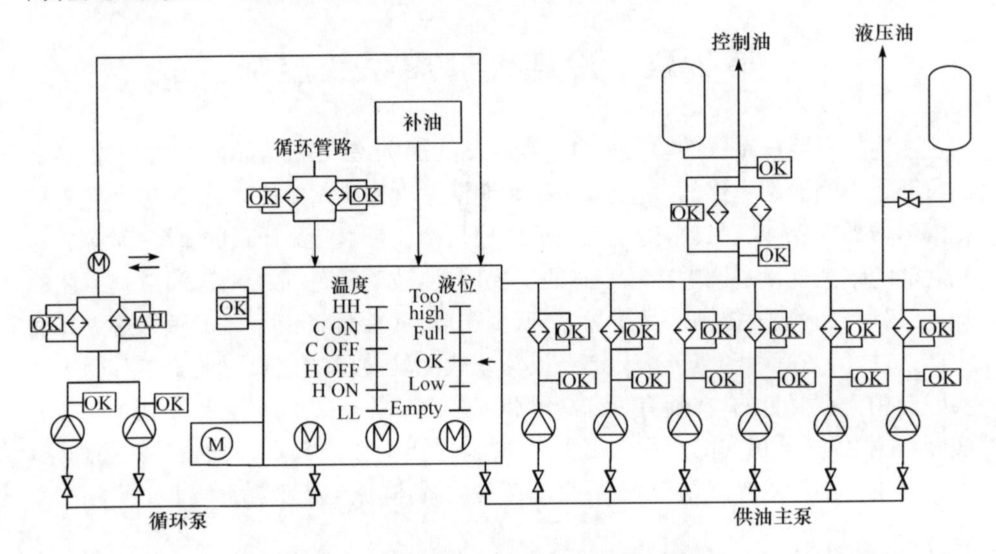

图 7.2　冷轧机 28MPa 液压站自动化系统

1. 主要控制功能

(1) 14MPa 液压站系统共有 8 台主泵(正常情况下 6 工 2 备的工作状态)，向外提供恒定的压力作用，28MPa 液压站系统共有 6 台主泵(正常情况下 5 工 1 备的工作状态)；两个系统均有 2 台自循环泵(1 工 1 备的工作状态)进行液压油温控制作用；每台主泵都有对应的卸荷阀在泵启动时打开，使其温度在 20～35℃时再向主系统供油，并通过 PLC 对液压能源实现油泵的启停和对液压系统压力或流量的调节。

(2) 在机组启动前，液压系统可以和其他辅助设备一起通过轧机的主操作室遥控实现自动起停，即整个机组处于自动运行模式。系统要求设有启动、停止、紧急停车开关，当处于紧急停车时，所有泵停止。正常启动主泵时应用组起模式，每一台泵逐次启动，为了避免主泵同时启动对系统造成冲击，两台主泵之间延时 5s 启动。当工作泵异常停止时，备用泵自动启动。

(3) 循环泵组的功能有两种：第一种功能是在系统主泵组正常运行过程中，对油箱中液压油进行循环过滤、冷却；第二种功能是在系统进行检修后，由于油箱中液压油的温度较低，因此在启动主泵前数小时对油箱中的液压油进行预热。

(4) 液压站的主要运行参数见表 7.1，主要包括回路压力、油箱温度以及主要状态信号，其回路超压报警、超温报警、污染报警、油箱低液位报警等都通过 PLC 控制显示。

表 7.1　程序功能表

功能	描述
COLD_VALVE	冷却阀控制功能
CYC_CONTR1	1＃循环泵控制功能
CYC_CONTR2	2＃循环泵控制功能
FILTER	过滤器
HEATER_CONTR	加热器功能控制
LOAD_DOW	卸荷阀控制功能
OIL_POS1	油箱内油位状态功能控制
OIL_PRESS	油箱内油压力开关功能控制
OIL_TEMP	油箱内油温断电器功能控制
PUMP_CONTR	主泵控制功能

2. 辅助控制功能

(1) 自动检测和调节油箱中油液的温度。根据需要由 PLC 设定三个温度点，如 20℃、55℃、65℃。当油箱的油温大于等于 55℃时，自动开启冷却系统；当油温小于 20℃时，自动启动加热器；当油温大于 65℃时，系统报警并自动停止泵站的工作。

(2) 油位的自动检测和报警。油箱上安装液位继电器用于工作过程中自动检测油箱液位，当油箱液位低于最低液位设定值时，通过 PLC 报警。

(3) 回路超压报警卸荷。在主压力油路上安装压力继电器，系统压力高于设定值时，继电器实现超压报警卸荷，以增加液压能源的安全性。

(4) 污染报警。通过滤油器上的污染报警装置实现污染报警，并预留油液在线检测接口。

以上辅助控制功能的具体运行原理如图 7.3 所示。

3. 控制系统组成及实现

液压站控制系统是保证系统安全运行的可靠保证，采用 PLC 作为主控制器。系统硬件主要分为外围电路和核心单元两部分。外围电路主要完成电机启动指令的驱动系统、回路压力、系统运行状态等信号的采集、处理和转换等；核心单元(可编程控制器)主要完成信号处理，发出电机驱动指令和其他信号之间的通信。

1) 外围电路

外围电路主要包括以下几部分：液压站的压力检测，它通过两个压力传感器将泵源压力转换为 4～20mA 的直流信号；液压站温度检测，它通过一个温度传感器

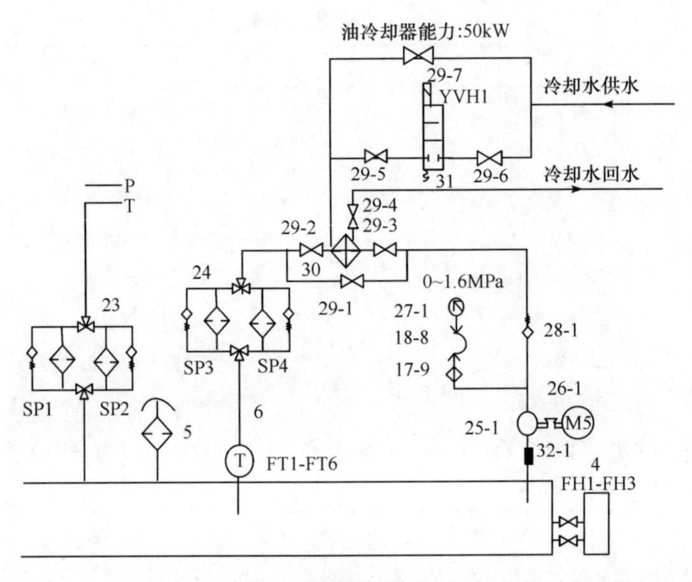

图 7.3　液压站辅助控制部分原理图

将泵源温度转换为 4～20mA 的直流信号；电机运行状态信号监控，电机运行状态信号通过电机控制回路中的接点输入到 PLC 的输入模块，所有信号的输入都经过光耦隔离，以提高抗干扰能力；电机驱动单元，电机启动信号由 PLC 发出，输出单元不直接驱动电机，而是通过一个 220V、IOA 的中间继电器带动电机操作回路。

2) 核心单元

根据系统的要求，其核心 PLC 采用 SIEMENS 的 S7-400 可编程控制器，主要有以下几部分：CPU416 及系统软件，16 路数字量输入/16 路数字量输出，它完成电压和电机运行状态监测，实时进行逻辑判断，发出电机分次自启动和停止指令；EM443-5 数字量扩展模块，16 点输入/16 点输出，24VDC，6ES7443-5DX03-0XE0，完成卸荷阀、循环泵启动和停止、指示灯及主泵的反馈信号输出，通过出口中间继电器，驱动电机操作回路，完成电机分批自启动；EM443-1 的以太网通信模块，完成温度、液位、压力和急停控制。

4. 系统软件设计

总体程序框图如图 7.4 所示，泵电机自启动系统软件主要任务如下。

(1) 完成系统初始化。

(2) 正常状态下的数据监测。

(3) 系统压力出现波动后，所有液压泵都会因为电气保护装置而强制退出运行，在此之前程序已经做出判断电机状态信号。

(4) 无论正常状态下，还是在电机自启动过程中，PLC 均实时监测系统的压力、流量和温度。

(5) 通信接口程序,包括系统监测数据和故障信息,PLC 将采集的压力、流量和温度信息、电机启动状态信息传输到上位机便于维护人员实时了解设备运行状况,同时接收来自其他的控制信号对液压站进行控制。

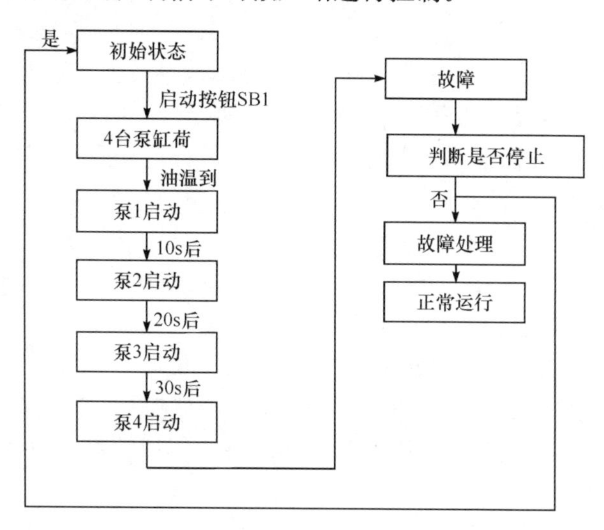

图 7.4　程序流程图

从整个液压站控制程序上看,将液压站的控制划分为主液压泵的控制程序、循环泵的控制程序、加热器的控制程序、卸荷阀的控制程序、液压站的油箱温度和油箱液位控制程序;将油箱温度和油箱液位等开关与数字信号输入并传输给相应的内部继电器进行处理,再传输给现场进行控制;当相应的远程 I/O 出现故障时,输入信号就会自动变成零,停止设备的运行保护设备并显示相应的报警。具体控制连锁条件如下。

(1) 主泵控制连锁。

油箱主油路开关阀打开;主泵油路开关阀打开;油箱液压油液位高于最小液位;油箱液压油温度不太低;油箱液压油温度不太高;油箱液压油没有水。

(2) 循环泵控制连锁。

油箱循环油路开关阀打开;循环泵油路开关阀打开;油箱液压油液位高于空液位。

(3) 加热器控制连锁。

油箱液压油液位高于最小液位;循环泵正常工作;油温小于 40℃时加热器投入。

油箱液压油液位低于最小液位;循环泵停止工作;油温大于 45℃时加热器断开。

(4) 冷却器控制连锁。

油温大于 45℃；循环泵正常工作；冷却器投入。

油温小于 40℃；循环泵停止工作；冷却器断开。

7.1.2　润滑站控制

冷连轧机由于连续高速轧制要求，其主电机的减速机齿轮、轧制辊系轴承和主电机轴承都需要一定程度的润滑，在稳定压力、规定范围内的温度等条件的润滑油中运行，这就要求对提供油脂润滑功能的润滑站进行自动控制和实时监控。

1. 轧机稀油集中润滑系统

轧机稀油集中润滑系统用于向轧机 S1～S5 机架的主传动齿轮箱、飞剪及卷取机提供集中稀油润滑。如图 7.5 所示，系统主要包括 2 个油箱(1 用 1 备)、2 台泵(1 用 1 备)、双联过滤器、冷却器、净油机以及液位、压力、温度控制装置等。在油箱上装有液位继电器、温度继电器和渗水报警器以控制油箱的液位、温度和渗水报警；在主供油管路上装有压力继电器和温度继电器以控制主供油管路的压力和温度。

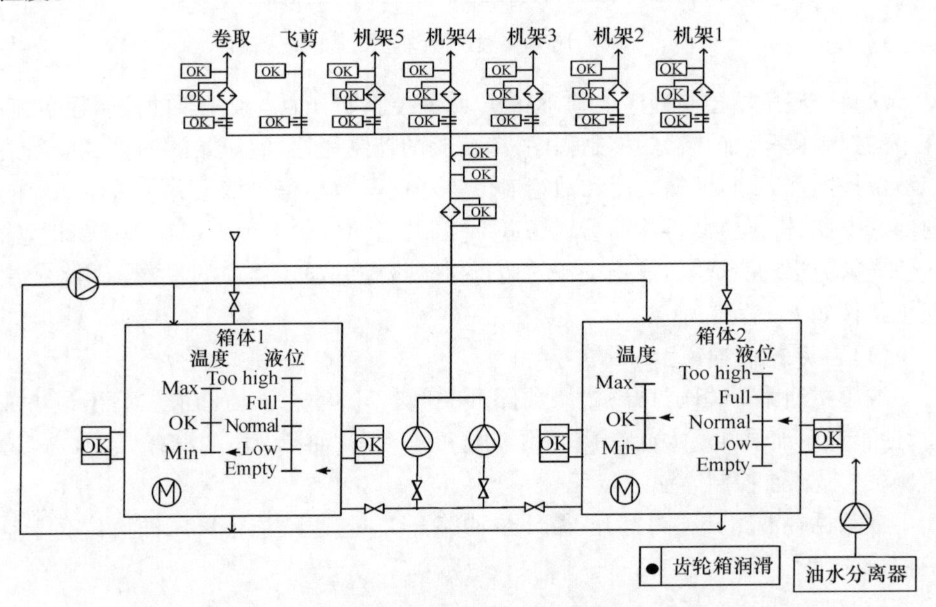

图 7.5　冷轧机减速机稀油润滑站

在机组启动前，轧机稀油集中润滑系统可以和其他辅助设备一起通过轧机主操作室遥控实现自动启动(即整个机组处于自动运行模式)；系统要求设有启动、停止和紧急停车开关，当系统紧急停车时，所有泵停止。系统在正常运行时，必须打到自动状态，泵出口的压力开关的信号应在泵启动后延时 0～10s(一般取 5s)切入。每台泵的就地操作设置启动/停止按钮和遥控操作/就地操作转换开关，当转换开关打到“就地操作”时，泵只能通过现场操作箱进行操作，这种操作方式用于安装调试以及设备维护时短时运行。正常情况下，每隔一段时间，操作人员在对系统进行检查后对备用泵和工作泵进行手动切换，只有在下列情况下，工作泵自动停止，备用泵自动启动。

(1) 泵吸油管没有打开，相关接近开关发出阀门关闭信号。

(2) 系统压力太低(延时后)，相关压力开关发出低压信号。

2. 轧机轧辊油气润滑系统

油气润滑是一种新的润滑方式，具有环保、节能等特点，是润滑技术的新趋势。油气润滑是将润滑油与压缩空气按照一定比例混合在一起，压缩空气带动润滑油沿管道内壁持续地螺旋状流动，形成一层连续油膜，然后以精细连续油滴的方式喷射到润滑点。油气润滑设备的供油间隔较长，且单次供油量较小，如高速冷连轧机上的油气润滑供油间隔达到 2500s。

1) 油气润滑系统的组成

如图 7.6 所示，油气润滑系统主要由 1 套主站(带 PLC 电气控制装置)、5 个卫星站、数量众多的两极油气分配器、中间连接管道和管道附件等组成。

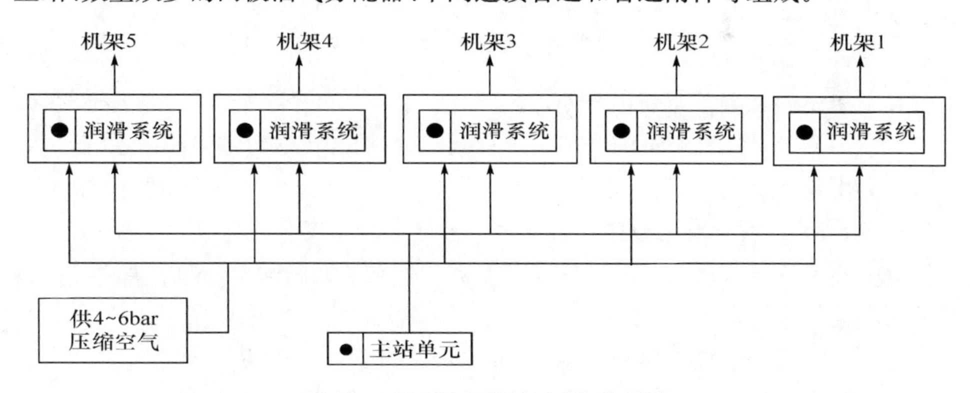

图 7.6　冷轧机轧辊轴承油气润滑站

2) 控制功能

主站的功能是润滑油供给、控制和输出以及 PLC 电气控制，它主要由油箱、润滑油的供给、控制和输出部分以及 PLC 电气控制部分等组成，用于向各卫星站供送润滑油。在油箱顶板上配置了两台小流量齿轮泵(1 用 1 备)，能把具有一定压力的润滑油输送到各卫星站，它是油气润滑系统润滑油的供应源。在油箱上的柜中还配备了蓄能器、数显压力继电器和高压过滤器，这是润滑油的控制部分。

卫星站的功能是压缩空气处理、润滑油的分配以及油气混合和输出，每个卫星站都能独立工作。卫星站主要由润滑油的分配部分、压缩空气处理和供给部分、油气混合和输出部分等组成，用于向其管辖的区域供送油气流。如图7.7所示，主站供送的润滑油由卫星站中配置的递进式分配器进行分配后进入油气混合块，在递进式分配器的进口处装有一个二位二通电磁阀，当递进式分配器在一个润滑周期内完成规定的工作次数后，该电磁阀会自动关闭，直至下一个润滑周期开始时再次打开。

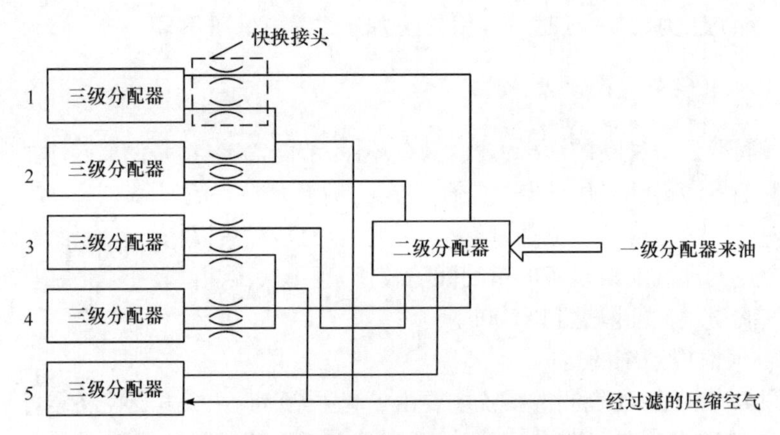

图7.7　油气润滑系统工作示意图

1、2、3、4-润滑轧机轴承分配器；5-导卫分配器

在卫星站内配置了压缩空气处理装置，包括空气过滤器、二位二通电磁阀、减压阀和压力开关。压缩空气的开闭由气动阀来控制，并供送给油气润滑系统，压缩空气压力由减压阀进行设定并由压力开关监视，当气压低于设定值时[如2bar(1bar=10^5Pa)]，就会发出故障报警信号。油气混合块安装在递进式分配器下游，压缩空气在油气混合块中与从递进式分配器分配来的润滑油混合形成油气流并将其输送到油气分配器。

油气分配器是油气流的分配装置，由卫星站供送出来的多股油气流被输送到油气分配器，并通过油气分配器的一级或二级分配后被喷射到润滑点。油气润滑系统的监控功能非常完善，能对油箱液位、压缩空气压力、供油压力、润滑状态和过滤器压差进行监控。为了实现系统的正常功能，系统还对递进式分配器进行监视，即具有工作次数、时间监视和总监视的多重监视功能。每个卫星站中的递进式分配器都按规定的工作周期和工作次数运行，而且每个卫星站都是独立工作，互不干扰。

3）油气润滑系统故障排除

在冷连轧机运行过程中，油气润滑系统出现故障的频率比较高，因此关注其故障排除方法是非常必要的。在分配器监视时间内，递进式分配器必须完成规定的工作次数，如果没有完成规定工作次数，监视时间一到，油阀关闭，同时发出“卫星站分配器故障”报警信号，此类故障主要是供油部分出了问题，包括齿轮泵和递进式分配器发生故障。也有可能是接近开关出了问题，接收不到信号。

当油箱内的液位降至200mm时，“润滑报警”灯亮，操作面板上显示“液位低”，应及时向油箱加油。当油箱内的液位降至100mm时，“润滑故障”灯亮，操作面板上显示“液位最低”，系统自动停止工作，应立即向油箱加油。如果通过油箱正面的液位液温计观察，液位已降至低液位或最低液位，但不报警；或液位在正常范围内却报警，应检查液位控制继电器，并予以更换，如无备件可先将触点短接。当压缩空气压力低于2bar时，一旦到达压缩空气延时报警时间，“润滑故障”灯亮，操作面板上显示“气压低于2bar”，系统自动停止工作。

3. 轧机主电机润滑系统

轧机主电机润滑分为高压润滑和低压润滑两部分，其主要功能是润滑系统高压部分根据电机要求顶起转子，形成静压使电机正常工作，并在轴瓦摩擦部位形成油膜，保护轴瓦；低压部分对轴瓦进行润滑和降温冷却作用。如果主电机润滑系统不能正常工作，可造成设备停机，烧损电机轴瓦，引起设备重大事故。

1) 系统组成

如图7.8所示，主电机润滑系统主要由2个低压泵(1用1备)、6个高压双联泵(5用1备)、数量众多的压差继电器、压力继电器、温度检测，高压开关阀、中间连接管道和管道附件等组成。

2) 控制功能

在机组启动前，轧机主电机润滑系统可以和其他辅助设备一起通过轧机主操作室遥控实现自动启动(即整个机组处于自动运行模式)；系统要求设有启动、停止和紧急停车开关，当系统紧急停车时，所有泵停止。系统在正常运行时，必须打到自动状态，泵出口压力开关的信号应在泵启动后延时0～10s(一般取5s)切入。每台泵的就地操作设置启动/停止按钮和遥控操作/就地操作转换开关，当转换开关打到就地操作时，泵只能通过现场操作进行操作，这种操作方式是用于安装调试以及设备维护时短时运行。

正常情况下，主电机润滑站高压系统采用5用1备，低压系统采用1用1备运行方式，当主泵运行时，备用泵处于备用状态。当启动主泵后3s，如果压力仍没有达到系统要求压力，则备用泵自行启动，这样有效防止主泵启动，备用泵跟随启动的现象。当主泵运行3s，系统压力达到运行要求时，备用泵不启动，一旦系统压力低于设定压力时，备用泵启动，直到达到系统压力时，延时1s系统压力稳定后停止相应主泵，这样可以有效防止主备泵之间切换时效。

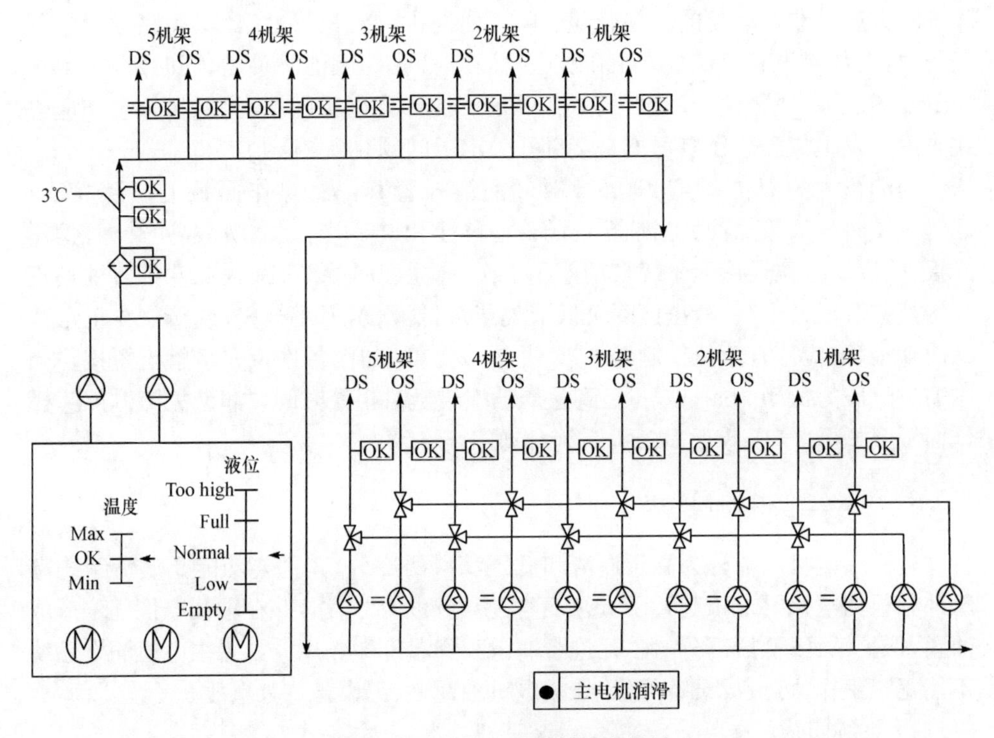

图 7.8　冷轧机主电机轴承润滑站

由于电机轴承供油顶起转子的高度有限，转子与轴瓦间安全可靠距离根据经验在 5～25mm 可以自由转动，所以电机在运转前应调整每个轴承的压力。但是当带钢进入轧机时，水平轧机压下会造成轴承供油压力波动，使压力偏低，应根据转子顶起情况和轴承供油压力情况及时调整。

7.2　工艺冷却润滑系统

工艺冷却润滑系统是冷轧工艺的重要组成部分，它是带钢冷轧生产的关键技术，在轧制过程中起着重要作用。良好的润滑性和冷却性，是实现轧机高速轧制的关键。工艺冷却润滑是现代冷轧技术的重要课题之一，也是生产实践中的技术难点，它对于生产成本的控制、产品质量的提高有着至关重要的作用。目前，带钢表面的清洁性已经成为市场竞争的关键指标，相对而言，工艺润滑和冷却的研究起步较晚，尤其在国内冷轧行业中，近些年才引起足够的重视，现在各大冷轧厂都投入了大量的人力、物力去摸索和开发适应本身特点的控制方法。

7.2.1　乳化液组成及分类

液体润滑剂是塑性加工工艺润滑中使用最广泛的一种润滑剂，其润滑能力主要取决于润滑油的种类与特性。工艺润滑中所使用的润滑油种类很多，概括起来可分为矿物润滑油、动/植物润滑油和合成润滑油三大类。目前冷轧润滑中以采用合成润滑油为主。虽然润滑剂具有良好的润滑性和其他一些综合性能，但是冷却能力差，在冷轧过程中为了保证生产、满足产品质量的需要，常使用水、油均匀混合的乳化液。

冷轧生产线几乎全都应用水基型乳化液系统。乳化液是一种液相以细小液滴形式分布于另一种液相中，形成两种液相组成的足够稳定的系统，形成液滴的液体称为分散相，其余部分称为分散介质或连续相。乳化液一般由基础油添加各种添加剂（如乳化剂、防腐剂、极压剂、抗氧化剂、油性剂等）加水混合搅拌而成，基础油的含量一般占乳化液的 2%～4%。由于油水的互不相溶性，所以即使加入乳化剂，形成的乳化液也是半稳定系统。在轧制过程，配置好的乳化液喷洒至辊系和辊缝之间，油滴从水中分离出来附着在轧辊和带钢上起到润滑作用，而水能带走辊系摩擦热及带钢塑性变形的热量，起到冷却作用。乳化液还能够冲走轧辊及轧件表面上的金属粉尘，加上其良好的润滑作用，使轧件表面具有好的表面光洁度。在轧制过程中合理地喷液还能改善轧辊的热凸度，可使轧机出口获得良好的板形。同时乳化液可循环利用，具有良好的经济性和环保性。

乳化液是实际生产中使用最为广泛的一种冷轧润滑和冷却剂，它的冷却能力比油大得多，在循环系统中可以长期使用，耗油量较低，而且具有良好的抗磨性能。根据在轧钢过程中的作用，乳化液的功能可以分为三大类：润滑、冷却、清洗，不管其具体浓度如何，必须保证能起到以下作用。

（1）降低冷轧时的变形阻力，起到部分润滑作用。

（2）吸收带钢在冷轧时摩擦产生的热量。

（3）清除金属对轧辊的黏附现象。

（4）起到调整辊凸度的作用，最终调整板形。

在实际生产中，要求乳化液以一定的流量喷到板面和辊面之上时，既能有效地吸收热量，又能保证油以较快的速度均匀地从乳化液中离析并黏附在板面和辊面上，及时形成均匀、厚度适中的油膜。油从乳化液中往板面和辊面的这一吸附过程受许多因素影响，其中添加剂是最重要的因素。乳化液以润滑剂作为基础油，再添加一定数量的添加剂，以提高其综合使用性能。添加剂是为了改善、提高基础油的性能以及为基础油增加新的性能而加入的化学物质，也是改善金属加工润滑剂各种性能的核心材料。乳化液性能或稳定性的变化，除温度的因素外，基本是由内部各组分变化所造成的，表 7.2 列出了乳化液的一般组分及含量。

表 7.2 乳化液的组分及含量

组分	含量
水	>85%
轧制油	0.5%~10%
杂油(液压油,齿轮油,轴承油等)	0.1%~1.5%(占轧制油的 10%~25%)
铁粉	0.05‰~1‰
其他灰尘等	0.01‰~0.3‰
可溶性矿物离子(Cl^-,SO_4^{2-},CO_3^{2-},Ca^{2+},Mg^{2+},…)	0.005‰~0.4‰
细菌	0~0.002‰,(10~10^8个/mL)

乳化液管理最主要的目的就是满足对冷却润滑的需要,因此研究和控制乳化液对润滑产生影响的因素,是乳化液管理的关键。乳化液的性能或性能稳定性对轧制或润滑的影响可以从两个方面进行描述:乳化液的皂化值、酸值、pH 的变化会导致轧制油物理和化学性能的变化;乳化液的其他指标,如浓度、温度、电导率、氯离子及 pH 等指标的变化会引起参与润滑的轧制油的数量上的变化。这里 pH 的变化对两方面都有所影响。

一般情况下,在乳化液应用一段时间后,它会逐渐处于一种代谢平衡,其皂化值、酸值、灰分、铁含量等会保持相对稳定,每周一或两次的测试就基本可以控制。对于浓度、温度、电导率等则由于频繁加水、加油的影响而不断变化,并且会造成轧制润滑较大的变化,因此必须高频测试。表 7.3 列出了对各项指标的测试要求。其中 ESI 是指乳化液稳定指数,表示轧制油从乳化液中的析出能力,能够较为直观地体现乳化液的稳定性,乳化液的温度一般通过在线控制。润滑油的添加剂,按其功能可分为三类:保护金属表面的添加剂,如油性添加剂、极压添加剂、防锈剂等;改善润滑油性能的添加剂,如破乳剂、降凝剂等;保护润滑油品质的添加剂,如抗氧化剂、抗泡剂等。

表 7.3 乳化液各项指标测试要求

项目	对轧制润滑的影响	测试频度
浓度	轧制油的数量	1~2 次/班
pH	轧制油的数量及物化性能	1~2 次/班
电导率	轧制油的数量	1~2 次/班
氯离子	轧制油的数量	1 次/周
酸值	轧制油的物化性能	1~2 次/周
皂化值	轧制油的物化性能	1~2 次/周
铁含量	轧制油的数量	1~2 次/周
灰分	轧制油的数量	1~2 次/周
ESI	轧制油的数量	1~2 次/周

1. 乳化液的组成

乳化液实际上是以润滑剂作为基础油，再添加一定数量的添加剂，以提高其综合使用性能。添加剂是为了改善、提高基础油的性能以及为基础油增加新的性能而加入的化学物质。添加剂是改善金属加工润滑剂各种性能的核心材料。润滑油的添加剂，按其功能可分为三类：第一类为保护金属表面的添加剂，如油性添加剂、极压添加剂、防锈剂等；第二类为改善润滑油性能的添加剂，如破乳剂、降凝剂等；第三类为保护润滑油品质的添加剂，如抗氧化剂、抗泡剂等。其中油性剂和极压剂主要用于提高乳化液的润滑性能，尤其是极压剂。由于乳化液中90%以上是水，故基础油中必须加入极压剂，下面是乳化液中主要的添加剂。

1）表面活性剂(乳化剂)

乳化液是至少一种不混溶的液体以微滴状分散在另一液体中的体系，该体系稳定性差。为了保证乳化液具备足够的稳定性，必须加入表面活性剂(乳化剂)。一般把溶于水后能显著降低水表面张力的物质称为表面活性物质，而溶于水后，使水的表面张力升高或略有降低的物质，称为非表面活性物质。表面活性物质加入水中会发生界面吸附、分子定向排列以及形成胶束。表面活性物质的亲水和亲油趋势的大小，可用HLB(hydrophile-lipophile balance)值表示。表面活性剂在溶液中的加入量有一合适范围，加多了或加少了效果都不好。在溶液中加入表面活性剂后，首先表面活性物质排列在油与水的界面上，将油和水连接在一起。经搅拌后，表面活性剂形成外壳将油滴包围起来，使油形成分散的小颗粒散布于水中，使水溶液呈现乳状。表面活性剂的作用，不仅降低了油与水的界面张力，提高了抗分层的稳定性，而且在油滴表面上形成黏性较高、机械强度较大的胶质吸附层，可以提高油滴的润滑性能。

2）油性添加剂

油性添加剂也称抗磨剂，由极性很强的分子组成，在常温下，吸附在金属表面上形成边界润滑层，防止金属表面的直接接触，保持摩擦面的良好润滑状态。冷轧轧制中的润滑状态是边界润滑状态，这就需要用油性添加剂来加强这层边界油膜，以保证良好的润滑状态。

3）极压添加剂

冷轧的轧制压力高、轧制速度快，需要在润滑油中加入极压添加剂来增强边界膜的润滑能力，防止润滑膜的破裂。极压添加剂在高温、高压下能分解出活性元素与金属表面起化学反应，生成低熔点、高塑性、低剪切强度的金属化合物薄膜(反应膜)。这种反应膜可使金属表面凸起部分变软，减少碰撞时的阻力。同时，由于塑性变形和磨屑填平了金属表面的凹坑，增加了接触面积，降低了接触面的单位负荷，减少了摩擦与磨损。此外和油性添加剂形成的润滑膜相比，化学反应膜有较高的强度，能承受较重的载荷，可防止金属因干摩擦而引起的黏着现象，减少磨损，防止烧结（胶合）。

极压添加剂的种类很多，主要分为磷系、硫系、氯系以及有机金属系四大类。冷轧轧制油主要使用磷系和硫系的极压添加剂。钢板轧制油中的极压添加剂是含硫、磷、氯等元素的极性化合物，极压抗磨添加剂在高温、高压下能分解出活性元素与金属表面起化学反应，生成低熔点、高塑性的金属化合物薄膜，如氯化亚铁膜的熔点为690℃、硫化铁膜的熔点为1193℃、磷化铁膜的熔点为1020℃。它能增加边界膜的润滑能力，形成具有层状结晶结构的薄膜而起到抗磨、极压作用，防止润滑膜破裂。

4）防锈剂

生锈是由于氧和水的作用，在金属表面产生的氧化物和氢氧化物的混合物。在冷轧过程中，设备与乳化液频繁接触，为了保护设备以及轧后产品短期储存的需要，在轧制油中加入适当的防锈剂，以起到一定的防锈作用。防锈剂是属于极性的表面活性剂，它与金属表面有很强的附着力，在金属表面优先吸附形成保护膜，防止金属与水接触而起到防锈的作用。由于水也是极性分子，所以防锈剂的极性吸附必须很牢固，使其不能被水分子所置换。

5）抗氧化添加剂

润滑油在使用过程中可能被空气中的氧所氧化，当轧制温度较高时氧化速度加快。抗氧化剂应用的目的在于减少氧化或使氧化速度缓慢下来，抑制油的氧化作用，降低油的氧化速度，并防止酸性氧化物的腐蚀作用，提高润滑油的安定性，保证在轧制过程中实现良好的润滑。油的氧化反应使油变稀，黏度降低，油膜变薄。聚合反应造成油脂固化容易使板带产生斑迹。对抗氧剂的要求是没有腐蚀作用，与油品的组分不发生任何不良反应，不引起润滑油的变质，油溶性好，稳定性好，长期使用不发生变化，不易蒸发。

6）增黏剂

在冷轧轧制中，维持相对稳定的润滑剂黏度是非常重要的。添加增黏剂就是为了在冷轧过程中改进润滑油在流动状态下的黏度，使其在一定的负荷下仍能保持润滑膜的完整性，改善其在金属表面的黏附能力。

7）抗泡剂

当润滑剂循环使用时，润滑油由于激烈的搅拌并与空气接触，会产生气泡造成润滑不良。如果消泡不充分，则可能出现循环泵的气穴作用，使流量降低甚至出现供油中断的故障。抗泡剂的作用并不是预防发泡倾向，而是缩短泡沫的存在时间。

2. 乳化液的分类

乳化液主要分为两种类型：一种是水包油型（O/W 型），此时水多油少，用于润滑冷却;另一种是油包水型(W/O型),此时水少油多,如重油乳化液,用于燃料燃烧。在冷轧生产中采用水包油型(O/W型)乳化液,它是以润滑油(合成油或者动/植物油)为基础油,添加一定数量的添加剂,与水均匀混合所形成的。在这种情况下,水是作为冷却剂和载油剂而起作用的。乳化液根据其不同的原液可以分为乳化油、合成乳化液和微乳化液。乳化油由乳化剂、矿物油、油性剂、防锈剂等组成。其中油性剂作为润滑油之用,防锈剂有利于改善加工件的短期防锈,矿物油的存在是作为油性剂、防锈剂的载体。乳油由于其组成是个多相体系,兑水后的乳化液是个热力学不稳定的体系,导致分散相颗粒直径随分子运动而增大,造成析油、乳皂,油皂覆盖乳化液表面,溶液因"呼吸"不畅而变质发臭。

合成乳化液因其含有有机水溶性润滑油和防锈剂,不含矿物油,不受相平衡值的限制,所以性能稳定,使用周期长,和乳化油相比更清洁,冷却性能也好。但也有缺陷:缺乏矿物油及其乳化平衡性,使配制后的乳化液清洗性能变差,且易造成机床导轨面生锈;只引入了单一的水溶性类防锈剂难以满足防锈需要;由于其润滑剂也是单一的水溶性润滑油,难以适用于高光洁度表面,因此其最终不能全部取代乳化油。

微乳化液利用相平衡技术,合成相应的油性剂、极压剂、乳化剂,同时添加适量的矿物油、水性防锈剂和油性防锈剂等,充分发挥了各种成分的协同效应,使微乳化液具有良好的自消泡性能和防锈性能,又由于微乳化液同时含有连续相、分散相的油性剂和极压剂,故能有效满足各种加工的需要,其实用功效显著。但是其价格相对昂贵,不适用于大量使用和集中处理。

乳化液的稳定性是一个极其重要的指标,其测定方法是将油品配成一定浓度的乳化液,用离心分离法测定两部分的浓度,然后以最底下部分的油含量对最上面部分的油含量比例作为乳化液的稳定指数,用ESI表示。乳化液可根据乳化后的稳定性分为稳态乳化液、半稳态乳化液和非稳态乳化液三类。稳态乳化液可在室温下将浓缩油直接加入水中形成稳定的乳化液。稳态乳化液具有良好的退火清净性,可以不经清洗而直接退火。半稳态乳化液的润滑性能较稳态乳化液好,但其清净性稍差。非稳态乳化液对钢板和轧辊的附着性好,可大幅度降低摩擦系数,润滑性特别好,但残碳多,退火前必须经过脱脂。

7.2.2　工艺冷却与温度场

工艺冷却是带钢冷轧过程的一个重要特征,因为轧制过程中将产生大量的摩擦功和变形热。工艺冷却的基本功能是将配有轧制工艺所需浓度的乳化液在一定流量和压力的条件下喷射到轧辊和带钢上,保证轧制过程中轧辊和带钢的工作温度,同时降低摩擦产生的轧制力能消耗。实验表明,带钢冷轧时其变形功中有

84%～88%转变为热能,使工作辊表面可升温到80～120℃,支承辊表面温度可达到50～70℃。工作辊辊身中部与边部温度差通常为15～20℃,最高可达30～40℃。支承辊辊体中部与边部温度差通常为5～8℃,最高可达15～20℃。因此冷轧过程中必须对轧辊和带钢进行冷却,否则轧辊表面会由于温度过高引起淬火层硬度降低,从而影响带钢的表面质量和轧辊寿命。另外,轧辊温度升高和温度的分布不均匀会破坏正常的辊形,直接影响带钢的板形和尺寸精度。同时轧辊温度过高还会使冷轧润滑剂失效和油膜破裂,影响冷轧过程的正常进行。因此,保证基本的轧制冷却所需的乳化液喷射量是带钢轧制过程正常进行的前提条件,乳化液良好的冷却性是实现轧机高速轧制的关键技术。

另外,冷轧技术发展到当今时代,带钢的表面质量越来越受到高度关注,用户对产品质量的要求不断提高。随着冷连轧技术的发展,带钢轧制的高速化已成为现代化冷连轧机发展的趋势。伴随着轧制速度的提高,轧制变形区的温度、摩擦条件、前滑等情况变得十分复杂,在冷轧带钢表面很容易产生与工艺润滑密切相关的划痕、热滑伤等质量缺陷,大大降低了产品的质量及市场竞争力。为了获得良好的板形质量,需要严格控制轧辊的温度和热凸度。而轧制过程中轧件的变形热、轧件与轧辊接触产生的摩擦热以及工艺冷却和润滑制度,都会使轧辊的温度发生改变,进而影响轧辊凸度和带钢板形。因此,准确地计算轧制过程中产生的热量是关键。

带钢表面温度、润滑油膜厚度以及摩擦系数等参数之间是相互联系、相互影响的。随着带钢表面温度的变化,润滑油的黏度也会随之改变,从而影响油膜厚度和摩擦系数,而随着摩擦系数的改变,又会影响轧制功率,进而影响带钢的温度。影响板形的因素,除了辊系弹性变形和轧辊的磨损,轧辊的热变形是另一个十分重要的影响因素,它会直接导致轧辊的凸度变化,从而影响带钢的平直度。工作辊热变形的有效控制是降低轧辊损耗、控制板形、提高成材率的有效措施。但是在板带钢轧制过程中,轧辊热变形的预测精度不高一直是困扰现场生产的难题。轧件在辊缝内的塑性变形功、轧件与轧辊之间的摩擦热与轧制的工艺参数有重要关系,不同条件下的轧制将带来不同的轧辊冷却问题,实现不同轧机特性实行不同的冷却方法。

1. 冷轧带钢轧后的温度计算

当带钢在连轧机组中轧制时,其温度在各架轧机辊缝处上升,而在机架之间下降(或有时增加,如冷却温度高于带钢温度时,将使带钢温度增加)。如图7.9所示,S2机架及以后各架的带钢入口温度,可由其前一架的轧制条件算出来。同时,由于前面压下的加工硬化效应,带材的屈服强度逐架增大,因此带钢的温度必须按顺序进行计算。如果在轧制过程中乳化液冷却不到位,带材的温度将是逐机架递增的。后一机架带材的温度是前几机架带钢温度累计的结果，而带钢温度升高很容易导致热滑伤缺陷的产生。因此，治理热滑伤问题需要综合整条轧线进行考虑，才能获得良好的效果。

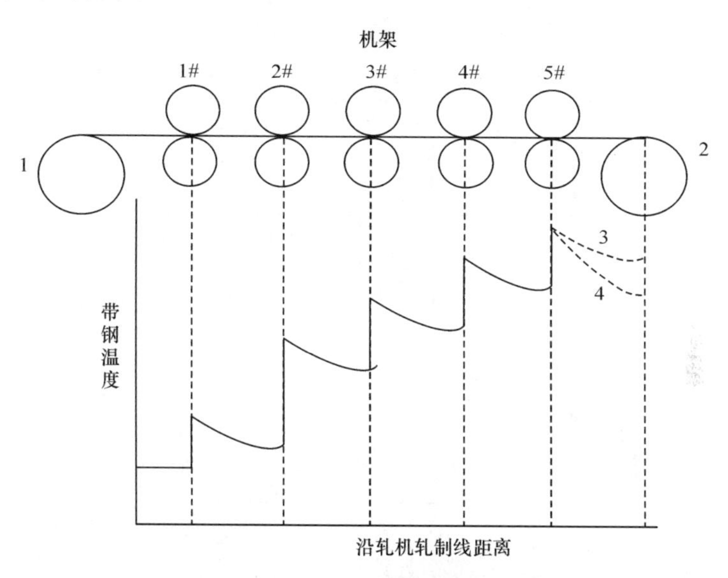

图 7.9　冷连轧机轧线上带钢温度变化图

1-张力辊；2-卷取机；3-空冷；4-乳化液冷却

对于上下游机架之间的带钢温度采用分段离散法进行求解，如图 7.10 所示，将机架间的距离 L 分成 n 段，每段长度 $\Delta x=\dfrac{L}{n}$，段内温度用 T_i 代替。这样根据第 i 段的热平衡条件可以得到

$$vh\rho S(T_i-T_{i+1})=2k_i(T_i-T_c)\frac{L}{n} \tag{7.1}$$

式中，T_c为乳化液温度；v 为带钢在上游机架的出口速度；h 为带钢在上游机架的出口厚度；k_i 为 i 段带钢的传热系数；L 为机架间距离；ρ 为带钢的密度。

将式(7.1)整理得

$$T_{i+1}=-\frac{2k_iL}{vh\rho Sn}(T_i-T_c)+T_i \tag{7.2}$$

一般而言，冷轧时所用的乳化液是由水中添加一定百分比的润滑油配置成的。根据研究，乳化液的热传递系数 k 与油含量(浓度)、流量密度、带钢温度以及喷嘴形状、喷射角度等密切相关。如果保持喷嘴形状、喷嘴角度不变，用流量密度 w [L/(min · m^2)]、带钢温度 T(℃)以及乳化液浓度 C(%)将 k 多重回归，可以近似得出

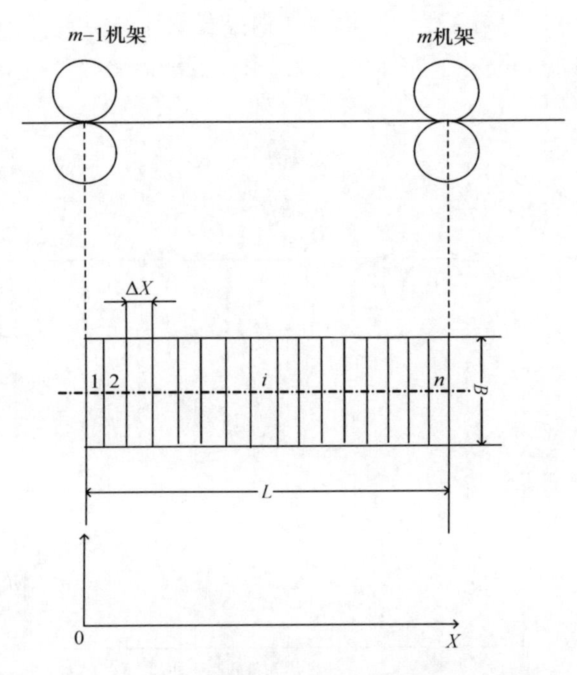

图 7.10 带钢温度在机架间分段离散图

$$k=k_0\cdot w^{c_1}T_x^{c_2}\exp\left[c_3\left(1-\frac{C}{100}\right)+c_4\frac{C}{100}\right]\times 1.163 \tag{7.3}$$

式中，$c_1=0.2554$，$c_2=-0.2457$，$c_3=8.7962$，$c_4=-9.6612$，$k_0=1.0$

将式(7.3)整理得

$$k=k_0\cdot w^{0.2554}T_x^{-0.2457}\ \exp(8.7962-18.4574C)\times 1.163 \tag{7.4}$$

将式(7.4)代入式(7.2)，整理得

$$T_{i+1}=-\frac{2k_0\cdot w^{0.2554}\exp(8.7962-0.1845\cdot C)\times 1.16\times L}{vh\rho Sn}T_i^{-0.2457}(T_i-T_C)+T_i \tag{7.5}$$

轧制过程工艺冷却主要是克服轧辊与带钢间的摩擦热与变形功引起的温度升高，为此需要计算摩擦热和变形功引起的带钢温度变化在轧辊与带钢接触变形区中，通过有限差分方法，计算出每个接触单元因变形功和摩擦热引起的温度变化，通过沿轧制接触弧每个单元温度变化式的数值积分方法，可以计算出带钢在不同轧制工艺条件下的温度变化。由带钢温度的变化，根据生产过程中实际轧制工艺状态可以确定不同温度条件下对应的乳化液最小冷却喷射量。带钢温度计算公式为

$$\Delta T_s = \frac{Q_F/2 + Q_{RB}}{C_{WB}\rho_B V} \tag{7.6}$$

式中，ΔT_s 为摩擦热和变形功引起的温度变化，℃；Q_F 为变形功产生的热量，J；Q_{RB} 为摩擦热产生的热量，J；C_{WB} 为带钢比热容，J/(kg · K)；ρ_B 为带钢密度，kg/m^3；V 为带钢体积，m^3。

2. 乳化液对带钢轧后温度的影响

轧辊温度场的计算在很大程度上取决于边界条件的处理及效果，轧件在变形区内产生的塑性变形热、轧辊与轧件之间由于相对滑动产生的摩擦热以及轧辊与轧件之间由温差产生的接触导热，这些热量输入轧辊使轧辊温度升高，与此同时起润滑和冷却作用的乳化液喷射在轧辊上不断从轧辊带走热量。

显然，乳化液导热系数越大，带钢在机架间的温度下降得越快，到达下一机架入口的温度就越低。在现场工艺条件下，调整乳化液喷射量是最直接有效的方法。图 7.11 所示为不同乳化液喷射量的情况下，带钢从上一机架到达下一机架的温度变化情况。乳化液中油浓度的改变，导致乳化液的换热能力变化。图 7.12 所示为不同油浓度下带钢的温度情况。乳化液温度也是影响带钢温度变化的主要因素，乳化液温度不仅影响本身的物理性质，也影响冷却条件，图 7.13 所示为不同乳化液温度条件下带钢从上一机架达到下一机架的温度变化情况。由图可以看出，随着乳化液流量的增加带钢冷却后温度呈接近线性减小；不同乳化液浓度与带钢冷却后温度呈正比例并接近线性关系；乳化液温度与带钢冷却后温度呈正比例关系。所以，乳化液的特性参数对带钢温度有明显的作用效果。

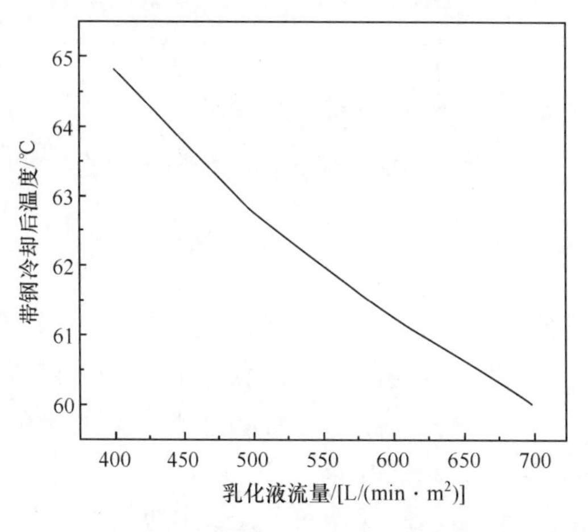

图 7.11 乳化液流量对带钢冷却后温度的影响

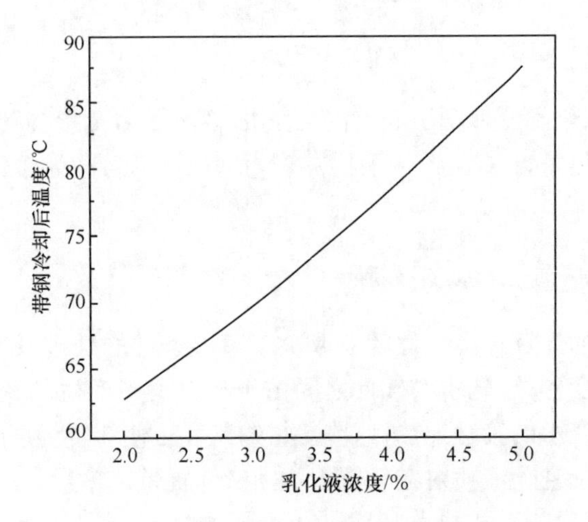

图 7.12　乳化液浓度对带钢冷却后温度的影响

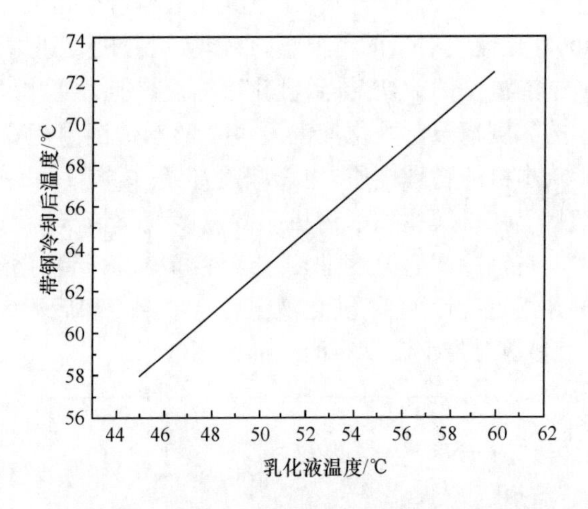

图 7.13　乳化液温度对带钢冷却后温度的影响

3. 轧辊温度场模型

1）模型的建立及网格划分

对于冷连轧机，用于现场轧辊的尺寸较大，所以在对其模拟过程中为了减少单元数量和计算时间，有必要对其模型进行简化，忽略轧辊轴承部分摩擦热对轧辊温度场的影响，只研究轧辊辊身长度部分。另外，对于工艺参数对轧辊温度场影响规律的研究，采用二维模型然后利用现场和实验采集的数据对模拟结果进行验证。

对于二维模型的建立，可以采用 PLANE77 单元对实体模型进行单元划分，如图 7.14 所示。将轧辊的断面沿周向分成 180 份，每份对应的角度为 2°，由于轧辊表面附近温度变化较大，为了兼顾计算速度和求解的精确度，采用在轧辊表面进行密集而中间稀疏的单元划分方式。

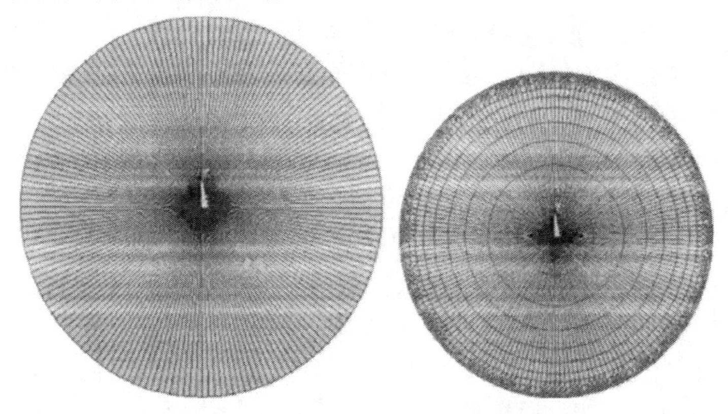

图 7.14　轧辊二维模型单元的划分

2）初始条件

热传导方程描述的是温度与时间和空间的函数关系，只有引入初始条件和边界条件后才能进行求解。带钢冷轧过程中，轧辊的实际边界条件是相当复杂的，假设轧辊初始温度是均匀的，热传导方程式中有对时间的一阶偏导数，因此在求非稳态导热时可采用如下初始条件：

$$T(x,y,z,t=0)=T_0(x,y,z)\quad (在 V 内) \tag{7.7}$$

式中，V 为体域，T_0 表示在 $t=0$ 时的温度分布状态。

工作辊的几个边界区域如下。

在轧制过程中随着工作辊的旋转，轧辊表面反复受热和冷却，呈周期性变化，热边界条件比较复杂。如图 7.15 所示，A 段为工作辊与带钢、支承辊和乳化液接触区域，热量从带钢进入工作辊，然后被乳化液和支承辊带走；B 段位于工作辊与带钢接触区外部分；C 段直接暴露在空气中；D 段工作辊与轴承接触摩擦发热。

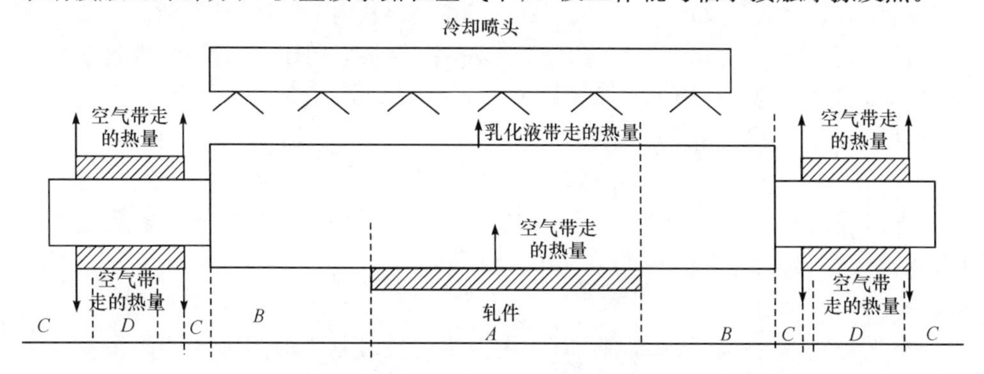

图 7.15　工作辊热边界条件示意图

对于轧辊温度场的求解，采用周期性的边界条件，假设热载荷不随时间变化，但其作用位置随时间而改变，即绕轧辊外表面旋转，令轧辊外表面转动的线速度为 v_r，对应于每一时间增量 Δt，辊面移动的距离为 $v_r\Delta t$。这样轧辊外表面上每一边界节点在每一周期内均处于上述给定的几种边界状态，轧辊的边界条件随着时间步长 $\Delta\tau$ 的增加而移动，这个过程随着时间的增加而反复进行，直到到达给定的时间。

3) 轧辊接触边界条件

在轧制过程中，轧辊与周围介质间的相互作用构成了轧辊的输入输出热流。与工作辊进行接触换热的物质是轧件、乳化液、支承辊、轴承等。与工作辊进行非接触辐射换热的物质是轧件和轧辊周围环境。

轧件与轧辊接触热传导中，轧件在轧制区单位面积、单位时间内由接触导热传递给轧辊的热流速率按牛顿冷却定律计算，其表达式为

$$q=h_c(T_s-T_r) \tag{7.8}$$

式中，h_c 为轧件与轧辊的等效传热系数，J/(s · m² · ℃)。它由两部分组成，一部分为轧件与轧辊的实际接触传热系数，另一部分由摩擦等效计算：

$$h_f=\frac{Q_{def\text{-}out}}{t(T_s-T_r)} \tag{7.9}$$

式中，$Q_{def\text{-}out}$ 为摩擦分配入轧辊的部分；T_r 为轧辊温度；T_s 为轧件温度。

乳化液与轧辊热传导中，带钢冷轧过程工作辊与乳化液之间对流换热系数的确定是轧辊温度场分析的难点。因为喷淋冷却控制系统具有非线性、强耦合等特性，很难建立精确的热量转移数学模型，其难点在于无法获得乳化液与工作辊之间精确的对流换热系数，目前对流换热系数往往采用经验公式计算，结果差别较大。单位时间内由乳化液从轧辊表面单位面积微元带走的热流速率可按牛顿冷却定律计算，即

$$q=h(T_B-T_r) \tag{7.10}$$

式中，T_B 为乳化液温度；T_r 为轧辊温度；h 为轧辊与乳化液的换热系数。

研究表明，一般情况下乳化液的换热系数随含油量的增加而减小，通过多元回归得出传热系数与乳化液的流量密度 W[L/(min · m²)]，轧辊表面温度 T_r(℃)及乳化液浓度 C(%)之间的关系如下：

$$h=k_0W^aT_r^b\exp(c+dC)\times1.163 \tag{7.11}$$

通过利用上述模型骨架，根据轧制实验和现场实测数据，对上述系数进行回归，给出式中参数的具体值为：$a=0.264$，$b=-0.213$，$c=9.45$，$d=-19.18$，$k_0=0.3$。

空气与轧辊的热传导中，单位时间内由室内空气从轧辊表面单位面积微元带走的热流速率可按牛顿冷却定律计算：

$$q=h_C(T_C-T_r) \tag{7.12}$$

式中，T_C 为室内空气温度；T_r 为轧辊温度；h_C 为轧辊与空气的对流换热系数。

4. 冷却过程对轧辊温度场的影响分析

1) 轧辊初始温度对轧辊温度场的影响

冷轧过程中，换辊是生产中不可缺少的环节。换辊以后的冷辊轧制这种不稳定状态也是不可避免的。生产中为了尽可能缩短冷辊的不利影响，一般采用工作辊预热的方法实现。工作辊预热主要采用对工作辊喷淋乳化液的方式进行，喷淋的时间一般根据经验进行控制。在定量给出工作辊预热的程度对特定状态下轧辊达到温度平衡的平衡时间的影响，给出合理的工作辊预热方法。

实例模拟条件如下：轧辊转速为 80r/min，带钢温度为 88℃，接触弧长对应的圆周角为 10°，带钢输入轧辊的名义对流换热系数为 75599W/(m^2 · K)，工作辊与支承辊的接触角度为 6°，两者接触传热系数为 13157W/(m^2 · K)，直喷区对流换热系数为 4717W/(m^2 · K)，喷淋区为 1300W/(m^2 · K)，乳化液温度为 50℃，工作辊预热的初始温度分别为 25℃、35℃、45℃、55℃。

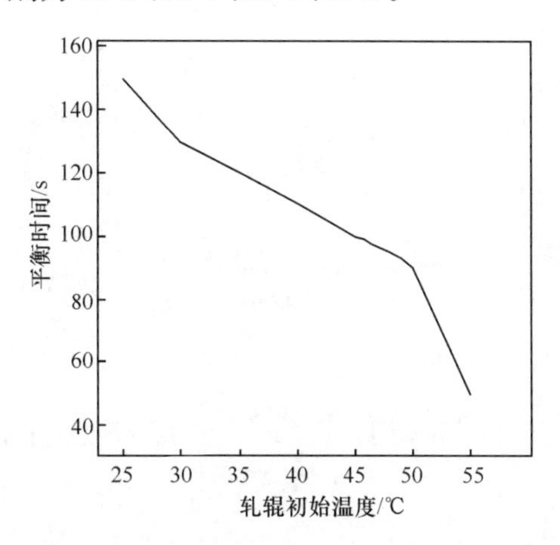

图 7.16　轧辊初始温度对轧辊达到平衡状态时间的影响

从图 7.16 中可以看出，随着轧辊初始温度的升高，轧辊的温度不均度降低，这就有利于提高轧辊的寿命。

2) 冷却方式对轧辊温度场的影响

在冷轧过程中，轧辊冷却是控制板形的重要手段。不同的冷却方式会显著影响轧辊的温度场行为，造成在换辊以后的不稳定轧制延长、轧辊使用寿命降低的现场问题。

实例模拟两个条件下的轧辊温度场。两个模拟不同的条件在于：模拟一的直喷区对流换热系数 4717W/(m^2 · K)，喷淋区 1300W/(m^2 · K)，冷却液温度为 50℃；模拟二的直喷区对流换热系数为 5188W/(m^2 · K)，喷淋区的对流换热系数为 1430W/(m^2 · K)，冷却液温度为 54℃。

图 7.17 所示为离咬入点圆周角 10°处每轧制一周该点的温度变化情况。从图中可以看出，按条件二轧制时，轧辊的稳定温度较高。条件一下，该点达到温度稳定的时间为 151s，按条件二轧制时，其平衡时间为 144s。轧辊截面温度分布在条件二下更快地达到平衡状态。快速地实现轧辊温度平衡可以在换辊以后快速实现稳定轧制，提高板带的成材率。从图中还可以看出，按条件一轧制时，轧辊在截面内温度变化不如条件二的剧烈，这表明轧辊受到的热应力较低，可以提高轧辊使用寿命。

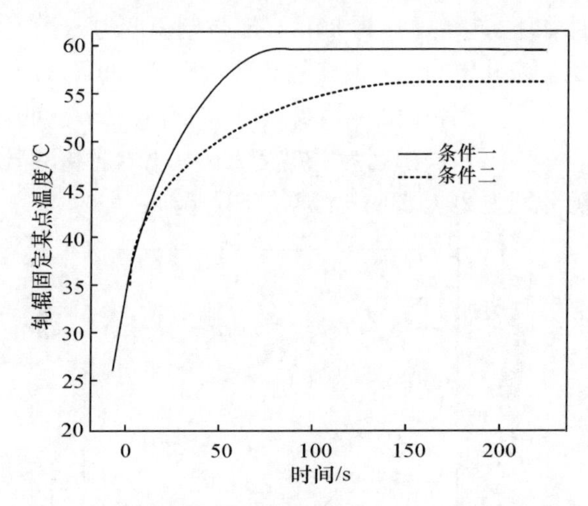

图 7.17　不同冷却方式下轧辊固定一点的温度变化曲线

图 7.18 所示是完全稳定状态以后选取点温度的变化情况。从图中可以看出，按条件一轧制时，选取点在一个周期内最高为 71℃，在支承辊接触处温度最低为 54℃。按条件二轧制时，轧辊温度大约为 73℃，在支承辊接触处温度最低为 57℃。两种条件下，轧辊的温度变化程度是相近的。由于条件二下，轧辊表层热影响层小于条件一下的情况，所以形成的热应力小于条件一，有利于提高轧辊寿命。

3) 冷却强度对轧辊温度场的影响

冷却强度是调整轧辊热凸度的有效手段，确定有效的冷却强度对于控制热凸度有重要意义。流量是调整冷却强度的重要手段，但是由于现场轧机高速工作，无法获得大量工作辊的工作温度与流量对应的数据，造成现场通过控制辊温来控制热凸度，通过变化的对流换热系数计算得到平衡状态下的工作辊温度，结合公式确定流量与工作辊平衡温度之间的对应关系，为现场控温提供理论依据。

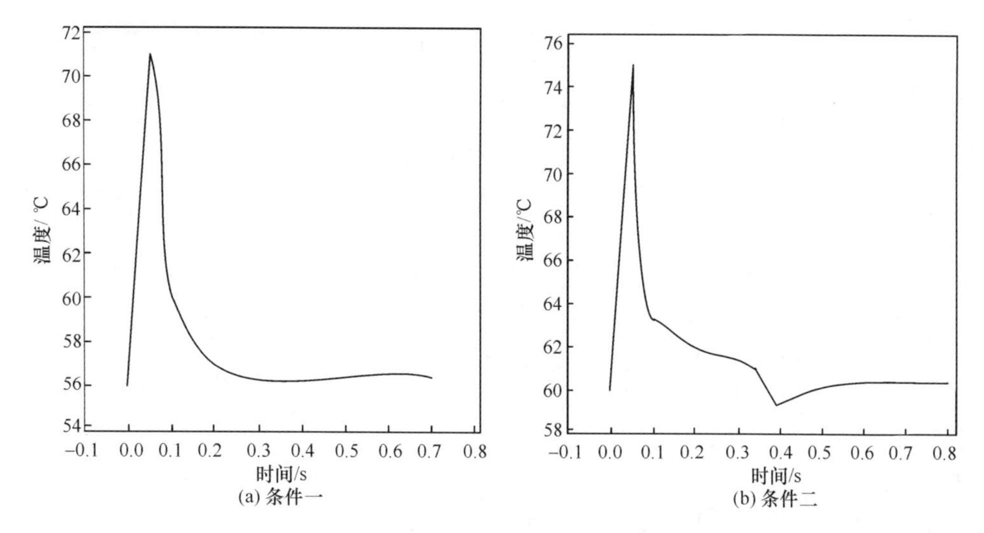

图 7.18　稳定状态下轧辊圆周某点的温度曲线

采用以下冷却强度下的轧辊温度场：方式一的直喷区对流换热系数为 4288W/(m^2 • K)，喷淋区为 1300W/(m^2 • K)；方式二的直喷区对流换热系数为 4717W/(m^2 • K)，喷淋区为 1300W/(m^2 • K)；方式三的直喷区对流换热系数为 5188W/(m^2 • K)，喷淋区的对流换热系数为 1430W/(m^2 • K)；方式四的直喷区对流换热系数为 5706W/(m^2 • K)，喷淋区的对流换热系数为 1573W/(m^2 • K)。

从图 7.19(a)～(c)可以看出，随着对流换热系数的升高，轧辊平衡温度降低。而且随着轧辊圆周上对流系数的升高，变形区的最高温度以及轧辊最低温度都降低。轧辊温度与流量的关系如图 7.19(d)所示。从图中可以看出，随着流量的增加，轧辊平衡温度降低。

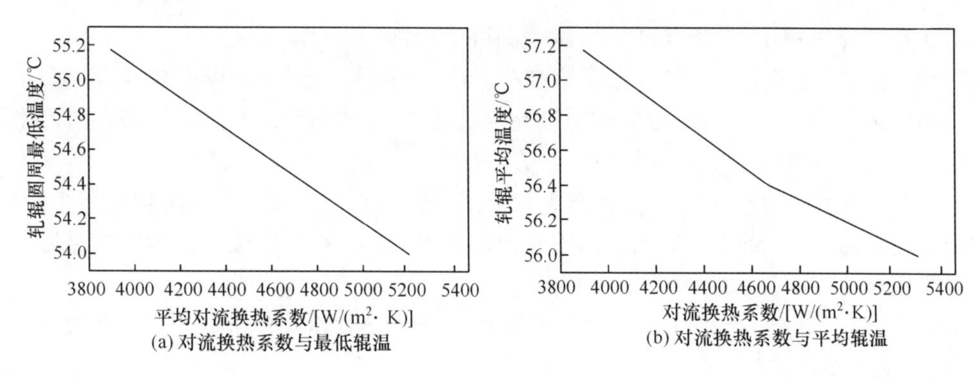

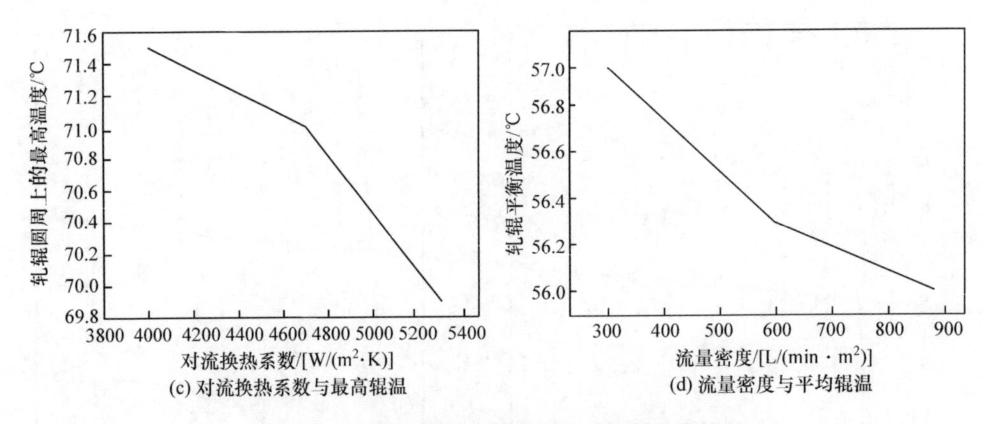

图 7.19 不同冷却强度平衡状态下轧辊温度情况

根据上述的轧辊温度场模拟模型和条件参数，最终通过对轧辊温度场的模拟分析，可以得出以下一些结论。

(1) 随着轧辊初始温度的升高，轧辊达到平衡温度的时间缩短，但是缩短的速率降低。

(2) 不同的冷却方式会造成轧辊形成不同的平衡温度场分布，较低的乳化液温度可以使轧辊的平衡温度降低，但是较高的乳化液温度及较大的对流强度形成的热影响区更小，对轧辊表层形成热应力更小。

(3) 随着冷却强度的升高，轧辊的最高温度及平衡温度都降低。

(4) 随着轧制速度上升，轧辊的平衡温度上升，达到平衡状态的时间也延长。

(5) 带钢温度上升，轧辊平衡温度上升，带钢温度对轧辊的影响区域也增大。

7.2.3 工艺润滑与使用功效

在冷轧过程中，带钢与轧辊接触表面存在摩擦，为了降低轧制力、减少摩擦的影响，需要进行工艺润滑。工艺润滑在冷轧轧制过程中起着极其重要的作用，采用轧制工艺润滑可以有效地降低和控制轧制过程中的摩擦磨损，降低工作辊表面温度。工艺润滑的作用主要包括以下三方面。

(1) 通过润滑剂在轧辊和带钢表面形成一层油膜，当润滑剂渗入轧辊与带钢接触表面的凸凹部时，可以把带钢与轧辊分隔开，从而降低接触表面的摩擦系数，降低轧制负荷。

(2) 冷轧过程中，由于剧烈的摩擦及变形功而产生很大的热量，工艺润滑剂可以防止黏辊的发生。

(3) 工艺润滑对保护轧辊表面、改善带钢的表面质量起着重要作用。一方面，在润滑剂的保护下，可防止轧辊表面氧化；另一方面，带有润滑剂轧制对被轧带钢起到了“抛光”作用。

冷轧润滑机理的研究已经历了许多年,目前公认的有四种基本润滑机制:厚膜润滑机制、薄膜润滑机制、混合润滑机制和边界润滑机制。其中,厚膜润滑和薄膜润滑都属于流体润滑。因此在国内外对于冷轧润滑机理的研究主要围绕边界润滑、混合润滑和流体润滑三个方面。边界润滑主要是通过润滑剂中的表面活性物质在金属表面之间形成既易于剪切又能减小金属表面直接接触的边界润滑膜,边界膜是一种定向吸附膜,厚度通常在 0.1μm 以下,边界润滑在低载、弹性变形条件下可以用库仑摩擦定律来计算。流体润滑的表现形式是两接触表面完全被润滑油膜隔开,油膜厚度远大于接触表面粗糙度,摩擦力来源于润滑剂分子运动的内摩擦。当油膜厚度小于轧辊与轧件综合粗糙度的 3 倍时,认为此时处于混合润滑状态,在混合润滑状态中,载荷一部分由润滑剂油膜承担,另一部分则由接触中的表面微凸体承担,所以此时包含了流体润滑和边界润滑两种机制。

由于对轧制稳定性和带钢表面质量的要求,在生产实际中轧辊和带钢接触界面间的润滑状态大多处于混合润滑机制之下,接触界面间总的轧制压力由表面直接接触压力和油膜压力共同构成。生产实践表明,冷轧时只需很薄的润滑油膜就可以达到减少摩擦的作用。若油膜厚度超出一定值则对减少摩擦不再起作用,相反会由于“过润滑”而使轧辊发生“打滑”现象,在高速轧制条件下更容易产生“打滑”,“打滑”会造成带钢和轧辊表面损伤或发生断带等事故。因此,轧制时只需保证带钢表面具有临界厚度油膜即可。通过对乳化液使用功效理论的研究,特别是对轧制变形区油膜厚度和油膜压力计算的探讨,优化乳化液的工艺与控制,达到混合润滑。保证在高速轧制中,适度减小摩擦降低能耗,同时也可保证适量前滑,从而轧辊对带钢有一个研磨作用,提高带钢表面光亮度。

1. 油膜厚度计算

要实现轧制工艺润滑数值计算,就必须首先建立问题的数学模型。而模型建立需要一些基本的理论方程做基础,确定计算油膜压力、油膜厚度等变量的基本方程,为混合润滑数学模型的建立、提高乳液使用功效奠定理论基础。

1) 带钢表面特征表征

在早期的润滑机理研究中,往往将轧辊和带钢表面看成光滑刚性表面来处理。这种假设是近似的,而且不符合实际。为了建立合理准确的计算模型,必须考虑带钢表面形貌对润滑过程的影响。如图 7.20 所示,带钢表面凹凸不平,存在表面凸峰和凹谷,而且凸峰的高度分布是随机的,高斯分布(或正态分布)表面是工程表面中最常见的一种。

高斯表面的概率密度 P_G 可以表达为

$$P_G(\delta)=\frac{\exp(-\delta^2/2R_q^2)}{R_q\sqrt{2\pi}} \tag{7.13}$$

式中,δ 为表面中心线以上的高度;R_q 为表面均方根粗糙度(root mean square,

RMS)。其中,R_q 定义为

$$R_{\mathrm{q}}=\sqrt{\frac{1}{L}\int_{0}^{L}z^{2}\mathrm{d}x} \tag{7.14}$$

式中,x 为沿测量方向的距离;z 为微凸体到表面中线的距离;L 为测量间距。

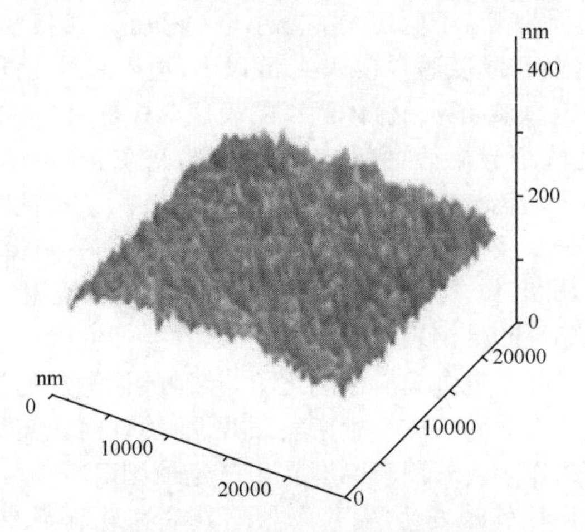

图 7.20 带钢表面形貌微观图形

为了做高斯分布表面的一个近似,引入多项式概率密度函数,应用非常方便,定义为

$$P_{\mathrm{C}}(\delta)=\begin{cases}\dfrac{35}{96R_{\mathrm{q}}}\left[1-\dfrac{1}{9}\left(\dfrac{\delta}{R_{\mathrm{q}}}\right)^{2}\right]^{3} & (|\delta|\leqslant 3R_{\mathrm{q}})\\ 0 & (|\delta|>3R_{\mathrm{q}})\end{cases} \tag{7.15}$$

RMS 粗糙度描述了表面轮廓线与中线的背离程度,但是没有给出微凸体的大小和间距等信息,这些可以由自相关函数 Φ 来提供:

$$\Phi(\beta)=\frac{1}{LR_{\mathrm{q}}^{2}}\int_{0}^{L}z(x)z(x+\beta)\mathrm{d}x \tag{7.16}$$

式中,β 为自相关函数的测量距离。

对于高斯表面,平均油膜厚度 h_t(润滑剂体积和名义接触面积的比)和名义表面间距 h_n(两个变形表面中线间距离)有关,它们的关系为

$$h_{\mathrm{t}}=\int_{-h_{\mathrm{n}}}^{\infty}(h_{\mathrm{n}}+\delta)p_{\mathrm{c}}(\delta)\mathrm{d}\delta \tag{7.17}$$

如果表面之间不发生接触,那么 h_t 和 h_n 相等。然而当接触发生时,h_t 要大于 h_n。在大接触比 A 的情况下,h_n 可能变成负数而 h_t 仍然为正数。平均油膜厚度也可以简化成无量纲形式:

$$H_{\mathrm{t}}=\frac{3}{256}(35+128\overline{Z}+140\overline{Z}^{2}-70\overline{Z}^{4}+28\overline{Z}^{6}-5\overline{Z}^{8}) \tag{7.18}$$

式中，$H_n=\dfrac{h_n}{R_q}$；$\bar{Z}=\dfrac{H_n}{3}$。

另外，接触比 A 和无量纲表面间距 H_n 的关系为

$$A=\int_{h_n}^{\infty}p_c(\delta)\mathrm{d}\delta=(16-35\bar{Z}+35\bar{Z}^3-21\bar{Z}^5+5\bar{Z}^7)/32 \tag{7.19}$$

在推导变量 H_n、H_t 和 A 的关系之后，实际上就可以用 H_n 来计算 H_t 和 A。在后面的章节中，以 H_n 为油膜厚度微分方程中的变量，积分得到 H_n，然后计算得到 H_t 和 A。

对润滑过程进行分析，根据带钢基体是否发生塑性变形，可以将整个轧制长度分为入口区和变形区，那么油膜厚度的计算也要分成两种情况讨论：入口区油膜厚度的计算和变形区油膜厚度的计算。

2）入口区油膜厚度的计算

在入口区，由于基体不发生塑性变形，而轧辊的直径要远大于带钢厚度，所以可以认为在入口区，轧辊和带钢呈近似恒定的夹角。为了计算方便，可以选定入口区和变形区的分界点为原点，建立入口区的局部坐标系。这样就可以用几何的方法来推导入口区油膜厚度。入口区的油膜厚度计算可以按照弹性流体动压润滑(EHL)计算。从图 7.21 可以看出，在入口区工作辊和轧件之间形成楔形收敛区，将乳化液带入工作区，入口区最小油膜厚度(h_t)直接影响工作区油膜厚度。

如图 7.21 所示，推导入口区平均油膜厚度如下：

$$h_t=\frac{x'x_1}{aR_q} \tag{7.20}$$

式中，h_t为平均油膜厚度；x_1 为变形区长度；x'为变形区坐标；a 为轧辊半径。R_q为带钢和轧辊的总粗糙度。

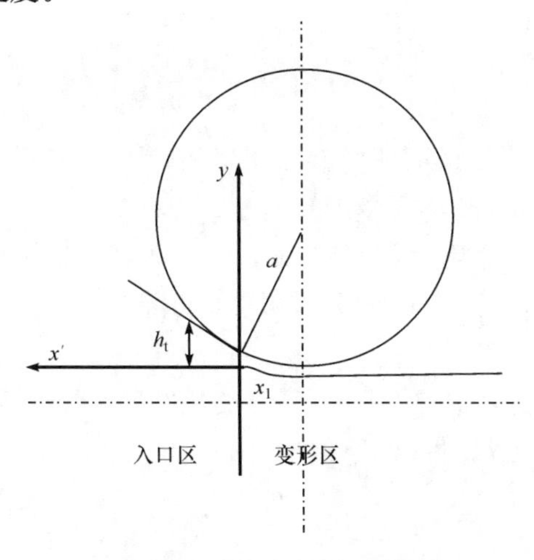

图 7.21　入口区局部坐标系

3）变形区油膜厚度的计算

在变形区，由于发生带钢基体塑性变形和表面压平，计算过程要复杂很多。当轧辊和带钢接触时，由于轧辊的硬度要远高于带钢的硬度，而且轧辊的粗糙度一般低于带钢粗糙度，会发生带钢表面微凸体被轧辊压平的现象。因此，油膜厚度的计算也要考虑带钢表面的压平。为了模型推导方便，使用名义表面间距来表达油膜厚度的大小，名义表面间距 h_n 与微凸体压平有关：

$$\frac{dh_n}{dx}=-\frac{dt}{dx}\times\frac{dh_n}{dt}=-\frac{1}{U}\frac{dh_n}{dt}=\frac{v_a}{U} \tag{7.21}$$

式中，U 为带钢表面速度。

由微凸体的体积守恒，有

$$v_aA-v_b(1-A)=0 \tag{7.22}$$

式中，v_a 为接触表面相对于平均表面的压下速度；v_b 为表面凹坑相对于平均表面的上升速度。

根据带钢在垂直方向的变形速度等于轧辊表面速度在垂直方向的分量，得到

$$v_a+\frac{\dot{\varepsilon}y}{2}=\frac{Ux}{a} \tag{7.23}$$

式中，a 为轧辊半径；$\dot{\varepsilon}$ 为基体应变速率。

为了对这个公式进一步推导，定义无量纲应变速率 E 为

$$E=\frac{\dot{\varepsilon}l}{v_a+v_b} \tag{7.24}$$

式中，l 为微凸体半间距。

结合式(7.13)～式(7.15)，并使用式(7.16)来无量纲化，得到

$$\frac{dH_n}{dX}=\frac{(1-A)RX}{R^*\left(1-A+\dfrac{EY}{2L^*}\right)} \tag{7.25}$$

式中，R 为压下率；L^* 为无量纲平均微凸体半间距；X 为变形区位置坐标；Y 为变形区内带钢无量纲厚度；R^* 为无量纲粗糙度。

式(7.17)是一个一阶常微分方程，通过使用四阶龙格-库塔法对方程进行数值积分，可以得到变形区内 H_n 的分布，同时也可以看到，此方程的求解需要 E 的值。

在一个纵向粗糙度分布的表面上，基体的塑性变形降低了微凸体的有效硬度，微凸体无量纲等效硬度 H_a 可以定义为

$$H_a=\frac{p_a-p_b}{k}=P_a-P_b \tag{7.26}$$

式中，k 为工件平面应变下的剪切强度；P_a 和 P_b 为微凸体和润滑剂上无量纲压

力，定义为 $P_a=\dfrac{p_a}{k}$；$P_b=\dfrac{p_b}{k}$。

在润滑表面上，总的界面压力是由微凸体接触和流体共同承担的，将总压力 p、微凸体压力 p_a、润滑剂压力 p_b 和接触比 A 联系起来，可以表达为

$$p=Ap_a+(1-A)p_b \tag{7.27}$$

写成无量纲形式：

$$P=AP_a+(1-A)P_b=P_b+AH_a \tag{7.28}$$

将微凸体的有效硬度和无量纲应变速率联系起来：

$$H_a=\frac{2}{f_1(A)E+f_2(A)} \tag{7.29}$$

式中，$f_1(A)=0.515+0.345A-0.86A^2$；$f_2(A)=\dfrac{1}{2.571-A-A\ln(1-A)}$。

由无量纲油膜压力 P_b 和无量纲总压力 P，可以写出方程(7.22)的等效形式

$$H_a=\frac{P-P_b}{A} \tag{7.30}$$

来得到无量纲等效硬度 H_a。用式(7.30)替换式(7.16)中的 H_a 得到

$$E=\frac{2A-f_2(P-P_b)}{f_1(P-P_b)} \tag{7.31}$$

在得到 E 后，代入式(7.25)就可以计算无量纲表面间距 H_n 在变形区的变化情况。无量纲平均油膜厚度 H_t 和接触比 A 可以用式(7.18)和式(7.19)中的 H_n 来表达。

平均油膜厚度也可以简化成无量纲形式：

$$H_t=\frac{3}{256}(35+128\bar{Z}+140\bar{Z}^2-70\bar{Z}^4+28\bar{Z}^6-5\bar{Z}^8) \tag{7.32}$$

式中，$H_n=\dfrac{h_n}{R_q}$；$\bar{Z}=\dfrac{H_n}{3}$。

另外，接触比 A 和无量纲表面间距 H_n 的关系为

$$A=\int_{h_n}^{\infty}p_c(\delta)\mathrm{d}\delta=(16-35\bar{Z}+35\bar{Z}^3-21\bar{Z}^5+5\bar{Z}^7)/32 \tag{7.33}$$

在推导变量 H_n、H_t 和 A 的关系之后，实际上就可以用 H_n 来计算 H_t 和 A，以 H_n 为油膜厚度微分方程中的变量，积分得到 H_n，然后计算得到 H_t 和 A。

2. 油膜压力计算

计算粗糙表面的油膜压力通常使用平均雷诺方程，对于稳定的、不可压缩的和一维问题，方程形式可以简化为

$$\frac{\mathrm{d}}{\mathrm{d}x}\left(\frac{\Phi_x h_n^3}{12\mu}\frac{\mathrm{d}p_b}{\mathrm{d}x}\right)=\frac{U+U_r}{2}\frac{\mathrm{d}h_t}{\mathrm{d}x}+\frac{U-U_r}{2}R_q\frac{\mathrm{d}\Phi_s}{\mathrm{d}x} \tag{7.34}$$

式中，x 为变形区位置；μ 为润滑剂的黏度；U 和 U_r 为带钢和轧辊表面的速度；R_q 为轧辊和带钢的总粗糙度，定义为

$$R_q=\sqrt{R_{qr}^2+R_{qs}^2} \tag{7.35}$$

其中，R_{qr}和 R_{qs}为轧辊和轧件的 RMS 粗糙度。

Φ_x 和 Φ_s 分别称为压力流动因子和剪切流动因子，它们用来补偿表面粗糙度的影响。Φ_x 的值表征了垂直于压力梯度方向的表面凸峰对润滑剂流动的阻碍作用($\Phi_x<1$)，或者平行于压力梯度的表面凹坑对润滑剂流动的促进作用($\Phi_x>1$)。Φ_s 表征了表面粗糙度将润滑剂拽入表面运动方向的趋势。

通过使用数值模拟，在全膜润滑机制不同微凸体排列方向下，流动因子的半经验性方程为

$$\Phi_x=1-C_x\mathrm{e}^{-r_x H_n}\quad(\gamma_s\leqslant 1) \tag{7.36}$$

$$\Phi_x=1+C_x H_n^{-r_x}\quad(\gamma_s>1) \tag{7.37}$$

并且

$$\Phi_s=A_s\mathrm{e}^{-0.25H_n}\quad(H_n>5) \tag{7.38}$$

式中，C_x、r_x 和 A_s 是 γ_s 的函数，可以写成

$$C_x=\begin{cases}0.89679-0.26591\ln\gamma_s & (\gamma_s\leqslant 1)\\ -0.10667+0.10750\gamma_s & (\gamma_s>1)\end{cases} \tag{7.39}$$

$$r_x=\begin{cases}0.43006-0.10828\gamma_s+0.23821\gamma_s^2 & (\gamma_s<1)\\ 1.5 & (\gamma_s>1)\end{cases} \tag{7.40}$$

$$A_s=1.0766-0.37758\ln\gamma_s \tag{7.41}$$

由于表达式在 h_n 非常小时难以控制，而且对于 h_n 为 0 或者为负数时没有意义。为了避免这个问题，建议使用 h_t（总是正的）来代替 h_n。这种雷诺方程的替代形式和流动因子为

$$\frac{\mathrm{d}}{\mathrm{d}x}\left(\frac{\Phi_x h_t^3}{12\mu}\frac{\mathrm{d}p_b}{\mathrm{d}x}\right)=\frac{U+U_r}{2}\frac{\mathrm{d}h_t}{\mathrm{d}x}+\frac{U-U_r}{2}R_q\frac{\mathrm{d}\Phi_s}{\mathrm{d}x} \tag{7.42}$$

式中

$$\Phi_x H_t^3=a_2(H_t-H_{tc})^2+a_3(H_t-H_{tc})^3\quad(H_t<3) \tag{7.43}$$

$$\Phi_s=b_0+b_1H_t+b_2H_t^2+b_3H_t^3+b_4H_t^4+b_5H_t^5\quad(H_t<5) \tag{7.44}$$

其中，H_{tc}是对应于引入渗漏极限的无量纲临界油膜厚度。a_2、a_3、b_0、b_1、b_2、b_3、b_4、b_5 是提供的经验常数。H_{tc}和常数 a_2、a_3、b_0、b_1、b_2、b_3、b_4、b_5 可以由 γ_s 的半经验表达式表达：

$$H_{tc}=3[1-(0.47476/\gamma_s+1)^{-0.25007}] \tag{7.45}$$

式中，$a_2=0.051375\ln^3(9\gamma_s)-0.0071901\ln^4(9\gamma_s)$

$a_3=1.0019-0.17927\ln\gamma_s+0.047583\ln^2\gamma_s-0.0016417\ln^3\gamma_s$

$b_0=0.12667\gamma_s^{-0.6508}$

$b_1=\exp(-0.38768-0.44160\ln\gamma_s-0.12679\ln^2\gamma_s+0.042414\ln^3\gamma_s)$

$b_2=\exp(-1.748-0.39916\ln\gamma_s-0.11041\ln^2\gamma_s+0.031775\ln^3\gamma_s)$

$b_3=\exp(-2.8843-0.36172\ln\gamma_s-0.10676\ln^2\gamma_s+0.028039\ln^3\gamma_s)$

$b_4=-0.004706-0.0014493\ln\gamma_s+0.00033124\ln^2\gamma_s-0.00017147\ln^3\gamma_s$

$b_5=0.00014734-4.225\times10^{-5}\ln\gamma_s-1.057\times10^{-5}\ln^2\gamma_s+5.0292\times10^{-6}\ln^3\gamma_s$

对于平均油膜厚度小于渗漏极限的情况，此时润滑剂可以认为封闭在不连续的表面凹坑中，润滑剂的流动和压力梯度无关。这种情况就是所谓的静压混合润滑机制。对于微凸体呈锯齿状分布的表面，渗漏极限 h_t 在纯横向分布粗糙度时等于 $3R_q$，在纯纵向分布时等于 0。

3. 油膜温度计算

计算入口区和变形区温度是一个极其复杂的过程，受到带钢变形热、摩擦热和喷嘴系统等因素的影响，计算出工作辊和带钢温度后，计算油膜厚度温度时，假设条件如下。

(1) 只考虑油膜的热传导部分，而忽略对流所造成的那部分热量转移。

(2) 轧辊与轧件表面的温度分别为定值，而黏度是油膜断面平均温度的函数。表示油膜内的热传导能量方程为

$$pc\left[u\frac{\partial T}{\partial x}+u\frac{\partial T}{\partial y}\right]-k\frac{\partial^2 T}{\partial y^2}=\eta\left(\frac{\partial u}{\partial y}\right)^2-u\frac{T\partial p\partial p}{p\partial T\partial x}\tag{7.46}$$

根据假定条件(1)，忽略式(7.46)中左边第一项的热传导；再根据假定条件(2)，忽略右边第二项因压缩产生的热量，则

$$k\frac{\partial^2 T}{\partial y^2}=-\eta\left(\frac{\partial u}{\partial y}\right)^2\approx-\eta\left(\frac{u_R-u}{h}\right)^2\tag{7.47}$$

考虑边界条件，$y=0$ 时，$T=T_s$；$y=h$ 时 $T=T_R$，对式(7.47)进行积分后得

$$T=T_s+\frac{\eta(u_R-u_1)^2}{Rk}\frac{y}{h}\left(1-\frac{y}{h}\right)-\frac{y}{h}(T_s-T_R)\tag{7.48}$$

由此即可求出油膜的平均温度为

$$T_m=\frac{1}{h}\int_0^h T\mathrm{d}y=\frac{T_s+T_R}{2}+\frac{\eta(u_R-u_1)}{12k}\tag{7.49}$$

式中，T_s为带材表面温度；T_R为轧辊的表面温度；k 为轧制油的表面温度。

7.2.4 乳化液选择及使用方法

乳化液按其稳定性可分为稳态、半稳态和非稳态乳化液三类，三类乳化液的皂

化值、润滑性、冷却及清洁性之间关系如图 7.22 所示。在轧制过程中,冷却性和润滑性以离水展着性来体现,离水展着性是乳化液冷却性能、润滑性能、润湿性能和附着性能的综合体现。喷射到轧辊上的乳化液开始是水基型乳液,在轧制变形区内受到温度和压力的影响,当温度超过 100℃时乳化液中的水分大量汽化蒸发,带走热量,使轧钢温度低于 170℃,在这种情况下,乳化液发生相变变成油基型。轧制区域温度较高,水分继续蒸发,剩余油展着在钢板表面起润滑作用。合适的离水展着速度是控制乳化液润滑与冷却性能的关键,离水展着速度过快,润滑性能好,但冷却效果差,过慢冷却性能虽好,但润滑性能变差。由于离水展着性的存在,乳化液的使用浓度显得更为重要。

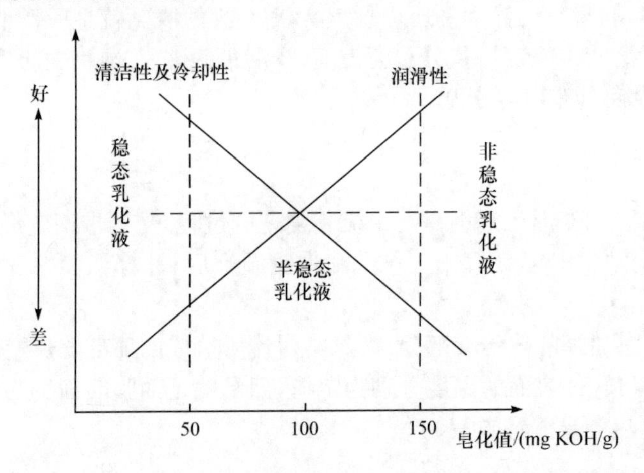

图 7.22　乳化液的皂化值、润滑性、冷却性及润滑性之间的关系

1. 乳化液的使用性能

乳化液使用性能的分析评价是一个复杂而困难的问题,使用性能的参数有很多,与生产联系紧密和关键的评价内容如下。

1) 稳定性

为了定量地表示乳化液的稳定性,采用“乳化液稳定指数”(ESI),当 ESI 为一个单位时,表示完全稳定的乳化液;而 ESI 接近于零,表示高度不稳定的乳化液。乳化液的润滑效果与其稳定性密切相关,如果乳化液是高度乳化了的(稳定的乳化液),则油滴将在水中无限期保持弥散状态,油相不容易“沉积”到带钢的表面上,结果将使摩擦系数增高;另外,若是结合得太“稀松”的乳化液(不稳定的乳化液),则乳化液的两相容易迅速分离,使储存箱中的油分离出来,结果实际上用泵送到轧机上的是浓度很低的溶液。一般来说,在循环系统中采用半稳定性的乳化液,这样既可保证在循环系统中无油水分离,而油又易于“沉积”到带钢上保证润滑。在直喷系统中，一般使用不稳定的乳化液，因为乳化液只是在由储存罐传送到带钢的期间内需要使油保持弥散状态，喷洒在带钢上后要求油-水立即分离。

分析评定方法如下。

(1) 从指定取样点取 400～500mL 正在应用的乳化液。

(2) 取 300mL 乳化液，静置于 500mL，直径为 20mm 的直形分液漏斗中 4h。

(3) 从分液漏斗底部放出 45mL 乳化液，按乳化液浓度测定方法测定浓度，记为 C_1。

(4) 从分液漏斗底部放出 190mL 乳化液扔弃。

(5) 将余下的乳化液充分振荡后，取 45mL 分析浓度，记为 C_2。

ESI 计算公式为

$$\mathrm{ESI}=\frac{C_2}{C_1}\times 100\%$$

2) 皂化值

皂化 1g 油脂所需的氢氧化钾的毫克数称为该油脂的皂化值。皂化值是轧制润滑剂润滑性的标志，是反映乳化液中活性油含量的指标。皂化值高说明乳化液中轧制油含量高而杂油少，在相同浓度下皂化值高的乳化液润滑性能好。在正常的轧制条件下，皂化值的下降会造成许多不良后果：轧辊磨损严重；轧制液变脏，出现油泥等残渣；轧制性能变差，出现带材破裂、热划伤、摩擦黏着等缺陷；轧制速度上不去。皂化值也是检验油脂质量的重要常数之一，从皂化值可以大致估计油脂的分子量。如果油脂中分子量较低的脂肪酸甘油酯多，则该油脂的皂化值就较高。

油品的皂化值对轧后带钢的清洁性有很大影响，根据不同用途选配润滑剂时，应考虑有合适的皂化值。当皂化值小于 100mg KOH/g 时，具有良好的清洁性，但润滑性较差；当皂化值为 150～170mg KOH/g 时，润滑性特别好，可用于轧制 0.3mm 以下的薄板，但在使用中轧后带钢表面的残炭较多，影响清洁性，通常在退火前，钢板需要进行清洗；当油品的皂化值保持在 100～150mg KOH/g 时，轧制油同时具有较好的润滑性和清洁性，这既能保证轧制过程中的润滑效果，又可以保证轧后带钢表面的清洁性。从皂化值可以大致估计油脂的分子量，如果油脂中分子量较低的脂肪酸甘油酯多，则该油脂的皂化值就较高。轧制油的皂化值与轧制变形抗力的关系如图 7.23 所示。

分析评定方法如下。

(1) 取 2 个磨口三角烧瓶，在其中一个烧瓶中称大约 2g 样品，精确到 0.01g。

(2) 加两或三粒玻璃珠或沸石到每个烧瓶避免暴沸。

(3) 假如氢氧化钾乙醇溶液不干净，在使用前用滤纸过滤，过滤足够的量以满足样品和空白实验。

(4) 分别用移液管加 25mL 的氢氧化钾乙醇溶液到每个烧瓶，用少量异丙醇

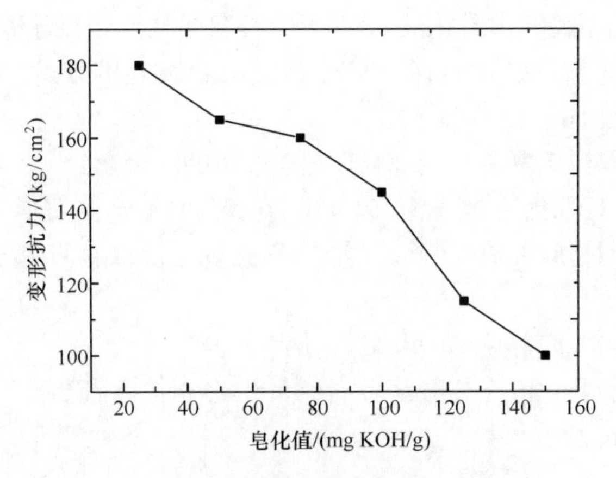

图 7.23　皂化值与变形抗力关系

冲洗磨口烧瓶内壁，避免氢氧化钾成分残留在壁上。

(5) 放冷凝管在每个烧瓶上，并在加热板上沸腾回流 35min，从加热板上移走冷凝器＋磨口烧瓶。

(6) 当冷凝器仍然安装在磨口烧瓶上时，立刻用 50mL 异丙醇冲洗；使其加到烧瓶内部。

(7) 加 5～10 滴指示剂溶液。

(8) 用 0.5mol/L 的盐酸标准溶液在连续和缓慢的晃动下滴定(用手晃动或用一个磁性搅拌)，颜色从红色变为样品原来的颜色作为终点到达。

(9) 加 3 滴指示剂溶液，假如溶液颜色不转到红色，说明到达了真正的终点。

其计算公式为

$$\text{皂化值}=\frac{(A-B)\times C\times 56.11}{D}(\text{mg KOH/g})$$

式中，A 为滴定空白消耗的盐酸溶液毫升数，mL；B 为滴定样品消耗的盐酸溶液毫升数，mL；C 为盐酸溶液的摩尔浓度，mol/L；D 为样品质量 g；56.11 为氢氧化钾分子量。

3) 离水展着性

轧制润滑剂的润滑效果除了受皂化值的影响，还受乳化液离水展着性的制约，它是乳化液中颗粒大小分布的一种宏观表现。离水展着性指的是从乳化液中游离油的能力。乳化液正是具备这种能力使游离油能均匀地分布在轧辊和带钢表面上，并形成油膜。它通过降低表面热传导系数而起到绝热作用，所以从冷却的角度来看，希望这种效果应尽可能减小，以保证轧辊和带钢能得到满意的冷却效果。然而，从润滑角度而言，则希望游离油多，以形成较厚的油膜来满足润滑性的要求。所以二者要兼顾，必须控制适度的离水展着性，以满足冷轧条件下的润滑冷却性能。

一般认为，组成一定时，较稳定的乳化液其离水展着性要比不稳定的乳化液差，乳化液的颗粒度越小，则越稳定。相对而言，乳化液的冷却性要优于润滑性；不稳定的乳化液，其颗粒度大，所以油的附着量也大，因而润滑性要优于冷却性。而乳化液的颗粒度又取决于乳化液体系的 HLB 及乳化液循环系统的搅拌力和温度等因素，如图 7.24 所示。

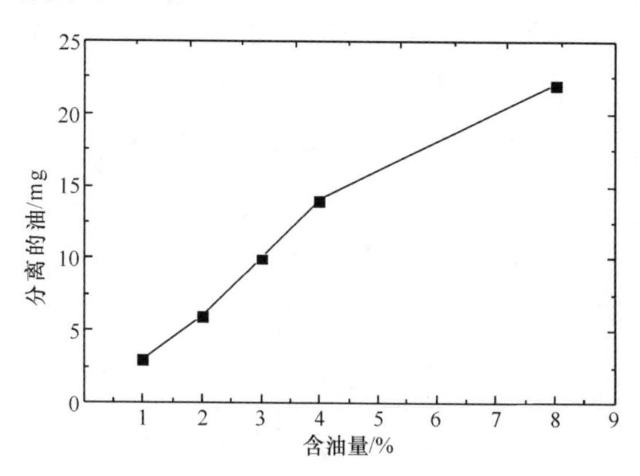

图 7.24　离水展着性与含油量的关系

4) pH

pH 是评价乳化液的重要指标之一。在冷轧过程中，乳化液在温度变化、氧气氛围中，能发生复杂的物理-化学变化，所含的脂肪分解形成脂肪酸，脂肪酸又和金属或其他物质反应形成皂，同时发生氧化现象，导致酸度、pH 等性能参数的变化。因此，测定乳化液的 pH 是评价乳化液必不可少的指标。pH 偏低，乳化液显酸性，便可能发生腐蚀；pH 偏高，乳化液显碱性，会使润滑油乳化变质，在使用中增加结胶和积垢。因此，pH 要保持在合适的范围内(通常为 4～6)，才能保证乳化液良好的使用效果。pH 反映乳化液油颗粒度，pH＜5 时颗粒度过大，乳化液不稳定，容易破乳；pH＞8 时颗粒度过小，润滑效果不好。

分析评定方法如下。

(1) 在操作台放好 pH 仪。

(2) 用水彻底清洗电极擦到将近干燥。

(3) 将电极浸入 pH 等于 6.864 的缓冲溶液并根据仪器说明，校准 pH 到 6.864。

(4) 用水冲洗电极并用滤纸擦到几乎干燥。

(5) 电极浸入 pH 为 4.003 或 9.182 的缓冲溶液中并按照仪器说明调节表盘读数。

(6) 用水冲洗电极并擦到将近干燥。

(7) 将电极浸入待测样品中,等读数盘稳定后读 pH,精确到 0.01。

(8) 用蒸馏水彻底清洗电极并将其浸泡在 3mol/L 的 KCl 溶液中储存,如有必要则用分析纯的丙酮来清除来自乳化液样品的黏稠残留物,规定最后用水冲洗。

对于乳化液,除了从润滑性、冷却性和使用要求来考虑,还应考虑其清洁性、防锈性、使用寿命等内在性能。而乳化液通过理化指标分析以确定能否正常使用,理化指标直接反映了其本身内在性能的变化以及生产过程中所带来的问题及能否继续使用。经过长期的实验、总结,在现有的设备、工艺条件下,乳化液的各项指标均控制在表 7.4 范围内,板面质量可以达到一个较好的水平。

表 7.4　乳化液工艺参数控制标准

项目	A 系统	L 系统
浓度/%	2.6～3.0	0.8～1.2
pH	5.0～6.5	5.0～6.5
电导率/(μS/m)	<50	<50
皂化值/(mg KOH/g)	>120	>110
灰分/(mg/L)	<150	<100
铁含量/(mg/L)	<70	<40
铁皂含量	<0.08	<0.05
游离脂肪酸/%	>3.2	>3.2
Cl^- 含量/(mg/L)	<10	<10
颗粒度/μm	2.4～2.7	2.4～2.7
细菌含量/mL^{-1}	$<10^3$	$<10^3$
杂油含量/%	<15	<20

2. 润滑性能

冷轧过程中,在一定的温度和压力条件下,分散于乳化液中的轧制油以物理吸附和化学吸附两种方式吸附于钢板和轧辊表面形成油膜,为轧制提供必要的润滑。作为轧制油或乳化液最基本的功能,油品润滑的设计和应用水平,对冷轧工序最终结果有着决定性的影响。通常使用膜厚比判别润滑状态,较常见的是利用 Stribeck 曲线,如图 7.25 所示。这种方法最大的一个优点就是判断准确,且在模型计算中使用方便。然而该曲线属于定性判别,它并不能反映润滑效果的好坏,在实际的工艺润滑中多根据其润滑特征及润滑效果来识别。

广泛采用乳化液润滑系统,并且在乳化液中普遍加入极性添加剂,因此即使在进入辊缝的油量很少,形不成较厚的润滑层的情况下,金属与金属之间的摩擦也是以边界润滑的形式存在的。通常所说的混合润滑指的是流体润滑和边界润滑的组

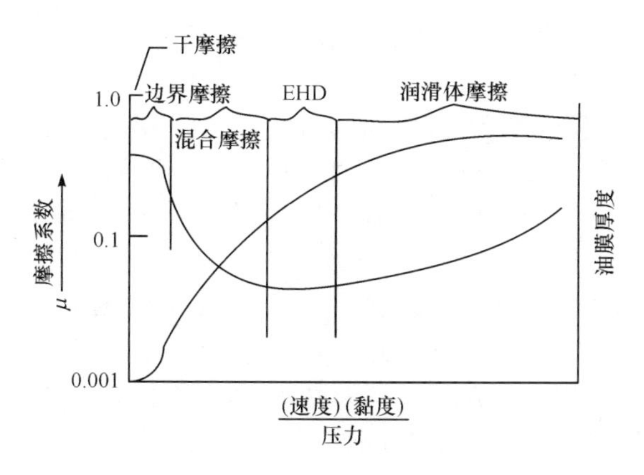

图 7.25　Stribeck 曲线

合形式。如图 7.20 所示，工程表面轮廓高度分布多数接近正态分布。膜厚比 λ 为平均油膜厚度 h 与两接触表面总粗糙度 σ 的比值，膜厚比 λ 主要用于区别流体润滑与混合润滑，当 $\lambda>3$ 时即为流体润滑，在流体润滑中有时又分为：薄膜润滑：$3<\lambda<10$；厚膜润滑：$\lambda>10$。

$$\lambda=h/\sigma \tag{7.50}$$

$$\sigma=\sqrt{\sigma_1^2+\sigma_2^2} \tag{7.51}$$

式中，σ_1 和 σ_2 为轧辊与轧件表面粗糙度；σ 为表面总粗糙度。

正常平稳的轧制需要轧制油提供均衡稳定的润滑，即轧制油除必须保证稳定的物理和化学特性外，还必须保持数量上的(即吸附量)稳定。由于轧制油通过分散于乳化液中进行应用，因此上述两点的控制必须由乳化液稳定性的控制来实现。在乳化液的控制和管理过程中，大部分工作都是围绕保证乳化液稳定的润滑水平而展开的。

3. 冷却性能

冷轧过程中，带钢发生变形所产生的大量的热，也需要由乳化液带走，正确控制乳化液的流量和喷射部位，可以有效控制带钢温度并调节板形。实验表明，带钢轧制时其变形功中 84%～88%转变为热能，使工作辊表面可升温到 80～120℃，支承辊表面温度可达到 50～70℃。工作辊辊身中部与边部温度差通常为 15～20℃，最高可达 30～40℃。支承辊辊身中部与边部温度差通常为 5～8℃，最高可达15～20℃。因此冷轧过程中必须对轧辊和带钢进行冷却。否则，轧辊表面会因温度过高引起淬火层硬度降低，从而影响带钢的表面质量和轧辊寿命。另外，轧辊温度升高和温度的分布不均匀会破坏正常的辊形，直接影响带钢的板形和尺寸精度。同时轧辊在应用乳化液的冷却功能时，除带钢温度的控制外，可以通过乳化液流量的位置控制，使轧辊的不同部分产生不同程度的热胀冷缩，达到控制板形的目的。

在乳化液的应用过程中，可以通过增加机架出口处的喷射流量和压力来提高乳化液的冷却能力，但不宜于用于轧机入口处，这样会影响油品的润滑能力。目前比较先进的乳化液喷射设计中，为了解决冷却性能和润滑性能之间的冲突，将机架入口和出口乳化液系统分开设计，采用不同的压力和流量。乳化液的冷却性能与油品没有直接联系，是一种物理现象。水是一种比较理想的冷却剂，它具有比热大、吸收率高、成本低等优点。因此，通常情况下，冷连轧机组采用水或以水为主要成分的乳化液作为冷却剂。冷却性能与现场应用的喷射流量密切相关。乳化液的冷却性能与油品的应用浓度成反比，浓度越高，冷却能力越低。提高油品的净油润滑能力，使乳化液可以在较低的浓度下应用，一定程度上有利于提高乳化液的冷却性能。

4. 清洗性能

乳化液的清洗主要包括对带钢板面进行清洗，对轧辊和机架进行清洗。在轧制过程中，除产生铁粉外，还会产生各种高黏性的铁皂体和油品在高温高压下产生的聚合物，这些异物是影响板面清洁度的主要因素。另外，轧机用所使用的各种油膜轴承油和液压油，也会在钢板表面部分残留，或在乳化液应用过程中进一步聚合，污染板面。控制乳化液的清洗性能，一方面，取决于乳化液本身的设计特性，在成品机架使用“低浓度、高皂化值”的清净配方，或改用颗粒度更小，清洗能力更强的油品；另一方面，乳化液的各项指标如皂化值的控制也是非常关键的。一般来说，增加轧制油中表面活性剂的含量，会提高乳化液的清洗能力，但这同时会提高油品的稳定性，降低油品的润滑能力，因此，不能孤立地看待油品的清洗能力。在轧机应用方式中，有时会将最后一个机架改用清洗能力强而润滑能力较差的乳化液，这时在同一轧机上同时运行两套乳液系统，目前在鞍钢冷轧生产线此种乳液系统设计应用较多。

为保证乳化液的使用性能，乳化液必须要定期进行净化处理。乳化液的净化处理就是将它在工作中带入的碎屑、砂轮粉末等杂质及时清除。常用的净化方法有过滤法和分离法。过滤法是使用多孔材料，如铜丝网、布质网、泡沫塑料等制成过滤器，以除去在工作中乳化液产生的杂质。分离法是应用重力沉淀、惯性分离、磁性分离等装置，除去在工作中乳化液产生的杂质。实际生产中常将几种方法综合使用。如图 7.26 所示，是一种乳化液的多级过滤装置，它不仅制造简单，结构紧凑，并且过滤效果好，能保证乳化液具有较高的清洁度。工作时液压泵将乳化液从储液箱内抽出并压入第一级旋涡分离器内，使乳化液中 10～25μm 的杂质被分离出来，然后充满整个密封箱内就会产生高压。当压力达到一定值时，乳化液被压入第二级旋涡分离器内。进行精滤净化处理，并将 5～10μm 的细小微粒分离出来。经过上述净化处理后的乳化液可引向机床工作区使用。而使用过的含杂质较多的切削液,以及从旋涡分离器中产生的沉淀物,则通过接收器的锥体流入过滤箱内。经过磁性分离器,将其中含有切屑的杂质进行初步处理,然后再流回储液箱继续使用。

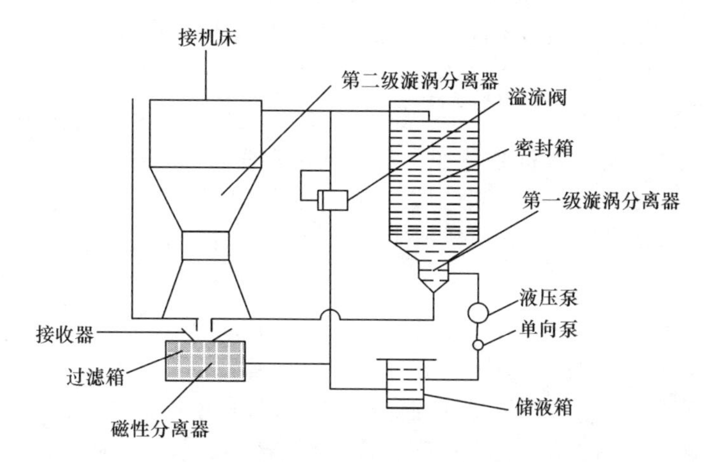

图7.26 乳化液多级过滤装置

使用过的废乳化液中含有大量矿物油料(配制1t乳化油需用机油600~800kg)及表面活性剂。过去由于对它的危害性认识不足,所以都是直接排放。随着工业的迅速发展,含油污水的排放量与日俱增。据不完全统计,国内仅机械工业废乳化液的日排放量已近亿吨。同时,废乳化液中的表面活性剂(乳化剂)由于是使油高度分散在水中的,更易为动植物所吸收,而且不少乳化剂有增加致癌物的作用,其危害性比分散的油污更为严重。而废乳化液的回收处理,不但可减少对水质的污染,还可将其中的油料回收,降低成本。废乳化液的回收过程大致为:废乳化液的集中—破乳—取油—水质净化—取水样化验、废水排放。废乳化液处理的关键工艺是要使油水分离,即破乳,也就是要将乳化液中的油滴从水的包围中分离出来,并使油滴相互聚集,然后借助重力分离作用,使油和水分离开来。

目前机械行业采用的乳化液破乳方法主要有酸化法和聚化法两种。酸化法就是往废乳化液中加酸,使乳化液破乳。所加入的酸可利用工业废酸。由于在目前的乳化液配方中,多数选用阴离子型乳化剂(如石油磺酸钠、磺化蓖麻油),所以遇到酸就会破坏,乳化生成相应的有机酸,使油水分离;而酸中氢离子的引入,也有助于破乳的过程。聚化法就是在乳化液中添加盐类电解质(如2%氯化钠)和凝聚剂(如2%明矾)达到乳化液破乳的目的。酸化法的优点是油质较好,成本低廉,水质也好,水质中油含量一般在20mg/L以下,化学耗氧量(COD)也比其他破乳方法低。其缺点是沉渣较多。聚化法优点是投药量少,一般工厂均有条件使用。乳化液破乳、除油后,其化学耗氧量高,主要是由于水中还存在相当数量的有机物质,如各种表面活性剂、防锈剂等。去除水中有机物质的方法可采用活性炭吸附法或活性煤吸附法。活性炭吸附能去除水中绝大部分有机污染物质，但用该法处理1t污水，要用20kg活性炭，很不经济。因此，一般厂里都用某些工厂生产的筛余物质——活性煤作为水质净化吸附剂。所谓筛余就是不符合一定规格的小煤粒。活性小煤粒具有比活性炭更大的表面积，故其吸附效果比活性炭更为理想。

5. 乳化液在使用中的注意事项

(1) 使用中要通过撇油装置经常清除乳化液槽表面上漂浮的油层及脏物；乳化液的供给槽、收集槽、过滤器要定期彻底清洗，根据乳化液使用情况定期补充或更换新液；使用时要经常检查乳化液的喷嘴，以免出现乳化液喷射不均或者喷嘴堵塞的现象。

(2) 进入冷轧前，轧件表面的残酸要充分挤干、清洗干净，并使表面干燥。残留的酸会使乳化液破乳，不但影响润滑性能，还会出现乳化液蚀斑。冷轧时，轧机出口应安装高压的压缩空气进行带钢表面的吹扫，吹净带钢表面的乳化液。冷轧后轧件上的乳化液应及时干燥，并且合理安排生产周期避免长期储存，以防止产品的表面变色或锈蚀。

(3) 配制乳化液时，必须将浓缩液加入水中，并采用机械或者压缩空气搅拌，使乳化液均匀。配制乳化液时，应充分考虑水质，如水的混浊程度、酸碱性以及离子含量等因素对乳化液质量的影响。在使用中要制定严格的检查制度，对乳化液的质量定期检查，特别是浓度、稳定性，抗蚀性、pH、细菌含量等。

(4) 根据轧制功率来决定乳化液的需用量，确定好冷轧机的乳化液消耗量，采用高压喷射到辊系和带钢表面上。在轧机停机时乳化液循环系统每隔一段时间要循环1h，以免在乳化液中滋长菌类或藻类。

7.2.5 乳化液的实际应用效果

乳化液根据其不同的原液可以分为乳化油、合成乳化液和微乳化液。乳化油由乳化剂、矿物油、油性剂、防锈剂等组成。其中油性剂作为润滑油使用，防锈剂有利于改善加工件的短期防锈，矿物油的存在作为油性剂、防锈剂的载体。乳化油由于其组成是个多相体系，兑水后的乳化液是热力学不稳定的体系，导致分散相颗粒直径随分子运动而增大，造成析油、乳皂，油皂覆盖乳化液表面，溶液因“呼吸”不畅而变质发臭。

合成乳化液因其含有有机水溶性润滑油和防锈剂，不含矿物油，不受相平衡值的限制，所以性能稳定，使用周期长，和乳化油相比更清洁，冷却性能也好。但也有缺陷：缺乏矿物油及其乳化平衡性，使配制后的乳化液清洗性能变差，且易造成机床导轨面生锈；只引入了单一的水溶性类防锈剂，难以满足防锈需要；由于其润滑剂也是单一的水溶性润滑油，难以适用于高光洁度表面，因此其最终不能全部取代乳化油。

微乳化液利用相平衡技术，合成相应的油性剂、极压剂、乳化剂，同时添加适量的矿物油、水性防锈剂和油性防锈剂等，充分发挥了各种成分的协同效应，使微乳化液具有良好的自消泡性能和防锈性能，又由于微乳化液同时含有连续相、分散相的油性剂，极压剂，故能有效满足各种加工的需要，其实用功效显著。但是其价格相对昂贵，不适用于大量使用和集中处理。本试验中，采用正交试验确定基础油和乳化剂的用量和配比，筛选出最佳方案。将 QUAKER、PAKER 和国产乳化液进行试验对比，得出数据见表 7.5。

表 7.5　几种乳化液理化性能测试结果

项目	QUAKER 乳化液	PAKER 乳化液	国产乳化液 A
乳化液浓度	3%～5%	3%～5%	3%～5%
pH	8.0～8.5	8.5～9	8.5～9
稳定性(100mL，室温，静置 8h)	2.25～3.25	2.20～3.20	2.55～3.75
腐蚀试验(钢)	合格	变色	合格
最大无卡咬负荷 Pb/N	735～784	735～784	538～588
摩擦系数	0.1	0.1	0.17

经过对比分析，QUAKER 乳化液具有浓度低而抗负荷能力高以及摩擦系数低的特点，某冷轧厂 1450mm 冷连轧生产线采用 QUAKER 公司轧制油，按表 7.6 配置乳化液。

表 7.6　现场应用乳化液主要性能参数

序号	品种	轧制油型号	主要理化指标				
			皂化值/(mg KOH/g)	酸值/(meq/g)	黏度/(mm^2/s)	ESI	pH
1	电工钢	QUAKER ALPHA 190 ANS SYN	185～200	0.0355～0.2837	53.7～61.4	2.25～3.25	0.5～1.0
2	低碳钢	QUAKER BETA 190 ANS SYN	185～200	0.0355～0.2837	53.7～61.4	2.25～3.25	0.5～1.0
3	超低碳钢	QUAKER QUAKEROL ANS 5.0	185～200	0.0355～0.2837	53.7～61.4	2.25～3.25	0.5～1.0
4	高强度钢	FR-155AN	143～163	0.024～0.044	26.6～36.6	2.25～3.25	0.5～1.0

经过长期使用，应用效果如图 7.27 和图 7.28 所示，该乳化液表现出以下特点。

(1) 乳化液油膜有利于承载高的负荷，因而具有较好的润滑性能，用它轧制出的带钢表面更光亮，无拉伤，连续使用 12 个月乳化液 PB 值变化稳定。

(2) 根据试验，润滑剂的摩擦系数在 0.1 左右有较为理想的轧制效果，而经过配比现场应用的乳化液连续使用 12 个月，其摩擦系数值变化稳定。

(3) 通过配置乳化液使用，其 pH 稳定在 8～8.5，有较好抑制细菌能力，有利于在较长时间使用。

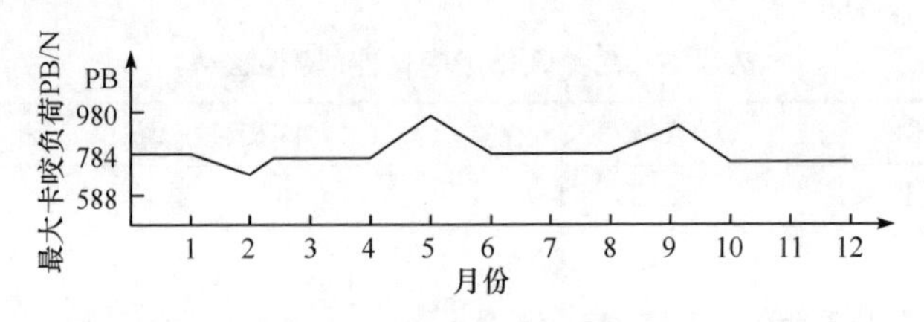

图 7.27　乳化液 PB 值变化曲线图

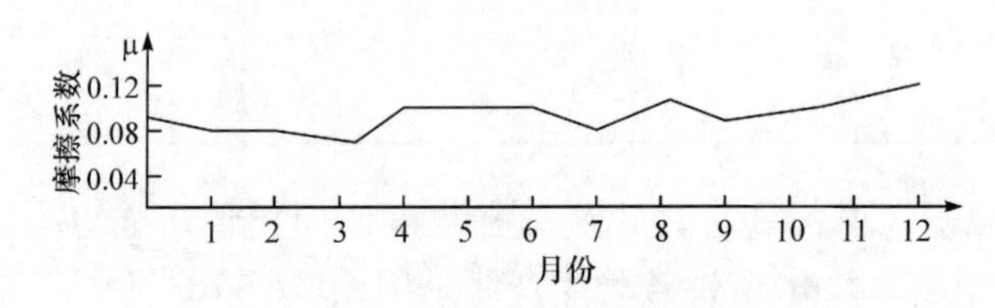

图 7.28　乳化液 μ 值变化曲线图

7.3　乳化液系统构成与控制

7.3.1　系统组成及工作原理

冷连轧生产线乳化液系统简要工作过程如图 7.29 所示。首先，在乳液收集箱的内部净液箱中经过净化的乳液（简称净液）由系统主供乳泵泵出，通过冷却器冷却后到达气动压力调节阀，压力调节阀的作用是保持系统压力恒定。然后，流到供乳控制阀，由控制阀控制乳液喷射到机架间的流量，或是通过旁通直接回流提升站。最后，经轧机两侧的流量分配阀组、喷淋集管和喷嘴喷淋到轧辊和带钢表面上。轧机机架底座部有收液槽用以收集工作过且被污染了的乳化液（简称脏液），也包括直接通过旁通回流的乳液。脏液靠重力返回到地下提升站中收集起来，后经安装在提升站出口提升泵泵出到真空平床过滤器中，在其中过滤掉较大颗粒的污染杂质，再经安装在乳液收集箱内部脏液箱中的磁分离过滤器滤掉较小颗粒的磁性污染杂质。乳液收集箱通过内部循环泵可以将净液箱中的净液抽到换热器后再回流至脏液箱中，对乳化液进行温度调节，至此完成一次工作循环。

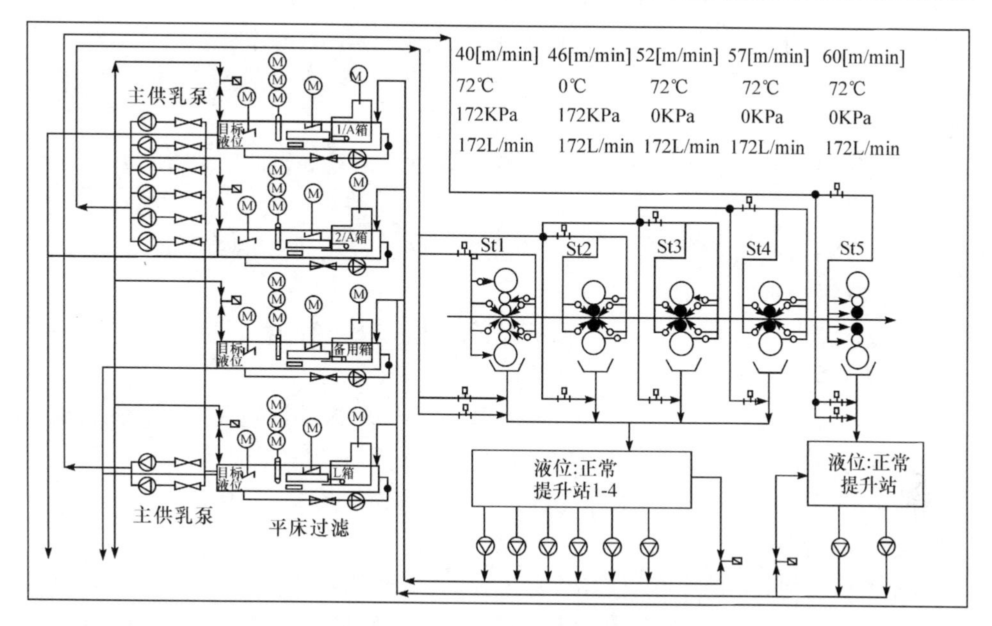

图 7.29　乳化液系统工作原理图

乳液系统主要有以下几个组成部分。

1）乳液箱体构成

乳液收集箱：主要用于收集配制乳化液，供给 1～4 号机架的 A 系统 2 个箱体容积为 180m^3，供给 5 号机架的 L 系统箱体容积为 90m^3。箱体内设备组成包括磁性过滤器、搅拌器、撇污装置、循环加热泵、液位温度检测，如图 7.30 所示。

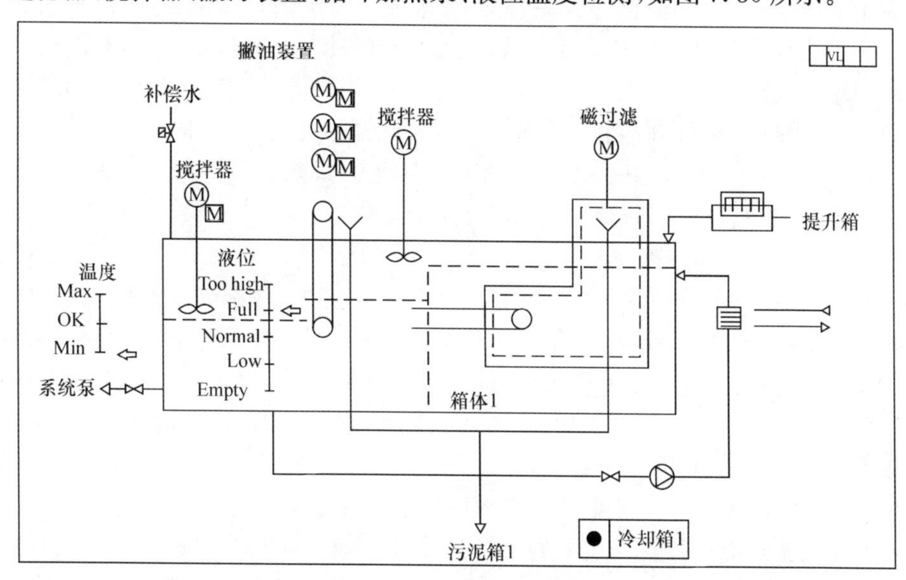

图 7.30　乳液系统收集箱

提升箱：用于乳液的返回缓冲收集，收集1～4号机架箱体容积为80m³；收集5号机架箱体容积25m³。箱体内设备组成包括返回泵、回流箱循环回路阀、液位检测。

纯油箱：1个，容积为60m³，用于预先存储纯轧制油，保证现场随时补充油的消耗量。

脱盐水箱：1个，容积为60m³，用于预先存储配置乳化液用的脱盐水，保证现场随时补充脱盐水的消耗量。

预配置箱：1个，容积为10m³，保证配置乳化液均匀性和稳定性。

2）热交换部分

乳化液温度也是一个很重要的因素，如果乳化液的温度过低，轧制油就易凝聚，难于保持弥散的状态；若温度太高，乳化液的使用效果就会减弱。所以只有在适当的温度范围内使用，乳化液才能在实现良好润滑和冷却作用的同时，保证轧后带钢表面的清洁性。

乳化液箱体中配置加热装置，以期在较短的时间内达到所需的温度。热交换器是把乳化液加热到操作所要求的温度，包括一台热交换器的供给泵，能力为3500L/min。系统的热交换包括两个方面：加热和冷却，在寒冷季节系统重新工作时需进行加热，而一旦投入工作就又需要冷却。系统用温控气动蝶阀控制工厂主管网供给的蒸汽并通过循环加热器分别给脏、净液箱中的乳化液加热。当净液箱中的温度低于50℃时，循环加热泵工作，温控气动蝶阀的温控开关自动接通，接通压缩空气驱动主阀开启，主管网中的蒸汽即可送到加热器中加热；当净液箱中的温度大于或等于60℃时，其温控开关自动断开，关断蒸汽供应停止加热，循环加热泵停止。乳化液冷却是靠冷却阀控制，通过冷却器的冷却水来实现的，冷却阀的工作原理与温控气动蝶阀基本一样，所不同的是当管路中的乳化液温度大于50℃时，其温控开关接通，主阀开启接通冷却水冷却；当温度小于60℃时，其温控开关断开，主阀关闭停止冷却，这里通过温控气动蝶阀以及加热器和冷却器实现对乳化液温度的自动控制，但冷却器和加热器不能同时工作。

3）喷淋系统及流量分配

如图7.31所示，冷轧机第1～4机架喷嘴布置基本是相同的，设置在机架的出口和入口侧，轧制线的上侧和下侧。入口侧上3根、下2根喷射梁，中间有4排喷嘴，每排3段控制，喷嘴间距52mm，每排共有28个喷嘴，用于工艺润滑和工作辊冷却；另有一根喷射梁，每排1段控制，喷头间距104mm，每排共有13个喷头，用于支承辊冷却。出口侧上、下各两根喷射梁，共有2排喷嘴，每排3段控制，喷嘴间距52mm，每排共有27个喷嘴，用于轧辊和带钢冷却。

第5机架喷嘴设置在5机架的入口侧，轧制线的上侧和下侧，上、下各一组喷射梁，每组3排喷嘴。其中1排供变形区润滑，另外2排供工作辊精细冷却。32

段控制，用于5机架的工艺润滑和工作辊冷却，每排共有32个喷嘴，喷嘴间距52mm；另外，上、下各有1根喷射梁，1排喷嘴1段控制，用于5机架的中间辊冷却，每排共有13个喷嘴，喷嘴间距104mm。

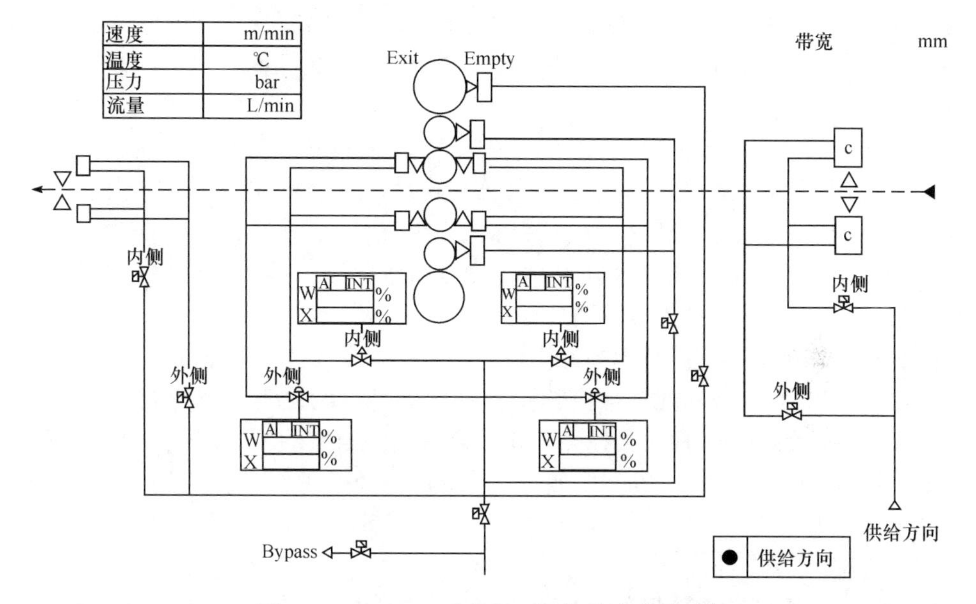

图7.31　1450mm冷轧机1机架乳液喷射系统

轧机喷淋系统由机架出口和入口两组喷淋集管和分配阀组组成，入口部分包括支承辊、中间辊、工作辊三对喷淋集管，出口部分只包括工作辊一对喷淋集管。两者的工作辊流量分配阀组则对应完全相同，工作辊采用的是两段冷却方式，即中央和外侧，分别由带位置反馈的气动伺服蝶阀分配供液，伺服蝶阀具有节流特性。根据轧制工艺预先给PLC控制器设定每个阀的初始位置，确定轧机工作辊各喷淋集管分段的流量分配比，由PLC控制器发出相应的电流控制信号去控制驱动各阀，使每个阀按要求开启一定开度，同时每个阀又把实际工作的位置信号反馈给PLC控制器，PLC控制器将阀体反馈的位置信号分别与给定的位置相比较，再用偏差值去调整每个阀的实际开度，直到阀体的实际开度与设定值一致，以保证所需的润滑冷却效果。

4）过滤部分

系统过滤部分主要包括：磁性过滤器，反冲洗过滤器，真空平床过滤器，撇油装置。通过这些过滤系统，可以有效地控制乳化液中的铁粉含量、杂油含量以及其他杂质。需要注意的是，增加过滤器的代价是增加油耗。根据统计，轧制油的总体消耗中，有1/3～1/2是由各种过滤器造成的；另外，增加过滤器，由于不流动部分增多，会增加乳化液中产生细菌的风险。

脏乳液从机架底部集液槽中靠自重流回到提升箱中。首先，由提升泵抽至真空平床过滤器，经平床过滤器过滤达到所需的清洁度，并在真空状态下透过滤纸将脏液中的杂质留在滤纸上并随滤纸带走，过滤后的乳化液通过过滤器出口泵体流至收集箱中。然后，在收集箱中利用内置的磁分离过滤器吸附细微的磁性杂质，再由撇油装置将杂油撇取。最后，由主供液泵泵出到轧机机架间使用。

5) 搅拌部分

对于要求用不稳定或半稳定乳化液的冷轧机，在静止状态下，由于油水密度差别，油品有向上浮出的趋势，油水很容易分离或是部分分离，而造成在箱体内乳化液浓度从液面到箱底的差区很大，所以乳化液在应用过程中，需要进行搅拌。搅拌可以防止轧制油过多浮出，但同时也抑制了杂油的浮出，不利于撇油装置将其去除。因此，安装和设计搅拌时，需要对两者进行平衡考虑。

经过对国外成熟搅拌技术的消化和吸收，在设计冷连轧机乳液系统时，结合国内的实际情况，由于机械搅拌结构简单、运行效率高、维护方便等特点，供冷轧机乳化液系统使用的一般采用机械搅拌方式。通常搅拌与撇油装置配合使用，在撇油时总是要预先停止搅拌一段时间，使杂油先浮出再经撇油机去除，除油完毕再打开搅拌器。

6) 直喷与混合部分

直喷混合系统功能是将乳油与脱盐水进行中和配比，达到正常轧制时乳液浓度。作为一种变化冷轧机乳液系统设计中，如图 7.32 所示，在乳化液混合系统中增加一个乳化液预配箱，轧制油在此先与水配制成高浓度的乳化液，然后再加入乳化液系统。通过预配箱加油来解决乳化液的浓度有过大波动的问题，防止板面清洁度和轧钢状态受到严重影响。乳化液系统设置两种向乳化液供给系统加油方式：基油供给泵加油和基油比例供给泵加油。加油方式可根据加油量确定，当需要加油量大时用基油供给泵加油；当需要加油量小时用基油比例供给泵加油。

7.3.2 系统压力控制

乳化液的压力控制是乳化液控制系统的核心技术，保持乳化液供乳管路压力稳定是乳化液控制系统达到冷却润滑效果的重要保障。常规的乳液系统压力控制是通过压力调节阀来实现自动控制的，压力调节阀是一个电/气比例压力控制气动伺服蝶阀，精确控制主阀芯的位置可以控制流量，实现通过控制旁通流量来间接调节系统压力。压力传感器检测通过压力调节阀作用后主供乳管路的系统压力，输出频率信号，然后由信号调节器转变为电压信号，送到轧机乳液控制 PLC 控制器中，与根据轧制预先设置的系统压力信号比较，比较后的偏差信号由 PLC 发至电/气信号转换器，由其对应成比例地转化为气体的压力信号，并经过放大后精确控制压力调节阀主阀芯的位置(即阀口开度)，从而控制系统乳化液的压力。但由于压

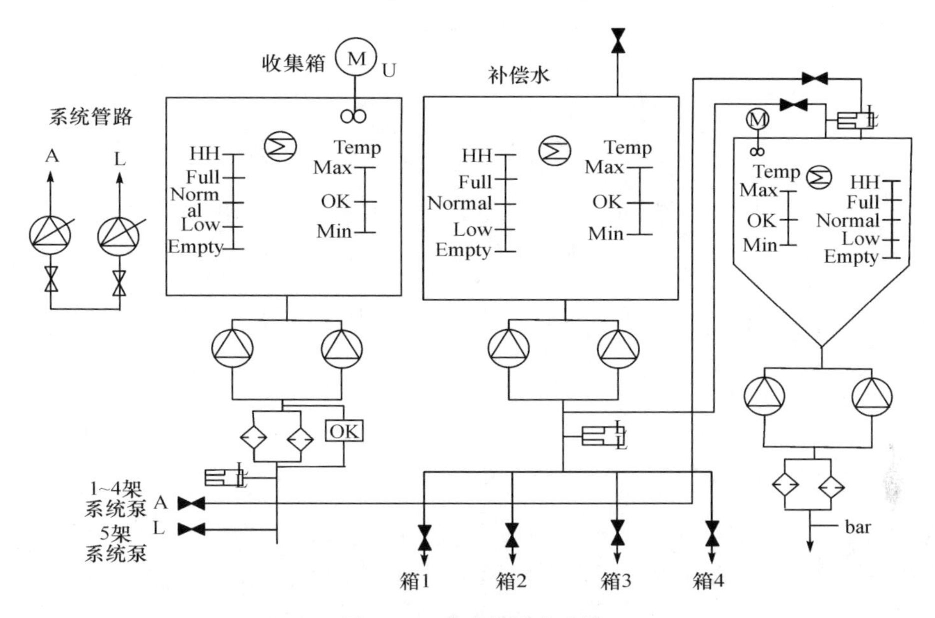

图 7.32　直喷与混合系统

力调节阀有时会出现调节能力不足的问题，造成无法实现高精度的系统压力控制，结合现场实际工艺状况，将乳化液系统主泵变频电机和旁通阀均设定为控制对象，建立乳化液压力协调控制系统，采用控制旁通阀开度和供乳主泵的变频电机调速同时对乳化液压力进行调节的协调控制策略，实现对乳液系统压力的精确控制。

1. 变频电机应用技术

目前乳液系统供乳泵工作类型主要可分为三类：变流变压系统、恒压变流系统和恒流变压系统，其控制原理在于尽可能减少系统管路的阻挡消耗。

1) 变流变压系统

变流变压系统阀门控制与调速变流运行时的关系如图 7.33 所示。当减少阀门开度来实现节流时，管路阻力曲线由 R2 变为 R1，乳液泵工作点由 A 左移到 B。如果采用调速的方法，使速度降低，阻力曲线不变，工作点移到 C 点。同样达到节流的目的，调速变流方法的扬程要比阀门控制方法扬程小，这意味着调速方法比阀门控制方法节能。图中阴影部分为阀门控制方法比调速变流方法多损耗的功率。

2) 恒压变流系统

恒压变流系统阀门控制与调速变流运行时的关系如图 7.34 所示。在恒速控制中，改变旁通阀以实现恒压变流控制是恒压变流常用的一种系统。当减小流量时，主阀开度减小；旁通阀开度加大，以抵消系统中扬程的增加，维持压力不变。此时机泵的输出是规定流量与旁通流量的总和。调速控制采用降低泵速，使机泵在

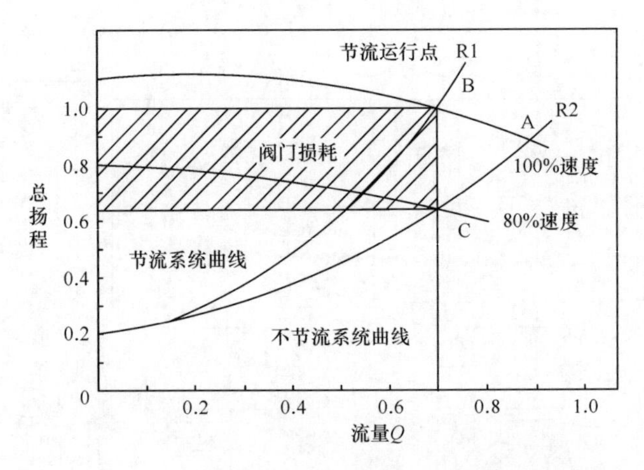

图 7.33　变流变压系统阀门控制与调速变流关系

规定流量点运行，即达到恒压的目的，调速变流的方法流量比阀门控制方法所需的流量小。图中阴影部分为改变旁通阀控制方法比调速变流方法多损耗的功率。

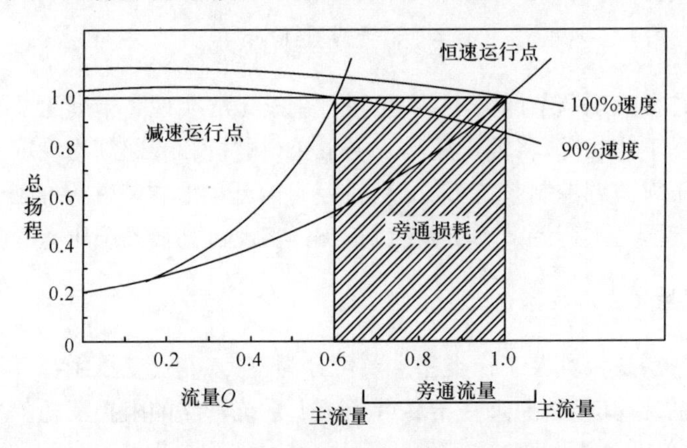

图 7.34　恒压变流系统阀门控制与调速变流关系

3) 恒流变压系统

恒流变压系统阀门控制与调速变流运行时的关系如图 7.35 所示，在恒流变压系统中，以给定流量为参变量，调节机泵的速度，使其沿恒流控制线上下移动。图中阴影部分为阀门控制方法比调速变流方法多损耗的功率。

正常工作时，采用恒压变流系统，通过调整变频电机的转速来保持供乳管路的系统压力恒定(一般设定为 8bar)，如图 7.36 所示。在实际应用中，变频调速控制系统压力具有降低损耗的作用，但单独应用变频调速控制存在调节滞后问题，所以，一般都和旁通压力调节阀共同完成乳液系统压力的精确控制。具体实现通常设定初值为 80％额定转速输出，当压力调节阀开度＞95％时，说明乳液系统压力

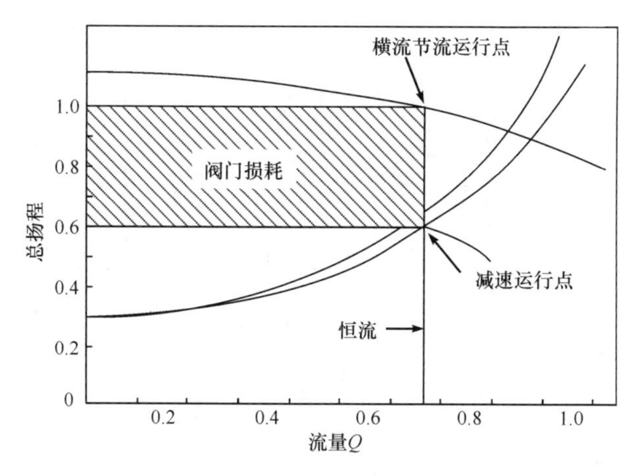

图 7.35　恒流变压系统阀门控制与调速变流关系

较高，单独利用压力调节阀开度旁通调节系统压力已经很难实现减小，此时只有将变频电机的转速降低(60%额定转速)才能有效减小系统压力；当压力调节阀开度<5%时，说明乳液系统压力较高，单独利用压力调节阀开度旁通调节系统压力已经很难实现增大，此时只有将变频电机的转速增大(100%额定转速)才能有效增大系统压力；当轧机速度为零时，为节省能源，保持乳液系统基本自循环，将变频电机的转速设定为 50%额定转速，输出达到此能力即可。

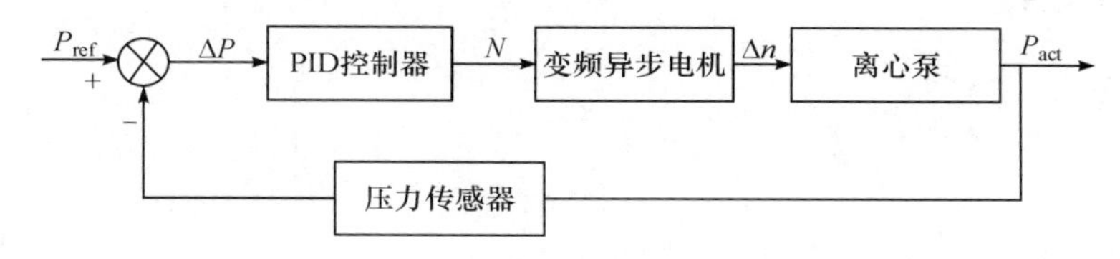

图 7.36　变频泵的控制系统结构框图

2. 压力调节阀 PID 控制

如图 7.37 所示，压力控制阀调节在模式 1 工作方式下，与 1～4 号机架压力传感器形成闭环控制；在模式 2 工作方式下，压力控制阀 1 与 1～4 号机架压力传感器形成闭环控制。通过计算，1～4 号机架检测压力的平均值作为闭环控制实际值输入，压力控制阀 2 与 5 号机架压力传感器形成闭环控制。两种方式下都是通过 PID 控制方式来保持供乳系统压力稳定的(一般为 8bar)。

在保持乳液管路系统压力恒定的基础上，应用流量控制阀对机架间工作辊冷却流量进行控制，而中间辊和支承辊冷却流量则不进行调节，此流量控制阀开度和输出流量之间存在非线性关系，如图 7.38 所示。

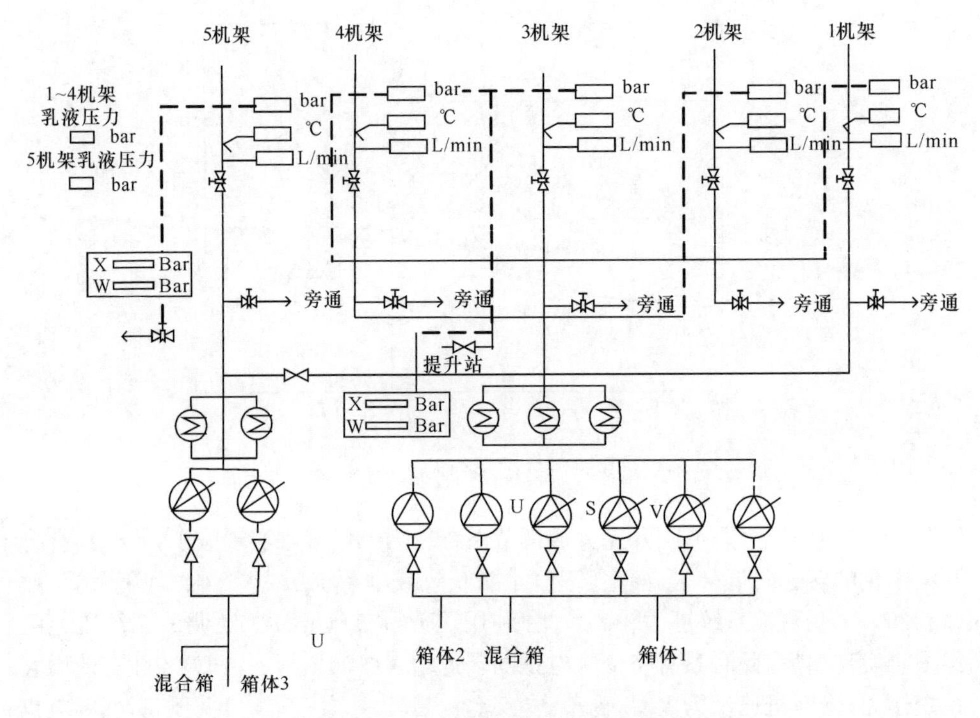

图 7.37　轧机供乳系统与压力调节

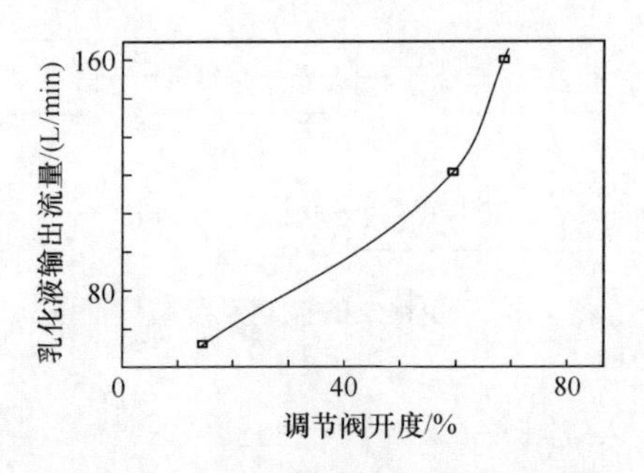

图 7.38　调节阀开度与流量关系曲线

工作辊冷却控制作为定量的基本冷却和润滑是随轧机的启动而投入的，它的冷却分为边部冷却和中部冷却两部分，机架入口侧和出口侧分别由两个流量控制阀调节流量，每一侧中部冷却 36 只喷嘴受同一个中部阀控制；该行剩余的两侧边部各 16 只喷嘴受边部阀控制，因此两侧的各 16 只喷嘴总是对称投入的。对于轧辊的两边部段，一方面其温度总是低于中间段，另一方面所轧带材又不可能布满全辊，所以该 8 个阀门是被选择投入的。为提高边部冷却效率，规定了 8 种基本冷却模式，每一种模式相对于 8 个阀门全打开各自对应一定的喷量。在模式号一定的情况下，阀门的开闭是以扫描形式工作的，以实现将轧辊中部的热量向边部扩散。

扫描以 8 个周期为一个循环，每周期(2s)相对于不同的模式开闭不同的阀门。一旦轧机在换辊等状态，则要求机架暂时不喷射乳液，此时必须打开旁通阀，乳液直接回流到提升系统中。另外，供乳系统主泵通过变频调速也可以达到保持管路系统压力恒定的目的，并且在停止机架喷射执行旁通自循环时，主泵电机低速运行可以节省能源。

3. 压力协调控制系统

由于压力调节阀有时会出现调节能力不足的问题，而应用变频调压控制又存在调节滞后问题，所以在实际应用中，依靠二者控制共同作用完成乳液系统压力的精确控制。协调控制方法就是利用最小二乘的优化原理，求出两种调节最佳负荷分配权值，综合运用消除乳化液系统压力偏差，通过调节效果的相互配合达到消除偏差的目的。首先引入影响效率函数，将其定义为压力调节手段单位调节量对于压力偏差的影响效果，这里也就是作为压力调节阀和主泵变频电机两种调节手段对于压力偏差的影响效率函数，可以表示为以下形式：

$$\mathrm{IEF}_{ij}=\frac{\Delta\mathrm{Pe}(i)}{\Delta\alpha_j} \tag{7.52}$$

式中，IEF_{ij} 为系统压力调节手段的影响效率函数；$\Delta\alpha_j$ 为第 j 种调节手段的调节量，调节手段如压力调节阀和主泵变频电机，调节量分别是阀门开度、电机转速；$\Delta\mathrm{Pe}(i)$为调节量为$\Delta\alpha_j$ 时引起的第 i 个测量点的系统压力变化量，这里取 4 个压力检测点。从式(7.52)可以看出，影响效率函数和系统压力偏差具有变化的一致性，在系统压力控制偏差最小化的控制目标下，可以采用最小二乘算法建立压力控制效果最优评价函数 E 来计算各控制手段调节量，即

$$E=\sum_{i=1}^{n}\left[\Delta\mathrm{Pe}(i)-\sum_{j=1}^{m}(\mathrm{IEF}_{ij}\cdot\Delta\alpha_j)\right]^2 \tag{7.53}$$

式中，E 为控制效果最优评价函数；n 和 m 分别为测量点数和调节手段数目；$\Delta\mathrm{Pe}(i)$为第 i 个测量点系统压力偏差；IEF_{ij} 为第 j 个调节手段对第 i 个测量点的压力调节影响系数；$\Delta\alpha_j$ 为第 j 个压力调节手段的调节量。由基于压力偏差的控制误差平方和最小化的控制目标可知，各调节手段调节量 $\Delta\alpha_j$ 应满足条件：

$$\frac{\partial E}{\partial\Delta\alpha_j}=0 \tag{7.54}$$

对式(7.54)展开计算，得到以下形式的线性方程组：

$$\begin{gathered}
l_{11}b_1+\cdots+l_{1j}b_j+\cdots+l_{1m}b_m=l_{1y}\\
\cdots\cdots\\
l_{i1}b_1+\cdots+l_{ij}b_j+\cdots+l_{im}b_m=l_{iy}\\
\cdots\cdots\\
l_{m1}b_1+\cdots+l_{mj}b_j+\cdots+l_{mm}b_m=l_{my}
\end{gathered} \tag{7.55}$$

通过对其方程组求解，方程组的非零解存在且唯一，即求得

$$B=(E^{\mathrm{T}}E)^{-1}E^{\mathrm{T}}\mathrm{SE} \tag{7.56}$$

式中，$E=\begin{bmatrix}\mathrm{IEF}_{11}\cdots\mathrm{IEF}_{j1}\cdots\mathrm{IEF}_{m1}\\ \vdots\\ \mathrm{IEF}_{1i}\cdots\mathrm{IEF}_{ji}\cdots\mathrm{IEF}_{mi}\\ \vdots\\ \mathrm{IEF}_{1n}\cdots\mathrm{IEF}_{jn}\cdots\mathrm{IEF}_{mn}\end{bmatrix}$；$\mathrm{SE}=\begin{bmatrix}\Delta\mathrm{Pe}(i)\\ \vdots\\ \Delta\mathrm{Pe}(n)\end{bmatrix}$；$B=\begin{bmatrix}\Delta\alpha_1\\ \vdots\\ \Delta\alpha_m\end{bmatrix}$，矩阵 B 中的各项对应着控制执行机构相对于本次压力偏差的各个调节量$\Delta\alpha_j$ 值，即旁通阀开度和供乳泵变频电机速度的各自调节量。

影响效率函数的设定具有极大的灵活性，能够及时反映生产过程中乳液系统压力情况的变化，使压力控制系统始终保持在最佳工作状态。实际应用中，由压力协调控制系统计算旁通阀和供乳泵变频电机对应系统压力偏差调节的调节量，然后应用PID控制器进行系统参数整定，最终实现乳化液系统压力的高精度控制。

7.3.3　系统流量控制

1. 液态流体理论

流体在管道中的流动状态有层流、过渡流和紊流（湍流）三种。可以通过雷诺实验来证明，雷诺实验的装置如图 7.39 所示，由水箱引出玻璃管 A，末端装有阀门 B，在水箱上部的容器 C 中装有密度和水接近的颜色水，打开阀门 D，颜色水就可以经针管 E 进入水管中。

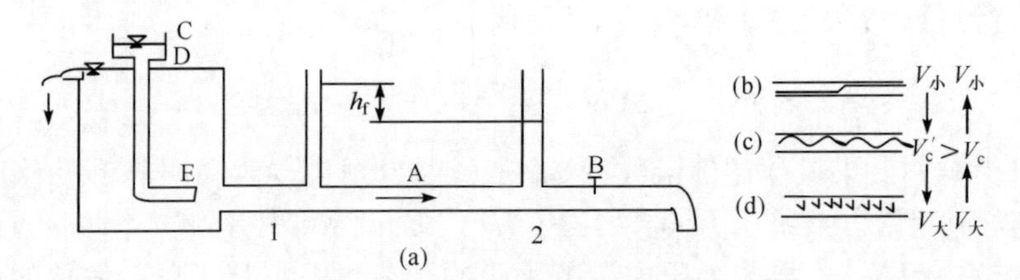

图 7.39　雷诺流体原理

实验时保持水箱内水位恒定，稍许开启阀门 B，使玻璃管内保持低流速。再打开阀门 D，颜色水经针管 E 流出。这时可见玻璃管内的颜色水形成一条界限分明的纤流，与周围的清水不相混合。表明玻璃管内的水，一层套着一层呈层状流动，各层质点互不掺混，这种流态称为层流。逐渐开大阀门 B，玻璃管内的流速 V 随之增大，当增大到某一临界值 V_c'时，颜色水纤流出现抖动。再开大阀门 B，颜色水纤流破散并与周围清水混合，使玻璃管的整个断面都带颜色。表明此时质点的运动轨迹极不规则，各层质点相互掺混，这种流态称为紊流，也有的称为湍流。当流态

处在层流和紊流之间时，称为过渡流。

判断液体在管中的流动状态，人们通常用流体不同雷诺数来判断不同的流动状态，一般认为雷诺数在2300以下时，液体处于层流状态；在4000以上时，流体处于紊流状态，雷诺数在2300～4000时，流体处于不稳定状态，有可能是层流也有可能是紊流，属于过渡流，雷诺数 Re 的计算公式为

$$Re=\frac{VD}{r} \tag{7.57}$$

式中，V 为流体的流速，m/s；D 为输送管道的直径，m；r 为流体的运动黏度，m^2/s。

乳化液的稳定性对管道及对流态的要求：对于半稳态的乳化液，如果在管道中的流态为层流，油就会很容易从乳化液中分离出来，这样浓度不均的乳化液所提供的润滑和冷却将是不均匀的，对轧制的进行非常不利，甚至使轧制无法进行。如果乳化液在管道中始终处在紊流，也就是说乳化液在流动的过程中处在一个自搅拌的状态，油水就不易分离，再经过喷嘴的剪切作用，喷洒在轧辊和带钢上及变形区就比较均匀，润滑和冷却的效果就会很好。

对管径的要求：由雷诺数公式可知，当泵的流量或轧机所要求的流量确定后，只有管径是影响雷诺数的主要原因。如果管径选择太小，乳化液的流速会很高，乳化液的流态会处在紊流状态，但是很高的流速会加大乳化液在输送过程中的沿程压力损失和局部压力损失，要想保证一定的喷嘴喷射压力，势必要再加重泵的负担，还会引发一系列不良反应，所以，要选择合适的管径。

对管道输送距离的要求：管道在输送乳化液的过程，也是一个散热的过程。对于半稳态的乳化液，它的ESI对温度的变化比较敏感，如果管线过长会导致因散热过多引发喷嘴出口乳化液的温度不理想，而影响润滑的效果，其散热过程计算公式为

$$\mathrm{In}\{(t_1-T)/(t_2-T)\}=(KF/mC_p)\theta \tag{7.58}$$

式中，T 为环境温度，K；t_1 为乳化液的温度，K；t_2 为乳化液最终温度，K；K 为总的传热系数，$W/(m^2\cdot K)$；F 为传热面积，m^2；m 为乳化液的质量，kg；C_p 为乳化液的比热容，$J/(kg\cdot K)$。

对管道材质的要求：由于在轧制过程中经常存在乳化液系统在不停泵的情况下，切换乳液的喷射方向，因而存在着很大的液动力，即冲击力，输送管道的材质和强度也要考虑在内。乳化液是一种化工产品，在选择管道时也要考虑也乳化液的相容性及防腐性。如为冷却带钢从带走热量考虑时，需要的冷却液量为

$$Q=3600vF\rho c(t_{轧材}-t_{冷却后})/\Delta t\rho' c' \tag{7.59}$$

式中，v 为轧制速度；F 为轧材断面积；ρ 为轧材相对密度；c 为轧材比热容；$t_{轧材}$ 为辊缝中轧材温度；$t_{冷却后}$ 为冷却后希望的轧材温度；Δt 为冷却液工作始、终的温差；ρ' 为冷却液的相对密度；c' 为冷却液的比热容。

2. 流量调节阀 PID 控制

如图 7.40 所示,流量控制是通过流量控制阀自动控制的。流量控制阀是一个电/气比例压力控制气动伺服蝶阀,可以精确控制主阀芯的位置以控制流量。流量传感器检测通过流量控制阀的流量,输出频率信号,然后由信号调节器转变为电压信号,送到轧机控制台的 PLC 控制器中,与根据轧制表预先设置的流量信号比较,比较后的电流信号由 PLC 发至电/气信号转换器,由其对应成比例地转化为气体的压力信号,并经过放大后精确控制流量控制阀主阀芯的位置,从而控制系统乳化液的流量,系统中多余的乳化液通过旁通阀流至脏液箱中。

轧机工作辊采用的是 5 段冷却方式,即中央、内侧和外侧,分别由带位置反馈的 AC 电动伺服蝶阀分配供乳液;轧机支承辊采用的是 3 段冷却方式,即中央和外侧,分别由带位置反馈的 AC 电动伺服蝶阀分配供乳液。伺服蝶阀都具有节流特性,根据轧制表预先给 PLC 控制器设定各阀的初始位置,确定轧机工作辊和支承辊各喷淋集管分段的流量分配比,由 PLC 控制器发出相应的电流控制信号去控制驱动各阀的 AC 马达,使各阀按要求开启一定开度;同时各阀又把实际工作的位置信号反馈给 PLC 控制器,PLC 控制器将各阀反馈的位置信号分别与给定的位置相比较,再用比较信号去调整各阀的实际开度,到各阀的实际开度与设定值一致时为止,以保证所需的润滑冷却效果,各阀通过的实际流量还由 PLC 控制一个百分显示器在工作台上显示出来,以便工作人员直接观察。

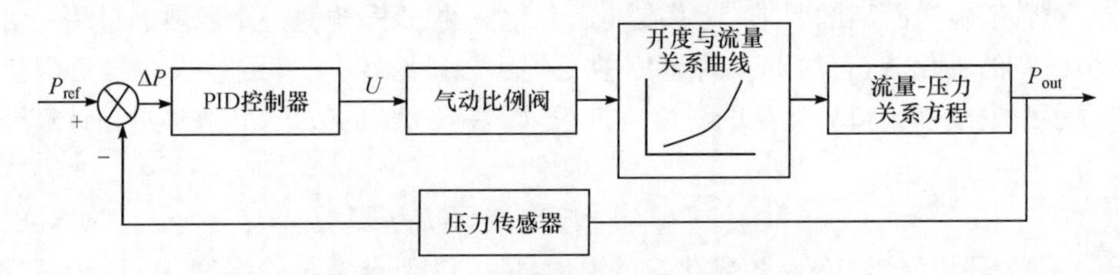

图 7.40　调节阀的控制系统结构框图

7.3.4　平床过滤工艺控制

真空平床过滤器(简称平床)的作用就是过滤轧制产生的非磁性杂质,使过滤后的乳化液能够再次循环使用,它是乳化液循环系统不可缺少的环节。平床能够清除颗粒尺寸大于 100μm 的所有杂质和部分大于 50μm 的杂质,通过使用平床过滤系统,可将带钢表面在轧制过程中产生辊印的次数降低到使用前的 43%,为此能够降低工作辊换辊的频率,提高轧辊使用寿命。如图 7.41 所示,平床过滤系统主要包括以下部分。

(1) 真空室:脏乳液经过滤纸过滤和泵的吸力作用进入真空室。

(2) 过滤主泵:过滤主泵将过滤干净的净乳液从真空室输送出去(共4台)。

(3) 补偿箱:通过主泵向外供给的旁通管路,当需要更换滤纸时向真空室补给乳液。

(4) 卷纸废料箱:用于收集过滤后废滤纸。

(5) 传纸机构:用于更换滤纸。

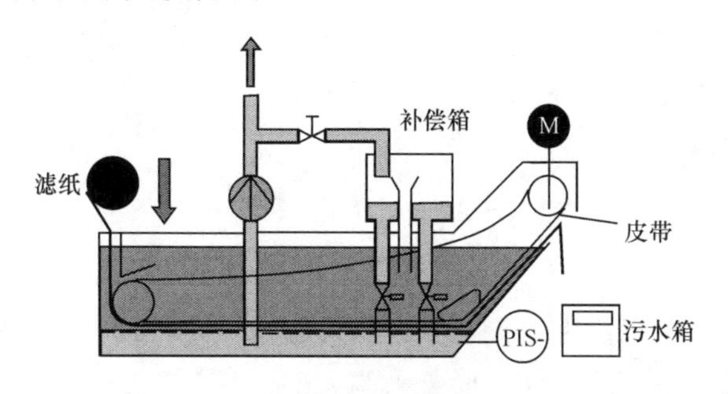

图7.41　平床过滤器结构

平床系统运行原理如图7.42所示,在系统正常运行之前,需要将过滤主泵调整到工作状态,依据过滤主泵功率与排出流量的关系曲线,得到要求乳液流量所对应的泵功率,考虑乳液密度将过滤泵功率转化为泵体压力,通过泵体出口的压力表检测泵体压力是否达到系统供乳压力2.0bar,同时设定真空压力为0.3bar。系统正常工作时,使用铺在带孔钢托板层上的滤纸对脏乳液进行过滤。运行一段时间后,在滤纸的上方会积累一层杂质层,随着过滤杂质的增多其密度加大,平床过滤箱逐渐被这层滤纸分成上下相对密闭的两层,上层充满了从机架循环回流的脏乳液,下层存满经过滤纸过滤后的净乳液。在过滤主泵的作用下,滤纸下方的真空室中形成真空,随之会产生一定的真空吸力。另外,由于主泵直接从下层排出乳液,就会造成下层真空室压力比上层脏液室压力小,形成乳液向下层真空箱流动的动力,同时也将滤纸紧紧压在真空室的钢托板层上。随着杂质越积越多,导致乳液无法进入真空室同时导致脏液室液位增高,最终真空室达到最大真空压力0.3bar时,就需要启动传纸机构更换新的滤纸,才能保证系统能够正常运行。

一般而言,当系统达到最大真空压力0.3bar或到换纸周期(30s)时,需要通过传纸机构完成换纸功能,传纸机构主要由传纸电机、卷纸机构、上吹阀、补偿箱及补偿箱阀组成。由于过滤作用形成压力差使滤纸紧贴在滤纸钢托板层上,更换滤纸时需要打开补偿箱通向真空室的阀门,将补偿箱里的乳液直接注入真空室内,达到上下两层压力的基本平衡。另外,系统设计有空气管路直接接到滤纸的下方,打开上吹阀可向上吹空气,帮助滤纸悬浮在钢托板层上,有利于传纸电机的运行并保证在走纸过程中滤纸不被拉断,延时启动卷纸机构后配合传纸电机自动卷起脏滤纸,

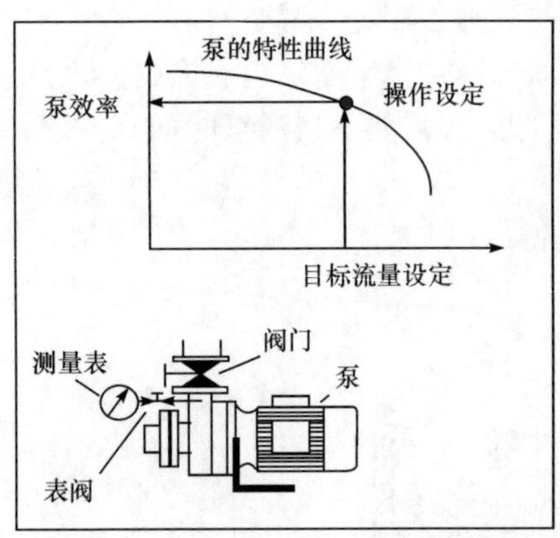

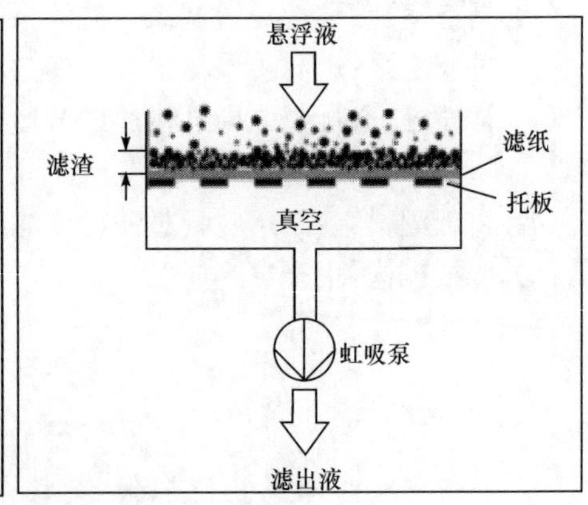

图 7.42　平床过滤器运行原理

并将脏滤纸传送到外部的拆纸设备上进行拆卸后投入卷纸废料箱中。

平床过滤系统的逻辑功能主要分为两大部分。

1）自动启动泵组逻辑顺序

过滤系统共有 4 台主过滤泵用于从平床的真空室吸出过滤后的净乳液供给收集系统，工艺要求 4 台主泵启动数量和顺序与箱体液位相关，主要分为液位的上升过程和下降过程。箱体液位通过液位计检测，包括空液位、泵体关、一个泵运行、两个泵运行、三个泵运行、满液位共 6 个检测点。如图 7.43 所示，在箱体液位不断上升的过程中，当液位上升到一个泵运行液位时，系统会启动被设计为头泵的主泵，液位继续上升到两个泵运行液位时，系统就会启动下一个主泵，依次类推，根据继续上升的液位启动另外两台主泵。在液位下降过程中，停泵顺序与液位上升时的设计思想截然不同，当液位下降时并不减少相应泵数量，保持上升时达到的最高液位的泵数，直到泵组运行过程中把系统从高液位下降到泵体关液位时，才将运行的泵数减少到只有一个泵运行，液位继续下降至空液位时，则停止所有运行的主泵。需特别指出，停泵顺序与启泵顺序完全相反，后启动的泵先停止，当液位从空液位再次上升时，头泵的选择要进行轮换，保证每个泵都有一定的休息时间（如果没有损坏，一般情况为上次头泵的下一个泵）。

基于这个思想，平床程序设计中主要思想是每一台泵都有一个标志位来记录在当次的液位上升过程中是否为头泵，如果确定则对应的标志位置为“1”，否则置为“0”，所以在每一轮液位变化中只有一个标志位为“1”。当液位降至空液位后重新上升时，就去查找这个标志位将新的头泵标志位置为“1”。

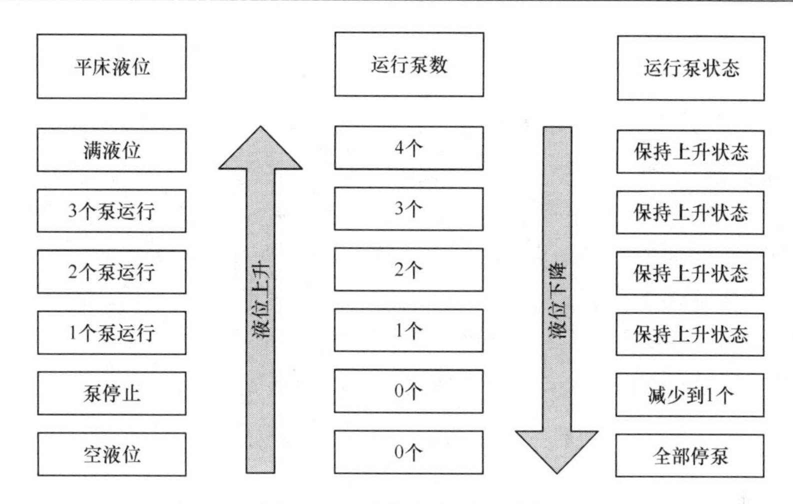

图 7.43　平床启动泵组顺序

2）自动走纸过程逻辑顺序

自动走纸机构运行过程中各部分的动作顺序如图 7.44 所示，根据确定的条件启动走纸机构，同时打开补偿箱的开关阀，通过过滤主泵将乳液泵回真空箱内，提高箱内压力并开启空气上吹阀使滤纸浮起；然后启动走纸电机将脏纸卷起，同时补充新滤纸；最后由卷纸阀将脏纸投入卷纸废料箱中。以上各部分动作均有一定的时间间隔，各部分间隔时间的设定，需要根据不同的滤纸性能设定不同过滤时间，因此将各部分之间的间隔时间从 HMI 窗口以人工方式实现。

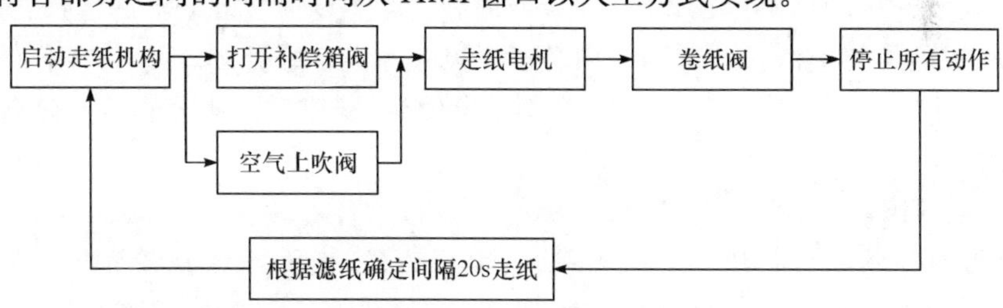

图 7.44　平床走纸顺序框图

自动走纸的启动方式主要有三种。

(1) 程序逻辑计算时间，根据所设定的时间间隔自动启动。

(2) 生产人员按下现场的启动按钮或 HMI 画面上相应的走纸按钮，只要条件满足就可以随时启动。

(3) 在特殊情况下，由于某种原因导致长时间没有走纸，而造成真空室中的压力小于 0.3bar 时，自动启动走纸。

以上三种方式都以逻辑或的关系设计到程序逻辑里，只要任何一种触发都会引发自动走纸。

7.3.5　带钢表面质量控制

随着市场竞争的加剧，国内汽车生产厂商对冷轧产品的板面清洁度有了更高的要求，板面清洁度已成为冷轧带钢市场竞争的关键质量因素，即希望板面残留物越少越好。一般来说，板面残留物主要来自轧制过程中轧辊与带钢磨损产生的铁粉及微粒。这些铁粉微粒增大了板面吸附面积，吸附大量的轧制油（或其他残油）及其皂化物残留在带钢表面上。在退火燃烧过程后，剩余灰烬及铁粉将影响带钢表面质量。目前，在反映板面清洁度方面，主要技术指标为表面反射率、残油量、残铁量，表7.7是部分钢厂板面清洁度状况。

表7.7　部分钢厂板面清洁度状况

厂家	轧制规格/mm	残油量/(mg/m^2)	残铁量/(mg/m^2)	反射率/%	
				上	下
台湾中钢HC	0.5	216	47	58.7	60.3
宝钢	0.5	200	56	59.7	62.4
攀钢HC	0.5	240	60	55.5	50.8

1. 带钢清洁度的影响因素

从表7.7可以看出不同生产线之间的差距。经过分析，带钢的清洁度应是许多因素共同作用的结果。在轧制工序，带钢清洁度主要通过轧制油的选择、乳化液的净化、成品机架上清洗装置的使用及压下极限的设定来控制。此外，工作辊材质与粗糙度也有重要作用，其中乳化液的使用起着主导作用。主要影响具体包括以下因素。

1）来料因素

主要是材质和表面状况。材质较软、组织疏松、表面残留物多都将影响清洁度。另外应考虑酸洗涂油的情况，若涂油不均，造成某一处油脂聚集在钢板上，致使该区域油含量极高，轧后易聚集残留，影响退火质量，可能产生乳化液斑。

2）润滑因素

经过实际生产轧制结果发现，轧后带钢表面发黑，清洁度不好，首先是润滑不足造成的。特别是五辊HC连轧机，轧辊数少，压下率大，轧制极薄料时，第5机架（即成品机架）的压下率都达到30%，轧制所产生的铁粉量大。且变形区温度较高，轧制油极易皂化附着在带钢上形成残留，这样造成了板面大量的残油、残铁，反射率低。从乳化液工艺角度出发，影响润滑主要有以下因素。

乳化液温度。轧制油中的极压剂主要是硫，该极压剂在高温、高压下能分解出活性元素与金属表面起化学反应，生成低熔点、高塑性、低剪切强度的金属化合物薄膜，即反应膜。这种膜是硫与铁反应生成的，这种膜温度越高，强度也越高，故润滑性也提高，因此，可以增加轧制油中硫的含量来改善轧制润滑性。从热力学的角度看，乳化液细小的油滴均匀分散在乳液中，当温度升高，体系能量升高时，油滴相互碰撞时就会自动聚结以减少其相界面，降低体系能量，油滴颗粒增大；当油滴离水展着到钢板后，油膜厚度增加，轧制润滑性增加，摩擦减小，钢板变形容易。以某冷轧厂1450mm冷连轧机乳液系统为例，A箱浓度4%，L箱浓度2%，着重分析A系统粒度、乳液温度与清洁度的关系，见表7.8。

表7.8　粒度、乳液温度与清洁度的关系

乳液温度/℃	油滴平均粒度/μm	反射率/%
40	2.4	47
45	2.6	47
55	2.9	48
60	3.5	50

从表7.8可以看出，温度越高，乳液的油滴粒度越大，轧制的润滑性越好，当轧制润滑在边界润滑以下时适当提高温度，可以将润滑提高到边界润滑以上，大大改善轧后钢板表面清洁度。所以，必须严格控制乳化液温度在规定范围(55℃比较适宜)，过低的温度有可能使乳化液产生酸败，生长细菌，且低温不利于轧制油中极压添加剂等成分发挥作用而影响润滑；温度过高，乳化液颗粒易长大，影响乳化液稳定性，油耗上升。

乳化液浓度。这是最重要的因素，增加乳化液中的油分必定可增加润滑。在轧制0.4mm以下带钢，使用QN436，浓度为2.3%时，相比浓度为2.0%时，板面反射率可增加5%～10%，效果是显而易见的。但浓度也不可以无限制地上调，当浓度增加至2.8%以上时，润滑性能对浓度的敏感性就大大降低，反而过多的油分堆积在板面上，清洁度会下降。

乳化液流量。乳化液和轧制金属的相互作用表现为离水展着性，乳液量越大，与钢板接触面积越大，乳液中的油颗粒展着在钢板表面越多，润滑油膜越厚，轧制润滑性越好。以1450mm乳液系统为例，A箱浓度4%，L箱浓度0.5%，轧制Q195钢质，轧制厚度1.5mm，乳液流量与清洁度的关系见表7.9。

表7.9　乳液流量与清洁度的关系

流量/%	反射率/%
入口30，出口60	39
入口50，出口60	41
入口70，出口60	50
入口100，出口60	53

从表中可以看出，A 箱浓度在浓度接近 4%的条件下，增加流量可以使润滑水平提高到边界润滑以上，满足轧制润滑要求，摩擦大大下降，摩擦热减小，反射率明显上升。因此，增加乳液流量可以在适当的浓度范围内提高轧制润滑能力。从理论上讲，机架流量应为电机负荷的 1～1.2 倍。则五个机架的流量应至少为 4760L/min、5000L/min、5900L/min、5800L/min、2500L/min。应经常性地对管路上的阀门开口度进行检查，确保流量。乳化液喷嘴选择也需适宜，喷嘴过小，喷出压力过大，不利于油分附着在轧辊上形成油膜；喷嘴过大，压力过小，则不利于乳化液的剪切。

乳化液本身的清洁程度。应保证乳化液过滤器的功能投入，监控理化指标的变化，严防杂油的侵入，确保乳化液良好的外观和清洁性。杂油含量影响清洁度，轧机的液压设备很多，经常发生液压油外漏进入乳化液中，影响乳液的成分。轧制油具有皂化值，新配制的乳液不含杂油，当使用一段时间后，由于含有杂油，乳化液皂化值下降，杂油的存在使乳液的有效浓度发生变化，因此影响轧制润滑效果，L 箱浓度 2%不变，实验结果见表 7.10。

表 7.10　杂油含量与清洁度的关系

浓度/%	杂油含量/%	有效浓度/%	反射率/%	轧制油消耗/(kg/t)
3.0	1	3.0	42	0.5
3.0	10	2.7	36	0.6
3.0	20	2.4	32	0.6
4.0	20	3.2	46	0.9

乳化液中杂油含量达到 20%以上时，乳液有效浓度下降很大，轧制润滑能力下降，表面清洁度不好。因此根据实际经验可以控制杂油含量在 10%以内，钢板清洁度波动不大，杂油含量=杂油量/(杂油量+轧制油量)，一旦轧机漏油可以采用以下方法降低杂油含量，直接大量添加轧制油提高乳液浓度，乳液有效浓度增加，排掉部分乳化液，补充新油，但这种方法轧制油消耗增加。

油品性能。油品性能方面首先是其润滑性要好，要求皂化值要高。如 QN436 的皂化值达到 145mg KOH/g，其 Falex 值达到 2750lbs(实际上是根据现场经验多次调整所得，1lb=0.453592kg)；铁粉进入乳化液后，能较快地析出或沉淀；另外要求油品的抗杂油能力要强。

3）轧辊粗糙度的影响

一般认为黏着磨损是金属加工中主要磨损形式，当二纯净金属板面被压到原子键力范围后，将发生焊合在一起的现象，即金属黏着在工作面上有相对滑动时，金属表面物质不断损失的过程称为磨损，冷轧钢板过程也产生铁粉，根据磨损定律：总磨损量与载荷及滑动距离成正比，而与金属流动压力成反比(或者说与软质材料的硬度成反比),因此,增加润滑性减小摩擦系数(与轧辊毛粗糙度有关)和载荷,增强轧辊硬度和耐磨性,可以减少铁粉。摩擦系数越大,轧制载荷越大,因为影响摩擦系数因素势必影响磨损量,表 7.11 为轧辊光洁度与清洁度的关系。

表 7.11　轧辊光洁度与清洁度的关系

第 1～4 机架/μm	轧后表面铁含量/(mg/m²)	轧后反射率/%
1.2	177	58
0.8	168	59
0.4	146	61

对于轧辊粗糙度的影响,以前没有引起足够的重视。特别是第 1 机架原来为了穿带的顺利进行采用的是毛辊。由于毛辊粗糙度大,在 2.0μm 以上,加上较大的变形率,来料较软等因素共同作用,轧制过程中,轧辊和带钢的磨损,铁屑量产生较多。与轧制油及其皂化物附着在带钢表面,造成轧后板面清洁度低。平均反射率仅 35%左右,将在第 1 机架改用光辊(粗糙度为 0.7～0.8μm)之后,平均反射率已可以达到 50%以上。

4) 乳化液颗粒度的影响

乳化液的颗粒度是一个极为重要的指标,它可以直接反映乳化液的性能变化。同时,良好的颗粒度分布是润滑良好的基础。颗粒度过大,则乳化液不稳定,油易析出;颗粒度过小,乳化液过稳定,则离水展着性差,润滑不足。因此,对于乳化液的颗粒度,特别是多次轧制(剪切)之后的颗粒度是否稳定,也是评判轧制油品性能的重要指标。

在这方面,冷连轧生产线的乳化液系统,借鉴 Quaker 公司独有的 DPD 技术,即颗粒度可控技术,可以确保轧制前后乳化液颗粒度的稳定。这样可以保证乳化液在长时间使用之后,润滑性能较好且抗"干扰"能力强。从而延长乳化液的使用寿命及降低油耗。因此,对颗粒度的检测,可以帮助及时有效地监控乳化液的变化。

综上所述,控制板面清洁度是一项复杂的工作,必须考虑众多因素的影响。其中,润滑是关键。总结归纳如下。

(1) 在轧制过程中,应提高轧制油基础油的润滑能力,增加皂化值。选择皂化值为 190mg KOH/g 的轧制油。

(2) 保证乳液浓度在一定水平,使润滑性在边界润滑以上。一般润滑性要求乳液浓度 A 系统 4%,L 系统 2%,高润滑性乳液浓度要求 A 系统 5%以上;控制并减少杂油含量,保证乳液的有效浓度。A 系统杂油含量控制在 11%以内,L 系统杂油含量控制在 10%以内。

(3) 适当增加各机架入口乳液流量。根据联合机组的各架压下率大小调整乳液分配，1～4 入口每个喷嘴流量由 44L/min 提高到 55L/min。

(4) 适当提高乳液的温度。当使用 ESI 在 80%以上的乳化液时，乳液温度选择在 55～60℃以增加颗粒度。

(5) 根据轧机润滑要求设计乳液系统。轧薄板 0.3～0.5mm，使用一个高浓度系统，B 方式轧制；轧汽车板末架使用低浓度 0.75%～1.0%，使用 C 方式轧制。L 箱应严格管理，防止进入 A 箱乳液，每天要补充新油。

2. 轧制过程中粗糙度变化规律

表面粗糙度是表征冷轧薄板表面质量的一个重要指标，它的大小直接影响薄板的冲压成型性。一定的表面粗糙度不但有利于存储并保持油膜，而且也有利于收集金属磨粒。但是表面粗糙度过高，就会导致钢板在凹部储油增多，使凸部供油效果变差，从而引起凸部油量不足以及表面局部压力过高而导致油膜破坏，同时也会增加钢板的摩擦阻力，造成钢板表面金属流动性变差。另外，钢板表面粗糙度不适当，也会导致冷轧带钢退火过程中出现黏结现象。由于黏结是在高温状态下钢卷层与层间原子相互渗透的结果，因此，带钢表面粗糙度和清洁度在很大程度上影响了原子的这种渗透能力，带钢表面粗糙度越大，越有利于避免黏结，这是因为粗糙度增大，提高了退火钢卷层与层间界面原子的结合阻力。所以分析轧制过程中粗糙度的变化规律，对粗糙度预测和避免粗糙度偏差具有重要意义。

测量工件表面粗糙度时，将传感器放在工件被测表面上，由仪器内部的驱动机构带动传感器沿被测表面做等速滑行，传感器通过内置的锐利触针感受被测表面的粗糙度，此时工件被测表面的粗糙度引起触针产生位移，该位移使传感器电感线圈的电感量发生变化，从而在相敏整流器的输出端产生与被测表面粗糙度成比例的模拟信号，该信号经过放大及电平转换之后进入数据采集系统，DSP 芯片将采集的数据进行数字滤波和参数计算，测量结果在液晶显示器上读出，可以存储，也可以在打印机上输出，还可以与 PC 进行通信。为了测量数值的准确性，每次去张力测量粗糙度，减小振动带来的误差。图 7.45 为工作辊粗糙度。从图中可以看到，该粗糙度仪测量参数比较全，能够满足模拟计算的要求。

图 7.46 和图 7.47 是冷轧过程中，在各个道次速度稳定区域测量的粗糙度，每卷带钢各个道次横向和纵向各测量三个数值，实验记录粗糙度为 Ra。从图中可以看出，喷丸处理后的热轧带材横向和纵向粗糙度都在 3.1μm 左右，由于工作辊粗糙度 0.6μm 与带材粗糙度相差很大，前几个道次工作辊对带材表面微凸体横向和纵向研磨作用都很大，所以第一个道次粗糙度下降很大。同时，带材对工作辊表面研磨作用也很大，因此现场五机架连轧机第一机架工作辊粗糙度一般比较大。这样既可以避免带材粗糙度下降过快，又可以延长第一机架工作辊使用时间，减少换辊频率。由于带材宽展可以忽略不计，主要沿轧向延伸，因此最终带材纵向粗糙度

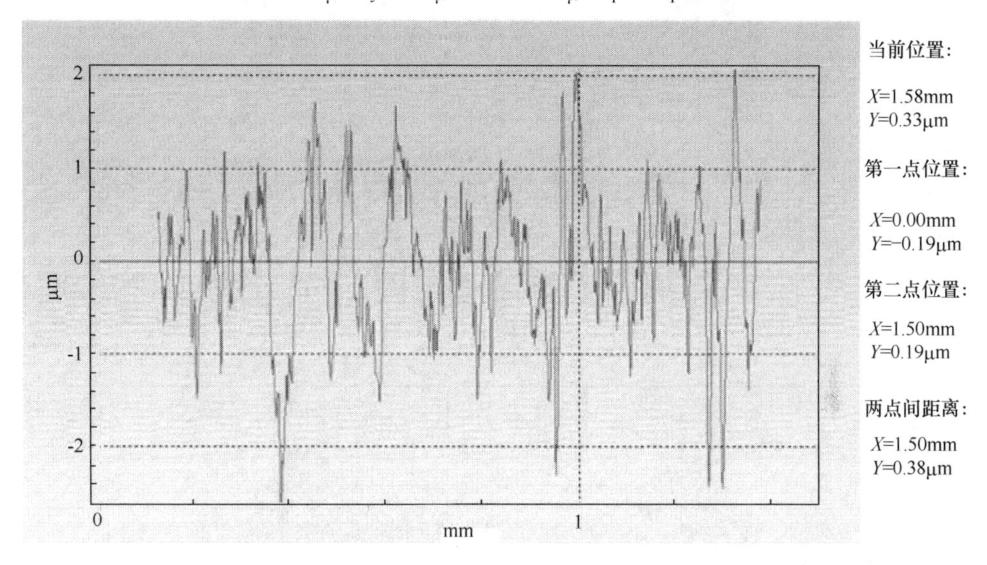

图7.45 工作辊表面轮廓

小于横向。可以看出,带材粗糙度的变化主要取决于带材与工作辊粗糙度的差别,差别越大带材受研磨越严重,粗糙度变化越大。SUS430第一道次压下率为23.3%,SUS409L第一道次压下率为13.3%,但第一道次后SUS430带材粗糙度与SUS409L相差不大。此外,经过五道次轧制,带钢的横向和纵向粗糙度都小于工辊粗糙度,其中SUS430最终纵向粗糙度仅是工作辊粗糙度的30%。

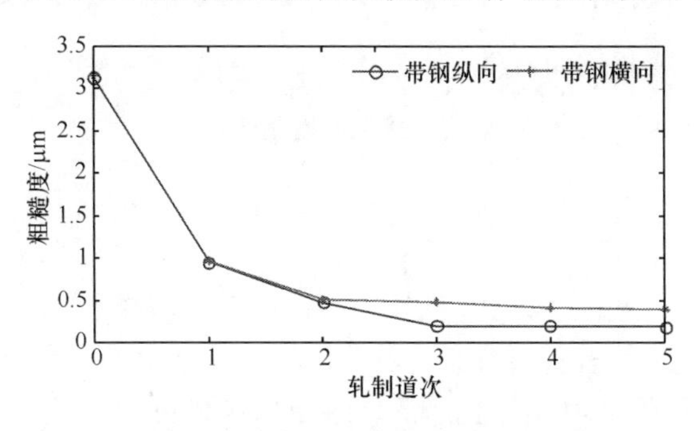

图7.46 SUS409L带材各个道次的粗糙度

用可逆轧机模拟现场五机架连轧机时,粗糙度可能要比五机架小,如图7.48所示。从模拟轧制粗糙度研磨图中可以看出,逆向轧制反复研磨粗糙表面微凸体,微凸体更容易被磨平,最终粗糙度要小于单向轧制。

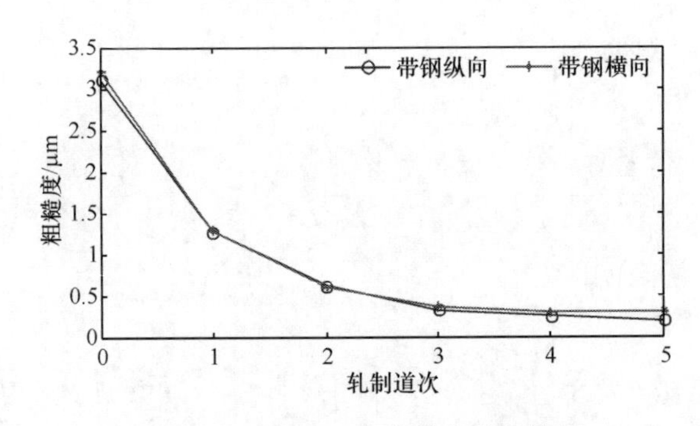

图 7.47　SUS430 各个道次的粗糙度

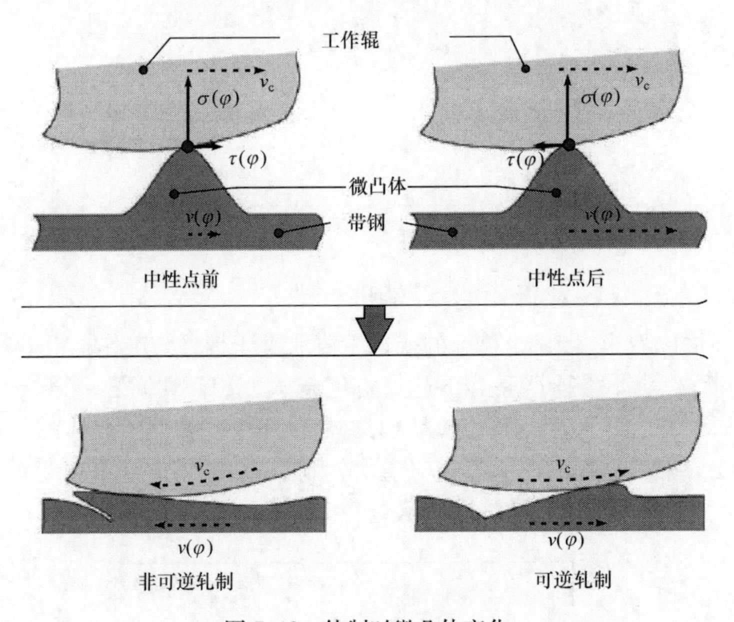

图 7.48　轧制时微凸体变化

3. 轧后带钢表面残油残铁

轧后带钢表面的残油和残铁直接影响带钢表面光洁度，因此分析残油和残铁在轧制工程中的变化具有重要意义。乳化液中铁粉产生的原因是在轧制过程中轧辊与钢板之间的摩擦，尤其是毛化后的轧辊摩擦系数更大，产生铁粉的数量同光辊相比，成倍增加。轧制规格和工艺不同，产生的铁粉量亦不相同。因为冷轧温度低，铁粉一般不会被氧化。带材表面除了含有残铁，还有残油。乳化液产生杂油的原因是在生产过程中，轧机的润滑系统、液压系统及油膜轴承供油系统等的渗漏，以及轧制油中的添加剂是由温度升高变质以及化学分解所致的。乳化液在冷轧生产中循环使用一段时间后，还会发生化学变化，这些变化主要是由油的氧化和细菌的作用而引起的。乳化液会随着这些变化而含有大量铁粉、杂油及杂质,导致质量下降,而乳化液的质量直接影响冷轧板的质量和润滑冷却性能。

随着轧制道次的增加,带材表面残油的量减少,主要是由于在轧制过程中,带材粗糙度减小,表面越来越光滑,带材附着残油的能力降低。虽然残铁量会随着道次增加而增加,但附着在带材上的残铁量没有明显的变化趋势。图7.49为与某家润滑油公司合作开发新一代乳化液时测量的残油量和残铁量随轧制道次的变化。

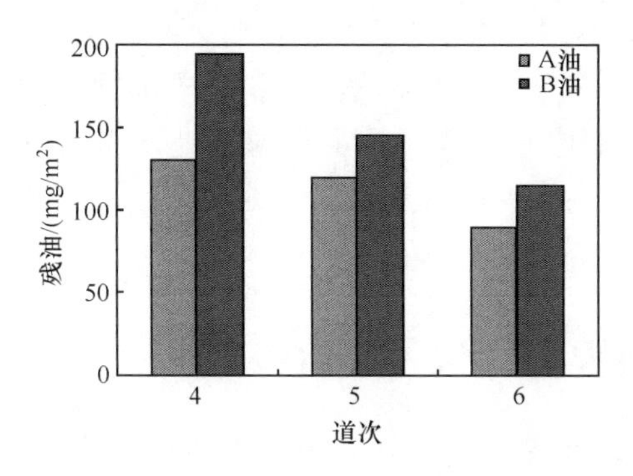

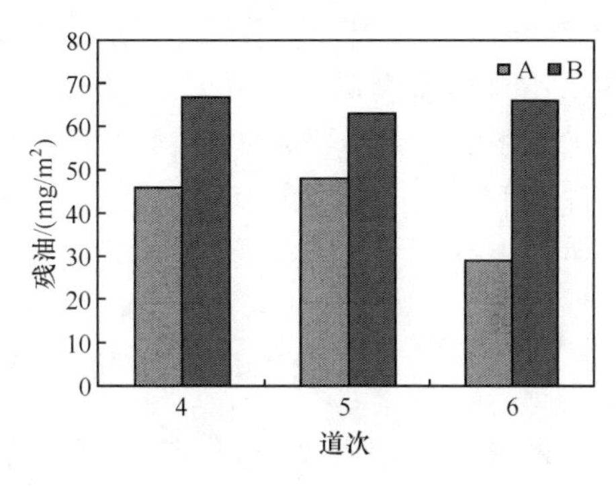

图7.49 残油和残铁随轧制道次的变化

第8章　冷连轧顺序控制

在指定时刻将被控对象自动一步接一步地顺序控制到预先给定的目标值上，使控制后的结果与目标保持在允许的偏差范围之内。这种顺序控制过程称为顺序自动控制，通常简称为SFC。当使用可编程控制器(PLC)进行顺序控制时则称为PLC-SFC。在自动控制技术中，冷连轧的顺序自动控制是主要的控制方式之一。在轧制准备和生产过程中SFC功能占有极为重要的地位，如轧制线和辊缝标定、轧机换辊过程、出口飞剪剪切过程和轮盘卷取过程等都由SFC系统来完成。

8.1　轧制线与辊缝标定控制

8.1.1　轧机轧制线调整

冷连轧机的五个机架在轧制带钢过程中，所有机架的轧制动作必须在同一个水平线上完成，否则会出现断带、勒辊甚至无法进行正常轧制的问题，所以在轧制前必须调整轧制线保证五个机架一致。同时轧机在生产运行一段时间后，其工作辊、中间辊和支承辊都会出现不同程度的磨损，按照冷轧生产工艺要求，轧辊经过一定生产周期，就要进行更换。更换新辊后，由于轧辊的辊径数据发生了变化，因此在每次换辊后，都要对轧制线进行重新调整，使其保持恒定不变。把实现轧制调整的设备称为轧线调整设备或斜楔调整设备。

冷连轧机轧线调整设备由阶梯垫和斜楔组成，如图8.1所示。阶梯垫用于轧制线的粗调，斜楔用于轧制线的精调，控制系统由PLC控制器完成。由位移传感器检测阶梯垫和斜楔的位置，通过比例阀驱动控制液压缸，形成位置闭环控制，从而达到阶梯垫和斜楔的精确定位。

轧线调整设备调整模式取决于轧辊的重磨量，该重磨量为上工作辊、上中间辊和上支承辊重磨量的和，当重磨量小于30mm时可以只利用斜楔进行调整，当重磨量大于30mm时，先调整阶梯垫，然后调整斜楔。由于阶梯垫和斜楔都具有精确定位控制功能，因此最终可使轧线调整到允许误差范围内(一般轧线误差<1mm)，单个机架轧线调整后，再通过轧机控制系统进行机组液压辊缝位置标定。

阶梯垫整个行程分为6段调整，阶梯垫水平位置与垂直位置的对应关系，见表8.1。其中5段用于调整轧制线，每级阶梯厚度为30mm，第1级用于换辊，厚度为40mm，每级的水平位移量均为150mm，阶梯垫的移入、移出通过比例阀控制液

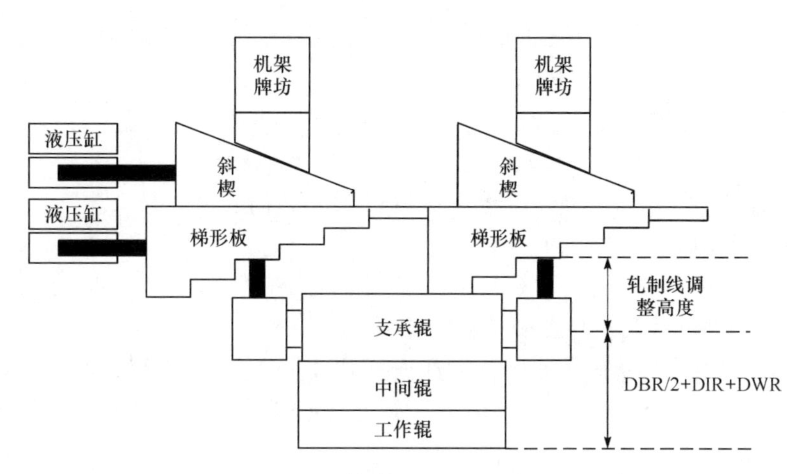

图 8.1　轧线调整装置示意图

压缸实现，它的水平位移量由线性位移传感器测量，然后换算成阶梯垫在轧制线的垂直位移。

斜楔的移入、移出同样通过比例阀控制液压缸实现，液压缸的位移量由线性位移传感器测量，斜楔的斜度为 2.862°。斜楔水平位移与垂直位移的对应关系为

$$H=\tan 2.862\times L=0.0499\times L \tag{8.1}$$

式中，H 为垂直位移，mm；L 为水平位移，mm。

表 8.1　阶梯垫水平位置与垂直位置的对应关系

垂直位置/mm	水平位置/mm	所在位置
0	0	换辊位
40	150	位置 1
70	300	位置 2
100	450	位置 3
130	600	位置 4
160	750	位置 5
190	900	位置 6

轧制线是以上支承辊最大辊半径、上中间辊最大辊直径、上工作辊最大辊直径以及阶梯垫换辊位垂直距离(40mm)之和，作为基础零点。每次换新辊后的轧制线都要以此点作为参考零点进行调整。

首先计算阶梯垫在换辊位、斜楔在完全缩回位的轧制线调整量计算公式：

$$H_{\text{passline}}=H-(D_{\text{BR}}/2+D_{\text{IR}}+D_{\text{WR}})+\Delta H \tag{8.2}$$

式中，D_{BR} 为支承辊直径（如 1410～1525mm）；D_{IR} 为中间辊直径（如 449～

610mm)；D_{WR}为工作辊直径(如 430～540mm)；ΔH 为辊径偏差；$H_{passline}$为支承辊轴承箱到轧制线距离(如 1952.5mm)。

梯形台水平调节量：

$$S_{plate}=(H_{passline}-H_1)/H_0\times 130(\text{粗调}) \tag{8.3}$$

式中，H_1 为首阶高度；H_0 为其余台阶高度；130 为台阶长度。

斜楔水平调节量：

$$S_{wedge}=(H_{passline}-H_{plate})/\tan\theta(\text{精调}) \tag{8.4}$$

式中，H_{plate}为梯形台调整高度；θ 为斜楔角度。

轧制线调整位移传感器实际测量数据从硬件组态分配的接口地址读取，然后经过位移传感器功能处理，转化成具有一定物理意义的数值。位移传感器技术参数见表 8.2。

表 8.2　位移传感器技术参数

名称	最大长度/mm	分辨精度/(mm/脉冲周期)
阶梯垫	900	0.01
斜楔	600	0.01

(1) 最大有效测量长度计算。

位移传感器最大有效测量长度分别为

900/0.01=90000 脉冲周期

600/0.01=60000 脉冲周期

(2) 零点偏移补偿。

为了避免编码器在工作范围内零点交叉，引入零点偏漂移补偿量来进行零点补偿，位移传感器不存在零点交叉问题，因此，阶梯垫和斜楔的位移传感器零点偏漂移补偿量设置为 0mm。

(3) 位移传感器标定。

若把位移传感器当前实际位置标定为 1mm，设置预值参数为 1mm，当位移传感器预值输入脉冲上升沿时，设置有效，完成对位移传感器的标定。通过位移传感器标定，可以消除位移传感器安装和运行时产生的位置偏差。

通过对定位控制功能设置及参数调整，实现轧制线调整的精确定位，在定位控制被激活期间，每次设定点的变化都会被立即处理，在定位控制开始后，速度设定点根据控制距离进行设置，当距离接近目标值时，内部减速曲线被激活，速度设定点按照内部减速曲线输出。内部减速曲线由两段组成，减速曲线如图 8.2 所示。在第 1 段内，速度具有恒定减速速率，根据最大速度设定值及速度从 100%到 0%减速时间计算得出，速度曲线为

$$V_2=\sqrt{2as} \tag{8.5}$$

在第 2 段内，速度和减速速率均被减少，速度与距离是线性关系，速度曲线为

$$V_1=\frac{dV}{dS}S \tag{8.6}$$

从第 1 段切换到第 2 段，依据剩余距离进行切换，而剩余距离是根据加速度到零的时间参数 T_{AB} 计算的。当 $T_{AB}=0$ 时，第 2 段曲线不适用。

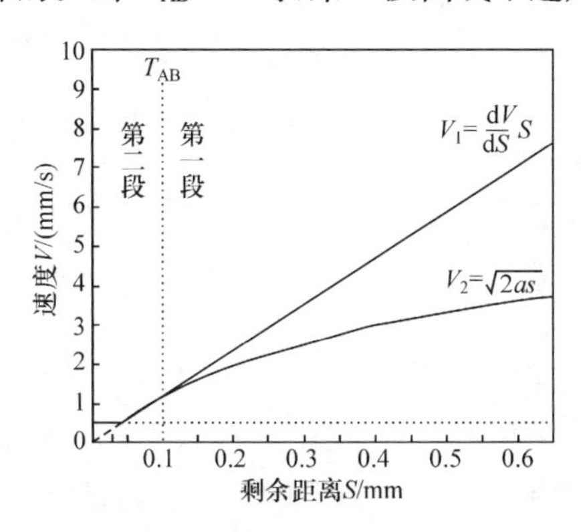

图 8.2　减速曲线

当实际位置在目标区域允许公差范围内时，等待时间开始计时。在这段时间内，实际值的变化量只要不超过定位完成窗口公差范围，则定位结束，且速度输出设置为 0。当定位开始被复位时，定位结束保留置位状态，只有当一个新的设定点给出，或者一个新的定位开始命令被置位时，定位结束将改变状态。

当定位结束后，目标位置可能会漂移丢失，可使用跟随控制功能来补偿这种漂移。当实际位置和位置设定点的差值超过跟随控制窗口公差，或跟随控制输入为逻辑 1 时，跟随控制被自动激活。在跟随控制方式被激活期间，定位开始顺序被激活，直到定位顺序完成，发出定位结束信号。

8.1.2　轧机液压辊缝标定

现代冷连轧基础自动化控制系统中，机架液压辊缝控制（HGC）系统是最为复杂、技术含量最高、测量设备最为精密的系统之一。冷轧 HGC 控制基本都采用电液伺服技术，使用液压执行机构后使整个系统动态响应速度得以大幅度提高，所需调节时间大大缩短。在轧机进行正常带钢轧制之前，由于更换工作辊或支持辊后轧制线发生了改变，所以必须对轧机液压辊缝控制系统进行机架液压辊缝零点标定，通过标定可以获得液压辊缝位置控制、轧制力控制、倾斜控制的零点标准，只有获得以上三种变量的零点标准，轧机才能实现正常液压 HGC 系统自动控制。可以说，机架液压辊缝标定是轧机进行液压 HGC 控制不可或缺的前提，是实现冷连轧生产高精度成品的必要条件。

轧机液压辊缝控制测量系统主要包括:液压缸位置检测和轧制力检测系统。其中,液压缸位置检测元件主要采用日本SONY公司位置传感器,轧机每个机架的液压缸配备2个位置传感器,传动侧(DS)和操作侧(WS)各1个,该位置传感器精度可以达到0.001mm。轧制力测量系统采用HYDAC公司压力传感器,它利用液压缸有杆侧和活塞侧液压油压力传递给压力传感器,与相应面积计算得到轧制力。这种压力传感器工作稳定,精度可以完全满足现场要求,所以广泛应用在轧机的轧制力测量中。

液压辊缝标定可分为两种。

(1) 无带标定:在机架内没有带钢的情况下进行的标定称为无带标定。

(2) 有带标定:在机架内有带钢的情况下进行的标定称为有带标定。

这两种标定过程存在很大的差别,无带标定正是“零”的矫正,即辊缝标定必须达到设定的基准位置,而有带标定继承了无带标定的轧制力和辊缝基准值,标定的最终目标是达到原来的辊缝位置。通常在液压缸实际位置和位置传感器计数之间出现偏差时,必须进行无带标定。另外,如果更换支持辊或位置传感器数据突然丢失(由于控制器复位、电源掉电或位置计数器失效),也应该进行无带标定。在轧机有带钢存在并且更换工作辊或中间辊重新调整水平轧制线后,应该进行有带标定。

1. 无带标定功能

无带标定执行顺序如图8.3所示,在整体标定过程中需要对液压辊缝HGC控制、弯辊控制、窜辊控制、乳液喷射、传动控制等多方面因素进行检查校准,完成辊缝位置、轧制力及倾斜的清零工作,最终找到正常轧制辊缝HGC控制的零点标准。

1) 轧制力标定过程

完成轧制力零点标定过程。初始化自动标定参数过程中,将上次标定形成的相对轧制力修改为绝对轧制力。这就意味着将辊重、轴承重和弯辊力等对轧制力的影响因素已经考虑进去,完全依靠压力传感器检测轧制力数据;在轧制力和倾斜控制方式下将辊缝合到最小轧制力(1MN),保证此时上下工作辊恰好接触,没有相互作用,同时检查此时辊缝位置与接触位置偏差是否在容限范围内(2mm),其中接触位置通过辊数据计算得出,这时主要为了检查轧辊数据是否正确,并继续以单轧制力控制方式使轧辊两侧同时作用到接触轧制力(2MN),保证轧辊两侧在上下辊系之间产生相互作用并造成一定程度的辊系变形;然后在位置和倾斜控制方式下将辊缝在当前位置的基础上打开5mm,如图8.3所示的步骤8,根据液压和辊系变形原理以及相关实验数据,一般认为在接触轧制力辊系变形的基础上打开5mm会使上下辊系之间恰好接触而没有相互作用。此时,将上述检测轧制力的固定载荷重量影响因素去掉,即对压力传感器系统做一次轧制力清零操作,就可以得

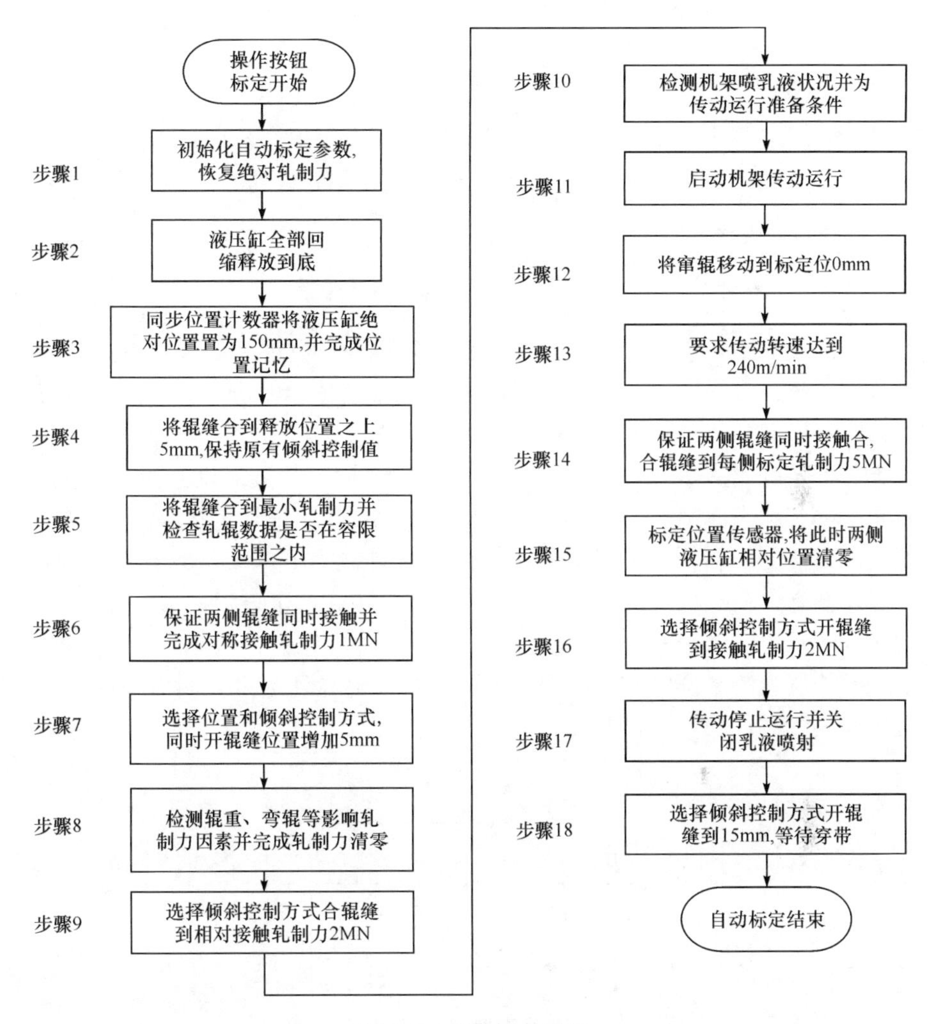

图 8.3　无带标定流程

到相对轧制力零点标准。标定过程机架轧制力变化如图 8.4 所示。由图可见,从标定开始合辊缝轧制力从零上升到最小轧制力 2MN,然后打开辊缝后轧制力清零,第 9 步开始合辊缝到接触轧制力单侧 1MN,最后标定辊缝位置零点时达到标定轧制力 10MN。

2) 辊缝位置标定过程

完成位置零点标定过程。首先,将液压缸全部缩回,完全打开辊缝,同步位置计数器完成从相对位置到绝对位置的转换过程,将液压缸的绝对位置置为 150mm。如图 8.5 所示,液压缸的绝对位置 S_{Abs} 以液压缸的上限位置为零点,液压缸释放到底部位置为下限位置(150mm)。根据工艺要求,零辊缝的选择采用两侧

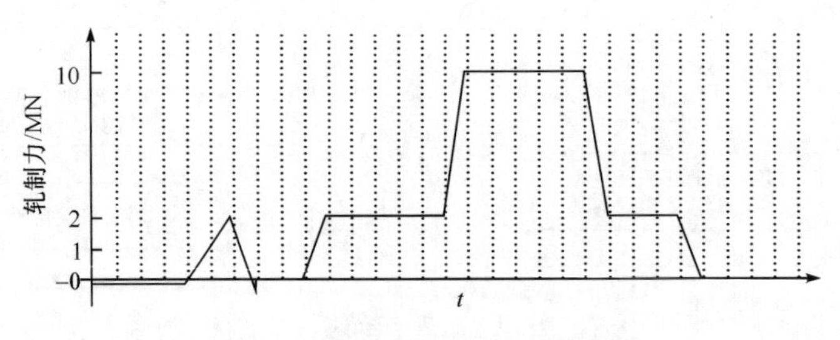

图 8.4 标定过程轧制力变化曲线

轧制力均达到 5MN 时的辊缝位置，所以作为轧机液压缸的相对位置 $S_{Rel}=0$ 是在标定轧制力 $F_R=10$MN 时产生的。实现标定轧制力 $F_R=10$MN 应该在辊系正常喷射乳液润滑及轧机处于动态过程中完成，因为在机架处于静止状态时关闭辊缝到较大的标定轧制力 $F_R=10$MN 会损伤辊系；另外，机架处于动态过程会更接近轧机正常生产状态。最后，考虑到轧机弹跳方程原理，在正常轧制带钢过程中会产生轧机的弹性变形和轧件的塑形变形，只在标定轧制力 $F_R=10$MN 产生的辊缝位置零点才会有效补偿以上两种变形带来的误差影响。标定过程机架辊缝位置变化如图 8.6 所示，从标定开始合辊缝位置从 10mm 释放到最大辊缝 150mm，然后打开辊缝后轧制力清零位置 90mm，第 15 步开始合辊缝到标定轧制力 10MN，此时标定辊缝位置零点。

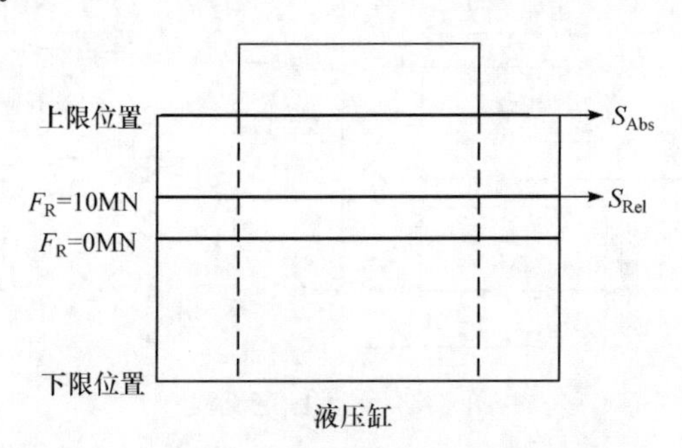

图 8.5 液压缸相对位置与绝对位置关系

3) 倾斜标定过程

在释放方式下将液压缸释放到底并同步位置计数器，由于传动侧 DS 和操作侧 OS 液压缸实际位置存在偏差，造成此时的倾斜值(DS-OS)不为零，在同步位置计数器后会造成倾斜值清零，所以在同步之前必须记录此时实际倾斜值。在选择位置和倾斜控制方式将辊缝合到释放位置 150mm 之上 5mm 时，给调整倾斜值提供条件，同时将记录的实际倾斜值进行补偿，保证实际合辊缝时轧辊两侧完全处于水平状态；然后选择单轧制力控制方式，机架两侧同时合辊缝到接触轧制力，将实际产生的倾斜值作为此时倾斜的设定值；同时打开辊缝 5mm，开始标定轧制力零

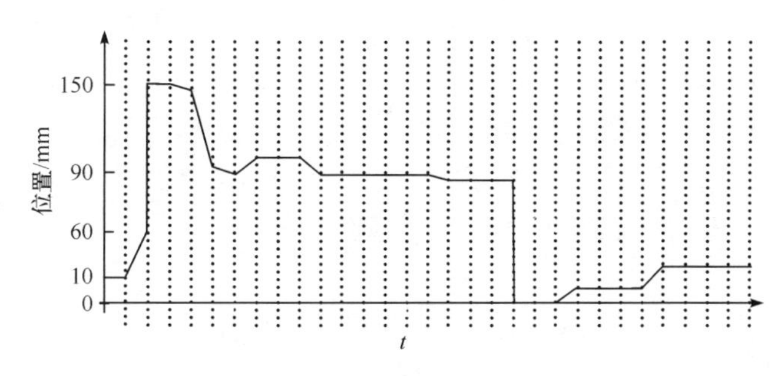

图 8.6　标定过程辊缝位置变化曲线

点；最后，在喷射乳液轧机动态过程选择单轧制力控制方式，合辊缝使两侧轧制力达到标定轧制力 F_R=10MN（单侧为 5MN），将实际绝对倾斜值作为倾斜设定值并存储数据，当两侧位置计数器同时清零，导致倾斜数值清零绝对倾斜值转化为相对倾斜值，完成倾斜零点标定。

2. 无带标定实际应用

经过几年冷连轧机生产和实践，对轧机辊缝标定有了更深入的了解，也获得了许多宝贵经验，以下对无带标定的典型故障进行分析。

在标定过程中，轧制力过负荷经常出现，导致标定失败。故障主要发生在标定顺序达到轧制力控制时的情况，在标定进行到第 5 步，轧机未转动前将辊缝合到最小轧制力 2MN 并检查辊径数据偏差是否在容限范围 2mm 之内，一旦超过此偏差，轧机标定会自动过载停止。另一种轧制力过负荷出现在轧机转动过程，标定顺序达到单轧制力控制方式。在标定进行到第 14 步时，保证两侧辊缝同时接触，合辊缝到每侧标定轧制力 5MN，一旦出现轧辊倾斜过大，导致标定失败甚至会导致断辊事故。

经分析，辊系数据与实际不符是经常导致轧机过负荷现象的原因之一。如果实际辊径小于输入辊径，按照轧制线标定结果会造成上下辊无法接触，标定无法达到预期的最小轧制力 2MN；反之，如果实际辊径大于输入辊径，会出现在静态情况下超过 2MN，导致标定异常中断。最终需重新校验轧辊数据。

轧机液压辊缝标定涉及 HGC 控制的关键环节，标定过程的每一步都有非常严格的转换条件，只有清楚轧机标定过程和细节才能准确判断标定中出现的问题。

(1) 建立在弹性方程基础上的液压辊缝无带标定是冷连轧机能否正常工作的前提，只有机架通过无带标定所有步骤，才能真正找到相对位置、相对轧制力和相对倾斜的零点标准，从而保证轧机的厚度控制精确执行。

(2) 在无带标定时，除了以上分析的几项功能，对液压弯辊（包括工作辊和中间辊）、窜辊、轧机主传动系统、乳液系统都进行检验，保证轧制时轧机控制功能正常执行。

(3) 轧机无带标定和有带标定都建立在轧制线正确的基础之上，只有应用不同辊数据计算出相应辊系的轧制线，才能计算出上下工作辊的正确接触位置。

(4) 液压辊缝标定是一个非常复杂的过程，它必须考虑两侧液压系统硬件加工和安装精度问题，以及检测和执行元件精度问题。

8.2 换辊过程控制

现代高速冷连轧机的轧制速度已超过 2000m/min，极大地加速了轧辊的磨损，使轧辊的更换次数越来越频繁，冷轧机的工作辊至少每班更换一次，因此缩短换辊时间对于保证产品质量、减少停机时间、提高轧机作业率、增加产量和降低成本都是至关重要的。

8.2.1 换辊准备过程

冷轧机工作辊和中间辊的换辊系统采用 PLC 控制双速双向电机换辊车加液压横移车的快速换辊装置。横移车上装有可以实现与机架固定轨道对齐的换辊轨道与齿条。电动换辊车采用电缆卷筒供电及控制，可通过横移车快速地将工作辊移出，经横移后又可快速将新辊推入轧机机架。工作辊及中间辊换辊装置位于轧机操作侧，用于更换全六辊轧机的工作辊及中间辊，其基本顺序动作为：将旧工作辊、中间辊从机架中抽出，新辊与旧辊同时横向移动，将新辊移至换辊位，然后将新辊推入机架。工作辊和中间辊的锁紧装置将轧辊锁紧，接轴夹紧装置将传动接轴松开，上工作辊、上中间辊换辊轨道下降至下极限位，斜楔和阶梯垫调零装置根据新的工作辊、中间辊直径自动调整，保证轧制线标准高度，然后换辊车退出，操作人员将油气润滑管路装上，机架卷帘门关闭。

工作辊、中间辊换辊装置由四部分组成，即换辊底车、推拉车、横移车和导向装置。其中，推拉车、横移车、导向装置及新、旧辊安装或放置在换辊底车上，换辊底车可带动上述各部件移入或退出轧机换辊区域；推拉车用于将旧辊拉出机架，将新辊推入机架；横移车用于更换新、旧辊位置，使新辊放置在轧机中心线上，便于推拉车将新辊推入机架；导向装置为推拉车运行轨道。

换辊前需要做的工作为：首先将卷帘门打开，操作人员将工作辊轴承座上的油气润滑管路拆下，斜楔和阶梯垫调零装置回到最小位置(换辊位置)；然后上支承辊上升到上极限位置、上工作辊和上中间辊换辊轨道上升至上极限位、推上液压缸缩回，下支承辊下降到下极限位置，下工作辊和下中间辊落到换辊轨道上；最后工作辊锁紧装置打开，接轴夹紧装置将接轴夹紧。

8.2.2　换辊动作过程

人工模式实现包括：换辊底车的前进/后退；推拉车的前进/后退；横移车的向左/向右移动；工作辊锁紧装置的打开/锁紧；中间辊锁紧装置的打开/锁紧；张紧装置的打开/锁紧。

自动模式实现为换辊时工作辊及中间辊换辊装置的动作由换辊程序控制。

运动方向定义：换辊底车、推拉车前进，即向轧机方向移动；换辊底车、推拉车后退移动，即向远离轧机的方向移动；横移车向左移动，即由轧机出口向轧机入口方向移动；横移车向右移动即由轧机入口向轧机出口方向移动。

换辊过程通过 PLC 程序实现的主要功能包括以下几种。

(1) 工作辊、中间辊换辊车的速度控制及准确定位。

(2) 轨道的控制及定位。

(3) 轧机平衡系统的操作及状态检测。

(4) 轧机弯辊系统的操作及状态检测。

(5) 轧制线调整系统的操作及定位。

(6) 与基础自动化系统的连锁控制。

(7) 换辊方式可分为维护模式、连锁模式和自动模式。

1. 工作辊单独换辊

换辊底车开到机架处，推拉车进入机架将旧辊拉出。横移车将新辊横移至轧机中心线，推拉车再将新辊推入轧机。接轴夹紧装置将传动接轴松开，工作辊锁紧装置将轧辊锁紧，上工作辊上中间辊换辊轨道下降至下极限位。斜楔和阶梯垫调零装置根据推入的工作辊直径自动调整液压缸行程，保证轧线标高的稳定。再利用液压推上装置校合斜楔调零装置的动作是否准确。换辊车退出，操作人员将油气润滑管路装上，卷帘门关闭。

2. 工作辊和中间辊同时换辊

斜楔和阶梯垫调零装置退回到最小位置，液压推上装置下降，上、下工作辊辊系和上、下中间辊辊系由各自的弯辊缸及上降轨道带动落到各自的换辊轨道上，推拉车将上、下工作辊和上、下中间辊同时拉出机架，经横移车移动后将新的上、下工作辊和上、下中间辊横移到轧机中心线上，再由推拉车推入轧机。工作辊和中间辊锁紧装置将轧辊锁紧，接轴夹紧装置将接轴松开，上工作辊上中间辊换辊轨道下降至下极限，斜楔调零装置根据新的工作辊、中间辊直径自动调整，保证轧线标高。换辊车退出，操作人员将油气润滑管路装上，卷帘门关闭。

3. 支承辊换辊

支承辊换辊时,工作辊和中间辊必须被推拉车抽出机架,推拉车后退到后极限位置。推拉液压缸带动下支承辊辊系,将下支承辊轴承座坐到换辊轨道上,下支承辊辊系由推拉液压缸带动移出机架,在机架外由吊车将支承辊换辊支架放到下支承辊轴承座上,再由推拉液压缸带动将下支承辊辊系、换辊支架推入轧机。上支承辊辊系由支承辊平衡缸带动将上支承辊辊系落到换辊支架上,再由推拉液压缸拉出机架。被拉出的旧的支承辊被吊走,新的支承辊辊系用吊车吊到推拉液压缸轨道上,再由推拉液压缸推入轧机。工作辊和中间辊推拉车将工作辊和中间辊推入轧机,完成换支承辊过程。

8.2.3 换辊顺序控制

1. 自动抽辊顺序控制

在自动抽辊顺序控制过程中,将工作辊窜辊到换辊位动作紧接着中间辊窜到换辊位步骤之后,流程如图 8.7 所示,主要完成如下几个步骤。

(1) 中间辊和工作辊平衡动作到上升位,压上系统动作到换辊位,上下防缠挡板动作到换辊位。

(2) 换辊车行进到机架位。

(3) 中间辊和工作辊平衡动作到下降位。

(4) 斜楔和阶梯垫动作到换辊位。

(5) 接轴定位到换辊位,主电机开关关闭。

(6) 上下中间辊窜辊到换辊位动作。

(7) 上下工作辊窜辊到换辊位动作。

(8) 牵引车行进到机架位,操作夹钳机械装置完成抽出旧辊动作。

(9) 接轴支撑装置关闭,锁紧装置打开,夹钳装置打开,换辊车退回到停车位。

2. 自动装辊控制

在装辊自动顺序控制过程中,加入接轴定位请求和接轴勾头极限信号检测,以及工作辊窜到工作位步骤。流程如图 8.8 所示,主要完成如下几个步骤。

(1) 在控制器中读取二级辊数据并下发给一级换辊系统。

(2) 接轴支撑装置打开,夹钳装置打开,锁紧装置关闭。

(3) 上下中间辊窜辊到工作位动作。

(4) 上下工作辊窜辊到工作位动作。

(5) 中间辊和工作辊轨道下降。

(6) 斜楔和阶梯垫轧制线调整。

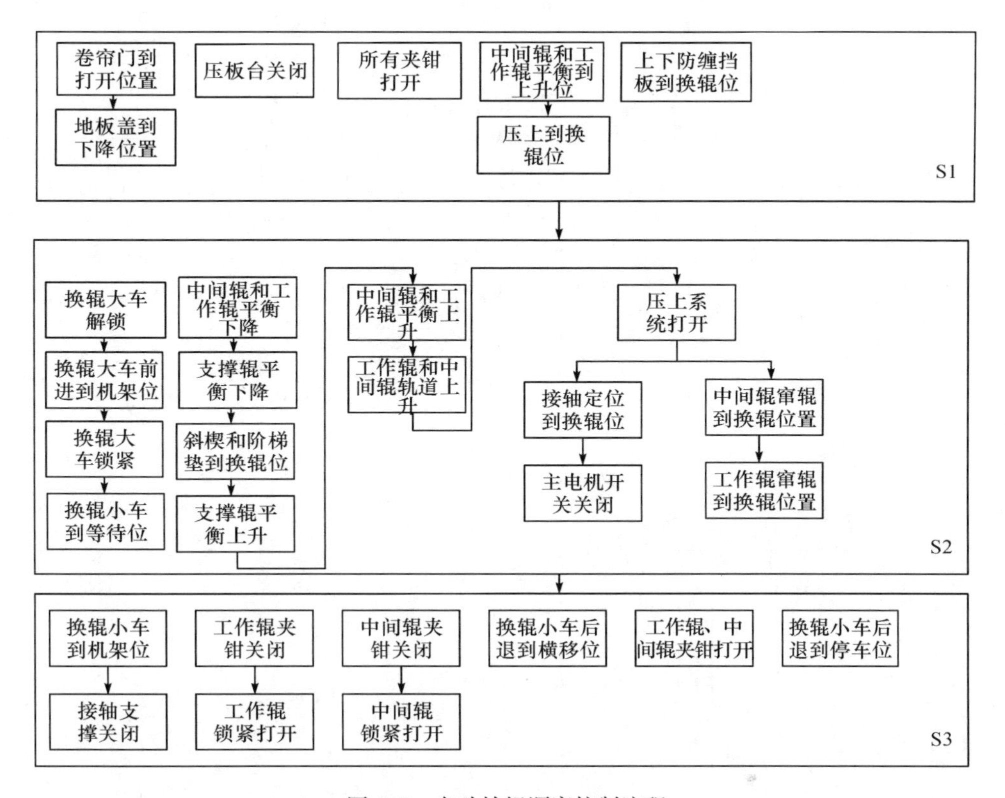

图 8.7　自动抽辊顺序控制流程

(7) 上下防缠挡板到轧制位。

(8) 换辊车退到停车位，牵引车退到停车位。

(9) 轧制线开始标定。

3. 换辊车位置定位控制

换辊车采用变频电机进行精确控制，运行速度可调，通过绝对值编码器进行位置检测，构成位置闭环控制。换辊推拉车采用一台双速电机驱动前进后退，换辊大车采用交流变频电机进行驱动，均通过绝对值编码器进行位置检测，构成位置闭环控制。如图 8.9 所示，换辊推拉小车移行过程中采用双速控制，移行速度给定通过 PLC 系统定位控制程序发出，在 PLC 系统中进行位置闭环控制。运行速度的切换通过定位功能块 FB-POS-B 的比较判断，当牵引车实际运行位置远离定位目标时，为高速运行，当实际运行位置进入 TOL-SLOW 范围时，速度转换到低速运行。

推拉车移行控制位置包括停车位—横移位—机前等待位—机架位。其中机架位的定位最重要，机架位采用两种方式进行定位检测，一种是编码器计数定位，另一种是接近开关限位检测。这些位置设定值由设备参数给出，通过调试过程进行

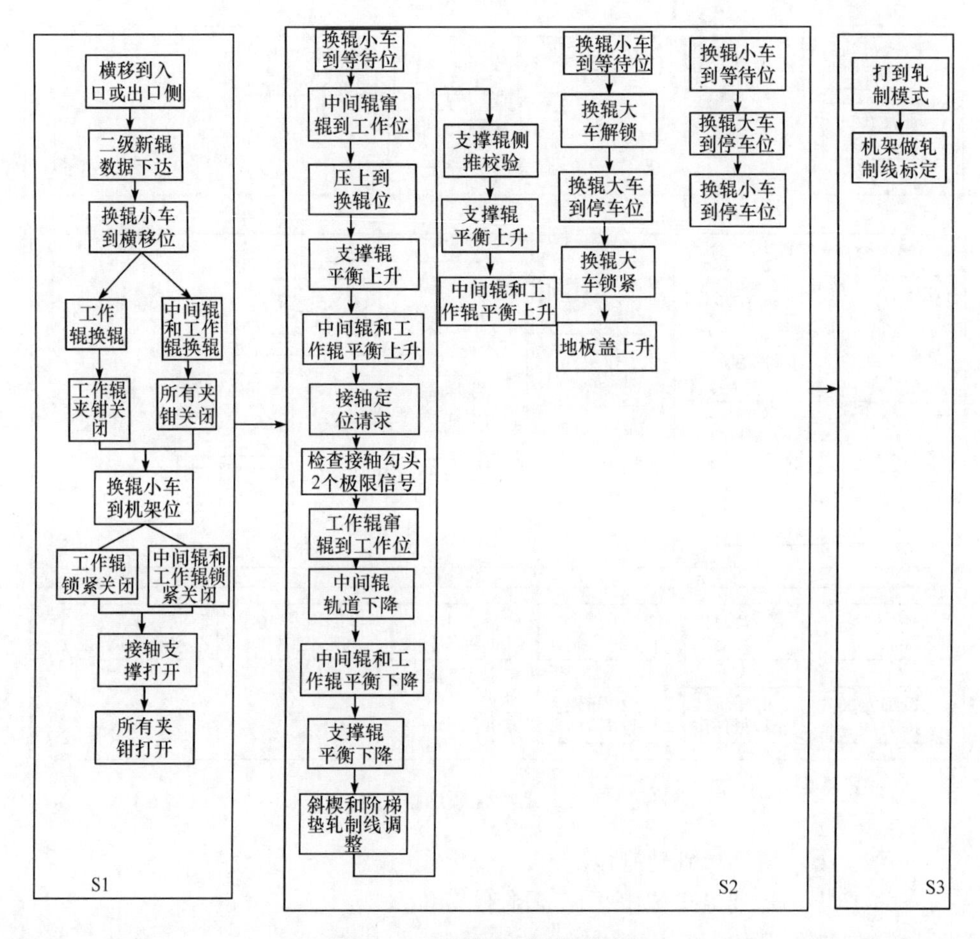

图 8.8　自动装辊顺序控制流程

修正。当推拉车实际位置在误差允许范围时，设备停止，并发出定位控制完成信号POS-FIN。推拉车由于自身惯性继续滑行一段距离。惯性滑行过程中滑行距离主要取决于换辊车惯性大小，由于轧辊质量不固定，换辊车惯性大小不同，因此滑行距离为不可控的变量，为保证定位控制精度，要尽可能减小惯性滑行距离，因此要合理设置高速切换到低速时的位置参数。此外定位控制过程中在保证精度的同时要考虑换辊车的工作效率，定位过程时间也不能太长。调试过程中要根据换辊车不同惯性工作状态下的惯性滑行量和定位过程时间，同时结合定位误差范围对以上控制参数进行折中考虑。

推拉车的FOLLOW UP精确定位控制原理：推拉车采用双速电机控制，因此推拉车运行速度分为高速、低速两种。运行速度的切换通过精确定位控制功能块FB-POS-B实现，当牵引车实际运行位置远离定位目标时，为高速运行；当实际运行位置进入 TOL-SLOW 范围时，速度转换到低速运行；当换辊推拉车实际位置在 TOL 范围时，控制系统通过 FOLLOW UP 精确定位控制功能进行精确定位；直到定位顺序完成，设备停止，发出 POS_FIN 信号表示定位完成。该功能是在推拉车的 CFC 程序里完成的，FOLLOW UP 精确定位控制原理如图 8.9 所示。根据以上控制原理的调试策略，系统上线运行后换辊车移行定位误差控制在 5mm 范围内，满足了工艺设计要求。

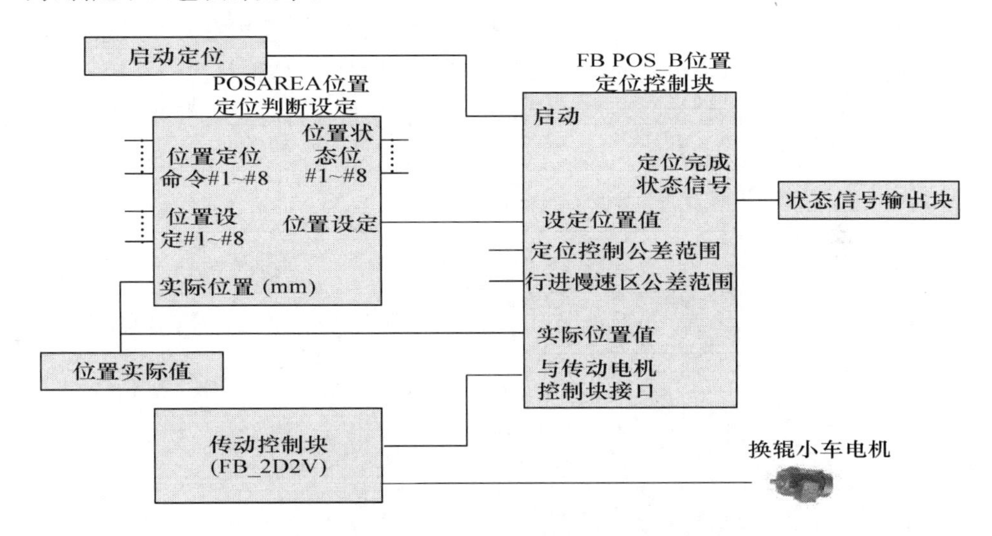

图 8.9 FOLLOW UP 精确定位控制原理

4. 换辊接轴定位控制

工作辊接轴定位是冷轧机更换工作辊过程中一个重要环节，是实现换辊过程自动控制的基本前提。一般要求工作辊接轴定位误差小于 3°，接轴定位误差超限将导致自动换辊过程中断，严重的会造成设备损坏。此外冷轧机工作辊更换周期每天 2 或 3 次，接轴定位精确控制对机组生产作业率提高具有一定影响。

在现有技术中有两种接轴定位控制方式：一种是单接近开关检测方式；另一种是双接近开关检测方式。采用单接近开关检测，接近开关发讯时定位减速启动，根据接轴实际角度位置计算定位速度设定值；双接近开关检测方式，接轴定位的启动和停止分别采用两个接近开关控制，接近开关 1 发讯时定位开始，定位速度设定值切换到一个较小的速度值，接近开关 2 发讯时定位速度设定值切换到 0 自由停车。

1）接轴定位减速启动控制

如图 8.10 所示，冷轧机抽工作辊前，要求将工作辊传动接轴旋转到指定目标位置，轧辊位置偏差在 3°以内，这就是接轴定位控制过程；接轴定位旋转角度和接轴转动速度通过编码器检测，编码器与电机传动轴同轴安装；接轴定位启动位置通过接近开关检测，接近开关安装在接轴外侧，接近开关安装轴向位置距离接轴与齿轮箱连接器200～300mm，接近开关安装高度与传动轴中心线平齐；在传动接轴上焊接方形挡块，挡块与接近开关的轴向位置一致，挡块与接近开关之间距离为5～10mm；工作辊接轴通过齿轮箱与电机传动轴连接驱动接轴旋转；接轴定位命令发出后，电机从停止状态启动升速到定位初始转速后开始匀速运行，定位初始转速取值为1.0%～2.0%额定转速。电机转速达到定位初始转速后，开始检查接近开关信号状态，当接轴旋转到某个位置时，接轴上的挡块到达接近开关前方，此时接近开关发讯，接轴定位减速启动；根据接近开关发讯时刻接轴位置和指定目标位置可以计算接轴定位行程，根据接轴定位行程和初始转速可以计算定位转速设定值，电机按照定位转速设定值减速运行直到停止，接轴定位完成；为提高定位精度，在减速过程末端对定位转速设定值进行线性化处理。

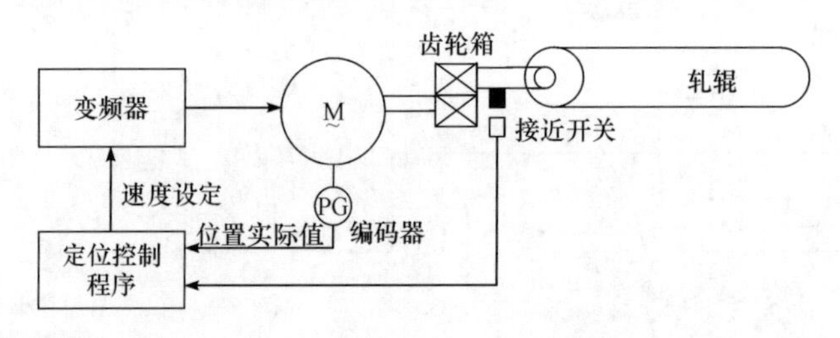

图8.10　接轴定位系统构成图

2) 接轴定位行程计算

如图8.11所示，挡块旋转到接近开关位置时接近开关发讯，定义此时接轴旋转角度位置为0°。接轴定位目标位置是扁槽处于12点钟位置，定位行程θ为

$$\theta=\alpha+\beta \tag{8.7}$$

式中，α接近开关挡块超前扁槽角度，为便于系统调试α取值范围80°～100°；β接近开关挡块滞后定位目标位置角度，为便于系统调试β取值范围为80°～100°。

折算到电机侧定位行程θ_1：

$$\theta_1=(\alpha+\beta)\cdot i \tag{8.8}$$

式中，i为减速齿轮箱齿轮比。

3) 定位转速设定值计算

根据接轴传动电机编码器的角度反馈值计算电机定位剩余角度φ，从而实时计算定位转速设定值：

$$\varphi=\theta_1-\gamma=(\alpha+\beta)\cdot i-\gamma$$

$$\omega_0=\sqrt{2\lambda\theta_1}$$

$$\lambda=\frac{\omega_0^2}{2\theta_1}$$

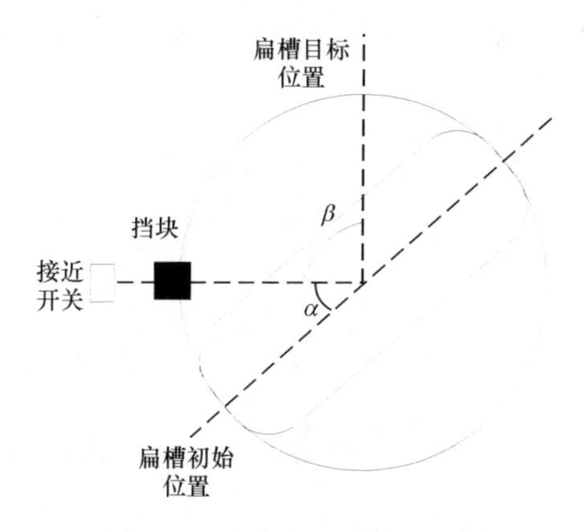

图 8.11　定位行程计算原理图

$$\omega=\sqrt{2\lambda\varphi}=\sqrt{2\,\frac{\omega_0^2}{2\theta_1}[(\alpha+\beta)\cdot i-\gamma]} \tag{8.9}$$

式中，γ 是编码器的角位移反馈值；ω 为角速度设定值；λ 为定位制动最大加速度。

4）定位转度设定值线性化处理

如图 8.12 所示，根据公式 $\omega=\sqrt{2\lambda\varphi}$，$\omega=f(\varphi)$之间的关系是一条二次抛物线，在曲线末端$\lim\limits_{\theta\to 0}\frac{d\omega}{d\varphi}\to\infty$，非线性影响会导致系统不稳定，对速度曲线末端进行线性化处理；当定位剩余角度 φ 小于 φ_0 时，速度设定值为 $\omega=k\varphi$，当定位剩余角度 φ 大于 φ_0 时，速度设定值为 $\omega=\sqrt{2\lambda\varphi-\left(\frac{\lambda}{k}\right)^2}$，$\varphi_0$ 取值范围是定位总行程 θ_1 的 0.1～0.2；定位末端直线和抛物线结合的曲线作为定位速度设定值输出曲线，为保证平滑切换要求，直线和抛物线相切。抛物线段的速度输出函数 $\omega=\sqrt{2\lambda\varphi-\left(\frac{\lambda}{k}\right)^2}$，直

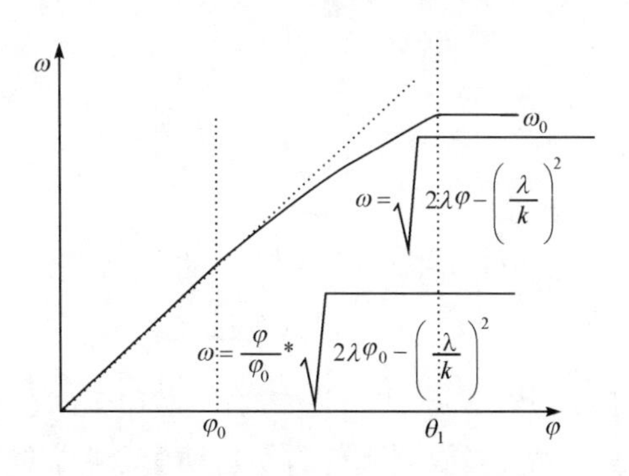

图 8.12　速度与位移关系曲线

线段的速度输出函数 $\omega=k\varphi$，直线与抛物线切点为 $(\varphi_0, k\varphi_0)$，则有

$$k\varphi_0=\sqrt{2\lambda\varphi_0-\lambda^2} \tag{8.10}$$

式中，$k=\dfrac{\lambda}{\varphi_0}$。

从而可以求出线性段速度设定值表达式。

8.3 飞剪过程控制

飞剪是冷连轧生产线设备中的关键设备，作用是在不停车连续轧制的情况下，保证剪刃和轧线其他设备及带钢的速度同步配合，将平动中的带钢按要求的定尺进行高速、高精度的分切。飞剪设备自动剪切功能的实现，对提高冷连轧机的生产效率起到了至关重要的作用。

8.3.1 飞剪定位过程

1. 飞剪转角旋转过程

飞剪零角度示意如图 8.13 所示，飞剪以上、下剪刃重合位置为 0°，角度方向与剪刃剪切时转动方向一致，即上剪刃逆时针方向，下剪刃顺时针方向(从轧机操作侧方向看剪刃)。

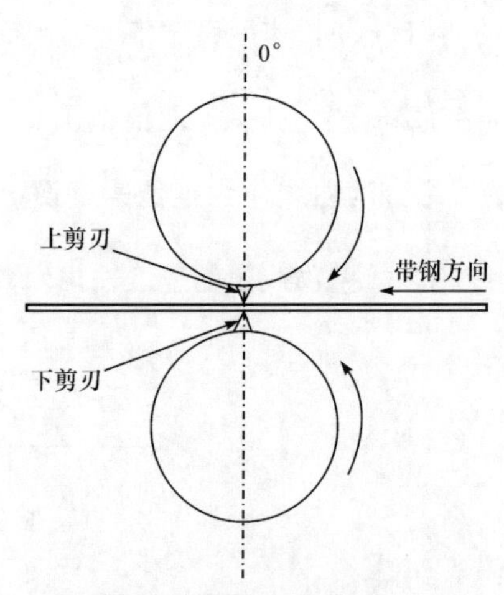

图 8.13　飞剪零角度示意图

飞剪旋转过程如图 8.14 所示，飞剪设备在 114°和 139°位置，各安装一个接近开关，辅助飞剪的位置定位。当得到飞剪剪切启动命令后，飞剪按照预定速度旋转一周，完成飞剪剪切过程。轧机剪切时，飞剪从初始 139°位置启动到 330°，在 191°

之内达到与带钢同步的速度，330°～30°剪刃速度保持恒定，在此区间剪刃与带钢接触剪切，完成剪切动作。随后，在 30°～139°的 109°之内，减速达到 139°位置，最终停止在 50°位置。

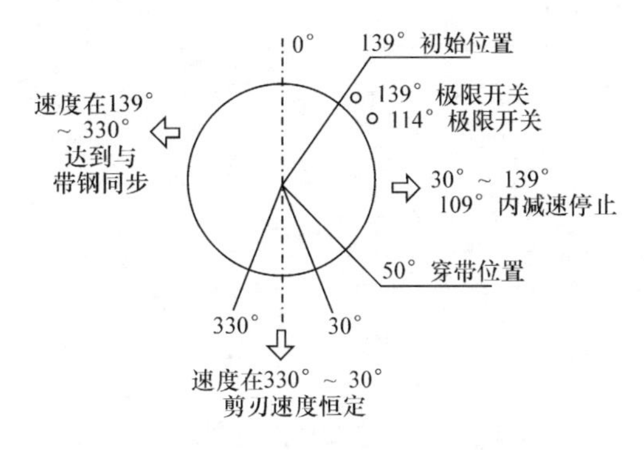

图 8.14　飞剪旋转过程示意图

飞剪速度计算公式：

$$V_{\text{kinf}}=(1+x\%)\times V_{\text{strip}} \tag{8.11}$$

式中，V_{kinf}为飞剪给定速度；V_{strip}为带钢运行速度；$x\%$为速度超前系数，根据带钢厚度的不同范围分为 3%～10%。

2. 剪刃间隙调整

剪刃间隙调整与带钢厚度关系非常密切，直接决定带钢的边部质量优劣。当剪刃间隙恰当时，上下剪刃在钢板内部产生的上下裂纹正好会合，从而能获得较好的边部质量；当剪刃间隙过大时，剪切钢板边部塌边严重，同时由于上下剪刃产生的扩展裂纹没有重合，边部接近底端将出现不规则接瘤，毛刺严重；当剪刃间隙过小时，由于上下剪刃产生的扩展裂纹没有重合，剪切钢板边部会出现二次剪切现象，即有两个切断面产生，且两个剪切面之间有不规则的凹陷。因此，剪刃是否适当准确十分重要。

1）飞剪间隙调整原理

剪刃间隙调整装置由齿轮电机驱动，通过位移传感器检测。间隙通过蜗轮蜗杆传动，带动上刀轴轴向两个方向左右移动 10mm；下刀轴轴向固定，刀轴行程±10mm用于剪刃间隙打开，动作原理如图 8.15 所示。

2）飞剪轴向轴转数与纵向间隙距离计算

由于飞剪电机通过涡轮蜗杆带动上刀架水平方向移动，从而改变上下剪刃之间距离，因此，电机转数与飞剪间隙之间需要计算转换。如电机每转 7.508 转，剪刃间隙行程为 0.1mm，即 $7.508r=0.1\text{mm}$，$r=0.1\text{mm}/7.508$（r 为齿轮电机输出轴转数）。则检测码盘脉冲单位计算公式为

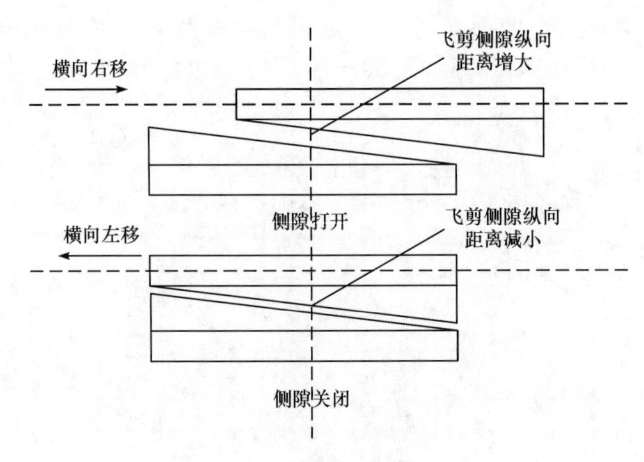

图 8.15　剪刃间隙动作原理

$$码盘一个脉冲单位=L/N/p \tag{8.12}$$

式中，L 为间隙行程；N 为所需电机转数；p 为电机每转码盘脉冲数。

将数值代入得：码盘一个脉冲单位$=L/N/p=0.1\text{mm}/7.508/4096=3.25\times10^{-6}\text{mm}$/脉冲。

8.3.2　飞剪工艺控制

1. 飞剪速度控制

冷轧机飞剪控制系统由多处理器自动化系统（如 TDC）和过程控制 PLC（如 S7-400）以及传动控制（如 T400）协调合作共同完成。其中，飞剪控制涉及逻辑控制功能中的物料跟踪 MTR、主令速度控制 MRG、线协调 LCO 三个功能。

带钢在五机架连轧时，通常以 500m/min 以上的速度高速轧制，当卷取机要分卷进行剪切时，计算机接收到物料跟踪系统 MTR 发来的“焊缝在轧机入口”信号后，控制轧制线减速到 150m/min 以下运行。MTR 系统通过计算带钢尾部到飞剪设备距离发出各种命令来完成飞剪剪切过程。当带尾距离飞剪设备 25m 时，MTR 系统通过 LCO 系统发给 PLC 启动辅助设备，当飞剪辅助设备准备好后，返回给 MTR 系统剪切就绪信号。当带尾距离飞剪设备（6±1）m 时，MTR 系统向 MRG 发出剪切启动命令并且告知剪切剩余时间，MRG 系统向传动系统下达飞剪剪切模式激活命令和控制字，传动系统根据接收到的轧机出口速度等参数计算出飞剪速度，最终达到飞剪剪切过程，控制过程如图 8.16 所示。

对飞剪进行控制，必须了解飞剪的运动轨迹和在轨迹中各点的状态。传动系统通过接收到的出口速度等参数来对飞剪速度进行自动计算。图 8.17 为飞剪运动时的速度控制图。图中，T_1 点为飞剪启动；T_2 点为飞剪加速结束剪刃剪切到带

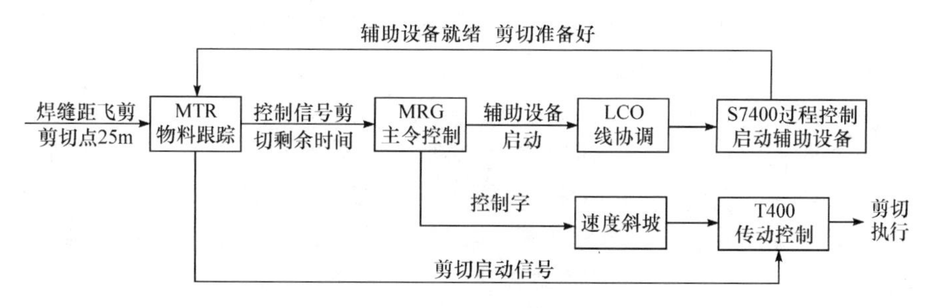

图 8.16　飞剪控制过程

钢；T_3 点为剪刃重合剪断带钢；T_4 点为飞剪离开带钢；T_5 点为飞剪制动结束转入位置控制。这个速度控制是飞剪控制系统中要完成的一个主要功能，飞剪前第 5 机架的轧制速度与带钢的速度成正比。飞剪控制系统根据二级系统提供的第 5 机架的速度，得到带钢的速度，同时根据焊缝所在的位置以及在其他连锁条件满足的情况下，在 T_1 点启动飞剪；T_1 与 T_2 之间飞剪速度是匀加速运动；在 T_2 点剪刃剪切到带钢，此时剪刃的速度必须达到飞剪速度要求。T_2 与 T_3 之间飞剪速度有微小变化，但基本保持恒定，等于 T_2 点的飞剪设定速度；T_3 与 T_4 之间飞剪速度是恒定的，等于 T_3 点的飞剪实际速度；T_4 与 T_5 之间飞剪速度是一个制动过程，需要飞剪以最短的时间匀减速运动，准确地回到初始位置，等待下一次剪切。

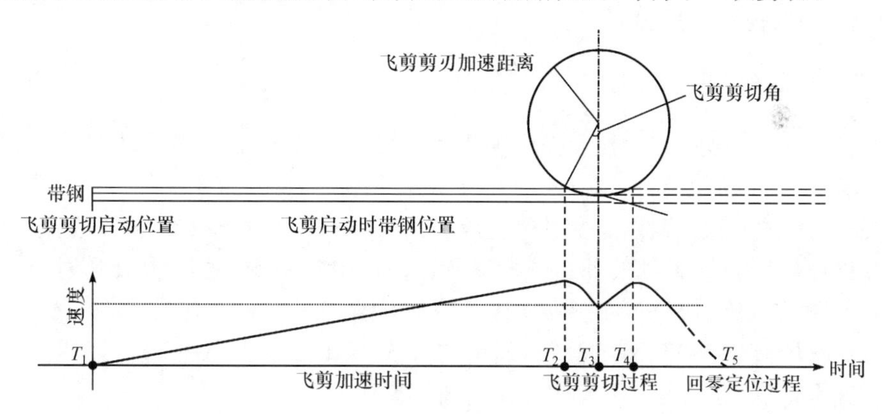

图 8.17　飞剪速度控制示意图

2. 飞剪间隙调整控制

飞剪间隙调整方式分为手动方式和自动方式两种。在手动方式下，通过在监控画面观察间隙大小来调节剪刃间隙，操作按钮。在自动方式下，剪刃间隙根据带钢厚度和材质自动调整。二级计算机系统依据存储表中带钢厚度范围，对照新的带钢厚度计算出相应的剪刃间隙值，作为编码器角度的目标值；飞剪过程控制系统再依据二级下发的飞剪间隙距离，对现有飞剪间隙进行逻辑比较判断，自动调节飞剪间隙距离以适应轧制需要。

1）飞剪设定值选择

飞剪对带钢剪切分为焊缝前和焊缝后剪切，冷连轧机组有时在焊缝前后连接不同厚度的带钢，这样飞剪需要调节到不同的飞剪间隙距离。飞剪间隙的设定值由二级设定值系统根据产品规格下发。从二级设定值系统下发的飞剪间隙设定值实际上有两个值，一是与当前正在轧制带钢的间隙值；二是下一卷带钢间隙值。两个值确定作为间隙给定值由 MTR 跟踪系统作出选择。

2）飞剪间隙自动调整控制

飞剪在剪切之前，必须要接收到飞剪间隙调整完成信号，首先将二级系统下发的调整目标值下发给 PLC 控制系统。然后将间隙给定值与飞剪编码器实际反馈间隙值进行比较，在比较时将间隙给定值分别加减裕量值±1.025，形成一个容差区间，于是得到上容差为编码器实际反馈间隙值加上容差值，下容差为编码器实际反馈间隙值减去容差值。逻辑为实际反馈值不大于上容差，同时满足实际反馈值必须在上下容差之间，才能发出飞剪间隙调整完成信号。不仅需要判断编码器实际反馈值在正常区域之内，还需要判断其不在正常区域之外，这样可以排除编码器混乱所引起的编码器故障等问题。

8.3.3 飞剪控制应用实例

1. 自动控制系统配置

如图 8.18 所示，飞剪控制操作主要由主操作室控制，其操作台设计在主操作室，包括飞剪自动/手动控制方式的选择、故障报警信号、焊缝跟踪信号控制等。组态软件设计的监控画面以及变量设置等由出口 HMI 承担，包括工艺流程监视、变量参数的设置修改、参数的动态图形显示以及故障报警等功能，HMI 通过以太网采用 TCP/IP 通信协议与控制器连接。控制系统以 S7-400 控制器为控制核心，并通过多条 Profibus-DP 现场总线以通信的方式与直流传动控制系统、远程 ET200 子站及具备 DP 通信能力的仪表等建立通信连接。

计算机网路通信部分是 Profibus-DP 现场总线和工业以太网的混合形式，主站与从站之间通过 Profibus-DP 现场总线实现高速数据双向通信，Profibus-DP 现场总线连接着全数字直流调速模块 SPDM，发送主令速度、电流给定值，接收现场实时模拟量和数字量的数据；Profibus-DP 现场总线还连接传动设备，包括剪前夹送辊电机、飞剪电机、导向辊电机、卷取机电机等传动设备的参数传递。

2. 传动系统设计

在选择传动装置时，首先要确定被控对象的工作方式，然后依据电机的额定电

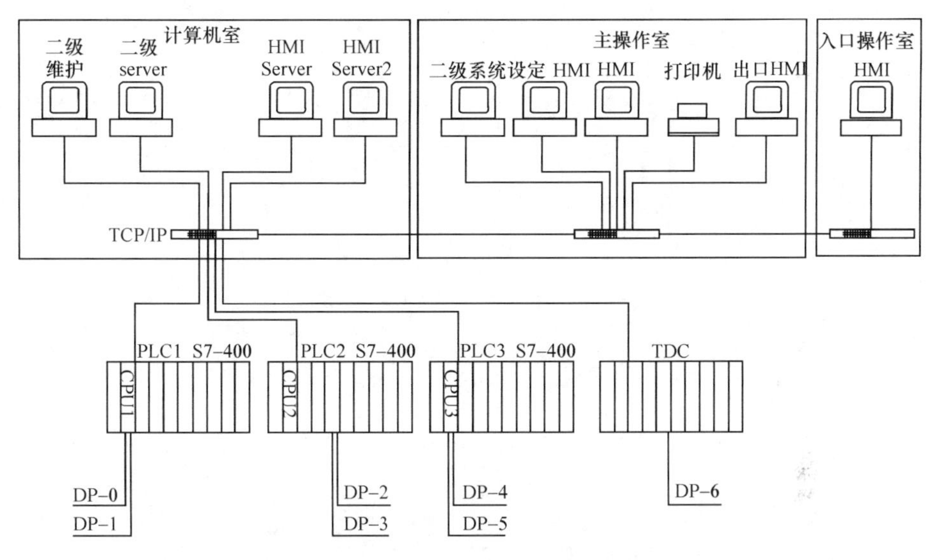

图 8.18　飞剪自动控制系统配置图

流和额定功率来选择合适的传动装置。传动装置的容量选定过程，实际上是一个整流器与电机的最佳匹配过程。传动装置的容量大于或等于电机的额定功率，则飞剪电机装置的配置原则如下：飞剪传动装置中晶闸管变流主回路额定输出电流大于 2 倍电机额定电流；晶闸管变流主回路过载能力大于 3 倍电机额定电流，采用电枢可逆方式。

SIEMENS 公司的 6RA70 系列全数字直流传动装置，用以控制开卷机、剪前夹送辊、飞剪电机等运行，图 8.19 为飞剪电控装置接线图，包括直流电机、编码器、电机风机、温度元件等设备在内的供电控制回路。主回路电源来自 420V 三相交流电压，通过接触器 KM 和三相进线电抗器 LM 接入 6RA70 控制模块，经过变频调速将交流电压 420V 转换为直流电压 440V，输入飞剪直流电机，为飞剪的加速启动等提供硬件配置，UPS 电源（不间断供电电源）给装置控制电路供电，交流电压为 380V/220V 的辅助电源经过断路器等原件的控制接入励磁电源控制板，负责供给电机励磁，REG 板内接 CBP2 通信板，通过 Profibus-DP 与 PLC 连接，与温控元件相连，可得知飞剪电机温度，能及时反馈至 PLC。编码器直接连接于 REG 板，当电机转动时，开始计数，及时反馈电机转速。

3. 工艺控制系统设计

剪切正常运行着的带钢包括两种剪切：一是为了保证产品质量，必须剪切带钢的焊缝处；二是卷取的带钢重量达到一定值时，需要进行分卷剪切。控制系统采用焊缝跟踪控制和飞剪运行控制相结合的控制方案，共同实现带钢的剪切分段。

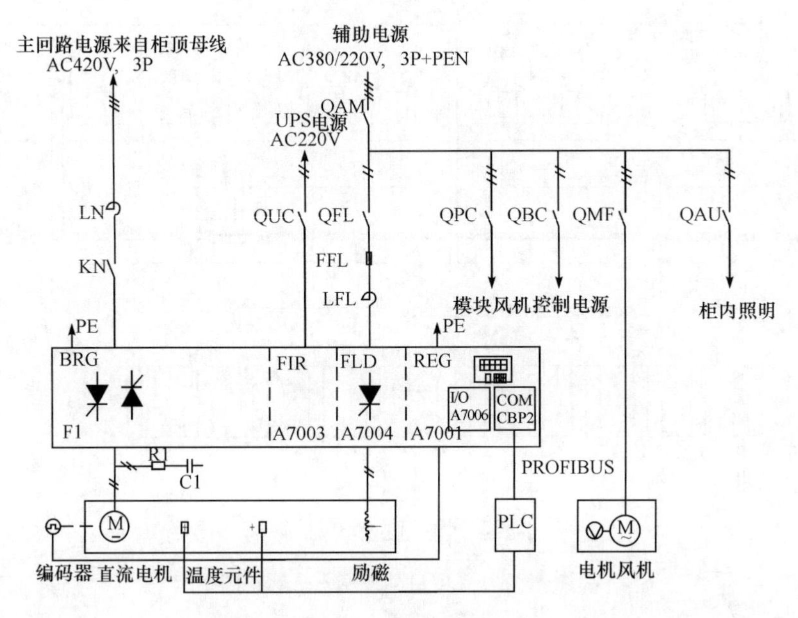

图 8.19　飞剪电控总图

当带钢焊缝进入轧机距离飞剪(5±0.5)m时，上传检测信号，线协调LCO功能开始通知飞剪抱闸打开，剪刃通过比例调节器由基准位调节至启动位，并下达启动加速命令，使得飞剪开始以某一加速度进行加速启动，当剪刃的水平线速度与带钢的前进速度一致，且在带钢剪切点与飞剪剪刃处于垂直方向时，可以进行同步剪切，剪切完成后，前卷带钢进入卷取机，而飞剪控制系统由剪切时的驱动状态，过渡到逆变制动状态，飞剪开始减速，减速过程结束时，位置控制使能，飞剪回到初始位置，飞剪抱闸关闭且电机速度控制不再使能。实际操作中，飞剪剪刃每次运行，其回到初始位置都会存在微小偏差，所以能够实现飞剪的位置控制非常重要。

飞剪的工作方式包括自动和手动方式。

(1) 在自动工作方式下，剪切过程包括以下几个主要连续的动作：初始位置—启动加速—恒速剪切—制动—反向运行—返回初始位置—停止。飞剪处于基准位，操作台选择工作方式，由计算机程序控制，焊缝跟踪系统确定轧机过焊缝的位置，确定带钢减速带的时间和飞剪启动时间。飞剪前夹送辊自动跟随第5机架的速度启动，同时飞剪剪刃加速至带钢速度，所需的带钢速度通过脉冲发生器计数检测，传送到飞剪和速度控制器。控制器根据程序自动计算得出剪刃在带钢到来时开始同步剪切，剪切时剪前夹送辊下辊抬起，电机分别驱动上下辊转动，此时上辊为主动辊与下辊一起夹送带钢；同时，上下刀轴旋转完成剪切周期。剪切电机停止后，上夹送辊成为自由辊，下夹送辊落下脱离带钢。

(2) 手动工作方式主要由于以下情况发生：手动切头或切尾请求，剪刃位置反馈，不对飞剪传动检测，停止飞剪位置调节，回路打开飞剪辅助启动运行条件不满足。在手动方式下，飞剪根据操作工的切头或切尾请求，以可调整的恒定速度手动正向或反向点动运行，完成剪切。在操作台上由操作人员根据需要选择手动操作控制，手动将飞剪前夹送辊电机转换开关调至“正”，则正向旋转；手动将飞剪前夹送辊电机转换开关调至“反”，则反向旋转。

8.4　卷取机过程控制

在冷连轧机生产过程中，卷取机是最核心的设备，它的用途是收集超长轧件，将其卷取成卷以便于储存和运输。尽管卡罗塞尔(Carrousel)卷取机在 20 世纪 60 年代已被开发出来，但国内应用最早在 90 年代，早期的冷轧生产线配套为两台卷取机。在冷连轧工艺中，为实现带钢的连续轧制，应用卡罗塞尔卷取机逐步替代在连轧机出口布置两个卷取机的设置。国内某 1450 生产线上就采用了先进的卡罗塞尔卷取机，它自身有两个卷筒，可以随机旋转，自主开发的 PLC 控制程序能够完成出口两台普通卷取机功能。卡罗塞尔卷取机在 1450 酸轧联合机组生产线提高了生产的连续性，节约了设备配置，大幅提高了生产效率，卡罗塞尔卷取机在鞍钢多条冷连轧生产线得到广泛的应用。

8.4.1　卡罗塞尔卷取机工作原理

卡罗塞尔卷取机将常规的两个卷筒安装在一个可以旋转的大转盘上。机组穿带时，第 1 个卷筒在初始位置，将带头穿至穿带位卷筒，到一定程度后转盘逆时针旋转 180°，穿带位卷筒定位到卷取位开始轧制；同时，第 2 个卷筒停在初始位置准备卷取钢卷。轮盘旋转过程中，第 1 个卷筒随着轮盘旋转的同时保持自转，相继卷取带钢固定长度后，飞剪切换带钢，卷取位卷筒完成卸卷，由卸卷小车将钢卷移除生产线；同时第 2 个卷筒在初始位置卷取带钢。如此往复，两个卷筒交替工作，实现轧机连续轧制。

如图 8.20 所示，卡罗塞尔卷取机轮盘上固定安装有两个卷筒，用于轮流卷取带钢。每个卷筒是由四个扇形柱合并组成的一个圆柱体，卷筒由液压控制可以胀开或者缩回达到调节卷筒外径的目的。止动器设置在轮盘底座上，用于在轮盘转动到达预定位置时，伸出挡住轮盘转动方向，确保轮盘旋转到位。为防止止动器窜动还配备了止动器锁。夹紧器设置在轮盘底座上，当转盘旋转 180°并停止转动后，夹紧器将转盘夹住，防止转盘反向旋转，夹紧器通过液压缸驱动。另外，为防止夹紧器也配备了夹紧器锁。

在卷筒工作位置设有活动支撑，可以为卷筒卷取时提供辅助支撑，防止因卷筒悬臂过长、钢卷太重、卷取张力大导致弯曲。卷取压辊设置在卷取的工作位置，用

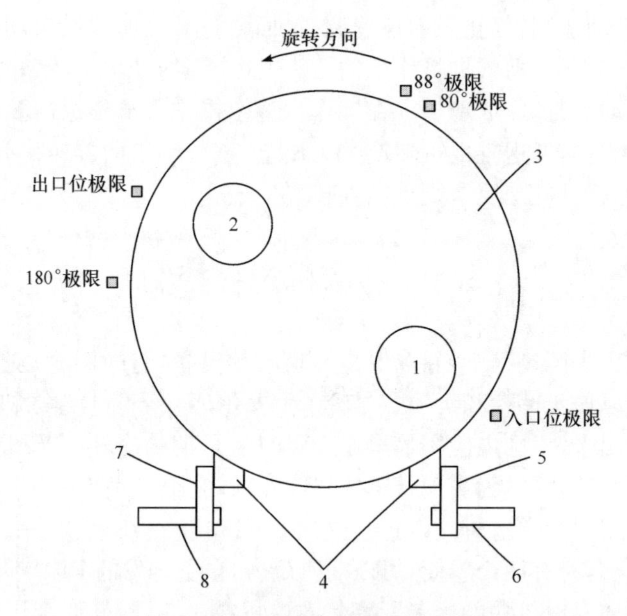

图 8.20　卡罗塞尔卷取机直观图

1-1 ＃卷筒；2-2 ＃卷筒；3-轮盘；4-轮盘销子；5-止动器；6-止动器锁
7-夹紧器；8-夹紧器锁

于防止钢卷松开。在飞剪切断之前，压住正在卷取钢卷的带尾端前部，待卷取完毕后，压辊在卸卷小车从卷筒上取出钢卷之前松开。皮带助卷器用于协助卷取机快速咬入，有摆动辊、助卷皮带及底座组成。它由液压控制，当带钢进入助卷器与卷筒之间开口时，带钢咬入，在卷 3 圈左右后，助卷器退回原位，卷取机开始进行张力卷取。穿带导板台安装在卡罗塞尔卷取机的入口处，位于轧制线的下方，通过皮带助卷器摆动升降并移动，其上带有磁力皮带。磁力皮带用于将带头输送至皮带助卷器。卸卷小车用于将卷取完成的带钢从轮盘卷取位运至出口步进梁位置，可做水平和升降动作。

8.4.2　卷取机定位控制

1. 轮盘穿带位工作过程

如图 8.21 所示，轮盘穿带位为靠近入口侧的卷筒位置。当卷筒 1 或卷筒 2 翻转后停止在这个位置时，定义停在此处的卷筒为穿带卷筒。在启动卷取过程中，皮带助卷器上升，抱住入口侧卷取位置的卷筒，处于卷取穿带位的卷筒在一定的先导条件下开始启动并加速到带钢速度旋转。当带钢头部进入助卷器和卷筒之间的部位时，皮带助卷器协助卷取机快速咬入带钢，在带钢卷取 3～5 圈的范围后，助卷器开始下降并退回到等待位，卷取机开始正常卷取带钢。当穿带位置卷筒上的钢卷直径在 900～1300mm 范围时,卡罗塞尔卷取机向出口侧逆时针翻转 180°,使穿带位上的卷筒翻转到卷取位置卷取带钢。工艺要求在穿带位置上卷取钢卷重量不允许超过 9t。

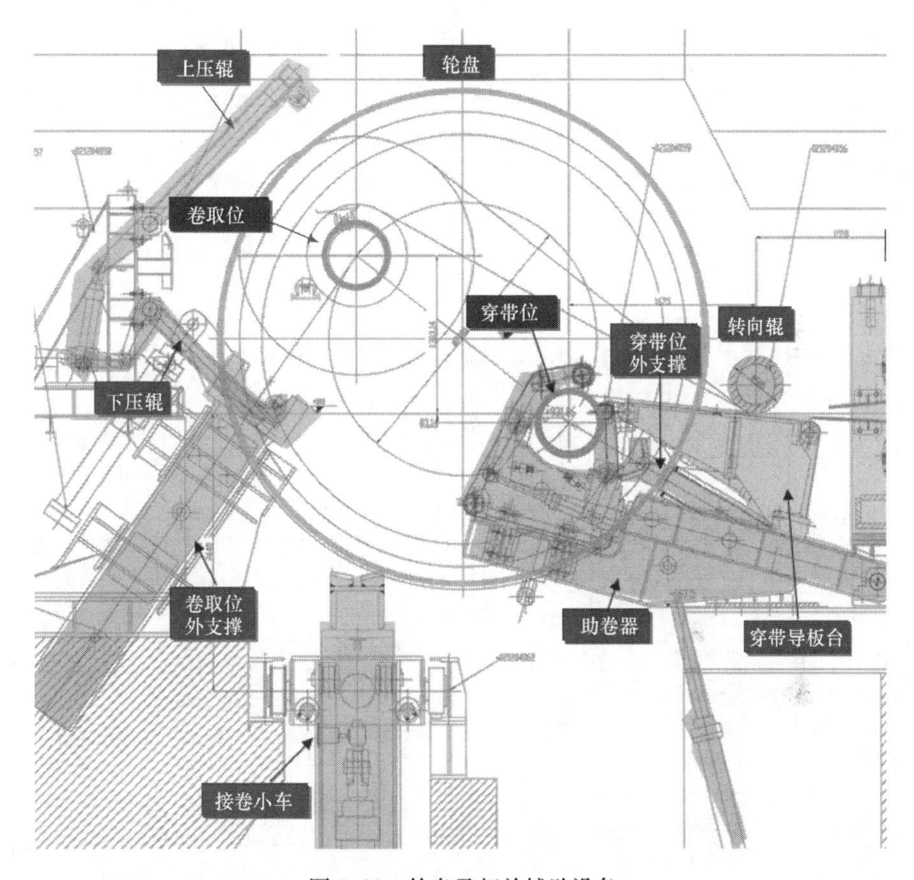

图 8.21　轮盘及相关辅助设备

2. 轮盘卷取位工作过程

同样参照图 8.21,轮盘卷取位为靠近出口侧的卷筒位置。当卷筒 1 或卷筒 2 翻转后停止在这个位置时,定义停在此处的卷筒为卷取卷筒。带钢在穿带位置卷取完成后,固定转盘的止动器和夹紧器打开,转盘开始逆时针旋转 180°,止动器和夹紧器伸出夹住转盘。穿带位置的卷筒已旋转到卷取位置,卷取位置的活动支撑开始上升,顶住卷筒的端头为卷筒提供辅助支撑。此时,卷取位卷筒继续旋转卷取带钢,当带钢准备剪切时,卷取位压辊压下压住卷取带钢,防止由于带钢剪切时带尾失张而引起的钢卷松动。当飞剪完成分卷剪切后,卷取位置上的卷筒卷完带钢并停止转动。出口钢卷小车在卷取位置托起钢卷，运至出口步进梁。工艺要求卷取带钢钢卷重量不超过 25t。

3. 轮盘自动翻转过程

轮盘转鼓的定位顺序采用 SIEMENS 公司的 STEP7 编程语言开发顺序控制程序。该顺序控制的启动必须满足它的启动条件，而且在运行过程中必须满足运行条件。如图 8.22 所示，带钢在完成最初几圈的卷取，建立带钢张力后，经过轧机主线协调(LCO)功能，下达翻转指令后开始翻转，顺控步骤如下。

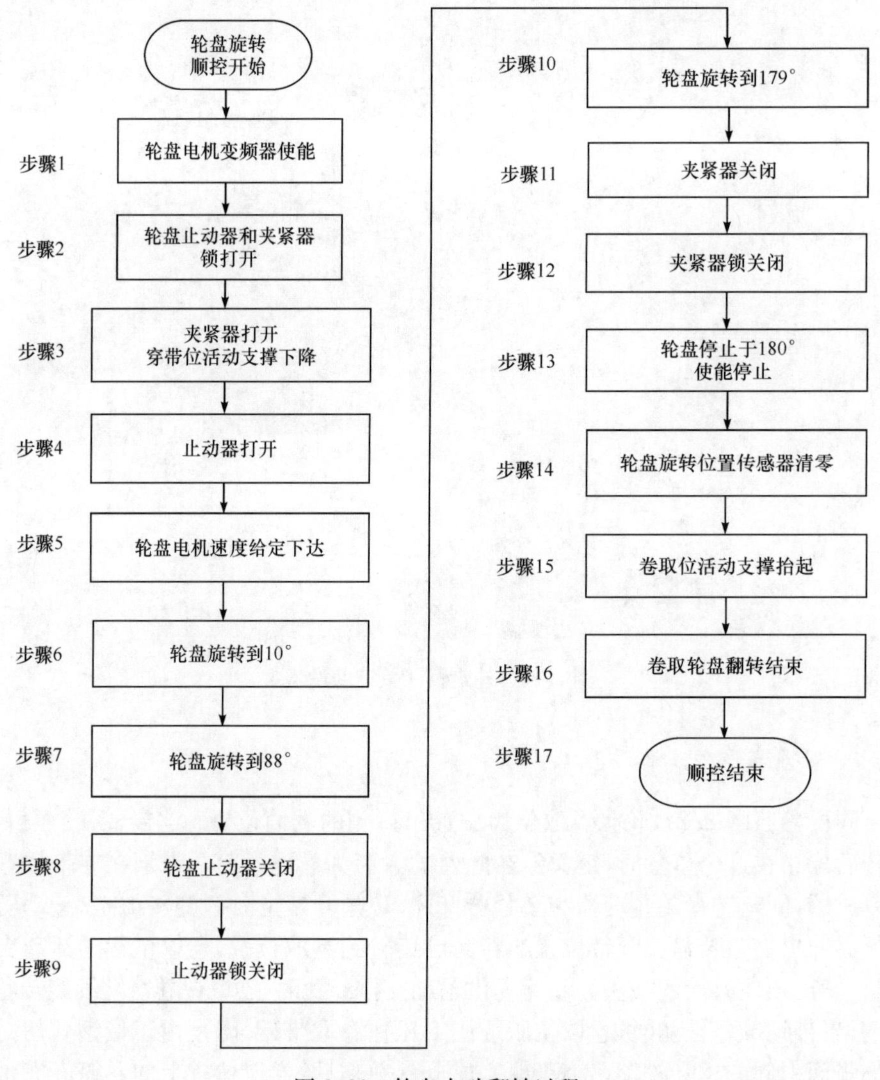

图 8.22 轮盘自动翻转过程

(1) 轮盘翻转,此时轮盘止动器和夹紧器均锁定到位,实际上并不发生动作,只是产生一个反向力矩,抵消穿带位卷取机的张力,使它们能够顺利解锁。

(2) 当系统检测到轮盘电机力矩为负时,入口止动器退出,到位后止动器退出。

(3) 当入口止动器退出到位后,轮盘开始逆时针旋转。

(4) 轮盘旋转 10°后,出口夹紧器锁退出,到位后出口夹紧器退出;轮盘旋转 88°后,入口止动器锁定,到位后入口止动器锁锁定;旋转 180°后,出口夹紧器锁定,到位后出口夹紧器锁锁定。完成定位。

4. 轮盘翻转启动模式及速度给定

1) 轮盘翻转启动模式

卷取机在卷取位卸卷完成,卷取机上(穿带位置)卷完三圈并且建立张力后,助卷器上下抱臂打开,助卷器下降至下降位置,穿带位外支撑下降,制动器及制动器锁、夹紧器及夹紧器锁密切配合,逆变器使能,轮盘逆时针方向翻转 180°。翻转命令下达有两种方式,第一种方式由主线协调功能下达翻卷指令启动 PCS7 顺序控制(SFC)功能执行启动命令,第二种方式由操作人员在操作台上启动自动翻转按钮执行启动命令。

2) 轮盘自身旋转速度给定

轮盘旋转速度给定值是由 PLC 控制的,卷取机额定转速为 1000r/min。在自动、手动方式下给定速度不同,具体见表 8.3。

表 8.3　轮盘速度给定表

模式		转速/(r/min)	转速/(r/s)	转速/%
手动	慢速	60	1	6
	快速	225	3.75	22.5
自动	慢速	900	15	90
	快速	225	3.75	22.5

在轮盘定位过程中,卷取机依然要进行正常轧制,这就要求轮盘在转动的过程中保持一个稳定的速度,使得卷取机的速度控制和张力控制更容易,效果更理想。并且要求轮盘定位过程时间尽量短,定位速度(启动速度、运行速度和停止速度)与各速度之间的切换要平稳。图 8.23 所示为轮盘定位速度和加速度目标曲线,要使轮盘按照上述曲线运行,必须计算减速度、减速点位置和最大定位速度。

减速计算即计算在接近目标位置时减速区域的减速度,图 8.24 给出了轮盘在减速阶段速度与时间的关系。根据运动学理论,该曲线对应的面积就是该时间段 $(t+t_s)$ 轮盘在转动时走过的角度。

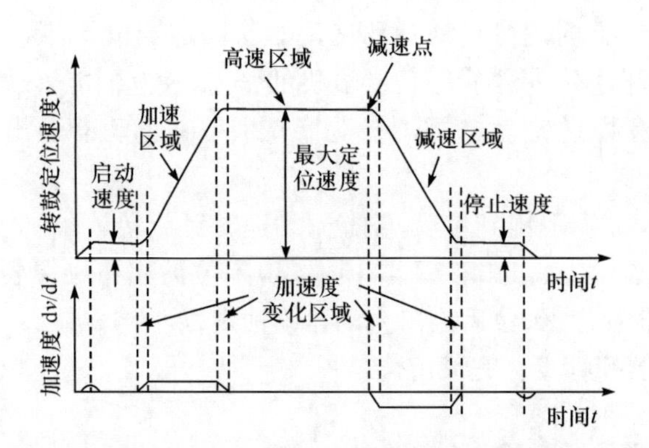

图 8.23　轮盘定位速度和加速度目标曲线

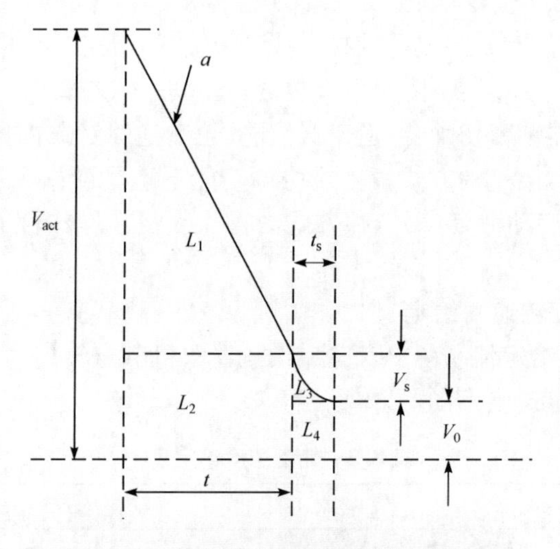

图 8.24　轮盘减速区域减速度计算原理

V_{act}-当前实际速度，°/s；a-减速度，°/s；t_s 减速度变化时间，s；V_s-减速度变化区域的速度变化，°/s；V_0-减速完成后的速度，即停止速度，°/s；L_1～L_4-各区域对应的面积，即轮盘在各区域转动的角度；t-减速段时间，s

设 L 为轮盘在减速过程中所转动的角度，即当前角度与目标角度之间的角度差，也就是图中所有阴影部分之和，由图 8.24 可知，$L=L_1+L_2+L_3+L_4$。

$$L=\int_0^t (at+v_0+v_s)\mathrm{d}t+\int_0^{t_s}\frac{at^2}{2t_s}+v_0\mathrm{d}t=\frac{at^2}{2}+(v_0+v_s)t+\frac{at_s^2}{6}+v_0t_s$$

根据运动学公式，有

$$t=\frac{v_{act}-(v_0+v_s)}{a}\text{和 }v_s=\frac{at_s}{2}$$

则

$$L=\frac{v_{\mathrm{act}}^2-v_0^2-v_{\mathrm{s}}^2-2v_0v_{\mathrm{s}}}{2a}+\frac{at_{\mathrm{s}}^2}{6}+v_0t_{\mathrm{s}}=\frac{v_{\mathrm{act}}^2-v_0^2}{2a}+\frac{at_{\mathrm{s}}^2}{24}+\frac{v_0t_{\mathrm{s}}}{2} \tag{8.13}$$

最终得出

$$a=\frac{12}{t_{\mathrm{s}}^2}\left(L-\frac{v_0t_{\mathrm{s}}}{2}\right)-\sqrt{\frac{12}{t_{\mathrm{s}}^2}\left(4v_0^2-\frac{12Lv_0}{t_{\mathrm{s}}}+\frac{12L^2}{t_{\mathrm{s}}^2}-v_{\mathrm{act}}^2\right)} \tag{8.14}$$

上述计算得到的减速度是在定位即将到达目标前，由最大定位速度减速到停止速度时的减速度。

减速点位置计算即根据当前最大实际运行速度，计算轮盘转动到什么角度应该减速，计算原理如图 8.25 所示。由图可知

$$L'=L'_0+L'_1-L'_2+L'_3+L'_4$$

式中，$L'_0=t_{\mathrm{s}}v_0$，$L'_1=L'_2$，$L'_3=v_{\mathrm{p}}t_{\mathrm{s}}$，$L'_4=\frac{(v_{\mathrm{p}}-v_{\mathrm{s}})^2}{2a}-\frac{(v_0+v_{\mathrm{s}})^2}{2a}=\frac{t_{\mathrm{s}}}{2}(v_{\mathrm{p}}+v_0)+\frac{v_{\mathrm{p}}^2-v_0^2}{2a}$。

当轮盘转动的实际角度与目标角度之间的偏差小于上述角度 L' 时，控制程序发出轮盘减速命令，轮盘进入减速阶段。

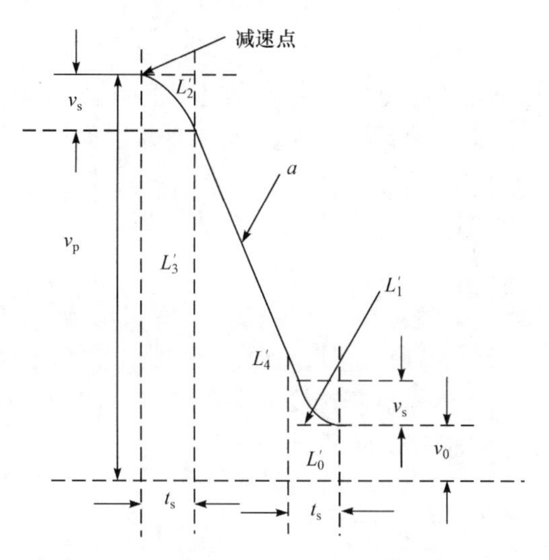

图 8.25　轮盘定位减速点计算原理图

为了使轮盘能在最短的时间内完成定位，需要计算在电机最大转速许可条件下轮盘的最大定位速度。最大定位速度是指在人为给定定位时间轮盘运行的最大速度 v_{p}，v_{p}应小于电机的最大转速。为使轮盘在运行过程中速度稳定，避免在到达最大定位速度后马上就到达减速点，根据现场设备的具体条件（如动作、速度等）人为给出轮盘在最大定位速度下的运行时间 t_1（轮盘定位在加速度变化区域的时间

不考虑)，则图 8.26 中加减速段和最大定位速度段与横坐标围成的面积 L_{Pref} 就是轮盘定位的总行程。

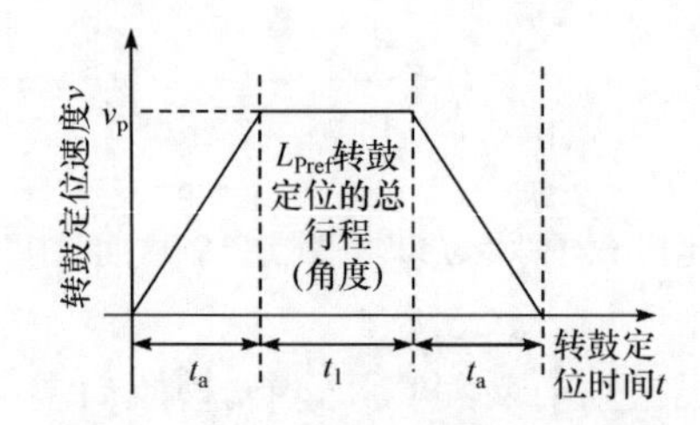

图 8.26 最大定位速度计算示意图

t_a-轮盘加减速时间；t_1-轮盘在最大定位速度下运行时间

由图 8.26 可知

$$L_{\text{Pref}}=t_a v_p+t_1 v_p$$

其中，$v_p=at_a$。得到 $L_{\text{Pref}}=\dfrac{v_p^2}{a}+t_1 v_p$，即 $v_p^2+at_1 v_p-aL_{\text{Pref}}=0$。

最终得到

$$v_p=\sqrt{\frac{a^2 t_1^2}{4}+aL_{\text{Pref}}}-\frac{at_1}{2} \tag{8.15}$$

该最大速度是根据轮盘定位角度和最大速度下的运行时间计算得到的，计算值为 28.12°/s。在实际运用中，可以根据现场实际情况修改这个限幅值，以满足实际运行的需要。

3) 顺序控制程序实现

如图 8.27 所示，PLC 控制程序中采用功能块完成手动速度的给定，快速为 3.75r/s(转/秒)，慢速为 1r/s。另一功能块来完成自动速度的给定，最大速度为 15r/s，最小速度为 3.75r/s。轮盘在自动模式下，经启动斜坡速度从 0 在 15s 之内达到最大运行速度 15r/s，当轮盘翻转接近 180°时，运行沿下降斜坡经过 20s 左右最终停止，轮盘运行曲线如图 8.27 所示。

8.4.3 卷取机工艺控制

为实现轧机出口带钢恒张力，保证张力稳定，需采用转速和张力的闭环控制，具体实现为，在卷取转速调节过程中加入张力调节因素。通过控制附加速度、卷取转矩限幅值，使速度调节器达到饱和状态，使张力得到有效控制。实现恒张力控制的重要环节有张力控制器、钢卷卷径的计算、附加线速度设定、惯量转矩、摩擦转矩的测量。

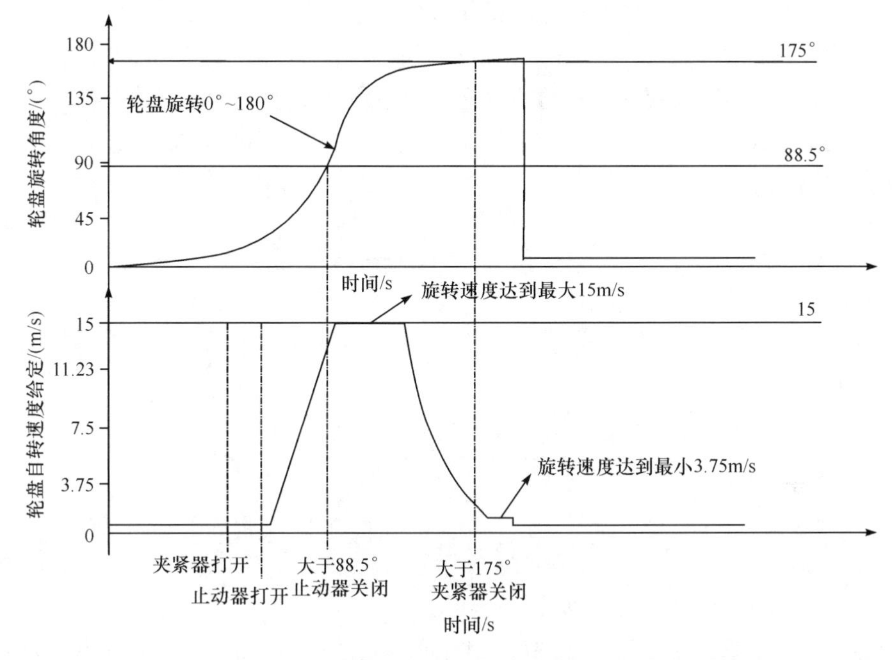

图 8.27　轮盘旋转曲线

1. 卷取张力控制

在卷取过程中,卷取张力的产生是由于带钢在末机架的出口速度与进入卷取的入口速度不同,即速差使带钢产生弹性形变,形变产生张力。卷取工艺控制的核心是带钢的恒张力控制,即在五机架出口和卷取入口之间的带钢保持恒定张力进入卷取机。卷取的张力波动直接影响成品质量,在稳定轧制时,轧机间的张力允许最大波动为 15%,但卷取允许波动不大于 5%,可见卷取恒张力的重要性。

影响张力控制系统的控制性能的主要因素有:①由于时间的增长,卷取机卷径不断变化,引起转动惯量、作用于带钢上的力臂长度以及其他相应工艺参数的改变,造成系统模型参数的改变。②在建张初期,卷取机跟随主轧机速度变化,动态转矩对张力的影响严重,容易产生张力振荡。③主机升降速过程中如何减少张力波动。④断带时如何保护系统,使其自动转入速度闭环。

在卷取张力控制系统中,卷取电机转矩的计算是该系统的关键环节。卷取电机转矩由卷取张力转矩、动态转矩补偿及机械损失转矩补偿等部分组成的,各部分转矩计算精度直接关系到卷取张力的控制效果,从而影响到带钢的板形和钢卷卷形。在卷取过程中,卷取卷筒速度随着钢卷卷径的增加时刻都在变化,其动态转矩以及卷筒驱动电机到卷筒之间全驱动系统的机械损失转矩也同时在发生变化,带钢张力很难保持恒定,如果其中某一转矩估计过高,都会直接导致带钢卷取张力转矩增加。另外，计算机对卷取直径采样的数据不准引起转矩计算的差错，卷径的变化对张力恒定的影响都会直接导致带钢卷取张力目标值和实际值之间存在偏差。

在卷取生产工艺参数中，张力值设定取决于所卷带钢的产品规格、轧机的物理特性及卷取机工作状态。设定张力主要的变量是带钢的截面尺寸，设计时通常按照如下公式计算：

$$T=\sigma_0 bh \tag{8.16}$$

式中，T 为卷取机张力，N；σ_0 为单位张力，N/mm；b 为带钢宽度，mm；h 为带钢厚度，mm。

对于冷轧带钢单位张力 σ_0，根据带钢厚度 h 的不同，选取不一样。卷取张力设定范围见表 8.4。

表 8.4　冷轧带钢生产线张应力的数值

机组	连轧机			可逆轧机	平整机
带厚/mm	0.3～1	1～2	2～4	0.3～2.0	0.5～2.5
张应力/MPa	0.5～0.8σ_s	0.2～0.5σ_s	0.1～0.2σ_s	0.05～0.15σ_s	5～10σ_s

注：σ_s 为带钢屈服强度，这里屈服强度选为 140MPa。

来自基础自动化的线速度设定与出口带钢速度一致，而工艺板（T300）中线速度设定是基础自动化的线速度设定和附加线速度设定的总和，所以传动矢量控制（CUVC）中转速设定总是大于转速实际值，速度调节器输出为正的转矩设定，而且有加大的趋势。正是由于转矩限幅的存在，使速度调节器的输出不能再增大，达到转矩限幅而饱和。如果张力不稳，张力控制器的输出调节转矩限幅值，张力的闭环控制使张力保持稳定。

2. 钢卷卷径的计算

卷取机的间接张力控制是十分重要的，直接影响了机组的正常运行以及带钢的质量和成品率。而卷取机的实际卷径是卷取机间接张力控制的重要参数，空载力矩补偿电流、动态力矩补偿电流的计算也与卷径密切相关，因此卷径的计算直接影响控制系统的控制性能。

1) 基于理论的卷径计算方法

在机组运行过程中，卷取机上带钢的卷绕引起卷径的变化，理想情况下，带钢厚度均匀不变，带钢间隙忽略不计，带钢紧套在卷取机的卷筒上。带钢卷绕在卷筒上形成一个圆环，圆环部分的面积由带钢厚度填充而成，可以得到带钢长度与当前卷径的关系为

$$\Delta L=\frac{\pi\left(\frac{D_2}{2}\right)^2-\pi\left(\frac{D_1}{2}\right)^2}{h_n} \tag{8.17}$$

式中，D_1 为初始卷径；D_2 为当前卷径；h_n 为带钢厚度；ΔL 为带钢长度变化值。则新卷径计算关系为

$$D_2'=\sqrt{D_2^2+\frac{\Delta L\cdot h_n\cdot 4}{\pi}} \tag{8.18}$$

通过读取卷取机的线速度可以计算出带钢长度的变化 ΔL，在已知初始卷径和带钢厚度的情况下，就可以通过式(8.18)计算出当前的实时卷径。

这种基于理论的卷径计算方法优点是不需要借助任何外部设备即可实现卷径计算。其缺点是忽略了带钢厚度不均匀、实际速度波动、带钢间隙存在等影响卷径计算值精度的因素，导致卷径计算误差过大。

2) 基于带钢长度测量的卷径计算方法

借助测量辊进行卷径计算是工程中常用的卷径计算方法，如图 8.28 所示。测量辊的选取原则是：离卷取机较近，建张运行过程中，保证卷取机与测量辊始终同步运行；测量辊与带钢的包角要足够大，防止建张运行过程中带钢滑动。

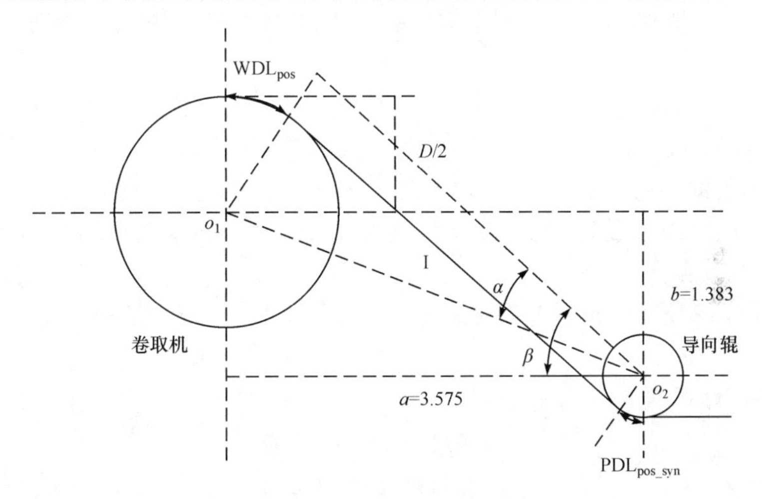

图 8.28　借助测量辊进行卷径计算示意图

一般情况下，选择离卷取机最近的转向辊作为测量辊，在已知减速比和编码器每转脉冲数的情况下，通过读取编码器脉冲可以计算出卷筒所转过的圈数。在建张运行过程中，开卷机卷筒与测量辊通过带钢紧紧连接在一起。在一定时间内，卷取机卷绕的带钢长度与通过测量辊辊面的带钢长度一致，得到

$$L_{coi}=\pi\cdot D_{coi}\cdot n_{coi}=L_{def}=\pi\cdot D_{def}\cdot n_{def} \tag{8.19}$$

式中，L_{coi} 为卷取机卷绕带钢长度；L_{def} 为通过测量辊辊面的带钢长度；n_{coi} 为卷取机卷筒转过的圈数；n_{def} 为测量辊转过的圈数。那么卷取机卷径为

$$D_{coi}=\frac{D_{def}\cdot n_{def}}{n_{coi}} \tag{8.20}$$

式中，D_{def}为测量辊的辊径。

由式(8.20)可知，当卷取机旋转了 x 圈时，通过计算测量辊旋转的圈数就可以计算出卷取的卷径。因为在运行过程中，卷取机卷径是不停变化的，故理论上n_{coi}取值越小越好，即计算周期取值越小越好。但是计算周期取值过小，会大幅增加处理器的运算负荷，同时卷径的计算精度提高也不明显。因此选取卷取机旋转1～5 圈作为卷取卷径计算的周期。

基于带钢长度测量的卷径计算是最完整、计算精度最高的一种卷径计算方法，它的缺点是每个计算周期即卷取机旋转 1～5 圈才能计算一次卷径，卷径的计算值是阶梯形的、不连续的，而且计算过程中存在误差。

3) 基于电机速度测量的卷径计算方法

卷取机的传动电机转速、带钢的线速度、卷筒上带钢的卷径存在如下关系：

$$D_{coi}=\frac{V_{coi}\cdot i_{coi}}{\pi\cdot N_{coi}} \tag{8.21}$$

式中，N_{coi}为卷取机的传动电机转速；V_{coi}为带钢的线速度；D_{coi}为卷筒上带钢的卷径。

由式(8.21)可以看出，只要计算出卷取机传动电机的转速及带钢的线速度，即可计算出卷取机的卷取值。卷取机传动电机的转速可以通过传动编码器计算得到，也可以借助其他设备计算。机组运行过程中，卷取机上带钢的线速度与测量辊线速度相同，可以通过测量辊编码器计算实际线速度，也可以通过直接读取线速度设定来进行计算。

如图 8.29 所示速度调节器转矩限幅最为重要的一个组成部分就是张力转矩，张力转矩等于张力设定与卷径的乘积，所以卷径的计算精度直接影响张力的控制精度。卷径计算如下：

$$D_{coi}^{n}=D_{coi}^{n-1}\pm(2\times h_{s})+\Delta D_{cor} \tag{8.22}$$

式中，卷取为"＋"，开卷为"－"；D_{coi}^{n}为被计算的卷径；D_{coi}^{n-1}为上一个测量周期被计算的卷径；h_s为带钢厚度(卷筒转一圈加二倍带钢厚度)；ΔD_{cor}为卷径计算修正值，通过轧机出口导向辊码盘计算而得到。

这种计算方法计算的卷径是实时连续的。但是利用编码器计算速度时中间计算环节过多，导致计算精度降低；利用设定线速度计算时，忽略了实际速度的波动，计算精度也不能保证。

3. 附加线速度 ΔV 设定

为了保证恒张力控制，实现转矩控制方式，必须使速度调节器饱和，附加线速度 ΔV 就是其中重要一环，具体控制方式如图 8.30 所示。图中，参数 ΔV_{min}为最小附加速度；ΔV_{max}为最大附加速度参数；$K_{\Delta V}$为附加速度的斜率。ΔV 随线速度设定

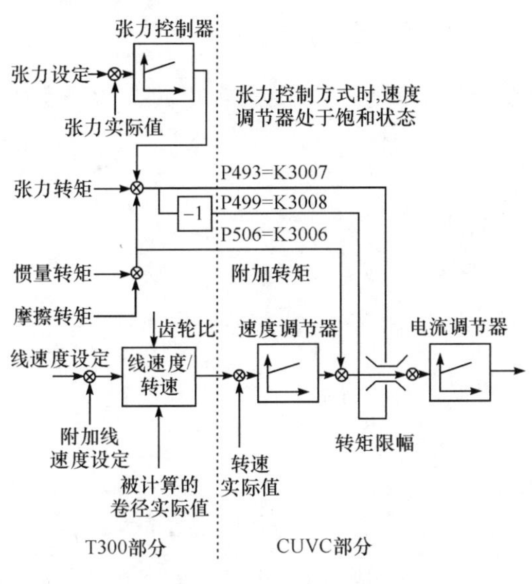

图 8.29　张力控制示意图

值的增大而增大。

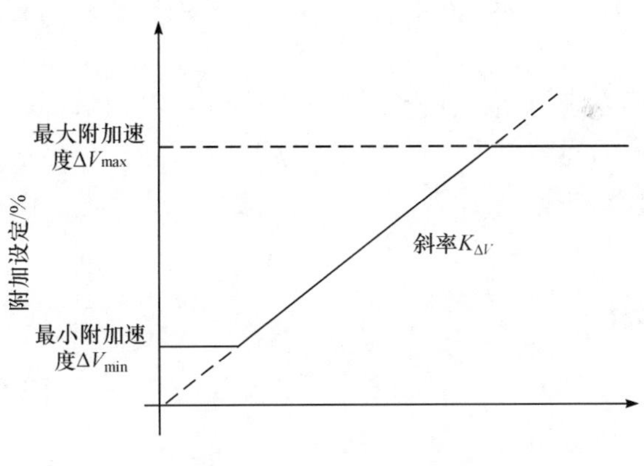

图 8.30　附加速度控制图

4. 惯性转矩

当卷取机角速度发生变化时,由于转动惯量 J 的存在,会产生动态转矩,如何准确补偿动态转矩对张力的影响,避免张力发生振荡,是十分重要的问题。动态转矩为

$$T=J\cdot\frac{d\omega}{dt} \tag{8.23}$$

式中,T 为动态转矩;ω 为角速度;t 为时间。

动态转矩主要取决于卷取机的角加速度$\frac{d\omega}{dt}$和其转动惯量J。矢量变频技术可以准确地得到卷取机的角加速度，所以动态转矩的补偿精度很大程度上取决于转动惯量J的计算精度。卷取电机的总转动惯量可以分成可变转动惯量和固定转动惯量。

1）可变转动惯量的计算

计算卷取机的可变转动惯量J_v：

$$J_v=(D_{act}^4-D_{min}^4)\frac{\pi\rho_h s_{tr\_w}}{32i^2} \tag{8.24}$$

式中，D_{act}为计算带钢的实际卷径；D_{min}为带钢最小卷径；ρ_h为钢板密度；s_{tr_w}为带钢宽度；i为减速机齿轮比。

2）固定转动惯量计算

固定转动惯量等于电机、减速机及卷筒自身的转动惯量的总和，计算卷取机的固定转动惯量：

$$J_f=\frac{(T_1-T_2)\cdot t}{\omega_1-\omega_2} \tag{8.25}$$

式中，ω_1和ω_2分别为两个不同的角速度；T_1为ω_1时电机转矩实际值；T_2为ω_2时电机转矩实际值。

根据上述计算方法，卷取机的动态转矩进行实时补偿后，以往卷取机在加减速过程中张力波动大的问题得到了极大改善，克服了薄带钢容易断带的问题，提高了成品率，缩短了故障时间。

参考文献

程胜，刘宝权. 2004. 冷连轧机厚度控制技术的发展[J]. 吉林工程技术师范学院学报，12：17-20.

丁修堃. 2005. 轧制过程自动化[M]. 北京：冶金工业出版社.

费静，张岩，王军生，等. 2012. 冷轧乳化液压力协调控制系统[C]. 中国金属学会 2012 年全国轧钢生产技术会论文集(下)：6.

付伟，刘宝权，高恩运，等. 2010. 冷轧机压上系统的自适应非线性补偿与应用[J]. 鞍钢技术，4：29-34.

傅作宝. 2005. 冷轧薄钢板生产[M]. 北京：冶金工业出版社.

侯永刚，秦大伟，宋君，等. 2011. PDA 在冷连轧机组基础自动化控制系统中的应用[C]. 中国金属学会第八届(2011)中国钢铁年会论文集：7.

侯永刚，秦大伟，费静，等. 2012a. 过程数据采集与分析系统在冷连轧机组中的应用[J]. 冶金自动化，4：47-50.

侯永刚，秦大伟，费静，等. 2012b. 冷连轧机过程数据自动采集与分析系统[C]. 中国金属学会 2012 年全国轧钢生产技术会论文集(下)：5.

江浩杰，肖至勇. 2013. 五机架冷连轧机动态变规格控制技术的分析与优化[J]. 冶金自动化，5：55-58.

金耀辉，王军生，宋君，等. 2015. 冷连轧机负荷分配多目标优化计算方法[J]. 冶金自动化，2：52-57.

金兹伯格 V B. 2002. 高精度板带轧制理论与实践[M]. 北京：冶金工业出版社.

李丹，李林. 2001. 硅钢轧制中的边缘降控制技术[J]. 轧钢，18(4)：18-19.

李旭. 2008. 提高冷连轧带钢厚度精度的策略研究与应用[D]. 沈阳：东北大学博士学位论文.

李志锋，宋君，刘宝权，等. 2014. Oracle Forms 在冷轧二级 HMI 系统中的应用分析[J]. 软件，7：144-148.

镰田正诚. 2002. 板带连续轧制——追求世界一流的轧制技术的记录[M]. 李伏桃，陈岿，康永林译. 北京：冶金工业出版社.

刘宝权，王自东，张鸿，等. 2010. 冷轧机压上系统的自适应非线性补偿与应用[C]. 中国金属学会第 5 届中国金属学会青年学术年会论文集：6.

刘宝权，张鸿，王自东，等. 2011. 冷轧机附加倾斜后双侧非对称轧制力的计算[J]. 钢铁，10：52-56.

刘宝权，张鸿，王自东，等. 2012. 冷轧机工作辊非对称弯辊的板形调控理论研究与应用[J]. 北京科技大学学报，2：184-189.

刘宝权，张鸿，王自东，等. 2013. UC 轧机中间辊非对称弯辊改善辊间压力分布[J]. 沈阳工业大学学报，2：166-170.

刘佳伟. 2010. 冷轧板形控制系统的研究与开发. 沈阳：东北大学博士学位论文.

刘宇楠. 2009. 本钢二冷轧连续退火机组带钢跟踪与精确定位[C]. 第七届(2009)中国钢铁年会论文集，8-561-8-564.

鲁海涛，张杰，曹建国，等. 2007. 板带冷轧机单锥度辊边降控制窜辊模型的研究[J]. 冶金设备，2

(161):13-16.
彭鹏,杨荃,郭立伟,等. 2006. 全连续冷连轧机自动控制系统的物料跟踪[J]. 冶金自动化,5:56-59.
秦大伟,宋君,王军生,等. 2011. 单机架平整机组伸长率控制技术[C]. 中国金属学会第八届(2011)中国钢铁年会论文集:5.
秦大伟,侯永刚,宋君,等. 2012. 冷连轧机带钢跟踪技术研究与应用[C]. 中国金属学会 2012 年全国轧钢生产技术会论文集(上):4.
秦大伟,张岩,王军生,等. 2013. 连续热镀锌线镀层厚度自动控制系统研究与应用[C]. 中国金属学会第九届中国钢铁年会论文集:5.
秦大伟,张岩,王军生,等. 2014. 热镀锌线镀层厚度自动控制系统研究[J]. 鞍钢技术,5:27-30.
宋君,秦大伟,张岩,等. 2011. 平整机组过程控制系统开发及应用[C]. 中国金属学会第八届(2011)中国钢铁年会论文集:4.
宋君,秦大伟,张岩,等. 2012a. 鞍钢 1450mm 平整机过程控制系统开发及应用[J]. 鞍钢技术,4:31-34.
宋君,王奎越,秦大伟,等. 2012b. 鞍钢 1780mm 平整机模型系统优化[J]. 鞍钢技术,6:55-58.
宋蕾. 2015. 硅钢薄带边部减薄控制研究与应用. 鞍山:辽宁科技大学博士学位论文.
孙一康. 2002. 带钢冷连轧计算机控制[M]. 北京:冶金工业出版社.
唐谋风. 1995. 现代带钢冷连轧的自动化[M]. 北京:冶金工业出版社.
唐慕华,张清东,王文广. 2007. 1420 冷连轧机穿带启动轧制工艺及过程仿真[J]. 冶金设备,2:57-60.
王国栋. 1986. 板形控制和板形理论[M]. 北京:冶金工业出版社.
王国栋,刘向华,张殿华,等. 2001. 我国轧制技术的发展[A]. 2001 中国钢铁年会论文集:1-6.
王国栋,刘相华,王军生. 2003. 冷连轧厚度自动控制[J] 轧钢,20(3):38-41.
王军生,白金兰,刘相华. 2009. 带钢冷连轧原理与过程控制[M]. 北京:科学出版社.
王军生,候永刚,张岩,等. 2012a. 鞍钢宽带钢冷连轧机组板形控制机型配置研究与应用[C]. 第二届钢材质量控制技术——形状、性能、尺寸精度、表面质量控制与改善学术研讨会文集,中国金属学会青年委员会,北京机械工程学会:7.
王军生,彭艳,张殿华,等. 2012b. 冷轧机板形控制技术研发与应用[C]. 中国金属学会 2012 年全国轧钢生产技术会论文集(上):6.
王奎越,宋君,王军生,等. 2012. 鞍钢莆田 1450mm 酸洗过程控制系统的开发应用[J]. 鞍钢技术,5:17-20.
王鹏飞. 2011. 冷轧带钢板形控制技术的研究与应用[D]. 沈阳:东北大学博士学位论文.
王晓慧,丁智,刘宝权,等. 2012. 基于 RBF 神经网络的快速伺服刀架迟滞特性建模[J]. 东南大学学报(自然科学版),S1:217-220.
王植,胡洪旭,孙荣生,等. 2011. 1780mm 冷连轧机组薄带钢起车厚头轧制的研究[J]. 鞍钢技术,5:26-29.
吴国宾. 2008. 冷连轧动态变规格及厚度预设定技术的研究[D]. 沈阳:东北大学硕士学位论文.
杨海根,俞积安. 2008. 新钢 1550mm 冷连轧机厚度自动控制系统配置方案[J] 江西冶金,28(4):

40-43.

于丙强. 2010. 整辊智能型冷轧带钢板形仪研制及工业应用[D]. 秦皇岛：燕山大学博士学位论文.

袁树刚，王京，杨荃. 2006. 全连续冷连轧机带钢厚度自动控制策略研究及实现[J]冶金自动化，30(2)：55-59.

张殿华，陈树宗，李旭，等. 2015. 板带冷连轧自动化系统的现状与展望[J]. 轧钢，6：9-15.

张晓峰，张清东，黄佩杰，等. 2008. 冷连轧机厚带头启动轧制张力控制模型改进研究[J]. 钢铁，11：69-73.

张岩. 2012. 基于数据驱动的镀层厚度控制系统研究与应用[D]. 沈阳：东北大学博士学位论文.

张岩，刘宝权. 2005. 液压伺服阀控制非对称缸系统 Simulink 建模的研究[J]. 吉林工程技术师范学院学报，03：34-37.

张岩，吴华良，刘宝权. 2007. 冷轧生产线酸洗冲洗段挤干辊的自动控制[J]. 鞍钢技术，2：36-38+41.

张岩，邵富群，王军生，等. 2009. 冷连轧机辊缝自动标定原理及应用[J]. 冶金自动化，5：33-37.

张岩，邵富群，王军生，等. 2010. 冷连轧机厚度自动控制策略应用对比分析[J]. 控制工程，3：265-268.

张岩，邵富群，王军生，等. 2011a. 灰色预测模型在冷轧动态张力控制中的应用[J]. 东北大学学报，05：614-617.

张岩，邵富群，王军生，等. 2011b. 连续热镀锌层厚度自适应控制[J]. 东北大学学报(自然科学版)，11：1525-1528+1533.

张岩，邵富群，王军生，等. 2012a. 热镀锌锌层厚度自适应控制模型的研究与应用[J]. 钢铁，2：62-66.

张岩，邵富群，王军生，刘宝权. 2012b. 基于模糊自适应模型的热镀锌锌层厚度控制[J]. 沈阳工业大学学报，5：576-580+590.

张岩，高健，吴鲲魁，等. 2016. 单锥度辊冷轧机边部减薄控制应用研究[J]. 冶金自动化，1：25-28.

赵会平，潘刚. 2004. 宝钢 2030 冷轧厚带头轧制控制过程的研究与应用[J]. 宝钢技术，4：12-15.

郑申白. 2005. 轧制过程自动化基础[M]. 北京：冶金工业出版社.

周晓敏，张清东，王长松. 2007a. UCMW 轧机的边缘降自动控制系统及其自动化[J]. 钢铁，42(9)：56-59.

周晓敏，张清东，吴平. 2007b. 板带材的边缘降控制技术综述[J]. 上海金属，29(1)：21-24.

朱简如. 2008. 边缘降前馈控制功能的开发和应用[J]. 宝钢技术，(4)：27-29.

朱简如，徐耀寰. 2001. 边缘降控制技术的应用[J]. 宝钢技术，(5)：10-13.

Ibrahim Kaya. 2001. Improving performance using cascade control and Smith predictor[J]. ISA Transactions (S0019-0578)，40(2)：223-234.

Liu B Q，Wang Z D，Zhang H，et al. 2010a. Nonlinear self-adaptive compensation of screw down system of TCM. Advanced Material Research：1883-1888.

Liu B Q，Wang Z D，Zhang H，et al. 2010b. The mathematical models and simulation on work roll bending control system of cold rolling mill. The 10th International Conference on Steel Rolling，

10:1621-1631.

Smith O J. 1959. A controllerto overcome dead time[J]. ISAJ,6(2) :28-33.

Zhang Y,Shao F Q,Wang J S,et al. 2010a. A Model-free adaptive control for selective cooling of cold rolling flatness control. The 10th International Conference on Steel Rolling, 10: 1134-1138.

Zhang Y,Shao F Q,Wang J S,et al. 2010b. Application study of variable parameters PID tension dynamic control in cold rolling mill. Advanced Material Research,12:1924-1928.